U0358700

全国科学技术名词审定委员会

公　　布

科学技术名词·工程技术卷（全藏版）

31

建　筑　学　名　词

CHINESE TERMS IN ARCHITECTURE

建筑学名词审定委员会

国家自然科学基金资助项目

科　学　出　版　社

北　京

内 容 简 介

本书是全国科学技术名词审定委员会审定公布的建筑学名词，内容包括总论、建筑类型及组成、中外建筑历史、建筑教育、建筑经济、市场管理与工程建设程序、城乡规划、风景园林、建筑设计、建筑物理、建筑防护、建筑材料及制品、建筑结构、建筑设备与系统 14 部分，共 5742 条。本书对每条词都给出了定义或注释。书末附有英汉、汉英两种索引，以便读者检索。本书公布的名词是全国各科研、教学、生产、经营以及新闻出版等部门应遵照使用的建筑学名词。

图书在版编目（CIP）数据

科学技术名词. 工程技术卷：全藏版 / 全国科学技术名词审定委员会审定. —北京：科学出版社，2016.01

ISBN 978-7-03-046873-4

I. ①科… II. ①全… III. ①科学技术–名词术语 ②工程技术–名词术语 IV. ①N-61 ②TB-61

中国版本图书馆 CIP 数据核字（2015）第 307218 号

责任编辑：才 磊 顾英利 / 责任校对：陈玉凤
责任印制：张 伟 / 封面设计：铭轩堂

科 学 出 版 社 出版
北京东黄城根北街 16 号
邮政编码：100717
http://www.sciencep.com
北京厚诚则铭印刷科技有限公司印刷
科学出版社发行 各地新华书店经销
*
2016 年 1 月第 一 版 开本：787×1092 1/16
2016 年 1 月第一次印刷 印张：35 1/2
字数：900 000

定价：7800.00 元（全 44 册）
（如有印装质量问题，我社负责调换）

全国科学技术名词审定委员会
第六届委员会委员名单

建筑学名词审定委员会委员名单

顾　问：张锦秋　马国馨　何镜堂　傅熹年　魏敦山　邹德慈
　　　　程泰宁　王小东

主　任：宋春华

副主任：周　畅　费　麟

委　员(以姓名笔画为序)：

丁　建　王　俊　王建国　王素卿　朱小地　朱文一
米祥友　庄惟敏　刘克成　刘克良　刘景樑　许迎新
李　忠　李秉奇　吴学敏　张爱华　邵韦平　周庆琳
孟建民　娄　宇　费　菁　顾　均　徐　伟　黄星元
常　青　崔　愷　曾　坚　谢玉明

秘书长：许迎新　米祥友

编写专家

总论负责人：崔 恺　吴英凡　周庆琳

建筑类型及组成负责人：朱小地　邵韦平　韩慧卿

马国馨　胡 越　刘晓钟　傅英杰　徐善铿　徐全胜　金卫钧
杨海宇　杨 洲　褚 平　王晓群　焦 力　李 晖　王 鹏
徐 健　柯 蕾　焦 舰　周庆琳　缪乐人　盛传红　缪 良
张天柱

中外建筑历史负责人：朱文一

王贵祥　吕 舟　张复合　贾 珺　贺从容　罗德胤　刘 畅
李路珂　范 路　胡介中　周玉鹏　张笑楠　刘亦师　钱 毅

建筑教育负责人：朱文一

程晓青　王 辉

建筑经济负责人：丁 建

陈继跃　刘振光　汪琳芳　赵 红　唐永忠　罗志恒　刘 源

市场管理与工程建设程序负责人：庄惟敏

张 维　冯腾飞　李 忠　苗志坚　崔 曦　梁思思　屈 张

城乡规划负责人：朱文一　吴唯佳

王 凯　武廷海　谭纵波　唐 燕　王 英　李玉锋　张 悦
刘 宛　刘 健　赵 亮　赵中枢　张尔薇　李新阳

风景园林负责人：张爱华　张丽华

汪原平　杨 乐　赵英磊

建筑设计负责人：崔　愷

周庆琳　饶良修　齐　放　肖　刚　庄国伟

建筑物理负责人：王　俊　徐　伟

赵建平　张　滨　林　杰　石红蓉　周　辉　董　宏

建筑防护负责人：娄　宇

黄星元　王　立　孙美君　晁　阳　朱玉俊　黄　健　巫曼曼
陈　骝　钟景华　杨　帆　刘月杰

建筑材料及制品负责人：顾　均

张　萍　曹　彬　罗文斌

建筑结构负责人：王　俊

陶学康　史志华　赵基达　杨　沈　毋剑平　滕延京　高文生

建筑设备与系统负责人：崔　愷

刘振印　李娥飞　庞传贵　李陆峰　陈　红　张　青　张文才
熊育铭　周庆琳

路甬祥序

我国是一个人口众多、历史悠久的文明古国，自古以来就十分重视语言文字的统一，主张“书同文、车同轨”，把语言文字的统一作为民族团结、国家统一和强盛的重要基础和象征。我国古代科学技术十分发达，以四大发明为代表的古代文明，曾使我国居于世界之巅，成为世界科技发展史上的光辉篇章。而伴随科学技术产生、传播的科技名词，从古代起就已成为中华文化的重要组成部分，在促进国家科技进步、社会发展和维护国家统一方面发挥着重要作用。

我国的科技名词规范统一活动有着十分悠久的历史。古代科学著作记载的大量科技名词术语，标志着我国古代科技之发达及科技名词之活跃与丰富。然而，建立正式的名词审定组织机构则是在清朝末年。1909 年，我国成立了科学名词编订馆，专门从事科学名词的审定、规范工作。到了新中国成立之后，由于国家的高度重视，这项工作得以更加系统地、大规模地开展。1950 年政务院设立的学术名词统一工作委员会，以及 1985 年国务院批准成立的全国自然科学名词审定委员会(现更名为全国科学技术名词审定委员会，简称全国科技名词委)，都是政府授权代表国家审定和公布规范科技名词的权威性机构和专业队伍。他们肩负着国家和民族赋予的光荣使命，秉承着振兴中华的神圣职责，为科技名词规范统一事业默默耕耘，为我国科学技术的发展做出了基础性的贡献。

规范和统一科技名词，不仅在消除社会上的名词混乱现象，保障民族语言的纯洁与健康发展等方面极为重要，而且在保障和促进科技进步，支撑学科发展方面也具有重要意义。一个学科的名词术语的准确定名及推广，对这个学科的建立与发展极为重要。任何一门科学(或学科)，都必须有自己的一套系统完善的名词来支撑，否则这门学科就立不起来，就不能成为独立的学科。郭沫若先生曾将科技名词的规范与统一称为“乃是一个独立自主国家在学术工作上所必须具备的条件，也是实现学术中国化的最起码的条件”，精辟地指出了这项基础性、支撑性工作的本质。

在长期的社会实践中，人们认识到科技名词的规范和统一工作对于一个国家的科技发展和文化传承非常重要，是实现科技现代化的一项支撑性的系统工程。没有这样一个系统的规范化的支撑条件，不仅现代科技的协调发展将遇到极大困难，而且在科技日益渗透人们生活各方面、各环节的今天，还将给教育、传播、交流、经贸等多方面带来困难和损害。

全国科技名词委自成立以来，已走过近 20 年的历程，前两任主任钱三强院士和卢嘉锡院士为我国的科技名词统一事业倾注了大量的心血和精力，在他们的正确领导和广大专家的共同努力下，取得了卓著的成就。2002 年，我接任此工作，时逢国家科技、经济飞速发展之际，因而倍感责任的重大；及至今日，全国科技名词委已组建了 60 个学科名词审定分委员会，公布了 50 多个学科的 63 种科技名词，在自然科学、工程技术与社会科学方面均取得了协调发展，科技名词蔚成体系。而且，海峡两岸科技名词对照统一工作也取得了可喜的成绩。对此，我实感欣慰。这些成就无不凝聚着专家学者们的心血与汗水，无不闪烁着专家学者们的集体智慧。历史将会永远铭刻着广大专家学者孜孜以求、精益求精的艰辛劳作和为祖国科技发展做出的奠基性贡献。宋健院士曾在 1990 年全国科技名词委的大会上说过：“历史将表明，这个委员会的工作将对中华民族的进步起到奠基性的推动作用。”这个预见性的评价是毫不为过的。

科技名词的规范和统一工作不仅仅是科技发展的基础，也是现代社会信息交流、教育和科学普及的基础，因此，它是一项具有广泛社会意义的建设工作。当今，我国的科学技术已取得突飞猛进的发展，许多学科领域已接近或达到国际前沿水平。与此同时，自然科学、工程技术与社会科学之间交叉融合的趋势越来越显著，科学技术迅速普及到了社会各个层面，科学技术同社会进步、经济发展已紧密地融为一体，并带动着各项事业的发展。所以，不仅科学技术发展本身产生的许多新概念、新名词需要规范和统一，而且由于科学技术的社会化，社会各领域也需要科技名词有一个更好的规范。另一方面，随着香港、澳门的回归，海峡两岸科技、文化、经贸交流不断扩大，祖国实现完全统一更加迫近，两岸科技名词对照统一任务也十分迫切。因而，我们的名词工作不仅对科技发展具有重要的价值和意义，而且在经济发展、社会进步、政治稳定、民族团结、国家统一和繁荣等方面都具有不可替代的特殊价值和意义。

最近，中央提出树立和落实科学发展观，这对科技名词工作提出了更高的要求。我们要按照科学发展观的要求，求真务实，开拓创新。科学发展观的本质与核心是以人为本，我们要建设一支优秀的名词工作队伍，既要保持和发扬老一辈科技名词工作者的优良传统，坚持真理、实事求是、甘于寂寞、淡泊名利，又要根据新形势的要求，面向未来、协调发展、与时俱进、锐意创新。此外，我们要充分利用网络等现代科技手段，使规范科技名词得到更好的传播和应用，为迅速提高全民文化素质做出更大贡献。科学发展观的基本要求是坚持以人为本，全面、协调、可持续发展，因此，科技名词工作既要紧密围绕当前国民经济建设形势，着重开展好科技领域的学科名词审定工作，同时又要在强调经济社会以及人与自然协调发展的思想指导下，开展好社会科学、文化教育和资源、生态、环境领域的科学名词审定工作，促进各个学科领域的相互融合和共同繁荣。科学发展观非常注重可持续发展的理念，因此，我们在不断丰富和发展已建立的科技名词体系的同时，还要进一步研究具有中国特色的术语学理论，以创建中国的术语学派。研究和建立中国特色的术语学理论，也是一种知识创新，是实现科技名词工作可持续发展的必由之路，我们应当为此付出更大的努力。

当前国际社会已处于以知识经济为走向的全球经济时代，科学技术发展的步伐将会越来越快。我国已加入世贸组织，我国的经济也正在迅速融入世界经济主流，因而国内外科技、文化、经贸的交流将越来越广泛和深入。可以预言，21 世纪中国的经济和中国的语言文字都将对国际社会产生空前的影响。因此，在今后 10 到 20 年之间，科技名词工作就变得更具现实意义，也更加迫切。“路漫漫其修远兮，吾今上下而求索”，我们应当在今后的工作中，进一步解放思想，务实创新、不断前进。不仅要及时地总结这些年来取得的工作经验，更要从本质上认识这项工作的内在规律，不断地开创科技名词统一工作新局面，做出我们这代人应当做出的历史性贡献。

路甬祥

2004 年深秋

卢嘉锡序

科技名词伴随科学技术而生，犹如人之诞生其名也随之产生一样。科技名词反映着科学研究的成果，带有时代的信息，铭刻着文化观念，是人类科学知识在语言中的结晶。作为科技交流和知识传播的载体，科技名词在科技发展和社会进步中起着重要作用。

在长期的社会实践中，人们认识到科技名词的统一和规范化是一个国家和民族发展科学技术的重要的基础性工作，是实现科技现代化的一项支撑性的系统工程。没有这样一个系统的规范化的支撑条件，科学技术的协调发展将遇到极大的困难。试想，假如在天文学领域没有关于各类天体的统一命名，那么，人们在浩瀚的宇宙当中，看到的只能是无序的混乱，很难找到科学的规律。如是，天文学就很难发展。其他学科也是这样。

古往今来，名词工作一直受到人们的重视。严济慈先生 60 多年前说过，“凡百工作，首重定名；每举其名，即知其事”。这句话反映了我国学术界长期以来对名词统一工作的认识和做法。古代的孔子曾说“名不正则言不顺”，指出了名实相副的必要性。荀子也曾说“名有固善，径易而不拂，谓之善名”，意为名有完善之名，平易好懂而不被人误解之名，可以说是好名。他的“正名篇”即是专门论述名词术语命名问题的。近代的严复则有“一名之立，旬月踟躇”之说。可见在这些有学问的人眼里，“定名”不是一件随便的事情。任何一门科学都包含很多事实、思想和专业名词，科学思想是由科学事实和专业名词构成的。如果表达科学思想的专业名词不正确，那么科学事实也就难以令人相信了。

科技名词的统一和规范化标志着一个国家科技发展的水平。我国历来重视名词的统一与规范工作。从清朝末年的科学名词编订馆，到 1932 年成立的国立编译馆，以及新中国成立之初的学术名词统一工作委员会，直至 1985 年成立的全国自然科学名词审定委员会(现已改名为全国科学技术名词审定委员会，简称全国名词委)，其使命和职责都是相同的，都是审定和公布规范名词的权威性机构。现在，参与全国名词委领导工作的单位有中国科学院、科学技术部、教育部、中国科学技术协会、国家自然科学基金委员会、新闻出版署、国家质量技术监督局、国家广播电影电视总局、国家知识产权局和国家语言文字工作委员会，这些部委各自选派了有关领导干部担任全国名词委的领导，有力地推动科技名词的统一和推广应用工作。

全国名词委成立以后，我国的科技名词统一工作进入了一个新的阶段。在第一任主任委员钱三强同志的组织带领下，经过广大专家的艰苦努力，名词规范和统一工作取得了显著的成绩。1992 年三强同志不幸谢世。我接任后，继续推动和开展这项工作。在国家和有关部门的支持及广大专家学者的努力下，全国名词委 15 年来按学科共组建了 50 多个学科的名词审定分委员会，有 1800 多位专家、学者参加名词审定工作，还有更多的专家、学者参加书面审查和座谈讨论等，形成的科技名词工作队伍规模之大、水平层次之高前所未有。15 年间共审定公布了包括理、工、农、医及交叉学科等各学科领域的名词共计 50 多种。而且，对名词加注定义的工作经试点后业已逐渐展开。另外，遵照术语学理论，根据汉语汉字特点，结合科技名词审定工作实践，全国名词委制定并逐步完善了一套名词审定工作的原则与方法。可以说，在 20 世纪的最后 15 年中，我国基本上建立起了比较完整的科技名词体系，为我国科技名词的规范和统一奠定了良好的基础，对我国科研、教学和学术交流起到了很好的作用。

在科技名词审定工作中，全国名词委密切结合科技发展和国民经济建设的需要，及时调整工作方针和任务，拓展新的学科领域开展名词审定工作，以更好地为社会服务、为国民经济建设服务。近些年来，又对科技新词的定名和海峡两岸科技名词对照统一工作给予了特别的重视。科技新词的审定和发布试用工作已取得了初步成效，显示了名词统一工作的活力，跟上了科技发展的步伐，起到了引导社会的作用。两岸科技名词对照统一工作是一项有利于祖国统一大业的基础性工作。全国名词委作为我国专门从事科技名词统一的机构，始终把此项工作视为自己责无旁贷的历史性任务。通过这些年的积极努力，我们已经取得了可喜的成绩。做好这项工作，必将对弘扬民族文化，促进两岸科教、文化、经贸的交流与发展做出历史性的贡献。

科技名词浩如烟海，门类繁多，规范和统一科技名词是一项相当繁重而复杂的长期工作。在科技名词审定工作中既要注意同国际上的名词命名原则与方法相衔接，又要依据和发挥博大精深的汉语文化，按照科技的概念和内涵，创造和规范出符合科技规律和汉语文字结构特点的科技名词。因而，这又是一项艰苦细致的工作。广大专家学者字斟句酌，精益求精，以高度的社会责任感和敬业精神投身于这项事业。可以说，全国名词委公布的名词是广大专家学者心血的结晶。这里，我代表全国名词委，向所有参与这项工作的专家学者们致以崇高的敬意和衷心的感谢！

审定和统一科技名词是为了推广应用。要使全国名词委众多专家多年的劳动成果——规范名词，成为社会各界及每位公民自觉遵守的规范，需要全社会的理解和支持。国务院和4个有关部委［国家科委(今科学技术部)、中国科学院、国家教委(今教育部)和新闻出版署］已分别于1987年和1990年行文全国，要求全国各科研、教学、生产、经营以及新闻出版等单位遵照使用全国名词委审定公布的名词。希望社会各界自觉认真地执行，共同做好这项对于科技发展、社会进步和国家统一极为重要的基础工作，为振兴中华而努力。

值此全国名词委成立15周年、科技名词书改装之际，写了以上这些话。是为序。

卢嘉锡

2000年夏

钱三强序

科技名词术语是科学概念的语言符号。人类在推动科学技术向前发展的历史长河中，同时产生和发展了各种科技名词术语，作为思想和认识交流的工具，进而推动科学技术的发展。

我国是一个历史悠久的文明古国，在科技史上谱写过光辉篇章。中国科技名词术语，以汉语为主导，经过了几千年的演化和发展，在语言形式和结构上体现了我国语言文字的特点和规律，简明扼要，蓄意深切。我国古代的科学著作，如已被译为英、德、法、俄、日等文字的《本草纲目》、《天工开物》等，包含大量科技名词术语。从元、明以后，开始翻译西方科技著作，创译了大批科技名词术语，为传播科学知识，发展我国的科学技术起到了积极作用。

统一科技名词术语是一个国家发展科学技术所必须具备的基础条件之一。世界经济发达国家都十分关心和重视科技名词术语的统一。我国早在1909年就成立了科学名词编订馆，后又于1919年中国科学社成立了科学名词审定委员会，1928年大学院成立了译名统一委员会。1932年成立了国立编译馆，在当时教育部主持下先后拟订和审查了各学科的名词草案。

新中国成立后，国家决定在政务院文化教育委员会下，设立学术名词统一工作委员会，郭沫若任主任委员。委员会分设自然科学、社会科学、医药卫生、艺术科学和时事名词五大组，聘请了各专业著名科学家、专家，审定和出版了一批科学名词，为新中国成立后的科学技术的交流和发展起到了重要作用。后来，由于历史的原因，这一重要工作陷于停顿。

当今，世界科学技术迅速发展，新学科、新概念、新理论、新方法不断涌现，相应地出现了大批新的科技名词术语。统一科技名词术语，对科学知识的传播，新学科的开拓，新理论的建立，国内外科技交流，学科和行业之间的沟通，科技成果的推广、应用和生产技术的发展，科技图书文献的编纂、出版和检索，科技情报的传递等方面，都是不可缺少的。特别是计算机技术的推广使用，对统一科技名词术语提出了更紧迫的要求。

为适应这种新形势的需要，经国务院批准，1985年4月正式成立了全国自然科学名词审定委员会。委员会的任务是确定工作方针，拟定科技名词术语审定工作计划、实施方案和步骤，组织审定自然科学各学科名词术语，并予以公布。根据国务院授权，委员会审定公布的名词术语，科研、教学、生产、经营以及新闻出版等各部门，均应遵照使用。

全国自然科学名词审定委员会由中国科学院、国家科学技术委员会、国家教育委员会、中国科学技术协会、国家技术监督局、国家新闻出版署、国家自然科学基金委员会分别委派了正、副主任担任领导工作。在中国科协各专业学会密切配合下，逐步建立各专业审定分委员会，并已建立起一支由各学科著名专家、学者组成的近千人的审定队伍，负责审定本学科的名词术语。我国的名词审定工作进入了一个新的阶段。

这次名词术语审定工作是对科学概念进行汉语订名，同时附以相应的英文名称，既有我国语言特色，又方便国内外科技交流。通过实践，初步摸索了具有我国特色的科技名词术语审定的原则与方法，以及名词术语的学科分类、相关概念等问题，并开始探讨当代术语学的理论和方法，以期逐步建立起符合我国语言规律的自然科学名词术语体系。

统一我国的科技名词术语，是一项繁重的任务，它既是一项专业性很强的学术性工作，又涉及亿万人使用习惯的问题。审定工作中我们要认真处理好科学性、系统性和通俗性之间的关系；主科与副科间的关系；学科间交叉名词术语的协调一致；专家集中审定与广泛听取意见等问题。

汉语是世界五分之一人口使用的语言，也是联合国的工作语言之一。除我国外，世界上还有一些国家和地区使用汉语，或使用与汉语关系密切的语言。做好我国的科技名词术语统一工作，为今后对外科技交流创造了更好的条件，使我炎黄子孙，在世界科技进步中发挥更大的作用，做出重要的贡献。

统一我国科技名词术语需要较长的时间和过程，随着科学技术的不断发展，科技名词术语的审定工作，需要不断地发展、补充和完善。我们将本着实事求是的原则，严谨的科学态度做好审定工作，成熟一批公布一批，提供各界使用。我们特别希望得到科技界、教育界、经济界、文化界、新闻出版界等各方面同志的关心、支持和帮助，共同为早日实现我国科技名词术语的统一和规范化而努力。

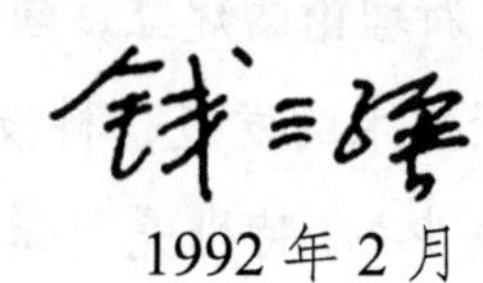

1992年2月

前　言

建筑学、风景园林学与城市规划学在中外历史上均属人类最古老的学科，历代王朝、政府均有规范化的建筑术语。近年来，我国科教系统已经把建筑学、风景园林学和城市规划学分成三个独立的一级学科。根据全国科学技术名词审定委员会的要求，决定在 1996 版《建筑 园林 城市规划名词》的基础上开展《建筑学名词》的编写工作。

受全国科学技术名词审定委员会的委托，2008 年 11 月正式成立以中国建筑学会理事长宋春华(原建设部副部长)为主任委员的建筑学名词审定委员会，副主任为周畅(中国建筑学会秘书长)和费麟(中国中元国际工程公司顾问总建筑师)，秘书长为许迎新(中国中元国际工程公司总裁助理)和米祥友(中国建筑学会学术部主任)。主编单位有：清华大学建筑学院、清华大学建筑设计研究院、中国建筑设计研究院、北京市建筑设计研究院、中国建筑科学研究院、中国建筑标准设计研究院、中国中元国际工程公司、中国电子工程设计院、北京市园林古建筑设计研究院、华高莱斯国际地产顾问(北京)有限公司。参编单位有：中国城市规划设计研究院、东南大学建筑学院、同济大学建筑与城市规划学院、同济大学土木工程学院、天津大学建筑学院、西安建筑科技大学建筑学院、上海现代建筑设计集团有限公司、中国联合工程公司、中国建筑西北设计研究院、中国建筑东北设计研究院、天津市建筑设计院、重庆市设计院、深圳市建筑设计研究总院、华南理工大学建筑学院、新疆建筑设计研究院。审定委员会明确了《建筑学名词》的编写体系框架、收词范围、工作程序、进度安排以及编写依据。考虑到建筑科研、教学和设计中包括有园林和城乡规划方面的内容，因此把与建筑学有密切关系的风景园林、城乡规划的部分名词纳入收词范围。

在全国科学技术名词审定委员会的领导下，建筑学名词审定委员会组织了多次审定会和协调会，编写工作得到了各主编、参编单位的大力支持，历经四年，各位编写与审查专家不辞辛劳、认真细致地进行了编写、审定工作，编审过程按四个阶段进行：

1. 筹备阶段：2008 年 7 月 15 日举行建筑学名词审定委员会预备会议。2008 年 11 月 12 日举行建筑学名词审定委员会成立大会。会议统一思想，明确分工。初步确定编写框架共 16 章，分别由在京的 10 个单位承担主编和审定任务，并由各地的 15 个单位参与编写工作。

2. 初稿编审阶段：2008 年 11 月至 2009 年 7 月完成了《建筑学名词》“初稿”的编写，2009 年 8 月 27~28 日举行“初稿”(9800 条名词)审查会，会上交流编写情况，进行各章协调工作。大会取得一致意见：重申《科学技术名词审定的原则及方法》，编写要遵从科学性、系统性、简明性、国际性和约定俗成等原则。决定将十六章合并为十四章，即将“建筑行业与体制”、“建筑市场管理法规”、“建筑工程建设程序”三章合并为“市场管理与工程建设程序”一章；并将“建筑设计与园林设计”分为“建筑设计”、“风景园林”两章；再将“总图场地”并入“建筑设计”。为平衡各章术语的数量，建议将词条控制在8000条以内。

3. 送审稿编审阶段：经过内、外查重后，各章主编单位邀请业内知名专家举行审查与协调会，对送审稿进行进一步修改审定。在这个阶段部分审定委员和编写专家组成审查小组，先后参加各章节的审查与协调会。小组成员有：费麟、许迎新、米祥友、周庆琳、文瑞香、才磊及相关各主编单位的负责人和联系人等。

4. 送审稿征求意见与修改阶段：2011年12月28日举行各章主编单位编辑工作会议，会后将《建筑学名词》(送审稿)交送各审定委员和有关专家。至2012年3月底，建筑学名词审定委员会先后收到审定委员和特邀专家的书面审查意见。其中审定委员(按收到意见的先后次序)有13位：李忠、徐伟、刘景樑、魏敦山、王俊、张锦秋、马国馨、王建国、费菁、黄星元、常青、娄宇、程泰宁。特邀专家(按收到意见的先后次序)有9位：张钦楠(1996版《建筑园林 城市规划名词》主要编写负责人)、肖世荣、王昌宁、林维勇、徐善铿、黄锡璆、程立生、刘晓雷、袁波。

全书十四章的主编单位在编审过程中，每一章节又按不同专业领域单独进行复查，并邀请了知名专家进行函审和会审，专家名单如下：第一章：刘克良、刘先觉、仲德昆。第二章：常青、张为诚、王骏阳、程泰宁、王国钰、杨善慈、袁筱娟、周庆琳、顾均、崔曦、朱小地、马国馨、邵韦平、李铭陶、卜一秋。第三章：张锦秋，傅熹年，张钦楠，程泰宁，马国馨，常青，Amy Lelyveld(美国)，Alexandra Harrer(奥地利)，林源，费菁，徐善铿，王昌宁。第四章：马国馨、秦佑国、栗德祥、曾坚。第五章：刘振光、罗志恒、瞿俊刚、汪琳芳、赵红、唐永忠、刘源。第六章：张钦楠、马国馨、魏敦山、刘景樑、徐善铿、王昌宁。第七章：邹德慈、毛其智、张兵。第八章：梁永基、刘家琪、李树华。第九章：仲德昆、刘先觉、高祥生、何玉如、王建国。第十章：肖辉乾、张绍纲、林若慈、詹庆旋、林海燕、谢守穆、杨善勤、刘加平、冯雅、赵士怀、付祥钊、唐鸣放、方修睦、孟庆林、任俊、王万江。第十一章：娄宇、黄星元、王立。第十二章：顾均、刘建康。第十三章：王俊、吕西林、杨林德、李元齐、娄宇、范重、李广信。第十四章：姜文源、吴德绳、刘屏周、田友连、王厚余、钟景华、胡俊文、马佳、尤孝方、傅青峰、王蕾、孙大中、陈霖新。

2012年4月23日，各章编写单位根据专家意见进行协调与修改后，举行建筑学名词审定委员会全体大会，对《建筑学名词》(终审稿)进行审定。会后再次进行修改、查重后按预定计划上报全国科学技术名词审定委员会。《建筑学名词》中收编的词条还不能涵盖全部建筑学领域，难免挂一漏万。此外，无论是中文、英文还是定义，在我国现存辞典、百科全书中的诸多问题还未能完全统一，同一个中文名词在不同专业中也有不同的定名和定义，以上这些因素给名词审定工作带来了一定的难度。在建筑行业各领域有关专家的努力下，编写专家进行了多次审查、互校、协调和查重，听取了不同意见和建议，最终由建筑学名词审定委员会组织审定的我国第一部《建筑学名词》定稿出版。在此，我们对参加编审工作的领导、专家和所有工作人员表示衷心感谢。对本书的筹备和编写全部过程中自始至终给予人力、财力和物力上支持的中国中元国际工程公司，亦表示衷心感谢。

建筑学是一个庞大的学科体系，建筑学名词的规范和统一也需要一个渐进过程。本版《建筑学名词》公布之后，希望海内外的同行、专家提出宝贵意见和建议，以便今后进一步修订、完善。

建筑学名词审定委员会

2013 年 6 月

编 排 说 明

一、本书公布的是建筑学名词，共 5742 条，每条名词均给出了定义或注释。

二、全书分 14 部分：总论、建筑类型及组成、中外建筑历史、建筑教育、建筑经济、市场管理与工程建设程序、城乡规划、风景园林、建筑设计、建筑物理、建筑防护、建筑材料及制品、建筑结构、建筑设备与系统。

三、正文按汉文名所属学科的相关概念体系排列。汉文名后给出了与该词概念相对应的英文名。

四、每个汉文名都附有相应的定义或注释。定义一般只给出其基本内涵，注释则扼要说明其特点。当一个汉文名有不同的概念时，则用（1）、（2）……表示。

五、一个汉文名对应几个英文同义词时，英文词之间用“,”分开。

六、凡英文词的首字母大、小写均可时，一律小写；英文除必须用复数者，一般用单数形式。

七、“[　]”中的字为可省略的部分。

八、主要异名和释文中的条目用楷体表示。“全称”“简称”是与正名等效使用的名词；“又称”为非推荐名，只在一定范围内使用；“俗称”为非学术用语；“曾称”为已淘汰的旧名。

九、正文后所附的英汉索引按英文字母顺序排列；汉英索引按汉语拼音顺序排列。所示号码为该词在正文中的序码。索引中带“*”者为规范名的异名或在释文中出现的条目。

目　录

路甬祥序
卢嘉锡序
钱三强序
前言
编排说明

正文

01. 总论……1
01.01　基本概念……1
01.02　建筑空间及建筑形式美学基础……6
01.03　建筑模数及基本参数……9
02. 建筑类型及组成……11
02.01　通用建筑类型及组成……11
02.02　居住建筑……14
02.03　办公建筑……16
02.04　公检法建筑……17
02.05　教育建筑……18
02.06　科技实验建筑……21
02.07　文化博览建筑……23
02.08　观演建筑……27
02.09　游乐休闲建筑……32
02.10　体育建筑……34
02.11　医疗卫生建筑……37
02.12　商业服务建筑……41
02.13　旅馆建筑……43
02.14　交通建筑……45
02.15　邮电媒体建筑……52
02.16　市政建筑……55
02.17　仓储建筑……56
02.18　工业建筑……59
02.19　农业建筑……70
02.20　其他特殊建筑类型及组成……74
03. 中外建筑历史……75
03.01　中国古代建筑史(史前~公元1911年)……75

03.02 中国近代建筑……96
03.03 外国19世纪末叶以前建筑……99
03.04 外国19~20世纪建筑……105
03.05 文化遗产……111
04. 建筑教育……116
04.01 建筑教育历史……116
04.02 建筑教育内容……117
04.03 建筑教育体制……119
04.04 建筑教育方法……120
05. 建筑经济……121
05.01 工程造价……121
05.02 经济评价……123
06. 市场管理与工程建设程序……125
06.01 主管部门与学会、协会……125
06.02 设计机构及内部级别……127
06.03 执业注册……129
06.04 建筑设计招投标……131
06.05 设计前期阶段……132
06.06 设计阶段……133
06.07 施工阶段……134
06.08 房地产市场……135
07. 城乡规划……141
07.01 城乡规划总论……141
07.02 区域规划……144
07.03 总体规划……146
07.04 详细规划……154
07.05 城市历史与保护……159
07.06 城市设计……162
07.07 城乡规划管理……164
08. 风景园林……166
08.01 通用术语……166
08.02 城市绿地……167
08.03 城市绿地系统规划……168
08.04 园林史……169
08.05 园林艺术……169
08.06 园林规划设计……170
08.07 种植设计……170
08.08 园林植物和山石……171
08.09 园林建筑及园林小品……174

08.10 园林工程……175
08.11 风景名胜区……177
09. 建筑设计……178
09.01 总图与场地……178
09.02 建筑表现与识图……182
09.03 计算机辅助设计……185
09.04 建筑构造……188
09.05 室内设计……197
09.06 标志与色彩……200
10. 建筑物理……206
10.01 建筑光学……206
10.02 建筑声学……216
10.03 建筑热工学……225
10.04 建筑气候学……232
11. 建筑防护……236
11.01 抗震……236
11.02 防雷……239
11.03 防火、防爆……242
11.04 防空……244
11.05 洁净、防尘……246
11.06 防振动……247
11.07 防电磁辐射……248
11.08 防电离辐射……251
11.09 防静电……253
11.10 防污染……254
11.11 防腐蚀……257
11.12 防疫……257
11.13 防白蚁、防鼠、防蛇……258
12. 建筑材料及制品……258
12.01 材料分类……258
12.02 材料性能及其含义……259
12.03 材料制品……261
13. 建筑结构……279
13.01 基本结构(力学)概念……279
13.02 结构类型……284
13.03 结构体系选型……287
13.04 建筑结构抗震……290
13.05 地基与基础……295
14. 建筑设备与系统……297

14.01 给水排水系统与设备部件 297
14.02 暖通空调系统与设备部件 310
14.03 强电系统与设备部件 320
14.04 弱电系统设备与智能设计 331
14.05 动力系统与设备部件 345

附录

英汉索引 369
汉英索引 455

01. 总　论

01.01 基本概念

01.0001 建筑 (1) architecture，(2) building，(3) construction
具有三种不同的含义，在书面文字或会话等具体的语言环境中，该词根据上、下文的意义，每一次出现都只具有下述含义中的一种。(1)建筑学(architecture)。研究建筑物及其内外空间与环境的学科。(2)建筑物(building)。人工建造的，供人类居住、社会交往及生产活动等使用的空间的实体构成物。(3)建造(construction)。把预想的建筑物付诸实施的过程。

01.0002 建筑学 architecture
研究建筑物及其内外空间与环境的学科。在人类社会发展和大自然演进过程中，建筑学与景观园林及(以城市设计为核心的)城市规划三者的融合，是“空间与环境”研究领域的必然扩展。

01.0003 建筑物 building
又称“*房屋*”。人工建造的，供人类居住、社会交往及生产活动等使用的空间的实体构成物。

01.0004 建造 construction
又称“*营造*”。把预想的建筑物付诸实施的过程。

01.0005 建筑类型 building type
将建筑按照不同的分类方法区分成不同的类别，以使相应的建筑标准、规范对同一类型的建筑加以技术上或经济上的规定。

01.0006 建筑史 architectural history
研究建筑学及其相关理论的产生、发展、演变、沿革及其与社会发展史上的各阶段政治、经济、文化(包括科学、技术、宗教、艺术等)的关系，以及所受自然地理环境影响等的一门社会文化学科。

01.0007 建筑理论 architectural theory
对建筑学的本源与建筑设计的过程及其成果进行的研究所形成的理论。用以探讨、指导和评论建筑实践。建筑理论一般包括：基本理论(如本体论、空间论)和应用理论(如各种类型建筑的设计原理、建筑设计方法论)两大类。广义的建筑理论还包括建筑史、建筑美学、建筑行为学、环境心理学、人类工程学等跨学科理论。

01.0008 建筑业 building industry
一切与建筑工程的勘察、设计、施工、生产、管理等相关的行业的总称。

01.0009 建筑机构 organization of building industry
对建筑业进行管理的国家机关、政府职能部门以及具有法人地位的勘察、设计、施工、学术团体等的统称。

01.0010 建筑管理体制 administration system of building industry
依据国家法律、法令、国家标准、行业标准等相关建筑法规，对建筑业的运行、操作进行统筹和管理的制度体系。

01.0011 建筑法规 building ordinance
基本建设涉及的国家法律，政府或行业的法

令、条例、标准、规范、规程等具有法律效力的文件的总称。涉及建筑设计、建筑施工、建筑管理等不同范围和多种层面。

01.0012 建设程序 construction procedure

建设项目实施过程的法定步骤。包括项目可行性研究报告，项目批准文件，项目设计招、投标，及设计过程中各阶段的政府审批，项目施工招、投标，及施工各阶段的审批、验收，项目运行阶段的审批和管理等。

01.0013 景观园林 landscape architecture

一切经过人为设计、实施、维护和管理的，供人们实际享用和欣赏的室外空间环境。包括从单体建筑到居住小区、校园、公共建筑等各类建筑群的外部庭院，以及从街心绿地到郊野景区等各类公园。

01.0014 建设场地 building site

建设项目所占用地。有明确的边界和严格的使用条件(如容积率、控制高度、使用性质、出入口等)要求，由政府土地及规划管理部门审批管理。

01.0015 总图 site plan

建设场地开发的工程设计图。包括总平面、竖向设计、道路、绿化、各类工程管网及其综合图。其设计分为修建性详细规划及施工图两个阶段。

01.0016 建筑设计 architectural design

根据建筑物的使用功能及相关法规的要求，对建筑物的空间组织、平面布局、建筑造型、建筑构造等所进行的创作性专业技术工作。分为方案、初步设计、施工图等不同阶段。其成果主要由图纸来表达。

01.0017 房屋设计 building design

为实现房屋的建造，由总图、建筑、结构、机电设备、室内、景观、概预算各相关专业联合进行的，以图纸为主要表达方式的技术工作。其全过程中以建筑专业为主导，通常也称作建筑设计。

01.0018 室内设计 interior design

为满足并优化建筑室内使用和审美要求，对室内空间及其界面的造型进行材质选择、色彩搭配、构造处理，以及对家具、陈设、灯具和标识等进行布置和艺术处理的设计。

01.0019 景观设计 landscape design

为满足并优化建筑外部空间的使用和审美要求，对外部空间及其界面以植被配置、水景构建、地形变造、园路栈道、休憩设施、建筑小品、叠石、雕塑、灯具、标识等进行布置和艺术处理的设计。

01.0020 建筑物理[学] building physics

研究建筑的物理环境的学科。包括建筑热工学、建筑声学、建筑光学和建筑气候学。

01.0021 建筑防灾 building disaster prevention

为防止建筑物在使用过程中各种人为因素和自然因素的破坏，造成人身伤害或生命财产损失所采取的安全措施。其中建筑防火、建筑抗震对建筑设计形成整体的、方案性的影响和制约。

01.0022 建筑材料 building materials

一切用于房屋建造的天然物资及其人工制造的半成品或初级产品。如天然砂、石、木材、水泥、石灰、砖、瓦、玻璃、建筑用钢材、型钢、铝型材等。

01.0023 建筑制品 building product

供房屋建造使用的各种构配件的制成品。如预制柱、梁、板等结构构件，各类砌块，门、窗及其五金配件，成品卫生器具、橱柜、台板，等等。

01.0024 建筑设备 building equipment
为保证建筑物的使用功能并达到所要求的物理环境标准而采用的技术保障系统。即给排水、暖通空调、电气和动力系统的总称。

01.0025 建筑经济[学] building economics
研究房屋建造及建成后使用过程中的资金控制的学科。在项目确立阶段，须对全寿命周期内的成本及效益进行预评估；在建设期主要是进行估算、概算、预算、决算等文件的编制；在运营期需综合控制成本提高经营效益。

01.0026 建筑教育 architectural education
在高等学校设置的建筑学专业中，对本科生、硕士生、博士生进行知识、技能的传授和训练。建筑学专业教育的实质是以培养执业建筑师为目标的职业教育。泛指的建筑教育也应包括中等专业教育。

01.0027 规划师 planner
受过相关的专业教育和训练，并以规划设计为主要职业的专业人员。

01.0028 建筑师 architect
受过相关的专业教育和训练，并以建筑设计为主要职业的专业人员。

01.0029 室内设计师 interior designer
受过相关的专业教育和训练，以室内设计为主要职业的专业人员。

01.0030 景观设计师 landscape architect
受过相关的专业教育和训练，以景观设计为主要职业的专业人员。

01.0031 建筑设备工程师 building equipment engineer
又称“机电工程师(mechanical engineer)”。受过相关的专业教育和训练，以建筑设备系统设计为主要职业的专业人员。

01.0032 建造师 constructor
受过相关的专业教育和训练，以建筑工程项目承包和施工管理为主要职业的专业人员。

01.0033 建筑文化 architectural culture
建筑物及其群体(包括由它们所构成的内外空间与环境)所承载和反映的人类历史、现实及其发展过程中的社会观念形态。同其他文化现象一样，建筑文化以社会的政治经济为基础，是人类重要的遗产和财富。

01.0034 建筑科学 building science
泛指一切与建筑工程技术相关的客观规律及法则的知识体系。

01.0035 建筑技术 building technology
有关房屋建造的方式与方法的知识和技巧的总称。

01.0036 建筑施工 building construction
依据设计图纸，由具有相应资质的施工企业承接的，从房屋实体建造的物质准备、组织计划、构筑安装直到建筑物建成交付使用的建筑工程实施过程。

01.0037 建筑构造 architectural construction
建筑物各组成部分基于科学原理的材料选用及其做法。

01.0038 建筑图学 architectural geometry
研究表达建筑物的设计图的编制方法的一门学科。通常由画法几何和绘制透视图的中心投影几何学组成。

01.0039 建筑测绘 building surveying
对现存的建筑物或其群体，以手工及现代仪器测量并绘制成图的技术工作。其成果用来对其进行研究、保护和修缮。

01.0040 建筑体系 building system
某种特定类型的房屋，其设计与施工自成完整系统。是建筑物的一种工业化生产方法，具有专利性质。

01.0041 建筑勘探 building geotechnics
为建筑工程的设计施工服务的水文、地质状况的技术探察工作。

01.0042 建筑性能 building performance
由建筑物性质所决定的整体及各部位的使用效率及质量水平。

01.0043 建筑评价 building evaluation
以完整的指标体系，对已建成的建筑物的性能水平进行的量化评定。以综合结果来确定其性能质量等级。

01.0044 建筑节能 building energy conservation
在保证室内热工环境质量的前提下，对建筑围护结构及采暖、空调等设备系统所采取的降低能源消耗，提高能源利用效率的技术措施。是建筑环保体系中的最具可操作性的关键环节，有严格的设计规范。

01.0045 建筑环保 building environment protection
在房屋的设计、施工、运行管理过程中，考虑节约资源(包括节地、节能、节水、节材等)，减少废物(废水、废渣、废气)排放，并对其进行无害化处理以至回收利用等的系统工作。此外，防噪声以及防光污染等是其特殊内容。

01.0046 建筑机械 construction machine
房屋建造及其构、配件生产的专用运输、安装工具或装置。

01.0047 建筑维护 building maintenance
对使用中的建筑物各部位及设备系统的日常管理和保养，以保持其使用功能和设备系统的正常运转。

01.0048 建筑修缮 building renovation
又称“房屋修缮”。为保持旧有建筑物的现状，或适当恢复其原始状态，使其能保持和延长使用年限要求所进行的维护修理工作。

01.0049 建筑选址 building site designation
建筑物及其群体的建造地点的选择。依据各种自然地理条件及社会人文状况，通过环境影响评估、技术能力水平认证、效益核算等综合评价确定。

01.0050 结构选型 selection of structure typology
根据建筑物的使用功能及造型所要求的空间尺度和形态，合理选择结构形式及结构布置的概念指导性技术工作。

01.0051 建筑功能 architectural function
人类的生活及生产活动对各类建筑物及其各部位的各种使用要求。

01.0052 建筑美学 architectural aesthetics
研究建筑物及其群体所构成的各种空间及其界面，在形式上的审美客体准则及审美主体的感受，以及两者之间联系的一门学科。

01.0053 建筑艺术 architectural art
又称“空间艺术(space art)”。关于房屋建造的一门实用艺术。包括两部分：其一是建筑物及其群体的内外空间形态的创造和对这些空间的组织，是建筑艺术最独特最本质的内容；其二是对这些空间的界面进行造型处理，其遵从形式美学的一切法则和原理。

01.0054 环境艺术 environmental art
对建筑内外空间及空间的界面进行美化处理，以便为使用者在物理、生理、心理多层面上，提供舒适和美感的一门实用艺术。其依附并渗透于空间及空间界面，通过景观设计和室内设计来实现。

01.0055 建筑创作 architectural creation
对建筑物或其群体的内部与外部的空间形态、空间组织及空间界面的造型，进行开拓性的构思和表达。

01.0056 建筑形式 architectural form
建筑空间界面的实体部分，用以展示自身内在素养的外在模样。

01.0057 建筑风格 architectural style
基于建筑形式，所表现出来的建筑物的外在风采和格调。具有不同的流派、理念，以及地域、时代等特征。

01.0058 建筑造型 architectural image
建筑空间实体界面的形象塑造。与纯美术(绘画、雕塑等)的造型依从同样的形式美学原理，但建筑造型必须考虑适用性和技术可行性。

01.0059 建筑小品 site furnishings
结合景观园林设计在室外场地上具有简单功能并以美化环境效果为主要目的的近人小尺度构筑设施。

01.0060 新建 construction of new building
不依附既有房屋，在自然基地上建造的房屋。

01.0061 改建 building reconstruction
对既有房屋，依据功能变化，重新布局，并对其结构体系、设备系统进行相应的调整。

01.0062 扩建 building expansion
对既有房屋，依据功能的增加和变化进行扩大建设。扩建时，须考虑新旧两部分的连接，对旧有部分做必要的调整。

01.0063 建筑设计规范 code of building design
由政府部门、行业等机构组织编制、中央或地方政府批准颁布的建筑法规体系中，与建筑设计相关的部分。是对新建、改建、扩建的建筑物，在设计时所应遵循的基本技术要求。

01.0064 工程建设标准 standard of building construction
为了在工程建设领域内获得良好秩序，由中央政府颁布的，具有政策指导性的，用以统一规模、控制投资等的要求和准则。

01.0065 无障碍设计 barrier-free design
为保证乘轮椅者、以拐杖等辅助行走的肢体伤残者、视觉残疾者等人士既方便又安全的通行空间和使用条件，对城市道路和建筑物的做法和设施的特殊设计要求。

01.0066 环境心理学 environmental psychology
以观察、调查、量化分析等现代的科学方法，研究个体人或人群的心理和社会心理，以及与其所生活的自然、物理环境之间的互相关联与作用的学科。为人们适应和改造环境，提高生存质量，提供科学的设计依据。

01.0067 人类工程学 human engineering
研究人或人群在各种工作环境中的生理学、解剖学和心理学的各种要素，人与空间场所、设备的相互作用的一门学科。其运用于建筑强调人与家具、设备、空间、环境等是有机的整体。

01.0068 建筑行为学 behavioral architecture
研究建筑空间场所的安全、便捷、舒适和高效，及其与人的行为模式之间关系的一门学科。

01.0069 风水学 fengshui
通过对以山、水地貌的形态走向为基础的

自然环境的考察，指导人们如何确定城市、村镇、建筑、墓葬等的位置朝向、布局、营建等的一套理论和方法。风水概念有时也被引申到内部空间布局及人工环境。风水学是中国特有传统文化现象。它对问题的解决和现象的解释，有许多迷信和巫术的特征，但其内涵确也凝聚着中国古代哲学、科学、美学的智慧。结合现代环境科学的发展，风水学经历融合、变通，会获得改良和新的发展。

01.0070 绿色建筑 green building

在建筑的全寿命周期内，最大限度地节约资源(节能、节地、节水、节材)，保护环境和减少污染，为人们提供健康，适用和高效的使用空间，与自然和谐共生的建筑。

01.0071 生态建筑 ecological building

能够运用、模拟或反映自然生态链条(或其片段)的建筑物。其建造和使用，强调采用低技术及自然仿生的方法和手段。其核心理念是有序共生的和谐性和循环再生的可持续性。

01.0072 乡土建筑 vernacular architecture

在特定环境中(如以相对封闭的农业、畜牧业为主的传统村落地区)自然形成的，在使用功能、形态、建造技术等多方面均具有自身特征的建筑物及其群体。

01.0073 生土建筑 earthen building

以自然土为基本材料所建造的房屋。主要包括两大类：① 在足够厚度的匀质黄土层中挖凿的窑洞；② 以模板辅助的人工夯实土(或土坯砌体)为承重及围护墙体的房屋。

01.0074 地下建筑 underground architecture

在天然地面(包括山体表面)之下的岩土层中挖凿的生活、生产、军事防御等空间和相应设施。地下建筑必须与地上建筑物以及完善合理的地面活动紧密结合。

01.0075 零能耗建筑 zero energy building

只以太阳能、风能、地热能等无污染并可再生的能源支持其正常运作的房屋。依赖于技术进步，其设备及系统的成本控制需要不断的高科技研发投入。目前局部采用太阳能热水、太阳能采暖以及地热等方式的建筑已开始推行。

01.0076 智能建筑 intelligent building

以建筑物为平台，兼备信息设施系统、信息化应用系统、建筑设备管理系统、公共安全系统等，集结构、机电设施、服务、管理及其优化组合为一体，向人们提供安全、高效、便捷、节能、环保、健康的建筑。

01.02 建筑空间及建筑形式美学基础

01.0077 建筑构图原理 principle of architectural composition

建筑形式美的构成规律及其运用方法。来源于形式美学的基本法则，但运用于建筑学，还需考虑审美主体(使用者)对功能的要求以及技术上的可实施性。尺度、比例、对称、均衡、对比、统一、节奏、韵律、主从、虚实、协调、稳定、秩序、序列、体量、质感、等均为构图的基本要素。

01.0078 平面构成 plane composition

将既有的形态(包括基本的点、线、面、体)在二维平面内，按一定的秩序和法则进行分解、组合，从而构成美的形态(装饰图案等)。是现代艺术设计的基础之一。它不但运用构图原理的基本要素，还运用了现代的物理学、生理学、心理学、数学、美学的理性成果。渗透、重复、近似、类比、放射、向心、密集、群化、积聚、垒叠、扭曲、旋转、连续、连接、封闭、通透、屏蔽、覆盖、围合、包容、切割、切分、交叉、交错、分裂、分离、共生、肌理、拼镶、倾斜、反转、镜像、膨胀、收缩、增添、消减、异变、渐变等均为平面构成的基本技法。

01.0079 立体构成 stereoscopic composition
在三维空间里，按一定的秩序和法则通过分解、组合、改变或创建新的美的形态(装置或几何相贯体等)。其基本要素和基本技法与平面构成相通，但三维的空间形象思维，对建筑学是最为直接的基础训练。

01.0080 建筑形态构成 architectural configuration composition
建筑实体的外形姿态的组织与构建。

01.0081 建筑空间构成 architectural space composition
以使用者为审美主体的空间的构建与组织。与建筑形态构成均为美学范畴并存在对偶关系。

01.0082 建筑空间组合 architectural space combination
把使用功能所要求的不同形态的建筑空间，按它们使用联系要求及审美要求，以合理的结构技术及设备系统，按一定规律组织在一起，同时创造完美的建筑形象。是建筑艺术的核心技法，需要广博的知识和经验，以及高水平的空间想象力和创造力。

01.0083 黄金分割 golden section
又称“黄金比”。古代希腊认为矩形的长宽比为 1.618 时，是最和谐最美的比例。在当时的建筑中广泛使用。其意义在于揭示了科学与艺术之间存在某种内在联系，是毕达哥拉斯学派美学思想的经典范例。

01.0084 模度体系 modulor system
由现代主义大师勒·柯布西耶(Le Corbusier)创建的以比例结合人体尺度建立的模数系列。其目的是寻求既适于房屋设计和生产的标准化、工业化，又具有和谐美感的尺度系统。该体系含有人体多个基本尺寸，并构成近似黄金分割的数列(受斐波那契级数启示)。其中的人体基本尺寸与统计学的结果(特别是东方人)并不相符，但其理念和方法具有深刻的影响。

01.0085 模式语言 pattern language
场地或场所的某种环境状态及空间形态，在观念中被定型(其清晰度可以不同)后的抽象表述(文字或非文字的)。其创建者美国当代建筑师亚历山大(Christopher Alexander)认为模式语言是建筑形象思维的基本词汇。模式语言的数量、种类、内容等处于发展变化中。

01.0086 心理作用 psychological impact
知识、经验、性格、情绪等心理因素，反映在对客观事物的观察上，所造成的认知差异及认知升华的现象。在建筑空间形态塑造中，被广泛地利用，以提高环境品位，有时也受到特定的生理现象的影响。

01.0087 建筑空间 architectural space
能容纳并满足人们对使用功能的要求，由连续的实体或虽间断但存在虚拟联系的界面所界定，并被使用者所感知和鉴赏的三维场所及领域。是构成建筑艺术的核心语言。

01.0088 功能空间 functional space
按使用功能被认知的建筑空间。

01.0089 行为空间 behavioral space
对使用者的活动状态做概括或抽象表述的建筑空间。

01.0090 交往空间 contact space

人们有意愿在其中进行随机性的聚集、谈话等接触交流活动，并由相关人群所拥有的半公共空间。

01.0091 防卫空间 defensible space

为防范外来侵扰而进行适当设防的属于相关人群的半私有空间。

01.0092 四维空间 four dimensional space

在爱因斯坦相对论中，终结了牛顿理论的绝对时间观念，时间和空间是不可分离的，称作四维空间。建筑学中借用这一术语，用以表达三维的建筑空间在时间向度上的使用价值和审美价值的感受及其变化。

01.0093 虚空间 illusory space

在相对闭合的空间里，采用美学手法增设或扩宽开口部分，在视觉上吸纳其他空间，造成虚幻的空间扩大感，从而产生的空间。利用镜面映出周围景物，造成虚幻的空间扩大感是最直接的传统的虚空间手法。

01.0094 灰空间 gray space，blur space

又称“模糊空间”。在建筑空间组合过程中出现的，功能上具有不确定性(包括无法预设或无必要预设功能的)处于中间领域的模糊性建筑空间。在现代建筑的功能主义理论框架下，其概念的引入对建筑空间理论及建筑创作具有积极的思辨性。

01.0095 流动空间 flowing space

处于渗透、游移状态的空间。是现代主义建筑的重要特征之一。其形态及其被认知的虚拟界面，随着使用者(空间审美主体)的活动而变换。

01.0096 开敞空间 open space

减少围合空间的实体界面而形成的空间。是相对的概念，有程度的不同。

01.0097 共享空间 sharing space

不一定具有特定使用功能的，能被公众共同认知并享用的相对稳定的空间。美国当代建筑师波特曼(John Portman)在他的项目中首次提出并运用了这一概念。

01.0098 存在空间 existence space

取决于人及其群体在其中的实际存在状况或存在方式的客观性空间。挪威建筑师诺伯格–舒尔茨(C. Norberg-Schulz)所提出的关于存在空间的要素，以及从宏观到微观不同阶段的知觉图式体系等概念，丰富了建筑空间理论。

01.0099 个人空间 personal space

一个活动的人所需要的缓冲空间。主要是心理学的概念，由生理、心理、行为、环境等多因素所形成。在观念中，其形态近似于一个以人为核的气泡。任何个人空间都随时处于与其他个人空间相碰撞和挤压的状态中。其大小、方向会随客观环境的变化，在主观上不断地进行着调整。

01.0100 认知空间 cognitive space

客观存在的空间在人头脑中的主观反映。这个空间的界面可以是明确的，也可以是模糊的，它取决于认知主体的认识和感知能力。

01.0101 外部空间 outdoor space

一般指建筑物外门以外部分的空间。建筑外门以内的空间称为内部空间。虽然随着建筑设计技法及建筑空间形态的发展，建筑内外空间在特定情况下的界定有所突破。但在物质形态和观念形态中，建筑物的内部空间和外部空间仍是明确的。建筑外部空间是建筑空间重要组成部分。内部空间是其对偶用语。

01.0102 积极空间 active space，planned space

按一定的计划有秩序地加以限定和安排，并

满足人们一定意图的建筑外部功能空间。它具有收敛性特征，鼓励人们在其中进行有目的的活动。

01.0103 消极空间 negative space
对应于积极空间，不设定人的有目的活动的建筑外部空间。

01.03 建筑模数及基本参数

01.0104 模数 module
选定的尺寸单位。作为尺度协调中的增值单位。

01.0105 建筑模数 building module, construction module
作为尺寸协调中的增值单位、建筑物及其构配件（或组合件）选定的标准尺寸单位。目前，世界各国均采用100mm为基本模数值。

01.0106 基本模数 basic module
模数协调中选用的基本尺寸单位。其数值为100mm，符号为M。即1M=100mm。

01.0107 扩大模数 expanded module
基本模数的整数倍数。

01.0108 分模数 infra-module
整数除基本模数的数值。

01.0109 定位轴线 axis，axial line
在模数化网络中，确定主要结构位置的线。如确定开间或柱距、进深或跨度的线。其以外的网络线均为定位线，它用于确定模数化构件的尺寸。

01.0110 标志尺寸 nominal size
符合模数数列的规定，以标注建筑物定位轴线、定位线之间的垂直距离（如开间、进深或跨度、层高等），以及建筑构配件、建筑组合件、建筑制品以及有关设备界限之间的尺寸。

01.0111 构造尺寸 work size
建筑构配件、建筑组合件、建筑制品等的设计尺寸。一般情况下为标志尺寸减去缝隙。

01.0112 实际尺寸 actual size
建筑构配件、建筑组合件、建筑制品等生产制作后的实有尺寸。与构造尺寸之间的差数应符合建筑公差的规定。

01.0113 技术尺寸 technical size
建筑功能、工艺技术和结构条件在经济上处于最优状态下所允许采用的最小尺寸。通常指建筑构配件的界面或厚度。

01.0114 尺度协调 size co-ordination
房屋构配件及其组合的房屋，与尺度有关的规则，供设计、制作和安装时采用，是使结构配件在现场组装时，不须割去或补充部分，并使不同的构配件间有互换性。

01.0115 模数协调 modular co-ordination
在基本模数或扩大模数基础上的尺寸协调。其目的是减少构配件的尺度变化，并使房屋设计者在排列构配件时有更大的灵活性。

01.0116 协调空间 coordination space
构件安装后就完全包含在内的最小容积。该容积不应以构件形状来决定，而应以三对平行面直交的六面体所限定的三向最大尺寸来决定。

01.0117 模数化网络 modular network
由基本模数（或其扩大模数）在平面直角坐标系中形成的正交图形系统。有双向基本模数网络、双向相同扩大基本模数网络、双向不同扩大基本模数网络、双向大小相同模数化网络等多重系列。

01.0118 人体尺度 scale of human body

人体及其各部位在自然状态下的各种三维尺寸或相对尺寸，以及活动姿态下的各种相对尺寸，经统计分析后，所形成的尺寸系列。

01.0119 家具尺度 furniture scale

根据人们工作、生活的状态、姿态的效率及健康的要求，以人体尺度为依据，以人体工程学理论所建立的家具尺寸系列。

01.0120 设备尺度 equipment scale

各设备系统的组成件及其线路的绝对、相对尺寸系列。设备尺度需要考虑安装、操作及维修的方便和安全。

01.0121 占地面积 site area

又称"*用地面积*"。建设项目占用土地的面积。

01.0122 建筑面积 floor area

建筑物(包括柱子、墙等支撑体和围护体)所形成的楼地面水平投影面积。

01.0123 总建筑面积 total floor area

在一定范围内，建筑面积的总和。

01.0124 使用面积 net floor area，usable area

建筑面积中减去公共交通面积、结构面积等，留下可供使用的面积。

01.0125 交通面积 traffic area

房屋内垂直交通设施所占用的面积。在计算使用面积系数时，须从建筑面积中减去。

01.0126 结构面积 structure area

房屋结构体在房屋使用空间上的水平截面投影的面积。

01.0127 建筑体积 building volume

建筑物与室外大气接触的外表面所包围的全部体量。以 m^3 为单位。

01.0128 开间 bay

建筑物纵向两个相邻的墙或柱中心线之间的距离。

01.0129 进深 depth of building

建筑物横向两个相邻的墙或柱中心线之间的距离。

01.0130 层高 story height

建筑物各层之间以楼、地面面层(完成面)计算的垂直距离。屋顶层由该层楼面面层(完成面)至平屋面的结构面层或至坡顶的结构面层与外墙外皮延长线的交点计算的垂直距离。

01.0131 室内净高 net storey height，floor to ceiling height

从楼、地面面层(完成面)至吊顶或楼盖、屋盖底面之间的有效使用空间的垂直距离。

01.0132 建筑高度 building altitude

建筑物室外地面到其檐口或屋面面层的高度。消防设计时屋顶上的水箱间、电梯机房、排烟机房和楼梯出口小间等不计入建筑高度。如果按航空安全或景观限制，则所有屋顶突出物均应计入建筑高度。

01.0133 绿地面积 green area

被植物覆盖的室外自然地面或满足种植要求厚度的覆盖土层的面积(包括其间非硬化的甬道)。

01.0134 基底面积 building covering area

建筑物地面层(或首层)的外墙外轮廓线所包围的水平投影面积。

01.0135 建筑全寿命周期 life cycle of building

一栋建筑物经过工程准备、建造、使用、维

护、拆除(包括拆除物的无害化处理)所用的时间。以全寿命周期为基础参数，可以更科学的综合评价其投资效益。

02. 建筑类型及组成

02.01 通用建筑类型及组成

02.0001 民用建筑 civil building
供人们居住和进行各种公共活动的建筑的总称。

02.0002 公共建筑 public building
供人们进行各种公共活动的建筑。

02.0003 综合楼 multi-functional building, building complex
又称“建筑综合体”。由两种及两种以上用途的楼层组成的公共建筑。

02.0004 过街楼 overpass
跨越道路上空并与两边建筑相连接的建筑物。

02.0005 骑楼 Qilou
建筑沿街面以柱支承楼层，底层外墙后退以留出公共人行空间的建筑物。

02.0006 单层建筑 single-story building
只有一层空间的建筑。

02.0007 多层建筑 multi-story building
建筑高度不大于24m的非单层建筑。

02.0008 高层建筑 high-rise building
建筑高度大于 27m 的居住建筑和其他建筑高度大于24m的非单层建筑。

02.0009 超高层建筑 super high-rise building
建筑高度大于100m的建筑。

02.0010 裙房 podium
在高层建筑主体投影范围外，与建筑主体相连且建筑高度不大于24m的附属建筑。

02.0011 楼层 floor, story
多、高层建筑物中，除底层外沿高度方向水平分隔的空间。

02.0012 夹层 mezzanine
一座建筑中两层主楼面之间的部分楼层。

02.0013 标准层 typical floor
平面布置相同的楼层。

02.0014 避难层 refuge floor
建筑高度超过100m的高层建筑，为消防安全专门设置的供人们疏散避难的楼层。

02.0015 设备层 mechanical floor
建筑物中专为设置暖通、空调、给水排水和配变电等的设备和管道且供人员进入操作的空间层。

02.0016 架空层 elevated story
又称“吊脚架空层”。仅有结构支撑而无外围护结构的开敞空间层。

02.0017 地下室 basement
地面低于室外设计地面的平均高度大于该房间平均净高的1/2的房间。

02.0018 半地下室 semi-basement
地面低于室外设计地面的平均高度大于该房间平均净高的1/3，且不大于1/2的房间。

02.0019 入口 entrance
人或物进入建筑的部位。

02.0020 出口 exit
人或物离开建筑的部位。

02.0021 门斗 enclosed entrance porch
在建筑物出入口设置的起分隔、挡风、御寒等作用的建筑过渡空间。

02.0022 门厅 entrance hall，anteroom，lobby
位于建筑物入口处，用于人员集散并联系建筑室内外的枢纽空间。

02.0023 大堂 lobby
公共建筑物内与出入口连接、用于接待宾客的一个宽敞空间，是门厅的一种特殊形式。

02.0024 过厅 hall
建筑物交通系统中用于分配、缓冲人流的过渡性空间。

02.0025 门廊 porch，portico
建筑物入口前有顶棚的半围合空间。

02.0026 前室 vestibule
房间及楼电梯间等空间前的过渡空间。

02.0027 售票处 ticket office
又称“票房”。办理出售、退换、兑换门票等业务的房间或场所。

02.0028 传达室 gatekeeper's room，gateman's room，porter's room
又称“收发室”。在机构入口处，负责处理收发信报、管理人车物出入、安全保卫等事务的房间。

02.0029 值班室 duty room
供保障本机构处于与外界的连通状态、及时传递相关信息、使相关部门或人员能处理突发事件的房间。

02.0030 问询处 information desk
又称“问讯处”。咨询信息的场所。

02.0031 服务台 reception desk
提供咨询、办理相关手续等综合服务的柜台。

02.0032 收费处 cashier
收付费用的场所。

02.0033 衣帽间 cloakroom
公共建筑中附设的供人们暂存衣帽物件的辅助空间。

02.0034 报告厅 auditorium，report hall
供演讲、会议及其演示等以满足视线和语音类音质需求为主的空间。

02.0035 多功能厅 multi-functional hall
可提供多种使用功能的空间。

02.0036 接待室 reception room
又称“会客室”、“接待厅”。接见、会见、招待来访者的房间。

02.0037 会议室 meeting room，conference room
办公楼或其他公共建筑中专供开会、议事使用的房间；也可以是独立的单体建筑。

02.0038 休息室 foyer，lounge
供正式事务之余进行休憩活动的房间。

02.0039 更衣室 dressing room，locker room
供人们更换衣服用的房间。

02.0040 餐厅 dining room，dining hall
建筑物中专设的就餐空间或用房。

02.0041 食堂 canteen，cafeteria

设于机关、学校、厂矿等单位、加工餐食并供应人群就餐的场所。

02.0042 备餐间 pantry
厨房制作完成的餐食在供餐用前的准备房间。

02.0043 厨房 kitchen
加工制作及烹饪食品的炊事用房。

02.0044 烹饪台 kitchenette
俗称“*开放式厨房*”。将炉灶、案台、洗涤池等合一开放设置的空间。

02.0045 开水间 water heater room
提供开水服务的空间。

02.0046 洗涤间 washery
医院、实验室、餐馆等建筑中专门用来洗涤用具的空间。

02.0047 洗衣房 laundry
洗涤、烘干或熨烫衣物等的房间。分为两类：一类是营业性的公共洗衣房，集中设置洗衣、烘干等设备，为顾客进行洗涤、烘干等有偿服务，或者供人们携带脏衣物自行操作；另一类是附设于旅馆、医院等公共建筑物的辅助性设施，为旅馆或病人洗涤、烘干或熨烫衣物等。

02.0048 浴室 bathroom
供人们洗浴用的房间。

02.0049 卫生间 toilet，lavatory
供人们进行便溺、盥洗、洗浴等活动的房间。

02.0050 厕所 toilet
又称“*洗手间*”。供人们进行便溺、盥洗等活动的房间。

02.0051 盥洗室 lavatory，washroom
供人们进行洗漱、洗衣等活动的房间。

02.0052 储藏室 storage
专门用于存储物品的房间。

02.0053 壁柜 closet
又称“*壁橱*”。建筑室内与墙壁结合而成的落地储藏空间。

02.0054 步入式衣柜 walk-in closet
以储藏衣物为主要功能，人可以进入取用的空间。

02.0055 阳台 balcony
附设于建筑物外墙设有栏杆或栏板，可供人活动的室外空间。

02.0056 平台 terrace
又称“*露台*”。高出室外地面供人们进行室外活动的平整场地。一般设有固定栏杆。

02.0057 中庭 atrium
建筑中贯通多层的室内大厅。

02.0058 庭院 courtyard
附属于建筑物的室外围合场地，可供人们进行室外活动。

02.0059 天井 patio
被建筑围合的露天空间。主要用以解决建筑物的采光和通风。

02.0060 下沉庭院 sinking courtyard
地面低于周围地面的庭院。

02.0061 屋顶花园 roof garden
在建筑物顶上建造的花园。

02.0062 走廊 corridor
又称“*走道*”。建筑物中的线形水平交通空间。

02.0063 袋形走廊 dead end corridor
一端是尽端，只能向另一端单方向疏散到安

全出口的走廊。

02.0064 回廊 cloister，loggia
又称“走马廊”。围绕中庭或庭院的走廊。

02.0065 连廊 corridor，covered path
连接建筑之间的走廊。

02.0066 楼梯间 staircase
设置楼梯的专用空间。

02.0067 电梯厅 elevator hall
又称“候梯厅”。供人们等候电梯的空间。

02.0068 电梯井 elevator shaft，elevator core
为电梯轿厢和配重装置运行而设置的空间。

02.0069 管道间 pipe room
建筑物中用于布置设备管线的房间。

02.0070 设备机房 machine room
供维持建筑正常功能的机器设备安装及其运行的空间。

02.02 居住建筑

02.0071 居住建筑 residential building
供人们居住使用的建筑。

02.0072 低层住宅 low-rise house
一层至三层的住宅。

02.0073 多层住宅 multi-story house
四层至六层的住宅。

02.0074 中高层住宅 medium high house
七层至九层的住宅。

02.0075 高层住宅 high-rise house
十层及十层以上的住宅。

02.0076 配建设施 service facility
与人口规模或与住宅规模相对应配套建设的公共服务设施。

02.0077 居住区公共配套设施 service facilities
居住区公共配建设施的总称。

02.0078 住宅单元 residential building unit
由多层住宅组成的建筑部分，其中住户可通过共用楼梯和安全出口进行疏散，通常由若干单元拼联组合成住宅楼栋。

02.0079 户室比 plan type rate
住宅中不同居室数量户型(或称套型)的户数占总户数的百分比。

02.0080 套 house unit
有完整的居住和厨卫设施组成的基本住宅单位。

02.0081 套型 dwelling unit type
按不同使用面积、居住空间和厨卫组成的成套住宅单位。

02.0082 住宅 ［dwelling］house
供家庭居住使用的建筑。

02.0083 独立式住宅 detached house，single family house
一户不与其他建筑相连建造，并有独立的院子的住宅。

02.0084 别墅 villa，cottage
在郊区或风景区建造的供休养用的园林住宅。现在一般指带有私家花园的低层独立式住宅。

02.0085 单元式住宅 apartment building

由几个住宅单元组合而成，每一个单元均设有楼梯或楼梯与电梯的住宅。

02.0086 跃层住宅 duplex apartment
套内空间跨越两楼层及以上的住宅。

02.0087 联排式住宅 row house，terrace house，townhouse
又称“联立式住宅”。跃层式住宅套型在水平方向上组合而成的低层或多层住宅。

02.0088 塔式住宅 apartment of tower building
又称“塔式高层住宅”。以共用楼梯、电梯为核心布置多套住房的高层住宅。

02.0089 通廊式住宅 corridor apartment，corridor house
由共用楼梯或共用楼梯、电梯通过内、外廊进入各套住房的住宅。

02.0090 内天井式住宅 inner-patio housing
住宅中间设有天井，四周围以居室或厨、厕等用房，借助内天井解决部分房间的直接采光和通风的住宅建筑组合类型。

02.0091 公寓 apartment
有完整的居住和厨卫设施布置，有统一的专人管理，以家庭使用为主的住宅。

02.0092 小套公寓 efficiency apartment
平均建筑面积 25~45m^2 的公寓。

02.0093 旅馆式公寓 service apartment
又称“服务公寓”。提供旅馆式管理服务的住宅。

02.0094 宿舍 dormitory
有集中管理且供单身人士使用的居住建筑。

02.0095 商住楼 business-living building
由下部商业用房与上部住宅组成的综合性建筑，或空间具有灵活性，可供居住或商业活动转换使用的建筑。

02.0096 老年人居住建筑 residential building for the senior citizen
专为老年人设计，供其起居生活使用，符合老年人生理、心理要求的居住建筑。包括老年人住宅、老年人公寓、老人院、护理院、托老所。

02.0097 老年住宅 senior housing
专供老年人、符合老年体能心态特征的住宅。

02.0098 托老所 the senior’s center
为老年人提供寄托性养老服务的社会养老服务机构。有日托和全托等形式。

02.0099 老人院 nursing home for seniors
又称“养老院”、“敬老院”。专为接待老年人安度晚年而设置的社会养老服务机构。设有起居、生活、文化娱乐、医疗保健等多项服务设施。

02.0100 居住空间 habitable space
卧室、起居室(厅)的使用空间。

02.0101 卧室 bedroom
供起居者睡眠、休息的空间。

02.0102 起居室 living room
又称“客厅”。供居住者会客、娱乐、团聚等活动的空间。

02.0103 书房 study room
住宅内供阅读、书写、工作的房间。

02.03 办公建筑

02.0104 办公建筑 office building
用于办理行政事务和从事业务活动的建筑。

02.0105 行政办公楼 administration building
为政府、社团、企业等机构人员使用的办公建筑。

02.0106 商务写字楼 business office building
在统一的物业管理下，以商务为主，由一种或数种单元办公平面组成的租赁办公建筑。

02.0107 综合性办公楼 multi-use office building, office building complex
不同功能需求办公用房集合在同一楼内的办公楼。

02.0108 公寓式办公楼 apartment-office building，small office home office，SOHO
由一种或数种平面单元组成，单元内设有办公、会客空间、卧室、厨房和卫生间等房间的办公建筑。

02.0109 旅馆式办公楼 service office building
提供旅馆式服务和管理的办公楼。

02.0110 商务园 business park
以办公环境优美、交通设施便利、服务细致周到、建筑低密度布局等为特征的办公型企业聚集的园区。

02.0111 市政厅 municipal hall
城市管理机构办公所在的办公建筑。

02.0112 会议厅 assembly hall, conference room
专供人们开会的空间。

02.0113 行政办公区 administrative-office zone
专门供政府机关或企业、团体等内部管理人员使用的办公区域。

02.0114 业务办公区 business-office zone
供进行或处理业务上相关工作的人使用的办公区域。

02.0115 办公室 office
用于从事办公活动的房间。

02.0116 开放式办公室 open space office
灵活隔断的大空间办公空间形式。

02.0117 半开放式办公室 semi-open space office
由开放式办公室和单间办公室组合而成的办公空间形式。

02.0118 单元式办公室 single-unit office
采用走廊与小间办公室的传统布局方式的办公室。

02.0119 档案室 archives room
专门用来存放档案资料的房间。

02.0120 文秘室 secretarial office
专门为秘书和文员提供的办公室。

02.0121 机要室 confidential room
专门承担机要工作的秘书机构的办公场所。

02.0122 同声传译控制室 simultaneous interpretation booth
附设在重要会堂或剧院用于即时口语翻译传达的特种房间。

02.0123 主席台 rostrum，platform
会议主持人及演说者和其他相关人物就座的空间。

02.0124 民政建筑 civil affairs building
为人们提供民政事务服务的建筑。

02.0125 儿童福利院 children's welfare home
为孤残儿童提供照料、特殊教育、医疗、康复、国内外收养、家庭寄养等服务的场所。

02.0126 救助站 refuge
收留救助生活无着的流浪乞讨人员的场所。

02.0127 消防局 fire department, fire authority
政府用来管理和防范火灾及相关事宜的建筑。

02.0128 消防站 fire station
城镇中为公安和专职消防队及其技术装备集结待命的专用建筑物。

02.0129 消防车库 fire engine room
停放消防专用车辆的车库。

02.0130 训练塔 training tower
专门供消防队员进行攀爬训练的塔状建筑物。

02.0131 使馆 embassy
国家在建交国首都派驻的常设外交代表机关，外交使节在所驻国家的办公等活动场所。

02.0132 领事馆 consulate
国家派驻对方国家某个城市并在一定区域执行领事职务的政府代表机关的场所。

02.0133 签证处 visa department, visa section
国家权力机关或驻外使领馆专门办理在护照上进行签注手续的办公场所。

02.0134 大使官邸 ambassador residence
供大使本人及家属在所驻国居住生活与外事活动的房屋。

02.04 公检法建筑

02.0135 司法建筑 judicial building
对行政诉讼、民事和刑事案件进行侦查、审判和处置的场所。其建筑常常是国家权力的象征。

02.0136 检察院 procuratorate
主要承担民事、刑事、行政、经济案件的侦察、预审、批捕和起诉，并对监狱、拘留所工作进行检察、监督的国家及地方各级检察机关的专用办公建筑。

02.0137 法院 law court
行政诉讼、刑事或民事等案件的各级审判用房及法官办公的专用建筑。

02.0138 公安局 public security bureau
为保障社会整体(包括社会秩序、公共财产、公民权利等)治安的国家及地方各级公安部门的专用办公建筑。

02.0139 派出所 local police station
公安部门基层机构(管理户籍和基层治安)的专用办公建筑。

02.0140 法庭 court
法院内专门用来进行各类案件审判的空间。

02.0141 法官室 judge's suite
供法官专用的办公及附属空间。

02.0142 律师室 lawyer's room
法院中出庭律师临时工作用房。

02.0143 证人室 witness' room
在审判区设立的能让证人在不暴露的情况下作证的场所，以在对证人可能构成严重威胁的重大刑事案件审理中保护证人。

02.0144 谈话室 talk room
检察官与当事人、证人或污点证人等案件相

关人员的谈话的房间。

02.0145 拘留所 detention house
对被裁决治安拘留的人执行羁押的场所。也是对违反行政管理法律被裁决行政拘留的人员执行行政拘留，对外国人、无国籍人执行拘留处罚和拘留审查，以及人民法院对妨碍行政、民事诉讼的人，决定司法拘留执行的场所。其中设置拘留区、活动区、办公区和会见场所等功能区域。

02.0146 看守所 detain station
公安部门短期关押犯罪嫌疑人及违反治安管理人的专用场所。

02.0147 警务室 police station
社区级的警务人员办公场所。

02.0148 监狱 prison，jail
国家刑罚的执行机关、监禁罪犯服刑的场所。

02.0149 监舍 prison cell
囚禁犯人的建筑。

02.0150 审讯室 interrogation room
审讯罪犯嫌疑人的房间。

02.0151 暂押室 temporary detention room
与审讯室配套，暂时看押人员的休息场所。

02.0152 评议室 review room
法院里供检察官、法官、陪审团等进行秘密评议的场所。

02.0153 候审室 trial waiting room
犯罪嫌疑人等候出庭受审，或者出庭后等候返回羁押场所的房间。

02.05 教 育 建 筑

02.0154 教育建筑 educational building
供人们开展教学活动所使用的各种建筑物统称。

02.0155 高等院校 university, college, institute
实施高等教育的场所。

02.0156 综合大学 university
综合设置了各种工科、理科、文科等学科门类的可实施高等教育和研究的一种学校类型。

02.0157 专科大学 institute，college
以单一或特色专业教学为主的可实施高等教育的一种学校类型。可分为师范院校、医学院校、农林院校、工科院校、政法院校、财经院校、外语院校、体育院校、艺术院校等。学院建筑既可以以独立院校方式存在，也可以作为综合大学的二级学院存在。

02.0158 中等职业学校 vocational middle school
又称“职业技术学校”。供实施专项技能中等教育及培训的学校。包含专门对残障儿童、青少年实施特殊教育的学校。

02.0159 中小学校建筑 school building
供实施初等教育、中等教育、高级中等教育的各种建筑物的统称。

02.0160 九年[一贯]制学校 primary school with nine years program
供适龄儿童及青少年施行小学和初中一体化教育、小学毕业后可直升本校初中的基础教育的学校。

02.0161 完全小学 elementary school

对儿童、少年实施初等教育的学校。共有 6 个年级，属义务教育。

02.0162 寄宿制学校 boarding school

按照为学生提供住宿条件的模式进行管理的学校。

02.0163 非寄宿制学校 nonboarding school

没有住宿条件，按照学生走读的模式进行管理的学校。

02.0164 托儿所 nursery，kindergarten

又称“幼儿园”。对学龄前婴幼儿实施保育和教育的场所。

02.0165 寄宿制托儿所 boarding nursery

对幼儿 24h 留宿，同时按照代行部分监护权的模式进行管理的托儿所。

02.0166 全日制托儿所 full-time nursery

按照每日由家长接送幼儿的模式进行管理的托儿所。

02.0167 实训楼 professional training workshop

学校内供学生进行职业实习和专业技术培训的建筑物。

02.0168 学生活动中心 students' activity center

满足学生课后时间娱乐、消费、实践、交流等需求的公共场所。

02.0169 教学用房 teaching room

普通教室、专用教室、公共教学用房及其各自的辅助用房的统称。

02.0170 公共教学用房 general teaching room

合班教室、阶梯教室、多媒体教室、计算机教室、科技活动室、心理咨询室、体质测试室、德育展览室、网络中心等公共教学空间的统称。

02.0171 教学管理用房 administrative room

供职能教师进行教学管理用的房间。例如：教务处、教研室等。

02.0172 教师办公用房 teacher's office

供教师使用的办公室。

02.0173 学生宿舍 students' dormitory

按照国家相关标准设置的供各类学生居住、生活的用房。

02.0174 教室 classroom

学校内进行课程讲授与学习的空间。

02.0175 普通教室 ordinary classroom

按照班级标准人数规模设置的，进行教学用的教室。

02.0176 专用教室 special classroom

科学教室、实验室、计算机教室、多媒体教室、史地教室、美术教室、书法教室、音乐教室、舞蹈教室(形体教室)、体育用房、劳动技术教室等专用教学空间的统称。

02.0177 多媒体教室 multimedia classroom

利用多媒体技术和控制技术对教室内的计算机、视频展示台、投影机、组合音响等电教设备进行集中控制，提供给各学科实施以多媒体辅助教学为主要授课手段的教学场所。

02.0178 计算机教室 computer classroom

学习计算机科学技术，并采用计算机和网络设备通过信息化手段实现计算机网络教学的专用教室。

02.0179 语言教室 language classroom

供语言教学中听、说训练与测试的专用教室。满足语言教学、音视频播放、语言测试、网络教学的功能。可与多媒体教室合并。

02.0180 书法教室 calligraphy classroom
进行书法和国画的教学，也可进行工艺技法学习的专用教室。

02.0181 美术教室 atelier，art room
进行有关美术基础知识和技能的教学与活动的专用教室。

02.0182 音乐教室 music room
进行音乐教学和开展其他艺术活动的专用教室。

02.0183 舞蹈教室 dance room
进行形体训练、舞蹈及其他艺术活动的专用教室。

02.0184 劳动技术教室 workshop
进行信息技术教育、劳动与技术教育及高中阶段进行技术课程教学使用的专用教室。

02.0185 合班教室 combined-teaching classroom
供两个或两个以上班级共同上课的公共教室。

02.0186 阶梯教室 lecture theater
地面以台阶状逐步升高以创造良好的视线，用以学校中进行合班上课的公共教室。

02.0187 科技活动室 science and technology laboratory
为学生组织开展研究创新活动用的专用活动室。

02.0188 心理咨询室 psychological consultation room，psychological counseling room
为青春期学生解决心理问题而专门设置的咨询室。

02.0189 实验室 laboratory
供学校内进行观察、实验和教学使用的专用教室。如：化学实验室、物理实验室、生物实验室、综合实验室。

02.0190 教具室 tool room
为实验室、专业教室配套设置的存放教具及相关用品的房间。

02.0191 幼儿活动室 kindergarten activity room
供幼儿室内游戏、进餐、上课等日常活动的房间。

02.0192 幼儿音体活动室 kindergarten musical and multi-activity room
用于全园开展音乐、舞蹈、体育、游戏等各项活动的房间。

02.0193 幼儿寝室 kindergarten dormitory
供幼儿睡眠的房间。

02.0194 乳儿室 infant room
特指为乳儿班提供的专用房间。

02.0195 哺乳室 nursing room
特指为乳儿提供的哺乳专用房间。

02.0196 晨检室 morning-check room
早晨幼儿入园(所)时进行健康检查的房间。

02.0197 [幼儿]隔离室 isolation room
供幼儿园内对突发病儿进行观察、治疗和临时隔离的房间。

02.0198 操场 sports field，playground
供学校内进行体育等多种活动的室外场地。

02.0199 风雨操场 indoor sports hall
供学校进行体育活动的有顶盖的建筑。

02.06 科技实验建筑

02.0200 科学实验建筑 laboratory building
用于从事科学研究和实验工作的各种建筑的统称。

02.0201 研究中心 research center
用于从事科学研究和实验工作的、配套服务设施齐全的综合性建筑场所。

02.0202 天文台 observatory
又称“*天文观象台*”。用于从事天文观测和天文研究的建筑场所。

02.0203 气象台 meteorological station
专门用于从事气象观测、分析研究、播报等业务的建筑场所。

02.0204 危险物质存放区 dangerous substance area
又称“*危险品库房*”。主要用于从事危险试验操作的区域。

02.0205 设备摆放区 equipment preparation area
用于从事分析、研究的工作区域。多设置有专业分析仪器或结合计算机工作站及办公空间等。

02.0206 通用实验室 general laboratory
适用于多学科、以实验台模式进行经常性科学研究和实验工作的实验室。

02.0207 专用实验室 special lab
有特定环境要求，以精密、大型、特殊实验装置为主或专为某种科学实验(如物理学、化学、生物学、动物学等)而设置的实验室。

02.0208 物理实验室 physics laboratory
符合物理学专业环境要求，具有物理学专业实验装置，用于进行物理学专业实验的房间。

02.0209 化学实验室 chemistry laboratory
符合化学专业环境要求，具有化学专业实验装置，用于进行化学专业实验的房间。

02.0210 光学实验室 optical laboratory
符合光学专业环境要求，具有光学专业实验装置，用于进行光学专业实验的房间。

02.0211 声学实验室 acoustics laboratory
符合声学专业环境要求，具有声学专业实验装置，用于进行声学专业实验的房间。

02.0212 电学模拟实验室 electric stimulation laboratory
用满足边界条件的电场模拟温度场，通过电流的测量模拟热流的测量的实验。

02.0213 力学实验室 mechanics laboratory
符合力学专业环境要求，具有力学专业实验装置，用于进行力学专业实验的房间。

02.0214 建筑材料实验室 building material laboratory
符合建筑材料科学专业环境要求，具有建筑材料科学专业实验装置，用于进行建筑材料科学专业实验的房间。

02.0215 热工实验室 thermal science laboratory
符合建筑热工专业环境要求，具有建筑热工专业实验装置，用于进行建筑热工专业实验的房间。

02.0216 机械性能实验室 mechanical properties laboratory
符合机械性能测试环境要求，具有机械性能测试专业实验装置，用于进行机械性能测试专业实验的房间。

02.0217 生物实验室 biology laboratory
符合生物学专业环境要求，具有生物学专业实验装置，用于进行生物学专业实验的房间。

02.0218 动物实验室 animal laboratory
符合动物学专业环境要求，具有动物学专业实验装置，用于进行动物学专业实验的房间。

02.0219 生物培养室 biological culture laboratory
在人工环境条件下进行生物培养的用房。

02.0220 防生物危害实验室 anti-biohazard laboratory
用于从事有害微生物及病毒实验工作的房间。

02.0221 听力实验室 listening laboratory
符合听力测试环境要求，具有听力测试专业实验装置，用于进行听力测试专业实验的房间。

02.0222 复合实验室 composite laboratory
符合多学科专业环境要求，具有多学科复合实验装置，用于进行多学科复合实验要求的房间。

02.0223 混响室 reverberation chamber
测试或调整混响时间的专用房间。

02.0224 隔声室 sound insulation chamber
在噪声强烈的房间内，为保护人们的听力所建造的有良好隔声能力，供人们在其中工作的小房间。

02.0225 吸声室 acoustic chamber
界面能有效地吸收部分的入射声能，能进行吸声实验的房间。

02.0226 消声室 anechoic room，free-field room
又称“无回声室”、“自由场室”。所有界面几乎能有效地吸收全部的入射声能，使得其中基本上是自由声场的房间。

02.0227 无菌室 bacteria-free room
室内环境细菌值满足无菌要求，用于进行无菌实验的房间。

02.0228 洁静实验室 clean laboratory
室内环境灰尘参数满足无尘要求，用于进行无尘实验的房间。

02.0229 极谱分析室 polarography room
符合极谱分析环境要求，安装有极谱分析专业实验装置，用于极谱分析实验的房间。

02.0230 质谱分析室 mass spectrography
符合质谱分析环境要求，安装有质谱分析专业实验装置，用于质谱分析实验的房间。

02.0231 计量室 metrology room
符合专业计量环境要求，安装有计量专业实验装置，用于专业计量的房间。

02.0232 天平室 balance room
设置称量精度为±(0.01~0.1)mg 天平的房间。

02.0233 显微镜室 microscope room
符合专业显微镜观测要求，具有专业显微镜，用于专业显微镜观测的房间。

02.0234 实验储存室 storage room
符合储存特定实验用品或实验成果的环境要求，具有专业储存设备，用于储存以上物品的房间。

02.0235 蒸馏水室 distilled water room
符合制造专业蒸馏水的环境要求，具有制造专业蒸馏水的装置，用于制造专业蒸馏水的房间。

02.0236 探伤室 flaw detector room

用某种特定射线检查工件缺损的测试室。

02.0237 暗室 darkroom
所有界面几乎能有效地阻隔全部的入射光线，使得其中基本上是完全黑暗，用于进行避光专业实验的房间。

02.0238 研究工作室 research studio
用于科研实验人员从事理论研究、准备实验资料、查阅文献、整理实验数据、编写成果报告等的用房。

02.0239 标准单元组合设计 standard cell design portfolio
为保证实验用房具有适应性的设计原则，即从当前和长远科学实验工作内容、仪器设备及人员的发展变化出发，综合考虑确定实验用房的三维空间尺寸、实验室建筑设备及实验仪器设备的布置、建筑结构选型、公用设施供应方式等。

02.07 文化博览建筑

02.0240 文化建筑 cultural building
供人们休闲及传播文化的公共活动之用的各种建筑的统称。

02.0241 图书馆 library
收集、整理、保管、研究和利用书刊资料、多媒体资料等，以借阅方式为主的文化建筑。按不同级别、性质、阅读对象、馆藏文献类型与学科专业等分为不同的类型。

02.0242 公共图书馆 public library
具备收藏、管理、流通等一整套使用空间和技术设备用房，面向社会大众服务的各级图书馆。如省、直辖市、自治区、市、地区、县图书馆。

02.0243 高[等学]校图书馆 university library, academic library
为教学和科研服务，具有服务性和学术性强的大专院校和专科学校，以及成人高等学校的图书馆。

02.0244 科[学]研[究]图书馆 research institutional library
具有馆藏专业性强，信息敏感程度高，采用开架的管理方式和广泛使用计算机和网络技术等先进的服务手段的各类科学研究院、所的图书馆。

02.0245 专门性图书馆 specialized library
专门收藏某一学科或某一类文献资料，为专业人员服务的图书馆。如音乐图书馆、美术图书馆、地质图书馆等。

02.0246 档案馆 archives
收集保管、查阅利用、展览陈列、服务公众、史料研究和文化交流等多功能于一体的综合设施。

02.0247 技术档案室 technical archives room
企业和事业单位集中统一管理技术档案(包括文件、图纸等)的房间。

02.0248 博物馆 museum
为研究、教育和欣赏的目的，收藏、保护、传播并展示人类及人类环境的见证物，向公众开放的非营利性的、永久性的社会服务机构所用的公共建筑。

02.0249 综合性博物馆 comprehensive museum
收藏、保护、传播并展示多种类型藏品的博物馆。

02.0250 专门性博物馆 specialized museum

收藏、保护、传播并展示某种专门学科领域的藏品的博物馆。包括社会历史博物馆、文化艺术博物馆、科学技术博物馆、自然博物馆等。

02.0251 纪念馆 memorial museum
为纪念某一历史事件、遗迹、史迹、人物而设立的博物馆。

02.0252 美术馆 art museum
为收藏、研究、展示艺术藏品的艺术和美学价值而设立的艺术类博物馆。

02.0253 综合性美术馆 general art museum
综合地收藏、研究、展示各类美术作品的美术馆。

02.0254 专门性美术馆 specialized art museum
对某类特定美术作品进行收藏、研究、展示的美术馆。

02.0255 画廊 gallery
收藏、陈列或销售美术作品的场所。

02.0256 科[学]技[术]馆 science and technology museum
以展示教育为主要功能，通过观摩、体验、互动性的展品及辅助性展示手段，以激发科学兴趣、启迪科学观念为目的，对公众进行公益性科普教育的机构所在的公共建筑。

02.0257 陈列馆 exhibition hall
一些小型或专题性的博物馆。

02.0258 展[览]馆 exhibition hall
作为展出陈列品之用的公共建筑。展览馆可分为综合展览馆和专业展览馆，一般由展览区、观众服务区、展品储存加工区和办公后勤区组成。

02.0259 展廊 exhibition gallery
展出临时陈列品的小型展馆。

02.0260 会展中心 convention and exhibition center
展览建筑和会议中心的综合体。

02.0261 天文馆 planetarium
以传播天文知识为主的科学普及机构。

02.0262 植物展览温室 plants greenhouse
用于植物观展、保护、研究并可控制温度、湿度、光照等设施，营造植物生活环境的空间。

02.0263 水族馆 aquarium
公众观赏水生物的建筑。

02.0264 文化中心 cultural center
(1)一个文化区特有的文化特质最集中的部分。(2)城市内呈现文化建筑集中的群体。

02.0265 沙龙 salon
(1)文人雅士聚谈的场所。(2)在某一专门领域方面志趣相投的人们形成的社交场所。

02.0266 青少年活动中心 youth center
综合性的、用于青年、少年、儿童丰富校外活动的辅助教育机构。一般由科技活动部分(无线电、航模、天文、气象等)、文艺活动部分(讲演、排练、琴房、绘画、书法、舞蹈、游艺等)、体育活动部分、公共活动部分(阅览、电影、剧场等)及办公辅助用房组成。属于同一类机构的还有青少年活动站、青少年之家、青少年宫、少年科技馆(站)。

02.0267 展厅 exhibition hall
用于举办展览、布设展品的房间。

02.0268 常设展厅 permanent exhibition hall
又称“固定陈列展厅”。一般指常用作展出

时间在 1 年以上展览的展厅。

02.0269 临时展厅 temporary exhibition hall
用于举办短期展览的展厅。

02.0270 儿童展厅 children's exhibition hall
适合低龄儿童科普教育展览的展厅。

02.0271 基本陈列展厅 basic exhibition hall
陈列展馆主要展品的展厅。

02.0272 专题展厅 specialized exhibition hall
展览某种专题类展品的展厅。

02.0273 国际交流展厅 intcrnational exchange exhibition hall
展览国际交流展品的展厅。

02.0274 捐赠展厅 donation exhibition hall
展览捐赠物品的展厅。

02.0275 陈列室 showroom
固定展览某些展品的房间。

02.0276 展览室 exhibition room
用于展览陈列物品的房间。

02.0277 室外展场 outdoor exhibition area
处于室外的展览场所。

02.0278 [展馆]参观走廊 visitor's gallery
供人参观用的游廊。

02.0279 特别观摩室 inspection room for very important person
专业人员或贵宾对珍贵藏品进行专门观摩鉴赏的房间。

02.0280 备展室 exhibition preparation room
用于展览准备工作的房间。

02.0281 筹展接待区 preparation and reception area
筹备展览专用的接洽区域。

02.0282 藏品库区 collection storage area
为藏品收藏及管理而专设的房间、通道等建筑空间的总称，由库前区和库房区组成。

02.0283 出纳区 receiving and lending area
藏品出入库的交接区域。

02.0284 拆箱间 unpacking room
藏品入库前进行拆包、开箱、清点工作的房间。

02.0285 暂存库 temporary storage
暂时存放尚未清理、消毒的藏品的房间。

02.0286 包装库 packing storage
为藏品出入库前进行包装的专用库房。

02.0287 周转库 revolution storage
为存放入库、提陈出库待展藏品而专设的库房。

02.0288 缓冲间 buffer room
为温湿度敏感的藏品入库前或出库后适应温湿度变化的房间。

02.0289 [博物馆]消毒室 disinfection room [of museum]
用化学或物理方法对藏品进行杀虫、灭菌的专设房间。包括低温灭菌室、低氧灭菌室、熏蒸室等。

02.0290 熏蒸室 fumigation room
用可气化的化学药品对藏品进行杀虫、灭菌的消毒室。

02.0291 文物整理室 cultural relics arrangement room

用于文物整理、归档的房间。

02.0292 [展品]修复室 conservation laboratory
用于对有污染、破损展品进行修复的房间。

02.0293 [展品]摄影室 photographic studio
用于进行博物馆馆藏品摄影的房间。

02.0294 摹拓室 carving room
用于摹拓文物的房间。

02.0295 装裱室 mounting room
用于装裱已经修复文物的房间。

02.0296 藏品档案室 collection file room
藏品档案存放的房间。

02.0297 科普活动室 popular science activity room
用于举办小型科普教育活动的房间。包括教室、实验室、活动室等。

02.0298 托儿室 nursery
用于专门照顾和培养婴幼儿生活能力的地方；也指公共场所中因父母不在而由受过训练的服务人员临时照顾孩子们的房间或地方。

02.0299 阅览室 reading room
供读者阅览、研究、自学所陈放的各种书刊、资料的场所。阅览室内陈放有各种书刊资料、书目索引和参考工具书以及阅览设备。

02.0300 开架阅览室 open stack reading room
藏书和阅览在同一空间中，允许读者自行取阅图书资料的阅览室。

02.0301 微缩图书阅览室 microfilm reading room
将缩微胶卷文献通过放大器械阅读的阅览室。

02.0302 图书外借处 books lending
图书馆中查找与借还图书的场所。

02.0303 目录厅 catalog room
陈放各种卡片目录，供读者查找图书使用的空间。图书馆外借处组成部分之一。位于封闭房间的称为目录室。

02.0304 借出处 lending department
供办理借书、还书和读者登记的地方。设在书库与目录室的连接处。在借出台里还陈放着读者的借书档案。是图书馆中的藏书、阅览和服务三大工作内容的总枢纽。

02.0305 编目室 cataloging room
按照一定的标准和规则，通过对藏书、文献信息资源等的外部特征和内容特征进行分析、归类并按一定顺序组织成为目录或书目的工作用房。

02.0306 鉴定室 authentication room
供专业人士运用专门知识或技能，对古籍图书、善本书、舆图、经卷、字画、金石拓片等进行检验、分析的工作用房。

02.0307 装裱修整室 mounting and trimming room
修整线装书、善本书、裱糊舆图、经卷、字画、金石拓片等的工作房间。

02.0308 书库 stack-room
图书馆建筑中储存、保管图书的房间。分为基本书库和辅助书库。

02.0309 基本书库 basic stack
又称“储存书库”。图书馆的主要藏书区，全馆所有入藏物的大本营。对全馆藏书起总枢纽、总调度作用。

02.0310 辅助书库 auxiliary stack
又称“流通书库”。直接为读者流通参考使用而组织的各种辅助性藏书库。如外借处、阅览室、参考室、研究室、分馆等部门所设置的书库。

02.0311 特藏书库 special stack
收藏珍善本图书、音像资料、电子出版物等重要文献资料、对保存条件有特殊要求的库房。

02.0312 珍善本书库 rare book stack
收藏经鉴定列为国家或地方级珍贵文献、对安全防范和保存条件有特殊要求的库房。主要收藏刻本、写本、稿本、拓本、书画等古籍与珍品，是特藏库的一种。

02.0313 开架书库 open stack
允许读者入库查找资料并就近阅览或外借的书库。除正常的书架外，在采光良好的区域还设有少量阅览座(厢)供读者使用。

02.0314 密集书库 compact stack
以密集书架收藏文献资料的库房。荷载可按实际荷载选用，多设置在建筑物的地面层。

02.0315 典藏室 book-keeping department
图书馆内部登记文献资料移动情况、统计全馆收藏量的专业部门。

02.0316 自助还书处 self-service department
借助自动化设备由读者自行处理的图书归还服务的空间。

02.0317 信息处理用房 information processing room
满足图书馆信息技术服务功能的用房。包括信息的显示、摄取、变换、传递、存储、识别、加工等所有的信息处理过程。

02.0318 书架层 stack layer
书库内在两个结构层之间采用积层书架或多层书架时，划分每层书架的层面。

02.0319 书架通道 aisle
两排书架之间的距离。其宽度与开架、闭架的管理方式有关。

02.08 观 演 建 筑

02.0320 观演建筑 performing arts building
具有供观众观赏歌舞、戏剧、电影、杂技等功能的建筑。

02.0321 剧场 theater
设有演出舞台、观看表演的观众席及演员、观众用房的文娱建筑。

02.0322 [表]演艺[术]中心 performing arts center
具有两个及以上观众厅的供多种表演类型演出的建筑。

02.0323 歌剧院 opera house
以歌剧、舞剧和歌舞、音乐剧演出为主要功能的剧场。如歌舞剧院、芭蕾舞剧院等。

02.0324 音乐厅 concert hall
以音乐演出为主要功能的剧场。

02.0325 戏剧场 playhouse
又称“戏院”。以戏剧和戏曲演出为主要功能的剧场。按剧种分为话剧院、京剧院、木偶剧院等。

02.0326 书场 story-telling house
又称“曲艺场”。以曲艺演出为主要功能的剧场。

02.0327 实验剧院 experimental theater
又称“先锋剧场”。供实验戏剧演出的剧场。

02.0328 黑匣子剧场 black-box theater
观众厅为一个简单的盒子空间，其舞台和观

众席都在这同一空间中，并且其部分或全部可根据演出需要布置成不同形式的剧场。

02.0329　电影院　cinema
以放映和观看电影为主要功能的建筑。

02.0330　全景电影院　panoramic cinema
又称“环幕影院”。银幕环绕观众席布置的电影院。当银幕为球面形状时称为球幕电影院。

02.0331　立体电影院　stereophonic cinema
具有立体观影效果的电影院。在观看立体电影时，观众需佩戴专用眼镜。

02.0332　多功能剧场　multi-use theater
供多种表演类型演出、会议、集会等多种活动的剧场。

02.0333　杂技场　circus
供各类杂技演出的剧场。

02.0334　马戏场　circus
供训练有素的动物表演为主的剧场。

02.0335　观众厅　auditorium
供观众观看演出的大厅。

02.0336　池座　stall
与舞台同层的观众席。

02.0337　楼座　balcony
又称“楼座挑台”。设置在池座上层的观众席。

02.0338　包厢　box
在观众席中，为满足部分观众的特殊要求，以隔墙或栏杆分隔设置的独立的观赏空间。一般由观看席位和休息室等构成。

02.0339　纵过道　longitudinal aisle
观众厅中垂直于舞台的走道。

02.0340　横过道　transverse aisle
观众厅中平行于舞台的走道。

02.0341　观众容量　audience capacity
观众厅中最大容纳观众数。

02.0342　排距　row spacing
一排观众席的前后距离，含一排座席进深距离和与前排座席间的空隙距离。

02.0343　座宽　seat-width
一个座椅两侧扶手中轴线间的距离。

02.0344　视线设计　sight line planning
在观众席设计中，为满足所有观众席相应合理的视觉标准而进行的设计。是评价观众厅质量的主要内容之一。

02.0345　[设计]视点　design objective point
在视线设计中，保证观众席按一定的观众眼睛高度均能看到的假想点。其在舞台中的位置和距舞台面的高度，决定了观众席视觉效果的标准。

02.0346　最远视距　longest sight distance
设计视点至中轴剖面最远观众席排距分格线高出建筑地面 1.1m 处点的连线直线距离。传统上“最远视距”一般指“设计视点至最后排观众席(以椅背线为准)的水平距离”，其一般作为观演舒适的一个参考性控制指标，世界上一些大型剧场是超出了这个距离。

02.0347　最近视距　minimum sight distance
设计视点至中轴剖面最近观众席排距分格线高出建筑地面 1.1m 处点的连线直线距离。传统上最近视距一般指设计视点至第一排观众席(以椅背线为准)的水平距离。

02.0348　最大水平视角　maximum horizontal visual angle

观众眼睛与演出区域两端(如剧场舞台台口两侧或电影院银幕画框两侧缘)连线所形成的最大水平夹角。

02.0349 最大俯角 maximum down ward tilt angle
观众眼睛至设计视点连线与设计视点水平面形成的夹角。

02.0350 [座席]横排曲率 curvature of stall
为了使每个座席上的观众都尽可能面向舞台或银幕，横排座席所排列成弧线的曲率。

02.0351 错排座席 staggered seating
前后排交错排列的座席布置方式。

02.0352 活动座席 flexible seating
可移动的座椅。

02.0353 波浪席 wave seating
在观众厅池座前部专为戏迷提供的不设扶手的通长座席。

02.0354 舞台 stage
(1)广义指剧场演出部分总称。包括主台、侧台、后舞台、乐池、台唇、耳台、台口、台仓、台塔。(2)狭义指为观众展示演出活动的台式空间。包括主台、侧台、后舞台、台唇、耳台等。

02.0355 镜框式舞台 proscenium stage
在观众厅和舞台之间设有台口分隔的舞台。

02.0356 开敞式舞台 open stage
舞台表演区和观众席在一个空间内的舞台形式。包括伸出式舞台、中心式舞台、尽端式舞台、环绕式舞台等形式。

02.0357 伸出式舞台 thrust stage
向观众厅伸出，主要表演区在观众席内，观众席三面环绕的舞台。

02.0358 中心式舞台 arena stage
又称“岛式舞台”。设在观众厅内，观众席四面环绕的舞台。

02.0359 环绕式舞台 stage in the round
设在观众厅内，并环绕观众席布置的舞台。

02.0360 尽端式舞台 end stage
设在观众厅内，并布置在观众席一端的舞台。

02.0361 主台 main stage
又称“基本台”。台口线以内与台塔相对应的舞台区域，是剧场的主要表演区域。

02.0362 侧台 side stage
设在主台两侧，为迁换布景、演员候场、临时存放道具及车台的辅助区域。

02.0363 后舞台 back stage
设在主台后面，可增加表演区纵深方向或存放车载转台及临时布景道具的辅助舞台。

02.0364 耳台 caliper side stage
乐池及池座前部两侧的小型表演区域。

02.0365 活动舞台 flexible stage
可变动的表演区域。

02.0366 表演区 acting area
在舞台上演员表演的活动范围。对于镜框式舞台，其宽度为假台口内皮宽度。

02.0367 台口 proscenium
箱型舞台向观众厅的开口。

02.0368 台唇 forestage
台口线以外伸向观众席的台面。

02.0369 乐池 orchestra pit

台口与观众席之间凹下地面、供乐队伴奏或合唱队伴唱的地方。

02.0370 台仓 understage
舞台台面以下的空间。

02.0371 大幕 proscenium curtain
分隔舞台与观众厅的软幕。其开启方式分为对开式、提升式、串叠式、蝴蝶式等。

02.0372 防火幕 fire curtain
安装在台塔侧墙上的可上下升降的防火隔断。当发生火灾时，可立刻下降将主台与观众厅、侧台以及后舞台分隔开，防止火灾蔓延。

02.0373 边幕 wing
主台两侧的边条幕。

02.0374 檐幕 transverse curtain
主台上部的横条幕。

02.0375 前檐幕 fore-proscenium curtain
大幕前面的檐幕。

02.0376 天幕 cyclorama
悬挂在舞台远景区，表现天空景色的幕布。

02.0377 纱幕 veil curtain
网眼纱制作的无缝幕。可以折叠成装饰衬幕挂在台口的称为台口纱幕；挂在天幕灯区前的称为远景纱幕。

02.0378 假台口 false proscenium
设置在舞台台口之后由一个可升降上片和两个可侧移侧片组成的框架，可适度改变台口大小和用于悬挂灯具的机械设备。

02.0379 声罩 acoustical shell
设置在舞台上，可以移动的用于将镜框式舞台剧场转换为音乐厅的声学反射隔断。分为重型声罩和轻型声罩两种。

02.0380 转台 revolving stage
主要表演区能旋转的舞台机械。

02.0381 升降台 lift
设置在演出场地需要位置利用机械升降的平台。按不同功能、位置、结构等可进一步划分。按特定位置分为主舞台升降台、后舞台升降台、观众厅升降台等；按特定功能分为运景升降台、钢琴升降台、软景储存升降台等；按结构形式分为单层、双层、台面可倾斜式、子母式、复合式升降台等。

02.0382 车台 wagon stage
设置在演出场所需要位置的水平移动平台。

02.0383 伸缩台 run-out extension
设置在一定的台仓下，伸出时形成新的舞台台面的水平移动平台。

02.0384 活门 flaps，trap door
又称“演员活门”。在固定舞台面或活动舞台面开设的可启闭的活动盖板。与演员升降小车配合使用。启闭方式可有手动或电动。

02.0385 提词间 prompter box
设置在舞台前部的舞台面下的小空间。仅能容纳一人就座，并向舞台内侧开设小窗口，用于在演出中为演员提醒台词。

02.0386 台塔 fly tower
又称“舞台塔”。主台舞台面以上的放置各类演出设施的空间。

02.0387 天桥 fly gallery
沿主台的侧墙、后墙墙身上部一定高度设置的工作走廊。一般舞台均设有多层天桥。

02.0388 灯光渡桥 lighting bridge

平行于吊杆的用于悬挂灯具的桥式金属构架升降设备。可上人进行操作，必要时设有活动码头与两侧天桥连接，方便人员进出。备有为灯具供电和控制的电缆收放装置。

02.0389 渡桥码头 portal bridge
由天桥上伸出的平台或吊板。由此通往灯光渡桥或假台口上框。

02.0390 吊杆 batten
设置在舞台或演出场地上空，以单杆或桁架悬挂幕布及景物升降的设备。按动力方式分为手动和电动；按平衡重的滑轮方式分为单式和复式。

02.0391 飞行机构 flying mechanism
悬挂演员进行空中表演的设备。也可悬挂布景及道具。根据运动方式的不同，有平移、旋转、升降及其组合等形式和相应的结构。可在前面加相应的引导词，以作区分，如升降平移飞行机构等。

02.0392 栅顶 grid，gridiron
俗称“葡萄架”。舞台上部为安装悬吊设备的专用工作层。

02.0393 舞台灯光 stage illumination，stage light
演出时，为产生舞台所需要的艺术效果，用来照明舞台的各种灯光设备。

02.0394 耳光室 side light room
在观众厅两侧安装灯具向舞台投射灯光的房间。

02.0395 面光桥 forestage lighting gallery
在观众厅前侧顶部安装灯具向舞台投射灯光的天桥。

02.0396 追光室 spot light room
设置和操纵追光灯具的房间。追光是在演出过程中追随演出对象移动的由人操控的射灯。

02.0397 脚光 foot light
从舞台台唇边沿的凹槽里照射大幕下部以及演员的辅助灯光。

02.0398 顶光 top light
位于主台上空的散装聚光灯或条状顶排灯。

02.0399 天幕光 back-cloth light
有天排灯、天幕水平灯、地排灯、投影幻灯以及多种效果灯，共同照射天幕的灯光总称。

02.0400 地排灯 floats
放在天幕前的灯光地槽内的灯具。

02.0401 地板灯 floor light
暗藏在舞台表演区两旁地板下的灯具。

02.0402 隔声前室 soundproof front room
又称“声闸”。在观众厅出入口处为隔声而采用两道门所围合成的空间。

02.0403 可调混响室 acoustical room
又称“混响小室”。观众厅周围用于改变混响效果的小型可开闭空间。通过操纵其开闭可以有效改变观众厅容积，从而改变混响效果。

02.0404 舞台监督室 stage manager's room
用于监督指挥舞台演出的房间。汇集了各种舞台和后台的信号盒以及双向对讲系统等。

02.0405 灯[光]控[制]室 lighting control room
控制舞台灯光的操作用房。

02.0406 音响控制室 acoustical control room
又称“声控室”。控制电声系统的操作用房。

02.0407 放映室 projection room
放映机工作的专用房间。

02.0408 倒片室 rewind room
又称“卷片室”。供卷片、检片和储存影片之用的房间。

02.0409 后台 backstage
剧场的演出准备部分。

02.0410 化妆室 dressing room
供演员化妆用的房间。

02.0411 排练厅 rehearsal room
供演出单位在演出前进行排练的地方。

02.0412 抢妆室 quick dressing room
供演员在演出过程中以最短时间进行改妆和补妆的房间。

02.0413 候场室 green room
供化完妆、穿好戏服的演员等候上场的地方。

02.0414 跑场道 access gallery
供演员在某些戏剧表演过程中从舞台一侧到另一侧跑场用的通道。

02.0415 道具室 property room
存放舞台道具的用房。

02.0416 布景库 stage scenery room
存放硬景片和立体景物的空间。

02.0417 软景库 drop storage
存放软景片的空间。

02.0418 服装间 costume room
供储存和更换演员服装用的房间。

02.0419 绘景间 painter's room
供绘制软景、大幅网幕、硬景片和立体景之用的房间。

02.0420 背投室 background projector room
设置在舞台后墙外侧的放映间，用于从背后向幕布投射影像。

02.09 游乐休闲建筑

02.0421 文化娱乐建筑 cultural and recreation building
供人们休闲娱乐及传播文化的公共活动场所。

02.0422 游乐园 amusement park
又称“游乐场”。综合的供人们游玩娱乐的场所。

02.0423 民俗园 folklore garden, folklore village
又称“民族村”。有地域风格和民族风情的建筑和人物表演集于一体形成的村落或园区，为游客提供新型的人造景观。

02.0424 主题公园 theme park
围绕一个或几个历史或其他主题，通过各种吸引物和活动为游客提供娱乐和消遣的场所。现代主题游乐园是一种资金和技术密集、设施齐全的商业性娱乐设施。

02.0425 公共活动中心 public activity center
配套公建与设施相对集中、城市居民社会活动集中的城市中心、区中心、居住区中心等。

02.0426 社区[活动]中心 community activity center，community recreation center
以社区为服务对象的综合休闲娱乐中心。

02.0427 娱乐中心 entertainment center，amusement center，recreation center

各类综艺表演、庆典集会、艺术交流、学术研究、休闲娱乐、旅游观赏的多功能演艺场所。

02.0428 会所 club house，club building

以所在物业业主等某类特定主题的人群为主要服务对象的综合性康体娱乐服务设施。

02.0429 俱乐部 club

在西方国家，是指有共同目的、兴趣的人，在会员组织下随时利用或定期的集会以促进会员之间的联系和活动的团体及其建筑物；在中国，与文化宫的性质类似，但规模较小，服务对象有一定限制。

02.0430 夜总会 night club

城市中供人们夜间吃喝和娱乐的场所。

02.0431 赌场 casino

以营利为目的、专供赌博游乐的场所。

02.0432 舞厅 ballroom

又称“歌舞厅”。专供跳舞交际用的场所。

02.0433 迪斯科舞厅 disco club

以提供迪斯科等劲爆舞曲为主，供客人尽情摇摆跳舞或者欣赏别人舞蹈的娱乐场所。

02.0434 游戏厅 game room

提供游戏项目的娱乐空间。

02.0435 陶艺馆 ceramic studio

提供自助陶艺制作、塑像、组织承办场内外陶艺活动、进行陶艺培训、制作各种陶艺造型和销售陶泥、陶土、拉坯机等陶艺设备的陶艺体验场所。

02.0436 网吧 internet bar，cybercafe

向公众提供营利性因特网接入服务的场所。

02.0437 嬉水园 water park

以水为主题，采用多种水上游乐设施和技术，为人们提供休闲娱乐的主题公园。

02.0438 公共浴场 public bath

为公众提供洗浴兼保健、休息和交际的场所。

02.0439 蒸汽浴室 steam bathroom

又称“桑拿浴室(sauna bathroom)”。浴者露身于蒸汽中以求发汗并达到健身醒倦效果的浴室。

02.0440 足浴馆 pediluvium studio

通过水的温热作用、机械作用、化学作用及借助药物蒸汽和药液熏洗的治疗作用，起到疏通奉理，散风降温，透达筋骨，理气和血，从而达到增强心脑血管机能、改善睡眠、消除疲劳、消除亚健康状态、增强人体抵抗力等一系列保健功效的场所。

02.0441 极限运动场 extreme sport hall

泛指提供攀岩、滑板等各种危险性较高的运动项目，以追求惊险刺激为乐趣的娱乐场所。

02.0442 儿童乐园 children’s paradise

满足少年儿童娱乐与休闲的活动场所。

02.0443 儿童游戏场 children’s playground

居住小区花园中供儿童娱乐与休闲的活动场所。

02.0444 舞池 dancing floor

供跳交际舞用的场所，多在舞厅的中心，比休息的地方略低。

02.0445 KTV 包房 karaoke TV compartment，KTV compartment

又称“卡拉 OK 包房”。提供卡拉 OK 基本功能和其衍生的餐饮、娱乐、交际等综合服务的房间。

02.0446 韵律教室 aerobics classroom
又称“有氧运动室”、“舞蹈教室”。主要提供有氧运动、韵律操和拉丁舞蹈等运动的教室。

02.0447 台球室 billiard room，billiard parlor
又称“桌球房”。专门供人玩各种桌上以杆击球，进洞落袋游戏的营业场所。

02.0448 棋牌室 chess room
专门供人玩各种棋牌类桌面游戏的营业场所。

02.0449 麻将室 mahjong room
专门供人玩中国传统牌戏麻将的房间。

02.0450 沙壶球室 shuffleboard room
专供沙壶球运动的房间。正规比赛场地球台应不少于 8 台，球台间距应不少于 1.5m。

02.10 体 育 建 筑

02.0451 体育建筑 sports building
作为体育竞技、教学、娱乐和锻炼等活动之用的建筑。

02.0452 体育设施 sports facility
作为体育竞技、体育表演、体育教学、体育娱乐和体育锻炼等活动的建筑物、场地、室内外设施以及体育器材、设备等的总称。

02.0453 体育中心 sports center
城市中专门为体育比赛、表演、训练等目的设置的区域。一般包括体育场、游泳馆、体育馆等主要体育建筑和室外训练场地，以及为观众服务的设施。

02.0454 体育场 stadium，arena
具有可供田径和足球等比赛和其他表演用的宽敞的室外场地，同时为大量观众提供座席的建筑物。通常特指设有标准田径场、足球场和环形固定看台的大型室外体育建筑。

02.0455 体育馆 gymnasium，sports hall
供单项或多项室内竞技比赛和训练的体育建筑。通常特指供室内体育比赛并设有观众座席的建筑，设有比赛和热身场地、看台和辅助用房。

02.0456 武[术]馆 Wushu gymnasium
供开展中国传统习武、武术教学等活动的场所。

02.0457 健身房 gymnasium，gym
泛指不含或含少量座席的室内体育建筑，供运动员训练以及群众锻炼、健身活动等用途的房间。

02.0458 游泳设施 swimming facility
能够进行游泳、跳水、水球和花样游泳等比赛和练习的建筑和设施。室外的称为游泳池，室内的称为游泳馆。

02.0459 游泳馆 natatorium，aquatic center
配备有专门设备能够进行游泳、跳水、水球和花样游泳等比赛和练习的建筑。近年特指供室内游泳、跳水等比赛并设有观众座席的建筑，设有比赛池、跳水池和热身池，并有看台和辅助用房。

02.0460 田径馆 indoor athletics stadium
泛指设有田径运动场地的室内田径比赛馆和田径练习馆。

02.0461 田径场 athletics，track field
用于田径运动比赛或训练的场地。标准比

赛场地为环形跑道，由两个平行的直道和两个半径相等的弯道组成，并设有田径比赛场地。

02.0462 足球场 football field，football stadium

供进行足球比赛和训练使用的长方形场地。

02.0463 棒球场 baseball field

供棒球运动比赛和训练用的扇形场地。

02.0464 网球场 tennis court

进行网球比赛和训练的长方形场地。

02.0465 保龄球馆 bowling room，bowling alley

进行保龄球比赛和锻炼的室内专用场地。球道前有投球区，球道后面有置瓶区。

02.0466 壁球馆 squash court

专供壁球运动的场馆。

02.0467 高尔夫球场 golf course

供高尔夫球比赛和训练用的开阔草地。标准场地有若干个洞，每个洞的球道分男、女开球区、球道区和果岭，开球区和果岭之间有树林、沙坑、水面等障碍。

02.0468 射击场 shooting range，firing range

又称“靶场”。用于运动步枪或手枪进行射击比赛和训练的专门场地。分为室内和室外场地，室外场地分靶场和飞碟靶场，室内为气枪和移动射击靶场。

02.0469 射箭场 archery field

用于射箭比赛和训练的专门场地。分为室内和室外场地。

02.0470 赛马场 race course

又称“跑马场”。具有环形跑道供速度赛马用的场地。为观看表演和比赛，通常设有观众看台。

02.0471 马术场 equestrian field

用于盛装舞步骑术赛和跳越障碍赛的专门场地。

02.0472 赛车场 racetrack

供多种赛车及其相关活动的场地与建筑的总称。主要包括看台、比赛控制塔、赛道、修理站、维修库、医疗中心、媒体中心、饮食休闲场地等组成部分。

02.0473 自行车馆 velodrome

又称“自行车赛场”。配有专用设备的用于室内外自行车比赛和训练的体育建筑，设有马鞍形专用自行车赛道。用于表演和比赛的有观众看台。

02.0474 滑冰场 outdoor ice skating rink

又称“溜冰场”。供冰上体育项目比赛和训练的有人工和天然冰面场地的室外体育建筑设施。国际标准速度滑冰场地环形跑道长400m，冰球场为30m×61m。可分为滚轴溜冰场和冰场两种。

02.0475 滑冰馆 indoor ice skating rink

又称“溜冰馆”。供冰上体育项目比赛和训练的有人工和天然冰面场地的室内体育建筑设施。

02.0476 冰球馆 indoor ice rink，ice hocky rink

设有30m×61m国际标准人工制冷冰场，可进行冰球、短道速滑、冰上舞蹈等冰上体育项目的比赛和训练，并有观众座席的室内体育建筑。

02.0477 水上运动场 aquatic sport waters

各种水上运动的场地总称。

02.0478 兴奋剂检测室 doping control room

在正式体育比赛中，对运动员是否使用违禁

物质或违禁方法进行检测的专用房间。

02.0479 运动员更衣室 locker room
又称“运动员休息室”。比赛前和比赛休息以及比赛后运动员更衣、休息以及进行战术准备的专门房间。一般包括更衣间、休息室、淋浴室、会议室和按摩床等空间。

02.0480 竞赛区 arena，field of play
又称“比赛场地”。正式体育比赛的运动场地及其辅助区域。包括竞技场地和缓冲区，不同竞赛项目有各自的规则规定。

02.0481 训练馆 practice hall
供体育项目训练用的房间或建筑。

02.0482 热身场地 warming up area
体育竞赛时，可供运动员在正式比赛之前热身活动的区域。其规格应符合各不同项目的要求。

02.0483 裁判席 referee seat
专门为裁判工作设定的区域或场所。

02.0484 运动员席 sportsman seat
专门供运动员准备比赛、暂时休息的区域或场所。

02.0485 观众席 spectator seat
体育设施中供观众观看比赛的席位。

02.0486 看台 spectator stand，bleacher
体育设施中设置有观众席位，并能为观众提供良好的观看条件和安全方便的疏散条件的设施。

02.0487 活动看台 movable stand
具有特殊构造可将座椅收纳和移动的座席。

02.0488 固定座位 fixed seating
体育设施中固定在看台结构上的观众席位。

02.0489 临时看台 temporary stand
在比赛时临时设置或搭建、比赛结束后会拆除的看台或座席。

02.0490 贵宾席 VIP seat
体育建筑看台或观众席中，专门为贵宾设置的区域和座席。

02.0491 记者席 press seat
在正式比赛中，看台座位中供文字和广播电视等媒体记者使用的专用座席。

02.0492 混合区 mixed zone
在正式比赛中，供运动员完成比赛或动作后接受媒体采访的规定区域。

02.0493 赛道 track
泛指距离竞赛或速度竞赛时使用的比赛区域。不同的比赛有不同的要求。

02.0494 环形赛道 circuit
泛指比赛场地内环形封闭的赛道。不同比赛有不同要求。

02.0495 游泳池 swimming pool
供游泳比赛或训练的专用水池。正式的竞赛池其规格和尺寸在竞赛规则上有明确要求。在满足技术条件的前提下，也可以进行其他水上项目的比赛和训练。

02.0496 训练池 training pool
供训练用的水池，其规格及设施要求需根据其训练项目确定。

02.0497 泳道 racing lane
游泳池比赛时，用水面浮标和池底、池壁的标志线来加以界定的比赛活动区。

02.0498 跳水池 diving pool
供跳水比赛和训练的专用水池。其规格、设施均应满足规则的严格要求。

02.0499 跳[水]台 diving platform

跳水起跳的设施。跳台项目的比赛设施分5m、7.5m、10m三种，跳台的材料、面层、水深、周围空间等均应符合规则规定。

02.0500 跳板 diving board

其自板面至水面跳水的设施。分1m和3m两种，其材料、面层、水深、周围空间等均应符合规则规定。

02.0501 出发台 starting block

游泳池出发端的专用设施，供自由泳、蛙泳、蝶泳、混合泳等项目(除仰泳者外)运动员出发时使用，其规格等需满足规则的要求。

02.0502 跳伞塔 parachuting tower

跳伞运动训练时所用的塔形建筑物。

02.0503 检录处 call area

确认正式参赛人员、检查装备、协调赛程等的处所。

02.0504 计时记分牌 scoreboard

体育建筑中显示计时(自然时间、比赛时间)、记分(运动队名或运动员姓名、编号、比赛成绩、记录等信息)和图像的电子设备。

02.11 医疗卫生建筑

02.0505 医疗卫生建筑 medical building

对疾病进行诊断、治疗与护理，承担公共卫生的预防与保健，从事医学教学与科学研究的建筑设施以及其辅助用房的总称。

02.0506 医院 hospital

诊断、治疗、预防保健与紧急救治各类疾病患者并设立住院床位的医疗场所。

02.0507 综合医院 general hospital

设置多种临床科室，进行医疗卫生保健工作的医院。

02.0508 专科医院 specialized hospital

设置专门病科的医院。

02.0509 急救中心 emergency center

对突发性危重患者进行院前急救、院内急救和重症监护及康复等急救全过程在内的实体，以院前抢救服务为特长，具有进行综合性急救和专科急救的全部急救功能的中枢急救指挥系统。

02.0510 救护站 first aid station

又称“急救站”。对突发性危重患者进行应急抢救和转送治疗的场所。

02.0511 康复医院 rehabilitation hospital

对经过救治及手术后的病人、肢体残疾、老年病等患者做进一步的辅助治疗，直至痊愈的医疗机构。

02.0512 社区卫生服务中心 community health center

又称“社区卫生服务站”。负责为辖区居民提供基本医疗卫生服务(包括常见病、慢性病、多发病诊治)的场所。

02.0513 疗养院 sanatorium

提供短期休养住宿，以及物理治疗(如水疗、光疗)，并配合饮食、体操等疗法，对慢性疾病患者或体弱者进行巩固疗效与调理休养的场所。

02.0514 医疗站 medical station

由医护人员利用医疗技术设备对非住院求医者进行诊断与治疗的医疗卫生机构或部门。

02.0515 卫生所 health center

基层或单位的小型医疗服务机构。

02.0516 县级医院 county hospital
农村三级医疗卫生服务网的龙头，县域内的医疗卫生中心。主要负责基本医疗服务及危重急症病人的抢救，承担对乡镇卫生院、村卫生室的业务技术指导和卫生人员的进修培训。完成当地卫生行政部门安排的卫生支农工作，可以承担一定的教学和科研任务。

02.0517 乡镇卫生院 rural hospital
处于农村三级医疗卫生服务网的中间级别，是一定区域范围内的预防、保健、医疗技术指导中心。其负责提供公共卫生服务和常见病、多发病的诊疗等综合服务；负责对村卫生室的业务管理和技术指导以及乡村医生培训等；协助县级医疗卫生机构开展对区域范围内一般卫生院的技术指导等工作。

02.0518 村卫生室 village health clinic
处于农村三级医疗卫生服务网的末端，承担行政村的公共卫生服务及一般疾病的诊治等工作的机构。

02.0519 医务室 clinic
可进行简易治疗和应急包扎的基层诊疗机构。

02.0520 防疫站 epidemic prevention station
预防、控制和消灭传染病的机构。

02.0521 药品检验所 drug control department
对制药制剂厂的药剂成品进行检查、测定其含量及各项指标的合格率以及对新药进行鉴定的机构。

02.0522 医院街 hospital street
受街道空间启发，在医院中以交通枢纽、走道、中庭为线索，将行政管理、财务中心、店铺、商务中心、饮食等店铺以及休闲设施组织起来，供在院人员较舒适地休闲活动、改善在院人员状态等的空间。

02.0523 门诊部 outpatient department
为非住院患者进行诊断与治疗的区域。

02.0524 急诊部 emergency department
对急症病人进行抢救、观察和处置的医疗区域。

02.0525 出入院大厅 inpatient register hall
集中办理出入院手续的公共空间。

02.0526 挂号处 registration office
门诊病人办理就诊手续的场所。

02.0527 药房 pharmacy
储存周转药品为病人取药服务的场所。

02.0528 护士站 nurse station
护士在病区工作的办公场所。

02.0529 导医处 information desk，service center
医院内提供医疗咨询的场所。

02.0530 预检分诊室 screening track, fast track
医护人员根据初诊病人的病情或诊室诊疗情况指明其应去科室或诊室，同时观察发现传染可疑患者的场所。

02.0531 儿科预检处 pre-examination of paediatric
通过预先检查区分传染病儿及非传染病儿的场所。

02.0532 候诊处 waiting area，lounge
门诊病人等候医生诊察与治疗的空间。

02.0533 诊室 consulting room
医师诊察病人病情的房间。是门诊部的主要

基本单元。

02.0534 清创室 debridement room
清洗污染伤口的房间。

02.0535 抢救室 emergency treatment room
在医院急诊部或急救中心为紧急抢救危重病人或临时手术之用的房间。

02.0536 石膏室 plaster room
用石膏制备固定支架的房间。

02.0537 采血室 blood sample collecting room
医护人员对待化验者采血的房间。

02.0538 治疗室 therapy room
集中存放日常医用洁净品，医护人员进行日常医疗操作的内部用房。

02.0539 换药室 treatment room
对伤口进行换药、清创、拆线等处理的房间。

02.0540 污洗室 sluice room
存放待清洗的病号服、供病人倒便和清洗消毒便盆、痰杯的房间。

02.0541 处置室 waste disposal room
存放和中转医疗污染物品，并进行初步消毒的房间。

02.0542 功能检查科 function laboratory
利用超声、内窥镜、心导管等仪器和检查技术、直接或间接观察肌体功能状态，取得各种参数或图像的科室。

02.0543 心电图室 electrocardiogram room, ECG room
通过心电描记器从体表引出多种形式的电位变化图形的房间。

02.0544 输液室 infusion room
对病人进行静脉输液的房间。

02.0545 注射室 injection room
用注射器等器械为病人注射药品的房间。

02.0546 隔离诊室 isolated consulting room
对患有传染性疾病的患者进行诊治的专门用房。

02.0547 观察室 observation room
对病情不稳定的病人进行观察检测的房间。

02.0548 隔离观察室 isolated observation room
对传染病病人和疑似传染病病人进行医学观察或采取其他预防措施的场所。

02.0549 营养科 nutriology department
进行营养与饮食指导的科室。

02.0550 药剂科 pharmacy department
包含中西药的药房和制剂的场所。

02.0551 制剂室 drug manufacturing room
为门诊和住院药房配置、自制药品或协定处方药品的用房。

02.0552 药库 medicine store
存放药品的库房。

02.0553 医疗设备科 medical engineering section
采购、管理医院医疗设备的科室。

02.0554 医技部 medical technology department
全称“医疗技术部”。运用医疗设备对病人进行检查、诊断、治疗的部门。

02.0555 理疗科 physiotherapy department
又称“理疗部”。应用各种物理手段如力、电、光、热、声等来为病人进行物理治疗的医疗区域。光疗、电疗、水疗、蜡疗、体疗和针灸等都属于理疗的范畴。

02.0556 手术部 operation department
由多个手术室、辅助医疗用房、消毒洗手间等组成的医疗区域。

02.0557 有菌手术室 general operation room
对被细菌污染的部位(如胃、肠、开放性骨折、呼吸系统等)进行手术的手术室。

02.0558 无菌手术室 bioclean operating room
对没有细菌污染的部位(如甲状腺、肝脏、心脏等)进行手术的手术室。手术室内应保持正压。

02.0559 门诊手术室 outpatient operating room
对不需住院治疗的病人进行手术的房间。

02.0560 手术准备室 preparation room
为手术进行术前准备的用房。

02.0561 消毒室 sterilizing room
消毒手术器械的房间。

02.0562 麻醉室 anesthesia room
储存麻醉器械和麻醉师办公的房间。

02.0563 手术洗涤室 scrub up
清洗手术器械的房间。

02.0564 麻醉科 anesthesiology department
麻醉师办公的区域。

02.0565 血库 blood bank
供应医疗用血的科室。

02.0566 中心[消毒]供应部 central sterilized supply department，CSSD
为全院各科室所用的医疗器械、敷料等进行集中清洗、灭菌、消毒与制作的医疗区域。

02.0567 病理科 pathology laboratory
通过活体组织检查、脱落和细针穿刺细胞学检查以及尸体剖检，为临床提供明确的病理诊断的科室。

02.0568 检验中心 inspection center
又称“检验科(clinical laboratory)”。对人体各种组织标本进行检验，为诊断治疗提供客观依据的科室。

02.0569 解剖室 autopsy room
解剖尸体的房间。

02.0570 放射部 department of radiology
又称“放射科”。利用放射线对病人进行诊断与治疗的科室。分为放射影像科、放射治疗科。

02.0571 血液透析室 hemodialysis room
进行血液透析(体外排毒后回输)治疗的房间。

02.0572 体外震波碎石机室 extracorporeal shock wave lithotripsy room，ESWL room
利用体外震波碎石机治疗结石的房间。

02.0573 针灸科 department of acupuncture and moxibustion
在一般中医院中，以针灸为主要治疗手段的科室。西医院中一般归入康复科。

02.0574 核医学科 departmentd nuclear medicine
利用放射性同位素诊断和治疗疾病的科室。

02.0575 电子计算机 X 射线体层摄影室 computed X-ray tomography room
又称“CT 室(CT room)”。利用电子计算机处理的体层摄影机对人体内部进行扫描成像的房间。

02.0576 单光子发射计算机体层摄影室 single-photon emission computed tomo-

graphy room
又称“SPECT 室(SPECT room)”。利用单光子发射型计算机体层仪扫描成像的房间。

02.0577 同位素室 radioisotope unit
储藏、分装、配置同位素的房间。

02.0578 直线加速器成像室 linear accelerator room
利用超高压射线治疗疾病的房间。

02.0579 磁共振室 magnetic resonance imaging room，MRI room
利用磁共振成像进行检查的房间。

02.0580 B型超声波室 B-mode ultrasound room
又称“B 超室”。利用 B 型超声波进行检查的房间。

02.0581 康复[医学]科 rehabilitation department
以按摩、牵引等物理手段进行康复保健的科室。下设理疗科、水疗科等。

02.0582 住院部 inpatient department
为病人提供住院观察、诊断与治疗的医疗区域。

02.0583 产房 delivery department
为产妇分娩提供医疗服务的房间的总称。

02.0584 护理单元 nursing unit
对同一病种住院病人进行诊断治疗和护理工作的一个病区，构成病房的基本单元。护理单元的规模以病床数作为标准。

02.0585 重症监护室 intensive care unit，ICU
又称“特殊护理单元”。通过各种监护设备，对危重病人进行特殊护理、治疗的场所。

02.0586 抢救监护室 emergency intensive care unit，EICU
对急诊危急重症的病人进行生理功能的监测、生命支持、防治并发症，促进和加快病人康复的场所。

02.0587 冠心病监护病房 cardiac care unit，CCU
又称“CCU 室”。对心脏类危重病人的监护室。

02.0588 病房 ward
入院病人接受观察、护理、治疗的用房。

02.0589 隔离病房 isolation ward
传染病人或预防感染(如白血病、烧伤等)的患者使用的用房。

02.0590 后勤保障科 department of logistic service
为保障医院正常的日常运行而设立的用房。

02.0591 营养厨房 dietary kitchen
为住院病人制作食品的厨房。

02.0592 太平间 mortuary
医院存放、管理尸体的科室。

02.12 商业服务建筑

02.0593 商业建筑 commercial building
用以进行商品交换和商品流通的公共建筑。

02.0594 商业服务网点 commercial facilities
设置在住宅建筑的首层或首层及二层，相互分割且建筑面积不大于 300m^2 的百货商店、副食店、粮店、邮政所、储蓄所、理发店等小型营业性用房。

02.0595 市场 market

聚集大量出租性、综合、独立的店铺进行货物交易买卖的场所。

02.0596 商店 shop，store
又称“商场”。直接为商品销售活动服务的建筑空间。

02.0597 百货商店 department store
有共同的营业大厅的、销售多种类型商品的综合商店。

02.0598 批发商店 wholesale store
专门从事大宗商品交易的商店。一般有营业厅、洽谈用房和仓库。

02.0599 零售商店 retail store
面向消费者销售用于个人、家庭生活消费所需零星商品和服务的商业空间。

02.0600 超级市场 supermarket
又称“自选市场”。货架开放，顾客可直接挑选商品的商场。

02.0601 购物中心 shopping center
大型综合的商品买卖及相关活动的场所。其除了聚集若干商品店铺外，还设有自助食堂、电影院、游乐场、美容院、游泳池和展览厅等活动内容，使单一的商店群发展成具有多种功能的综合性商业、服务、娱乐和社交中心。位于市郊的通常用 shopping mall。

02.0602 奥特莱斯 outlets
又称“名牌折扣店”。由销售名牌过季、下架、断码商品的商店组成的购物中心。通常具有名牌荟萃、超低价格、环境舒适的特征。

02.0603 专卖店 speciality shop，exclusive agency，franchised store
专售某一种类型商品或某一品牌商品的商店。

02.0604 便利店 convenience store
通常指规模较小，但营业时间长、货物种类多元、贩售民生常用物资或食物的商店。

02.0605 农贸市场 farm product market
又称“集贸市场”。主要指由农副产品生产者自主进行产品交易的市场。

02.0606 食品店 grocery store
主要以销售加工后可直接食用食品的商店。

02.0607 餐馆 restaurant
又称“饭馆”。接待顾客就餐或宴请宾客的营业性场所。

02.0608 自动售货式食堂 automat
利用自动售货机购买食物和饮料后就座进餐的场所。

02.0609 饮食广场 food plaza
在某一区域内，由众多餐饮店组成的饮食场所。

02.0610 快餐店 fast food restaurant，refreshment store
在短时间内能供应冷热饮食的营业性场所。

02.0611 茶馆 tea house
又称“茶室”。以饮茶为主的餐饮休闲场所。

02.0612 中药店 traditional Chinese medicine store
出售经粗加工的中草药或成品中药的商店。

02.0613 服装店 clothing store
销售用于人体起保护和装饰作用的制品的商店。

02.0614 服饰店 haberdashery
出售服装及相应饰品的商店。

02.0615 文具用品店 stationary store

出售办公用或学习用的各种用具的商店。

02.0616 洗染店 laundering and dyeing shop
专门从事服装及床上用品洗涤、美化去污的商店。

02.0617 工艺美术品店 arts and crafts store
出售手工工艺装饰品的商店。

02.0618 珠宝店 jewelry shop
出售各种由贵金属及天然材料制成的装饰品的商店。

02.0619 照相馆 photo studio
专门为人物拍照片及进行的各种相应服务的商店。

02.0620 理发店 barber shop
为顾客提供头发修剪修饰服务的场所。

02.0621 美容院 beauty salon
为顾客美容所设置的场所。

02.0622 金融建筑 financial building
进行货币资金流通及信用业务有关活动的建筑。如银行、储蓄所、证券交易所、保险公司等。

02.0623 银行 bank
用于办理存款、放款、储蓄和汇兑等金融业务的建筑。

02.0624 自助银行 self-service bank
没有服务人员，全部采用电子化、自动化设备提供金融货币储取服务的空间。

02.0625 典当行 pawn shop
专门发放质押贷款的非正规边缘性金融机构所在建筑或场所，其是以货币借贷为主和商品销售为辅的市场中介组织。

02.0626 储蓄所 savings bank
银行派出机构的营业建筑。

02.0627 银行分理处 bank branch
银行在全国范围内某个地区下设的一个或多个分支办事机构所在建筑或场所。

02.0628 证券交易所 stock exchange
为有价证券买卖双方提供稳定、公开、高效、集中竞价交易渠道的固定场所。

02.0629 保险公司 insurance company
销售保险合约、提供风险保障的公司所在建筑或场所。

02.0630 营业厅 business hall
商店内进行商品销售活动的主要使用空间。

02.0631 售货区 sales area
专门用于商品交易的区域。

02.0632 顾客活动区 customers' area
商业建筑中专门供顾客使用的区域。

02.0633 试衣间 fitting room
专为顾客在购买服装前试穿服装的空间。

02.0634 卸货区 unloading zone
专门用来装卸商品货物的区域。室外的交通工具须能直接到达。

02.13 旅 馆 建 筑

02.0635 旅馆 hotel
俗称“酒店”、“饭店”。提供短期住所及相关生活或公共活动的营利性居住设施的总称。

02.0636 宾馆 guesthouse
为特定目的而接待某些类型宾客的旅馆。

02.0637 旅店 inn
住宿标准较低，较为经济的旅馆。

02.0638 招待所 hostel
以接待内部宾客为主的住宿设施。

02.0639 汽车旅馆 motel，motor inn，motor hostel
为驾驶汽车的旅行者服务的旅馆。

02.0640 度假[村]旅馆 resort
又称“度假村”。通常在风景优美的环境，能够为游客提供餐饮、住宿、体育活动、娱乐、购物等多种服务的旅馆建筑群。

02.0641 会议旅馆 convention hotel，conference hotel
又称“会展旅馆”。以接待会议功能为主，提供良好的培训环境和理想的不同规格会议、展览场所的旅馆。

02.0642 商务旅馆 business hotel
位于城市中，提供针对不同的商务人群层次的要求的旅馆。其在经济型旅馆基础上提高了一个档次的业态，具备了品位、舒适、时尚，含有许多信息等元素。

02.0643 经济型旅馆 economic hotel
又称“快捷旅馆”。相对于传统的全服务旅馆，功能简化、服务功能集中于住宿、房价便宜、服务模式主要为住宿和早餐的一种旅馆。

02.0644 青年旅馆 youth hotel
又称“青年旅社”。主要接待青年旅游者住宿的经营单位。一般规模较小，设备简单，价位较低。

02.0645 家庭旅馆 family hotel
早年流行于欧洲、盛行于美国的含住宿和早餐的小型旅馆。实际上是一种自己管理自己、为家庭出游服务的小型旅馆。

02.0646 国宾馆 state guesthouse
以接待外国来宾及重要宾客为主的旅馆。

02.0647 商务楼层 business floor
旅馆中具有集中满足商务各项需求的空间的楼层。

02.0648 行政楼层 executive floor
旅馆中具有集中满足行政各项需求的空间的楼层。

02.0649 酒吧 bar，lounge
售卖酒精饮料供人饮用的场所。

02.0650 雪茄吧 cigar bar
雪茄爱好者休闲放松或者社交，尽情享受雪茄的场所。

02.0651 咖啡厅 cafe
供应咖啡和西式糕点或快餐的场所。

02.0652 商务中心 business center
旅馆中为客人提供打印、复印、传真、翻译和网络等服务功能的场所。

02.0653 房务部 housekeeping
又称“房管部”。主要通过电话为旅馆住客解决各种问题的部门。是旅馆客房部的一个重要组成部门，24 小时运转。

02.0654 健身俱乐部 fitness center，health club
又称“健身中心”。旅馆中为客人提供有氧运动、器械和游泳、武术等综合性健身娱乐的场所。

02.0655 温泉水疗中心 spa center，hydrotherapy center

利用不同温度、压力和溶质含量的水，以不同方式作用于人体以防病治病的场所。

02.0656 中餐厅 Chinese restaurant
以供应中式菜肴为主的餐厅。

02.0657 西餐厅 western restaurant
以供应各类西餐为主的餐厅。

02.0658 自助餐厅 cafeteria
供应多种饮食由客人自由取用的餐厅。

02.0659 风味餐厅 speciality restaurant
为客人提供不同的特色菜肴、海鲜、烧烤及火锅等的餐厅。

02.0660 旋转餐厅 revolving restaurant
地板可以旋转以便观景的餐厅。

02.0661 宴会厅 banquet hall，ballroom
举行宴会的厅堂。

02.0662 宴会厅前厅 anteroom
宴会厅入口前，为宴会厅提供服务的区域。

02.0663 客房 guest room
向旅客出租的住宿房间。

02.0664 标准间 standard guest room
宾馆、旅馆按同样面积大小、空间结构和设置配置的客房。

02.0665 套房 suite
旅馆中包括卧室、会客室、浴室、厕所等一套的房间。

02.0666 单床间 single-bed room
旅馆中设置一张床的标准客房。

02.0667 双床间 double-bed room
旅馆中设置两张床的标准客房。

02.0668 行政套房 executive suite
旅馆中较高级的、有独立的咖啡厅与快速办理登记的前台、可免费使用独立咖啡厅的下午茶、部分房间有传真机、配有一个独立客厅的单卧室套房。

02.0669 总统套房 presidential suite
高级旅馆用来接待外国元首或者高级商务代表等重要贵宾的包括多种用房和多种设施的豪华客房。

02.0670 床位 bed
旅馆为住宿者设置的床。

02.14 交 通 建 筑

02.0671 交通建筑 transportation building
为交通运输服务的公共建筑。

02.0672 交通枢纽 public transport terminal
多条交通线路或多种交通工具汇集及旅客换乘的场所。现代城市的公共交通枢纽多采用综合立体换乘枢纽站的方式。

02.0673 机场 aerodrome，airport
又称“航空港”。在陆地上或水面上的规定区域(带有建筑物、设施和设备在内)，全部或部分供航空器着落、起飞和地面或水面活动之用的场所。

02.0674 枢纽机场 hub airport
在中枢辐射式航线网络中的重要节点，是航空运输的集散中心。航空公司航线多以枢纽机场为中心向外联结各地，并作为中转旅客至下一个目的地的中间停靠机场。

02.0675 空侧 airside
又称“空区”。机场里供飞机活动的区域。

主要包括飞行空间、跑道、滑行道、机坪及有关设施。

02.0676 陆侧 landside
又称“陆区”。机场里飞机活动的区域之外，供布置地面交通和设施用的区域。

02.0677 跑道 runway
陆地机场上供航空器着陆和起飞用的一块划定的长方形场地。

02.0678 滑行道 taxiway
在陆地机场设置供航空器滑行并将机场的一部分与其他部分之间连接的规定通道。包括：①航空器机位滑行道：机坪的一部分指定只作为进入机位之用的滑行道；②机坪滑行道：滑行道系统中位于机坪上，供飞机穿过机坪的滑行道；③快速出口滑行道：以锐角和跑道连接，使得着陆飞机可以用比其他出口滑行道更高的速度转出，从而减少跑道占用时间的滑行道。

02.0679 [停]机坪 apron
又称“站坪”。陆地机场上供航空器停驻、客货邮件的上下、加油、维护工作所用的场地。

02.0680 [旅客]航站楼 [passenger] terminal building
供旅客及其行李作为陆空交换的建筑物或建筑群。民用机场的主要建筑物。一侧连着陆侧交通和设施；另一侧连接空侧机坪。主要功能是处理乘机旅客、行李、货邮的出发、到达或中转，设有相应的各类设施和空间以及必要的安检程序。由办票厅、候机厅、出港大厅、免税商店等部分组成。

02.0681 线型航站楼 linear terminal
又称“前列式航站楼”。主航站楼和候机厅呈简单的线型布置，一侧用于停机；另一侧用于进场道路、停车场。可以是处理设置集中布置的集中式航站楼布局，也可以是设施分组布置的半集中式航站楼布局。

02.0682 带有指廊的集中式航站楼 centralized terminal with piers，centralized terminal with fingers
将各种流程设施集中布置在主航站楼，以多条带有两侧登机口的指形候机厅连接主楼的航站楼布局形式。

02.0683 带有卫星厅的集中式航站楼 centralized terminal with remote satellite
将各种流程设施集中布置在主航站楼，一个或多个卫星候机厅与主楼分离，周边环绕布置停机位，卫星厅与主楼之间用地上或地下通道连接的航站楼布局形式。

02.0684 带有转运车的集中式航站楼 centralized terminal with boarding transporter
飞机停放在远离主航站楼的机坪，由普通大客车或可升降式大客车运送旅客来往于主航站楼与机坪之间的布局形式。

02.0685 分散单元式航站楼 decentralized unit terminal
设置若干独立运行的小航站楼的航站楼布局形式。各航站楼之间由陆侧交通系统连接。

02.0686 旅客分流 passenger separation
出于机场安全和管理的需要，对不同类型旅客的流通空间进行的物理分隔。通常有出发和到达旅客的分流、国内和国际旅客的分流。分流方式通常有按不同航站楼分流、按不同楼层分流、同楼层以隔断分流等。

02.0687 [旅客]登机桥 boarding bridge
实现飞机与机场航站楼之间的活动连接，供

旅客上下飞机的封闭通道。

02.0688 近机位 contact aircraft stand，gate stand
靠近航站楼候机厅、由旅客登机桥连接的停机位。

02.0689 远机位 remote aircraft stand
远离航站楼候机厅、由摆渡车或旅客步行连接的站坪停机位。

02.0690 办票厅 check-in hall
又称“值机大厅”。机场航站楼内供国内或国际出港旅客办理登机手续、托运行李的地点，可兼有售票功能。通常布置岛式或线型办票柜台和自助办票柜台。通常可分为集中办票、分散办票、登机口办票等。

02.0691 [旅客]安检区 security check area
为保证飞行安全，对于国内、国际出港旅客的人身和手提行李进行安全检查的区域。需设置候检区、检查通道以及相关设施及用房。在航站楼内的布置通常可分为集中安检、分散安检、登机口安检等。

02.0692 检验检疫[检查]区 quarantine [check] area
检验检疫部门根据国家有关法规对国际出入境旅客的人身及行李中所携带的动植物、食品进行检查的区域。在出入境通道需设置通道、检查柜台和相关设施及用房。

02.0693 海关检查区 customs [check area]
海关部门根据国家有关法规对国际出入境旅客的携带物品进行检查的区域。在出入境通道需设置通道、检查柜台和相关设施及用房。海关通道分为带有需申报物品的红色通道、不带有需申报物品的绿色通道以及免检外交礼遇通道等。对于出境的托运行李，现实行有与国内出港行李托运区之间封闭管理或开放管理两种模式。

02.0694 边防检查区 immigration [check area]
边防部门根据国家有关法规对国际出入境旅客的护照、签证等文件进行检查的区域。在出入境通道需设置候检区、通道、检查柜台和相关设施及用房。

02.0695 候机厅 waiting hall，waiting lounge
又称“候车厅”。供旅客等候检票登机(车)的地点。需设置休息区、相关服务设施、登机(车)口及验票柜台等。

02.0696 行李提取厅 baggage reclaim hall
供到达旅客提取托运行李的大厅。行李提取转盘布置方式通常有岛式、线型半岛式、T型半岛式等。

02.0697 迎客厅 arrival hall
又称“到达旅客厅”。通常布置在行李提取大厅出口的外侧，供迎接人员等候到港旅客的地点。

02.0698 出港/到港车道边 departure/arrival curb
位于出港、到港汽车通道和航站楼之间，带有路牙等防护措施，供出港旅客下车和到港旅客上车的安全缓冲区域。

02.0699 行李处理系统 baggage handling system，BHS
对于旅客的托运行李进行收取、发放、识别标志、安检、传输、分拣、存储、装卸的处理系统。通常可分出港和到港两大系统以及自动、半自动、人工等处理模式。

02.0700 旅客捷运系统 automated people mover, APM
在机场内用以在相对较长距离间的固定线路上频繁地运输大量旅客至停机坪的设施。

02.0701 机场吞吐量 handling capacity of an

airport

衡量机场规模的主要指标之一。报告期内(通常以年为单位)航空运输企业使用航空器所承运的进出机场的旅客、行李、货物、邮件的数量。

02.0702 铁路客运站 railway station, train station

办理铁路客运业务，为乘车旅客服务的建筑和设施。设有旅客乘降设施，并由车站广场、站房、站场客运建筑三部分组成整体的车站。

02.0703 客货共线铁路旅客车站 mixed traffic railway station

设在客货共线运行的铁路沿线，主要办理客运业务的车站。

02.0704 客运专线铁路旅客车站 passenger railway station

设在客运专线铁路沿线，专门办理客运业务的车站。

02.0705 站场客运建筑 passenger service facilities

在站场范围内，为客运服务的站台、雨篷、地道、天桥等建筑物，以及检票口、站台售货亭、站名牌等设施的统称。

02.0706 旅客车站专用场地 surrounding area of a train station

自站房平台外缘至相邻城市道路内缘和相邻建筑基地边缘范围内的区域。包括旅客活动地带、人行通道、车行道和停车场。

02.0707 旅客站房 passenger station building

铁路旅客站的主体建筑，主要满足旅客候车以及为旅客服务的房屋和设施。

02.0708 线侧式站房 parallel station building

又称“通过式站房”。位于线路侧面的布置方式的站房，此种站房列车通过能力大，在基本站台上车的旅客不需跨越线路，但在中间各站台上车的旅客则需通过跨线设备。

02.0709 线端式站房 terminal station building

又称“尽端式站房”。站房位于线路端部的布置方式。

02.0710 线侧平式站房 level parallel station building

与车站广场毗连的一层地面标高同站台面标高相平或相差很小的线侧式站房。

02.0711 线端平式站房 level terminal station building

与车站广场毗连的一层地面标高同站台面标高相平或相差很小的线端式站房。

02.0712 线侧下式站房 low-lying station building

与车站广场毗连的一层地面标高低于站台面标高，而且其高差相差较大的线侧式站房。

02.0713 线侧上式站房 high level station building

与车站广场毗连的一层地面标高高于站台面标高，而且其高差相差较大的线侧式站房。

02.0714 高架站房 crossover station building

主要车站功能用房位于车站站台与线路上空，并跨越和可以到达多个站台的站房。是一种适应大人流量的站房形式。

02.0715 高架候车室 crossover waiting room

多个候车室架空于车站站台与线路上方，且与站房相连，主要为候车旅客使用的建筑物。

02.0716 集散厅 concourse

旅客站房入口处枢纽性的疏导旅客、并设有安检、问询等服务设施的大厅。

02.0717 行李房 luggage room
办理行李和包裹托运、存放和提取手续的用房。

02.0718 小件寄存处 left luggage room，luggage storage
办理旅客随身携带物品的临时寄存的用房。

02.0719 行包收集间 temporary luggage room
在站内设立的办理旅客携带行李物品的临时收集用房。

02.0720 行包提取处 luggage claim room，luggage out counter
旅客提取到站行李和包裹的用房。

02.0721 客运室 passenger service office
客运值班员办公的用房。

02.0722 检票口 check post
旅客进出站的必经通路，办理旅客进出站检票手续的地方。

02.0723 运转室 operation office for train receiving departure
旅客站运输管理的核心部门。可直接掌握站内的列车到发和通过，控制站场内的列车运行信号，指挥启闭线路。

02.0724 基本站台 primary platform
紧靠线侧式站房布置的站台。可由站房检票后直达。

02.0725 中间站台 intermediate platform
两侧均有线路通过的站台。通过跨线设施与站房相连。

02.0726 立体跨线设施 crossover facility
站房与站台之间，或站台与站台之间交通联系的通道。从铁路线的上空或地下横跨线路，使旅客及行包与线路构成立体交叉分流的设施。

02.0727 进出站天桥 platform bridge
为组织进出站旅客的人流交通，在横跨线路的上部架设的跨线设施。

02.0728 进出站地道 passenger tunnel，platform tunnel
为组织进出站旅客的人流交通，在横跨线路的下部设置的跨线设施。

02.0729 出站厅 arrival hall
连接出站通道，在出站口处形成的旅客集散空间。

02.0730 快速进站通道 fast channel
又称“绿色通道”。独立于正常进站通道之外的方便旅客进站通道。

02.0731 行包地道 luggage tunnel
用作行包运送的专用地下通道。

02.0732 行包坡道 luggage ramp
在行包地道中，为解决机动车辆运送行包时，由行包仓库通过地道送到站台面的车辆爬升问题而设置的坡道。

02.0733 平交道 level crossing
与线路平面相交的跨线设备。

02.0734 标示牌 bulletin board
向旅客通告事项，提供运营、管理、安全、服务等视觉信息的告示牌。

02.0735 车站广场 station square
交通建筑附近供旅客进出车站集散用的场地。

02.0736 站场 station yard

列车通过和停靠的场地，也是旅客和行李包裹的集散地点。

02.0737 站房平台 platform for station building
由站房外墙向城市方向延伸一定宽度，连接站房各个部位及进出口的平台。

02.0738 城市轨道交通 urban rail transit，mass transit
在不同类型轨道上运行的大、中运量城市公共交通工具；是当代城市中地铁、轻轨、单轨、自动导向、磁悬浮、城际高速铁路等轨道交通的统称。

02.0739 地铁站 metro station，subway station
办理地下铁道中的客运业务，为乘客上下车服务的建筑和设施。

02.0740 限界 gauge
限定车辆运行及轨道周围构筑物超越的轮廓线。分车辆限界、设备限界和建筑限界三种，是工程建设、管线和设备安装位置等必须遵守的依据。

02.0741 正线 main line
列车载客运行的主线路。

02.0742 辅助线 assistant line
为保证主线运营而设置的不载客列车运行的线路。

02.0743 联络线 connecting line
连接两条独立运营正线之间的线路。

02.0744 换乘站 transfer station，interchange station
在不离开车站付费区及不另行购买车票的情况下，供乘客在不同路线之间进行跨线乘坐列车的一个或多个车站。

02.0745 车站公共区 public zone of station
供乘客完成安检、售检票、候车、上下列车、进出车站的区域。

02.0746 有效站台长度 effective length of platform
无屏蔽门(安全门)的站台为首末两节车辆司机室门外侧之间的长度。设屏蔽门(安全门)的站台为屏蔽门(安全门)所围长度。

02.0747 车站起点里程 start mileage of station
车站与相邻区间结构的分界里程。与小里程端区间结构分界的里程称为车站起点里程。

02.0748 车站终点里程 end mileage of station
车站与相邻区间结构的分界里程。与大里程端区间结构分界的里程称为车站终点里程。

02.0749 车站中心里程 middle mileage of station
又称“站台中点里程”。车站有效站台中心里程。

02.0750 客流预测 passenger flow forecast
在城市的社会经济、人口、土地使用以及交通发展等条件下，利用计算机等技术手段，预测各目标年限地铁线路的客流量、断面流量、站点流量、站间起点到终点、平均运距等线路客流数量特征的过程。

02.0751 线间距 distance between centers of lines，midway between tracks
两个相邻线路中心线之间的垂直距离。

02.0752 轨道中心线 track center line
左右两股钢轨的中心线。

02.0753 轨顶标高 track elevation
轨道钢轨顶面的相对或绝对高程。

02.0754 站台 platform
又称“月台”。站场内供旅客上下车、运送

和装卸行包以及满足站内工作人员作业需要而设置的平台。

02.0755 车站埋深 depth of station

车站站台中心处顶板面至地面或路面的高度。

02.0756 车站控制室 control room of station

又称“控制台室”。供车站运营管理人员现场管理车站的所有设备、客流及车站行车安全的房间。

02.0757 综控设备室 control equipment room

放置车站监控设备、门禁系统、办公自动化系统设备的房间。

02.0758 公安安全室 security room

又称“警务站”。供车站保安人员值班休息的房间。

02.0759 人防信号室 signal room for civil air defense

又称“人防信号显示室”。放置人民防空音响警报信号设备的房间。

02.0760 信号电源室 signal power room

放置信号设备蓄电池的房间。

02.0761 工务房间 track office

供线路及线路相关设备维修与保养的工作人员使用的房间。

02.0762 自动售检票 automatic fare collection, AFC

基于计算机、通信、网络、自动控制等技术，实现售票、检票、计费、收费、统计、清算等全过程的自动化设备。

02.0763 站台屏蔽门 platform screen door

安装在地铁车站站台边缘，将行车区与站台候车区隔开，设有与列车门相对应、可多极控制开启与关闭的滑动门连续屏障。门体为全高且封闭的称为屏蔽门；门体半高或全高但不封闭的称为安全门。

02.0764 牵引降压混合变电所 combined substation

既为地铁提供直流牵引电源，又提供交流低压电源的变电所。

02.0765 长途汽车[客运]站 coach station, long distance bus station

又称“汽车客运站”。办理长途公路客运业务，为乘长途汽车旅客服务的建筑和设施。

02.0766 港口客运站 port passenger station, waterway passenger station, waterway passenger terminal

又称“水路客运站”。办理水路客运业务，为乘船旅客服务的建筑和设施。

02.0767 轮渡站 ferry station

办理轮渡客运业务的建筑和设施。

02.0768 灯塔 beacon

建于航道关键部位附近的一种固定的塔状发光航标，用以引导船舶航行或指示航道危险区域的设施。

02.0769 [汽]车库 garage, indoor parking

用于停放、储存及修理汽车的建筑物。

02.0770 汽车修理站 motor repair shop, car repair pit

又称“修车库”。保养、修理无轨道的客车、货车、工程车等机动车的建(构)筑物。

02.0771 地下车库 underground garage

停车间室内地坪面低于室外地坪面高度超过该层车库净高一半的汽车库。

02.0772 坡道式汽车库 ramp garage

用汽车行驶坡道联系上下停车楼层的汽车库。坡道可以是直线型、曲线型或两者的组合。

02.0773 敞开式汽车库 open garage
汽车库内停车楼层每层外墙敞开面积超过该层四周墙体总面积25%的汽车库。

02.0774 高层汽车库 high-rise garage
建筑高度超过 24m 的汽车库或设在高层建筑内地面以上楼层的汽车库。

02.0775 机械式汽车库 mechanical garage
使用机械设备作为运送及停放汽车的汽车库。

02.0776 机械式立体汽车库 mechanical and stereoscopic garage
室内无车道且无人员停留的、采用机械设备进行垂直或水平移动等形式停放汽车的汽车库。

02.0777 两层式机械汽车库 two story mechanical garage
停车位按两层设置的机械汽车库。有两层升降横移式、两层循环式和两层坑下式等。

02.0778 竖直循环式机械汽车库 vertical circular garage
停车位垂直布置且兼作运送器，进行整体垂直循环运动的机械式汽车库。

02.0779 复式汽车库 compound garage
室内有车道、有人员停留的，同时采用机械设备传送，在一个建筑层里叠 2~3 层存放车辆的汽车库。

02.0780 缓坡段 transition slope
当坡道坡度大时，为了避免汽车在坡道两端拖底而设的缓和坡道。

02.0781 停车场 parking lot
停放无轨道的客车、货车、工程车等机动车的露天场地和构筑物的总称。

02.0782 停车位 parking space
汽车库中为停放汽车而划分的停车空间或机械停车设备中停放汽车的部位。由车辆本身的尺寸和四周的安全距离组成。

02.0783 回车场地 turn-around space
为机动车回转运行而设置的空间场地。

02.0784 高速公路收费站 toll station
设置于高速公路出入口，对过往车辆进行收费的构筑物。

02.0785 高速公路服务区 highway service area
又称“高速公路服务站”。设置在高速公路旁为高速公路的车辆和乘客服务的场所及建筑。主要包括住宿(含停车)、餐饮、加油、汽车修理四大功能。

02.0786 自行车棚 bicycle shed
室外停放自行车且上部有棚罩的构筑物。

02.15 邮电媒体建筑

02.0787 [邮]电[通]信建筑 telecommunication building
用于邮电通信的建筑的总称。

02.0788 邮局 post office
办理信件、包裹等的收寄和传递，报刊发行、汇兑及邮政储蓄等业务的建筑。

02.0789 邮件处理中心 postal center
处理信函、包裹、印刷品、报刊及国际邮件或专门处理某一类邮件的建筑。

02.0790 邮件转运站 post transfer station
接收火车、汽车、飞机运来的总包邮件，经过暂时储存、分拣后按计划组织发送的建筑。

02.0791 电信局 telecommunication office
利用电子设施来传送语音、文字、图像等信息业务的建筑。

02.0792 电信专用房屋 telecommunication private premise
安装电信设备使用的生产性房屋及辅助生产性房屋。

02.0793 长途电信枢纽楼 long distance telecommunication center, hub building for long distance telecommunication
安装长途电信设备的生产楼。

02.0794 本地电信楼 local telecommunication building
安装本地通信网电信交换、传输、数据、接入等通信设备的生产楼。

02.0795 国际局 international telecommunication center
安装国际长途电信设备的房屋。

02.0796 移动通信基站 cell site, mobile telecommunication base station
安装移动通信设备的房屋。

02.0797 微波通信楼 microwave telecommunication building
微波中继通信系统中的站舍建筑。

02.0798 卫星通信地球站 satellite telecommunication earth station
又称“国际卫星通信地面站”。在地球的陆上、水上、空中设置的能通过通信卫星传输信息的微波站。

02.0799 光缆中继站 optical fiber regeneration station
安装光缆中继设备的房屋。

02.0800 海缆登陆站 sea cable landing station
海底光、电缆在登陆处设置的房屋。

02.0801 微波站 microwave relay station
地面微波接力系统的终端站或接力站。接力站又可细分为分路站和中继站。

02.0802 综合电信营业厅 general telecommunication business hall
办理各项电信业务、客户接待和受理，进行业务宣传和新业务演示，办理各项业务费用的结算、退补、预存和费用查询，装备用户终端设备及相关产品展示销售和维修的建筑。

02.0803 电信机房 telecommunication machine room
安装电信专用设备的房屋。

02.0804 电缆进线室 cable incoming room
安装电缆进线和出线的专用房屋。

02.0805 广播电台 broadcasting station
又称“广播中心”。编制和发送广播节目的建筑。

02.0806 电视台 television station
制作、加工和播出电视节目的建筑。一般由演播室、后期制作室、节目播出和电视微波天线塔等组成。

02.0807 传输网络中心 transmission network center
安装向传输网络发送、处理图像、声音等信息设备的建筑物。

02.0808 中波、短波广播发射台 medium wave

and short wave transmitting station，MW and SW transmitting station

用无线电发送设备将声音节目播送出去的建筑。其中装有一部或若干部发射机及附属设备和天线。

02.0809 电视、调频广播发射台 television and frequency modulation transmitting station，TV and FM transmitting station

用无线电发送设备将声音和图像节目播送出去的建筑。其中装有一部或若干部发射机及附属设备和天线。

02.0810 广播电视[发射]塔 transmitting tower，broadcasting tower

发射、收转电视和(或)调频广播电磁波信号的钢筋混凝土结构或钢结构的建(构)筑物。一般由桅杆、塔楼、塔体和塔下建筑等组成，常利用塔高兼作游览等使用。

02.0811 中波、短波收音台 medium wave and short wave receiving station，MW and SW receiving station

接收中波、短波无线电广播节目信号的专用建筑。

02.0812 广播电视卫星地球站 radio and television satellite earth station

利用卫星转发声音和(或)图像信号的无线电广播、电视的建筑。

02.0813 桅杆 mast

塔体上部用于安装电视和调频广播发射天线的支承结构，可由混凝土或钢结构构成。

02.0814 塔楼 tower head

建于电视、调频广播发射塔塔体中、上部，天线桅杆下部的单层或多层建筑，部分或大部分挑出塔体外部。

02.0815 塔体 tower body

塔下基础顶面以上至最高位置的塔楼底面(不包括塔楼)的竖向受力结构部分。

02.0816 塔下建筑 tower skirt building

建于广播电视发射塔下部围绕塔体或与塔体相连的建筑。

02.0817 电影制片厂 motion picture studio

进行电影制作的建筑物总称。

02.0818 影视外景基地 movie and television base

建有真实建筑群背景及相关景观，并可供临时搭建假景的电影外景拍摄场地。

02.0819 多功能演播厅 multi-purpose studio，multi-purpose hall

进行电视综艺类节目制作、演出等多种用途的房间。

02.0820 摄影棚 photograph studio

又称“摄影工作室”。泛指提供摄影服务的营业场所。原指电影制片厂中拍摄内景时，最主要的可供多部电影临时分别搭景演出的宽大室内生产场所。

02.0821 演播室 studio

进行广播、电视节目制作的房间。

02.0822 录音棚 recording studio，recording room

又称“录音工作室”。泛指提供录音服务的营业场所。原指电影制片厂中后期录制语音、音效等的生产场所。

02.0823 录音室 recording room

广播电台进行录音的专用房间。

02.0824 播音室 broadcasting studio

广播电台或广播站用来进行广播节目的特设房间。具有隔声和吸声的特殊构造，室内装有传声器、扩声器和录放设备。

02.0825 配音室 dubbing room
进行节目配音的专用房屋。

02.0826 审听室 review room
供审查节目内容观看收听节目效果的专用房间。

02.0827 总控制室 master control room
供安装进行节目总体调度和编排的设备的房屋。

02.0828 洗印厂 film laboratory
为电影制片厂加工底片、工作样片并洗印大量放映用发行拷贝的工业性生产厂。

02.0829 剪接室 editing room
对原版影片的分镜头进行拉长、截短、更换等编辑工作的房间。

02.16 市政建筑

02.0830 市政建筑 municipal facility
在城市区、镇(乡)规划建设范围内设置、基于政府责任和义务为居民提供有偿或无偿公共产品和服务的各种建筑物或构筑物。

02.0831 自来水厂 water supply and treatment plant，water supply and purification plant
以江河水及湖水等天然水资源为取水源，经过沉淀、化学凝聚、过滤和氯化等各种不同的工艺处理，将处理过符合使用标准的水，通过管网供应城镇用水的场所。

02.0832 中水处理站 reclaimed water station
收集处理中水的用房和场地。中水通常指不含粪便和厨房废水的优质杂排水和无毒工业废水、雨水等的混合水。

02.0833 污水处理厂 wastewater treatment plant
对污水用物理、化学、生物的方法进行净化处理的工厂。

02.0834 锅炉房 boiler plant
安装一台或多台锅炉以及保证锅炉正常运行的辅助设备和设施的建筑。

02.0835 燃气调压站 regulator station
将煤气调压装置放置于专用的调压建筑或构筑物中，承担用气压力的调节。包括调压装置及调压室的建筑物或构筑物等。

02.0836 配气站 gas distributing station
将商品天然气分配给最终用户的站房。站内一般设有分离器、减压阀、流量计，有时还设有气体添味设备。

02.0837 热交换站 heat exchanger room
设置两种不同温度的流体进行热量交换的设备，即换热器的房间。

02.0838 热力站 heat substation
用来转换供热介质种类，改变供热介质参数，分配、控制及计量供给热用户热量的设施。

02.0839 垃圾站 waste station
又称“垃圾房”、“垃圾中转站”。对垃圾进行收集、分类及处理的用房和场地。

02.0840 垃圾处理场 garbage disposal plant
生活垃圾无害化处理的场地。

02.0841 消防控制室 fire protection control room
又称“消防控制中心”。设置在高层建筑、

地下街和大规模公共建筑内的防灾中心。

02.0842 监控中心 monitoring and controlling center

对建筑物(群)进行消防、安防及机电设备进行监控的中心机房。通常位于建筑物一层或其他可直达室外的部位。

02.0843 城市变电所 urban electric substation

又称“变电站”。城市电网中起变换电压、集中电力和分配电力作用的供电设施。

02.0844 配电站 power distribution station

只安装有起通断和分配电能作用的配电装置，而暂无电力变压器的建筑物。

02.0845 开闭所 switching station

又称“开关站”。城市电网中起接受电力并分配电力作用的配电设施。民用建筑中一般指区域降压站与用户变电所之间设置的高压配电站。

02.0846 加油站 filling station

为机动车油箱充装汽油、柴油的专门场所。

02.0847 汽车加气站 automobile gas filling station

为燃气汽车储气瓶充装车用液化石油气或压缩天然气的专门场所。

02.0848 电动汽车充电站 electric vehicle charging station

为电动汽车充电的场所。主要设备有快速充电柜、快速充电机、慢速充电桩等。

02.0849 公共厕所 public toilet, public lavatory

供社会公众使用，设置在道路旁或公共场所的厕所。

02.17 仓储建筑

02.0850 仓储建筑 industrial warehouse building, storage building

储存原料、原材、零部件、半成品以及制成品的建筑物或建筑群。

02.0851 仓库 warehouse，storage，store

储存物料(包括原材料、半成品及成品等)的建筑。

02.0852 单层仓库 single-story warehouse

用于储存金属材料、矿石、建筑材料、机械产品、车辆、化工原料、木材及其制品等的单层建筑。

02.0853 多层仓库 multi-story warehouse

一般为储存百货、电子器材、食品、橡胶产品、药品、医疗器械、化学制品、文化用品、仪器仪表等的多层建筑。具有装卸货物的场地，垂直运输采用电梯，铲车等运输工具能直接出入电梯间。

02.0854 仓库区 warehouse area，warehouse zone

规划设计中集中设置仓库的地段或区带。

02.0855 国家物质储备库 national material reserve warehouse，national repository warehouse

为储存国家战略物资，以供特殊情况下使用而特设的储存场所。

02.0856 救灾物资储备库 pool of relief supplies

储备能满足“自然灾害救助应急预案”规定的救灾物资的场所。其建设内容包括房屋建筑、场地、建筑设备和基本装备。

02.0857 原料库 raw material storage

为工厂生产零部件、半成品和成品所需要原

料或原材的放置和储存的建筑空间，在不同的情况下，设有不同的装卸工具和运输工具。

02.0858 中间仓库 interim store
供在工段与工段或车间与车间之间、加工零部件或半成品加工工艺转换情况下暂时存放工件的场所。

02.0859 成品库 final product storage
各生产企业生产的制品经最后检验通过、包装后完成品的储存场所。

02.0860 货运站 cargo terminal
货物运输过程中进行货物集结、暂存、装卸搬运、信息处理等活动的站房。

02.0861 危险品库 hazardous material storage, hazardous material warehouse
储存具有易燃、易爆、毒害、腐蚀、助燃或带有放射性等危险性质的物料仓库。

02.0862 煤库 coal store, coal house, coal bunker
设置有自动或半自动装卸和输送设备存放煤炭的敞开式仓库和半敞开式仓库。

02.0863 粮库 granary, grain depot, grain storage
又称“粮仓”。储藏粮食的建筑物或构筑物。

02.0864 电瓶车库 batter truck room
存放以充电电瓶为动力源的电瓶车的用房。

02.0865 露天仓库 open air repository, open air depot, open storage
设有固定式运输起重机械或活动式运输起重机械和相应的地面运输设备、不设屋盖和围护结构，成垛堆放，或分区堆放生产原料、中间加工工件(半成品)和成品的场地。

02.0866 露天堆场 open stacking yard
设有以活动式运输起重机械及其相应的地面运输设备为主、不设屋盖和围护结构，成垛堆放，或分区堆放生产原料、中间加工工件(半成品)和成品的场地。

02.0867 棚屋 covered storage, storage shed
有屋盖覆盖在上，而无墙体围护结构的库房。

02.0868 筒仓 silo
外形类似筒体的散料储存所。其平面截面形状有圆形、方形、六角形、八角形和外圆内八角形等多种；在设置排列上有单列式、双列式和多列式三种布置形式；结构上有钢筋混凝土制、钢制和钢筋混凝土筒身附钢漏斗和附钢制半漏斗。

02.0869 高架仓库 high rack storage
货架高度大于7m，且采用机械化操作或自动化控制的货架仓库。由高货架、存储设备、周边传送设备、信息处理系统和高架仓库系统的外围覆盖建筑结构组合而成。

02.0870 地下油库 oil cellar
由于战争、用地和环境的需要，设置在地下的油库设施。不仅便于隐蔽、防护能力强，而且还有不占土地、油品蒸发少等优点。地下储油有山洞库储油、盐穴储油等。

02.0871 地下油罐 underground oil tank
置于地面之下(即油罐顶面距离地面不小于0.5m)、土埋设置(即直接埋设)和地下室式(即油罐是安装在地下室者)的油罐。

02.0872 装卸场 loading and unloading yard
接受和发送物品的装卸货场地。有时露天仓库也起装卸场地的作用。

02.0873 装卸站台 loading and unloading platform，loading and unloading dock

为方便大型装卸汽车、货运汽车和火车的装卸操作，提高装卸效率而专设的工作平台。

02.0874 装卸货区 loading and unloading area，loading and unloading yard

又称"装卸货场"。供各种半成品与成品装货与发货的场地。

02.0875 汽车地磅 truck-weighing platform，truck weighbridge

称量运输车辆所装卸物资重量的货物整车计重检测设施。

02.0876 发货区 despatch area，delivery area

管理和控制各种物资等外运的操作区。

02.0877 收货区 receiving area

管理和控制各种物资到货、收货的操作区。

02.0878 库房 stockroom，stock room，storage room

保管、存放物料、物品的用房。

02.0879 散料仓 bulk storage，bulk material warehouse

存放各种散料的平底斗仓、斗仓、筒仓等的泛称。一般由斗(仓)壁、斗(仓)顶、斜壁和漏斗组成。

02.0880 散仓 decentralized stockroom

附设在营业厅内的备用销售商品仓库。分散设置在各商品经营部或各商品专柜附近，以便于需要时就近取货。

02.0881 化学品仓库 chemical material warehouse

单独设置的储存不属于危险品的化工配料、化学试剂、催化剂、添加剂等的物料仓库。

02.0882 桶装仓库 barrelled material warehouse

外包装采用刚性材料制作的钢桶、木桶、塑料桶等集装桶储存的物料仓库。

02.0883 袋装仓库 bagged material warehouse

外包装采用塑料薄膜、牛皮纸或复合材料(柔性材料)储存的物料仓库。

02.0884 物流中心 logistics center，center of material flow，material flow center

从事物质与商品集中、调度、派发等物流活动且具有完善信息网络的场所或组织。集货物集散中心、物流信息中心和物流控制中心为一体。

02.0885 集装箱码头 container wharf

装设有专门的运输、起重设备，为装卸集装箱的专用码头。

02.0886 冷[藏]库 cold storage

采用人工制冷降温并具有保冷功能的仓储建筑物。包括制冷机房、变配电间等。

02.0887 冷间 cold room

冷库中采用人工制冷降温房间的统称。包括冷却间、冻结间、冷藏间、冰库、低温穿堂等。

02.0888 冷却间 chilling room

对产品进行冷却加工的房间。

02.0889 冻结间 freezing room

对产品进行冻结加工的房间。

02.0890 冷藏间 refrigerated room

用于储存冷加工产品的房间。其中用于储存冷却加工产品的称为冷却物冷藏间；用于储存冻结加工产品的称为冻结物冷藏间。

02.0891 冰库 ice storage room

储存冰的仓库。

02.18 工业建筑

02.0892 工业建筑 industrial building
以工业性生产为主要使用功能的建筑。

02.0893 工厂 factory，mill，plant
生产工业产品的一座建筑或一组建筑和构筑物的总称。包括制造生产产品所有加工设备和为其服务的公用、辅助设施。

02.0894 车间 workshop
企业内部在生产过程中完成一定工序或单独生产某些产品的室内场所。

02.0895 工艺 process，technology，technique
利用生产工具对各种原材料、半成品进行加工或处理，使之成为产品的方法。

02.0896 工序 operation procedure
工艺过程的一个组成部分。一个(或一组)工人在一个工作地上对一个(或几个)劳动对象所完成的一切连续活动的总和。产品生产一般要经过若干道工序。

02.0897 工业工程 industrial engineering
在工业生产领域运用系统工程、运筹学等，研究如何分析复杂系统，并建立抽象模型，从而改进系统的学科。

02.0898 工业园 industrial park
为适应生产专业化发展要求和为在城市建立以彼此的副产品或废料进行生产、实施零排放而建设的共生工业建筑群体。

02.0899 高技术产业开发区 high-tech industrial development zone
以实施高技术成果商品化、产业化、国际化为宗旨的发展高新技术产业的基地。

02.0900 经济[技术]开发区 economic technological development district
中国最早在沿海开放城市设立的，以发展知识密集型和技术密集型工业为主的特定区域。后来在全国各地推广开设。其具体类型大概有5种：①发展尖端科技建立的新兴产业的开发区；②沟通内外经济联系发展转口和出口贸易的开发区；③开发旅游资源、发展第三产业适用于地处风景名胜、周围旅游资源发达的开发区；④利用当地资源优势，开展中外经济合作的开发区；⑤利用国外技术优势，引进、设计、建设的符合生态学原理，力争零排放的经济技术开发区。

02.0901 高技术园区 high-tech park
又称“高技术城”。有效地将电子、机器制造和其他最先进技术在内的工业部门与科学研究结合在一起，并能提供宜居生活条件的新兴城区。在许多国家，高技术园区是政府为促进高技术产业发展而专门设立的特别区域，进入该区域的企业可以享受某种程度的优惠政策。

02.0902 清洁生产 cleaner production
不断采取改进设计、使用清洁的能源和原料、采用先进的工艺技术与设备、改善管理、综合利用等措施，从源头削减污染，提高资源利用效率，减少或者避免生产、服务和产品使用过程中污染物的产生和排放，以减少或者消除对人类健康和环境的危害的生产工艺。

02.0903 技术改造 technical renovation，technical remolding
为适应社会快速发展，工业品农产品的更新换代，同时保持可持续发展，生产企业为实施其升级换代发展目标，所采取的各种综合性技术更新措施的泛称。

02.0904 生活福利建筑 welfare facility
工厂中为员工服务的卫生设施(如更衣、存衣、脱衣、盥洗、淋浴、厕所等用房)和福利设施(如进餐、食堂、会议休息、急救医疗等用房)等所组成的建筑物。

02.0905 厂前区 plant front area
一般位于生产区界限与城市道路之间，设置有行政管理机构和生活福利设施以及为生产服务的其他非生产用房，并有大量员工出入工厂的集散枢纽的非生产区域。

02.0906 中央实验室 central laboratory
为改进产品质量、提高生产工艺水平，承担进厂材料、中间产品和成品的控制和检验、新工艺材料的实验研究以及事故分析等任务而专设的分析、实验场所，以及位于各车间的快速实验室组成全厂性的分析实验室系统。

02.0907 中央计量站 central measuring station
以工厂贯彻计量法令，保证各类计量工具的正确合理使用、计量器具的检定、修理或调试、解决生产中测试技术问题、负责各车间不能检查的精密复杂零件和工艺装备的精密测量工作、专设的计量机构。

02.0908 生活间 employee's welfare facility
设有卫生设施用房、少量的进餐、急救和妇女卫生室等用房，与厂房或车间直接相连以便于使用的房间总称。

02.0909 工业厨房 industrial kitchen
又称“配餐楼”。大规模、机械化加工和生产为庞大人群供应正餐份饭、盒饭的建筑空间。

02.0910 桥式吊车 overhead traveling crane
又称“天车”。吊车桥架在高架轨道上运行的一种桥架型起重机。桥式起重机的桥架沿铺设在两侧高架的吊车轨道上，纵向运行；起重小车沿铺设在桥架上的小车轨道上横向运行，构成一矩形的工作范围，就可以充分利用桥架下面的空间吊运物料，不受地面设备的阻碍。

02.0911 水塔 water tower
具有蓄水罐箱的塔式构筑物。一般是在地面高程水压力不足时通过水泵增压蓄水，用于在配水系统中提供局部地区用水。

02.0912 吊车走道 crane walkway
为维修吊车轨道便于工人操作和通行、沿吊车轨道在吊车梁顶面铺设的人行检修通道。为了走道贯通，其与钢筋混凝土、钢上柱交汇部位还需设计人孔。

02.0913 走道板 walkway plate
构成吊车走道的主要构件。有木制的、钢筋混凝土的、网纹钢板的等多种形式，其支承型式随跨度、位置的不同，柱子、吊车梁设计不同而做相应设计，但其支架和栏杆都为钢制。

02.0914 封闭轴线 closed axis
又称“封闭结合”。轴线布置中，若纵向轴线都与屋面板外缘和屋面梁和屋架端口标志尺寸线一致，横向轴线布置上都与预制大型钢筋混凝土屋面板长度标志尺寸一致，同时屋面板纵横两个方向正好铺设在女儿墙的内缘，用一种外形尺寸的屋面板就可以把整个屋面封住，这种轴线的布置方法称为封闭轴线。除此之外称为非封闭轴线。

02.0915 跨度 span
沿房屋横向两排柱子或两片承重墙轴线之间的距离，也就是屋盖结构中屋架或屋面梁的标志长度。

02.0916 柱距 column spacing，truss interval

沿厂房平面长轴方向两根柱子轴线之间的距离。

02.0917 柱网 column grid，column network
由承受车间、厂房上部荷载的柱子位置(跨度、柱距)所形成的网格。柱网的大小对生产工艺布置的合理性、适应性、灵活性，对选择车间、厂房承重结构方案及对厂房造价都有很大影响。

02.0918 单跨建筑物 single-bay building
仅有一个跨间的车间、厂房。

02.0919 多跨建筑物 multi-bay building
一个跨间以上的车间、厂房。

02.0920 [工厂]参观走廊 visitor's gallery
工厂车间中专设的参观产品加工过程、总装和产品实际操作演示用的专用廊道。

02.0921 设备基础 equipment foundation
承受由机器自重和由机器的不平衡扰力而引起振动，如活塞式压缩机、大型汽轮发电机、电机、透平机、冲击机械、破碎机、电液振动台和金属切削机床等的基础。

02.0922 疏散滑梯 escape chute
代替疏散楼梯的一种疏散设施，由入口门、滑道、中心柱、外围蒙皮所组成，滑梯滑道多呈螺旋形，道宽 750mm 左右，人们从入口进入后，即可滑落至地面。在非常情况下用于多层厂房的紧急疏散口。

02.0923 工厂控制室 control cabin
位于生产自动线旁或位于架空跨越生产自动线廊桥上的小室。其主要目的是观察、监测和控制工艺流程。

02.0924 锯齿形天窗厂房 saw-tooth industry building
厂房剖面呈锯齿形，其建筑上部的天窗垂直面或略有斜度的坡面即为建筑物的采光天窗面，天窗一般都面北或接近北向，以收采光稳定、均匀之效。

02.0925 管廊 pipe gallery
用作支承铺设在地面以上的管道的钢或钢筋混凝土的构筑物。

02.0926 工具分发室 tool distribution room
车间或工厂内工作人员领取或归回生产操作工具、辅助工具如卡具、量具和模具等的场所。

02.0927 动力中心 power center
为全厂供应水、电、气等公共资源的联合车间或联合厂房。

02.0928 孵化器 incubator
专为技术创新型的企业优化外部环境，培育技术密集和创新的一种以提供基础设施、管理、服务和咨询为主要任务的新型企业的模式。

02.0929 孵化器建筑 incubation building
作为企业孵化器的重要组成部分，培育技术密集型和创新型小企业进行试验、研制试生产、检测等活动的生产场所。

02.0930 射线探伤室 ray inspection machine room，ray flow detector room
设置有 X 射线工业探伤机，γ 射线探伤仪等对金属体特别对金属高压容器进行无损检测本体和焊接质量的场所。探伤室的平面、房间高度、起重运输工具的选择都随被检验工件的大小、形式、重量与探伤方式来决定。由于射线对人体造成辐射损伤，因此其围护结构必须有保护措施，出入口要设有迷宫式通道以防止射线逸出。

02.0931 热电厂 cogeneration power plant

在发电的同时，利用汽轮机的抽气和排气为用户供热的发电厂。

02.0932　供热厂　heat-generating plant
由锅炉加热的水转化为有压的热能(热水、蒸汽)再通过热力站，供用户使用的工厂。

02.0933　水力发电厂　hydropower plant
把水能转换成电能的工厂。

02.0934　水工建筑物　hydraulic structure
为控制调节水流防治水患和开发利用水资源而兴建的承受水作用的建筑物。

02.0935　风电场风力发电站　windfarm generating electric power
利用风力，将多台并网型发电机组按照地形和主要风向排成阵列组成机群向电网供电的场地。

02.0936　太阳能热发电站　solar heat power plant
先由太阳能转换成热能，再转换成电能进行发电的发电站。主要有集热、输热的热交换系统、储存系统和汽轮发电机等设备。

02.0937　太阳能光伏电站　solar photovoltaic power plant
通过太阳电池组件、控制器和蓄电池组等装置所组成的光伏电站。

02.0938　垃圾发电站　waste incineration power plant，waste to energy power plant
利用焚烧城市垃圾产生热能发电的工厂，也是一种处理城市垃圾的综合治理措施。

02.0939　废品再生工厂　waste-recycling plant
回收废品，经过处理，再生利用的工厂。

02.0940　原材料加工工厂　raw material processing plant
将原材料加工成初级产品，供下游工厂生产使用的工厂。

02.0941　选煤厂　coal preparation plant
将矿中挖掘出来的原煤加以筛选，并用机械方法去除混夹在原煤中的杂质，把它们分成不同质量、规格的产品，以适应不同用户需要的工厂。

02.0942　选矿厂　concentrator，mineral processing plant
为冶炼厂提供由原矿石加工处理成的精矿的加工工厂。一般由粗碎、中碎和细碎的破碎车间、装设由不同工艺(水选、磁选等)设备的选矿车间以及中间仓库、各级转运站和精矿库等建筑组成。

02.0943　焦化厂　coking plant
以炼焦煤为原料，生产冶金焦炭、焦炉煤气和炼焦化工产品的工厂。

02.0944　液化石油气厂　liquefied petroleum gas plant，LPG plant
对主要来自天然气或炼油厂的裂化气或裂解气，通过工艺设备进行压缩、净化、凝液分离和分馏、加工后获得液化石油气的工厂。

02.0945　气体加工厂　gas plant，processing plant
又称“气体处理厂”。以油气田生产的天然气为原料，从气体中脱出重组分、降低天然气热值使之符合炉具对气质的要求的加工工厂的总称。

02.0946　炼钢厂　steel plant
以铁水或生铁、废铜和直接还原铁等为主要原料，采用转炉、电弧炉、平炉或特种冶炼设备，如精炼炉，为下道工序提供钢锭或连铸坯材的工厂。

02.0947　轧钢厂　rolling mill
以炼钢厂提供的连铸坯材或钢锭为原料，用

轧制、拉拔、挤压和弯曲等塑性加工，以及焊接和表面处理等加工方法生产出一定厚度的平板、型板、钢管、带料和棒料(钢筋)等产品的工厂。

02.0948 有色金属冶炼厂 non-ferrous metal plant，non-ferrous metal refinery

以各种矿石或废料为原料，经焙烧、冶炼、分解等工艺而提取获得所需有色金属(如铜、铅、锌、锡等)的工厂的总称。

02.0949 有色金属制品厂 non-ferrous metal products factory

对有色金属冶炼厂提供的有色金属原材坯料，进行轧制、压延、拔丝等冷加工工艺加工，生产各种有色金属半成品或成品的工厂。

02.0950 造船厂 shipyard

用于修造船舶的陆上和水上建筑物及其有关设备的总称。一般都滨江、海、河、湖兴建。分综合性造船厂和总装性造船厂两种，大多为总装性造船厂。船厂内设有放样车间、钢材预处理车间、船体加工车间、装焊车间和露天或室内船台(或船坞)及其他下水设施。

02.0951 船台 ship-building berth

在船舶上墩、下水构筑物中专门为修、造船舶用的场地。有露天船台、开敞船台和室内船台三种。

02.0952 船坞 dock

用于建造或检修航船的水工建筑物；由坞首、坞门、坞室、排泄系统、拖曳系统设备、动力和公用设施以及其他附属设备等组成。

02.0953 飞机制造厂 aircraft manufactory

通常仅指包含飞机机体零部件制造、部件装配和整体总装等工序的工厂。飞机的其他部分如航空发动机、仪表、机载设备、液压系统和附件等由专门工厂制造，不列入飞机制造范围。制造厂中的总装车间都是超大跨度、单层的钢结构厂房。

02.0954 航空发动机试验室 aircraft engine test stand room

为保证航空发动机在高温、高压、高转速和高负荷等极为苛刻的条件下工作的质量，其中所进行的严格的地面试验部分的试验室。试验室中一般包括：试车间(试车台)、操纵间、测试设备间和试车台系统各部分，该建筑应防振、隔音、消音并有专门的送排风系统。

02.0955 飞机库 hangar，aircraft hangar

机场里供航空器进驻做维护用的、有屋盖的建筑物。

02.0956 航天员训练建筑 astronaut training building

为预备航天员提高对特殊环境因素的耐力和适应能力、熟练掌握有关航天科学知识和工程技术专设的训练场所。如大型的空间模拟室、超重训练室、失重塔等设施。

02.0957 航天器总装厂 spacecraft assembling plant

将航天器各系统的设备、仪器、电缆和管路与舱体装配成完整航天器的作业场所。一般采用垂直装配方式。装配完成后，直接进行质量特性测试和气密性检查。

02.0958 航天发射场 spacecraft launching complex

发射航天器的特定区域。场区内有整套的实验设施和设备，用以装配、储存、监测和发射航天器、测量飞行轨道、发送控制指令、接收和处理遥测信息。一般由测试区、发射区、发射指挥控制中心、综合测量设施、各勤务保障设施和一些管理服务部门组成。

02.0959 航天发射台 spacecraft launching-pad
运载火箭和航天器垂直地安置的承台，借助于勤务塔、脐带塔和管、线接头将地面电缆、气、液管路与运载火箭和航天器连接。发射台旁还设有燃气导流槽等设施。

02.0960 兵工厂 arsenal
制造、修理、储藏军械的工厂。

02.0961 汽轮机厂 steam turbine manufactory
又称“透平机厂”、“涡轮机厂”。生产汽轮机主机及配套辅机的工厂。以蒸汽为工质的旋转式热能动力机械称为汽轮机。

02.0962 制氧机厂 oxygenerator factory
又称“空分设备厂”、“气体分离设备厂”。生产制氧机主机及配套辅机的工厂。能产生和维持深低温(一般为 120K 至接近绝对零度)，并使空气液化或分离，提取氧气(包括氮、氖等不同纯度气体)的装置称为制氧机。其生产的设备可制取氧、氮、氖等不同纯度的气体。

02.0963 工具厂 tools and instruments factory
一般指生产机械工厂制造过程中需要的刀具、夹具、量具等各种工艺装备的专业化工厂。

02.0964 汽车制造厂 automobile factory, motor factory
制造在公路或高速公路行驶、以往复活塞式四冲程等内燃机为自行驱动车辆的工厂。有制造零部件的专业生产厂和综合性的制成零部件、进行部件装配和成品总装的全能生产厂。大型汽车厂一般都采用密闭型的联合厂房。

02.0965 农业机械厂 agricultural machinery plant
生产和制造在作物种植业和畜牧业生产过程中以及农、畜产品初加工和处理过程所使用的各种机械工业企业的泛称。

02.0966 矿山机械厂 mining machinery plant
制造和生产用于矿物开采和富选等作业的机械的工厂。探矿机械的工作原理和结构与开采同类矿物的所用的采矿机械大致相同或相似，广义上说也是一种矿山机械。矿山机械厂中有时还生产起重机、输送机和通风机和排水机械。

02.0967 机车车辆厂 locomotive and rolling stock factory
生产铁路车辆的工厂。包括牵引用的动力车和承运货物或人员的无动力车辆。动力车使用的能源有电力、柴油、煤等。新型客运车辆有将动力车和车厢组合为一体的形式。

02.0968 机床厂 machine tool factory
通过切削或变形等方法，专门生产金属切削机床、木材切削机床和锻压机床等产品的工厂。其产品包括普通机床和数控机床。

02.0969 电机厂 electric generator and motor manufactory
生产发电机或电动机的工厂。

02.0970 冷冻机厂 refrigerator manufactory, refrigerating machine factory
生产能从低于环境温度的物体中吸取热量，并将其转移到环境介质的机器产品的工厂。

02.0971 电镀厂 electroplating factory
借助电解作用，在金属制品表面上沉积一薄层所需金属或合金，提高零件表面的耐磨或抗腐蚀性能的专业化工厂。

02.0972 电解厂 electrolysis plant
利用电流的作用，分解化合物，提取所需物

质的专业化工厂。常见有电解铝厂，电解铜厂等。

02.0973 建筑[工程]机械厂 construction machinery factory

从事制造生产建筑工程需要的机械和设备的工厂的统称。包括起重机械、运输机械、桩工机械、钢筋混凝土及其制品机械、装修机械、石材开采加工机械、建筑制品制备机械和园林、市政和环保机械等。而土方压实机械、路面机械、隧道施工机械、桥梁施工机械、线路机械制造厂则属工程机械厂类别。

02.0974 建筑材料厂 building material factory

生产为建筑工程建造中使用的各种材料的工厂的泛称。如建筑陶瓷厂、建筑五金厂、建筑玻璃厂、建筑门窗厂等。

02.0975 仪器仪表厂 instrument and meter factory

生产电磁测量工具如电工仪表、数字仪表、电测量仪器、记录仪表、磁测量仪器等的工厂。

02.0976 光学仪器仪表厂 optical instrument factory

利用光学原理(如辐射、色散和吸收等)和光电原理等制造各种光学仪器及仪表的工厂。如生产光学显微镜、光栅测长仪、光线示波器、光谱仪器等的工厂。

02.0977 医疗设备厂 medical appliance manufactory

制造B型超声波机、电子计算机X射线体层成像、磁共振成像成套设备的工厂和制造各种医疗检测仪等医疗器械的工厂。

02.0978 半导体器件厂 semi-conductor device plant

由半导体单晶片到制成最终成品如半导体激光二极管、半导体光电二极管、半导体传感器等半导体器件的工厂。

02.0979 电子元件厂 electronic component factory

生产构成电子设备基本单元(即有源元件和无源元件)的工厂。厂房生产工艺对操作环境的要求高，装备专用性很强，对厂房中的温度、湿度、洁净度、隔震都有相应的要求，常采用密闭厂房或洁净厂房。

02.0980 微电子工厂 microelectronic manufactory

运用微电子技术和高密度组装技术，将微电子器件和微小型元件组装成适用的、可生产电子硬件，并提供各个领域使用的工厂。由于生产的特点要求厂房恒温、洁净(特别是尘埃颗粒的大小和含量)、隔震，在公用设施上也有特殊的要求。

02.0981 通信设备制造厂 communicating manufactory

以电子元件和电声元件为原材，制作装配为人们交换信息，包括语言、文字、图像等器械为主的产业。如电话机、电报机和传真机等的生产工厂。

02.0982 家用电器厂 domestic electric appliance plant

泛指家用电器的制造工厂。属于生活资料的加工工厂。

02.0983 电子计算机制造厂 computer factory

又称“电脑制造厂”。生产各种电子计算机系统、外围设备、终端设备以及其他有关装置的工厂。大致可分为系统制造厂、通用机制造厂、小型机制造厂和微型机制造厂、外围和终端设备制造厂、记录介质制造厂以及提供专用的应用系统的厂家。一般多位于多层的轻型厂房之中。

02.0984 制药厂 pharmaceutical factory

主要指生产原料药和化学制药成品的工厂。其主要的生产特点为：生产流程长、工艺复杂；每一产品的原料、辅料多，许多原料和生产过程中的中间体是易燃、易爆、有毒和腐蚀性很强的物质，建筑设计中要妥善处理防火、防爆、防腐蚀和劳动保护问题；产品质量标准高(指纯度和杂质)；物料净收率低，副产品多，三废也多；生产药物品种多，更新快，研发工作重。

02.0985 生物制品厂 biotechnology manufactory，bioengineering manufactory

以微生物、寄生物、动物毒素、生物组织为起始材料，利用生物学工艺或分离纯化技术设备并以生物学技术和分析技术控制中间产品和成品质量生产制成生物活性制剂(如菌苗、疫苗、毒素、激素和免疫球蛋白)的工厂。

02.0986 中药厂 traditional Chinese medicine factory

将中药材经过加热、水煮、提取或蒸馏的各种工法加工后获得的中药成药(如丸、散、膏、片、胶囊和口服液)的工厂。

02.0987 纺织厂 textile mill

以棉花或其他天然或人工纤维为原料通过手动或自动的纺机、织机编制而生成棉纱、原坯棉和其他织物坯料的工厂。纺织工业进入工业化生产后，技术日益进步、工艺和产品日趋多元化，纺织厂随之成了一个泛称，包括棉纺厂、针织厂、染织印花厂等。

02.0988 缫丝厂 silk reeling mill

将桑蚕茧缫制成高品位优质桑蚕丝的工厂。厂内主要操作的机械设备为手动、自动或智能自动化的缫丝机，作业环境呈高湿状态。

02.0989 针织厂 knitting mill

利用针织机上织针，把各种原料制成的、不同品种的纱线、丝线等构造线圈，再经串套联结成针织物的工厂。

02.0990 印染厂 printing and dyeing plant

由染料、颜料、糊料与助剂和其他化学药剂制成的稠厚色浆，经过染色机械或印花机对纤维和纤维制品(如棉布、丝绸、羊绒等)施加色彩和彩色图案的工艺操作的工厂。

02.0991 皮革厂 fur and leather factory，leather ware factory，tannery

以动物生皮为主要原料进行系列加工的工厂。一般包括以生皮为加工对象的制革厂；以革为主要原料的皮革服装厂、皮鞋制造厂以及其他革制品加工厂；通常还包括毛皮加工业和配套材料鞣剂、涂刷剂、皮革制品缝纫机等专业产品、设备的生产制造厂。由于合成材料的迅速发展，人造革已大量用于制造鞋、箱、包、袋、手套等日用品。该类工厂也属皮革厂。

02.0992 服装厂 clothing factory

生产穿于人体起保护和装饰作用制品的工厂。其加工工艺主要体现在裁剪、缝纫(手缝、机缝)、熨烫等方面。

02.0993 化工厂 chemical plant

化学工业工厂的泛称。其特点是：①原料、生产方法和产品的多样性和复杂性；②化学反应伴随能量的变化，耗能多，节能潜力大；③需要多学科配合，是知识密集型的产业；④资金密集；⑤环境保护是重要问题；⑥易于产生火灾和爆炸。

02.0994 化肥厂 chemical fertilizer plant

用化学方法人工制成农用肥料的化工厂的

总称。

02.0995 农药厂 pesticide plant

由多种化工原料，经过化学、物理或生物的加工工艺生产农药的工厂。包括原料和产品的储运系统、生产和检测系统、产品包装系统、三废处理系统和水、电、气等公用设施系统。

02.0996 玩具厂 toy making factory

生产供人们尤其儿童玩乐和游戏产品的工厂。玩具按原材料和生产工艺可分为金属玩具、塑料玩具、木竹玩具、布绒玩具、纸玩具和民间玩具。

02.0997 印刷厂 printing press

运用印刷技术和印刷设备经制版、印刷、印后加工、批量复制文字、图像、装订、包装等工序制作传媒信息和美化生活产品的工厂。

02.0998 造币厂 mint factory

以铝镍合金轻金属和金、银等贵金属为原料经熔化、成型、压制等工艺制成可供在市场上作为通货流通或具有收藏观赏价值的硬币制造厂。

02.0999 造纸厂 paper mill

以木材和甘蔗、芦苇、草等农业废料为原料制成纸浆或纤维半成品，或以废纸为原料，经过蒸煮、冲洗、净化、漂白、干燥蒸发等工艺加工后制造成纸品或纸板的工厂。

02.1000 工艺美术厂 art and craft factory

利用特殊技艺生产具有实用价值和审美双重特性、物质和精神双重属性的造型艺术品(如陶瓷、雕塑、玉器、织锦、刺绣、漆器、玻璃器皿等)的工厂。

02.1001 珠宝饰品厂 jewelry work

以贵金属、宝石等原材料、用手工或机械加工、生产佩戴在人身上的装饰品(如耳环、项链、戒指、手镯、脚链)的工厂。

02.1002 体育器材厂 sporting equipment factory

从事生产竞技体育比赛和健身锻炼所使用的各种器械、装备和用品的工厂。

02.1003 粮食加工厂 grain processing plant

用装备的粮食清理机械，粮食加工机械将原粮清理、除杂、分级、脱壳、去皮、研磨、筛选使其成为不同等级颗粒状或粉状的成品粮的工厂。

02.1004 食品厂 food product factory

加工、生产各种供应人体营养需要，使人能生长、发育、繁殖和从事体力、脑力活动的半成品或成品的工厂。

02.1005 屠宰厂 butchery

配置设有自动化机械设备，宰杀大牲畜如牛羊猪等的作业场所。具有一系列的配套设施，将宰杀后的动物进行一次性加工、清洗、肢解、整理、检验、冷冻、冷藏备用。

02.1006 肉类加工厂 meat product plant

又称“肉联厂”。以可供使用的动物经屠宰后加工(冷加工、热加工、腌制、干制、烟熏、罐藏)而制成各种肉食品的工厂。

02.1007 烟草厂 tobacco factory

以烟草为原料制成各类烟制品的加工工厂。

02.1008 制茶厂 tea factory

以茶树新梢上的芽叶嫩梢(称鲜叶)为原料，采叶后进行杀青、揉捻、渥堆、干燥等加工后获得毛茶和成品茶的操作场所。

02.1009 制糖厂 sugar refining plant，sugar mill

以甘蔗、甜菜等为原料，通过原料处理，提汁、清净、蒸发、结晶分密和干燥等工序制取食糖的工厂。

02.1010 盐厂 salt works

又称“[制]盐场”。生产原盐、加工盐及综合利用盐卤资源所生产产品的工厂。其生产范畴较广，如取海水、盐湖卤水或地下卤水在盐田内日晒成盐，或钻井汲取地下天然卤水或注水溶解地下岩盐得到的卤水用真空、热压、蒸发的工艺方法浓缩成盐等。

02.1011 饮料厂 beverage factory

以水、粮食、果蔬或奶等为基本原料加工而成的流体或半流体食品的加工工厂。

02.1012 单层厂房 single-story industrial building

一层高的厂房。适用范围广泛，数量大。常用于机器制造、冶金、建材等行业中的重型厂房和一般性中、小型厂房。

02.1013 多层厂房 multi-story workshop, multi-story industrial building

一层以上的厂房。常采用三至六层。但其建筑高度不可超过 24m。

02.1014 高层厂房 high-rise industrial building

二层及二层以上且建筑高度超过 24m 的厂房。

02.1015 出租性工业厂房 rentable industrial building

由工业管理部门或开发商出资兴建，有单元式厂房、类公寓式厂房和工业大厦等不同形式，分别租赁给中小企业业主进行产品生产、成品装配使用的厂房。

02.1016 单元式工厂 unit factory

两个或三、四个生产单元(一个单元就是一个中小企业的车间或厂房)合用一个出入口及交通枢纽，平面呈展开状，有时设走廊相互联系，按总体设计组合方案而定的厂房。这种厂房大多数为多层建筑。从经济效果上来看，能节约土地和减少在物流上的耗费。

02.1017 无窗厂房 windowless factory building

又称“无天窗厂房”。常不开窗或仅设少量固定窗扇观景窗的厂房。厂房内全部采用人工照明，以满足产品加工精度和微型化零部件生产的可靠性，不受外界气候影响。室内的温湿度大多都用空调设备控制调节。单层无窗厂房又分为带技术夹层和不带技术夹层的两种形式。

02.1018 密闭厂房 enclosed industrial factory

采用不具透风、透气的外围结构，对密闭的门、窗和门斗、对进、排风系统的设计有较特殊的要求的厂房。按设计要求其内部要保持一定的气流流型和压差控制。

02.1019 灵活厂房 flexible workshop

具有适应工艺变化的弹性、可塑性和灵活性，建筑结构上具有通用性和统一性的厂房。其最大特点就是当产品升级、技改、工艺革新、设备调整时，厂房不需改建或扩建，只需在原有厂房内局部调整、处理即可。

02.1020 联合厂房 workshop under one roof

把一种产品的整个生产过程的几个车间(或工段)，甚至把几种产品的几个生产车间(或工段)及辅助房屋按照生产工艺的合理性，集中合并布置的一个大厂房。

02.1021 地下厂房 underground workshop

建于岩层和土层中，其厂房地面低于室外地平面的高度超过该厂房净高 1/2 的厂房。

02.1022 半敞开式厂房 semi-enclosed industrial building

设有屋顶、建筑外围围护结构局部采用封闭

式墙体，所占面积不超过该建筑外围护体表面面积的 1/2(不含屋顶的面积)的生产性建筑物。

02.1023 敞开式厂房 opened industrial building
设有屋顶、不设建筑外围围护结构的生产性建筑物。

02.1024 原料加工车间 raw material handling plant
对原材料做各种初加工工作，使达到规定要求的车间。

02.1025 机械加工车间 machining shop
一般指对金属材料进行切削加工的生产车间。广义的也包括非金属材料的切削加工和部分压力加工。

02.1026 冶炼车间 smelting shop
用焙烧、熔炼、电解以及使用化学药剂等方法把矿石中含有的金属提取出来，减少金属中所含的杂质或增加金属中某种成分，炼成所需要金属的车间。

02.1027 铸造车间 casting shop, foundry shop
又称“铸工车间”。把金属加热熔化后倒入预先制成的砂型或模子里，冷却后凝固成为所需要器物(零件)的车间。

02.1028 铸件清理车间 casting cleaning, fettling shop
铸造生产中从铸型中取出铸件，并除去内外表面附砂、浇口、冒口等工作的车间。

02.1029 锻造车间 forging shop
又称“锻工车间”。把坯料加热后，用锤击或加压，使之发生塑性变形，成为一定形状和尺寸工件的车间。

02.1030 锻压车间 forging and pressing shop
承担锻造和冲压工作的车间。

02.1031 水压机车间 hydraulic press shop
利用水来传递压力的机器，锻造大型工件的车间。

02.1032 冲压车间 pressing and stamping shop
利用冲模借助压力机的作用，对放在凹模和凸模间的板料进行冲裁或成形、弯曲、拉深等，以获得所需工件的车间。

02.1033 焊接车间 welding shop
在两金属件连接处通过加热熔化或加压，或两者并合，把金属工件连接起来的车间。

02.1034 金工车间 machine shop
对金属进行各种加工工作的车间。一般指金属切削加工。

02.1035 木工车间 carpentry shop
制造或修理木器、制造和安装房屋的木制构件的车间。

02.1036 加工车间 processing shop
对原材料、半成品做各种工作，使达到规定的要求的车间。

02.1037 装配车间 assembling shop
将机器的各零部件按一定要求进行配合和连接，组成机器整体的车间。

02.1038 热处理车间 heat-treating shop
把材料加热到一定温度，然后进行不同程度的冷却，使材料内部结构发生变化而取得某种性能的车间。

02.1039 酸洗车间 pickling shop
利用池槽中的酸性溶液与金属工件表面氧化物发生化学反应除锈的场所。

02.1040 电镀车间 electroplating shop
借助电解作用，在金属制品表面上沉积一薄层所需金属或合金的车间。

02.1041 电解车间 electrolysis shop
利用电流的作用，分解化合物，提取所需物质的车间。

02.1042 涂装车间 painting shop
又称“油漆饰面车间”。为保护、装饰产品，将涂料(油漆)均匀地涂覆于产品表面工作的车间。

02.1043 机修车间 maintenance and repair shop
通过配换修理，使磨损、故障的机器、设备，恢复原来功能的辅助车间。

02.1044 中间试验车间 pilot testing plant
在正式投入生产以前，先制样品以检测其各种性能和参数的试验车间。

02.1045 烧制车间 furnace room
泛指需应用炉窑进行焙烧、加热等加工、生产产品的场所。

02.1046 精密车间 precision workshop
精密配件加工及精密机器装配等对车间的温度、湿度有一定要求的车间。

02.1047 洁净车间 clean workshop
按照规范对生产环境的尘埃、菌落数等有要求的车间。其环境按洁净度级别可划分为一般生产区、控制区和洁净区。

02.1048 洁净室 clean room
空气悬浮粒子浓度受控的房间。其建造和使用应减少室内诱入、产生及滞留粒子。室内其他有关参数如温度、湿度、压力等按要求进行控制。

02.1049 防尘车间 dust proof workshop
对建设在多风沙地区，需要采取一定防风沙措施的车间。

02.1050 光学车间 optical workshop
承担光学仪器中透镜、棱镜、平面镜等光学零件制造的车间。

02.1051 工具车间 tool making shop
负责制造工厂生产过程中需要的各种工艺装备的辅助车间。

02.1052 模型车间 pattern shop
制造和修理铸造车间所需的各种模型及工艺装备的辅助车间。

02.1053 [电磁]屏蔽车间 electro-magnetic shielding shop，proof electro-magnetic shop
工艺生产要求隔离电磁波干扰和防止电磁波外泄，建筑设计中采取相应措施、设计和建造的生产用房和车间。其措施一般采用高导电率的单层或双层金属网、带孔金属板等材料与外围结构结合在一起，形成各种形式网罩或壳体并经过接地，达到屏蔽的目的。

02.19 农业建筑

02.1054 农业建筑 agricultural building
又称“农业生产建筑”。以农业性生产为主要使用功能的建筑。

02.1055 畜禽舍建筑 livestock house
用于改善或控制各类供肉、奶、蛋食用的畜禽饲养环境、实施一定饲养工艺、供畜禽供过夜、过冬、繁育或躲避不良天气的建筑物。可分为敞开式、有窗式和密闭式三类。

02.1056 畜牧场 animal farm，livestock farm
具有一定规模的、集中饲养畜禽、有计划地从事畜禽繁殖、改良或商品生产的场所。

02.1057 开放式畜舍 open livestock house
南面无墙或半截墙的畜舍。

02.1058 隔离畜舍 isolation livestock house
又称“病畜舍”。用于饲养刚引种的家畜或疑患传染性疾病家畜的畜舍。

02.1059 环境控制畜舍 controlled environment livestock house
现代化的密闭式、依靠机械通风和人工照明等调节畜舍内生产环境。

02.1060 养禽场 poultry farm
各种家禽饲养场的通称。有种禽场、蛋禽场、肉禽场等类型。

02.1061 禽舍 poultry house
各种鸡舍、鸭舍和鹅舍等的通称。

02.1062 养鸡场 poultry yard
饲养肉鸡、蛋鸡的饲养场。

02.1063 工厂化养鸡场 factorial chicken farm
采用先进的生物与工程技术手段，创造适宜鸡群的生长环境，进行连续、均衡、批量生产的养鸡场所。

02.1064 鸡舍 chicken coop
繁育和饲养鸡群的建筑物，是工厂化养鸡场的主体建筑。各类鸡舍配置一定的工程技术设施，为舍内鸡群创造适宜的生长环境，使鸡群的生产性能得以充分发挥。

02.1065 孵化厅 hatchery
从事种蛋孵化，提供雏禽的专用建筑。

02.1066 育雏鸡舍 brooder
用于饲养0~6周龄种用雏鸡、蛋用雏鸡或饲养0~4周龄肉用雏鸡的鸡舍。根据生产性质分为种鸡育雏舍和肉鸡育雏舍。

02.1067 育成鸡舍 mature bird housing
用于饲养7~20周龄青年种鸡和蛋鸡的鸡舍。根据经济用途分为种鸡育成舍和蛋鸡育成舍。

02.1068 种鸡舍 breeding bird housing
用于饲养繁育后代的公、母种鸡的鸡舍。分曾祖代(GGP)种鸡舍、祖代(GP)种鸡舍和父母代(PS)种鸡舍。

02.1069 蛋鸡舍 layer house
饲养20~72周龄产蛋鸡的鸡舍。

02.1070 肉鸡舍 broiler house
饲养5~8周龄(用育雏、肉鸡阶段饲养)或0~8周龄(一阶段饲养)肉用仔鸡舍。

02.1071 猪舍 pig barn
供猪繁殖、生活、预防不良环境的建筑物。

02.1072 消毒池 disinfecting pool
畜牧场、肉类加工厂生产区及畜舍入口处设置的供人及运输车辆消毒的设施。

02.1073 挤奶厅 milking parlor
又称“挤奶间”。采用集中挤奶和奶品初级处理的建筑物。

02.1074 牛乳处理间 milk house
对牛乳进行初步处理的加工车间。

02.1075 军马场 army horse-keeping farm
又称“役马场”。按照军事要求，繁殖和培育各种类型的军用骡马的场所。

02.1076 养马场 horse ranch
马匹进行育种和繁殖的场所。

02.1077 马舍 horse barn
又称“马厩”。供马休息、补料、产驹的建筑物。

02.1078 养蜂室 bee house

又称“室内养蜂场”。用于养蜜蜂的建筑物。

02.1079 越冬室 wintering bee house

供寒冷地区蜂群安全过冬的建筑物。

02.1080 取蜜车间 honey house

装备有取蜜、处理蜡盖及蜂蜜过滤分装等成套设备的厂房。

02.1081 [病兽]隔离室 isolation barn

饲养可能患有传染病的家畜进行隔离检疫治疗的建筑物。

02.1082 兽医站 veterinary station

又称“畜牧兽医工作站”。防治和医疗家畜家禽疾病的基层建筑。

02.1083 积肥场 manure yard

集中收集人畜粪便的场所。

02.1084 保护地栽培建筑设施 building and facility of protected culture land

为作物生长发育创造适宜的温度、光照、水分和气体等环境条件的特定建(构)筑物及其设施。

02.1085 塑料棚 plastic house

又称“暖棚”。用塑料薄膜作为覆盖材料建造的保护地栽培设施。

02.1086 避雨棚 rain shelter greenhouse

又称“防雨棚”。在多雨温暖地区为防止作物遭受雨害的一种保护设施。

02.1087 温室 greenhouse

又称“暖房”。利用玻璃或塑料薄膜等透明或非透明覆盖材料，把一定的空间与外界环境隔离，形成相对封闭的系统，其内部配备的设备可对各种环境因素进行有效调控的建筑设施。

02.1088 加温温室 heated greenhouse

具有加温设备和有效地控制室内温度的温室。

02.1089 日光温室 solar greenhouse

又称“不加温温室”。没有加温设备，仅利用太阳能升温的温室。

02.1090 塑料温室 plastic greenhouse

采用塑料薄膜、塑料板材等塑料制品为采光覆盖材料的温室。中国将拱形屋顶的塑料薄膜覆盖温室称为塑料大棚。

02.1091 地下热交换温室 underground heat exchange greenhouse

又称“地下蓄热温室”。以温室内的土壤为储热库蓄积太阳热能，夜间将热量散发到温室空间的一种新型节能温室。

02.1092 植物工厂 plant factory

能够实现对植物生育的温度、湿度、光照、二氧化碳浓度以及营养液等环境条件精确控制的植物生产设施。

02.1093 蔬菜留种网室 vegetable propagating house

用于冬季落叶休眠不需要光或可少见光照的盆栽植物简易越冬设施。

02.1094 花窖 flower cellar

为培育鲜花提供优越的特定生长环境的设施。除了摆放花苗的场地外，主要包括采水、储水、采暖、配土、工作人员工作与生活等辅助设施或空间。

02.1095 荫棚 shade-frame

植物栽培上主要用于遮荫的设施。

02.1096 风障 wind break

用于保护农作物、蔬菜、林木的简易防风设施。

02.1097 阳畦 local solar shed

筑有可覆盖透光和防寒材料的埂畦。是一种简易的保护地栽培设施。

02.1098 冷床 cold bed

具有床框等保护设施可以保温的苗床。

02.1099 温床 hot bed

具有保护设施和加温条件的苗床。

02.1100 食用菌房建筑 edible fungus building

为人工栽培食用菌的生产用房。

02.1101 农用仓库建筑 farm store building

储藏各类农产品及农用工具的库房。

02.1102 农产品储藏库 agro-products storage building

储藏农产品的场所和建(构)筑物。

02.1103 通风[干燥]储粮仓 ventilated grain depot

既能通风干燥粮食又能储藏粮食的粮仓。

02.1104 种子库 seed storage

储藏作物种子的建筑物。

02.1105 选种室 seed selection room

进行挑选优良种子作业的房间。

02.1106 晒场 drying yard

用来晾晒农作物的空旷场地，多在农村。

02.1107 种质库 germplasm bank

又称“基因库”、“品种资源库”。用于保藏动植物遗传资源(如种子、组织或生殖细胞等)的建筑。

02.1108 气调库 air-conditioned cold store

又称“气冷库”。对空气组分兼有控制的冷藏库。适用于新鲜水果和蔬菜的长期储藏。

02.1109 果蔬储藏窖 fruit and vegetable storage cellar

建于地下或半地下用于储藏果品或蔬菜的一种建(构)筑物。

02.1110 饲料储存处 feed storage

为畜禽提供饲料储备的场所。

02.1111 加工厂建筑 fabrication plant building

加工各种农产品的厂房。主要有碾米厂、面粉厂、杂粮厂、饲料厂、油脂厂、食品厂等。

02.1112 碾米厂 rice milling plant

进行稻谷清理、砻谷、谷糙分离和碾米等工艺作业的工厂。

02.1113 果品加工厂 fruit processing factory

将新鲜水果分类、加工、包装制成各种产品的加工厂房。

02.1114 烟叶烘房 tobacco oast house

又称“烤烟房”。进行烘烤烟叶的建筑。

02.1115 饲料加工间 feed processing plant

对各种饲料进行加工处理的建筑。

02.1116 农村能源建筑 rural energy building

供乡镇、农村居民住宅以及农村公共建筑能源需要的建(构)筑物。

02.1117 农村节能炉窑 rural fuel saving stove and kiln

用于农副产品加工和农村工业、效率较高的热力设备。

02.1118 沼气池 biogas digester
为人工制取沼气严格密封的发酵装置。

02.1119 沼气电站 methane power station
利用人工制取的沼气或天然气作为内燃机燃料，带动内燃机–发电机机组工作的发电场所。

02.1120 水产养殖场 aquafarm
人为控制下进行繁殖、培育和收获水生动植物生产活动的场所。

02.1121 养鱼场 fish farm
利用淡水或海水，配合一定工程技术手段，从事鱼类生产的场所。

02.1122 农机站 farm machinery station
又称“农业机器站”。拥有农业机械并为农业生产服务的基层科技与生产机构的工作场所。

02.1123 保养间 maintenance shop
对设备定期检修和保养的建筑。

02.1124 农具棚 agricultural tool shed
多指存放非机械化农业生产工具的篷架或小屋。

02.1125 农机具维修站 agricultural machine repair station
又称“农机修理站”。对农业机械进行维修保养作业的建筑。

02.1126 人工气候室 phytotron
可调节控制室内两种以上气候因子，用于研究环境和生物相互关系的一种设备。

02.1127 农用人工气候设施 artificial climate control installation for agriculture
人工形成并可控制农作物小环境的工程设备。

02.1128 农业气象站 agrometeorological station
进行农业气象观测和服务的专业气象站。

02.1129 农业服务中心 agricultural service center
集中为农业生产提供技术服务的场所。

02.20 其他特殊建筑类型及组成

02.1130 宗教建筑 religious architecture
供安置神祇、进行宗教活动及教徒修行、居住的场所。在建筑文化史上是一种重要的建筑类型。

02.1131 纪念性建筑 monumental architecture
为纪念有功绩的或显赫的人或重大事件以及在有历史或自然特征的地方营造的建筑或建筑艺术品。类型可分为留念性的、历史性的和纪念性的。

02.1132 历史建筑 historical building
年代较为久远，有一定历史、科学、艺术价值，反映城市历史风貌及地方特色的建筑物或构筑物。

02.1133 保护建筑 listed building for conservation
具有较高历史、科学和艺术价值，作为文物保护单位进行保护的建筑物或构筑物。

02.1134 丧葬建筑 funeral architecture
又称“殡葬建筑”。提供安葬死者及举行纪念死者仪式之用的建筑。

02.1135 殡仪馆 funeral parlor
提供遗体处理、火化、悼念和骨灰寄存等活动的场所。

02.1136 追悼室 mourning hall
又称“悼念厅”。举行遗体告别仪式和追悼

会的场所。

02.1137 火化间 cremation chamber
供火化遗体的专用房间。

02.1138 骨灰寄存处 cinerary casket deposit room
供短期寄存骨灰并提供有关服务的场所。

02.1139 防腐室 anticorrosive chamber
处理存放遗体的房间。

02.1140 整容室 face-lifting chamber
修整遗体容貌的房间。

02.1141 墓地 graveyard
安葬逝者的场地。

02.1142 公墓 cemetery
供安放逝者遗体或骨灰式遗物的集中场所。

03. 中外建筑历史

03.01 中国古代建筑史(史前~公元1911年)

03.0001 官式 official style
古代建筑工程中，严格按照当朝官方所定之规范、准则来进行房屋营造各项工作，在经一定时间积累后所形成的统一样式。目前对古代建筑官式做法记载最详细的文献是宋《营造法式》和清工部《工程做法》，依照这两部官修文献而实施的各项工程做法，分别称为“宋式”和“清式”。相对于官式的是地方做法，在不同地方传统下，各地做法呈现丰富多样的地域文化特色，其传承主要倚赖工匠父子、师徒间的口耳相授，较少见诸文字。

03.0002 作 type of work，zuo
中国古代建筑工程术语。宋《营造法式》中将房屋营造分为13个工种，称“作”。分别是壕寨、石作、大木作、小木作、雕作、旋作、锯作、竹作、瓦作、泥作、彩画作、砖作、窑作。清工部《工程做法》则列举了大木作、雕銮作、石作、搭材作、土作、油作、画作、裱作等20余个工种。

03.0003 造 way of construction，zao
中国古代建筑工程术语。指工程项目定型的技术做法。在宋《营造法式》各卷中提及近百种“造”，如彻上明造、厦两头造、剔地起突造、刷土朱通造等。

03.0004 大木作 greater [structural] carpentry，damuzuo
中国古代建筑工程术语。宋《营造法式》中13个工种之一。指木架构建筑中起结构作用的诸构件，如梁、柱、斗栱、榑、椽等部分的设计、制作、组合和安装工作。

03.0005 抬梁式 post-and-beam construction，tailiang
中国传统建筑的一种主要构架形式。柱子上承大梁，梁上立短柱，其上铺设短梁。构架进深越大，所抬梁的层数越多，最上一层短梁通过短柱承托脊檩。通过此构架将屋顶荷载传至承重柱，并使进深方向的木结构成为一个整体。

03.0006 穿斗式 column-and-tie-beam construction，chuandou
中国传统建筑的一种主要构架形式。每条檩子均用柱子承托，柱子之间用枋木穿过柱身相连。

03.0007 井干式 log-cabin construction，jinggan
中国传统建筑的一种构架形式。以原木横置叠垒成木墙，两片木墙垂直交接处用榫卯互相咬合。

03.0008 干栏 raised-floor [architecture]，ganlan
架空木楼的一种建筑形式。底层架空养牲畜，上层住人，具有隔潮及通风良好的特性，适于炎热及潮湿地区。也称为高栏、阁栏、麻栏。

03.0009 高台建筑 high-platform [architecture]，gaotai
利用天然或人工夯筑土台，于其顶部或周围搭建房屋的一种建筑形式。盛行于春秋战国到秦汉之际，汉唐时期由于楼阁技术的发展而减少。

03.0010 殿堂式 palace-type structure，diantang
宋《营造法式》中两种结构类型之一。多用于大型殿屋。整体构架按水平方向、自下而上分为柱网层、铺作层、屋架层，逐层叠垒，是一种层叠式的构架形式。其地盘分槽有 4 种标准形式：单槽、双槽、分心斗底槽、金箱斗底槽。此种构架具有良好的稳定性，但由于做法复杂，宋、元以后逐渐消失。现存实例有唐代佛光寺大殿、辽代下华严寺薄伽教藏殿等。

03.0011 厅堂式 mansion-type structure，tingtang
宋《营造法式》中两种结构类型之一。采用梁架分缝做法，区别于殿堂式的水平分层做法，由长短不等的梁柱组成梁架，相邻两缝梁架用槫、襻间连接成间，是一种连架式的构架形式。其做法较为灵活，不规定地盘分槽形式，明清抬梁式构架就是在其基础上进一步发展而来。现存实例有唐代南禅寺大殿、北宋华林寺大殿、金代上华严寺大雄宝殿等。

03.0012 大式 dashi-style
清代官式建筑构筑形式之一。主要用于宫殿、坛庙、陵墓、城楼等大型建筑群的主要、次要殿屋，属于高等级建筑。在用材、间架、构件、做工、节点和彩画方面，都与小式建筑有明确的区别。清工部《工程做法》列举了 27 种不同形制的建筑物，包括大式建筑 23 例，小式 4 例。

03.0013 小式 xiaoshi-style
清代官式建筑构筑形式之一。主要用于大型建筑群的辅助用房，或宅舍、店铺等一般建筑物中，属于低等级建筑。在用材、间架、构件、做工、节点和彩画方面，都与大式建筑有明确的区别。

03.0014 缠腰 auxiliary eave，chanyao
宋式名称。紧靠建筑外墙或檐柱外围的一圈结构，由立柱、铺作和屋顶组成，与殿檐相应构成两重檐外观。是一种只增加屋檐深度，并不增加建筑面积的构造。

03.0015 副阶 attached corridor，fujie
宋式名称。于建筑殿身周围外加的柱廊空间。其总高不超过檐柱，进深一般为两椽架，为一面坡屋顶的独立附属房屋。多用于宫殿、佛塔等较庄严的建筑中。

03.0016 抱厦 covered porch，baosha
中国古代建筑中主要殿宇向外突出的小屋。在早期唐宋建筑中较为常见，其造型生动活泼，典型案例是建于北宋皇佑四年(1052 年)的河北省正定隆兴寺摩尼殿。宋代称为龟头屋。

03.0017 间 bay
(1)梁柱构成的建筑空间基本单元，每四根金柱(外金柱)内所围成的面积。(2) 房屋平面宽、深的度量单位。从房屋正中向两边依次称为明间、次间、稍间、尽间，其总间数多为单数。

03.0018 明间 central bay
清式名称。房子正中的一间，通常比其他间略宽。特指建筑物正中四根外金柱之内的空间。宋代称为当心间。

03.0019 次间 side bay
明间左右两侧的开间。

03.0020 稍间 final bay
次间外侧的开间，通常比次间略小。

03.0021 椽架 rafter span [horizontal projection]
宋式名称。梁架中槫和槫之间的水平间距。用以计算梁栿的长度。清代称为步架。以总进深为八椽架的房屋为例，其正面通常七间，构架梁柱有 6 种组合形式：①分心用三柱；②乳栿对六椽栿用三柱；③前后乳栿用四柱；④前后三椽栿用四柱；⑤分心乳栿用五柱；⑥前后劄牵用六柱，称作为八架椽屋。

03.0022 槽 cao
宋式名称。(1) 与斗栱出跳成正交的一列斗栱的纵中线。中线以外的外檐铺作为外槽，以内的屋内铺作为内槽。(2) 由铺作组成的框架所划分的平面或空间。

03.0023 分心斗底槽 fenxin doudi cao
殿堂式构架的四种分槽形式之一。四周用檐柱，屋内正中纵向用内柱一列。

03.0024 金箱斗底槽 jinxiang doudi cao
殿堂式构架的四种分槽形式之一。外檐柱和屋内柱各一周，内外柱等高，内外柱相距两椽。这种柱网布置形式一般适用于较大型的建筑。现存最早实例是唐代所建的五台山佛光寺大殿，其面阔七间，长 34m，进深四间八椽，宽 17.66m，单檐庑殿顶，为现存唐代木构建筑中规模最宏大的范例。

03.0025 举折 folding-the-roof [method]，juzhe
中国古代建筑控制屋面坡度的一种法则。宋式名称。举，指自撩檐枋背至脊槫背的高差。折，指平槫之间自上而下逐缝递减其高差，使屋面基层产生折面。如此屋面具有折线式的基层，其上再敷设出曲线的屋面，使建筑物屋顶产生艺术化的造型，为中国古代建筑突出的特征之一。

03.0026 举架 raising-the-roof [method]，jujia
中国古代建筑控制屋面坡度的一种法则。清式名称。一般有五举、六五举、七五举、九举等。木构架中相邻两檩中心的垂直高差除以对应水平距离所得之系数，称为举架数；如五举即为檩间高差为其水平距离的 50%。

03.0027 卷杀 entasis，juansha
木构件端部或外轮廓采取折线式转折的艺术处理做法。常用于栱头、月梁、梭柱等构件。

03.0028 瓣 ban
宋式名称。传统建筑斗栱卷杀做法中，对栱头两端之下缘斫成的若干连续斜折面。宋《营造法式》将每一折面，称为一瓣。

03.0029 侧脚 inclination [of the corner column]，cejiao
宋式名称。古代建筑外檐柱向内适当倾斜的做法。此做法可加强建筑物的自身刚度和稳定性，有效地防止屋身柱首各横向连接构件间开卯拔榫等情况发生。常见于早期建筑，明清建筑中侧脚的倾斜幅度已较小或不使用。

03.0030 生起 concave front façade profile，shengqi
宋式名称。(1)唐宋建筑中，檐柱从明间向两端角柱逐渐升高的做法。其运用使屋檐檐口形成了由中心向两端起翘的缓和曲线，让整体建筑物外观显得优美，富于变化。(2) 在屋脊处使正脊从当中的水平段逐渐向两端升高的做法。

03.0031 榫卯 mortise-and-tenon joint，sunmao
两个木构件接合处的凸凹部分。凸出的称为榫，凹入的称为卯。是为增强两构件间的连接和固定的方式。

03.0032 檐柱 eave column
位于建筑物最外一周，用以支承屋檐的一排柱子。多用木制，为使柱身保持长久，亦有石制者。宋《营造法式》中规定檐柱均施侧脚、生起等做法，不同时代的檐柱常体现出不同的风格与特点。

03.0033 角柱 corner column
(1) 位于建筑物转角位置的柱。(2) 位于建筑物阶基角石之下的长方体石柱。

03.0034 平坐 subsidiary construction level，pingzuo
宋式名称。楼阁及楼阁式塔等楼层外围由短柱、斗栱、梁栿、枋木、地面板等组成的结构层。平坐外缘通常设有钩阑，供人远眺观景，并丰富了建筑立面。从现存宋代图像资料中，可知平坐还可设于城墙、地面或水岸，但现今已无实例。

03.0035 永定柱 yongdingzhu
(1) 自地面而起的平坐柱。(2) 夯土城墙内起加强作用的木柱。

03.0036 叉柱造 chazhuzao
又称“插柱造”。宋式名称。塔或楼阁建筑中上层柱子之柱脚开十字或一字开口，叉立于下层铺作中心，直接落至栌斗上的构造做法。该做法可增强上下柱之间的联系，使整个构架更加稳定。

03.0037 缠柱造 chanzhuzao
宋式名称。楼阁建筑中上层比下层往内收缩，上、下两层柱子不在同一直线上的构造做法。

03.0038 材 timber module，cai
宋代大木作设计和施工的模数单位。宋《营造法式》中规定单栱用料的横断面尺寸为一材。材可细分为分°(读“份”)，为材高的 1/15，材宽的 1/10。由材、分°再衍生出栔和足材，栔高 6 分°、宽 4 分°，一材加一栔，谓之足材，高 21 分°。材的尺寸分为八等，按建筑物大小和等级来决定用材之等级。

03.0039 斗栱 bracket set，block and bracket cluster，dougong
大木作构件名称。中国古代建筑特有的形制，由一些斗形构件、栱形构件及枋木组成，安装在建筑物的檐下或梁架间。宋代称为铺作，清代称为斗科。斗栱在中国传统木构架中占有非常重要的地位，主要具有几种作用：①可将上部梁架及屋面荷载传递到柱子上；②可使出檐更加深远，避免柱础、台明、墙身等受到雨水侵蚀；③可增强建筑物的抗震性，且富有装饰作用；④亦为古代建筑等级制度的主要标志之一。宋《营造法式》中规定“出一跳谓之四铺作”，故出二、三、四、五跳的斗栱组合，相对应为五铺作、六铺作、七铺作、八铺作。以出两跳的五铺作为例，共有 5 层构件，第 1~5 层分别是栌斗、华栱加斗、下昂加斗(或为华栱加斗)、耍头加斗、衬方头，总高五足材(105 分°)。

03.0040 柱头铺作 column-top bracket set，zhutou puzuo
宋式名称。宋《营造法式》中称一组斗栱为铺作，故柱头铺作即柱头上的斗栱组合。清代称为柱头科。

03.0041 补间铺作 intercolumnar bracket set，

bujian puzuo

宋式名称。位于两柱之间额枋上的斗栱组合。每间至多两朵，主要起支撑屋檐重量和加大出檐深度的作用。清代称为平身科。由于清式建筑的斗栱作用蜕化，装饰性增强，补间铺作增加为四至六朵。

03.0042 转角铺作 corner column-top bracket set，zhuanjiao puzuo

宋式名称。位于角柱上或建筑物转角处的斗栱组合。清代称为角科。

03.0043 偷心造 stolen-heart method，touxinzao

宋式名称。在斗栱组合之内、外跳头上不用横栱的做法。

03.0044 计心造 filled-heart method，jixinzao

宋式名称。在斗栱组合之内、外跳头上放置横栱的做法。

03.0045 出跳 [exterior/interior] projection，projecting step，chutiao

铺作中自栌斗口、交互斗口向内或外挑出一层栱或昂。向内挑出称为里跳，向外跳出称为外跳。

03.0046 踩 cai

清式名称。斗栱中的栱(或翘)、昂向内或外伸出悬挑的层数。也称为踬。宋代称为跳。

03.0047 斗 bearing block，dou

斗栱构件之一。铺作中组合栱、昂和枋的斗形构件，斗身分为斗耳、斗平(清式称为斗腰)和斗欹(清式称为斗底)三部分，内开十字或一字开口。位于栱心及其两端，或位于栱、枋、昂身之间，起到承托固定和传递荷载的作用。

03.0048 斗口 doukou，timber module

(1) 斗或升的上部，为放置栱、昂等构件而开出的槽口。(2) 清式大木作平身科坐斗迎面安放翘、昂的开口宽度。

03.0049 栌斗 cap block，ludou

宋式名称。柱头铺作、补间铺作、转角铺作中最下部的大斗，为整个斗栱组合的起始构件。清代称为坐斗。

03.0050 附角斗 fujiaodou

宋式名称。附加于转角铺作角栌斗两侧的大斗，其上设出挑栱一缝。平坐铺作用缠柱造时，转角铺作于普拍枋上设栌斗三枚，每面互见两斗，附角斗上各加一缝铺作，以遮挡上层柱根，并加强上层柱脚与下层结构的联系。

03.0051 栱 bracket，bracket-arm，gong

斗栱构件之一。铺作中向前后或向左右挑出的水平短枋木，两端下部作卷杀处理，类似拱形。用以承托其上的构件。栱的名称依部位而不同，以宋式为例，分为前后向的华栱(清式称为翘)和左右向的横栱；横栱按所处位置，还可再细分为泥道栱(清式称为正心瓜栱)、瓜子栱(清式称为瓜栱)、慢栱(清式称为万栱)、令栱(清式称为厢栱)。此外在转角铺作中，45°斜角上的栱称为角栱(清式称为斜翘)；正出华栱，过角即转为出跳上横栱的称为列栱；转角上两横栱相距不足栱长，相连制作并于栱身中央刻出两个相交栱头的称为鸳鸯交手栱。

03.0052 华栱 huagong

宋式名称。铺作中向内、外出跳的水平枋木。也称为杪栱、卷头。清代称为翘。

03.0053 单栱 single-tier bracket

宋式名称。铺作跳头上仅施横栱一层(如令栱)的做法，上承替木或素枋。施横栱两层(如泥道栱和瓜子栱上，重叠慢栱)的称为重栱。

03.0054 人字栱 inverted V-shaped bracket，renzigong

古代斗栱构件的一种。常用于檐下补间，在额枋上用两根枋材斜向对置而成，状似“人”字。其顶上多置斗，以承托檐檩，下角设榫入额背。在早期建筑中较为常见，唐以后渐废。

03.0055 昂 cantilever，ang

斗栱构件之一。铺作中斜挑出的构件，断面为一材。有上昂和下昂两种，以下昂使用为多。结构上起到斜撑作用，以减少斗栱出跳。自宋代起还出现将华栱栱头做成昂式的，称为假昂，与真昂并用。元代起假昂渐成主流，至清代已全面使用。依照外观，昂可分为批竹昂、琴面昂和象鼻昂等。其中批竹昂是已知最早的形式，昂面自里向外斜劈成一斜面，宋代以后使用渐少。

03.0056 昂尾挑斡 angwei tiaowo

宋式名称。补间铺作的下昂在前出挑，后尾悬挑至下平槫，用于彻上明造房屋。

03.0057 耍头 decoratively nosed timber，shuatou

宋式名称。位于最上一跳华栱或昂上，与令栱垂直相交的构件。为铺作构件之一，其向外延伸处常处理成连续之斜面，除了起到构件连接的功能外，还具有装饰作用。也称为爵头。清代称为蚂蚱头。

03.0058 衬枋头 chenfangtou

宋式名称。位于耍头之上，前至橑檐枋，后至昂背或平棊枋的构件。为铺作构件之一，还具有固定橑檐枋的功能。清代称为撑头。

03.0059 枋 joist，fang

比梁小的木材。一般紧贴于槫或梁之下，不能独立受力，起增强构架的作用。

03.0060 柱头枋 column-top joist，zhutoufang

宋式名称。位于柱头缝正心栱之上、正心桁之下的枋。清代称为正心枋。

03.0061 橑檐枋 liaoyanfang

宋式名称。位于铺作最外一跳上，横贯两檐柱间的枋。明清建筑中，其分解为挑檐桁、挑檐枋两层构件。若铺作最外一跳上不用枋，则以槫(及替木)代之，称为橑风槫，即位于屋架最外、位置最低的槫。

03.0062 普拍枋 architrave [horizontally positioned]，pupaifang

宋式名称。位于柱头阑额之上、铺作栌斗之下的枋。清代称为平板枋。

03.0063 额 architrave，e

大木作中一种横向构件，大额枋和小额枋的总称。指位于柱间、柱头间，联系梁及承托斗栱的横向梁，用以增强构架的稳定性。

03.0064 阑额 [vertically positioned] architrave，lan’e

宋式名称。施于柱头间的梁，贴于普拍枋之下，是连接柱头和传递荷载的重要构件。清代称为大额枋。

03.0065 雀替 sparrow brace，queti

清式名称。用于梁或阑额与柱交接处的下面，以协助承托梁枋的构件。可以增加梁头的抗剪能力和减少梁枋的跨度。宋代称为绰幕或绰幕枋。

03.0066 蜀柱 short post，shuzhu

矮柱的通称。在木结构中平梁上承托上一层梁栿或脊槫的矮柱。宋代称为侏儒柱，清代称为瓜柱。

03.0067 叉手 inverted V-shaped brace，chashou

宋式名称。由两斜枋合为人字形，形成平梁之上到脊槫间的斜置构件。其功能为稳固脊槫或脊槫下的蜀柱，防止滚动。在早期建筑中较常见，明清时仅部分地区仍沿袭此制。

03.0068 托脚 inclined strut，tuojiao

宋式名称。位于中、下平槫之间，是下层梁梁头与上层槫木间的斜置构件。托脚为斜柱的一种，具有支撑、稳定槫木和改善构件受力状况的作用。多见于唐宋元建筑中，明清建筑极为罕见。

03.0069 驼峰 camel hump

宋式名称。位于梁头相叠处起支撑作用的构件。可加工成多种造型，有鹰嘴驼峰、毡笠驼峰、掐瓣驼峰等。

03.0070 梁 beam，liang

承受屋顶重量的主要水平构件。梁的长度一般以跨越其上椽之椽架数(清称步架数)计。一般上层梁较下层梁短，这样层层相叠与垂直构件共同构成屋架，最下一层梁往往置于柱头上或与斗栱相组合，如此便形成了一个完整的构架。宋代称为栿，除了长一椽架的称为劄牵、长二椽架的称为乳栿外，三椽栿以上的均以椽架数称；如八椽栿，即指梁架中长八椽架的梁，位于六椽栿之下、十椽栿之上，清代称为九架梁。梁依造型分直梁和月梁，依是否露明及加工精粗分明栿和草栿。

03.0071 草栿 rough beam，caofu

宋式名称。隐于平棊或平闇以上不露明的梁。由于被遮挡，其表面不做艺术加工，原始材料稍加砍削后即付诸使用。与草栿相对应的是明栿，指位于平棊、平闇以下，或彻上明造房屋内的梁，通常经过艺术加工，为规整的直梁，或做成月梁形式。

03.0072 角梁 corner beam

角柱以上沿建筑转角分角线设置的承托角脊的斜梁。主要由上下两个构件组成，下部宋式称为大角梁，清式称为老角梁；上部宋式称为小角梁，清式称为子角梁。

03.0073 檩 purlin，lin

清式名称。设于梁架间，用以承托椽、望板的构件，其断面为圆形，下接替木。宋代称为槫，又称栋。檩的名称依部位而不同，以宋式为例，可分为脊槫、上平槫、中平槫、下平槫、牛脊槫、橑风槫等；清式相应称脊檩、上金檩、中金檩、下金檩、正心檩、挑檐檩等。也称为桁。

03.0074 扶脊木 fujimu

清式名称。位于脊檩之上，且与之平行的木构件。其作用为承托脑椽上端，并通过脊椿固定正脊，断面常制成六边形。宋代称为压脊木或垂脊木。

03.0075 搏风板 gable eave board

又称“搏缝板”。歇山、悬山式屋顶两端槫梢外缘沿屋面坡向钉置的人字形木板，具有保护槫(檩、桁)头、封护屋面及装饰等功能。为增加装饰效果，搏风板看面常用钉盖表现出花饰纹样。

03.0076 檐 eave，yan

屋顶悬挑出外墙或檐柱的部分。

03.0077 椽 rafter，chuan

排列在檩条上且与之正交的构件。起到承托望板及屋面重量的作用。其断面多为圆形，亦有采用方形或扁方形。按位置由上而下分别为脑椽、花架椽、檐椽、飞椽等。

03.0078 檐椽 eave rafter，yanchuan

一端在下金桁或老檐桁上，另一端挑出正心桁或挑檐桁之外的椽。

03.0079 飞椽 flying rafter，feichuan

位于檐椽之上，又再次出挑的椽。断面多为

方形，起到加强屋面曲线，使出檐更加深远的作用。也称为飞子。

03.0080 庑殿 hip roof，wudian
中国传统建筑屋顶形式之一。屋面分为四坡，由一条正脊与四条垂脊(或称斜脊)组成，有单檐、重檐两种。庑殿是屋顶等级的最高形式，多用于宫殿、寺庙等大型建筑群中的主要殿阁。也称为四阿顶、五脊殿。

03.0081 歇山 hip-and-gable roof，xieshan
中国传统建筑屋顶形式之一。由一正脊、四垂脊、四戗脊及四个坡面组成，形成两坡顶和四坡顶相结合的形式。其等级仅次于庑殿。也称为九脊殿。宋代称为厦两头造。

03.0082 悬山 overhanging gable roof，xuanshan
中国传统建筑屋顶形式之一。两坡屋顶，两端悬出山墙，其桁檩挑出两侧山墙或山柱，出挑的檩头多用搏风板加以封护。悬山建筑两山多为全部封砌，或部分露出梁架结构。也称为挑山。宋代称为不厦两头造。

03.0083 硬山 flush gable roof
中国传统建筑屋顶形式之一。两坡屋顶，两端与山墙齐平，或两山以墙封砌至屋面以上，不露檩头。为常见的屋顶形式，其等级略低于歇山、悬山等类型。

03.0084 攒尖 pyramidal roof
中国传统建筑屋顶形式之一。由多条屋脊交合于顶部，上面再覆以宝顶。有三角攒尖、方攒尖、多角攒尖、圆攒尖等。

03.0085 卷棚 rolled ridge roof
中国传统建筑屋顶形式之一。屋顶前后两坡交界处不用正脊，由弧形的瓦垄连接两侧屋面，使屋面顶部呈现出柔和的曲面轮廓。有卷棚悬山、卷棚歇山等样式。

03.0086 盝顶 truncated roof
中国传统建筑屋顶形式之一。顶部采用平顶的屋顶，周边为坡面。常用于辅助建筑，一般为四坡面。

03.0087 囤顶 shallow vaulted roof
中国传统建筑屋顶形式之一。呈微曲面形的屋顶。

03.0088 十字脊屋顶 cross ridge roof
中国传统建筑屋顶形式之一。由两个等大的歇山屋顶垂直相交所构成的屋顶。

03.0089 勾连搭 undulating roof，goulianda
两个或多个两坡顶沿进深方向并联的屋顶做法，在连接处设有水平天沟，以便雨水向两端排出。

03.0090 重檐 double eave
一层建筑外观有多层出檐的屋顶。常见于庑殿、歇山式屋顶上，用以显示尊贵。

03.0091 小木作 smaller [non-structural] carpentry，xiaomuzuo
中国古代建筑技术名称。宋《营造法式》中13个工种之一。指非承重大木构件以外的木构件的设计、制作、组合和安装工作。包括门、窗、楼梯、栏杆、天花、龛橱等。

03.0092 平棊 flat coffered ceiling，pingqi
宋式名称。古代建筑内部用以遮蔽梁以上部分的一种木构顶棚。于大的方形或长方形木格网上置版，并施以彩画。清代称为井口天花。与平棊构造相同，但于小的方格上置版，且不施彩画的天花，称为平闇。

03.0093 藻井 domed coffered ceiling，zaojing
置于殿堂内顶棚中部，顶部上升的装饰构造，形式多样。宋式建筑中通常用八等材建造，由下至上分为三层：方井、八角井、斗八，层层斜收。副阶藻井则为两层，无方井。

03.0094 垂鱼 fish-shaped board，chuiyu

宋式名称。歇山、悬山式屋顶两端搏风板合尖之下的鱼形装饰物，长随建筑大小而定，三尺到一丈不等。清代称为悬鱼。

03.0095 惹草 leaf-patterned board，recao

宋式名称。搏风板下皮靠近榑梢位置附近的装饰物。造型轮廓似等腰三角形，上用卷草、花卉或云头纹样，底边长随建筑大小而定。

03.0096 版门 solid door

用厚木板拼成的实心门。有实榻门、棋盘门、撒带门和屏门等形式。宋代特指实榻门，其体量最大、防卫性最强，多用于城门或大型建筑群的主要大门。

03.0097 乌头门 wutoumen

由两根出头立柱和横梁组成稳固门架，于两柱间安装门扇的门。因柱上套有瓦制柱头帽，名为乌头，故得名。后逐渐演变出棂星门、柱出头牌坊等形式。

03.0098 垂花门 festooned gate，chuihuamen

正面檐下悬挑有莲花垂柱装饰的独立木门。其形式多种，常用于四合院住宅的二门，具有联系、分隔前院和内院的功能。

03.0099 门楣 lintel

又称“门额”。大门上方的横木。

03.0100 门簪 pin at doorhead [connecting lintels]

大门上方中槛突出的簪头。起到连接中槛与连楹以固定门扇转轴的作用，并兼有装饰功能。一般为二支或四支，常制成方形、圆形及多角形，端头表面多刻有吉祥图案或字样。

03.0101 铺首 door knocker

又称“门铺”。钉在门扇上，口衔门环的兽面形饰件。因采用兽首造型，故得名。一般用铁、铜或鎏金等材质制成。

03.0102 华表 ornamental pillar，huabiao

一种成对的标志性或纪念性立柱。原为帝王纳谏或指路的木柱。元代以前多为木制，设于桥头、路口或衙署前，上部以横木做十字交叉，顶立白鹤。明代以后改为石制，主要置于宫殿、陵墓入口。柱身雕有蟠龙纹饰，上部插云板并设承露盘与蹲兽。也称为桓表。

03.0103 槅扇 paneled opening，geshan

又称“隔扇”。古代建筑的窗式之一，亦用于门扇。此类窗安装在柱间栏墙之上，常用于殿宇当心间两侧，与当心间的槅扇门配套使用。窗口下设有枢轴，窗扇可向内或向外开启，并可根据需要而卸下。

03.0104 支摘窗 removable window，zhizhai-chuang

古代建筑的窗式之一。此类窗分为上下两段：上段窗扇可支起(支窗)，下段窗扇可摘下(摘窗)，亦可分为三段。常用于殿宇的次间或稍间。

03.0105 直棂窗 grill window，zhilingchuang

古代建筑的窗式之一。此类窗状似栅栏，由竖向的方形楞木条组合而成，一般为固定式。唐宋时普遍用于各类建筑，明清后仅用于次要房屋。

03.0106 美人靠 chair-back balustrade

又称“鹅颈椅”、“吴王靠”。园林建筑中一种呈曲线形靠背的栏杆座椅，具有围护、供游人休息及装饰等功能。

03.0107 石作 stone work，masonry

中国古代建筑技术名称。古代建筑工程中制作、安装、垒砌各种石构件及其雕刻的专业工作。宋《营造法式》中 13 个工种之一，重要工作项目有阶基、踏道、钩阑、流盃渠、水窗、马台、水槽、碑碣等，石料加工程序有六道：打剥、麤搏、细漉、褊棱、斫砟、磨礲。

03.0108 柱础 column base

又称“柱脚石”。支承木柱的基石，下部埋于台基内，露明部分可作为华饰。础石一般呈方形，边长为柱径的两倍，其上正中多凿有凹孔，供柱脚插入，起到固定柱身的作用。

03.0109 覆盆 fupen

宋式名称。柱础上凸起的部分，随柱之形或圆或方，一般为圆形，其表面常加雕饰。不同历史时期的覆盆形式及做法各有其特点。清代称为鼓镜。

03.0110 台明 salient part of foundation，taiming

台基露出地面的部分。周围一般用砖石材料包砌。

03.0111 阶条石 stone slab［at platform edge］

又称“阶沿石”。清式名称。台基表层四周沿外边铺设的长条形石板。宋代称为压阑石。

03.0112 须弥座 sumeru pedestal，xumizuo

多层叠涩组成的台座。原本为佛像的基座，后来逐渐演化为古代建筑中等级较高的一种台基。多以砖砌或石砌雕凿，用于宫殿、坛庙主殿与塔幢、佛像的基座。最早实例见于北魏云冈石窟。

03.0113 螭首 chishou

在须弥座台基侧面的一种龙头状的石刻构件，具有排水及装饰作用，依安装位置有角螭和正身螭首两种。螭为传说中的一种龙属动物，是古代最早用于镇水的动物形象之一。也称为吐水兽。

03.0114 垂带 chuidai

斜置于踏垛或礓䃰两侧，从阶条石砌至砚窝石(最下层之踏阶石)的条形石板。

03.0115 礓䃰 ramp［saw-tooth surface］

在斜道上用砖石棱角做出防滑齿槽的无踏阶坡道，坡度较缓，可供车辆往来通行，多用于牌楼、宫门、随墙门等处。

03.0116 钩阑 railing，goulan

又称“勾栏”。宋式建筑栏杆名称。设于楼阁殿亭等建筑物台基、踏道、平坐、楼梯边沿或桥梁两侧的围护结构。由望柱、华板、寻杖、地栿等组成，木作或石作。宋代石钩阑有重台钩阑、单钩阑两种。

03.0117 望柱 baluster

宋代栏杆构件名称。钩阑转角处和分单元的出头立柱。不同历史年代的形式及做法各有其特点。

03.0118 寻杖 balustrade

宋代栏杆构件名称。钩阑上的扶手。最早见于汉代。寻杖在转角处互相搭接且出头的做法称为绞角造；在转角处接望柱而不出头的做法称为合角造。

03.0119 华板 carved panel

又称“华版”。宋代栏杆构件名称。钩阑的栏板。设于望柱之间，最早见于汉代。宋代重台钩阑有上下层的大、小华板之分。

03.0120 地栿 floor tie-beam，difu

古代建筑栏杆最下部贴于地面的水平构件。此外，唐宋建筑中设置于建筑物柱脚间、贴于地面的联系构件亦称地栿，具有稳定柱脚的作用。

03.0121 流盃渠 liubeiqu

又称“流杯渠”。古代文人的一种游艺设施，多见于园林建筑中，是早期曲水流觞、赋诗赏景活动由户外移至人造空间的转型。其整体由底板、渠道、项子石、水斗子等组成，在亭榭的地面上剜凿或垒造出盘曲的水渠，中心设看盘，水自一端流入，经渠道由另端流出。

03.0122 瓦作 tilework and roofing

中国古代建筑技术名称。古代建筑工程中与屋面铺瓦有关的各项专业工作。宋《营造法式》中 13 个工种之一，只做打造、修整瓦件、垒屋脊、安鸱尾等工作项目，砖作、泥灰不包括其中。清代瓦作内容大增，在清工部《工程做法》中还包括宋代属于砖作的内容。

03.0123 脊 ridge

屋顶上不同坡面交界处的处理形式与做法。其作用为封护屋面瓦垄接缝处，防止雨水渗入，并丰富屋顶造型。

03.0124 正脊 principal ridge

屋顶最高处与面阔平行的水平脊，即前后两坡交汇的屋脊。

03.0125 垂脊 diagonal ridge for hip roof, chuiji

与正脊相交，沿屋面瓦垄向下的脊。

03.0126 戗脊 diagonal ridge for gable and hip roof, qiangji

专用于歇山屋顶和重檐建筑下层屋顶的檐角上。其脊身上端与垂脊相交。也称为岔脊。

03.0127 角脊 diagonal ridge, jiaoji

专用于重檐建筑下层屋顶的檐角上。

03.0128 正吻 ridge ornament, zhengwen

安放在正脊两端的龙形装饰瓦件。其造型与名称历经长期的演变过程。汉、唐时称为鸱尾，形似鸟尾。唐以后鸱尾的前端变成张口的龙嘴，称为鸱吻。元以后逐渐演变成明、清常见的正吻形式，用于较高等级的殿堂建筑上。在等级较低的建筑中，亦有一种功能与正吻相同的兽形装饰物，称为望兽，形象为兽首向外、尾向内。

03.0129 筒瓦 semi-circular tile

古代建筑瓦件的一种。屋面防水构件，断面为半圆形，扣置在两行板瓦之间的缝隙上。

03.0130 板瓦 flat tile

又称“瓪瓦”。古代建筑瓦件的一种。屋面防水构件，断面为四分之一圆的瓦，前端略窄于后端。一般均凹面向上铺设，以利于排水。

03.0131 琉璃瓦 glazed tile

古代建筑瓦件的一种。以陶土制坯，经上釉焙烧而成的瓦。北魏时期已开始生产，有黄、绿、蓝、黑等颜色，但未广泛使用，直到唐代的宫殿、坛庙等也只在局部使用。明代始为官式建筑所专用。

03.0132 勾头 eave tile

位于檐口，屋面筒瓦瓦垄最下端的防水和装饰瓦件。是一种特殊形式的筒瓦，在普通筒瓦前端加做圆形或半圆形端头。其端部表面的纹样变化丰富，具有鲜明时代特色，故常成为判断年代的一个重要标志。元以前称为瓦当。

03.0133 滴水 drip tile

位于檐口，屋面板瓦瓦垄最下端的排水和装饰瓦件。是一种特殊形式的板瓦，其上部与普通板瓦相同，端部加出一个下垂的如意形舌片，雨水由此处落下。

03.0134 砖作 brick work

中国古代建筑技术名称。古代建筑工程中使用砖材砌筑建筑物、构筑物或其中某一部分的专业工作。宋《营造法式》中 13 个工种之一，重要工作项目有用砖、垒阶基、铺地面、踏道、慢道、须弥座、砖墙、露道、城壁水道等。清工部《工程做法》中未列砖作，被归入瓦作中。

03.0135 金砖 jinzhuan

古代用于宫殿建筑地面的高级铺装材料，用精制的黏土烧制而成。一般为两尺或两尺二寸营造尺见方。此种砖质地密实、强度极高，敲击时仿若听见金石之声，故得名。现代仍生产金砖供古建筑工程使用，其规格有 $70cm^2$、$63cm^2$、$30cm^2$ 等多种。

03.0136 照壁 screen [spirit] wall

又称“影壁”。设于院落门内或门外的一道独立式墙壁，起到屏障、围合和装饰的作用。最早见于西周时期。照壁由壁顶、壁身、壁座等组成，用材有砖、琉璃、木材或石材等。明清照壁按形式可分为一字形、八字形两种。

03.0137 五花山墙 stepped gable wall

悬山式建筑山墙常见的一种砌筑形式。山墙随各层梁和瓜柱砌成五段阶梯形状，每级上沿做有签尖(即墙肩)，最高处与各梁下皮平。其立面效果较普通的悬山山墙更富于变化。

03.0138 抱鼓石 drum-shaped stone block

立于大门抱框前的圆鼓形石雕构件，起到夹持稳固大门的作用。此外，在垂带栏杆最下端的一块雕成圆鼓形或云形的石构件，亦称抱鼓石，具有稳定最下一根望柱及装饰的作用。

03.0139 八角井 octagonal well

明清殿堂内藻井的第二层，置于方井之上。其做法是通过抹角枋、套方叠置，使井口由方形收束成八角形。

03.0140 彩画作 decorative painting

中国古代建筑技术名称。古代建筑工程中为了保护和装饰某些木构部分，在其表面绘制油彩图案和图画的专业工作。宋《营造法式》中 13 个工种之一，宋式彩画主要有 5 类：五彩遍装、碾玉装、青绿叠晕棱间装、解绿装饰以及刷饰。清工部《工程做法》中把彩画归入画作，清式彩画主要有 3 类：和玺彩画、旋子彩画、苏式彩画。

03.0141 五彩遍装 wucai bianzhuang

宋代官式彩画类型之一。宋代彩画中的最高等级，主要用于宫殿、寺庙建筑的梁栿、斗栱、柱头之上。该彩画外棱四周用青绿或朱色叠晕，内施五彩花纹。所用花纹图案有各种华纹(花形图案)、琐纹(密纹图案)，大型构件还会在华文、琐文中间绘飞仙、飞禽走兽等。其品种繁多、色彩丰富，是宋式彩画中最精工华丽者。

03.0142 碾玉装 nianyuzhuang

宋代官式彩画类型之一。宋代彩画中等级仅次于五彩遍装的品类。主要用于梁栿、斗栱等构件上。该彩画外棱四周用青或绿色叠晕，内施各式花纹图案，以青绿白为基本色调。所用图案与五彩遍装彩画基本相同，但不绘飞仙、飞禽走兽。其色调清雅，如透亮的碧玉般，故名。

03.0143 和玺彩画 dragon or phoenix pattern, hexicaihua

清代官式彩画类型之一。清代彩画中的最高等级，仅用于宫殿、坛庙建筑的主要殿堂、门之上。该彩画以龙凤为主题，以Σ形划分段落。按所绘内容不同分为金龙和玺、龙凤和玺、龙草和玺等。所有锦枋线和图案均采沥粉贴金，并以青、绿、红等地色衬托金色图案，图案富丽堂皇。

03.0144 旋子彩画 tangent circle pattern

清代官式彩画类型之一。适用范围广，多用于府第、衙署、城楼、寺观和宫殿建筑的配殿等。该彩画以旋花为主题进行构图，工整严谨。按用金量多寡、颜色深浅，可分为：金琢墨石碾玉、烟琢墨石碾玉、金线大点金、墨线大点金、金线小点金、墨线小点金、雅伍墨、雄黄玉等八种不同的等级样式。

03.0145 苏式彩画 Suzhou style pattern

清代官式彩画类型之一。因苏州始用而得名，为园林建筑常见的彩画形式，广泛用于亭、廊、馆、榭等小式建筑。该彩画以花草、鸟兽鱼虫、山水人物等绘画及各种万字、回纹、锦纹等图案为主题进行构图。按用金量多寡、退晕层次不同，可分为：金琢墨苏画、金线苏画、黄(墨)线苏画等不同等级样式。

03.0146 包袱彩画 brocade-like pattern，baofucaihua

明清江南地区的一种彩画形式。看似用锦绣织品包裹在构件上的彩画，是早期用织品包裹构件以装饰建筑的演变。图案多为织锦纹，用色淡雅，且不饰油漆，直接以颜料在梁枋木上作画。清代被引进京城，转型成为苏式彩画。

03.0147 阙 gate tower，que

古代设于宫殿、陵墓、衙署门前的成对建筑物。多为石制，最早作为守望、彰显功勋与威严之用，后逐渐变成显示门第、区别尊卑、崇尚礼仪的装饰性建筑。现存最早的阙为汉阙，如四川省渠县的冯焕阙、沈府君阙等。

03.0148 牌坊 [memorial] archway，pailou，paifang

中国古代建筑中一种标志性建筑物。由柱、枋构成的独立的门，一般为木构或砖石砌筑，可一开间或多开间。多建于路口、桥头、寺观和陵墓的入口处。上无屋顶的称牌坊(木构则作牌枋)，有屋顶的称牌楼。原本用于分隔或标志空间领域，后成为表彰功勋、科第及节孝所立的纪念性建筑。

03.0149 亭 pavilion

中国传统园林中的一种小型建筑物。有顶且四周开敞，供人休憩、观赏之用，是园林中不可或缺的景观建筑。其造型丰富多样，常见的有圆亭、方亭、三角亭、六角亭、八角亭等，屋顶形式多为攒尖顶，亦有单檐、重檐之分。

03.0150 廊 porch，gallery，lang

中国传统园林中一种常见的有顶式通道。可以独立或附于主体建筑。除供人通行、遮阳避雨及休憩用途外，还具有视觉传导与分隔空间的功能。其类型多样，有直廊、曲廊、爬山廊、水廊、回廊、高低廊、复廊等，屋顶形式多为坡顶或卷棚顶。

03.0151 楼阁 multi-storied building

中国古代的多层建筑，多为木结构。早期楼与阁有区别，楼指重屋，多面宽大于进深，在建筑群中处于次要位置；阁指居于高台之上或下部架空、底层高悬的建筑，在建筑群中居主要位置。后来两者互通，无严格区分。

03.0152 台榭 high-platform building，taixie

中国古代将地面上的高墩称为台，台上的木构房屋称为榭，两者合称为台榭。最初的台榭是在夯土台上建造的四周无壁、规模不大的敞厅，供军事眺望、行射、宴饮之用。后逐渐演变成一种园林建筑形式，水畔或水中的开敞式建筑称为水榭。

03.0153 城郭 inner and outer city walls

古代城市多设有城墙两重，里面的称为城，

外面的称为郭。两字合用时，泛指城邑。

03.0154　城墙　city wall

古代城市或宫殿建筑群出于防御目的，使用土木、砖石等材料，在城之周围修筑的连续性墙垣。一般由墙体、城门、城楼、角楼、瓮城等部分共同组成。为增强防御效果，多数城墙外还设有护城河。

03.0155　城楼　city gate tower

又称“城门楼”。城门墩台上的瞭望楼，一般为1~3层。为古代城市城墙体系的一部分。除具有加强城墙防御的功能，还是城市重要的景观与标志。

03.0156　角楼　corner tower，jiaolou

城墙转角处的瞭望楼。为古代城市城墙体系的一部分。一般可分为两种：弧形墩台上的团楼，和方形墩台上的方形楼。元明清三代都城城隅均采取方形角楼的形式。此外，古代大型寺院、陵寝等重要建筑群院落四角亦有设角楼的做法。

03.0157　瓮城　barbican，wengcheng

为增强城门的防守，在城门外侧修筑的护门小城。通常与城墙相连，为古代城市城墙体系的一部分。一般分方形城和圆形城两种。宋代为加强城防建设，始将瓮城运用到都城之城墙体系中，开创了宋至清代都城设置瓮城的形制。

03.0158　箭楼　archery tower，jianlou

建于瓮城上、城门楼前的一种特殊城楼。始于明代，多层砖石包砌，每层向外三面均设有窗孔，供瞭望和射箭之用，大大提高了城市城墙体系的防御力。

03.0159　马道　madao

位于城墙内侧，采用礓礤依城而建的坡道。具有提供马匹上城以输送粮食、传递消息和调度兵源的功能。此外，在屋顶内或房屋高处为施工、维修所设的便道亦称为马道。

03.0160　城壕　moat

又称“护城河”。古代由人工挖凿，环绕于城外四周的沟池。具有防护和御敌的作用。

03.0161　夹城　jiacheng

唐长安城东北面和东面，两道城墙形成的通道，为皇帝专用的道路。

03.0162　里坊　block system，lifang

古代城市居住区的基本单元。经考古探明，隋唐长安除宫城、皇城、禁苑、两市以外，全城由棋盘式路网划分出108个里坊。各坊设夯土坊墙，墙上有坊门，坊内有十字街，分坊为四大区；每区内有小十字街，再分大区为四小区。坊内布置住宅和寺庙。坊门按时启闭，城市实行宵禁。至北宋由于商业活动之发展，里坊的形式逐渐消解。

03.0163　市　market

古代贸易的场所。据《考工记》中“面朝后市”的记载，说明战国时期市已成为城市的重要组成。西汉长安有九个市场，市的平面为方形，四周有墙，墙上设门。市内有十字或井字形街道，两侧分列商铺；其中心设市楼，为市政官员官舍。隋唐长安将市分列城中的东、西部，称东市、西市。

03.0164　衙署　government office，yashu

古代官吏办公的场所，是城市中的主要建筑。其概念最早见于《周礼》中大宰之职“以八法治官府”的记述。汉代称官署为寺，唐代以后才普遍出现衙署、衙门的说法。也称为衙门、廨署。

03.0165　官邸　official residence

古时郡国诸侯朝见天子所居的馆舍称作邸。后将国家提供给异地任职之官员的住所。

03.0166 驿站 post house，yizhan

古代专供传递文书者、来往官吏等人员中途住宿、补给和换马的处所。

03.0167 桥梁 bridge

架在水上或山间以便通行的构筑物。

03.0168 钟鼓楼 bell and drum tower

钟楼和鼓楼的合称。古代宫殿、寺庙乃至一些城市中都设置有钟鼓楼，不仅用于报时，同时还具有礼仪作用。

03.0169 文庙 Temple of Confucius，Wen Miao

奉祀儒家创始人孔子的祠庙。始于春秋，孔子殁后第二年（公元前479年）设庙于其故里曲阜。北魏时立孔庙于京师平城（今山西省大同市），为曲阜之外的首个孔庙。唐贞观初年太宗诏令州、县学皆立孔子庙，从此遍及华夏大地。地方文庙的形制一般为庙前设照壁、棂星门和东西牌坊，棂星门前或后设泮池，棂星门以内中轴线上依次布置大成门、大成殿和崇圣祠。此外，庙宇两侧或后面常设明伦堂、敬一亭、尊经阁、魁星楼等建筑。也称为孔庙、夫子庙。

03.0170 文昌宫 Wenchang Temple

古代奉祀文昌帝君的祠庙，一般规模较大者称文昌宫，较小者称文昌阁或祠。文昌帝君是道教信仰中掌管禄赏仕进的神明，自古各地多建有不同规模的文昌宫。祖庭在四川省梓潼县七曲山，相传创建于唐代以前，现存主要建筑为明清所修。

03.0171 魁星楼 kuixinglou

古代供奉魁星的建筑物，常建于文庙或文昌宫之中。魁星，道教信仰中主文章、宰文运的神明，故考生无不尊敬。魁星楼也成为科举时代祈求考试成功的地方。民间一般将奎、魁两字通用。

03.0172 贡院 examination hall

古代科举考场，即开科取士的地方。最早始于唐代。贡院四周筑有高大院墙，内设考棚、望楼、魁星祠，以及供考官居住和阅卷的建筑。

03.0173 书院 college，academy

中国古代特有的一种教育组织和学术研究机构。其名始于唐代，最初是官方修书和藏书的地方。宋代十分兴盛，一般为大儒私人创建或主持，以讲论经籍为主，著名的有岳麓书院、白鹿洞书院等。后元、明、清三代亦有所发展和延续。

03.0174 私塾 private school

又称“私学”、“教馆”。古代社会中一种小型的私家教育机构，多由当地读书人开办，教授与科举考试相关的学问。按其设置情况，清末学部将私塾分为义塾、族塾、家塾和自设馆等类型。

03.0175 风水塔 fengshui pagoda

古代为提高当地文风，根据风水说法而兴建的塔。明清科举之风盛行，文峰塔的建造十分常见，不仅是当地观赏性与标志性的建筑，且具有文化传承及教化的作用。

03.0176 关帝庙 Temple of Guan Yu，Guandi Miao

古代供奉三国名将关羽的庙宇。历代视关羽为“忠义”之化身，民间香火极盛，其庙遍及天下。祖庙在山西省运城市解州（关羽故里），是全国等级最高、规模最大的关帝庙。

03.0177 城隍庙 Temple of City God，Chenghuang Miao

古代供奉护城神城隍的庙宇。城隍，前身为古代帝王蜡祭八神中的水庸神，掌管农田中的沟渠，后逐渐演变为守护城池的神明。

03.0178 土地庙 Temple of Land God，Tudi Miao

古代供奉土地神的庙宇。土地神为民间信仰中的地方保护神，故庙宇在城乡均分布极广，多为百姓自发建立。也称为福德庙、伯公庙。

03.0179 会馆 guild hall，native place association，huiguan

古代城市中由客居异地的同乡人或同业所组成团体的活动场所。其名见于明代，盛于清代。明清会馆大体可分为 3 种：①京城多数会馆为同乡官僚、缙绅和科举之士居停聚会之处；②工商城市多数会馆是外来工商业者、行帮为主的同乡会馆；③内地城市多数会馆是由陕西、湖广、江西、福建、广东等省迁来客民建立的移民会馆。

03.0180 瓦子 culture and community center，wazi

宋元时期城市中的游艺场所。瓦子中心为供演出戏曲及其他技艺的“钩阑”，类似今日的剧场。除表演设施外，北宋东京、南宋临安的许多大型瓦子还设有卖药、估衣、剃剪、饮食等店铺。也称为瓦舍、瓦肆。

03.0181 戏台 stage，xitai

为戏剧演出而造的建筑物。中国古代戏台多为木结构，按层数可分单层或双层，也有三层的特殊戏台，如皇家使用的戏楼。单层戏台建于台基上，台基用于表演，高约 1m；双层戏台的底层为通道，二层是表演台。按开口角度，戏台可分为一面观和三面观，亦有介于二者之间的形式。

03.0182 店铺 shop

商贩经销货物或提供服务的场所。春秋战国时期的“市”中已设有店铺。同行业店铺聚集在一起称为肆。

03.0183 作坊 workshop

从事手工制造加工的工场。古代有官府作坊及民间作坊之分。

03.0184 宫殿 palace

中国古代建筑类型之一。宫，秦代以前居住建筑的通称，后为帝王居所的专称。殿，原指大型房屋，秦汉后主要用于帝王居所中的重要单体建筑。宫与殿后合为宫殿一词，专指帝王所使用的大型建筑群。历代宫殿建筑反映了当朝最高的建筑艺术与技术水平。著名实例有北京故宫、沈阳故宫等。其中北京故宫又称为紫禁城，是明清两代的皇宫，位于明清北京城内中部，明永乐五年(1407 年)始建，十八年(1420 年)建成。清代承袭沿用，格局基本上无变动。全部建筑分外朝和内廷两部分。外以宫城围绕，为世界上现存规模最大、最完整的古代木结构宫殿建筑群。

03.0185 行宫 imperial retreat

古代除都城正宫外，另为帝王出行所设置的居所。

03.0186 明堂 mingtang

古代帝王用于祭天和布政的场所。是中国历史上延续时间最久、等级最高的皇家礼制建筑。通常建于国都南郊。关于明堂的制度与形制，历代说法不一，据古代一些儒者的解释，明堂在黄帝时代称合宫，夏代称世室，商代称重屋，至周代始定为明堂。南宋以后不再正式建造此类祭祀建筑。

03.0187 辟雍 imperial academy

又称“璧雍”。原为周天子所设学宫，亦为与诸侯行礼之处，建于国都郊外。关于辟雍的形制，历代说法很多，其名取“四面周水，圜如璧”之意，有学者认为辟雍与明堂同，又或是外面环绕圆形水渠的明堂。清乾隆四十九年(1784 年)在北京国子监内建有辟雍，为皇帝讲学的地方。该建筑设于圆形水池中央，是一座带回廊的黄琉璃瓦重檐四角攒尖顶的正方形建筑。

03.0188 祭坛 altar

中国古代礼制建筑类型之一。用于举行祭祀天、地、社稷等活动的台型建筑。坛，最初为土筑高台，除祭祀外，还作为朝会、盟誓、拜相等重大仪式之用。后演化成砖石包砌，并专用于祭祀，是整体祭祀建筑群的重心，其四周多设有一至二重的围墙称为壝。

03.0189 天坛 Temple of Heaven，Tian Tan

古代帝王祭天的场所。现存实例有西安隋唐天坛遗址、北京明清天坛。其中北京天坛始建于明永乐十八年(1420年)，坐落在永定门内大街东侧，是明清两代皇帝每年祭祀上天、祈祷风调雨顺、五谷丰登，以及在大旱之年祈雨的地方，为世界上最大的古代祭天建筑群。

03.0190 地坛 Temple of Earth，Di Tan

古代帝王祭地的场所。现存的北京地坛，始建于明嘉靖九年(1530年)，为明清两代皇帝每年夏至日祭祀“皇地祇”(后土之神)的地方，在北京坛遗建筑中规模仅次于天坛、先农坛。

03.0191 日坛 Temple of Sun，Ri Tan

古代帝王祭日的场所。我国祭日活动由来已久，早在周代便有天子春天祭日的制度。现存的北京日坛，始建于明嘉靖九年(1530年)，为明清两代皇帝春分日祭祀大明之神(太阳)的地方。

03.0192 月坛 Temple of Moon，Yue Tan

古代帝王祭月的场所。我国祭月活动由来已久，早在周代便有天子秋天祭月的制度。现存的北京月坛，始建于明嘉靖九年(1530年)，为明清两代皇帝秋分日祭祀夜明之神(月亮)和诸星宿(木火土金水五星、二十八宿)的地方。

03.0193 社稷坛 Altar of Land and Grain

古代祭祀社(土地神)与稷(五谷神)的场所。历代均在国都中设有分祭社、稷的坛或庙，至明成祖迁都北京后，始将两者合于一坛，设于天安门与午门之间御道的西侧，与太庙相望。此外，明代地方府州县亦设有社稷坛，社与稷为古代农业社会的根基，故“社稷”一词又作国家的代称。

03.0194 太庙 Imperial Ancestral Temple，Tai Miao

帝王之祖庙，为祭祀当朝已故皇帝而建的礼制建筑。根据《周礼·考工记》中“左祖右社”的规制，一般设置在国都宫殿前的东侧，与社稷坛相呼应。现存的北京太庙，始建于明永乐十八年(1420年)，坐落在天安门与午门之间御道的东侧，是历史上唯一保存下来的太庙建筑群。

03.0195 祠堂 memorial hall

祭祀祖宗或先贤的庙堂。包括宗祠、名宦祠、乡贤祠等。其形制多样，通常具有浓厚的地方建筑特色，一般由大门、享堂、寝堂、廊庑及其他辅助用房组成。

03.0196 宗祠 ancestral hall，family shrine

又称“家庙”、“祖祠”。祠堂的一种。古代供奉祖先神主牌位、举行祭祖活动的场所，又是从事家族宣传、执行族规家法、议事宴饮的地方。早期宗祠多在宅内，明中叶后规模日益扩大，逐渐独立建于住宅之外。

03.0197 名宦祠 memorial hall for renowned official

祠堂的一种。古代祭祀当地有政绩及建树之官宦的地方。明清祭祀名宦属于国家祭祀制度中的祭祀先师体系，故名宦祠一般依附于文庙中，与乡贤祠相对，为文庙建筑群的组成元素，具有教化百姓、扶风辅政、崇德报功的功能。

03.0198 乡贤祠 memorial hall for distinguished local

祠堂的一种。古代祭祀当地德行卓著、造福于民之贤达的地方。明嘉靖、万历朝起，逐渐迁于文庙中，成为文庙建筑群的组成元素，具有教化百姓、扶风辅政、崇德报功的功能。

03.0199 社 community，she

古代指土地神和祭祀土地神的场所。后逐渐演变为地方基层组织或民间团体。

03.0200 墓葬 tomb

墓，指用来放置死者的尸体或尸体残余的固定设施。葬，指安置尸体或其残余的方式。在考古学上，两者常合为墓葬一词。古代墓可分为竖穴墓、洞室墓、木椁墓、砖室墓等类型。葬式有俯身葬、仰身直肢葬、屈肢葬等形式。

03.0201 陵墓 graveyard

中国古代建筑类型之一。帝王诸侯的坟墓。有皇陵、王陵等。就空间布局可大致分为三类：一是平地夯土垒叠为坟，秦汉帝陵多属此类，以秦始皇陵的规模最大；二是利用地形，因山为坟，始于唐昭陵，以唐乾陵最具气势；三是利用建筑群组的手法，将当朝各帝陵置于山峦环抱处，组成庄严肃穆之陵区，如明十三陵、清东陵、清西陵等。其中明十三陵位于北京市昌平区天寿山下，始建于明永乐七年(1409 年)，迄至清顺治元年(1644 年)，其间先后建有明代 13 座帝王陵墓及 7 座妃子墓，为世界上现存最完整、埋葬皇帝最多的古代墓葬群。

03.0202 神道 spirit road

陵墓前的礼仪性通道。古代神道两侧通常布置有阙门、石象生等元素，以创造出丰富的空间变化。

03.0203 方城明楼 square-walled bastion and memorial shrine

明清帝王陵墓中一种特有的建筑形式。方城位于宝顶前，为一高大方台，中部开有甬道，可穿城而过。明楼建于方城之上，是放置帝王庙号陵名之石碑的碑楼，一般采用重檐歇山的屋顶形式，四面辟有拱券门。

03.0204 [石]象生 stone tomb statuary [along spirit road]

立于陵墓前神道两侧的石雕像，一般为人或动物像，是古代人畜殉葬制度的演化，以示死者生前之身份并护卫其安息。大约自西汉起就出现在陵墓前立石象生的做法。

03.0205 辟邪 bixie

中国古代神话中一种似狮带翼的神兽，能辨善恶、驱鬼怪。其形象常作石象生，用于诸侯王及大臣墓前。

03.0206 庙宇 monastery，temple

又称“寺院”。为各类宗教供奉神灵、祈求庇佑的地方。中国民间流行泛神崇拜，所以庙宇很多，品类也很杂，有佛寺、道观、清真寺等。部分中型和大型庙宇初建时虽设主祀神祇，但经逐步地扩建或增祀，常演变为以初祀神祇为主的多神庙。

03.0207 佛[教]寺[院] Buddhist monastery，Buddhist temple complex，si

供奉佛教神祇及僧众、教徒进行礼佛仪式和聚居修行的场所。其平面形制最初参照天竺式样，即以佛塔为中心的方形庭院平面。南北朝时许多王公贵胄舍宅为寺，为利用原有房舍，多采取“以前厅为佛殿，后堂为讲堂”的模式，产生了以佛殿为中心的新形制。隋唐后被广泛地运用，成为佛寺布局之主流。著名实例有五台山佛光寺(现存唐代所建大殿与金代所建文殊殿)、蓟县独乐寺(现存辽代所建山门与观音阁)、大同上下华严寺(现存金代所建大雄宝殿与辽代所建薄伽教藏殿)，以及历世达赖喇嘛行政、居住和寺院合一的布达拉宫(相传建于公元七世纪吐蕃松赞干布王时期)等。

03.0208 石窟 grotto，shiku

依山就势在山崖陡壁上开凿的窟形佛教建筑，僧人于其内集会礼佛、修禅静坐。此制源于印度，随着佛教传入中国。中国石窟的开凿盛行于南北朝至隋唐时期，著名的有敦煌、云冈、龙门、麦积山等处。

03.0209 佛塔 pagoda

又称“宝塔”。供奉或收藏佛舍利、佛像、佛经、僧人遗体等的高耸型建筑。源于古印度的窣堵坡，原是埋葬释迦牟尼遗骨的纪念建筑。佛教传入后，窣堵坡与中国原有的木结构楼阁融合，逐步形成了楼阁式塔、密檐塔、单层塔、喇嘛塔、金刚宝座塔等不同类型。其平面从早期的方形逐渐演变成六边形、八边形等。

03.0210 楼阁式塔 multi-storied pagoda in louge style

中国古代佛塔类型之一。从我国传统多层木构架建筑发展而来的佛塔。塔身为多层楼阁形式，通常内置楼梯，每层设门窗、平坐，供登临眺览。最早见于汉末，初期采用木造，由于木塔不能防火，唐以后多改用砖石，但仍仿木构形式。楼阁式塔为我国佛塔之主流，存世实例最多，著名的有西安慈恩寺大雁塔(唐代建，砖构)、苏州云岩寺塔(后周建，砖构)、应县佛宫寺释迦塔(辽代建，木构)、泉州开元寺双塔(南宋建，石构)等。其中佛宫寺释迦塔又称“应县木塔”，建于辽清宁二年(1056 年)，总高 67.31m，共九层(外观五层，加上中间四个平坐层)，为我国现存最早的古代木塔、世界上最高的古代木构建筑。

03.0211 密檐塔 densely-placed eaves pagoda

中国古代佛塔类型之一。基座之上有一层塔身、多层塔檐的佛塔。其底层较高，以上各层距骤然缩短，面阔也逐渐收缩，形成多层檐紧密相接的形式。一般为砖石结构，内部通常无楼梯，不供登临眺览。著名实例有登封嵩岳寺塔(北魏建)、西安荐福寺小雁塔(唐代建)、大理崇圣寺三塔等(约唐晚期~宋初期建)、北京天宁寺塔(辽代建)等。其中嵩岳寺塔建于北魏正光四年(523 年)，全高约 40m，塔身下部平素无饰，上部砖砌叠涩出密檐十五层，是我国现存最早的古代砖塔，其平面呈十二边形，亦为国内孤例。

03.0212 单层塔 single-story pagoda

中国古代佛塔类型之一。塔身为单层的佛塔。其规模较小，一般为砖石砌筑，常作为墓塔或用来供奉佛像。隋唐时开始模仿木构形式，平面也从早期四方形发展出六角形、八角形等。现存最早实例是河南省安阳市宝山寺道凭法师墓塔，建于北齐河清二年(563年)，亦为我国最早的石塔。

03.0213 喇嘛塔 lama pagoda

又称“覆钵式塔”。中国古代佛塔类型之一。藏传佛教寺院中一种常见的瓶形佛塔，多作寺之主塔内藏佛经、佛像或为僧人墓。直接源于印度的窣堵坡，由塔座、塔身、塔刹三部分组成，多为砖砌，整体通刷白色。元代始于内地兴建，明代起塔身变高瘦，清代于塔身中央添设焰光门。著名实例有北京妙应寺白塔(元至元建)、五台山塔院寺塔(元大德建)、北京北海永安寺白塔(清代建)等。其中妙应寺白塔建于元至元八年(1271 年)，为尼泊尔著名工匠阿尼哥的作品，总高 50.86m，全以砖砌，外抹白灰，是我国早期喇嘛塔之代表作，亦为国内现存最大的喇嘛塔。

03.0214 金刚宝座塔 Vajra Throne pagoda

中国古代佛塔类型之一。一种在高大基座上竖立五塔的佛教密宗塔。源于印度的佛陀伽耶大塔，代表释迦牟尼悟道成佛的宝座道场。五塔为一大塔、四小塔，大塔居中，小塔分列四隅，象征金刚界五方佛，基座四周雕刻佛教题材。国内最早形象可见敦煌莫高窟壁画，现存实例有昆明妙湛寺塔(明天顺建)、北京正觉寺塔(明成化建)、北京西黄寺清净化城塔(清代建)等。

03.0215　经幢　sutra pillar

在石柱上镌刻经文，用以弘法和做功德的佛教建筑物。幢，原是佛前的丝帛制伞盖状物。唐代始用石刻模仿丝帛的幢，一般分幢座、幢身、幢顶三部分。幢身多为八边柱，常分成多段，以宝盖、仰莲相隔，所刻佛经主要是《陀罗尼经》。

03.0216　道观　Taoist temple，guan

又称“道院”、“道宫”。供奉道教神祇及道士修道、举行宗教仪式的场所。观之名始于汉代，最初是为等候神人而建。东晋时将道士祀神修道之所称馆，南北朝后改为观。道教宫观布局与佛寺相似，多为中轴线对称的合院式布局。

03.0217　五岳庙　Temple of the God of the Five Great Mountains，Wuyue Miao

五岳，中国五大名山的统称，分别是位于山东的东岳泰山、陕西的西岳华山、河南的中岳嵩山、山西的北岳恒山、湖南的南岳衡山。古代帝王有祭祀五岳的传统，故五岳上均建有供帝王祭山的寺庙，属于道教寺院。其中规模最大的泰山东岳庙又称为岱庙，还是历代帝王举行封禅大典的地方。除五岳上的五岳庙外，自古各地亦建有不同规模的分祀或合祀的五岳庙。

03.0218　清真寺　mosque

又称“礼拜寺”。伊斯兰教聚众礼拜的场所。唐代称礼堂，元延祐二年(1315年)始称清真寺。建筑群主轴线朝向圣地麦加，整体由礼拜殿、邦克楼、庭院、沐浴水房、阿訇住所等组成。其装饰不用动物、人像，仅施几何图案、植物纹样和可兰经文。

03.0219　[中国]皇家园林　imperial garden

中国古典园林类型之一。为帝王兴建的园林。起于商周以素朴之自然景色为主的囿，后演化成唐宋的山水宫苑，至明清成为集历代南北造园精华的集锦式园林，在艺术上达到了完美的境界。皇家园林一般占地广阔，主要结合自然山水兴造而成，注重各独立景物间的呼应，风格堂皇富丽、景象包罗万千。现存实例有北京北海(元~清建)、承德避暑山庄(清代建)、北京颐和园(清代建)等。

03.0220　[中国]私家园林　private garden

中国古典园林类型之一。私人所拥有的园林。始于汉代，成熟于唐宋，兴盛于明清。此类园林多属私人宅院的一部分，可发挥空间较为有限，故设计上更注重细节，风格大多秀巧精致，有别于皇家园林的富丽大气。历史上的私家园林很多，尤以江南一带最为著名，如苏州沧浪亭、网师园、拙政园、留园、狮子林等，以及无锡寄畅园、同里退思园等。

03.0221　民居　vernacular dwelling

古代非官式的民间居住建筑。有时亦包括由住宅延伸的传统居住环境。由于中国疆域辽阔、民族众多，各地的地理气候条件和生活方式都不相同，所以各地民居的样式和风格亦呈多样化。如北京四合院、黄土高原窑洞、安徽古民居、粤闽赣交界地带的土楼和游牧民族的毡房等。

03.0222　四合院　courtyard house [with four building]，siheyuan

中国古代建筑平面组合类型之一。以庭院为中心，四周环以房屋的合院式建筑群，有时候特指民居，北京四合院为其典型。平面依照南北中轴线对称布局，通常分前、内院，两院间以垂花门分隔。内院为建筑群之核心。大户人家的住宅常沿中轴线设置多进院落。中轴线上南向为正房，北向为倒座，两侧为厢房。

03.0223 三合院 courtyard house [with three building]，sanheyuan

中国古代建筑平面组合类型之一。平面呈⊓形，即三面以房屋围合，正面有院墙的合院式建筑群。

03.0224 耳房 side room

紧贴正房两端体量较小的侧房，通常一或两间。因位居正房左右，形似双耳，故名。

03.0225 厢房 wing room

位于正房前后两侧，左右相对的配房。

03.0226 倒座 opposite house，daozuo

(1)在合院式建筑群中，与正房相对而立的建筑物。通常位于外院，坐南朝北。在住宅中通常作为客房、书塾、杂用间或男仆的住处，在公共建筑中也可作为戏台等。(2)位于路南，大门开在北院墙上，坐南朝北的合院式建筑。

03.0227 毡房 yurt

又称“蒙古包”、“毡包”。中国传统民居类型之一。平面呈圆形，直径在5m至30m之间，其构造轻简，易于拆卸搬迁，具有防寒、防雨等特点。为我国蒙古族民居的主要建筑形式。

03.0228 长城 the Great Wall

中国最著名的古文化遗存，为世界上修建时间最长、工程量最大的古代军事防御工程。始建于春秋战国时期，当时各诸侯国出于防御目的，在地形险要处筑起连续性高墙。秦统一六国后将从前的长城连接起来，始有“万里长城”之称。历代对长城屡有修缮、增筑，经自然和人为因素毁坏，保存至今的多为断断续续的遗迹，其中最具代表性的是明长城。明长城东起辽宁鸭绿江畔的虎山，西至甘肃嘉峪关，总长度为8851.8km，由城堡、关城、城墙、敌楼、烽火台等部分组成，以气势雄伟、规模浩大而驰名中外。

03.0229 《周礼·考工记》 Craftsmen' Records of Zhou Rituals，Zhouli Kaogongji

中国现存年代最早的手工业技术专书，是研究古代科学技术的重要文献。一般认为成书于春秋末期、战国初期，乃齐人所著。西汉时收录于《周礼》作为《冬官》篇。该书内容丰富，记述了先秦时期的木、金、皮革、染色、玉、陶等六大工种30个门类。其中“匠人”三篇涉及都城择址、都城规划、建筑尺度和水利工程等论述，对后代的城市建设、宫殿规制等方面有着重要影响。

03.0230 《营造法式》 Treatise on Architectural Methods，Yingzao Fashi

北宋官定的建筑设计、施工专书，为中国现存年代最早、内容最丰富的建筑营造著作。北宋绍圣四年(1097年)将作监李明仲(?~1110年)奉命编修，元符三年(1100年)成书，崇宁二年(1103年)颁行。全书正文34卷，书前尚有看详、目录各一卷。就当时13类工种的尺度标准、施工要领进行列举，详细规定了各工种构件、工作的劳动定额及各工种构件依等级、大小所需的材料限量，并附有大量图样。该书具有高度的科学价值，是研究中国古代建筑特别是宋代建筑的珍贵资料。

03.0231 《鲁班经》 Classic of Luban，Luban Jing

一部中国古代民间匠师的职业专书。全名《新镌京版工师雕斫正式鲁班经匠家镜》，传世有明万历本、崇祯本和清代多种版本。万历本无编者名，崇祯本记为明代御匠司司正午荣所编。全书4卷，主要内容包括民间房屋营造的工序、选择吉日的方法、鲁班真尺的运用、民间日常器物的基本尺度和式样等，对东南沿海一带匠师有广泛影响。该书不仅是研究民间建筑风俗的重要材料，因书内载有家具 34 种，亦为现今研究明代家具的重要资料。

03.0232 《园冶》 Craft of Gardens，Yuanye

为现存中国古代造园艺术的权威性理论著作。明末造园家计成(1580年~?)著。崇祯四年(1631年)成稿，崇祯七年刊行。全书3卷，共12篇，主要内容包括兴造论和园说，以及相地、立基、屋宇、装折、门窗、墙垣、铺地、掇山、选石、借景十部分。阐明造园的精髓在于因地制宜和师法自然，设计根本原则为“巧于因借，精在体宜”。

03.0233 清工部《工程做法》 Qing Engineering Manual for the Board of Works by the Ministry of Public Works，Qing Gongbu Gongcheng Zuofa

清代官式建筑设计与营造的规范，为现今研究清代建筑的重要依据。清雍正十二年(1734年)由工部刊行。全书共74卷，原书封面书名为《工程做法则例》，是继宋《营造法式》之后官方颁布的又一部较系统的建筑技术专著。内容大体分为各类房屋营造范例、工料估算额限两部分，对27种不同形制的建筑物列有详尽的尺寸规范，既是当时工匠建造房屋的标准，亦为主管部门验收工程、核定经费的明文依据。

03.0234 《清式营造则例》 Qing Structural Regulations，Qingshi Yingzao Zeli

中国著名建筑学家梁思成(1901~1972年)研究清代建筑营造方法的专著，1934年出版。著者以清工部《工程做法》为依据，以参加过清宫营建的匠师们为师，收集工匠世代相传的秘本。书中以北京故宫为标本，对清代官式建筑之做法及各部分构件的名称、功用等进行了系统地考察研究，用建筑投影图和实物照片将各式构造清晰地表达出来，并将所搜集之工匠秘本编订成《营造算例》附后。该书自出版以来，一直为中国建筑史界的教科书，是研究清代建筑的重要参考资料。

03.0235 《营造法原》 Source of Architectural Methods，Yingzao Fayuan

一部记述中国江南地区传统建筑做法的专著。姚承祖(1866~1938年)原著。姚氏世代皆从事营造业，晚年根据家藏秘籍、图册及实践经验编写。后由建筑学家张至刚整理、补充，1959年出版。全书分16章，系统地叙述了江南传统建筑的构造、配料、工限等，以及园林、塔、城垣等营造做法，并附有照片、图版百余幅，是研究江南传统建筑的重要参考资料。

03.02 中国近代建筑

03.0236 外廊式 veranda style

曾称“殖民地式”、“买办式”。欧美殖民者在其殖民地所建具有外廊空间的建筑。鸦片战争前后，殖民地外廊式建筑经英国东南亚殖民地传入中国，最初应用于外国领事馆、兵营、宅邸、洋行等建筑，对中国近代建筑的发展影响深远。广西北海市现存早期外廊式建筑13处(全国重点文物保护单位)；建于1909年的长春市吉林西南路分巡兵备道衙署，为目前所知位于中国最北部的外廊式建筑；厦门鼓浪屿汇丰银行宅邸是“三叶草”平面之特例。

03.0237 洋风式 foreign style

19世纪末20世纪初，中国各地逐渐开始出现由中国工匠在形式上模仿西方建筑样式建造的建筑。这种建筑通常还是利用中国传统的结构技术建造，保留中国工匠的美学观念，采用许多当地传统的纹样和装饰，但在局部吸收了西方建筑采用的构件及做法，如拱券门窗、西洋柱式、线脚处理、洋式纹样和装饰等。代表作品为：上海英国领事馆(1872 年)、江苏省谘议局(1909 年)、济南车站(1911 年)、香港最高法院(1912 年)。

03.0238 中华巴洛克 Chinese Baroque style

基于中国工匠对西方古典建筑样式的理解而产生的，建筑主要见之于哈尔滨、沈阳等东北城市。这类建筑的外观虽类似西方巴洛克式，但附加的装饰取材自由，体现了地方特征，有时甚至装饰过度，为西方巴洛克建筑样式所未有。代表作品为：哈尔滨道外区商住建筑、沈阳中街(四平街，1919～1930年)建筑。

03.0239 传统复兴式 Chinese revival

义和团运动以后，教会建筑上首先出现了“中国化”的倾向，即使用中国传统的大屋顶及斗拱、彩画作为建筑的主要装饰，成为传统复兴运动的先声。1928 年之后，南京政府倡导的“中国固有形式”建筑是这一运动的发展与深化。梁思成等人对中国传统建筑法式制度的系统研究为这一阶段的传统复兴式设计提供了科学的依据。这一样式被广泛应用于各类公共建筑，是中国建筑关于传统与现代结合的早期探索。代表作品为：北京协和医学院(1921 年)、南京中山陵(1929年)、广州中山纪念堂(1931 年)、上海市政府(1933 年)、南京中央博物院(1947 年)。

03.0240 早期现代主义 early modernism

现代主义风格的建筑很早就被外国人引入中国，如 20 世纪初哈尔滨的“新艺术运动”样式、20 年代上海等地的“装饰艺术”风格等。20 世纪 30 年代以后，钢和钢筋混凝土结构得到广泛运用，“国际式”风格出现在上海、天津、广州、汉口、青岛等大城市的高层商业和办公建筑中。之后这种“国际式”风格的现代主义建筑也被运用于俱乐部、教学楼、住宅、电影院等娱乐建筑，以上海最为典型，如大光明电影院(1933 年)、上海大厦(原百老汇大厦，1934 年)、上海国际饭店(1934 年)、美琪大戏院(1941 年)。代表作品为：南京国民政府外交部(1934 年)、勷勤大学石榴岗校园建筑(1934 年)、广州爱群大厦(1937 年)。

03.0241 教会建筑 missionary architecture

西方教会将西方建筑样式、技术，以及外国建筑师引入中国各地，在中国建造的建筑。除教堂外，还包括神甫楼、医院、慈善机构和各类学校等。在沿海、沿长江等城市多为洋风。代表作品为：澳门圣保罗教堂(1638年，Igreja Sao Paulo，大三巴教堂)、香港圣约翰大教堂(1849 年)、广州石室天主堂(1888 年)。在内地城镇、乡村，教会建筑更多表现出对当地传统的吸纳和融合。代表作品为：贵阳北天主堂(1874 年)、西安五星街天主堂(1884 年)、四川彭州白鹿镇领报修院(1908 年)、大理天主堂(1930 年)。

03.0242 中国近代文教建筑 Chinese modern cultural and educational architecture

近代中国的第一座国立大学是京师大学堂(1898 年)，开启了中国近代教育的进程。此外民间也兴办近代大学。如南开大学(1907年)。校园建筑风格多为洋风式或模仿西方古典主义样式(如清华留美预备学校大礼堂)。在 20 世纪初中国民族主义勃兴的大背景下，教会建筑出现了“中国化”的倾向，集中体现于由外国建筑师设计、新建或改扩建的教会大学。代表作品为：岭南大学(1903年)、之江大学(1916 年)、雅礼大学(湘雅医院，1916 年)、燕京大学(1916 年)、辅仁大学(1925 年)等。1928 年国民政府在南京成立后，在各主要城市建成了一批以传统复兴式为主要特征的大学校园建筑，如国立武汉大学(1929 年)、国立重庆大学(1929 年)等。同时，某些军阀也发展了地方文教事业，如奉系军阀在沈阳和吉林分别建成了东北大学(1923 年)和吉林大学(1929 年)。

03.0243　中国近代工业建筑　Chinese modern industrial architecture

清政府在“中体西用”思想指导的“自强运动”(1860~1895)期间，创办了数十家军工及民用企业。最早的如天津东局子、江南制造总局、福州船政等，聘请西方技术人员兴建了中国最早一批近代工业建筑。对以后的民族工业建筑颇具影响。代表作品为：福建船政局(1866 年)、天津机器制造局(1867 年)、江南机器制造总局(1865 年)、金陵机器制造局(1865 年)、四川机器局(1907 年)。

03.0244　中国近代居住建筑　Chinese modern housing

欧风美雨的浸润使中国传统的居住方式也发生了变化。里弄住宅是在一些开埠城市如上海、天津、汉口等地常见的 2~3 层多栋联排住宅类型，形成了具有中西合璧风貌的近代居住建筑组合模式。是近代城市发展的特定产物。另外，城市里同商业功能相结合的骑楼，农村中同防卫功能相结合的碉楼等，均为中国近代居住建筑随着社会环境而发展的产物。代表作品为：广东开平碉楼、广西北海珠海路骑楼。海南三亚崖城镇东关街民国骑楼为位于中国最南部的骑楼。

03.0245　中国近代城市规划　Chinese modern city planning

中国近代城市规划的起源与发展，不是工业化正常发展的结果。早期是在租界、租借地由殖民者直接引入西方的规划模式，之后又成为中国政府体现其政治权威、达到社会控制的工具。因此，中国的近代城市规划更注重城市规划表现出来的物质层面的结果，同时也注意吸收西方先进的规划思想和技术加以应用，如功能分区、田园城市思想、城市美化运动、邻里单元等。南京“首都计划”(1929 年)、大上海都市计划(1946 年)及日伪在长春的“新京”计划(1932)皆为重要的实例。

03.0246　中国近代建筑技术　Chinese modern architectural technology

和近代科学技术的发展相联系，近代时期新的建筑材料、新型的结构方式、建筑设备、市政工程、施工技术等渐次出现，建成了许多技术要求复杂的巨大工程，且达到了较高的施工质量，建筑装饰和设备水准均有了很大提高。同时，随着中国近代建筑业的发展，各地的营造厂等机构逐渐发展壮大，改变了早先建筑设计和施工业务被外国洋行控制的状况。

03.0247　中国近代建筑教育　Chinese modern architectural education

20 世纪 20 年代以后，由第一代海外留学归来的建筑家将外国的建筑教育体系引入中国大学。中国最早开设建筑科的学校是江苏省苏州工业专门学校(1923 年)。在近代高等建筑教育体系中，美、法的建筑教育属于古典折中主义的“学院派”，在教学内容上偏重艺术教育；而德国的包豪斯现代建筑教育体系则重视建筑技术与工程教育。国立中央大学和上海圣约翰大学建筑系分别是这两种教育体系的代表。

03.0248　中国近代建筑传媒　Chinese modern architectural media

近代时期传播建筑信息的媒体。主要有中国建筑师学会出版的《中国建筑》和上海建筑协会出版的《建筑月刊》。它们关注西方建筑界的最新动态和建筑发展的新趋势，刊载欧美和日本等国外最新建筑物的图纸、照片和设计竞赛的图纸，并重点介绍了国外工程建设的新技术、新设备、新材料。近代建筑传媒通过持续的信息传播积聚知识，对近代建筑教育发挥了促进作用。

03.0249 中国近代建筑团体 Chinese modern architectural organization

中国近代建筑职业与学术团体的形成是我国建筑行业成熟的标志，其中最典型的是“中国建筑师学会”和“中国营造学社”。中国建筑师学会是中国最早的建筑师职业团体，1927 年成立于上海。第一任会长庄俊，副会长范文照。学会活动包括交流学术经验，举行建筑展览，仲裁建筑纠纷，提倡应用国产建筑材料等。学会于 1933~1946 年与上海沪江大学商学院合办建筑系，1950 年初活动结束。中国营造学社于 1929 年在北京成立，朱启钤任社长，梁思成和刘敦桢分任法式、文献两组主任，是重要的近代建筑学术团体。学社对全国重点地区的古建筑进行科学的调查研究，并出版了《中国营造学社汇刊》7 卷 20 期及其他书刊、图录。全盛时有工作人员 20 余人。1946 年学社停止工作。

03.03 外国 19 世纪末叶以前建筑

03.0250 史前建筑 pre-historic architecture

史前人类所修建的建筑。其造型和做工简单，经历了从巢居、穴居向简单的地面建筑的演变，也出现了纪念性的巨石建筑如石环、石室等。在史前社会末期建筑艺术开始萌芽，出现了装饰于建筑物的亮丽颜色和雕刻。

03.0251 巨石阵 stonehenge

又称“*石栏*”、“*石环*”。原始社会晚期纪念性巨石建筑类型之一。常见的样式是把短石柱排成圆圈，上搭长条石块而形成封闭的环，有时也排成几个同心圆。现存最完整的石环位于英国的索尔兹伯里，圆圈直径约 32m，石柱高约 5m，当中有五座门状石构筑物。这类石造建筑在法国、印度和美洲也有发现。

03.0252 古埃及建筑 ancient Egyptian architecture

古代埃及所建造的宫殿、庙宇和陵墓等建筑。其特点是以石材料为主，善于用庞大的规模、简洁稳定的几何形体、明确的对称轴线和纵深的空间序列，来达到庄严、神秘的效果。其代表建筑有吉萨金字塔群、卡纳克阿蒙神庙等。

03.0253 金字塔 pyramid

散见于世界各地的方锥形或台阶形纪念建筑。尤以古埃及人建造的锥形陵墓建筑最为著名。由于其锥形轮廓与汉文“金”字的上部造型相似，故中国人称之为“金字塔”。其代表有胡夫金字塔、哈夫拉金字塔和孟卡拉金字塔等，皆用淡黄色石灰石巨型石块砌筑，塔身呈正方锥形，高大、厚重、简洁，气势宏伟。其中最大的胡夫金字塔高 146.4m，底边各长 230.6m，用 230 余万块平均重约 2.5t 的石块干砌而成。

03.0254 巴比伦建筑 Babylonian architecture

公元前 1758 年在西亚两河流域建立的巴比伦王国所建造的建筑。其创造了用土坯和砖砌筑拱券，以彩色琉璃砖作为建筑装饰的技术，对后来的拜占庭建筑和伊斯兰建筑很有影响。巴比伦建筑的代表有巴比伦城和巴比伦空中花园等。

03.0255 亚述建筑 Assyrian architecture

古代西亚亚述王国所建造的建筑。其特点是宫殿建筑比宗教建筑更为显赫，采用带雉堞的城墙护卫。拱券技术发挥的作用较大，使用受埃及影响的彩色釉面砖等。其代表性建筑是萨艮王宫。

03.0256 波斯建筑 Persian architecture

自公元前 550 年建成的古代波斯帝国的建筑。其特征是综合使用邻近国家如亚述、埃及和希腊爱奥尼亚地区的建筑组件，其代表建筑是波斯波利斯宫。

03.0257 古印度建筑 ancient Indian architecture

古代印度(公元前30世纪~公元7世纪)所建造的建筑。其类型丰富多彩，差异很大，因信仰的不同而划分为佛教建筑、婆罗门建筑、耆那教建筑和伊斯兰教建筑四大类，最具代表性的建筑是谟亨约·达罗城和泰吉·玛哈尔陵。

03.0258 爱琴建筑 Aegean architecture

公元前30世纪至公元前14世纪，爱琴海沿岸及岛屿上先后出现以克里特和迈锡尼为中心的古代爱琴文明，此时的建筑早于古希腊建筑。其特征为竖井式墓穴、纪念性的蜂巢性陵墓以及用巨石城墙护卫的宫室，最具代表性的建筑是米诺斯王宫和迈锡尼城的狮子门。

03.0259 古典建筑 classical architecture

古代希腊与罗马建筑的统称。其特征是基于形式及比例的规则的结构体系。意大利文艺复兴及以后的风格，如巴洛克和古典复兴等皆在其基础上发展而来。

03.0260 古希腊建筑 ancient Greek architecture

西方古典建筑的先驱。从公元前 11 世纪到公元前1世纪，其发展经历了4个时期，以古典文化时期的建筑成就最为突出，代表性建筑有雅典卫城、帕提农神庙及各种公共活动场所。古希腊建筑以石材为主，发展了完美的古典柱式，优美的石刻艺术，建筑风格开敞明朗，艺术效果恢宏典雅。

03.0261 古罗马建筑 ancient Roman architecture

西方古典建筑的高峰(公元前8世纪~公元4世纪)。其建筑类型丰富，以纪念性建筑和公共建筑成就最高。其建筑技术高超，有高水平的拱券结构，发展了梁柱与拱券结合的体系，并发明了火山灰混凝土。其大型建筑风格雄浑凝重，重视空间与形体组合，构图协调统一，形式丰富，使古典建筑形式程式化，把古希腊柱式发展为五种古典柱式，对整个欧洲建筑产生了重大、深远的影响。

03.0262 古罗马城市广场 ancient Roman forum

古罗马重要的公共建筑类型之一。其布局和发展与社会性质密切相关：共和国时期，是市民广场，建筑布局自由，建筑类型多样化；帝国时期，广场成为为帝王歌功颂德的场所，布局严谨对称，以象征帝王的神庙为核心，图拉真广场是其中最著名的一个。

03.0263 古罗马浴场 ancient Roman thermae

古罗马建筑中功能、空间组合和建筑技术最为复杂的一种类型。不单纯为沐浴之用，而是综合有上流社会的社交、文娱、健身等活动的场所。最初主要包括热水厅、温水厅、冷水厅，浴场地下和墙体内设置管道通热空气和烟取暖，后又增设图书馆、讲演厅和商店等，平面布局逐渐对称。以图拉真浴场、卡拉卡拉浴场最为著名。

03.0264 罗马水道 viaduct，Roman waterway

古罗马时期修建的输水道工程。多为天然石材或混凝土砌成拱券，上为输水槽，有单层和多层两种，表面暴露石面或加以遮挡。在法国尼姆城内留存的罗马水道至今仍然还能使用。

03.0265 维特鲁威建筑三原则 Vitruvius' three principles

维特鲁威是古代西方世界最重要的建筑理论家，于公元前1世纪生活于古罗马境内，他所著的《建筑十书》是欧洲中世纪以前留存下来的唯一一部建筑学专著，至今仍被建筑学界视为圭臬。书中提出了“坚固、实用、美观”的建筑三原则，并对当时的建筑结构、材料、美学原理和施工技术进行了总结。

03.0266 玛雅建筑 Mayan architecture
公元前 1500 年到公元 16 世纪，在墨西哥尤卡坦半岛和危地马拉、洪都拉斯一带出现的建筑文化，建筑以城市为中心，庙宇和宫殿等围绕着城市广场。代表建筑有玛雅人在洪都拉斯用土堆成的许多圆锥形与方锥形金字塔、墨西哥阿兹特克帝国的金字塔形“大庙”以及建于公元 500 年前后的蒂卡尔 I 号神殿。

03.0267 中世纪建筑 medieval architecture
欧洲中古时期(指公元 476 年西罗马灭亡至文艺复兴之间，约 5 世纪~16 世纪)的建筑。包括拜占庭建筑、前罗马风建筑、罗马风建筑以及哥特式建筑等。

03.0268 早期基督教建筑 early Christian architecture
古罗马建筑的最后阶段，发展于公元 313 年基督教被定为罗马国教到公元 800 年间。其代表是为公众礼拜所设计的平面为拉丁十字形的巴西利卡式教堂与拜占庭建筑同时兴起并且相关。

03.0269 拜占庭建筑 Byzantine architecture
公元 395 年，罗马帝国分裂为东西罗马。东罗马的中心君士坦丁堡原名拜占庭，故又称东罗马帝国为拜占庭帝国，其境内的建筑称拜占庭建筑。它继承东方建筑传统，改造和发展了古罗马建筑而形成独特的风格。特点是砌筑结构、半圆拱券、以帆拱支承的浅穹顶，广泛运用丰富的壁画、彩色琉璃马赛克和大理石贴面装饰室内。其代表性建筑是君士坦丁堡的圣索菲亚教堂。

03.0270 罗马风建筑 Romanesque architecture
又称“罗曼建筑”、“罗马式建筑”。9~12 世纪流行于欧洲基督教地区的一种建筑风格。多见于修道院和教堂。其特点是窗户窄小的沉重砌筑结构、半圆券和筒拱的运用、拱肋与束柱的发展，以及在教堂中采用中心和西端的塔楼。形式上具有古罗马风格。其代表性建筑有比萨教堂、比萨洗礼堂、比萨斜塔和圣埃提安教堂等。

03.0271 哥特建筑 Gothic architecture
11 世纪末到 16 世纪中叶流行于西欧的建筑风格，完全摆脱了古罗马的影响。以教堂建筑为主，典型特征是拉丁十字形巴西利卡，多用尖券、坡度很陡的两坡顶、钟楼、束柱。用柱墩、骨架券拱和飞扶壁组成石造框架，柱墩之间开窗，窗户装饰华丽，镶有美丽的窗棂和彩色的玻璃。“哥特”原是日耳曼“蛮族”之一。文艺复兴运动时否定上述建筑，将此风格称为“哥特”，以示对它的否定。其代表性建筑有巴黎圣母院、沙特尔教堂、索尔兹伯里教堂等。

03.0272 文艺复兴建筑 Renaissance architecture
15 世纪开始在意大利发轫，并随后流行于整个欧洲的建筑风格。在人文主义思想指导下，提倡复兴古希腊、罗马的建筑风格，以取代象征神权的哥特风格，同时又与各国本来的建筑风格相结合。在宫殿、府邸、市政厅、广场等方面取得了极为突出的成就。最著名的代表性建筑有罗马圣彼得大教堂、鲁奇兰府邸、圆厅别墅等。

03.0273 巴洛克建筑 Baroque architecture
17 和 18 世纪流行于欧洲的一种建筑风格，最早出现于意大利，以德国和奥地利最盛。最初是罗马教廷耶稣教会为丰富和加强宗教神秘感而掀起的潮流。“巴洛克”原意是形状怪异的珍珠，后人以此对其命名，以示贬义。但由于其擅长曲线与变形，并喜欢用强烈的装饰与鲜明的色彩，追求自由、动态、神秘与富丽的视觉效果，为设计手法开辟了新领域，故影响颇大。其代表作有位于罗马的人民广场和西班牙大阶梯等。

03.0274 法国古典主义建筑 French classical architecture

17 世纪末盛行于法国的建筑风格，以唯理论哲学为基础，体现了路易十四统治时期的绝对君权思想。主要表现为运用“纯正”的古希腊、古罗马和文艺复兴建筑的样式，最突出的是古典柱式。在总体布局与建筑平面和立面强调轴线对称和规则的几何形体。代表作有凡尔赛宫。

03.0275 埃及式门楼 pylon

古代埃及神庙的纪念性大门，为一对高高的截顶金字塔，中间作为入口，经常用彩绘浮雕加以装饰。

03.0276 巴西利卡 basilica

古罗马时期用作法庭和公众集合场所的大型建筑，后被初期基督教堂所沿用，其基本形制是一个长方形大厅，被纵向柱列分为几部分，中厅柱列的透视效果把视线引向端部圣坛，使内部空间感觉比实际的深远。

03.0277 前厅 narthex

早期基督教或拜占庭教堂主厅前的门厅，充当悔罪之处。有的建筑有两重前厅，在里面的一个称内前厅，外面的一个称外前厅。

03.0278 中殿 nave

教堂里主要的或中央的部分，从前厅延伸到歌坛或圣坛，两侧通常有侧廊。

03.0279 侧廊 aisle

教堂中位于中厅两侧的纵向通道，用一排柱子或柱墩与中厅分开。

03.0280 柱式 order

西方古代石质梁柱结构的几种规范化的艺术形式。包括柱子、柱上的檐部和柱下的基座，其运用决定了建筑的风格。

03.0281 埃及式柱 Egyptian column

古埃及建筑当中所使用的梁柱结构体系。埃及古代宫殿、神庙、陵墓中大量使用体型高大的石材柱，柱断面有方形、圆形、束茎形等，柱头有纸草花、棕榈叶、倒钟、人面等样式。柱身比例粗壮，间距较小，柱础为一圆形平板。

03.0282 棕榈叶式柱 palm column

柱头形如棕榈树冠的一种古埃及柱子形式。

03.0283 莲花式柱 lotus column

柱头具有莲花蓓蕾形状的一种古埃及柱子形式。

03.0284 纸草花式柱 papyrus column

柱头形似纸草花的一种古埃及柱子形式。

03.0285 波斯式柱 Persian column

古代波斯建筑当中所使用的梁柱结构体系。其石柱雕刻精巧，柱础为覆钟形，刻有花瓣，其上有半圆线脚，柱身有凹槽，柱头常由覆钟、仰钵、几对竖向涡卷和一对相背的跪式雄牛组成。木柱则抹石灰，用红蓝白三色图案装饰。

03.0286 古典柱式 classical order of architecture

欧洲古典建筑中常使用的五种柱式，即希腊人发明的爱奥尼柱式、多立克柱式和科林斯柱式，以及罗马人改进的混合式柱式和塔斯干柱式。

03.0287 多立克柱式 Doric order

起源于希腊，其比例厚重，似男性般刚劲、雄健的古典柱式。其柱高为底径的 4~6 倍，檐部高为柱高的 1/3，柱头是刚挺的倒立圆锥，没有柱础，柱身有凹槽，收分和卷杀比较明显，很少线脚，台基为三层朴素的台阶，用高浮雕，强调体积。

03.0288 爱奥尼柱式 Ionic order

起源于小亚细亚，其比例修长，似女性般清秀、柔美的古典柱式。其柱高为底径的 9~10 倍，檐部轻巧，高为柱高的 1/4 以下，柱头是精巧的对称卷涡，柱础装饰复杂，柱身收分和卷杀柔和，凹槽有圆弧，复合面线脚，用浅浮雕强调线条。

03.0289 科林斯柱式 Corinthian order

起源于希腊、完善于罗马，是细部最丰富、装饰最华丽、比例最轻巧的古典柱式。其各部分比例与爱奥尼柱式类似，但常常更加修长，最大的区别在于柱头的装饰，其柱头垫石下有两层毛茛叶饰，叶饰雕刻精美而生动。

03.0290 塔斯干柱式 Tuscan order

罗马柱式中处理最简朴、比例最沉重的一种柱式，也是罗马本土形成的唯一一种柱式。其特点为柱身浑圆无槽，柱高为底径的 7 倍，柱头和柱础高都等于柱半径，其柱头和檐部除线脚以外别无装饰。

03.0291 组合式柱式 composite order

罗马时期后发展出的一种最为华丽的柱式，由爱奥尼式柱头和科林斯式柱头相结合而成，柱头下有两排叶饰，上部为螺旋式涡卷，柱身有 24 个凹槽，各部分比例同科林斯式。

03.0292 叠柱式 superimposed order

将柱子上下两层垂直叠加的用柱方式，最初见于古希腊建筑，在古罗马时期达到了很高的水平。

03.0293 罗马券柱式 Roman arch and order

用柱式装饰支撑拱券的墙或墩的艺术形式。拱券结构是古罗马建筑最高的成就之一。

03.0294 帕拉第奥券柱式 Palladian motive

由文艺复兴著名建筑师帕拉第奥在改建维琴察巴西利卡中首创。他在原有的柱间插入两小柱，在小柱上发券，获得了良好的券柱效果，并且由于大、小柱并存，加强了建筑的空间、层次感，丰富了建筑形象。

03.0295 列柱法 columniation

在一结构中，对于柱子的运用或布置。

03.0296 柱间距 intercolumniation

相邻两根柱子之间的距离。经常指柱身下部之间以柱径为量度的净距离。

03.0297 双柱 accouplement

两根柱子或壁柱非常贴近地放置在一起。

03.0298 檐部 entablature

古典式柱中在柱子之上的水平部分。通常由檐口、檐壁和额枋三部分组成。

03.0299 檐口 cornice

古典式檐部中最上面的组件。典型的檐口包括反曲线边、檐口滴水板和深凹饰几个部分。

03.0300 檐壁 frieze

古典式檐部中，在檐口与额枋之间的部分。经常用浅浮雕加以装饰。

03.0301 额枋 architrave

古典式檐部的最下部分。直接放在柱头上，并支撑檐壁。

03.0302 柱头 capital

古典式柱或其他柱子上经过特殊处理的顶端结束部，冠于柱身之上并承受檐部或额枋的重量。

03.0303 柱身 shaft

柱头与柱础之间柱的主干部分。

03.0304 基座 pedestal

支撑柱子、雕像或其他类似物体的一种结构。通常由基座檐口、基座身与基底石三部分组成。

03.0305 基底石 plinth

位于柱、墩的柱础或基座之下垫石。

03.0306 柱座 stylobate

柱式建筑最外边一排列柱的基础，由一层砌体构成。主要见于古典神庙。

03.0307 台基 stereobate

在古典建筑中见诸于在地面上承托建筑之砌筑实体。

03.0308 凸肚 entasis

为加强视觉效果而使柱身轮廓微凸的手法。

03.0309 山墙 pediment

西方古典建筑中中间高两边低的山形墙。常位于列柱或立面比较显眼的地方。

03.0310 山花 tympanum

西方古典建筑中山墙上由水平及斜檐口围合而成的三角形空间。通常凹进并以浮雕装饰。

03.0311 叶饰 foliation

西方建筑上常用的植物叶子形状的装饰。

03.0312 拱 vault

跨越洞口、梁柱或覆盖屋顶的弧形结构。主要靠轴向压力支承横向荷载。

03.0313 筒拱 barrel vault

其断面为半圆形的拱顶。

03.0314 棱拱 groin vault

在平面上垂直相交的两个拱复合而成的拱顶。

03.0315 肋骨拱 ribbed vault

由券形对角线肋支撑或装饰的一种拱顶。

03.0316 星形拱 stellar vault

在平面上呈星状图案的一种拱顶。

03.0317 扇拱 fan vault

由许多凹面圆锥形部分所组成的一种拱顶。英国哥特式建筑中常见。

03.0318 钟乳拱 stalactite vault

又称“蜂窝拱”。伊斯兰建筑特有的拱顶形式，以托架、突角拱及倒置金字塔形所组成的钟乳形叠涩而成。

03.0319 穹棱 groin

两拱顶相交时形成的一种曲线或边缘。

03.0320 券 arch

一种平面的弧形结构，多用砖石做成。常见的有半圆券、尖券、四圆心券、马蹄形券等。

03.0321 穹顶 dome

具有一个圆形平面的拱顶结构。通常像圆球的一部分，使用这样的构造以便在所有方向发生相等的推力。

03.0322 半球形穹顶 semidome

对穹顶进行垂直剖割而成的半个穹顶。

03.0323 葱花穹顶 ogee dome

每个拱腰均由两条圆弧组成的一种尖拱。其顶部弧线向上凸，在哥特式建筑和伊斯兰建筑中常见。

03.0324 洋葱头穹顶 onion dome

球茎状、类似穹隆的屋顶，结束处为尖形。常见于俄罗斯东正教堂建筑当中，用来外包穹顶或塔顶。

03.0325 尖顶 spire
在尖塔或塔楼最上部随高度增加平面越来越小的尖形结构。

03.0326 尖塔 steeple
在教堂或其他公共建筑塔楼顶上高耸的装饰性结构。通常以尖顶结束。

03.0327 扶壁 buttress
又称“扶垛”。外墙凸出之墙垛，用以抵抗券或拱的推力，增强墙体的稳定性，常为下大上小。哥特式教堂的扶壁一般凸出很多。扶壁也常用于承重墙、挡土墙、挡水墙等墙体。

03.0328 飞扶壁 flying buttress
哥特式建筑在结构上的重要创造，是从外墙的扶壁或支柱上越过侧廊的屋顶，抵住中厅的骨架券脚的拱或平拱。有时有两层，分别支撑券脚和屋面底部。为增加扶壁的稳定，一般在扶壁顶上砌筑一座尖塔。

03.0329 束柱 clustered pier
把巨型的柱墩做成许多细柱附于中心柱墩的形式。不仅减轻了柱墩的笨重感，而且各细柱常与拱顶的肋架相连，造成细柱平地升腾直达拱顶的升腾气势。哥特式教堂中常见。

03.0330 小尖塔 pinnacle
在塔顶或尖顶上附属的一种垂直结构。多用于哥特式建筑中以增加扶壁柱的重量。

03.0331 帆拱 pendentive
一个球面三角形的构件，其三角形的尖端朝下，底边朝上做四分之一弧形，以承接上面的穹顶。常见于拜占庭建筑，文艺复兴建筑当中也应用广泛。

03.0332 鼓座 drum
支撑穹顶的圆柱形或多面柱形结构。通常在上面开有窗户。

03.0333 采光塔 lantern
常见于西方建筑中位于屋顶或穹顶上的塔形结构。以敞开式或带窗的墙来采光和通气。

03.0334 卷涡 volute
主要出现在爱奥尼、科林斯和复合柱式柱头上的一种螺旋形、卷状装饰。

03.0335 滴水兽 gargoyle
经过装饰的排除建筑物雨水的一种功能性部件，常以张着大嘴吐水的奇形怪状的动物或人形雕刻的形式出现。

03.0336 十字形 cross
由一段直立杆和一段与其直角相交的横杆所组成的物体或形象。作为基督教的标志，在教堂建筑的平面中常见。常见的有拉丁十字形和希腊十字形，其他还有凯尔特十字形、耶路撒冷十字形、马耳他十字形等若干种形式。

03.0337 希腊十字形 Greek cross
向四面伸出相等臂长的正十字形。常见于拜占庭教堂或受拜占庭风格影响之建筑的平面。

03.0338 拉丁十字形 Latin cross
三面臂长相等，一面臂长较长的十字形。罗马时期开始在教堂建筑平面中盛行，到哥特时期，更被视为唯一正统的天主教堂的型制。

03.04 外国19~20世纪建筑

03.0339 新古典主义 neo-classicism，classical revival
又称“古典复兴”。18世纪60年代到19世纪流行于欧美国家的一种学院派建筑思潮。

其建筑形式的基本语言来自古代希腊、罗马的建筑范例，主要出现于国家大型公共建筑和纪念性建筑。代表建筑师有卡尔·弗里德里希·申克尔(Karl Friedrich Schinkel)等，代表建筑作品有法国巴黎先贤祠、英国伦敦的不列颠博物馆、德国柏林勃兰登堡门、美国国会大厦等。

03.0340 浪漫主义 romanticism，romantic classicism

又称“*浪漫的古典主义*”。18 世纪下半叶到 19 世纪下半叶在英国、德国、美国等地流行的一种建筑思潮。其艺术上强调个性，提倡自然主义，主张用中世纪风格与学院派的古典主义相抗衡。其建筑上表现为追求脱俗的趣味和异国情调，其建筑形式语言往往来自欧洲中世纪堡垒、东方建筑或哥特式建筑。代表建筑师有奥古斯塔斯·普金(Augustus Pugin)等，代表建筑作品有英国议会大厦、美国耶鲁大学老校舍等。

03.0341 折中主义 eclecticism

19 世纪上半叶至 20 世纪初欧美国家流行的一种建筑思潮。可任意模仿历史上各种建筑风格，或自由组合各种建筑形式，不讲求固定的法式，只讲求比例均衡，注重纯形式美。巴黎美术学院在 19 世纪初期扩充调整后，成为传播折中主义的中心。代表性建筑师有夏尔·加尼耶(Charles Garnier)等，代表建筑作品有巴黎歌剧院、罗马伊曼纽尔二世纪念堂等。

03.0342 艺术与工艺运动 arts and crafts movement

19 世纪后半叶起源于英国、影响了欧美的一场设计改良运动。针对工业革命批量生产导致的艺术设计水平下降，力图重建手工艺的价值。受艺术评论家拉斯金(John Ruskin)、建筑师普金(Augustus Pugin)等人的影响，主要成员有威廉·莫里斯(William Morris)等。

03.0343 装饰艺术派 art deco

1925 年至 20 世纪 40 年代风靡欧美的一种艺术流派，涉及建筑、室内设计及其他视觉艺术领域。作为一种纯粹装饰性的流派，融合了当时各种流行元素，追求艺术效果的典雅富丽，同时又是功能化与现代化的。

03.0344 新艺术运动 art nouveau

19 世纪 80 年代至 20 世纪初期兴起于欧洲一些国家的艺术改良运动，也代指相应的建筑和艺术设计风格。其法语名称来源于巴黎的一间名为“新艺术之家”(La Maison Art Nouveau)的商店。与 19 世纪学院派艺术针锋相对，充满有活力的、流动的曲线或花草纹饰。

03.0345 维也纳分离派 Vienna secession，Viennese secession

19 世纪后期至 20 世纪前期新艺术运动在奥地利的分支，涵盖绘画、设计、建筑、装饰等领域。试图在设计中运用纯粹的几何形体和直线条的装饰、摆脱学院派复古形式的束缚。主要成员有古斯塔夫·克里姆特(Gustav Klimt)、奥托·瓦格纳(Otto Wagner)、约瑟夫·霍夫曼(Joseph Hoffmann)、约瑟夫·奥尔布里奇(Joseph Maria Olbrich)等；代表著作有奥托·瓦格纳的《现代建筑》；代表建筑作品有维也纳分离派展览馆、奥地利邮政储蓄银行等。

03.0346 芝加哥建筑学派 Chicago school of architecture

19 世纪 80 年代至 20 世纪初美国芝加哥高层商业建筑中的一种主要建筑流派。在当时的商业建筑中首先使用了钢框架结构技术，同时发展了一种崇尚简洁几何形体、追求结构和空间效率最大化的美学特征。代表人物有威廉·詹尼(William Le Baron Jenney)、路易斯·沙利文(Louis Sullivan)等。

03.0347 草原式住宅 prairie house

美国建筑师弗兰克·劳埃德·赖特(Frank Lloyd Wright)开业前期设计的一系列住宅，大多位于芝加哥郊区，其中代表作有威利茨住宅、罗比住宅等。这些建筑注重与周围环境的渗透交流，造型简洁、线条平缓、使用天然材料，被认为是采用“开放式平面”的最早实践，对欧洲现代主义建筑运动产生了深远影响。

03.0348 表现主义 expressionism

主要指 20 世纪最初十余年间兴起于欧洲中部的前卫建筑思潮。强调浪漫手法和有机性，代表作品有门德尔松(Eric Mendelssohn)设计的爱因斯坦天文台。后来这一术语也泛指任何时期、任何地区具有扭曲和分裂特征的建筑，或表达某种激烈的力量或情感的建筑，代表作品有汉斯·夏隆(Hans Scharoun)设计的柏林爱乐音乐厅等。

03.0349 未来主义 futurism

约 1909~1913 年间兴起于意大利的前卫建筑思潮。源于马里内蒂(Filippo Tommaso Marinetti)提出的未来主义思想，激烈反对旧的文化和美学观念，歌颂新时代的科技、机械、速度、鲁莽、活跃和大胆。在建筑形式层面，主张以富有冲击力和动感的形状和线条强调速度和张力。代表人物有圣伊里亚(Antonio Sant'Elia)，代表作品有一系列未来建筑和城市的构想图。

03.0350 风格派 de stijl

20 世纪初期兴起于荷兰的前卫建筑流派。提倡排除自然形象的纯粹艺术表现，通过抽象和简化寻求纯洁性、必然性和规律性。在具体艺术手法上，运用直线、矩形、原色创作抽象的几何构图。该流派因设计师凡·杜斯堡(Theo van Doesburg) 1917 年出版名为《风格》的期刊而得名，后又名“新造型派”。代表性建筑师有里特维尔德(Gerrit Rietveld)、凡·杜斯堡(Theo van Doesburg)和奥德(Jacobus Oud)，代表作品有位于荷兰乌特勒支市的施罗德住宅。

03.0351 构成主义 constructivism

20 世纪初期兴起于俄国的前卫建筑思潮。提倡运用抽象构图元素表现力、运动、空间和物质结构的观念。1920 年发表《构成主义原理》。代表人物有塔特林(Vladimir Tatlin)、罗德琴柯(Alexander Rodchenko)、盖博(Naum Gabo)、佩夫斯纳(Nikolaus Pevsner)等；代表作品主要有一系列建筑方案、抽象空间雕塑和平面设计，其中最著名的有第三国际纪念碑设计方案模型。

03.0352 现代建筑运动 modern movement

兴起于 20 世纪前期，20 世纪中叶在西方建筑界居主导地位的一种建筑思想。在这一思想指导下的建筑作品称为“现代主义建筑”。

03.0353 现代主义建筑 modernism in architecture

又称“现代派建筑”。兴起于 20 世纪前期，20 世纪中叶在西方建筑界居主导地位的一种建筑。主张建筑师摆脱传统建筑形式的束缚，大胆创造适应于工业化社会的条件和要求的崭新的建筑，具有鲜明的理性主义和激进主义的色彩。其代表人物有格罗皮乌斯(Walter Gropius)、勒·柯布西耶(Le Corbusier)、密斯·凡德罗(Ludwig Mies Van Der Rohe)等；20 世纪前期的代表作品有德绍包豪斯校舍、萨伏依别墅、巴塞罗那国际博览会德国馆等，20 世纪中叶的代表作品有纽约联合国总部大厦、巴西议会大厦等。

03.0354 国际式 international style

强调现代建筑在形式风格层面，不受地方材料、传统风格的限制，而具有新时代的特征，包括体量感的消解、造型上的抽象性和规则性、去除装饰等，是 20 世纪 30 年代对现代主义建筑的别称。因 1932 年希区柯克(Henry

Russell Hitchcock)和菲利浦·约翰逊(Philip Johnson)为纽约现代美术馆的现代建筑展览编写的目录《国际式：1922 年以来的建筑》而得名。

03.0355 功能主义 functionalism

20 世纪 20~30 年代现代主义建筑思想的重要部分，是一种极端强调建筑形式应该服从于功能的建筑思潮。认为不仅建筑形式必须反映功能，表现功能，建筑平面布局和空间组合也必须以功能为依据，而且所有不同功能的构件也应该以相应的形式表达其特定功能。1896 年，路易斯·沙利文(Louis Sullivan)将其表述为“形式服从功能”，后来吉迪恩(Sigfried Giedion)和佩夫斯纳(Nikolaus Pevsner)用这句话来评价“现代主义”和“国际式”。

03.0356 理性主义 rationalism

理性主义思想在不同时期的建筑思潮中广泛存在，但狭义的理性主义指 20 世纪 20 年代兴起于意大利的一种现代建筑思潮。试图综合理性几何学和结构逻辑学，注重建筑目的、建造过程与建筑使用的逻辑性。代表作品有特拉尼(Giuseppe Terragni)设计的意大利科莫的法西奥大厦。

03.0357 有机建筑 organic architecture

现代建筑运动中的一个派别，认为每种生物的特殊外貌均由其特定的内在因素所决定，因此每个建筑的形式、构成，以及相关问题的解决，都应根据其特有的客观条件，形成一个理念，把这个理念由内到外地贯穿于建筑的每一个局部，使每个局部互相关联，成为整体不可分割的组成部分。代表人物是美国建筑师弗兰克·劳埃德·赖特(Frank Lloyd Wright)，代表作品有流水别墅等。

03.0358 纯粹主义 purism

又称“纯净主义”。20 世纪 20 年代前后建筑师勒·柯布西耶(Le Corbusier)与画家奥赞方(Amédée Ozenfant)所提倡的艺术与建筑思想。针对当时的后期立体主义艺术，反对其装饰化倾向，提倡艺术应该反映“时代精神”，提倡机器时代的美学，提倡回归清晰而富有秩序的形式，可算作现代建筑运动中的一个派别。其代表作品有勒·柯布西耶和奥赞方等人的一系列画作，以及勒·柯布西耶在这一时期的一系列别墅建筑。

03.0359 粗野主义 brutalism

又称“蛮横主义”、“粗犷主义”。20 世纪 50 至 60 年代流行于欧美的建筑思潮。由功能主义发展而来，提倡对材料与结构，尤其是清水混凝土的表现。该流派得名于英国的史密森夫妇(Alison and Peter Smithson)，代表作品有勒·柯布西耶(Le Corbusier)的马赛公寓和印度昌迪加尔法院，以及詹姆斯·斯特林(James Stirling)的莱汉姆住宅、保罗·鲁道夫(Paul Rudolph)的耶鲁大学建筑系馆等。

03.0360 后现代主义 post-modernism

又称“新折中主义”。自 20 世纪 60 年代后期开始，批判现代主义建筑之刻板与冷漠的建筑思潮。提倡在建筑中丰富地运用建筑技术、历史元素和讽喻方式。其代表理论家有罗伯特·文丘里(Robert Venturi)和查尔斯·詹克斯(Charles Jencks)等；代表著作有《建筑的复杂性与矛盾性》与《后现代建筑语言》等；代表建筑师有菲利普·约翰逊(Philip Johnson)和查尔斯·摩尔(Charles Moore)等；代表建筑有新奥尔良市的意大利广场和纽约的美国电话电报公司总部大楼等。

03.0361 新理性主义 new rationalism

又称“坦丹札学派(La Tendenza)”。产生自 20 世纪 60 年代意大利的一种建筑思潮。它继承 20 世纪 20 年代起的意大利理性主义思想理论，探索一种基于历史文化发展逻辑建立起来的建筑生产原理，并建立了建筑类型学。其代表建筑师有阿尔多·罗西(Aldo Rossi)等，代表著作有罗西的《城市建筑》和乔治·格拉希(Giorgio Grassi)的《建筑的结构逻辑》等，代表作品有米兰的格拉拉公寓等。

03.0362　新现代　new modern

20 世纪 60 年代以来的比较含混且非全新的一种建筑思潮。(1)狭义的指那些相信现代建筑依然有生命力，并力图继承和发展现代派建筑师的设计语言与方法的建筑创作倾向。(2)广义的则指 20 世纪 70 年代以后绝大部分与后现代思潮截然不同的当代建筑实践。1969 年在纽约现代艺术博物馆举办的“纽约五”建筑展览被普遍看作是新现代的开始。其代表建筑师有理查德·迈耶(Richard Meier)和约翰·海杜克(John Hejduk)等；代表著作有詹克斯(Charles Jencks)的《新现代》和作品合集《五位建筑师》等；代表作品有史密斯住宅等。

03.0363　解构主义　deconstructivism

产生于 20 世纪 80 年代的一种具有广泛批判精神和大胆创新姿态的建筑思潮。它不仅质疑现代建筑，还批判现代主义之后已经出现的历史主义或通俗主义思潮和倾向。以德里达(Jacques Derrida)为代表的解构主义哲学和 20 世纪 20 年代的俄国构成主义先锋派为基础，通过强调建筑形式的自主性来试图建立关于建筑存在方式的全新思考。其代表建筑师有弗兰克·盖里(Frank Gehry)、彼得·埃森曼(Peter Eisenman)、伯纳德·屈米(Bernard Tschumi)、扎哈·哈迪德(Zaha Hadid)和丹尼尔·李伯斯金(Daniel Libeskind)等，代表作有巴黎拉维莱特公园、俄亥俄州立大学的韦克斯纳视觉艺术中心和毕尔巴鄂的古根海姆美术馆等。

03.0364　批判的地域主义　critical regionalism

产生于 20 世纪 80 年代的建筑观念。主要针对现代建筑缺失场所感及意义的问题。与地域主义建筑强调过去、单独地对应乡土的方式不同，在表现现代建筑普遍进步价值的同时，通过关注文脉来获得场所感和意义。在认识和美学上，将现场事物“再陌生化”作为批判立场的基础，以避免简单的符号化。该词最早由荷兰理论家亚历山大·楚尼斯(Alexander Tzonis)和利亚纳·勒费夫尔(Liane Lefaivre)使用，而美国理论家肯尼斯·弗兰普顿(Kenneth Frampton)对该观念的研究使其更为著名；代表建筑师有拉菲尔·莫内欧(Rafael Moneo)、阿尔瓦罗·西扎(Álvaro Siza)、路易斯·巴拉干(Luis Barragán)和查尔斯·柯里亚(Charles Correa)等；代表作品有国家罗马艺术博物馆、努美阿岛上的吉巴欧文化中心等。

03.0365　高技派　high-tech

出现于 20 世纪 70 年代的一种建筑观念和方法，也是晚期现代主义或结构表现主义的一种表现形式。它在设计中融入高新技术及生产的元素，突出表现新型结构和新材料运用。其代表建筑师有诺曼·福斯特(Norman Foster)、理查德·罗杰斯(Richard Rogers)、伦佐·皮亚诺(Renzo Piano)等，代表作有巴黎的蓬皮杜国家艺术与文化中心、香港汇丰银行新总部等。

03.0366　新陈代谢派　metabolism

20 世纪 50 年代末，一批日本年轻建筑师和设计师在“新陈代谢”旗帜下形成的先锋团体。他们认为未来城市将会有大量人口居住，其大尺度、可变性以及可延伸结构的特点就像有机体的生长过程一样，形式与功能间的传统法则已经过时。他们的代表人物有丹下健三(Kenzō Tange)、黑川纪章(Kisho Kurokawa)等；他们的作品更多强调技术决定论并关注住宅问题，其代表有山梨文化会馆等。

03.0367 洛杉矶先锋派 the Los Angeles avant-garde

又称“圣莫尼卡学派(The Santa Monica School)”。为20世纪70年代以来，活跃在洛杉矶地区的一批先锋建筑师。因其基地以洛杉矶西部的圣莫尼卡区为中心而得名。他们针对洛杉矶杂乱、奇异、片段且充满临时感的独特环境，从电影、赛车、电子游戏、寻常街景及当地乡土内容中寻找设计灵感，通过将建筑体量与空间分解和片段化、使用廉价的材料创造出个性化的作品，为平庸的城市带来活力。他们的代表建筑师有弗兰克·盖里(Frank Gehry)、埃里克·欧文·莫斯(Eric Owen Moss)和汤姆·梅恩(Thom Mayne)等；代表作品为国际唱片辛迪加公司(IRS)大楼、特威尔临时图书馆和盖里自宅等。

03.0368 极少主义 minimalism

产生于20世纪90年代的，继承和发展早期现代建筑“简约”特征的思潮。该潮流信奉密斯“少就是多”的口号，去繁从简，以获得建筑最本质的元素和简洁明快的空间。它重在追求空间质量和表现材料，在其简洁的表面下往往隐藏着复杂精巧的结构。其代表建筑师有多米尼克·佩罗(Dominique Perrault)、赫尔佐格(Herzog)、德梅隆(de Meuron)，以及妹岛和世(Kazuyo Sejima)等，代表作有巴黎法国国家图书馆等。

03.0369 建筑类型学 typology of architecture

源自法国启蒙时代并由意大利新理性主义建筑师在20世纪60至70年代发展复兴的一种建筑思想和方法。针对现代主义建筑“意义”的缺失，以结构主义为理论基础，强调“类型”(原型)作为建筑的本质，即一组对象相同且特性化的形式结构。基于此的“元设计”使建筑获得与社会文化、历史传统及城市环境的联系，又保持创新与变化。其代表理论著作有阿尔多·罗西(Aldo Rossi)的《城市建筑》、罗伯特·克里尔(Rob Krier)的《城市空间》和利昂·克里尔(Léon Krier)的《理性主义》等，代表建筑师有阿尔多·罗西和克里尔兄弟等，代表作品有摩德纳的圣·卡塔多公墓等。

03.0370 建筑符号学 semiotics of architecture

出现于20世纪50年代的一种建筑思想和方法。以索绪尔(Ferdinand de Saussure)、皮尔斯(Charles Sanders Peirce)和莫里斯(Charles W. Morris)等学者的符号学理论为基础，通过将建筑类比为语言符号和文化符号，将建成环境看作一个可交流的符号系统来讨论建筑问题。它有助于人们深入认识并创造出建筑的意义，同时也为建筑师和使用者之间架起了相互沟通理解的桥梁。其代表理论著作有勃罗德彭特(Geoffrey Broadbent)等的《符号·象征与建筑》等；代表建筑师有罗伯特·文丘里(Robert Venturi)、彼得·埃森曼(Peter Eisenman)和格雷夫斯(Michael Graves)等；代表作品有伦敦克罗美术馆等。

03.0371 建筑现象学 phenomenology of architecture

出现于20世纪70年代的一种建筑思想和方法。以哲学家胡塞尔(Edmund Husserl)、海德格尔(Martin Heidegger)和梅洛·庞蒂(Maurice Merleau-Ponty)的现象学理论为基础，重视人类在日常生活中对场所、空间和环境的感知和经验，以此还原建筑的本质。主要包括场所和空间知觉两方面的探索。其代表理论著作有诺伯格·舒尔茨(Christian Norberg-Schulz)的《存在·空间·建筑》、《场所精神》和帕拉斯马(Juhani Pallasmaa)的《建筑七觉》等，代表建筑师有彼得·卒姆托(Peter Zumthor)和斯蒂文·霍尔(Steven Holl)等；代表作品有赫尔辛基的当代艺术博物馆等。

03.0372 建构表达 tectonic expression

自 20 世纪 80 年代开始流行的一种建筑认识和方法。主要针对现代主义的程式化和后现代历史主义的肤浅，强调建造过程体现建筑本质及意义的作用。其通过诗意的建造和细部处理，使建筑获得意义与存在感，丰富建筑给人带来的感官及思想上的体验。其代表论著有肯尼斯·弗兰姆普敦(Kenneth Frampton)的《建构文化研究》；代表作品有维罗纳古城堡博物馆等。

03.0373　生态建筑学　ecological architecture

20 世纪 60 年代，美国的意大利建筑师保罗·索勒瑞(Paolo Soleri)把生态学和建筑学英文名词合并，提出生态建筑学概念。其着眼于生态观的建筑与环境的规划设计，运用生态学及其他相关自然科学和社会科学的原理与方法，对自然—社会—经济复合生态系统进行跨学科研究，旨在创造整体有序、协调共生、循环再生的人类生存发展的环境。其代表著作有麦克哈格(Ian McHarg)的《设计结合自然》等；代表建筑师有尼古拉斯·格雷姆肖(Nicholas Grimshaw)、托马斯·赫尔佐格(Thomas Herzog)和杨经文等；代表作品有梅纳拉 TA1 大厦等。

03.05　文化遗产

03.0374　世界遗产　world heritage

据 1972 年 11 月 16 日联合国教科文组织大会第十七届会议在巴黎通过的《保护世界文化和自然遗产公约》，指由《保护世界文化和自然遗产公约》缔约国申报，经联合国教科文组织和世界遗产委员会审核通过，并登陆《世界遗产名录》向全球公布的，具有突出的普遍价值的全人类财产。据《保护世界文化和自然遗产公约》和《实施〈保护世界文化与自然遗产公约〉的操作指南》(2005)的阐述，世界遗产包括文化遗产、自然遗产、文化和自然混合遗产以及文化景观四大类。

03.0375　文化遗产　cultural heritage

具有特定价值和意义的人类财产。包括文物古迹、建筑群、历史城市、遗址、历史园林、文化景观、文化线路。如北京白塔寺、武当山古建筑群、山西平遥古城、周口店“北京人”遗址、苏州古典园林、丝绸之路等。

03.0376　自然遗产　natural heritage

从美学或科学角度看，具有特定价值的由地质和生物结构或这类结构群组成的自然面貌；从科学或保护角度看，具有特定价值的地质和自然地理结构以及明确规定的濒危动植物物种生境区；从科学、保护或自然美角度看，具有特定价值的天然名胜或明确划定的自然区域。如九寨沟、四川大熊猫栖息地等。

03.0377　文化和自然混合遗产　mixed cultural and natural heritage

又称“自然与文化双遗产”。同时部分满足或完全满足文化遗产和自然遗产定义的财产。如泰山、黄山、武夷山等。

03.0378　文化景观　cultural landscape

于 1992 年 12 月在美国圣菲召开的联合国教科文组织世界遗产委员会第 16 届会议时提出并纳入《世界遗产名录》。文化景观属于文化财产，代表着《保护世界文化和自然遗产公约》第一条所表述的“自然与人类的共同作品”。它们反映了因物质条件的限制和(或)自然环境带来的机遇，在一系列社会、经济和文化因素的内外作用下，人类社会和定居地的历史沿革。一般来说，文化景观有以下三种类型：①由人类有意设计和建筑的景观；②有机进化的景观；③关联性文化景观。如世界遗产中国浙江“杭州西湖文化景观”。

03.0379 非物质文化遗产 non-physical cultural heritage

被各群体、团体、有时为个人视为其文化遗产的各种实践、表演、表现形式、知识和技能及其有关的工具、实物、工艺品和文化场所。各个群体和团体随着其所处环境、与自然界的相互关系和历史条件的变化不断使这种代代相传的非物质文化遗产得到创新，同时使他们自己具有一种认同感和历史感，从而促进了文化多样性和人类的创造力。非物质文化遗产包括：①口头传说和表述，包括作为非物质文化遗产媒介的语言；②表演艺术；③社会风俗、礼仪、节庆；④有关自然界和宇宙的知识和实践；⑤传统的手工艺技能。

03.0380 遗产地 heritage site

(1)狭义指世界遗产的核心区与缓冲区所共同包括的范围。(2)广义则可泛指各类遗产所在地区或区域。

03.0381 跨境遗产 transboundary property，cross-border heritage

位于几个接壤的缔约国境内的遗产。

03.0382 系列遗产 serial properties，serial heritage

由几个相关部分组成的遗产。这些组成部分属于同一历史文化群体；具有某一地域特征的同一类型遗产；同一地质、地形构造，同一生物地理亚区，或同类生态系统；同时，作为一个整体(而不是其中个别部分)必须具有突出的普遍价值。其组成部分之间不必相连，也可能位于不同国家。

03.0383 遗产真实性 authenticity of heritage

特指遗产的真实可信。真实性是认识和探讨遗产有关价值的基本要素，它可反映为遗产信息来源的真实可靠。对于遗产真实性的认识必须和其所处的文化背景相联系。

03.0384 遗产完整性 integrity of heritage

特指遗产的组成部分包涵遗产所有必需构成要素。完整性用来衡量自然和(或)文化遗产及其特征的整体性和无缺憾状态。

03.0385 突出的普遍价值 outstanding universal value of heritage

文化或自然遗产之罕见超越了国家界限，对全人类的现在和未来均具有普遍的重大意义。包括十项评估标准。

03.0386 [世界遗产]预备清单 Tentative Lists [of The World Heritage]

由《保护世界文化和自然遗产公约》缔约国递交联合国教科文组织世界遗产中心的，认为其境内具备世界遗产资格的详细目录。其中应包括其认为具有突出的普遍价值的文化遗产、自然遗产、文化和自然混合遗产及文化景观的名称和今后几年内要申报的遗产的名称。

03.0387 世界遗产名录 List of the World Heritage

根据《保护世界文化和自然遗产公约》，由世界遗产委员会制定、更新和出版，其中所列的均为按照公约确定的文化遗产和自然遗产的组成部分，也是委员会按照自己制定的标准认为是具有突出的普遍价值的财产。《世界遗产名录》每年根据更新予以发布。

03.0388 《濒危世界遗产名录》 The List of World Heritage in Danger

世界遗产委员会在必要时制定、更新和出版的，其中所列遗产均为载于《世界遗产名录》之中，需要采取重大活动加以保护并为根据《保护世界文化和自然遗产公约》要求给予援助的财产。《濒危世界遗产名录》应载有这类活动的费用概算，并只可包括文化和自然遗产受到严重的特殊危险威胁的财产。委员会在紧急需要时在《濒危世界遗产名录》中增列新的条目并立即予以发布。

03.0389 文物古迹 cultural relics, heritage site

人类在历史上创造或人类活动遗留的具有价值的不可移动的实物遗存。包括地面与地下的古文化遗址、古墓葬、古建筑、石窟寺、石刻、近现代史迹及纪念建筑、由国家公布应予保护的历史文化街区(村镇)，以及其中原有的附属文物。

03.0390 文物价值 heritage value, value of cultural relics

文物在历史、艺术、科学等方面所具有的价值。

03.0391 历史价值 historical value

文物作为一定历史时期人类社会活动的产物，能够展现人类历史的相关方面，对历史文献具有证明、纠正或补充的作用。

03.0392 科学价值 scientific value

文物所反映的科学、技术水平，包括知识、科学、技术内涵。它们为各个方面的专门史提供了丰富而重要的资料，对人类科学技术的不断创新具有重要的启发和借鉴意义。

03.0393 艺术价值 artistic value

文物具有丰富的艺术内涵，因而其艺术价值包括审美、欣赏、愉悦、借鉴以及美术史料等多方面。这些具有民族形式和地域特征的文化艺术作品是了解不同民族、文化艺术传统的重要资料，也是艺术创造的源泉。

03.0394 附属文物 heritage component, subsidiary of cultural relics

与文物古迹本体相关的具有文物价值的附属物。譬如陈设物、壁画、雕塑、碑刻及装饰品。

03.0395 文物保护单位 officially protected entity

中国根据文物的历史、艺术、科学价值，将各类不可移动文物(包括古文化遗址、古墓葬、古建筑、石窟寺、石刻、壁画、近代现代重要史迹和代表性建筑等)分级保护的一种体系。分为全国重点文物保护单位，省级文物保护单位，市、县级文物保护单位。

03.0396 文物四有 four legal prerequisites

文物保护的四项工作。包括设有保护范围、有标志说明、有记录档案、有专门机构或专人负责。

03.0397 世界遗产核心区 world heritage core zone, boundary of the nominated property

由包括体现遗产突出的普遍价值的各个要素，及体现遗产完整性与真实性相关各要素所构成的区域。

03.0398 世界遗产缓冲区 world heritage buffer zone

为了保证遗产安全设定的区域。缓冲区的使用和开发均受到一定限制，以此为遗产增加保护层。缓冲区应包括申报遗产所在区域、重要景观，以及其他在功能上对遗产保护至关重要的区域或特征。

03.0399 文物保护单位保护范围 area of protection for a site protected

对文物保护单位本体及周围一定范围实施重点保护的区域。

03.0400 文物保护单位建设控制地带 area for control of construction around a site protected

在文物保护单位的保护范围外，为保护文物保护单位的安全、环境、历史风貌对建设项目加以限制的区域。

03.0401 文物保护规划 conservation master plan

对一定时期内文物古迹的保护、利用、管理、展陈等工作的综合部署、具体安排和实施管理。

03.0402 文物保护工程 protection of cultural relics

对文物古迹进行修缮和相关环境进行整治的技术措施。

03.0403 纪念地 commemorative place

发生过重大历史事件的场所。包括两种类型：第一类全部是自然物，其中某些地貌有显著的标志性，如大树、山峰、洞穴、台地；第二类是有建筑的环境。虽然建筑本身与历史事件并无直接关系，但都是构成纪念地形象的主要因素。

03.0404 文物建筑 listed building

列入我国各级文物保护单位的建筑物、构筑物。

03.0405 建筑遗产 architectural heritage

根据1978年5月22日在莫斯科召开的国际古迹遗址理事会(International Council On Monuments and Sites，ICOMOS)第五届大会通过的《国际古迹遗址理事会章程》，包括古迹或纪念物、建筑群、遗址或历史地段。

03.0406 大遗址 large archaeological site

能够反映中国古代历史各个发展阶段涉及政治、宗教、军事、科技、工业、农业、建筑、交通、水利等方面历史文化信息，具有规模宏大、价值重大、影响深远特点的大型聚落、城址、宫室、陵寝墓葬等遗址、遗址群及文化景观。如河南偃师二里头遗址。

03.0407 文化线路 cultural route

任何交通线路，或陆上，或水上，或其他类型，有清晰的物理界限、自身特殊的动态机制和历史功能，以服务于一个特定的明确界定的目的，且必须满足以下条件：① 必须来自并反映人类的互动，和跨越较长历史的民族、国家、地区或大陆间的多维、持续、互惠的货物、思想、知识和价值观的交流；② 必须在时空上促进涉及的所有文化间的交流互惠，并反映在其物质和非物质遗产中；③ 必须将相关联的历史关系与文化遗产有机融入一个动态系统中。如丝绸之路。

03.0408 工业遗产 industrial heritage

具有历史的、科技的、社会的、建筑的或者科学的价值的工业文明的遗存。包括建筑、机械、车间、工厂、选矿和冶炼的矿场和矿区、货栈仓库，能源生产、输送和利用的场所，运输及基础设施，以及与工业相关的社会活动场所，如住宅、宗教和教育设施等。例如：上海江南造船厂。

03.0409 水下文化遗产 underwater cultural heritage

至少100年来，周期性地或连续地、部分或全部位于水下的具有文化、历史或考古价值的所有人类生存或活动的遗迹。

03.0410 乡土建筑遗产 built vernacular heritage

代表地方社会文化和建筑传统载体的乡土建筑。乡土建筑是当地聚落自己建造房屋的一种传统和自然方式。为了对社会和环境的约束做出反应，乡土建筑包含必要的变化和不断适应的连续过程。这种建筑遗产作为传统的幸存物在世界范围内遭受着经济、文化和建筑同一化力量的威胁。如皖南古村落。

03.0411 [国家考古]遗址公园 [national] archaeological park

以重要考古遗址及其背景环境为主体，具有

科研、教育、游憩等功能，在考古遗址保护和展示方面具有全国性示范意义的特定公共空间。

03.0412 法国文物建筑保护学派 French school of built heritage conservation

以梅里美(Prosper Merimee)和维奥莱–勒–杜克(Eugène Viollet-le-Duc)为代表的文物建筑保护学派。其主要思想为风格复原，即不惜一切追求艺术的完美、风格的统一，甚至这种完美和统一在被保护、维修的建筑的历史上是从未出现过的。典型案例：巴黎圣母院修缮工程。

03.0413 英国文物建筑保护学派 British school of built heritage conservation

以拉斯金(John Ruskin)和莫里斯(William Morris)为代表的文物建筑保护学派，倡导编制文物建筑档案，并且声明要“保护它们免受时间和疏忽所导致的破坏，而不企图做任何的添加、改动或修复”，强烈谴责“借口修复而破坏文物建筑的企图”。

03.0414 意大利文物建筑保护学派 Italian school of built heritage conservation

19世纪末、20世纪初兴起的以博伊托(Arrigo Boito)和贝尔特拉米(Eugenio Beltrami)为代表的文物建筑保护学派，主张尽量少地干预建筑，反对伪造历史。

03.0415 文化遗产干预 intervention of heritage

泛指针对遗产技术和管理方面的各种处理工作。

03.0416 遗产评估 assessment of heritage

遗产保护的一项基础工作，评估的主要内容是文物古迹的价值，保存的状态和管理的条件，包括对历史记载的分析和对现状的勘察。

03.0417 文物古迹日常保养 regular maintenance of heritage

作为及时化解外力侵害可能造成损伤的预防性措施，适用于任何保护对象。日常保养必须制定相应的保养制度，主要工作是对有隐患的部分实行连续监测，记录存档，并按照有关的规范实施保养工程。

03.0418 文物古迹防护加固 physical protection and strengthening of heritage

为防止文物古迹损伤而采取的加固措施。所有的措施都不得对原有实物造成损伤，并尽可能保持原有的环境特征。新增加的构筑物应朴素实用，尽量淡化外观。保护性建筑兼作陈列馆、博物馆的，应首先满足保护功能的要求。包括加固、灌浆、稳定、加强、保护性建筑及防洪等。

03.0419 文物古迹现状修整 minor restoration of heritage

在不扰动现有结构，不增添新构件，基本保持现状的前提下进行的一般性工程措施。主要工程有：归整歪闪、坍塌、错乱的构件，修补少量残损的部分，清除无价值的近代添加物等。修整中清除和补配的部分应保留详细的记录。

03.0420 文物古迹重点修复 major restoration of heritage

保护工程中对原物干预最多的重大工程措施。主要工程有：恢复结构的稳定状态，增加必要的加固结构，修补损坏的构件，添配缺失的部分等。其与现状修整的区别在于重点修复的手段亦包括解体修复和增补新的构建。

03.0421 文物古迹原址重建 reconstruction of heritage

在遗产的原有基址上进行遗产的恢复与重建。是保护工程中极特殊的个别措施。核准在原址重建时，首先应保护现存遗址不受损伤。重建应有直接的证据，不允许违背原形式和原格局的主观设计。

03.0422 文物古迹环境治理 treatment of heritage setting

包括防止外力损伤，展示文物原状，保障合理利用的综合措施。治理的主要工作有：清除可能引起灾害和有损景观的建筑杂物，制止可能影响文物古迹安全的生产及社会活动，防止环境污染造成文物的损伤，营造为公众服务及保障安全的设施和绿化。

03.0423 文物古迹残损 damage and/or deterioration of heritage

文物古迹遭受自然侵蚀及人为破坏影响，造成的破坏、损害、衰退等现象。

03.0424 文物调查 identification and investigation of heritage

文物保护的一项基本工作，分为普查、复查、重点调查三个阶段。一切历史遗迹和有关的文献，以及周边环境都应当列为调查对象。

03.0425 [全部]解体修复 disassembly of heritage

又称“落架大修”。对传统木结构建筑的梁架体系进行拆解，对损坏构件进行修缮或者更换，然后重新装配的修缮方法。是修复木质建筑的传统方法之一。

03.0426 原物归安 anastylosis of heritage

针对废墟遗址的一种保护方式。一方面必须尽可能地将找到的原物碎片进行修复；另一方面，为了这一目的所使用的新材料必须是可识别的。

03.0427 传统修缮技术 traditional treatment technique of heritage

采用中国传统建筑修缮工艺、材料、方法等对文物建筑进行修缮保护的技术。

03.0428 现代文保技术 modern conservation technique of heritage

利用现代科学技术手段，如物理、化学、结构加固技术等方法对文物建筑的修缮技术。

04. 建 筑 教 育

04.01 建筑教育历史

04.0001 学徒制建筑教育 apprenticeship of architectural education

由承担房屋设计和建造工作的手工业者以师徒相授方式进行技艺传承的传统建筑教育模式。

04.0002 巴黎美术学院建筑教育 Beaux-Arts architecture education

18世纪，由法国巴黎美术学院创立，强调建筑与古典艺术相结合，通过设计实践学习和设计范例阐述的方式，进行完整古典建筑样式和技法训练的建筑教育模式。

04.0003 包豪斯建筑教育 Bauhaus architecture education

20世纪初，由现代主义建筑先驱格罗皮乌斯(Walter Gropius)在德国公立包豪斯学校创立，通过设计实践学习和设计范例阐述的方式，倡导艺术与技术统一、艺术学院理论课程与工艺学校实践课程相结合的建筑教育模式。

04.0004 学院派建筑教育 classical architecture education
受巴黎美术学院建筑教育体系影响或遵循该建筑教育体系，将古典建筑样式与技法视为学习典范，通过设计实践学习的方式，强调绘画与渲染技能训练的建筑教育模式。

04.0005 现代派建筑教育 modernist architecture education
受包豪斯建筑教育体系影响或遵循该建筑教育体系，通过设计实践学习和设计范例阐述的方式，倡导艺术与技术统一，强调建筑设计与现代工业化生产相适应的建筑教育模式。

04.0006 苏州工业专门学校建筑科 Department of Building in Suzhou Industrial College
1923 年，柳士英、刘敦桢等仿效日本建筑学专业学制在苏州工业专门学校开设的建筑教育机构。称建筑科，学制三年。是中国近代首个正式实施的建筑教育机构，为中央大学建筑系的前身。

04.0007 中央大学建筑系 Department of Architecture in Central University
1927 年，苏州工业专门学校建筑科并入南京第四中山大学，1928 年，南京第四中山大学改名为中央大学，建筑科取消，并成立建筑系，刘福泰为首任系主任。是中国最早的两个大学建筑系之一，1952 年划入南京工学院。

04.0008 东北大学建筑系 Department of Architecture in Northeastern University
1928年，由梁思成在东北大学创立的建筑教育机构。梁思成任首任系主任，是中国最早的两个大学建筑系之一，1931年停办。

04.0009 南京国民政府建筑教育计划 Building Education Program of the Nationalist Government in Nanjing
1939 年，南京国民政府教育部以“确定标准，提高程度”为目标，针对全国大学制定并颁布的建筑专业课程统一教程。由梁思成、刘福泰和关颂声共同制定。

04.02 建筑教育内容

04.0010 建筑学学科 architecture discipline
研究建筑物及其环境，旨在总结人类建筑活动的经验，研究人类建筑活动的规律和方法，创造适合人类生活需求及审美要求的建筑形态和空间环境，是集社会、技术和艺术等多重属性于一体的综合性学科。

04.0011 建筑设计及其理论 architectural design and its theory
研究建筑设计的基本原理和理论、客观规律和创造性构思，建筑设计的技能、手法和表现等的专业领域。包括有关建筑环境、功能、形式与技术分析的基础理论与方法，以及各类型建筑设计原理等。

04.0012 建筑历史与理论 architectural history and theory
研究中外建筑历史的发展、理论和流派、建筑哲学思想和方法论等的专业领域。包括中国建筑史、外国建筑史、中国古代建筑法式制度、西方建筑理论及历史、建筑文化遗产保护理论等。

04.0013 建筑技术科学 building technology science
研究与建筑建造和使用相关的建筑构造、建

筑物理、建筑设备、计算机辅助建筑设计等综合性技术的专业领域。包括建筑热环境、光环境和声环境控制，建造工艺技术与建筑材料，建筑节能及绿色建筑、建筑防灾与安全等。

04.0014 城市设计及其理论 urban design and its theory

研究城市空间形态的规律，通过空间规划和设计满足城市的基本功能和形态要求，使城市及其各组成部分相互和谐，展现城市整体形象的专业领域。包括城市设计历史与理论，城市街区、广场、街道等城市空间设计理论等。

04.0015 城乡规划与设计 urban and rural planning and design

研究城市社会经济发展、土地利用、空间布局、生态保护及各项建设等的现象及规律，探讨城市或区域的规划实践方法、相关设计理论及管理实施途径等的专业领域。

04.0016 风景园林规划与设计 landscape planning and design

研究风景区、森林公园、城镇绿化、园林建筑和植物造景等方面规划设计之基本理论、方法和技术的专业领域。

04.0017 建筑设计课 course of architectural design

训练学生掌握建筑设计、城市设计、城市规划和景观规划与设计等相关技能，并了解设计相关基本知识，通过设计实践学习和设计范例阐述为主要教学方式的课程总称。

04.0018 建筑理论课 course of architectural theory

讲授建筑学及相关理论知识的课程总称。包括建筑设计理论、建筑历史与理论、建筑技术理论与城市设计理论等，及城乡规划学、风景园林学等人居科学理论，涵盖自然科学、工程技术科学、人文社会科学及艺术学相关理论。

04.0019 建筑历史课 course of architectural history

讲授古今中外建筑发展历史、建筑理论知识及其历史变迁等的课程总称。包括中国建筑史、外国建筑史、中国古代建筑法式制度、建筑理论发展史、建筑文化遗产保护、古建筑测绘等。

04.0020 城乡规划课 course of urban and rural planning

讲授城乡规划及相关理论和知识等的课程总称。包括城乡规划原理、城乡规划设计方法、城乡发展历史、城乡规划管理与法规、城市地理学、城市经济学等。

04.0021 风景园林课 course of landscape architecture

讲授风景园林及相关理论和知识等的课程总称。包括风景园林原理、风景园林设计方法、风景园林历史、城市景观设计、景观建筑设计、风景区规划设计等。

04.0022 建筑技术课 course of architectural technology

讲授与建筑建造和使用相关技术与理论知识的课程总称。包括建筑构造、建筑结构、建筑热环境、建筑光环境、建筑声环境控制、建筑设备、绿色建筑设计、建筑防灾与建筑安全、计算机辅助设计等。

04.0023 建筑艺术课 course of architectural art

训练学生掌握设计相关绘画和表现技能，并讲授艺术发展历史、艺术创作方法和相关理论的课程总称。

04.0024 建筑实践课 course of architectural practice

训练学生巩固并加深对建筑设计和理论知识的理解而设置的课外或现场教学环节的总称。是建筑教育课堂教学的补充，可以帮助学生接触社会、了解建设领域需求和建筑师职业特点等。

04.0025 建筑师执业知识 knowledge on architectural profession

与建筑师职业相关的专业知识。包括建筑师工作职责、建设领域相关法规、设计规范、项目设计程序和建设流程等。

04.0026 快图设计 fast design

在有限定的短时间内完成方案的构想及表达的设计过程。是建筑设计教学的一种形式。

04.0027 古建测绘 ancient building surveying

对古建筑进行实地测量并绘制相关图纸的建筑实践教学内容。

04.0028 工地实习 building site practice

在建设工地进行的现场教学活动。可帮助学生了解项目建造方法和过程的建筑实践教学内容。

04.0029 施工图实习 working drawing practice

在建筑设计单位进行的教学活动。要求学生参与实际项目的设计过程，并绘制建筑设计方案和施工图，帮助其了解项目设计全过程的建筑实践教学内容。

04.0030 建筑美术实习 architectural art practice

通过室外写生等方式训练学生绘画和表现技能的建筑实践教学内容。

04.03 建筑教育体制

04.0031 全国高等学校建筑学学科专业指导委员会 National Supervision Board of Architectural Education

隶属于中华人民共和国住房和城乡建设部，受国家教育行政部门的委托和授权，协助国家教育行政部门对高等学校建筑学学科教学工作进行研究、咨询、指导和服务的专门机构。

04.0032 全国高等学校建筑学专业教育评估委员会 National Board of Architectural Accreditation

隶属于中华人民共和国住房和城乡建设部，受国家教育行政部门的委托和授权，组织实施高等学校建筑学专业教育评估工作的专门机构。1992 年开始建筑学专业本科教育评估试点，1995 年开始建筑学专业硕士教育评估评估。

04.0033 建筑学院 school of architecture

高等学校中针对建筑学相关学科设置的教学机构。在部分高等学校中又称为建筑系、建筑与城规学院等，其学科构成可包含建筑学、城乡规划学、风景园林学、建筑环境科学和艺术学等。

04.0034 建筑学学士 bachelor of architecture

由国务院学位办认定的专业学士学位类型，已通过建筑学专业本科教育评估并在评估合格有效期内的高等学校方可授予该学位。

04.0035 建筑学硕士 master of architecture

由国务院学位办认定的专业硕士学位类型。已通过建筑学专业研究生教育评估并在评估合格有效期内的高等学校方可授予该学位。

04.0036　城市规划硕士　master of urban planning

由国务院学位办认定的专业硕士学位类型，已通过城乡规划学专业研究生教育评估并在评估合格有效期内的高等学校方可授予该学位。

04.0037　建筑学专业教育评估　architectural education accreditation

为保证教育质量，对高等学校建筑学专业办学条件、师资队伍、教学质量、教学过程和毕业生质量等进行宏观指导和管理的活动。评估结果分有效期7年通过、有效期4年通过、有效期有条件4年基本通过以及未通过等。

04.0038　堪培拉建筑教育协议　Canberra accord on architectural education

2008年由中国、美国、加拿大、澳大利亚、韩国、墨西哥、英联邦建筑师协会等建筑学专业教育评估认证机构发起、并于堪培拉签署的国际多边协议。其核心是认为参与国各自的建筑学专业教育评估认证体系是实质对等的。

04.0039　建筑学教育宪章　Charter for Architectural Education

1996年由国际建筑师协会于巴塞罗那通过并修订发表的有关建筑教育的纲领性文件。该文件明确了建筑师教育框架，指出建筑师教育分为大学前教育、大学教育和执业后教育，大学教育应不少于5年，其中未规定学位要求。

04.04　建筑教育方法

04.0040　建筑设计专题教学　architectural design studio

在设定的建筑设计主题之下，通过设计实践学习和设计范例阐述的方式，以设计辅导配合课堂讨论和评图等多种形式开展的教学方式。是建筑设计课的内容之一。

04.0041　联合设计专题　joint design studio

在设定的建筑设计主题之下，国际或国内多个建筑院校学生共同参与，通过设计实践学习和设计范例阐述的方式开展的建筑设计教学方式。

04.0042　评图　review of design

对学生设计方案做出评判与讨论的建筑教学方式。

04.0043　徒手画　freehand drawing

不借助尺规等绘图工具，手工绘制出建筑设计方案的一种图纸表达方式。

04.0044　草图　sketch

又称“方案草图”。一般是指构思阶段手工绘制的概念图纸。建筑设计过程中一种特殊形式的图纸表达方式。

04.0045　建筑模型　building model

使用易于加工的材料依照建筑设计，按一定比例制成的建筑方案三维样品。模型比例根据对象特征与制作目的来确定，建筑群体、建筑单体、建筑细部等不同对象的模型比例相应变化。

04.0046　建筑设计课程任务书　design course program

关于建筑设计课教学要求和设计项目内容要求的文件。是学生通过设计实践学习和设计范例阐述的方式进行建筑方案设计的主要依据。

04.0047　建筑表达　architectural presentation

通过建筑制图及多媒体、模型和口头表述等手段表达建筑方案设计理念与成果的方式。

05. 建 筑 经 济

05.01 工 程 造 价

05.0001 工程造价 project cost
建设项目投资额。

05.0002 投资估算 investment estimate
在项目决策阶段，依据方案设计文件，采用相关方法测算的建设项目投资。由于是项目前期阶段，测算数额允许有一定偏差。

05.0003 设计概算 preliminary estimate
依据初步设计文件，采用概算定额和有关取费计算的建设项目投资，含总概算、综合概算、单位工程概算等，是初步设计文件的重要组成部分。其编制的深度和准确性要明显高于估算。

05.0004 施工图预算 construction drawing budget
依据施工图设计文件，采用预算定额和有关取费计算的工程投资。其编制深度和准确性要高于概算。

05.0005 标底 base price
采用计价依据及办法编制的，对工程招标有限制作用的工程造价。

05.0006 工程量清单 bill of quantity
依据规范和标准，为工程招标编制的含有分部分项工程项目、措施项目、其他项目、规费项目和税金项目名称及数量的明细清单文件。

05.0007 工程结算 project settlement
工程验收后，承包人与发包人依据施工合同，最终共同确认的工程造价。

05.0008 竣工决算 final settlement of account
全部项目交付使用后，有关部门依据相关法规，对建设项目全过程实际支付投资的最终核定金额，同时核定新增固定资产和其他资产。

05.0009 单位造价 unit cost
一个标准单位的工程造价。

05.0010 建筑工程费 construction cost
用于建筑物、构筑物、矿山、桥涵、道路、水工等土木工程建设而发生的全部费用。含土建工程、采暖、通风空调、配电照明、动力、通信等和土木工程相关工程费用。

05.0011 设备购置费 equipment cost
用于采购设备的全部费用。一般包括设备原价和运杂费。

05.0012 安装工程费 installation cost
为设备正常使用所需支付的现场装配、调试等工程费用。

05.0013 建筑安装工程费 construction and installation cost
建筑工程费与安装工程费之和。按内涵分类由直接费、间接费、利润和税金组成。与设备购置费并属工程费用。

05.0014 工程费用 engineering cost
由建筑安装工程费、设备购置费、工器具购置费组成。

05.0015 直接费 direct cost
构成工程实体消耗的各项费用和施工中必需的非工程实体性各项费用，由直接工程费和措施费组成。

05.0016 间接费 indirect cost
依据政府规定必需缴纳的各项费用和施工企业管理费用，由规费和企业管理费组成。

05.0017 工程建设其他费 other project cost
除工程费用之外，为保证工程建设完成，依据有关规定，由建设单位支付的相关费用。如建设单位管理费、工程设计费、工程监理费等。

05.0018 预备费 contingency
为建设项目不同阶段不可预见的工程和其他费用准备的预留金。包括基本预备费和涨价预备费。

05.0019 建设期贷款利息 loan interest in construction period
项目建设期内所发生的除资本金外的融资利息及费用支出。

05.0020 流动资金 working capital
为保证建设项目竣工后，正常运营所需的日常周转性资金。

05.0021 静态投资 static investment
按照国家和地方相关法规，采用规范的计价方法，以某一时期(一般为某年某月)价格水平计算的项目投资，即不考虑随时间变化而引起的投资变化。

05.0022 动态投资 dynamic investment
在静态投资基础上，考虑随时间变化而引起的投资变化。如物价指数、汇率调整等。

05.0023 限额设计 design on prescribed cost
以控制事先约定投资额度为前提的工程设计。

05.0024 总投资 total investment
为完成项目建设和运营所需的全部投资。包括建设投资、建设期贷款利息和流动资金。

05.0025 建设投资 construction investment
项目建设的投资总和。包括建筑安装工程费、设备购置费、工程建设其他费、预备费。

05.0026 单位工程 unit project
按专业划分可独立施工的工程。如土建工程、给排水工程等。是单项工程的组成部分。

05.0027 单项工程 individual project
建成后可以独立发挥生产能力或效益的工程。如某某综合楼、某某车间。

05.0028 措施项目 measurement item
工程施工准备及施工过程中发生的非工程实体性项目。

05.0029 综合单价 comprehensive unit price
完成一个规定计量单位项目所需的人工费、材料费、施工机械使用费和企业管理费与利润之和，以及一定范围内的风险费用。

05.0030 规费 stipulated fee
根据政府规定应计入建筑安装工程造价内的由工程承包人缴纳的所有费用。

05.0031 税金 taxation
特指国家税法规定应计入建筑安装工程造价内的由工程承包人缴纳的所有费用。

05.0032 总承包服务费 construction general contracting service charge
总承包人为配合发包人分包、自行采购的设备和材料提供的相关服务和施工现场管理等所需的费用。

05.0033 暂估价 provisional sum
招标人在招标文件的工程量清单中给出的材料、设备单价以及专业工程费用，结算时按合同规定可调整。

05.0034 预留金 reserve

指招标人为可能发生的工程量变更而预留的金额。

05.0035 投标价 bidding price
投标人依据招标文件报出的投标工程造价。

05.0036 合同价 contract price
发包人与承包人依据有关约定签署的工程造价。

05.0037 定额 norm
特指建筑安装工程定额。在正常施工条件下，完成单位合格产品所必需的人工、材料、机械及其资金消耗的数量标准。

05.0038 估算指标 preliminary index
根据以往经验的总结归纳的单位工程造价金额。可分为综合指标、单项工程指标、单位工程指标。

05.0039 工料测量师 quantity surveyor，QS
由英国皇家特许测量师学会(RICS)，通过特定程序取得的为建筑物业主和设计师提供建筑成本计划和设计造价咨询服务的专业人士。

05.0040 招标控制价 regulated maximum bidding price
采用工程量清单招标时，招标人能够接受的最高交易价格。

05.02 经济评价

05.0041 经济评价 economic evaluation
在建设项目初步方案的基础上，采用科学、规范的分析方法，对拟建项目的财务可行性和经济合理性进行分析论证。是建设项目工程论证的重要内容，包括财务评价和国民经济评价两部分。

05.0042 财务评价 financial evaluation
在国家现行财税制度和价格体系下，从项目的角度出发，计算财务效益和费用，分析项目的盈利能力和清偿能力，从而评价项目在财务上的可行性。

05.0043 国民经济评价 national economic evaluation
以合理配置社会资源为前提，从国家经济整体利益的角度出发，计算项目对国民经济的贡献，分析项目的经济效益、效果和对社会的影响，从而评价项目在宏观经济上的合理性。

05.0044 项目评估 project appraisal
咨询机构受投资人或相关部门、机构委托，依据国家建设项目相关法规、政策、规定、标准、规范，按照独立、客观、公正的原则，对建设项目前期各类报告进行的论证。一般采用现场调研、专家论证等方法。

05.0045 项目后评价 post project evaluation
项目建成并运营一定周期后，通过对项目建设、运营数据的综合分析，与决策时确定的各项目标及技术、经济、环境、社会指标等进行对比，找出差异及原因，为今后投资提供可资借鉴的经验。

05.0046 评价参数 evaluation parameter
建设项目经济评价中用于计算、衡量项目财务可行性、经济合理性的判据数值。

05.0047 财务折现率 financial discount rate
建设项目财务评价中，现金流量表所使用的折现率。

05.0048 投资回收期 payback period
用建设项目的净收益回收建设项目投资所需要的时间。

05.0049 内部收益率 internal rate of return，IRR
项目计算期内，净现金流量现值累计为零时的折现率。

05.0050 总投资收益率 return on investment，ROI
又称"投资利润率"。为项目达到设计能力后正常年份的年息税前利润或运营期内年平均息税前利润与项目总投资的比率。其代表投资的盈利水平。

05.0051 资本金净利润率 return on equity，ROE
为项目达到设计能力后正常年份的年净利润或运营期内年平均净利润与项目资本金的比率。其代表资本金的盈利水平。

05.0052 基准收益率 hurdle rate
反映建设项目所属行业可接受的最低财务折现率。是经济评价的重要参数之一。

05.0053 财务净现值 financial net present value，FNPV
为设定折现率（一般为基准收益率）下项目计算期内净现金流量的现值之和。

05.0054 建设期 construction period
从建设项目正式开工建设起，到正式运营的时间段。含调试、试运行期。

05.0055 运营期 operating period
建设项目经济评价所确定的综合计算寿命期，通常是指投产运营开始到计算寿命期止的时间段。

05.0056 计算期 account period
建设项目经济评价所确定的建设期与运营期之和。

05.0057 风险分析 risk analysis
采用定性与定量分析相结合的方法，识别风险存在因素，估计、评价风险因素发生的可能性及对项目效益的影响程度，从而提出对风险的预警、预报和相应降低风险的防范措施。

05.0058 不确定性分析 uncertainty analysis
判断不确定因素对项目评价指标所产生影响的定量分析方法。包括盈亏平衡分析和敏感性分析。

05.0059 盈亏平衡分析 break-even analysis
通过计算项目达产年的盈亏平衡点(BEP)，分析成本与收入的平衡关系，判断项目对产品数量变化的适应能力和抗风险能力。是不确定性分析的主要方法之一。

05.0060 敏感性分析 sensitivity analysis
针对各种不确定因素的变化，考察其对项目基本方案主要经济评价指标的影响程度，从而判断哪些因素对指标影响最为敏感。是不确定性分析的主要方法之一。

05.0061 固定资产 fixed assets
使用年限在一个会计年度以上，单位价值在规定标准以上，使用过程中保持原物质形态的资产。如房屋、机器设备等。

05.0062 无形资产 intangible assets
企业长期使用但没有实物形态的资产。如品牌、专利权等。

05.0063 固定资产折旧 depreciation of fixed assets
固定资产在使用过程中因磨损而转移至产品成本中补偿的费用。

05.0064 财务效益 financial benefit
项目运营所获得的全部收入。

05.0065 费用效益分析 cost benefit analysis，CBA
从资源合理配置角度，分析项目投资的经济

效益和对社会福利所做出的贡献，从而判断项目的经济合理性的一种评价方法。

05.0066 费用效果分析 cost effectiveness analysis，CEA
通过比较项目预期的效果与所支付的费用、判断项目的费用有效性或经济合理性的一种评价方法。

05.0067 离岸价 free on board，FOB
货物离开出口国口岸包含的最终价格。通常包括国内采购费、国内运输费、出口关税、港口费用等。

05.0068 到岸价 cost，insurance and freight，CIF
货物到达进口国口岸包含的最终价格。通常包括离岸价、口岸间运输费及保险费。

05.0069 现金流量表 cash flow statement
反映项目评价计算期内，各时间点预测发生的资金流入和流出变化情况，用于计算项目盈利能力分析的各项指标。

05.0070 资产负债率 asset liability ratio
期末负债总额与资产总额的比率。

05.0071 总成本 total cost
又称“总成本费用”。项目评价中，经营期投资项目各时间点预测发生的全部生产、销售费用，一般包括生产成本、管理费用、财务费用和销售费用。

05.0072 经营成本 operating cost
项目评价中，总成本减去折旧费、摊销费和财务费等费用后的费用。

05.0073 固定成本 fixed cost
总成本中，不随产品产量变化的各项费用之和。

05.0074 可变成本 variable cost
总成本中，随产品产量变化的各项费用之和。

05.0075 静态分析 static analysis
项目评价中，采用非折现的现金流量方法，计算项目盈利能力的指标。

05.0076 动态分析 dynamic analysis
项目评价中，采用以折现的现金流量方法，计算项目盈利能力的指标。

05.0077 经营性项目 operating project
具有长期的、相对稳定的经营收入的投资项目。

05.0078 项目资本金 equity
项目发起人、股权投资人以获得投资项目财产权和控制权的方式投入的自有资金。

06. 市场管理与工程建设程序

06.01 主管部门与学会、协会

06.0001 中华人民共和国住房和城乡建设部 Ministry of Housing and Urban-Rural Development of the People’s Republic of China
负责建设行政管理的国务院组成部门。负责保障城镇低收入家庭住房、推进住房制度改革、规范住房和城乡建设管理秩序、建立科学规范的工程建设标准体系、规范房地产市场秩序、监督管理房地产市场、监督管理建筑市场、规范市场各方主体行为、研究拟订城市建设的政策、规划并指导实施、承担建筑工程质量安全监管、承担推进建筑节能、城镇减排、负责住房公积金监督管理，确保公积金的有效使用和安全、开展住房和城乡建设方面的国际交流与合作以及承办国务院交办的其他事项。

06.0002 中国建筑学会 Architectural Society of the China，ASC

成立于 1953 年，经国家民政部批准注册的独立法人社团。是中国科学技术协会的组成成员之一，也是建筑学会是国际建筑师协会(UIA)和亚洲建筑师协会(ARCASIA)的国家会员，并支持和参与其所组织的活动。

06.0003 中国勘察设计协会 China Exploration and Design Association，CEDA

成立于 1985 年，是具有社会团体法人资格的勘察设计咨询行业全国性的社会团体。协会围绕提高工程投资效益，促进工程设计技术进步，加强行业自我管理开展各项活动，在政府和会员单位之间发挥桥梁纽带作用，努力为会员单位服务，维护会员单位的合法权益，推动勘察设计事业的发展。

06.0004 建筑师职业道德 ethics and conducts of architects

建筑师应当遵守在其执业的辖区内的道德和行为规范。道德与行为规范界定和指导了建筑师在实践行为中的职业标准。建筑师应该具有并提高其建筑艺术修养和科学知识水平的义务；尊重建筑学的集体成就；在对建筑艺术和科学的追求中，以学术为基础和独立的职业判断作为首要动机。

06.0005 国际咨询工程师联合会 International Federation of Consulting Engineers, FIDIC

成立于 1913 年，是代表着全球咨询工程师行业的一个独立的国际组织。旨在促进那些为建成环境和自然环境提供以技术为基础的咨询服务的公司发展。其条款规定，工程咨询业包括工程建设的决策、立项、规划、选址、可行性研究、融资、招投标、工程设计、工程监理、项目管理和投产后的运行管理、咨询等全过程服务。

06.0006 国际建筑师协会 International Union of Architects，UIA

成立于 1948 年，是一个国际专业性的非政府组织。目的在于联合全世界的建筑师，不论他们的国籍、种族、宗教或政治信仰、职业训练和建筑学方面的理论如何，建立起一个相互了解、彼此尊重的关系，交换学术思想和观点，吸取经验，取长补短，在国际社会代表建筑行业，促进建筑设计和城市规划不断发展。其按地理划分，共有 5 个区域，分别为西欧、中东和东欧、美洲、亚洲和澳大利亚、非洲，共设有 23 个专业委员会。在业务上指导各洲建协(含亚洲建协等)工作。

06.0007 国际建筑师协会关于建筑实践中职业主义的推荐国际标准认同书 International Union of Architects Accord on Recommended International Standards of Professionalism in Architectural Practice

人类有史以来第一部被采纳的全球建筑师职业实践的标准，为世界上 117 个国家和地区所承认。1999 年，国际建筑师协会第 21 届代表大会规定将它作为各成员组织在制定和重审它们各自己标准时的参照文件。认同书中的政策和推荐导则将会使国际建筑师协会成员组织更容易地谈判及互认。国际建筑师协会已经将认同书提交给世界贸易组织和其他有关的组织和机构作为其他相关互认谈判的基础。

06.0008 国际建筑师协会认同书政策 International Union of Architects Accord Policies，UIA Accord Policies

国际建筑师协会关于建筑实践中职业主义的推荐国际标准认同书制定了一系列政策

对认同书进行诠释。目前已经通过 17 条政策，包括建筑实践、建筑师、对一名建筑师的基本要求、教育、建筑教育的评估和认证、实践经验/培训/实习，专业知识和能力的证明，注册/执照/证书，取得委托-按质选择建筑师、道德与行为、继续职业发展、实践范围、从业形式、在东道国的实践、知识产权的版权、职业团体的作用、建筑项目运作系统等。

06.0009 国际建筑师协会认同书推荐导则 UIA Accord Recommended Guidelines

国际建筑师协会关于建筑实践中职业主义的推荐国际标准认同书制定了一系列推荐导则对政策进行诠释。目前已经通过 13 项推荐导则，内容包括建筑教育评估和认证，实践经验/培训/实习，专业知识和能力证明，注册/执照/证书，委托-按质选择建筑师，道德与行为，继续职业发展，实践范围，从业形式，在东道国实践，知识产权和版权，职业团体作用，建筑项目运作系统等。

06.0010 建筑师职业精神原则 principle of professionalism for architects

建筑师应当恪守职业精神、品质和能力的标准，向社会提供能改善建筑环境以及社会福利与文化所不可缺少的专门和独特的技能。职业精神的原则可由法律规定，也可规定于职业行为的道德规范和规程中。包括专长精神、自主精神、奉献精神、负责精神等。

06.0011 在东道国的实践 practice in a host nation

一名个体建筑师或建筑师的企业实体在另一个国家寻求任务委托或被委托设计某项目的情况。建筑师在他们未曾注册的国家提供一个项目的建筑服务时，应当与当地建筑师合作以保证恰当和有效地理解当地的法律、环境、社会、文化和传统等方面的因素。合作的条件应当由双方依据国际建筑师协会的道德标准和地方法律法规确定。

06.02 设计机构及内部级别

06.0012 建筑设计单位 architectural design institution

具有合法设计资质的从事工程项目设计机构的总称。

06.0013 建筑设计院 architectural design institute

工业与民用建筑设计机构。业务范围较为综合，涵盖建筑设计全过程的各个专业：包括前期咨询、各类建筑设计、城乡规划、工程概预算编制、工程管理及监理、工程总承包、专业承包、环评和节能评价等领域。

06.0014 建筑师事务所 architect associate

从事与建筑设计相关实践的公司。一般为甲方提供综合建筑设计及单项专业服务，如建筑设计、城市设计、室内设计、园林景观设计等。

06.0015 [工程]总承包公司 general contracting company

以工程总承包、建筑安装工程施工、建筑技术咨询为主的企业。

06.0016 工程咨询公司 engineering consulting corporation

接受委托主要承担咨询评估、政策、技术策划咨询、工程管理服务等咨询业务的机构。

06.0017 工程监理公司 supervision company

取得工程监理企业资质，并在工程监理企业资质证书许可的范围内从事工程监理活动

(投资、进度、质量)的企业。

06.0018 设计公司董事长 chairman of design corporation

召集主持董事会会议，组织讨论和决定公司的发展规划、经营方针、年度计划以及日常经营工作中的重大事项的负责人。

06.0019 设计院院长 director of design institute

全面负责设计机构生产、经营、技术、质量、人事、财务、行政管理，制定本院发展规划和战略决策；主持制定、批准发布设计机构质量方针、质量目标，并对质量体系的运营负全部责任、指派管理者代表、主持管理评审、负责质量管理体系的持续改进的负责人。

06.0020 设计总负责人 chief designer

工程设计项目的技术总负责人，对所承担项目的综合设计质量负责。主要职责包括：贯彻执行工程设计政策、法规、标准、公司管理体系文件；代表公司参与项目洽谈、评审、沟通、工程竣工验收；对主要技术问题做出决定，协调各专业；组织各阶段设计，制定质量计划；确定管线汇总原则，参加汇总并协调重大问题；负责组织对承担项目不合格问题的处理，特别是影响综合质量的专业之间协调处理；负责组织项目的设计交底、施工配合等技术服务工作；负责承担项目设计文件记录、整理、归档工作，并确保其完整、准确。

06.0021 专业负责人 professional leader

承担项目的各工种专业设计负责人。主要职责包括：贯彻执行工程设计政策、法规、标准、公司管理体系文件；负责提出先进合理的专业设计方案，拟定专业的主要设计原则和技术措施，编写施工图设计开工报告；负责专业内、外技术接口与协调、对设计的正确性、统一性、完整性负责；对设计采用的新工艺、技术、结构、材料的先进可靠负责；确保设计采用的数据、计算、结果正确无误，确保设计深度、格式符合规定；负责向建设单位和施工单位进行设计交底，做好现场技术服务，及时解决施工、安装和调试中发现的设计技术问题。

06.0022 总建筑师 chief architect

建筑专业最高技术负责人。协助院长或董事长贯彻国家、地区技术法规、标准，主持建筑创作工作，主持所在单位的方案评审工作，执行相关质量管理体系文件。通常具有一级注册建筑师执业资格。

06.0023 结构总工程师 chief structural engineer

结构专业最高技术负责人。负责设计机构技术管理工作、研讨并决策工程设计中重大技术问题、所在单位本专业设计审核等工作。通常具有一级注册结构工程师执业资格。

06.0024 电气总工程师 chief electrical engineer

电气专业最高技术负责人。负责设计机构本专业的技术管理的工作人员；负责本专业设计成品的质量抽查，参加工程回访；组织本专业工程设计新规范的教育培训与学术交流；负责所在单位本专业设计的审核。通常具有注册电气工程师资格。

06.0025 设备总工程师 chief mechanical and plumbing engineer

设备专业最高技术负责人。负责设计机构本专业的技术管理的工作人员；负责本专业设计成品的质量抽查，参加工程回访；组织本专业工程设计新规范的教育培训与学术交流；负责所在单位本专业设计的审核。通常具有注册公用设备工程师执业资格。

06.0026 工艺总工程师 chief process engineer

工艺专业最高技术负责人。主持总工艺师室工作，负责设计机构工艺技术及相关管理工作、负责决策工程设计中工艺问题并组织相关研究、所在单位本专业设计审核等工作。

06.0027 造价工程师 cost engineer

主要负责建设工程的估算、概算、预算和决算工作的负责人。

06.0028 项目经理 project manager

代表设计机构组织实施所承担项目的管理，对实现合同约定的项目目标及项目的安全实施负总责；主持项目部门的工作，对项目实施全过程进行策划、组织、协调和控制；负责组织、协调相关岗位的工作，如采购经理、设计经理、施工经理、安全工程师等的负责人。

06.0029 设计人 designer

在专业负责人指导下进行设计工作，对本人的设计进度和质量负责的工作人员。根据专业负责人分配的任务熟悉设计资料，了解设计要求和设计原则，正确进行设计并做好专业内部及与其他专业的配合工作。

06.0030 校对人 checker

负责校对设计文件内容的完整性和正确性，填写设计校审记录单，充分了解设计意图，对设计图纸和计算书进行全面校对，使设计符合确定的设计原则、规范、统一的技术措施，数据合理正确，避免图面错、漏、缺的负责人。

06.0031 审核人 auditor

参与设计全过程，对本专业设计的重要技术问题进行指导、审查和决策；审核设计图纸和文件，填写设计校审记录单，对修改结果进行验证、签字的负责人。

06.0032 审定人 approving authority

检查设计文件、图签，及各岗位人员资质是否符合相关规定要求；签署图纸目录，批准设计文件交付的负责人。

06.03 执 业 注 册

06.0033 中华人民共和国注册建筑师条例 Regulations of the People's Republic of China on Registered Architects

为了加强对注册建筑师的管理，提高建筑设计质量与水平，保障公民生命和财产安全，维护社会公共利益而制定的文件。

06.0034 注册 registration

注册建筑师考试合格，取得相应的注册建筑师资格的，可以申请注册。一级注册建筑师的注册，由全国注册建筑师管理委员会负责；二级注册建筑师的注册，由省、自治区、直辖市注册建筑师管理委员会负责。

06.0035 注册建筑师 registered architect

具有建筑设计的相关技能，依法取得注册建筑师资格的业务人员。具有相应的职业法律地位。

06.0036 一级注册建筑师 grade 1 registered architect

经全国统一考试合格后，依法登记注册，取得《中华人民共和国一级注册建筑师证书》，在一个建筑单位内执行注册建筑师业务的人员。一级注册建筑师的执业范围不受工程项目规模和工程复杂程度的限制。

06.0037 二级注册建筑师 grade 2 registered architect

经全国统一考试合格后，依法登记注册，取得《中华人民共和国二级注册建筑师证书》，在一个建筑单位内执行注册建筑师业务的人员。二级注册建筑师的执业范围只限于承担工程设计资质标准中建设项目设计规模划分表中规定的小型规模的项目。

06.0038 建筑活动执业资格制度 qualification system for construction activities

对具备一定学历的从事建筑活动的专业技术人员，通过考试和注册确定其执业的技术资格，获得相应建筑工程文件签字权的一种制度。

06.0039 全国注册建筑师管理委员会 the National Administration Board of Architectural Registration，NABAR

由国务院建设行政主管部门、人事行政主管部门、其他有关行政主管部门的代表和建筑设计专家组成的机构。全国注册建筑师管理委员会负责注册建筑师考试与注册的管理工作。

06.0040 注册监督 register supervision

国务院建设行政主管部门对注册建筑师管理委员会的注册是否合法进行监督，对不符合法律规定的，通知有关的注册建筑师管理委员会撤销注册。

06.0041 资格考试 qualification examination

注册建筑师资格考试实行全国统一考试制度，由全国注册建筑师管理委员会统一组织、统一命题，在同一时间在全国同时进行。

06.0042 专有名称权 proper name right

注册建筑师有权以注册建筑师的名义执行注册建筑师的业务的制度。

06.0043 建筑设计主持权 design direction right

国家规定的一定跨度、跨径和高度以上的房屋建筑，应当由注册建筑师主持设计并在文件上签字的制度。

06.0044 独立设计权 independent design right

任何设计单位和个人修改注册建筑师的图纸，应当征得该注册建筑师同意的制度。

06.0045 注册建筑师执业资格考试 the examination for registered architect

通过注册建筑师执业资格考试可取得中华人民共和国注册建筑师执业资格证书。国务院建设主管部门、人事主管部门按职责分工对全国注册建筑师考试实施指导和监督。考试对象为从事建筑设计及相关业务活动的专业技术人员。注册建筑师考试实行全国统一考试，每年进行一次。

06.0046 注册建筑师证书 a certificate of registered architect

由全国注册建筑师管理委员会和省、自治区、直辖市注册建筑师管理委员会核发由国务院建设行政主管部门统一制作证明文件。分为一级注册建筑师证书和二级注册建筑师证书。

06.0047 注册建筑师继续教育 continuing education for registered architect

为使注册建筑师适应建设事业成长，及时了解和掌握国内外建筑设计技术、经济、管理、法规等各方面动态，使注册建筑师的知识和技能不断得到更新、补充、拓展和提高，以完善其知识结构，提高技术、艺术素质和执业能力，确保公众的安全、健康和福祉而进行的教育。

06.0048 注册建筑师继续教育证书 certificate of continuing education for registered architect

注册建筑师继续教育实施继续教育登记制度，由全国注册建筑师管理委员会统一印制，各地管委会或有关部委业务主管部门发放注册建筑师继续教育证书。

06.0049 设计资质 design qualification

从事建设活动的企业应当具备的条件。包括注册资本、管理制度、专业技术人员、技术装备、设计业绩和固定工作场所等条件，分为甲、乙、丙三个级别。经审查合格，取得设计资质证书后，方可在资质许可的范围内从事建设活动。

06.0050 勘察资质 qualification of surveying and geotechnical engineering

从事建设工程勘察、工程设计活动的企业应当具备的条件。包括注册资本、管理制度、专业技术人员、技术装备和勘察设计业绩等条件申请资质，经审查合格，取得建设工程勘察、工程设计资质证书后，方可在资质许可的范围内从事建设工程勘察、工程设计活动。分为工程勘察综合资质、工程勘察专业资质、工程勘察劳务资质。

06.0051 对等原则 principle of reciprocity

港、澳、台地区的专业技术人员按照国家有关规定和有关协议，报名参加全国统一考试和申请注册。外籍专业技术人员参加全国统一考试按照对等原则办理；申请建筑师注册的，其所在国应当已与我国签署双方建筑师对等注册协议。

06.0052 执业范围 scope of professional activities

注册建筑师的执业范围包括：建筑设计；建筑设计技术咨询；建筑物调查与鉴定；对本人主持设计的项目进行施工指导和监督；国务院建设行政主管部门规定的其他业务。

06.0053 资格考试合格证书 competency certificate of qualifying examination

由国务院人事行政主管部门统一制作的《中华人民共和国一级注册建筑师执业资格考试合格证书》和《中华人民共和国二级注册建筑师执业资格考试合格证书》。

06.0054 证书失效 certificate invalidation

注册建筑师执业资格考试合格证书持有者，自证书签发之日起，5年内未经注册，且未达到继续教育标准的，其证书失效。被取消注册建筑师执业考试合格资格者，其证书失效。

06.04 建筑设计招投标

06.0055 强制招标 compulsory tender

法律、法规规定某些特定类型的采购项目，凡是达到规定的规模标准的，必须通过招标进行采购，否则采购单位要承担法律责任的招标形式。

06.0056 招标活动行政监督 administrative supervision of tender

国家发展计划委员会、国务院建设行政主管部门依法对招标活动实施监督，依法查处招标投标活动中的违法行为。

06.0057 公开招标 public tender

又称“无限竞争性招标”。由招标人按照法定程序，在规定的公开的媒体上发布招标公告，公开提供招标文件，使所有符合条件的潜在投标人都可以平等参加投标竞争，从中择优选定中标人的一种招标形式。

06.0058 邀请招标 invitation tender

又称“有限竞争性招标”。招标方根据自己所掌握的情况，预先确定一定数量的符合招标项目基本要求的潜在投标人并向其发出投标邀请书，由被邀请的潜在投标人参加投标竞争，招标人从中择优确定中标人的一种招标方式。

06.0059 竞争性谈判 competitive negotiation

采购人或者采购代理机构直接邀请三家以上供应商就采购事宜进行谈判的方式。

06.05 设计前期阶段

06.0060 设计竞赛 design competition

政府和组织机构为了规划建设项目按照一定规则举办的建筑师参加的设计比赛。

06.0061 设计任务书 design assignment statement

关于工程项目设计要求的综合性文件。是工程设计的主要依据。

06.0062 招标文件 tender document

业主为招标活动根据具体建筑工程特点及需要编制的文件。包括投标须知、投标技术、投标商务要求、评标定标的标准及方法、设计合同授予、投标补偿费用等。

06.0063 概念设计 concept design

建筑设计的一个阶段，关注设计项目创意的表达。内容主要包括设计理念、创意说明和图纸表达。

06.0064 立项 project initiation and approval

特指建设项目获得政府投资计划主管机关行政许可的过程。是基本建设程序中的环节之一。

06.0065 设计前期 pre-design

主要是研究空间需求、场地的选择和其他限制条件等问题的工作阶段。

06.0066 备案 submit for record

向主管部门报告事由，存案以备查考的工作。是基本建设报批程序之一，与审批制、核准制并列。

06.0067 [工程]总承包 general contracting

项目业主为实现项目目标而采取的一种承发包方式，具体是指从事工程项目建设单位受业主委托，按照合同约定对从决策、设计到试运行的建设项目发展周期实行全过程或若干阶段的承包。

06.0068 测绘 surveying and mapping

在建筑领域指对自然地理要素、人工地表对象的空间信息的采集、处理、显示、管理、利用的工作。通常为下一步的建筑工程设计提供依据。

06.0069 基础测绘 basic surveying and mapping

建立全国统一的测绘基准和测绘系统，进行基础航空摄影，获取基础地理信息的遥感资料，测绘制作和更新国家基本比例尺地图、影像图和数字化产品，建立、更新基础地理信息系统的工作。

06.0070 建设工程勘察 surveying and geotechnical engineering of construction project

通过对地形、地质及水文等要素的测绘、勘探、测试及综合评定，提供可行性评价与建设所需基础资料的工作。对建设场地和水文地质做出详细论证，保证工程的合理进行，促使工程取得最佳的经济、社会与环境效益。

06.0071 项目建议书 project proposal

建设项目立项的重要依据，重点论证项目建设的必要性，提出初步建设方案的文书。

06.0072 可行性研究 feasibility study

依据立项的批复，对建设项目的市场需求、技术方案、经济评价等进行全面分析的研究工作。从而判断项目在技术上是否合理，经济上是否可行，并达到较好的社会效益、经济效益和环境效益。

06.0073 建筑策划 architectural programming

特指在建筑学领域内建筑师根据总体规划

的目标设定，从建筑学的学科角度出发，不仅依赖于经验和规范，更以实态调查为基础，通过运用计算机等近现代科技手段对研究目标进行客观的分析，最终定量地得出实现既定目标所应遵循的方法及程序的研究工作。

06.0074 使用后评价 post-occupancy evaluation
对建成并使用一段时间后的建筑及其环境进行评价的一套系统程序和方法。其原理是通过对建筑设计的预期目的与实际使用情况加以对比，收集反馈信息，以便为将来同类建筑与环境的设计和决策提供可靠的客观依据。

06.06 设计阶段

06.0075 方案设计 schematic design
对拟建的项目按设计依据的规定进行设计创作的过程，对项目的总体布局、功能安排、建筑造型等提出可能且可行的技术文件，是建筑工程设计的最初阶段。

06.0076 初步设计 preliminary design
完成设计说明书、设计图纸、主要设备及材料表和工程概算书等的过程。应满足下一步扩大初步设计、编制施工招标文件、主要设备材料订货、编制施工图等设计文件的需要。

06.0077 初步设计评审 review of preliminary design
对初步建筑设计进行的系统的评估活动，由不直接涉及开发工作的人员主持。设计评审可采用向设计组提建议或帮助的形式，就设计是否满足客户和城市相关管理部门所有要求进行评估。评估活动应出具正式评估报告。

06.0078 技术经济指标 technical and economic index
从量的方面衡量和评价用地的建议水平和综合效益的重要依据。城市规划中有现状和规划之分，一般包括各类建设用地的规模及占总建设用地的百分比。建筑设计中主要包括规划用地面积、可建设用地面积、总建筑面积(地上、地下)、容积率、建筑密度、绿地率、建筑高度、建筑层数、停车位等。

06.0079 施工图 working drawing
建筑工程上所用的，一种能够十分准确地表达出建筑物的外形轮廓、大小尺寸、结构构造和材料做法的图样。是房屋建筑施工依据。施工图设计文件，应满足设备材料采购、非标准设备制作和施工的需要。

06.0080 施工图审查 working drawing review
建设主管部门认定的施工图审查机构按照有关法律、法规，对施工图涉及公共利益、公众安全和工程建设强制性标准的内容进行的审查。审查内容包括：①是否符合工程建设强制性标准；②地基基础和主体结构的安全性；③勘察设计企业和注册执业人员以及相关人员是否按规定在施工图上加盖相应的图章和签字；④其他法律、法规、规章规定必须审查的内容。

06.0081 设计变更 design change
因各种原因而发生的由设计方主导的改变原设计文件的行为。

06.0082 设计洽商 design negotiation
因各种原因而发生的由业主或施工单位方主导的改变原设计文件的行为。

06.0083 驻场设计 on site service
设计专业人员进驻工地现场服务的行为。设计专业人员需要协调现场施工保证设计效果，在现场发现设计缺陷及时进行变更调整。

06.07 施工阶段

06.0084 施工图设计交底 hand over of working drawing
对施工单位和监理单位正确贯彻设计意图，使其加深对设计文件特点、难点、疑点的理解，掌握关键工程部位的质量要求，确保工程质量的一个必要环节。

06.0085 施工许可 working license for construction
从事各类房屋建筑及其附属设施的建造、装修装饰和与其配套的线路、管道、设备的安装，以及城镇市政基础设施工程的施工，建设单位在开工前向工程所在地的县级以上人民政府建设行政主管部门申请领取的许可凭证。

06.0086 开工报告 report for starting construction
建设单位向建设行政主管部门申报开工的许可文件。

06.0087 建筑工程监理 construction engineering supervision and control
依照法规及有关的技术标准、设计文件和建筑工程承包合同，对承包单位在施工质量、建设工期和建设资金使用等方面的监督。

06.0088 发包 project offer
建设工程合同的订立过程中，发包人依法将建设工程的勘察、设计、施工的一项或几项交给一个承包单位完成的行为。

06.0089 承包 project acceptance
接受建设单位建筑工程的发包并负责完成的行为。

06.0090 建筑工程质量 quality of construction engineering
反映建筑工程满足相关标准规定或合同约定的要求。包括其在安全、使用功能及其在耐久性能、环境保护等方面所有明显和隐含能力的特性要求。

06.0091 验收 acceptance after inspection
参与建设活动的有关单位共同对检验批、分项、分部、工程单位的质量进行抽样复验，根据相关标准以书面形式对工程质量合格与否做出确认。

06.0092 进场验收 site acceptance
对进入施工现场的材料、构配件、设备等按相关标准规定要求进行检验，对产品达到合格与否做出确认。

06.0093 检验批 inspection lot
按同一的生产条件或按规定的方式汇总起来供检验用的，由一定数量样本组成的检验体。

06.0094 检验 inspection
对检验项目中的性能进行测量、检查、试验等，并将结果与标准规定要求进行比较，以确定每项性能是否合格所进行的活动。

06.0095 见证取样检测 evidential testing
在监理单位或建设单位的监督下，由施工单位有关人员现场取样，并送至具备相应资质的检测单位所进行的检测。

06.0096 交接检测 handing over inspection
由施工的承接方与完成方经双方检验并对可否继续施工做出确认的活动。

06.0097 主控项目 dominant item

建筑工程中的对安全、卫生、环境保护和公众利益起确定性作用的检验项目。

06.0098 抽样检验 sampling inspection
按照规定的抽样方案，随机地从进场的材料、构配件、设备或建筑工程检验项目中，按检验批抽取一定数量的样本所进行的检验。

06.0099 抽样方案 sampling scheme
根据检验项目的特性所确定的抽样数量和方法。计数检验是在抽样的样本中，记录每一个体有某种属性或计算每一个体中的缺陷数目的检查方法。计量检验是在抽样检验的样本中，对每一个体测量其某个定量特性的检查方法。

06.0100 隐蔽工程 concealed work
在施工过程中上一道工序的工作成果，被下一道工序所掩盖，而无法直观进行复查的工程部位。

06.0101 验槽 examination of foundation pit excavated
建筑物施工第一阶段基槽开挖后的重要工序。为了普遍探明基槽的土质和特殊土情况，据此判断对异常地基的局部处理，原钻探是否需补充，原基础设计是否需修正，对所接受的资料和工程的外部环境进行确认。

06.0102 验线 inspection of property line
经批准的建筑设计方案，在实地放线定位以后的复核工作。工程验线时主要检查建筑物定位是否与批准的建筑设计图相符，检查建筑物退红线是否符合规划设计要点要求。

06.0103 返修 repair
对工程不符合标准规定的部位采取整修等措施。

06.0104 返工 rework
对不合格的工程部位采取的重新制作、重新施工等措施。

06.0105 工程验收 acceptance of project
建设工程竣工后，组织设计、施工、工程监理等有关单位进行的检验和接收的建设程序。

06.0106 竣工图 as-built drawing
按照实际建设工程项目施工结果绘制的图样，能反映施工过程中对施工图的修改、变更情况。

06.0107 质量保修制度 rule on quality repair guarantee
建设工程承包单位在向建设单位提交工程竣工验收报告时，应当向建设单位出具质量保修书。建设工程在保修范围和保修期限内发生质量问题的，施工单位应当履行保修义务，并对造成的损失承担赔偿责任。其中，保修期限应当按照保证建筑物合理寿命年限内正常使用，维护使用者合法权益的原则确定。具体的保修范围和最低保修期限由国务院建设行政主管部门规定。

06.0108 质量责任制 the quality responsibility system
由施工单位建立的制度，以确定工程项目的项目经理、技术负责人和施工管理负责人的质量责任。

06.08 房地产市场

06.0109 房地产开发 real estate development
在依据中华人民共和国城市房地产管理法取得国有土地使用权的土地上进行基础设施、房屋建设的行为。

06.0110 土地一级开发 primary land development

按照土地利用总体规划、城市总体规划及控制性详细规划和年度开发计划，对确定的存量国有土地、拟征用和农转用土地，统一组织进行征地、农转用、拆迁和市政道路等基础设施建设的行为。

06.0111 土地二级开发 secondary land development

土地使用者从土地市场取得土地使用权后，直接对土地进行开发建设的行为。

06.0112 房地产市场 real estate market

国有土地使用权出让、转让、出租、抵押和城市房地产转让、房地产抵押、房屋租赁等交易活动的总称。

06.0113 土地市场 land market

因土地交易所引起的一切商品交换关系的总和。即购买者、出售者，出租人、承租人、抵押人、贷款人、经营者、政府管理部门、中介服务机构等参与者为实现土地交易而进行的各种活动及经济关系。

06.0114 商品房 commodity house

经政府有关部门批准，由房地产开发经营企业开发的，建成后用于市场出售出租的房屋。包括住宅、商业用房以及其他建筑物。而自建、参建、委托建造，又是自用的住宅或其他建筑物不属于商品房范围。

06.0115 商品房市场 commodity housing market

经政府有关部门批准，由房地产开发经营企业开发的，建成后用于市场流通的房屋在流通过程中发生的买卖、出租、抵押等经济关系的总称。

06.0116 住房租赁市场 house leasing market

房屋所有权人作为出租人将其房屋出租给承租人使用，并由承租人向出租人支付租金的活动及经济关系的总称。

06.0117 二手房市场 secondary housing market

房屋所有权人依法经营或转让已被购买或自建并取得所有权证书的房屋的活动及经济关系的总称。

06.0118 物业 property

正在使用中和已经可以投入使用的各类建筑物及附属设备、配套设施、相关场地等组成的单宗房地产实体以及依托于该实体上的权益。

06.0119 房地产开发项目资本金 equity capital for real estate development project

房地产开发项目投资中由投资者提供的资金。可以通过股东直接投资、发行股票、政府投资等渠道和方式募集。对投资项目来说是非债务性资金，项目法人不承担这部分资金的任何利息和债务。

06.0120 房地产项目债务资金 debt capital for real estate development project

房地产开发项目投资中需要从金融市场借入的资金。其主要来源有信贷融资、债券融资、融资租赁等方式。

06.0121 房地产金融 real estate finance

在房地产生产、流通和消费过程中，通过货币流通和信用渠道所进行的筹资、融资及相关金融活动的总称。

06.0122 房地产开发企业 real estate development enterprise

依法成立，在城市规划区内国有土地上进行基础设施建设、房屋建设，并转让房地产开发项目或者销售、出租商品房等活动的具有独立法人资格的经济组织。

06.0123 房地产中介服务机构 real estate intermediate service agency

按国家及地方有关法律、法规注册的具有独立法人资格的，从事房地产咨询、房地产价格评估和房地产经纪业务的经济组织。

06.0124 业主 property owner

物业的所有权人。对其建筑物专有部分享有占有、使用、收益和处分的权利；对建筑物专有部分以外的共有部分，享有权利，承担义务；不得以放弃权利而不履行义务；对建筑物内的住宅、经营性用房等专有部分享有所有权，对专有部分以外的共有部分享有共有和共同管理的权利。

06.0125 物业管理 property management

在物业的寿命周期内，为发挥物业的经济价值和使用价值，管理者采取多种科学技术方法与管理手段，对各类物业进行专业化维修、养护、管理，对相关区域内的环境、公共秩序等进行管理并为物业所有者或使用者提供有效周到的服务。

06.0126 土地所有权 land ownership

土地所有者在法律规定的范围内占有、使用和处分其土地，并从土地上获得合法收益的权利，在我国，土地归国家或集体所有。

06.0127 土地使用权 land use right

土地使用者依法对国家或集体所有的土地享有的占有、使用、收益和依法处分的权利。

06.0128 土地用途 purpose of land use

国家编制土地利用总体规划将土地分为农用地、建设用地和未利用地。农用地是指直接用于农业生产的土地，包括耕地、林地、草地、农田水利用地、养殖水面等；建设用地是指建造建筑物、构筑物的土地，包括城乡住宅和公共设施用地、工矿用地、交通水利设施用地、旅游用地、军事设施用地等；未利用地是指农用地和建设用地以外的土地。

06.0129 国有土地使用权划拨 allocation of the land use right

由县级以上人民政府依法批准，在土地使用者缴纳补偿、安置等费用后将国有土地使用权无偿交付给土地使用者的行为。

06.0130 国有土地使用权招拍挂 tender and auction or listing of state-owned land use right

市(包括直辖市)、县人民政府土地行政主管部门作为出让人发布公告，对商业、旅游、娱乐和商品住宅等各类经营性用地采用挂牌、招标或拍卖的方式出让，并根据出价结果确定土地使用者的行为。

06.0131 经营性用地 profit-oriented land

从事以商业、娱乐、旅游、商品住宅等营利性为目标的经营活动的土地。

06.0132 生地 raw land

完成土地征用，未经开发，尚未形成建设用地条件的农地或荒地。

06.0133 熟地 cultivated land

经过土地开发，已具备上水、雨污水、电力、道路以及场地平整等基本建设用地条件的土地。

06.0134 土地开发 land development

对土地投入一定数量的资金，通过有计划地整治及其他配套建设，使之成为具有特定用途、可满足特定需要的土地的活动。

06.0135 人口及劳动力安置 population and labor resettlement

发生土地征收时，对征收范围内土地上人口及劳动力的安置。其中包括农业户口转为非农业户口、各种费用补助、提供就业单位及再就业指导等方面安排的行为。

06.0136 房屋征收 house expropriation

国家为了公共利益的需要，依照法律规定征收国有土地上单位、个人的房屋，并对被征收房屋所有权人给予公正补偿的行为。

06.0137 土地储备 land reserve

各级国土资源管理部门或行政授权的土地储备机构为实现调控土地市场、促进土地资源合理利用的目标，依法对通过收购、收回、征用或其他方式取得土地使用权的土地，进行储存或前期开发整理，以备向社会提供各类建设用地的行为。

06.0138 基准地价 basic land price

在城镇规划区范围内，按照商业、居住、工业等用途，在一定时期内一定条件下分别评估的最高年限期建设用地使用权，并由市县级以上政府公布的平均价格，作为当土地使用权出让、转让、出租、抵押时制定宗地价格的基本依据。

06.0139 土地价格 land price

简称“地价”。土地权利和一定时期的预期收益在某一时点的购买价格。我国的地价是以土地使用权出让、转让为前提，一次性支付的多年地租的现值总和。

06.0140 楼面地价 land value per unit floorage

特定用地平均到每平方米地上建筑面积上的土地价格。

06.0141 闲置土地 idle land

土地使用者依法取得土地使用权后，未经原批准用地的人民政府同意，超过规定的期限未动工开发建设的建设用地。

06.0142 居住物业 residential property

在房地产开发领域中供物业居住者生活起居用的建筑物。包括宿舍、住宅、公寓、别墅等。

06.0143 商用物业 commercial property

在房地产开发领域中主要功能为提供对外营业的建筑物。包括商业、办公、酒店和服务业等使用的房屋及其附属用房。

06.0144 工业物业 industrial property

在房地产开发领域中工业生产用的建筑物。包括各种厂房、辅助用房、仓库和相关行政管理、生活服务设施及基础设施等。

06.0145 房地产信托 real estate trust

房地产开发企业借助专业的信托机构，在法律规定范围内根据信托计划将多个委托人的信托资金集合起来，形成具有一定投资规模和实力的资金组合，然后将其以信托贷款的方式运用于计划所指定的房地产开发项目中，为委托人获取安全、稳定的收益。

06.0146 房地产投资信托基金 real estate investment trusts，REITs

以发行收益凭证的方式汇集特定多数投资者的一种资金。由专门投资机构进行房地产投资经营管理，并将投资综合收益按约定比例或回报率分配给投资者的一种信托基金形式。

06.0147 房地产抵押 mortgage of real estate

公民、法人或者其他组织以其合法的房地产以不转移占有的方式向接受人提供债务履行担保的行为。

06.0148 住房公积金 housing accumulation fund

政府机关、国有企业、城镇集体企业、外商投资企业、城镇私营企业及其他城镇企业、事业单位、民办非企业单位、社会团体及其在职职工缴存的，用于住房购买、建造、翻建、大修及法律规定的其他用途的长期义务性住房储金。

06.0149 住房按揭贷款 house mortgage loan

购房者以所购住房产权向商业银行抵押并由其所购买住房的房地产开发企业提供担保、按照契约中规定的归还方式和期限分期偿还本息、在贷款期间享受住房使用权的个人住房贷款方式，是常见的一种住房担保贷款。

06.0150 房屋所有权 home ownership

对房屋的占有权、管理权、使用权、排他权和处置权(包括出售、出租、抵押、赠与、继承)的总称。

06.0151 商品房现售 spot sale of commodity house

房地产开发企业将竣工验收合格且获得销售许可证的商品房出售给买受人，并由买受人支付房价款的行为。其实质是一种商品买卖行为。

06.0152 商品房预售 advance sale of commodity house

房地产开发企业将正在建设中但已获得预售许可证的商品房预先出售给购房者，由购房者交付定金或房价款，并承诺在未来一定日期交付现房的房产交易行为。其实质是房屋期货买卖行为。

06.0153 样板房 model house

房地产开发企业为了促进商品房的销售，展示房地产开发项目所倡导的设计思想而设置的展示性单元或户型。

06.0154 毛坯房 roughcast house

又称“*初装饰房*”。商品房户门以内的部分项目，在施工阶段只完成初步装饰，但达到房屋竣工验收标准，房屋交付使用后由住户根据需要进行二次装饰的住宅工程。

06.0155 全装修房 fully decorated house

又称“*精装修房*”。商品房装修一次到位，所有功能空间的固定面全部铺装粉刷完成，厨房和卫生间的基本设备全部安装完成的住宅工程。

06.0156 商品房销售价格 sale price of commodity house

进入房屋市场进行交易的商品房，房产所有权转移时买卖双方实际成交的价格(合同价格)。包括新建房销售价格和二手房销售价格。

06.0157 商品房销售面积 sale area of commodity house

购房者所购商品房的建筑面积。商品房按“套”或“单元”出售，其销售面积即为购房者所购买的套或单元内建筑面积与应分摊的公用建筑面积之和。

06.0158 公用建筑面积 common-floorage

整栋建筑物的建筑面积扣除整栋建筑物各“套”或“单元”内建筑面积之和，并扣除已作为独立使用空间销售或出租的地下室、车棚及人防工程等建筑面积。

06.0159 商品房公用建筑面积分摊 apportionment of common-floorage

以整栋建筑物的套内建筑面积之和为基数，按各“套”或“单元”的套内建筑面积所占比例，将整栋建筑物的公用建筑面积在各套或单元之间进行计算分配的行为。

06.0160 公[有住]房 public housing

由国家机关和国有企业、事业单位投资建设或购买的，产权归国家机关和国有企业、事业单位所有的住宅。

06.0161 城市私有房屋 urban private housing

简称“*私房*”。直辖市、市、镇和未设镇建制的县城、工矿区内，产权归个人所有或数人共有的自用或出租住宅与非住宅用房。

06.0162 保障性住房 subsidized housing

各级政府和单位在解决中低收入家庭住房的过程中，实行分类保障所提供的限定供应对象、建设标准、销售价格或租金标准的住房。

06.0163 经济适用房 affordable housing

各级政府和单位提供政策优惠，限定建设标准、供应对象和销售价格，具有保障性质的政策性商品住房。

06.0164 公租房 public rental housing

又称“公共租赁住房”。政府提供政策支持，限定户型面积、供应对象和租金水平，以低于市场价或承租者能承受的价格面向城市中低收入住房困难家庭等群体出租的住房。

06.0165 廉租房 low-rent housing

各级政府和单位在住房领域实施社会保障职能，以租金补贴、实物配租或租金减免的方式，向具有城镇常住居民户口，符合城镇居民最低生活保障标准且住房困难的家庭提供的租金相对低廉的普通住房。

06.0166 房地产行政管理 real estate administrative management

政府及其房地产行政主管部门依据法律对房地产行业进行管理，并促进其健康发展的行政行为。

06.0167 房地产交易管理 administration of real estate transaction

政府及其房地产行政主管部门依据法律，运用行政的、经济的手段，对房地产转让、房地产抵押和房屋租赁以及其他在房地产流通过程中的各种市场行为行使指导、监督等管理职能的行政行为。

06.0168 房地产权属登记 real estate ownership registration

县级以上地方人民政府土地管理部门及房产管理部门依据法律，代表政府对土地使用权和房屋所有权以及由上述权利产生的抵押权、典权等其他项权利进行登记，并依法确认其归属关系的行为。

06.0169 房地产开发项目质量责任 quality assurance of real estate development project

房地产开发企业开发建设的房地产开发项目，应当遵守有关法律法规的规定和建筑工程质量、安全标准、建筑工程勘察、设计、施工的技术规范以及合同的约定，并对其开发建设的房地产开发项目的质量承担责任，相关的勘察、设计、施工、监理等单位应当依照有关法律、法规的规定或合同约定承担相应的责任。

06.0170 物业服务企业 property management enterprise

依法设立具有独立法人资格，从事房屋及配套设施设备和相关场地的维修、养护、管理及相关区域内的环境卫生和秩序维护等物业管理相关活动的经济组织。

06.0171 业主大会 owners assembly

在物业管理区域内由全体物业所有者组成，在物业所在地的区、县人民政府房地产行政主管部门的指导下成立，代表和维护物业管理区域内全体业主在物业管理活动中的合法权益的组织形式。

06.0172 业主委员会 owners committee

在物业管理区域内由物业所有者代表组成，代表全体物业所有者利益向社会各方反映业主意愿和要求，并监督物业服务企业管理运作的一个民间性组织。

06.0173 管理规约 management rules and agreements

曾称“业主公约”。由物业所有者承诺的，对全体物业所有者具有法律约束力的有关物业使用、维护、管理及公共利益等方面的行为准则。

06.0174 用益物权 usufruct
在法律规定的范围内，非所有人对他人所有的不动产，享有占有、使用和收益的权利。包括土地承包经营权、建设用地使用权、宅基地使用权、地役权等。

06.0175 担保物权 security interest on property
担保物权人在债务人不履行到期债务或者发生当事人约定的实现担保物权的情形，依法享有就担保财产优先受偿的权利，但法律另有规定的除外。包括抵押权、质权和留置权。

06.0176 住宅专项维修资金 residential special maintenance fund
专项用于住宅共用部位、共用设施设备保修期满后的维修和更新、改造的资金。

06.0177 物业服务费 property management fee
物业管理企业按照物业服务合同的约定，对房屋及配套的设施设备和相关场地进行维修、养护、管理，维护相关区域内的环境卫生和秩序，向业主所收取的费用。

07. 城 乡 规 划

07.01 城乡规划总论

07.0001 居民点 settlement
按照生产和生活需要形成的人口的集聚定居地点。按性质和人口规模，分为城市和乡村两大类。

07.0002 城市 city
按国家行政建制设立的以非农产业和非农业人口聚集为主要特征的居民点。

07.0003 市 municipality，city
经国家批准设市建制的行政地域。

07.0004 镇 town
经国家批准设镇建制的行政地域。

07.0005 乡 township
经国家批准设乡建制的行政地域。

07.0006 村 village
以农业人口为主，居住和从事各种农业生产活动的聚居点。

07.0007 城镇体系 urban system
一定区域内在经济、社会和空间发展上具有有机联系的城镇群体。

07.0008 城市化 urbanization
又称“城镇化”、“都市化”。人类生产和生活方式由乡村型向城市型转化的过程，表现为乡村人口向城市人口转化以及城市不断发展和完善的过程。

07.0009 城市化水平 urbanization level
衡量城市化发展程度的数量指标，一般用一定地域内城市人口占总人口比例来表示。

07.0010 郊区化 suburbanization
人口、就业岗位和服务业从中心城区向郊区迁移的一种分散化过程。

07.0011 城市科学 urban science
人类建设城市、改造城市和管理城市的实践经验在理论与方法学层面上的系统总结。

07.0012 空间规划 spatial planning

与城乡建设、产业发展相关的空间资源保护利用规划及其政策制度，涉及国家、区域、城市等多个层次。空间规划起源于欧洲的规划制度，目的是创造一个有序的区域土地利用、产业布局、城乡建设等的空间组织架构，平衡保护与开发，实现经济社会的整体协调发展。

07.0013 城乡规划 urban and rural planning

为了加强城乡建设管理，协调城乡空间布局，改善人居环境，促进城乡经济社会全面协调可持续发展等目标，对城、镇、乡、村规划区内的人口规模、土地使用、空间布局、资源节约、环境保护和各项建设行为等进行统筹协调的规划。包括城镇体系规划、城市规划、镇规划、乡规划和村庄规划等。城乡规划是政府指导和调控城市与乡村建设和发展的基本手段和公共政策。

07.0014 城镇体系规划 urban system planning

一定地域范围内，确定城镇规模等级和布局等的规划。内容包括城镇空间布局和规模控制，重大基础设施布局，为保护生态环境、资源等需要严格控制的区域等。全国城镇体系规划由国务院城乡规划主管部门会同国务院有关部门组织编制，用于指导省域城镇体系规划、城市总体规划的编制。省域城镇体系规划由省、自治区人民政府组织编制。

07.0015 城市规划 urban planning, city planning

对城市的经济和社会发展目标、土地利用、空间布局以及各项建设的综合部署、具体安排和实施管理。分为总体规划和详细规划。

07.0016 镇规划 town planning

对镇的发展目标、土地利用、空间布局以及各项建设的综合部署、具体安排和实施管理。分为总体规划和详细规划。

07.0017 乡规划 township planning

对乡的发展目标、生产生活、基础设施等各项建设的用地布局、建设要求，以及对耕地等自然资源和历史文化遗产保护等的具体安排和实施管理。包括本行政区域内的村庄发展布局。

07.0018 村庄规划 village planning

对村庄的发展目标、生产生活、基础设施等各项建设的用地布局、建设要求，以及对耕地等自然资源和历史文化遗产保护等的具体安排和实施管理。分为村庄总体规划和建设规划。

07.0019 城乡统筹 integrated urban and rural development

为了充分发挥工业对农业的支持和反哺作用、城市对农村的辐射和带动作用，建立以工促农、以城带乡的长效机制，实现城乡发展的互动、协调与双赢。

07.0020 城市人口结构 urban population structure

一定时期内城市人口按照性别、年龄、家庭、职业、文化、民族等归类反映的构成状况。

07.0021 常住人口 permanent population

一定时期内固定居住在某地方的人口。在我国是指户籍人口与半年以上暂住人口的数量之和。

07.0022 城市人口增长率 urban population growth rate

一年内城市人口增长的绝对数量与同期该城市年平均总人口数之比。

07.0023 城市人口预测 urban population projection

对未来一定时期内城市人口数量、人口构成的发展趋势所进行的测算。

07.0024 城市历史文化保护 conservation of

urban history and heritage
通过历史文化名城、城市历史文化街区、各级文物保护单位以及其他途径，对城市文化遗产进行保护的过程。

07.0025 城市结构 urban structure
构成城市经济、社会、环境发展的主要要素，在一定时间形成的相互关联、相互影响与相互制约的关系。

07.0026 城市用地布局 urban land-use layout
城市土地利用和功能的空间组织及分布。

07.0027 城市性质 designated urban function
城市在一定地区、国家以至更大范围内的政治、经济与社会发展中所处的地位和所担负的主要职能。

07.0028 工业城市 industrial city
工业生产活动在整个地区的社会经济生活中占据主导地位的城市。

07.0029 矿业城市 mining city
又称“*矿业资源型城市*”。社会经济发展以矿物资源开采为基础，且对矿业依存度较高的城市。

07.0030 港口城市 port city
水运交通特别发达，拥有良好的港口设施，且港口运输业在地区社会经济发展中占据重要地位的城市。

07.0031 旅游城市 tourist city
拥有独特的自然风光或人文历史资源，且以旅游业作为当地支柱产业的城市。

07.0032 产业园区 industrial park
为促进地方经济发展，通过城乡规划划定的专供产业发展的地区。区内除工厂、仓储等设施外，还包含科研、服务等机构。规模较大的产业园区可在园区内或园区附近设置生活居住设施。根据容纳的主要产业类型，可分为高新技术产业园区、创意产业园区、文化产业园区、农业科技园区等。

07.0033 开发区 development zone
由国务院和省级人民政府确定设立的，实行国家特定优惠政策的各类开发建设地区的统称。

07.0034 旅游度假区 tourism & resort zone
具有明确的地域界线，适于集中建设配套旅游设施，所在地区旅游度假资源丰富，客源基础较好，且交通便捷的综合性旅游区。

07.0035 城市生态系统 urban ecological system
城市居民与周围生物和非生物环境相互作用而形成的具有生态功能的网络系统。是人类在改造和适应自然环境的基础上建立起来的人工生态系统。

07.0036 城镇生态敏感性分析 analysis of city eco-sensitivity
从自然生态资源的角度分析区域内各生态系统对城镇建设活动的反应。是生态城市绿地系统规划、生物多样性保护规划、生态保护区规划的基础。

07.0037 城市环境质量评价 city environmental quality assessment
根据国家为保护健康和环境，对污染物(或有害因素)容许含量(或要求)所做的规定，按一定方法对城市的环境质量所进行的评定、说明和预测。

07.0038 城市环境保护 urban environment protection
在城市范围内，采取行政、法律、经济、科学技术等措施，合理利用自然资源，防治环境污染的活动，以保持城市生态平衡，保障城市居民的生存和繁衍，以及经济、社会发展的适宜环境。

07.0039 生态足迹 ecological footprint
衡量人类对自然资源利用程度以及自然界为人类生存提供支撑服务的一种方法。该方法通过估算维持人类生存的自然资源消耗量以及消减废弃物所需要的生态生产性空间面积大小，并与给定人口的区域生态承载力进行比较，来衡量区域的可持续发展状况。

07.0040 精明增长 smart growth
为应对城市无序蔓延采取的一种城市开发理念，主张通过精明的增长管理，以较少的土地、投资等支出获得最高经济、社会等开发效益。

07.0041 新城市主义 new urbanism
20 世纪 90 年代初兴起的一个新的城市设计运动，主张借鉴二战前美国小城镇和城镇规划优秀传统，塑造具有城镇生活氛围、紧凑的社区，取代郊区蔓延的发展模式。

07.0042 公众参与 public participation
社会群众、社会组织、单位或个人作为主体，在权利义务范围内，参与规划编制与实施过程的活动。《城乡规划法》确立了城乡规划的公众参与制度。

07.0043 人居环境 human settlement，human habitat
人类集聚或居住的生存环境，特别是指建筑、城市、风景园林等整合的人工建成环境。

07.0044 人居环境科学 science of human settlement
以人居环境为研究对象，针对自然、人、社会、居住、支撑网络等要素，从由全球、区域、城市、社区、建筑构成的多元层次出发，依据生态观、经济观、科技观、社会观、文化观等原则，开展的多学科融贯的学科研究体系。

07.0045 城市可持续发展 sustainable urban development
建立在经济、社会、资源、环境、城市基础设施相互协调和共同发展的基础上的一种城市发展模式。其宗旨是既能满足当代人的需求，又不损害后代人的发展条件。

07.02 区 域 规 划

07.0046 区域规划 regional planning
对一定地域范围内各项建设进行综合布局的规划。是国土规划的组成部分。通常区域规划既是编制本地区国民经济和社会发展计划的基础，又是各城镇编制城市规划的依据，其规划期限一般不短于 20 年。

07.0047 农村地区 rural area
以从事农业生产的人口为主体，以农业产业(自然经济和第一产业)，包括各种农场(包括畜牧和水产养殖场)、林场(林业生产区)、园艺和蔬菜生产等产业为主体的地区，集镇与村落是其主要聚居点。一般来说人口分布较城镇更为分散，人口密度较低。

07.0048 都市区 metropolitan area
由大城市及其周围受其直接影响，相互间人员联系密切，参与共同的经济与社会活动的城镇和郊区组成的地域范围。

07.0049 都市连绵区 megalopolis
又称“大都市带”、“都市密集区”。由若干个都市区沿综合交通走廊连绵分布而形成的巨型城乡一体化区域。其内部存在经济、社会、文化等各方面的密切联系。

07.0050 世界城市 world city

对全世界或大多数国家产生全球性经济、政治、文化影响的国际大城市。

07.0051 特大城市地区 mega-city region

以特大城市为中心，连同周边受其辐射的邻接地区所组成的巨型城市区域。通常特大城市地区的城市人口超过 1000 万。我国统计部门按城市人口规模把市区和近郊区非农业人口 100 万以上的城市划定为特大城市。

07.0052 大城市 large city

市区和近郊区非农业人口 50 万以上的城市。

07.0053 中等城市 medium-sized city

市区和近郊区非农业人口 20 万以上、不满 50 万的城市。

07.0054 小城市 small city

市区和近郊区非农业人口不满 20 万的城市。

07.0055 城镇群 town and city agglomeration

一定地域内城镇分布较为密集的地区。一般以一个或多个规模较大、辐射带动能力较强的中心城镇为核心，由若干个空间距离彼此靠近、联系较紧密的外围城镇共同组成。城镇之间通过集聚经济效益共同对区域发展产生影响。

07.0056 主体功能区 development priority zone

基于不同区域的资源环境承载能力、现有开发密度和发展潜力等，按照承担的区域开发任务确定功能区域类型的一种空间政策单元。可以分为禁止建设区、限制建设区、重点发展区和优化发展区。

07.0057 流域规划 river basin planning

以江河流域为范围，规范水资源的合理开发和综合利用的规划。可分为两类：一类是以江河本身的治理开发为主，如较大河流的综合利用规划，包括干、支流梯级和水库群的布置以及防洪、发电、灌溉、航运等枢纽建筑物的配置；另一类是以流域的水利开发为目标，如较小河流的规划或地区水利规划，包括各种水资源的利用、水土资源的平衡以及农林和水土保持等规划措施。

07.0058 国土开发与整治 territorial development and management

对国土资源的开发、利用、治理、保护以及为此目的而进行的国土规划、立法和管理。包括以开采、垦殖、工程建设等手段对土地资源、矿产资源、生物资源和水资源的开发，以及土地整理、土地复垦、土地开发等各项活动，其目的在于实现全国范围土地的平衡和综合开发利用。

07.0059 土地利用规划 land use planning

对一定地区土地利用的计划和安排。作为一种土地用途管制制度，国家和各级政府通过编制土地利用总体规划，规定土地用途，将土地分为农用地、建设用地和未利用地，并严格限制农用地转为建设用地，以控制建设用地总量，对耕地实行特殊保护。

07.0060 战略规划 strategic planning

对城市发展中带有全局性、整体性、结构性、长远性问题所做的谋划，剖析城市以及区域发展所面临的问题和机遇，对城市空间发展的方向、整体结构、发展步骤、基础设施支撑系统等发展战略问题做出回答。

07.0061 区域治理 regional governance

又称“区域管治”。基于一定的经济、政治、文化和自然等因素而联系在一起的区域的政府、非政府组织以及社会公众对区域公共事务进行的协调和自主治理的过程。

07.0062 区域政策 regional policy

中央政府、地方政府或区域组织为实现一定

的区域发展目标，根据区域差异制定的旨在促进资源在空间的优化配置、控制地区间差距的扩大、干预和规范区域利益主体的开发行为、协调地区关系的一系列政策手段和措施的总和。

07.0063 区域协调 regional coordination
区域各管理部门、利益主体通过一定的政策制定、协商过程，协调相互建设行为，实现区域经济、社会和环境等整体协调发展的过程。

07.0064 区域主义 regionalism
提倡地方跨越行政边界，在更大的区域范围有效解决交通、空气质量、经济发展等共同问题，建设更宜居的社区的理念。新区域主义思潮强调更应关注城市设计、物质规划、场所创造、公平，整合物质规划、城市设计、社会平等。

07.0065 区位理论 location theory
又称“区位经济论”、“经济空间论”。关于经济活动空间位置选择规律的理论，亦即探讨区位因素对经济活动布局的影响过程和经济活动最优区位选择的各种原则。

07.0066 增长极理论 growth pole theory
又称“发展极理论”。关于区域经济增长的一种空间理论，由法国人佩鲁(Perroux)首先提出，并由邦德维尔(Bondeville)等人拓展到地域空间上。该理论认为每个地区的经济增长速度不同，某些集中了主导产业和创新能力企业的中心城市会发展成为增长极，并通过极化和扩散方式刺激和带动周边广大地区的发展。

07.03 总体规划

07.0067 城市总体规划 urban master planning, urban comprehensive planning
对一定时期内城市性质、发展目标、发展规模、土地利用、空间布局以及各项建设的综合部署和实施措施。由城市人民政府组织编制，根据法定程序批准实施。

07.0068 城市总体规划纲要 urban master planning outline
确定城市总体规划的重大原则和方向的纲领性文件，是编制城市总体规划的依据。

07.0069 城市分区规划 urban district planning
根据城市总体规划，对划定的分区在土地利用、人口分布、公共设施、城市基础设施配置等方面进行进一步安排的规划过程。

07.0070 近期建设规划 short-term plan for development
依据批准的城市总体规划，明确近期发展重点、人口规模、空间布局、建设时序，安排城市重要建设项目，提出生态环境、自然与历史文化环境保护措施等内容的一种城市规划类型。是实施城市总体规划的主要步骤，是衔接国民经济与社会发展规划的重要环节。

07.0071 专项规划 sector plan
在总体规划框架内，针对综合交通、环境保护、商业网点、医疗卫生、绿地系统、河湖水系、历史文化名城保护、地下空间、基础设施、综合防灾等特定领域编制的规划。

07.0072 建设用地范围 scope of development land
城市总体规划中根据规划期末人口确定的城市建设用地总量在空间分布的范围。包括现状建设用地和规划新增建设用地两部分。

07.0073 禁止建设区 development-prohibited zone
为保护生态环境、自然和历史文化环境，满足基础设施和公共安全等方面的需要，在总体规划中划定的禁止安排城镇开发项目的地区。

07.0074 限制建设区 development-restricted zone
在总体规划中划定的，不宜安排城镇开发项目的地区；确有必要时，开发建设项目应符合城镇整体和全局发展的要求，并应严格控制项目的性质、规模和开发强度。

07.0075 适宜建设区 development-appropriate zone
在总体规划中划定的可以安排城镇开发项目的地区。

07.0076 建成区 built-up area
实际已开发建设并集中连片、基本具备基础设施和服务设施的地区。

07.0077 规划区 planning area
城市、镇、乡、村的建成区以及因城乡建设和发展需要，必须实行规划控制的区域。其范围由相关人民政府组织编制的城乡规划来确定。

07.0078 城乡接合部 urban periphery，urban fringe
又称“城市边缘地区”。城市外围兼具城市和乡村两种土地利用特点的城乡过渡地带。是城镇扩展和蔓延的主要区域，通常也是城中村改造的重要地区。

07.0079 城市规模 city size
城市的人口数量，有时也以城市的建设用地总面积作为补充。

07.0080 城市发展目标 city development goal
在城市发展战略和城市规划中所拟定的一定时期内城市经济、社会、环境发展等预期达到的目的和指标。

07.0081 城市发展方向 city development orientation
城市建设规模扩大引起的城市空间地域扩展的主要方向。一般与城市的自然条件、区域基础设施布局以及发展动力有关。

07.0082 城市功能分区 urban functional zoning
根据城市生产生活等活动类型的划分，将城市用地按主要功能在空间上组织成相对独立并相互联系的整体。是城市结构布局的一种方法。

07.0083 城市增长边界 urban growth boundary
为维持预期的城市用地规模和城市空间形态，在城市总体规划中划定的城市增长的边界和范围。

07.0084 城市交通结构 urban transportation mode
包括城市客运交通和城市货运交通两个方面。城市客运交通结构是指公共交通、小汽车、步行、自行车等各种交通方式分别承担的客运出行量与城市客运出行总量的比例。城市货运交通结构是指各种货运方式分别承担的城市货运出行总量的比例。

07.0085 城市综合交通 urban comprehensive transportation
城市范围内采用各种交通运输方式进行人和货物的运输活动的总称。

07.0086 公共交通导向型发展 transit-oriented development，TOD
以公共交通为引导的城市发展模式，通常以公交枢纽站点为中心，适宜的步行距离为半径，强调多种功能混合的开发方式。

07.0087 货运交通 freight traffic
城市范围内的各种货物运输活动。包括过境货运交通、出入市的货运交通与市内货运交通三个部分。

07.0088 城市对外交通 inter-city transportation
城市与城市范围以外地区之间采用各种交通运输方式运送旅客和货物的运输活动。

07.0089 城市公共交通 urban public transportation，urban mass transit
城市中供公众乘用、经济方便的各种交通方式的总称。包括公共汽(电)车交通、轨道交通以及出租汽车、客轮渡、缆车等。

07.0090 城市道路网 urban road network
城市范围内承担不同功能、具有不同等级的道路，以一定的密度和适当的形式组成的网络结构。

07.0091 城市快速路 urban express way
城市道路中设有中央分隔带，具有四条以上机动车道，全部或部分采用立体交叉并控制出入，供汽车以较高速度行驶的道路。

07.0092 城市主干路 urban trunk road，urban arterial road
连接城市各主要分区、主要交通枢纽和全市性的公共设施的城市干路。

07.0093 城市次干路 urban secondary trunk road
城市中承担集散交通作用，兼有服务功能的辅助性干路。

07.0094 城市支路 urban service road
城市中承担联系街区的交通职能、以服务功能为主的最低级别的城市道路设施。

07.0095 城市绿地系统 urban green space system
由城市中各种类型和规模的公园绿地、防护绿地等绿化用地组成的具有较强生态服务功能的体系。广义的城市绿地系统包括城市范围内一切人工的、半自然的以及自然的山体植被、河湖湿地等。

07.0096 城市水系 urban water system
城市地表水体构成的系统的总称。是维护城市生态环境的重要载体。

07.0097 城市基础设施 urban infrastructure
城市生产、生活和发展所必须具备的道路、市政等工程性基础设施和学校、医院等社会性基础设施的总称。

07.0098 城市防洪 urban flood control
为抵御和减轻洪水对城市造成灾害性损失而采取的各种预防和治理措施。

07.0099 城市防震 urban earthquake hazard protection
为抵御和减轻地震灾害及由此引起的次生灾害而采取的各种预防措施。

07.0100 城市消防 urban fire control
为预防和减轻因火灾对城市造成损失而采取的各种预防和减灾措施。

07.0101 城市防空 urban air defense
为防御和减轻城市因遭受常规武器、核武器、化学武器和细菌武器等的空袭造成危害和损失而采取的各种防御和减灾措施。

07.0102 城市地质灾害防治 geological hazard prevention
防治由自然作用或人为因素诱发的对人民生命和财产安全造成危害的山体崩塌、滑坡、泥石流、地面塌陷、地裂缝、地面沉降等地质现象，通过有效的地质工程手段，改变这些地质灾害产生的过程，达到减轻或防止灾害发生的目的。

07.0103 城市供水 urban water supply
又称"城市给水"。由城市给水系统对城市生产、生活、消防和市政管理等所需用水进行供给的方式。

07.0104 城市排水 urban sewerage and drainage
由城市排水系统收集、输送、处理和排放城市污水和雨水的方式。

07.0105 城市污水处理 urban sewage treatment
为使污水达到排入某一水体或再次使用的水质要求而进行净化的过程。

07.0106 城市电信 urban telecommunication
城市范围内、城市与城市之间、城乡之间各种通信信息的传输和交换。

07.0107 城市供电 urban electricity supply
通过城市供电电源和输配电网，为城市各种用户提供电能。

07.0108 城市集中供热 urban district heating
又称"区域供热"。利用集中热源，通过供热管网等设施向热能用户供应生产或生活用热能的供热方式。

07.0109 城市燃气 urban gas
供城市生产和生活作为燃料使用的天然气、人工煤气和液化石油气等气体能源的统称。

07.0110 城市信息基础设施 urban information infrastructure
能传递、承载和处理信息的媒介和通道。包括基础信息管线、通信局房、无线基站、卫星接收站、长途通信光缆等。

07.0111 城市环境卫生 urban sanitation
城市空间环境的卫生。主要包括城市街巷、道路、公共场所、水域等区域的环境整洁，城市垃圾、粪便等生活废弃物的收集、清除、运输、中转、处理、处置和综合利用，城市环境卫生设施的规划和建设等。

07.0112 宅基地 rural housing land
农村集体所有的村民住宅用地。

07.0113 用地分类 land use classification
对于一定区域内的用地按照土地使用的类别进行划分和归类。

07.0114 城乡用地分类 town and country land use classification
对于城乡土地按照土地利用的主要类别进行划分和归类，通常分为大、中、小三大类。其中，大类分为建设用地与非建设用地 2 类。建设用地分为城乡居民点建设用地、区域交通设施用地、区域公用设施用地、特殊用地、采矿用地和其他建设用地；非建设用地分为水域、农林用地以及其他非建设用地。

07.0115 城市建设用地分类 urban development land use classification
对于城市、县人民政府所在地镇和其他具备条件的镇的建设用地按照土地使用类别进行的划分和归类。总体结构上分为大类、中类和小类。其中，大类分别为居住用地、公共管理与公共服务用地、商业服务业设施用地、工业用地、物流仓储用地、道路与交通设施用地、公用设施用地以及绿地与广场用地。

07.0116 建设用地 development land
用于建造建筑物、构筑物的土地。包括城乡居民点建设用地、区域交通设施用地、区域公用设施用地、特殊用地、采矿用地及其他建设用地等。

07.0117 区域交通设施用地 land for regional transportation infrastructure

铁路、公路、港口、机场和管道运输等区域交通运输及其附属设施用地。不包括城市建设用地范围内的铁路客货运站、公路长途客货运站以及港口客运码头。

07.0118 铁路用地 land for railway

铁路编组站、线路等用地。

07.0119 公路用地 land for national and regional road

国道、省道、县道和乡道用地及附属设施用地。

07.0120 港口用地 land for port

海港和河港的陆域部分。包含码头作业区、辅助生产区等用地。

07.0121 机场用地 land for airport

供飞机起降的场地及设施用地。即民用及军民合用的机场用地。包括飞行区、航站区等用地，不包括净空控制范围用地。

07.0122 管道运输用地 land for pipeline

运输煤炭、石油和天然气等地面管道运输用地。地下管道运输规定的地面控制范围内的用地按其地面实际用途归类。

07.0123 区域公用设施用地 land for regional public infrastructure

为区域服务的公用设施用地。包括区域性能源设施、水工设施、通信设施、广播电视设施、殡葬设施、环卫设施、排水设施等用地。

07.0124 特殊用地 land for special use

专门用于军事目的的设施以及监狱、拘留所、劳改场所和安全保卫设施等用地。不包括部队家属生活区、公安局和军民共用设施等用地。

07.0125 采矿用地 mining land

采矿、采石、采沙、盐田、砖瓦窑等地面生产用地及尾矿堆放地。

07.0126 非建设用地 non-development land

水域、农林及其他不用作开发建设的用地。

07.0127 水域 water area

河流、湖泊、水库、坑塘、沟渠、滩涂、冰川及永久积雪的统称。

07.0128 农林用地 agricultural and forestry land

耕地、园地、林地、牧草地、设施农用地、田坎、农村道路等用地。

07.0129 居住用地 residential land

住宅和相应服务设施的用地。

07.0130 公共管理与公共服务用地 land for administration and public service

行政、文化、教育、体育、卫生等机构和设施的用地，不包括居住用地中的服务设施用地。

07.0131 行政办公用地 land for administration

党政机关、社会团体、事业单位等办公机构及其相关设施用地。

07.0132 文化设施用地 land for cultural facility

图书、展览等公共文化活动设施用地。

07.0133 教育科研用地 land for education and scientific research

高等院校、中等专业学校、中学、小学、研事业单位及其附属设施用地。包括为学校配建的独立地段的学生生活用地。

07.0134 体育用地 land for sport

体育场馆和体育训练基地等用地。不包括学校等机构专用的体育设施用地。

07.0135 医疗卫生用地 land for health care

医疗、保健、卫生、防疫、康复和急救设施等用地。

07.0136 社会福利设施用地 land for social welfare facility

为社会提供福利和慈善服务的设施及其附属设施用地。包括福利院、养老院、孤儿院等用地。

07.0137 文物古迹用地 land for heritage

具有保护价值的古遗址、古墓葬、古建筑、石窟寺、近代代表建筑、革命纪念建筑等用地。不包括已用作其他用途的文物古迹用地。

07.0138 外事用地 land for foreign affair

外国驻华使馆、领事馆、国际机构及其生活设施等用地。

07.0139 宗教设施用地 land for religion facility

宗教活动场所用地。

07.0140 商业服务业设施用地 land for commercial and business facility

商业、商务、娱乐康体等设施用地。不包括居住用地中的服务设施用地。

07.0141 商业用地 land for commercial facility

商业及餐饮、旅馆等服务业用地。

07.0142 商务用地 land for business facility

金融保险、艺术传媒、技术服务等综合性办公用地。

07.0143 娱乐康体用地 land for recreation facility

娱乐、康体等设施用地。

07.0144 公用设施营业网点用地 land for municipal utility outlet

零售加油、加气、电信、邮政等公用设施营业网点用地。

07.0145 工业用地 industrial land

工矿企业的生产车间、库房及其附属设施用地。包括专用铁路、码头和附属道路、停车场等用地，不包括露天矿用地。

07.0146 物流仓储用地 land for logistics and warehouse

物资储备、中转、配送等用地。包括附属道路、停车场以及货运公司车队的站场等用地。

07.0147 道路与交通设施用地 land for street and transportation

城市道路、交通设施等用地。不包括居住用地、工业用地等内部的道路、停车场等用地。

07.0148 城市道路用地 land for urban road

快速路、主干路、次干路和支路等用地。包括交叉路口用地。

07.0149 城市轨道交通用地 land for urban rail transit

独立地段的城市轨道交通地面以上部分的线路、站点用地。

07.0150 交通枢纽用地 land for transportation hub

铁路客货运站、公路长途客运站、港口客运码头、公交枢纽及其附属设施用地。

07.0151 交通场站用地 land for transportation terminal

交通服务设施用地。不包括交通指挥中心、交通队用地。

07.0152 公用设施用地 land for municipal utility

供应、环境、安全等设施用地。

07.0153 供应设施用地 land for provision facility

供水、供电、供燃气和供热等设施用地。

07.0154 环境设施用地 land for environmental facility
雨水、污水、固体废物处理等环境保护设施及其附属设施用地。

07.0155 安全设施用地 land for security facility
消防、防洪等保卫城市安全的公用设施及其附属设施用地。

07.0156 绿地与广场用地 land for park and square
公园绿地、防护绿地、广场等开放空间用地。

07.0157 公园绿地 land for park
向公众开放，以游憩为主要功能，兼具生态、美化、防灾等作用的绿地。

07.0158 防护绿地 green area for environmental protection
具有卫生、隔离和安全防护功能的绿地。

07.0159 广场用地 land for square
以游憩、纪念、集会和避险等功能为主的城市公共活动场地。

07.0160 混合用地 land for mixed use
同一地块中多种使用类型并存的用地。可以表现为垂直空间的用地混合、水平空间的用地混合等多种形式。

07.0161 商住用地 residential and commercial land
同一地块中居住与商业服务业并存的用地。

07.0162 人均城市建设用地面积 urban development land area per capita
城市(镇)内的城市建设用地面积除以该范围内的常住人口数量。单位为 m^2/人。

07.0163 人均单项城市建设用地面积 single-category urban development land area per capita
城市(镇)内的居住用地、公共管理与公共服务设施用地、道路与交通设施用地以及绿地与广场用地等单项用地面积除以城市建设用地范围内的常住人口数量。单位为 m^2/人。

07.0164 城市建设用地结构 composition of urban development land
城市(镇)内的居住用地、公共管理与公共服务用地、工业用地、道路与交通设施用地以及绿地与广场用地等单项用地面积除以城市建设用地面积得出的比重。单位为%。

07.0165 城市用地平衡 urban land-use balance
根据城市建设用地标准和实际需要，对各类城市用地的数量和比例所做的调整和综合平衡。

07.0166 用地兼容性 land use compatibility
同一建设用地中允许使用不同用地类别的兼容程度和相互之间进行置换的可能性。

07.0167 湿地 wetland
天然或人工、常年或季节的沼泽地、泥炭地或水域地带，带有或静止或流动、或为淡水、半咸水或咸水水体，包括低潮时水深不超过6m 的水域。

07.0168 棕地 brown field
已废弃、闲置或限产的工业或商业用地。其扩展或再开发受现有或潜在的环境污染风险而变得复杂。

07.0169 城市建设用地评价 land use evaluation for urban construction
对于城市建设用地的自然条件、建设条件以及用地经济性的评价。自然条件评价包括工程地质、水文、气候和地形等几个方面；建设条件评价指对组成城市各项物质要素的现有状况、它们在近期内建设或改进的可能，以及服务水平与质量的评价；用地经济性的评价指根据城市用地的经济和自然两方面的属性及其在城市社会经济活动中所产生的作用，综合评价用地质量优劣差异。

07.0170 避难疏散场所 disaster shelter for evacuation
为躲避地震、洪水、火灾、爆炸、疫情等重大突发事件，在城镇中设置的安全疏散场地、建筑掩体及建筑的某些部分。

07.0171 工业区 industrial district
城市中按照城市规划、工业生产和环境保护的要求，集中布置工业企业的地区。

07.0172 居住区 residential district
被城市干道或自然分界线所围合、住宅建筑集中，并设有一定数量及相应规模的公共服务设施和公用设施的地区，也可以看作是为居民提供居住、休闲和日常生活服务、管理的社区。由若干个居住小区或住宅组团组成，一般人口规模为 30 000~50 000 人。

07.0173 商业区 commercial district
城市中市级或区级商业设施的集中地区。

07.0174 文教区 education and research district
城市中大专院校及科研机构的集中地区。

07.0175 仓储区 warehouse district
城市中为储藏城市生产或生活资料而比较集中布置仓库、储料棚或储存场地的独立地区或地段。

07.0176 中心商务区 central business district
大城市中金融、贸易、信息和商务办公高度集中，并附有购物、文娱、服务等配套设施的综合商务活动核心地区。

07.0177 中央行政区 central government administration district
城市中政府部门的集中地区。

07.0178 综合区 mixed-use district
城市中根据规划可以兼容多种用地使用类别的地区。一般指商业、金融、文化、娱乐等综合在一起的地区。

07.0179 城市中心 city center
城市中重要市级公共设施集中、人群流动频繁的公共活动地段。

07.0180 城市副中心 sub-city center
为分散城市中心活动强度而建设的次一级城市公共设施集中中心。

07.0181 城市片区 urban section
介于城区和单个居住区、商务区等功能区域之间，相对独立的、具有特定范围和多种功能的区域。既可以由自然地物分隔，也可以由行政界限划分。

07.0182 基本农田保护区 basic farmland reserve
对基本农田实行特殊保护政策的、依据土地利用总体规划和法定程序确定的特定保护区域。

07.0183 水源保护区 water source protection area
国家划定的饮用水水源保护区域。饮用水水源保护区分为一级保护区和二级保护区，必要时，可以在饮用水水源保护区外围划定一定的区域作为准保护区。

07.0184 风景名胜区 scenic area
风景资源集中、环境优美、具有一定规模和游览条件，可供人们游览欣赏、休憩娱乐或进行科学文化活动的地域。

07.0185 自然保护区 nature reserve

对有代表性的自然生态系统、珍稀濒危野生动植物物种的天然集中分布区，有特殊意义的自然遗迹等保护对象所在的陆地、陆地水体或者海域，依法划出一定面积予以特殊保护和管理的区域。

07.0186 绿化隔离区 green buffering zone

城市中具有卫生、隔离和安全防护功能的绿化用地区域，或在城市组团之间、城市周围或相邻城市之间设置的用以控制城市蔓延的绿地开敞空间。

07.0187 地下文物埋藏区 underground area of archaeological remains

地下文物集中分布的地区。由城市人民政府或行政主管部门公布。包括埋藏在城市地面之下的古文化遗址、古墓葬、古建筑等。

07.0188 城中村 urban village

受城市化影响，被城市扩展的建成区包围的村庄。城中村用地属集体所有。

07.0189 地形图 topographic map

按一定的比例尺，用规定的符号表示地物、地貌平面位置和高程的正射投影图。若仅表示出地物的平面位置，不表示地形的起伏状态时，称为平面图。

07.0190 规划期限 planning period

一般指编制的法定规划预期完成规划目标的期限。如城市总体规划的规划期限一般为20年，近期建设规划为5年。

07.0191 规划文本 text of plan

对规划的各项目标和内容提出规定性要求的文件。法定规划的规划文本与规划图纸是一个整体，不可分割。其格式一般采用条款的形式。

07.0192 规划说明 description of plan

对规划文本的具体解释。规划说明书的内容包括现状分析、论证意图、文本内容解释等。

07.0193 规划图纸 diagram of plan

通过二维与三维图的方式表达规划的具体内容。

07.04 详细规划

07.0194 详细规划 detailed planning

以城市总体规划为依据，对街区或地段的土地利用、空间环境和各项建设要求所做的具体空间安排。包括控制性详细规划和修建性详细规划。

07.0195 控制性详细规划 detailed regulatory planning

对街区或建设地段的土地使用类别、规模和使用强度，以及道路和工程管线控制性位置、社会服务设施配套要求等所做的规划控制要求。

07.0196 修建性详细规划 site planning, detailed construction planning

对街区或建设地段制订的用以指导各项建筑和工程设施的设计和施工的规划设计。

07.0197 土地使用控制 land use control

对各类建设用地的开发种类、规模、强度等制定的限制性规定或措施。

07.0198 市政工程管线规划 utilities pipelines planning

确定各类市政工程管线的走向、管道规格、控制点标高等要素及相关工程设施位置的规划。包括给水、排水、供电、供热、供气、通信工程管线规划等。

07.0199　**区位**　location

城市或建设项目、设施的位置与其他城市、建设项目、设施等空间要素的关系。是影响城市和区域发展的基础性因素。

07.0200　**街区**　block

城镇中通过自然边界(如河流)或街道等界定的区域。

07.0201　**用地面积**　size of the land

规划划定的用地地块的面积，一般以公顷计。

07.0202　**用地性质**　land use

又称“土地使用”、“土地利用”。根据国标用地分类标准确定的用地使用类别。

07.0203　**建筑高度控制**　building height control

又称“建筑高度限制”。建筑物允许建设的极限高度。指规定的由室外明沟面或散水坡面至建筑物主体最高点的允许垂直距离。常以尺寸或层数表示。

07.0204　**建筑密度**　building density，building coverage

规定的建设用地中所有建筑物的基底面积总和所占用地面积的比例(%)。

07.0205　**建筑面积密度**　total floor space per hectare plot

每公顷建设用地上容纳的建筑物的总建筑面积。

07.0206　**容积率**　floor area ratio，plot ratio

一定建筑地块范围内，地面建筑面积总和与地块面积的比值。

07.0207　**人口容量**　size of population

规划划定的区域中居住人口的数量。

07.0208　**人口毛密度**　residential density

又称“人口密度”。单位居住用地上居住的人口数量。

07.0209　**人口净密度**　net residential density

单位住宅用地上居住的人口数量。

07.0210　**绿地率**　greening rate

一定建设用地范围中各类绿地面积占该用地总面积的百分比。

07.0211　**空地率**　open space ratio

规定的建设用地中没有被建筑基地覆盖的用地占总用地的比率。

07.0212　**停车泊位数**　number of parking lot

地块中设置的停放机动车或非机动车的停车位的数量。

07.0213　**交通出入口方位**　direction of entry

进出一个地块的各类交通出入口位置。

07.0214　**[交通]出入口数量**　number of entry

进出一个地块的各类交通出入口数量。

07.0215　**红线**　boundary line，property line

各类建筑工程项目用地的使用权属范围的边界线。包括用地红线和道路红线。

07.0216　**用地红线**　boundary line of land，property line of land

各类建筑工程项目用地的使用权属范围的边界线。

07.0217　**建筑红线**　building line

又称“建筑控制线”。有关规定或详细规划确定的建筑物、构筑物的基底位置不得超出的界线。

07.0218　**道路红线**　road boundary line

城市道路(包括车行道、人行道、道路绿化等)建设管理的边界线。用以区分城市道路用地和其他用地。

07.0219 城市紫线 city purple line
各级人民政府公布的历史文化街区、历史建筑的保护范围界线。

07.0220 城市绿线 city green line
城市各类绿地范围的控制线。

07.0221 城市蓝线 city blue line
城市规划确定的江、河、湖、库、渠和湿地等城市地表水保护和控制的地域界线。

07.0222 城市黄线 city yellow line
城市规划确定的城市市政基础设施用地的控制线。

07.0223 拆建比 demolition and construction ratio
在一定的地块或地段内，拆除原有建筑总面积与新建的建筑总面积的比值。

07.0224 千人指标 standard of per thousand people
用于对城市新建居住区中公共服务设施的用地、建筑面积进行规划控制的标准，即每千居民拥有的各项公共服务设施的建筑面积和用地面积。

07.0225 服务半径 service radius
根据规模、服务(对象)范围等条件，针对城乡配套公共服务设施的选址和布局而设定的空间距离参考值。

07.0226 交通组织 traffic organization
对城市交通管理模式和各种交通流线的总体安排。

07.0227 城市道路面积率 urban road area ratio
一定地区内，城市道路用地总面积占该地区用地总面积的比例。

07.0228 静态交通 static traffic
以车辆停放为主的交通活动。

07.0229 停车率 parking ratio
可提供停车泊位数占总停车需求的比例。

07.0230 道路网密度 road network density
单位城市建设用地上的各类城市道路总长度。

07.0231 道路横断面 road section
沿道路宽度方向，垂直于道路中心线所做的竖向剖面。由车行道、人行道、道路绿化和道路附属设施用地等构成。

07.0232 机动车道 driveway
城市道路红线内为机动车通行划定的道路空间。

07.0233 非机动车道 nonmotorized vehicle lane
城市道路红线内为非机动车通行划定的道路空间。

07.0234 人行道 sidewalk，pedestrian path
又称“步行道”。道路中用路缘石或护栏以及其他设施加以分隔的专供行人通行的部分。

07.0235 步行街 pedestrian street
专供步行者使用，禁止通行车辆或者只准通行特种车辆的道路。

07.0236 商业街 shopping street
两侧商业设施集中的城市道路。

07.0237 救灾通道 anti-disaster access
为应急救灾时使用、强制预留的交通通道。

07.0238 疏散道路 emergency access
为紧急时快速疏散大量人流、车流而设置的道路。

07.0239 人车分行 separation of pedestrian and vehicular circulation
又称“人车分流”。为避免机动车干扰采取

的人行交通与机动车交通相互分离、形成各自独立的交通流线和设施的做法。

07.0240 单行道 one-way street
只允许一个方向车辆通行的道路。

07.0241 渠化交通 channelized traffic，channelization traffic
在道路上通过标线、交通岛来分隔车道，使不同方向、类型、速度的车流能像渠道内的水流一样，沿着一定的方向，互不干扰的驶过。

07.0242 视距三角形 sight triangle
为保证交叉口处的行车安全，由两条相交道路上直行车辆的停车视距和视线所构成的三角形视距空间和限界。在此三角形空间内不得有遮挡驾驶员视线的物体存在。

07.0243 控制标高 control elevation，control level
道路或建设用地等控制点的设计标高。

07.0244 控制点坐标 control point coordinate
确定控制点在平面上的具体位置的一组数据。一般由 X 轴、Y 轴这两个数据组成。

07.0245 道路标高 road elevation
以大地水准作为基准面，并作为零点(水准原点)起算的道路控制点的设计标高。

07.0246 用地标高 land elevation
建设用地，相对于大地水准的基准面(标高的零点)的竖向高度，是竖向定位的依据。

07.0247 雨水收集系统 rainwater collection system
为雨水的储存、处理和利用而形成的汇集雨水的人造或自然系统。

07.0248 排水沟 gutter
将场地或道路低洼处汇集的水引出场地或道路的水沟。

07.0249 边坡 side slope
在处理不同标高的场地、道路、绿地之间的衔接时，所采用的一种斜面衔接。一般根据用地条件和土质状况设定其坡度。

07.0250 配水管网 distribution system
向用户配水的管道系统。

07.0251 合流制 combined system
用一种管渠收集和输送城市污水和雨水的排水方式。

07.0252 分流制 separate system
用不同管渠分别收集和输送城市污水和雨水的排水方式。

07.0253 城市供电系统 power supply system of city
由城市供电电源、输配电网和电能用户组成的总和。

07.0254 城市用电负荷 urban electrical load
城市或局部地区内，所有用电户在某一时刻实际耗用的有功功率之总和。

07.0255 城市供热系统 urban heating system
由城市集中热源、供热管网等设施和热能用户使用设施组成的总和。

07.0256 城市燃气供应系统 gas supply system of city
由城市燃气供应源、燃气输配设施和用户使用设施组成的总和。

07.0257 城市通信系统 urban communication system
城市范围内、城市与城市之间、城乡之间信息的各个传输交换系统的工程设施。

07.0258 邮政设施 mail facility，post facility
用于提供邮政服务的邮政营业场所、邮件处理场所、邮筒(箱)、邮政报刊亭、信报箱等。

07.0259 电信工程 telecommunication engineering
利用无线电、有线电、光等电磁系统传递符号、文字、图像或语言等信息的工程。

07.0260 广播电视工程 radio & TV broadcast engineering
通过无线系统或者有线系统将广播信号或电视信号传送至用户的工程。

07.0261 环卫工程 environmental sanitary engineering
以保障城市功能的正常发挥和人民健康为目的，以人类生活所产生的废弃物为主要对象，对废弃物的产生、收集、运输、处理处置进行规划、管理、建设等的工程。

07.0262 地下管线间距 interval of underground utility
包括管线水平净距及管线垂直净距。管线水平净距指平行方向敷设的相邻两管线外表面之间的水平距离；管线垂直净距指两条管线交叉敷设时，从上面管道外壁最低点到下面管道外壁最高点之间的垂直距离。

07.0263 共同沟 integral pipe trench
把常规上地上架空或地下敷设的各类公用管线集中容纳于一体并预留检修空间的地下隧道。

07.0264 覆土深度 covering depth
埋地管道管顶至地表面的垂直距离。

07.0265 架空管线 elevated pipeline
架设在城市地面或水面上空的各类工程管线。

07.0266 城市防洪标准 standard for flood control
采取防洪工程措施和非工程措施后，城市具有的防御洪(潮)水的能力。一般根据城市的重要程度、所在地域的洪灾类型，以及经济能力等因素制定。

07.0267 居住区规划 residential district planning
对居住区布局、住宅群体布置、道路交通、生活服务设施、绿地和游憩场地、市政公用设施和市政管网各个系统进行综合的具体安排。

07.0268 居住小区 residential quarter
城市中由城市道路、居住区道路或自然分界线所围合，以居民基本生活活动不穿越城市道路为原则，并设有与居住人口规模相应的、满足居民基本物质与文化生活需要的公共服务设施的居住生活聚居地区。一般人口规模为 10 000~15 000 人。

07.0269 住宅组团 housing cluster，housing group
又称“*居住组团*”。居住小区中的基本单位。由若干栋住宅建筑组合而成、由居住小区道路围合、内部设有与其居住人口规模相应的、居民所需的基层公共服务设施和组团绿地的居住生活聚居地。一般人口规模为1000~3000 人。

07.0270 居住区道路系统 residential road system
居住区内部设置的道路系统，由居住区道路、小区路、组团路等组成。

07.0271 居住区公园 residential district park
居住区绿地系统中规模最大、服务范围最广的一种绿地。布局与城市小公园相似，设施比较齐全，内容比较丰富，有一定的地形地貌、小型水体、有功能分区、景区。主要为整个居住区的居民服务。

07.0272 小区游园 small garden
居住小区的中心绿地，有机连接小区公共活动和商业服务中心，使小区内居民的游憩和日常生活相结合。

07.0273 组团绿地 group green space
住宅组团的不同组合而形成的居住绿地。面积不大，靠近住宅，居民尤其是老人和儿童使用方便，是居住区最普通常见的绿化形式。

07.0274 宅间绿地 green space between houses or apartments
住宅四周及住宅院内的绿地，同居民关系最密切，是使用极为频繁的室外空间。

07.0275 社区 community
一般指以街道、居住区等为基础，由一定数量的社会成员组成的、有着共同意识和利益以及较密切交往的社会群体。

07.0276 社区规划 community planning
又称“社区设计”。为了有效地利用社区资源，提高社会经济效益，保持良好的生态环境，促进社区和谐，针对一定时期内社区发展目标、实施手段以及人力资源等而制定的社区发展计划。

07.0277 住区 settlement
一定自然生态环境、社会经济环境、文化环境下的人类居住区域。规模大小各异。在城市一般指以居住功能为核心的城市街区。

07.0278 住宅布局 housing layout
住宅组团平面组合的方式。一般包括行列式、周边式、点群式和混合式。

07.0279 行列式 housing in row
板式单元住宅或联排式住宅按照一定朝向和间距成排布置而形成的住宅建筑组群平面形式。行列式布局一般能保证每户获得良好的日照和通风条件。

07.0280 周边式 perimetric pattern
沿街坊或院落周边布置而形成封闭或半封闭内院空间的住宅建筑组群平面布局形式。周边式布局一般能够节约用地，提高住宅建筑的密度，提供安静、安全的室外活动场地和交往空间。

07.0281 户型比 housing type composition
居住区或住宅小区内各种住宅户型占总户数的百分比。反映到住宅设计上，户型比体现了一定数量住宅中，各种不同套型住宅占住宅总套数的比重。

07.0282 住宅平均层数 average stories of house
住宅建筑总面积与住宅基地总面积的比值，以层为单位，可以是小数。是影响居住区环境质量的重要指标之一。

07.05 城市历史与保护

07.0283 都城 capital city
古代国的首都以及某些特定的重要城市；现特指首都。

07.0284 皇城 imperial city
都城中位于都城城墙与皇帝、皇族所居宫城之间的，由城墙围绕，具有独立的城门的区域。皇城内通常布置宗庙、官衙、内廷服务机构、仓库防卫建筑、园林苑囿等。

07.0285 里 neighborhood
又称“闾里”、“街坊”。中国古代城市中以围墙或街道所限定的居民生活区。

07.0286 巷 lane，alley

城市中两侧有房屋的窄曲道路。

07.0287 城池 city wall and moat

由城墙与城壕所共同构成的城市防护体系。

07.0288 关厢 outskirt of city

城门以外聚集的商业区、居民区等城市建成区。

07.0289 《考工记》营国制度 Kaogongji city planning formulation

古代中国记载于《周礼·考工记》中关于城市规划建设的相关制度。其以礼制等级思想为基础，提出了各级城邑在营建规模、城门道路设置、朝市庙社布局等方面的制式。书中所记“匠人营国，方九里，旁三门。国中九经九纬，经涂九轨。左祖右社，面朝后市。市朝一夫”对后代的都城规划产生着重大影响。

07.0290 希波丹姆规划模式 Hippodamus' planning

公元前5世纪古希腊时期希波丹姆(Hippodamos)所提出的采用方格网道路系统的城市规划建设模式。

07.0291 理想城市 ideal city

文艺复兴时期意大利人费拉莱特(Filarete)在《理想城市》一书中提出的平面几何化城市模式。其以大教堂、宫殿和广场为中心，径向辐射出对称的 16 条街道，通向沿内部环路分布的市场、教堂及其他职能机构，最外围由八角形菱形城墙所护卫。

07.0292 田园城市 garden city

19 世纪末英国人霍华德(Ebenezer Howard)提出的一种兼有城市和乡村优点的新型城市的设想。田园城市为解决大城市问题而建，包括居住生活以及工业生产等内容，四周有永久性农业地带围绕以保持有限的城市规模。田园城市的土地归其所有，由一个委员会受托掌管，以遏制土地开发投机。

07.0293 卫星城 satellite town

1922 年英国人翁温(Raymond Unwin)在《卫星城镇的建设》一书中提出，在中心城市附近，生产、经济和文化生活等方面受到中心城市吸引，为中心城市提供服务的城镇。

07.0294 有机疏散 organic decentralization

1942 年芬兰人萨里宁(Eero Saarinen)在《城市——它的生长、衰退和将来》一书中提出的关于城市发展及其布局调整的理论。认为城市作为一个机体，应按照机体的各个不同功能要求，把城市的人口和就业岗位分散到可供合理发展的、离开中心的地域。

07.0295 城市美化运动 city beautiful movement

19 世纪末、20 世纪初在北美兴起的旨在以大尺度的城市环境美化来提升生活质量的城市规划建设运动。

07.0296 邻里单位 neighborhood unit

1929 年美国人佩里(Clarence Arthur Perry)提出，根据一所小学的服务范围来组织居住区的基本单位。设有满足居民日常生活需要的道路交通设施、绿化空间和公共服务设施。城市道路不穿越邻里单位。

07.0297 广亩城市 broadacre city

20世纪30年代美国人赖特(Frank L. Wright)提出的一种分散布局的城市规划思想，城市中每个独户家庭的四周有一英亩土地，生产供自己消费的食物；以汽车作为交通工具，居住区之间有公路连接，公共设施沿着公路布置。

07.0298 雅典宪章 The Charter of Athens

1933 年国际现代建筑协会雅典会议之后，

形成的关于现代城市及城市规划原则的纲领性文件，主张城市功能分区和以人为本的思想。

07.0299 马丘比丘宪章 The Charter of Machu Picchu

1977 年在秘鲁利马的国际建筑师会议上签署发表的一份关于城市规划和建设实践的文件。主张地方特色，以此对《雅典宪章》提出的原则进行了补充修正。

07.0300 北京宪章 Beijing Charter

1999 年国际建筑师协会在北京召开第 20 届世界建筑师大会通过的纲领性文件。倡导基于“建筑-城市规划-地景”三位一体的人居环境科学，以应对 21 世纪建筑学在可持续发展和为社会服务等方面的挑战。

07.0301 自然与文化遗产保护 conservation of natural and cultural heritage

通过政策、管理、研究、培训、措施等方式对自然与文化遗产进行保护的过程。其中自然遗产主要包括有突出普遍价值的生物结构群组成的自然面貌，动、植物生境区和天然名胜；文化遗产主要包括有突出普遍价值的文物、建筑群和遗址。

07.0302 历史文化名城 historic city

保存文物特别丰富并且具有重大历史价值或者革命纪念意义的城市。由国务院核定公布的为国家历史文化名城。

07.0303 历史文化街区 historic conservation area

又称“*历史文化保护区*”。经省、自治区、直辖市人民政府核定公布的保存文物特别丰富、历史建筑集中成片、能够较完整和真实地体现传统格局和历史风貌，并具有一定规模的区域。

07.0304 历史文化名镇 historic town

保存文物特别丰富并且具有重大历史价值或者革命纪念意义的镇。由省、自治区、直辖市人民政府批准公布。

07.0305 历史文化名村 historic village

保存文物特别丰富并且具有重大历史价值或者革命纪念意义的村。由省、自治区、直辖市人民政府批准公布。

07.0306 历史地段 historic area

保留遗存较为丰富，能够比较完整、真实地反映一定历史时期传统风貌或民族、地方特色，存有较多文物古迹、近现代史迹和历史建筑，并具有一定规模的地区。

07.0307 传统风貌 traditional feature

反映历史文化特征的城镇、乡村景观和自然、人文环境的整体面貌。

07.0308 保护范围 conservation zone

针对保护对象确定的保护界限。

07.0309 建设控制地带 development control area，conservation buffering zone

在核心保护区外划定的，允许建设，但需严格控制其建构筑物的性质、体量、高度、色彩及形式的区域。

07.0310 保护规划 conservation planning

为保护历史文化名城、名镇、名村等，以确定保护原则、内容和重点，划定保护范围，提出保护措施为主要内容的规划。

07.0311 整体保护 holistic conservation

历史文化名城、名镇、名村等保护规划中，对传统格局、空间尺度及其周围自然环境保护等的综合考虑，是保护规划的原则和方法之一。

07.06 城市设计

07.0312 城市设计 urban design

对城市形态和空间环境所做的整体设计和构思安排，主要侧重对由建筑物、街区、道路、广场、景园等物质实体环境要素所构成的城市空间形态、城市空间组织、城市环境特色等进行综合的三维和控制引导。包括城市、城区、街区等多个层次。

07.0313 城市体形环境 urban physical environment

由组成城市的物质空间要素。如街道、广场、建筑等整体形成的可见的实体环境。

07.0314 城市美学 urban aesthetics

研究城市美的一门学问，内容包括城市空间组织、城市特色和城市整体美，以及自然环境、历史文化环境、建筑艺术、园林风景景观、建筑小品与雕塑等的美学原则。

07.0315 城市形态 urban morphology

城市整体和内部各组成部分在空间地域的分布和延伸状态。

07.0316 城市肌理 urban tissue

城市在一定历史时期内形成的可识别的独特空间组织形态。包括街巷、院落、建筑群，及其他环境要素的肌理等。

07.0317 城镇景观 townscape

又称“市容”。由城镇中的街道、建筑、开敞空间等物质环境要素，以及人的活动、风俗人情、城市事件等人文要素共同形成的综合性景致。包括物质景观和人文景观两方面。

07.0318 城市意象 city image

通过人体感官，对城市获得的综合感受与印象。凯文·林奇(Kevin Lynch)在《城市意象》一书中，将形成城市意象的核心要素总结为道路、节点、边界、地标和区域。

07.0319 城市公共设施 urban public facility

城市中为市民生活服务的各种公共使用设施。按项目特点可分为教育、医疗卫生、文化娱乐、交通、体育、社会福利与保障、行政管理与社区服务、邮政电信和商业金融服务等。

07.0320 场所 place

由物质环境与人文环境结合形成的具有特定意义的城市环境空间。城市空间被赋予社会、历史、文化、人的活动等特定含义之后才能称为场所。

07.0321 城市公共领域 urban public realm

城市中不具有排他性和赢利性，能够被公众自由接近和使用的城市公共空间、公共建筑等。

07.0322 整体城市设计 integrated urban design

城市层面的强调系统性、综合性的城市设计活动。通常涉及城市公共空间、绿地系统、城市眺望系统、街道景观、建筑高度及体量控制、城市色彩等的整体安排和设计。

07.0323 城市设计导则 urban design guideline

城市设计过程中制定的专门用于引导城市开发建设的各项设计准则的统称。包括图纸及说明文字。

07.0324 文脉 context

建筑与周围环境的关系。其形成在历史、社会、文化、时间等维度上存在着发展的连续性。

07.0325 城市天际线 city skyline

以天空为背景，由城市建筑物及其他物质环境要素投影形成的城市轮廓线或剪影。通常由城市的地形环境、自然植被、建筑物及高耸构筑物等的最高边界线组成。

07.0326 视线通廊 visual corridor
视线连续而不被遮挡的景观通道。

07.0327 城市色彩 city color
城市中所有物体能被感知的外部色彩的总和。包括土地、植被等自然环境色彩和建筑物、广告、交通工具等人工色彩。

07.0328 城市照明 urban lighting
城市的户外固定照明设施，及其他旨在形成夜色景观的室内外照明系统所提供的照明的总称。包括城市功能照明与城市景观照明。

07.0329 步行系统 pedestrian system
城市中专为徒步通行设置的各类步行空间和设施的总称。

07.0330 街道设施 street furniture
沿道路布置的各类服务性设施。一般包括各类休憩设施、康体设施、城市雕塑、公用电话、公交站点、照明设施、应急设施等。

07.0331 城市广场 city square
为满足多种社会需要建设的具有一定功能、主题和规模的开放型城市户外公共活动空间。通常被建筑群、山水地形等所围合，是由多种软、硬质景观构成的活动场所。

07.0332 滨水区 waterfront area
与河流、湖泊、海洋等毗邻的城市地区，一般由水域、水际线、陆域三部分组成。具有城市防洪排涝、交通、居住、商业、旅游游憩、动植物栖息、景观形象等多种功能。

07.0333 临街面 frontage
建筑物、院落或土地等直接朝向街道的一面。

07.0334 街景 streetscape
由街道两侧的建筑物、绿化、市政与交通设施、建筑小品、广告、装饰以及地面铺装等共同组成的街巷的景观与面貌。

07.0335 界面 surface
划分或围合城市空间或领域的接触面。通常由建筑、墙体、绿化等构成。

07.0336 林荫道 parkway，boulevard
两旁植有成排树木，树荫遮蔽、风景秀丽的城市道路。

07.0337 城市雕塑 urban sculpture
在城市公园、街心、公共建筑前及具有纪念意义的场所中，根据不同的场地特点设计和布置的各种公共雕塑作品。

07.0338 可达性 accessibility
场地可到达的便捷程度。

07.0339 机动性 mobility
人们依托城市道路交通系统在一定时间内改变自身所处地点和场所的能力。

07.0340 私密性 privacy
建筑或城市空间为社会个体或群体提供的一种基于隐私权的身心保护。

07.0341 秩序感 sense of order
城市中的建筑物及空间环境整体呈现出来的平衡、有序、统一的视觉感受。

07.0342 连续感 sense of continuity
城市中的建筑物及空间环境整体呈现出来的持续、不间断的视觉和心理感受。

07.07 城乡规划管理

07.0343 城乡规划管理 urban and rural planning administration

中央和地方政府对城乡规划的制定、实施和监督等进行的管理。

07.0344 城乡规划编制与审批 making and approval of urban and rural plan

城镇等不同级别人民政府或规划行政主管部门委托具有相应资质等级的单位承担各项城乡规划制定工作；制定完成的城乡规划成果经依程序取得相应政府机构的批准。

07.0345 城市规划建设管理 urban planning and development control

根据城乡规划法规和批准的城市规划，对城市规划区的各项建设活动实行的审查监督以及违法建设行为的查处等各项管理工作的统称。

07.0346 城市规划用地管理 urban planning land use administration

根据城乡规划法规和批准的城市规划，对城市规划区内建设项目用地的选址、定点和范围划定、总平面审查、核发建设用地规划许可证等各项管理工作的总称。

07.0347 城乡规划法规 legislation on urban and rural planning

按照国家立法程序所制定的关于城乡规划编制、审批和实施管理的法律、行政法规、部门规章、地方法规和地方规章的总称。

07.0348 城乡规划标准 urban planning standard

为实现城乡规划编制和管理的标准化、规范化和法制化，以国家和地方有关规范和标准为依据制定的规范文件。是本地区从事城乡规划编制和规划管理工作的准则。

07.0349 中华人民共和国城乡规划法 Urban-rural Planning Law of the People's Republic of China

为加强城乡规划管理，协调城乡空间布局，改善人居环境，促进城乡经济社会全面协调可持续发展而制定的国家法律。2007 年 10 月 28 日经全国人民代表大会通过，自 2008 年 1 月 1 日起施行。

07.0350 规划管理信息系统 information systems of urban planning administration

利用地理信息软件，汇集城乡规划需要的信息资源，为城乡规划编制、管理、发布、决策提供综合信息服务的计算机信息管理系统。

07.0351 选址意见书 permission note for location

城乡规划行政主管部门依法确认建设项目位置和用地范围的法律凭证。

07.0352 建设用地规划许可证 planning permit for land use

经城乡规划行政主管部门依法核发的确认建设用地规划的法律凭证。

07.0353 建设工程规划许可证 planning permit for village construction

城乡规划行政主管部门依法核发的有关建设工程的法律凭证。

07.0354 乡村建设规划许可证 building permit for construction in township & village

建设单位或者个人在乡、村规划区内进行乡镇企业、乡村公共设施和公益事业建设时，向乡、镇人民政府提出申请，由乡、镇人民政府报城市、县人民政府城乡规划主管部门核发乡村建设规划许可证。

07.0355 竣工验收 final acceptance

建设工程项目竣工后，开发建设单位会同设计、施工、设备供应单位及工程质量监督部门，对该项目是否符合规划设计要求以及建筑施工和设备安装质量进行全面检验，以取得竣工合格资料、数据和凭证。

07.0356 规划设计条件 planning and design brief

城市规划主管部门对建设项目提出的规划建设要求。是指导和审定修建性详细规划的重要依据。对于行政划拨用地建设项目，规划设计条件作为编制修建性详细规划或者规划总平面的依据。对于有偿使用用地建设项目，规划设计条件是提供土地使用条件的重要依据。

07.0357 控制指标 control index

控制性详细规划中对各地块实施规划控制和管理的指标内容。分为规定性指标和指导性指标。规定性指标为必须遵照执行的内容，包括用地性质、建筑密度、建筑控制高度、容积率、绿地率、交通出入口方位、停车泊位及其他需要配置的公共设施等；指导性指标为参照执行的引导性和建议性内容，包括人口容量、建筑形式、体量、风格和其他环境要求等。

07.0358 临时建筑 temporary construction

必须限期拆除、结构简易、临时性的建筑物、构筑物和其他设施。在城市、镇规划区内进行建设的临时建筑在建设前，应当经城市、县人民政府城乡规划主管部门批准。临时建筑应当在批准的使用期限内自行拆除。

07.0359 临时用地 temporary site

任何单位或者个人，因城乡建设需要临时用地的，必须向市、县规划局申请定点，核发临时用地规划许可证件。在临时用地上，不得建设永久性和半永久性建设工程，临时用地使用期满或者城市建设需要时，使用单位必须无条件拆除建设工程及一切设施，恢复地貌，交回用地。

07.0360 违法建设 illegal construction

违反《城乡规划法》等法律法规、违反城乡规划要求而进行的建设。在规划管理中的违法建设包括未取得建设工程规划许可证或者未按照建设工程规划许可证的规定进行建设的，在乡、村庄规划区内未依法取得乡村建设规划许可证或者未按照乡村建设规划许可证的规定进行建设的，未经批准进行临时建设的、或未按照批准内容进行临时建设的、或临时建筑物、构筑物超过批准期限不拆除的建设项目。

07.0361 违法占地 illegal occupation of land

违反城乡规划和土地利用总体规划的占地行为。其中包括未经批准占用土地的；不按照批准面积、用途、位置、范围占用土地的；依法收回国有土地使用权，当事人拒不交出土地的；临时使用土地期满，拒不归还土地或修建永久性建筑物、构筑物的。

07.0362 土地开发管理 management of land development

对改变土地利用性质的行为实施行政管理。通常这种行为伴随着城镇化过程——土地性质由农业用地等非建设类用地向城市建设用地等建设类用地转化的过程大量发生。

07.0363 土地管理 land management

国家为维护土地所有制，调整土地关系，保护和开发土地资源，合理利用土地而采取的行政、经济、法律和技术的综合性手段和措施。即政府对特定范围内土地的权属、使用状况实施行政干预的行为。

07.0364 土地批租 leasehold of land

又称“土地使用权有偿转让”。政府将国家所有的城镇土地，以指定的地块、年限、用途和条件，供企业、其他经济组织或个人开发经营，土地使用者向国家支付一定数量货币的行为。

07.0365 土地征收 compulsory land acquisition
国家为了公共利益的需要，依照法律规定的权限和程序，将集体所有的土地有偿转为国有的措施。

07.0366 土地出让 land leasing
又称“土地使用权出让”。城市国有土地的使用权按照市场准则交付给作为受让方的经济实体的行为。与土地买卖所不同的是土地所有权依然属于国家所有，国家在收取出让金后出让的是国有土地的使用权。

07.0367 土地转让 land transfer
又称“土地使用权转让”。土地所有人将土地有偿或无偿地转移给他人所有的行为。有偿转移为土地买卖，无偿转移为土地赠与或遗赠。在我国，通常指已获取城市国有土地使用权的经济实体将其持有的城市国有土地使用权转交其他经济实体的行为。在这一过程中，附着在城市国有土地使用权上的权利和义务也一并转移。

07.0368 土地划拨 land assignment
又称“土地无偿拨用”。政府依法将国有土地无偿交给全民所有制单位、集体所有制单位或个人使用的措施，是土地使用权转移的一种形式，不涉及土地所有权的变化。包括国有土地的划拨和集体土地的划拨。

07.0369 出让地价 land price for sale
又称“土地出让金”。原意指土地在市场上的买卖价格。在我国，指国家以土地所有者的身份将土地使用权按一定年限内让与土地使用者时收取的土地使用权出让金。有时除直接由政府收取的土地使用权出让金外，还包括拆迁补偿费、安置费、城市基础设施建设费或征地费等。

07.0370 注册城市规划师 registered urban planner
通过全国统一考试，取得注册城市规划师执业资格证书，并经注册登记后从事城市规划业务工作的专业技术人员。

07.0371 城乡规划委员会 commission of urban and rural planning
市政府下设的城乡规划相关工作的审议(查)机构。受市政府委托就城乡规划的重大问题进行审议(查)并向市政府提出审议(查)意见或建议。

07.0372 城乡规划督察员制度 urban and rural planning inspector system
由城乡建设主管部门委派具有规划专业背景和行政领导经验的督察员，通过列席城市规划委员会会议、城市人民政府及其部门召开的涉及督察事项的会议等工作方式，对规划的编制、审批、实施管理工作进行事前和事中监督的制度体系。

07.0373 城市规划编制单位资质 certificate of qualification for compilation of urban planning
城市规划编制单位合法承担城市规划编制业务需要具备的资格。分甲、乙、丙三级。

08. 风 景 园 林

08.01 通 用 术 语

08.0001 园林 garden and park
在一定地域内用工程技术和艺术手段，通过因地制宜地改造地形、整治水系、栽种植物、营造建筑和布置园路等方法创作而成的优美的生态环境良好的自然环境和游憩境域。

08.0002 绿化 greening，planting
栽植植物以改善环境的活动。

08.0003 城市绿化 urban afforestation and greening
栽植植物和利用自然条件以改善城市环境的活动。

08.0004 绿地 open space，green space
以栽植树木花草为主要内容的土地。是城镇和居民点用地中的重要组成部分。主要指城市行政管辖区范围内由公园绿地、附属绿地、防护绿地、园林生产绿地、道路绿地、郊区风景区公园等构成的绿地系统。

08.0005 规则式园林 formal style garden
以文艺复兴时期意大利台地园和 17 世纪中叶法国勒诺特平面几何图案式园林为代表的园林类型。整体设计布局讲究规矩格律，具有明确的轴线和几何对位关系，甚至花草树木都加以修剪成形，并纳入几何关系之中，着重显示园林总体的人工图案美，表现一种为人所控制的有秩序的自然、理性的自然。

08.0006 自然式园林 natural style garden
以中国的自然山水园林为代表的园林类型。整体设计布局的规划完全自由灵活而不拘一格，着重在显示纯自然的天成之美，表现一种顺乎大自然的风景构成规律的缩移和模拟。

08.0007 混合式园林 mixed style garden
按不同地段和不同功能的需要在一座园林中规则式与自然式园林交错混合使用。混合式园林对地理环境的适应性较大，也能适应多种不同活动的需要，在同一个园子里既可有庄严规整的格局，也能有活泼、生动的气氛，二者对比相得益彰。

08.0008 庭园 courtyard garden
在建筑物前后左右或被建筑物包围的场地通称为庭或庭院。经过适当区划后种植树木、花卉、果树、蔬菜，或相应地添置设备和营造有观赏价值的小品、建筑物等以美化环境，供游览、休息之用。现在一般指低层住宅内外、多层和高层居住小区中以及大型公共建筑室内外相对独立设置的园林。

08.02 城 市 绿 地

08.0009 公园 park
供公众游览、观赏、休憩，开展户外科普，文体及健身等活动，向全社会开放，有完善的设施及良好生态环境的城市绿地。

08.0010 专类公园 specific garden
具有特定内容或形式，有一定游憩设施的公园。如植物园、动物园、儿童公园、李大钊公园等。

08.0011 儿童公园 children’s park
单独设置，为少年儿童提供游戏及开展科普、文化活动的公园。

08.0012 动物园 zoo
在人工饲养条件下，异地保护野生动物，供观赏、普及科学知识、进行科学研究和动物繁育，并具有良好设施的绿地。

08.0013 植物园 botanical garden
进行植物科学研究和引种驯化，并供观赏、游憩及开展科普活动的绿地。

08.0014 墓园 cemetery

园林化的墓地。

08.0015 盆景园 penjing garden，bonsai garden

以盆景展示为主要内容的专类公园(注：中国人发明了盆景。国际上日本的盆景比中国的盆景影响较早，西方人随日本称 bonsai，中国人认为盆景是中国人的发明，因而称之盆景。世界盆景年会在中国称 penjing，在日本称 bonsai。对于西方人 penjing 和 bonsai 是一样的。多数西方人只知 bonsai 不知 penjing)。

08.0016 盲人公园 blind's garden

以盲人为主要服务对象，配备以安全的设施，可以进行触觉感知、听觉感知和嗅觉感知等活动的公园。

08.0017 花园 garden

以植物观赏为主要特点的绿地。可独立设园，也可附属于宅院、建筑物或公园内。

08.0018 历史名园 historical garden and park

历史悠久、知名度高、体现传统造园艺术并被审定为文物保护单位的园林。

08.0019 风景名胜公园 famous scenic park

位于城市建设用地范围内，以文物古迹、风景名胜点(区)为主形成的具有城市公园功能的绿地。

08.0020 纪念公园 commemorative park

以纪念历史事件、缅怀名人和革命烈士为主题的公园。

08.0021 带状公园 linear park

沿城市道路、城墙、水系等，有一定游憩设施的狭长形公园。

08.0022 街旁绿地 roadside green space

位于城市道路用地之外，相对独立成片的绿地。

08.0023 岩石园 rock garden

模拟自然界岩石及岩生植物的景观，附属于公园内或独立设置的专类公园。

08.0024 社区公园 community park

为一定居住用地范围内的居民服务，具有一定规模和活动内容及设施的公共绿地。

08.0025 生产绿地 productive plantation area

为城市绿化提供苗木、花草、种子的苗圃、花圃、草圃等圃地。

08.0026 附属绿地 attached green space

城市建设用地中除绿地之外各类用地中的配套绿化用地。

08.0027 居住绿地 green space attached to housing estate，residential green space

城市居住用地内除社区公园之外的绿地。

08.0028 风景林地 scenic forest land

具有一定景观价值，对城市整体风貌和环境起改善作用，但尚没有完善的游览、休息、娱乐等设施的林地。

08.0029 道路绿地 green space attached to urban road and square

城市道路广场用地内的绿地。

08.03 城市绿地系统规划

08.0030 城市绿地系统规划 urban green space system planning

对各种城市绿地进行定性、定位、定量的统筹安排。形成具有合理结构的绿色空间系统，以实现绿地所具有的生态保护、游憩休闲和社会文化等功能的活动。

08.0031 绿化覆盖面积 green coverage area
城市中所有植物的垂直投影面积。

08.0032 绿化覆盖率 greenery coverage ratio
一定城市用地范围内，植物的垂直投影面积占该用地总面积的百分比。

08.0033 绿带 green belt
在城市组团之间，城市周围或相邻城市之间设置的用于控制城市扩展的绿色开敞空间。

08.0034 楔形绿地 green land of wedge
从城市外围嵌入城市内部的绿地，因反映在城市总平面图上呈楔形而得名。

08.04 园 林 史

08.0035 园林史 landscape history，garden history
园林及其相关因素发生、发展和演变的历史。

08.0036 古典园林 classical garden
对古代园林中具有文献记载和实物的，具有典型古代园林风格的园林作品的统称。

08.0037 囿 hunting park，you
中国古代供帝王贵族进行狩猎，游乐的一种园林。是我国最古老的园林形式。

08.0038 苑 imperial park，yuan
在囿的基础上发展起来的，建有宫室和别墅，供帝王居住、游乐、宴饮的一种园林类型。

08.0039 皇家园林 royal garden
古代皇帝享用的，以游乐、狩猎、休闲为主，兼有举行政治活动、居住等功能的园林。

08.0040 私家园林 private garden
古代官僚、文人、地主、富商所拥有的私家宅园。

08.0041 寺庙园林 monastery garden，temple garden
寺庙、宫观和祠院等宗教建筑的附属花园。

08.05 园 林 艺 术

08.0042 园林艺术 garden art
在园林创作中，通过审美创造活动再现自然和表达情感的一种理论和方法。

08.0043 相地 site study planning
中国踏勘选定园林地域的通俗用语。包括园址的现场踏勘，环境和自然条件的评价，地形、地势和造景构图关系的设想，内容和意境的规划性考虑，直至基址的选择确定。

08.0044 造景 landscaping
通过人工手段、利用环境条件和构成园林的各种造园要素创造所需景观的方法。

08.0045 借景 view borrowing
有意识地把园外的景物“借”到园内视景范围中来的设计手法。是中国园林艺术的传统手法之一。

08.0046 园林意境 poetic imagery of garden
通过园林的形象所反映的情感，使游赏者触景生情、产生情景交融的一种艺术境界。

08.0047 透景线 perspective line

在树木或其他物体中间保留的可透视远方景物的空间。

08.0048 季相 seasonal aspect
植物在一年中因其不同的物候进程而在不同季节里表现出来的不同外貌。

08.06 园林规划设计

08.0049 园林规划 garden planning，landscape planning
综合确定、安排一定期限内的园林建设项目的性质、规模、发展方向、主要内容、基础设施、空间综合布局、建设分期和投资估算的活动。

08.0050 园林布局 garden layout
根据计划确定所建园林的性质、主题、内容，结合选定园址的具体情况，进行总体的立意构思，对构成园林的各种重要因素进行综合的全面安排，确定它们的位置和相互之间的关系。是园林设计总体规划的一个重要步骤。

08.0051 园林设计 garden design
建造园林绿地前，把内容、形式的设想和构成的技术措施以技术文件和工程图纸的方式加以具体体现，并对使用的材料、投入的劳力、资金进行计算使其成为工程实施的依据。

08.0052 公园最大游人量 maximum visitors capacity in park
在游览旺季的日高峰小时内同时在公园中游览活动的总人数。

08.0053 地形设计 topographical design
又称“园林地貌创作”。园林用地范围内的峰、峦、坡、谷、湖、潭、溪、瀑等山水地形外貌的设计。是园林的骨架及整个园林赖以存在的基础。按照园林设计的要求，综合考虑同造景有关的各种因素，充分利用原有地貌，统筹安排景物设施，对局部地形进行改进，使园内与园外在高程上具有合理的关系。

08.0054 园路设计 garden path design
确定园林中道路的功能、分级、位置、线形、高程、结构和铺装形式的设计活动。

08.0055 种植设计 planting design
按植物生态习性和园林规划设计的要求，合理配置各种植物以发挥它们的园林功能和观赏特性的设计活动。

08.0056 土壤自然安息角 soil natural angle of repose
土壤在自然条件下，经过自然沉降稳定后的坡面与地平面之间所形成的最大夹角。

08.07 种植设计

08.0057 植物配置 planting arrangement
又称“植物配植”。按照植物生态习性和园林布局的要求，合理安排园林中的各种植物(乔木、灌木、花卉、草皮和地被植物等)，以发挥它们的园林功能和观赏特性。是园林规划设计的重要环节。包括两个方面：一方面是各种植物相互之间的搭配，考虑植物种类的选择，树丛的组合，平面和立面的构图、色彩、季相以及园林意境；另一方面是园林植物与其他园林要素如山石、水体、建筑、园路等相互之间的配置。

08.0058 群植 group planting，mass planting
相同或不同植物的群体组合。使用植物的数量较多，以表现群体美为主，具有“成林”之趣。

08.0059 丛植 clump planting

三株以上植物的组合。是园林中普遍应用的方式，可用作主景或配景，也可用作背景或隔离措施。配置宜自然，符合艺术构图规律，务求既能表现植物的群体美，也能看出植物的个体美。

08.0060 孤植 specimen planting，isolated planting

单株植物的种植。主要显示植物的个体美，常作为园林空间的主景。对孤植植物的要求是：姿态优美，色彩鲜明，体形略大，寿命长而有特色。

08.0061 列植 linear planting

又称“带植”。成行成带的植物栽植方法。多应用于街道、公路的两旁，或规则式广场的周围。如用作园林景物的背景或隔离措施，一般宜密植，形成树屏。

08.0062 对植 opposite planting，coupled planting

对称地种植大致相等数量植物的栽植方法。多应用于园门，建筑物入口，广场或桥头的两旁。

08.0063 散植 scattered planting，loose planting

自由散点的种植方法。主要用作园林及庭院遮阴，填充空地、遮挡死角及景观不佳处零星种植。

08.0064 攀缘绿化 climber greening

藤本植物装饰建筑物、构筑物的绿化形式。除美化环境外，还有增加叶面积和绿视率、阻挡日晒、降低气温、吸附尘埃等改善环境质量的作用。

08.0065 立体绿化 vertical planting

在各类建筑物和构筑物的立面、屋顶、地下和上部空间进行多层次、多功能的绿化和美化。用以改善局地气候和生态服务功能、拓展城市绿化空间、美化城市景观的生态建设活动。

08.08 园林植物和山石

08.0066 园林植物 garden plant

园林中作为观赏、组景、分隔空间、装饰、庇荫、防护、覆盖地面、维护生态平衡等用途的植物。具有体形美或色彩美，适应当地的气候、土壤条件，在一般管理条件下能发挥上述功能者。

08.0067 古树名木 old and valuable tree

泛指树龄百年以上的老树和珍贵、稀有或具有历史、科学、文化价值以及有重要纪念意义的树木。

08.0068 乔木 tree

树干高大，主干与分枝区别明显的木本植物。

08.0069 灌木 shrub

植株矮小、靠近地面枝条丛生，且无明显主干的木本植物。

08.0070 草 grass

有草质茎的植物。茎的地上部分在生长期终了时就枯死。按草本植物生活周期的长短，可分为一年生、二年生及多年生草本。

08.0071 花卉 flower，flowers and plants

通常指具有一定观赏价值的草本植物。广义的花卉还包括草坪植物以及一部分观赏树木和盆景植物。习惯上往往把有观赏价值的灌木和可以盆栽的小乔木包括在内。

08.0072 落叶树 deciduous tree

寒冷或干旱季节到来时，叶枯死脱落的多年

生木本植物。

08.0073 常绿树 evergreen tree
一年四季都有绿叶的多年生木本植物。

08.0074 草花 herb flower
专指具有观赏价值的草本花卉。主要有：一二年生花卉、多年生花卉和球根类花卉。

08.0075 草坪植物 lawn plant
单子叶植物中的禾本科、莎草科的植物。植株矮小，生长紧密，耐修剪，耐践踏，叶片绿色的季节较长，常用来覆盖地面。可使园林不暴露土面，减少冲刷、尘埃和辐射热，增加空气湿度，降低温度和风速等。

08.0076 室内植物 house plant
适合用于室内绿化装饰的植物。一般选择观赏效果好、观赏期长、耐阴性强的种类。

08.0077 人工植物群落 man-made phytocommunity
模仿自然植物群落栽植的、具有合理空间结构的植物群体。

08.0078 攀缘植物 climbing plant
主干茎不能直立，以某种方式攀附于其他物体上生长的植物。

08.0079 地被植物 ground cover plant
株丛密集、低矮，用于覆盖地面的植物。

08.0080 藤本植物 vine
茎长而细弱，不能直立，只能依附其他植物或有他物支撑向上攀升的植物。依茎质地的不同，可分为木质藤本植物和草质藤本植物。

08.0081 行道树 avenue tree，street tree
沿道路或公路旁种植的乔木。

08.0082 庭荫树 courtyard tree，shady tree
植于庭园或公园以取其绿荫为主要目的的树种。一般多为夏季冠大荫浓而冬季人们需要阳光时落叶的落叶乔木。

08.0083 纯林 pure forest
由单一树种组成的树林。

08.0084 混交林 mixed forest
由两个或两个以上树种组成的树林。

08.0085 疏林草地 lawn with woodland
大面积自然式草坪。多由天然林草改造而成，草坪上散生部分林木，多利用地形排水，管理粗放。

08.0086 草坪 lawn
草本植物经人工种植或改造后形成的具有观赏效果，并能供人适度活动的坪状草地。

08.0087 缀花草坪 decorated flower lawn，lawn mixed with flower spot
以多年生矮小禾草或拟禾草为主，混有少量草本花卉的草坪。

08.0088 游憩草坪 recreational lawn
可开放供人入内休息、散步、游戏等户外活动之用的人工草坪。一般选用叶细、韧性较大、较耐踩踏的草种。

08.0089 观赏草坪 ornamental lawn
不开放、不能入内游憩的人工草坪。一般选用颜色碧绿均一，绿色期较长，能耐炎热、又能抗寒的草种。

08.0090 运动草坪 sports lawn
供体育运动所用的草坪。根据不同体育项目的要求选用不同草种，有的要选用草叶细软的草种，有的要选用草叶坚韧的草种，有的要选用地下茎发达的草种。

08.0091 护坡草坪 slope lawn

用以防止水土被冲刷，防止尘土飞扬的人工草坪。主要选用生长迅速、根系发达或具有匍匐性的草种。

08.0092 绿篱 hedge
成行密植、做造型修剪而形成的植物墙。

08.0093 绿墙 green wall
用枝叶茂盛的植物或植物构架，形成高于人视线的园林设施。

08.0094 花篱 flower hedge
用开花植物栽植、修剪而形成的一种绿篱。

08.0095 花径 flower border
用比较自然的方式种植灌木及观花草本植物，呈长带状，主要是供从一侧观赏之用。

08.0096 花坛 flower bed
在一定范围的畦地上按照整形式或半整形式的图案栽植观赏植物以表现花卉群体美的园林设施。

08.0097 模纹花坛 pattern flower bed
由低矮的观叶植物或花叶兼美的植物组成，表现出精美图案或文字的花坛。

08.0098 昆山石 Kunshan stone
产于江苏省昆山市，因而得名。石质粗糙不平，形状奇突空透，色洁白，宜作为盆景或点缀庭园。

08.0099 灵璧石 Lingbi stone
产于安徽灵璧县磬山，属石灰岩，石产于土中，被赤泥渍满，用铁刀刮洗方显本色。石灰色，清润，叩之铿锵有声。可特置几案，亦可掇成小景。灵璧石掇成的山石小品，峙岩透空，多有婉转之势。

08.0100 英德石 Yingde stone
产于广东英德县含光、真阳两地，因此而得名。粤北、桂西南亦有之。属石灰岩，一般为青灰色，亦有白英、黑英、浅绿英等数种。形状瘦骨铮铮，嶙峋剔透，多褶皱的棱角，轻奇俏丽。在园林中多作为山石小景。

08.0101 青黄石 qinghuang stone
色彩上分为青色和黄色的砂岩或变质岩等。呈墩状，形体劣顽，见棱见角，节理面近乎垂直。色橙黄者称黄石，色青灰者称青石。

08.0102 宣石 xuan stone
主产于安徽宁国县，其色洁白，多于赤土积渍，须用刷洗，才见其质。或梅雨天瓦沟下水，冲尽土色。惟斯石应旧，愈旧愈白，俨如雪山也。

08.0103 太湖石 Taihu stone
主产于太湖，因此而得名。属石灰岩，其石特征：形状多样，玲珑剔透，千窍百孔，具有“透、漏、皱、瘦”四大特点，其中以洞庭西山消夏湾一带出产的最著名。

08.0104 房山石 Fangshan stone
又称“*北太湖石*”。因产于北京房山而得名。属砾岩，此石质白中透青，青中含白，犹如雪花落在树叶一般。自身具有雄浑、厚重、敦实的特性。外貌类似太湖石。

08.0105 青云片 qingyun stone
具有片状和极薄的层状结构的一种灰色的变质岩。在园林假山工程中横纹使用，多用于表现流云式叠山。

08.0106 象皮石 xiangpi stone
石块青灰色，常夹杂着白色细纹，表面有细细的粗糙皱纹，很像大象的皮肤，因之得名。

08.0107 石笋 stalagmite
又称“*剑石*”。主要以沉积岩为主，采出后宜直立使用。

08.09 园林建筑及园林小品

08.0108 园林建筑 garden building
园林中供人游览、观赏、休憩并构成景观的建筑物或构筑物的统称。

08.0109 园林小品 small garden ornament
园林中供休息、装饰、景观照明、展示和为园林管理方便游人之用的小型设施。

08.0110 园廊 veranda，gallery，colonnade
园林中屋檐下的过道以及独立有顶的过道。

08.0111 水廊 corridor on water
水边或水上建造的廊，供欣赏水景及联系水上建筑之用，形成以水景为主的空间。有位于岸边和完全凌驾于水上两种形式。

08.0112 楼廊 gallery house
又称“*双层廊*”。便于人们在不同高度观赏景色的廊。

08.0113 水榭 waterside pavilion
供游人休息、观赏风景的临水园林建筑。

08.0114 石舫 boat house
用石建造，供游玩宴饮、观景之用的仿船造型的园林建筑。

08.0115 凉亭 garden pavilion
供游人休息、观景或构成景观的开敞或半开敞的小型园林建筑。

08.0116 园台 platform
利用地形或在地面上垒土、筑石成台形，顶部平整，一般在台上建屋宇房舍或仅有围栏，供游人登高览胜的园林构筑物。

08.0117 月洞门 moon gate
开在园墙上，形状多样的门洞。

08.0118 石洞 stone cave
在园林中用假山石砌筑的洞穴。园林中的石洞一般都是旱洞，也有水洞出现，在平面样式上变化较多，水洞多是将池水或溪涧引入洞中，其间点缀步石或蹬道，供游人行走。

08.0119 拱桥 arch bridge
以拱的结构形式作为上部承重构件的桥梁。

08.0120 石拱桥 stone arch bridge
以石砌筑拱券而成的桥。

08.0121 亭桥 bridge pavilion
桥与亭组合在一起的形式。可供游人遮阳避雨，又增加桥的形体变化。

08.0122 廊桥 corridor bridge
桥与廊组合在一起的形式。可使游人在桥上休息和浏览水面景色。

08.0123 游船码头 terminal
公园中供游人上下游船的岸边设施。

08.0124 花架 pergola，trellis
提供游人遮阴、休憩和观景之用的棚架或格子架。上覆可攀爬植物。

08.0125 汀步 stepping stone on water
在水景布置中或在浅水中按一定间距布设块石，微露水面，使人跨步而过。同时具有点缀水面的作用。

08.0126 水景 water feature
园林中利用水的千变万化，在组景中常用于借声、借形、借色、对比、衬托和协调园林中不同环境，从而构建出不同的富于个性化的园林景观。有自然和人工两种景观。

08.0127 亲水平台 waterside platform

设置于湖滨、河岸、水际，贴近水面并可供游人亲近水体、观景、戏水的单级或多级平台。

08.0128 园椅 garden chair

在园林中为供游人休息所设置的座椅。

08.0129 园凳 garden bench

在园林中为供游人休息所设置的条凳。

08.0130 园灯 garden lamp

园林建筑组景中的灯具。白天可点缀庭园组景，夜间柔和照明，可充分发挥其指示和引导游人的作用，同时亦可丰富庭园的夜色。

08.0131 园林匾额楹联 inscribed tablet in garden

横置门头或墙洞门上的题字横牌。在园林中多为景点的名称或对景色的称颂，以三字四字的为多。楹联往往与匾额相配，或树立门旁，或悬挂在厅、堂、亭、榭的楹柱上。楹联字数不限，讲究词性、对仗、音韵、平仄、意境情趣，是诗词的演变。

08.10 园林工程

08.0132 园林工程 garden engineering，landscape engineering

园林、城市绿地和风景名胜区中除园林建筑工程以外的室外工程。包括体现园林地貌创作的土方工程、园林筑山工程(如掇山、塑山、置石等)、园林理水工程(如驳岸、护坡、喷泉等工程)、园路工程、园林铺地工程、种植工程(包括种植树木、造花坛、铺草坪等)。

08.0133 土方工程 earthwork

依据竖向设计进行土方工程量计算及土方施工、塑造、整理园林建设场地。

08.0134 假山 rockery，rockwork，artificial hill

园林中以造景或登高览胜为目的，用土、石等材料人工构筑的模仿自然山景的构筑物。

08.0135 置石 stone arrangement，stone layout

以石材或仿石材料布置成自然露岩景观的造景手法。

08.0136 掇山 piled stone hill，hill making

用自然山石掇叠成假山的工艺过程。包括选石、采运、相石、立基、拉底、堆叠中层、结顶等工序。

08.0137 塑山 man-made rockwork

用雕塑艺术的手法仿造自然山石将人工材料塑造成假山的园林工程。

08.0138 塑石 man-made rockery

用灰浆或钢筋混凝土等材料制作的人工仿真山石。此法可不受天然石材形状的限制，随意造型，但保存年限较短，色质等也不及天然石材。

08.0139 园林理水 water system layout in garden

造园中的水景处理。原指中国传统园林的水景处理，今泛指各类园林中水景处理。

08.0140 泉瀑 spring and water fall

泉为地下涌出的水，瀑是断崖跌落的水，园林理水常把水源做成这两种形式。水源或为天然泉水，或园外引水或人工水源(如自来水)。泉源的处理，一般都做成石窦之类的景象，望之深邃黝暗，似有泉涌。瀑布有线状、帘状、分流、叠落等形式，主要在于处理好峭壁、水口和递落叠石。

08.0141 渊潭 deep pool and pond
小而深的水体，一般在泉水的积聚处和瀑布的承受处。

08.0142 溪涧 stream
泉瀑之水从山间流出的一种动态水景。宜多弯曲以增长流程，显示出源远流长，绵延不尽。

08.0143 溪流 rivulet
从山里流出来的小股水。是相对比河流窄、水流速度变化多端的自然淡水水流。一般为窄于5m的水流。

08.0144 池塘 pool，pond
成片汇聚的水面。其形式简单，平面较方整，没有岛屿和桥梁，岸线较平直而少叠石之类的修饰，水中植荷花、睡莲、荇、藻等观赏植物或放养观赏鱼类，再现林野荷塘、鱼池的景色。

08.0145 湖泊 lake
大型开阔的静水面。但园林中的湖，一般比自然界的湖泊小得多，基本上只是一个自然式的水池，因其相对空间较大，常作为全园的构图中心。水面宜有聚有分，聚分得体。聚则水面辽阔，分则增加层次变化，并可组织不同的景区。

08.0146 驳岸 revetment in garden
保护园林中水体岸边的工程设施。是园林工程的组成部分，必须在符合技术要求的条件下具有造型美，并同周围景色协调。

08.0147 喷泉 fountain
原是指一种自然景观，是承压水的地面露头。园林中的喷泉，一般是为了造景的需要，人工建造的具有装饰性的喷水装置。经加压后形成的喷涌水流。

08.0148 瀑布 waterfall
原是指一种自然景观，园林中指用景石造型，出水口位落差在1m以上的人造景观。

08.0149 园路工程 garden paving engineering
园林中的道路工程。包括园路布局、路面层结构和地面铺装等的设计。园林道路是园林的组成部分，起着组织空间、引导游览、交通联系并提供散步休息场所的作用。

08.0150 园路布局 road layout
从园林的使用功能出发，根据地形、地貌、风景点的分布和园务活动的需要对园路的综合考虑，统一规划。园路须因地制宜，主次分明，有明确的方向性。

08.0151 园路线形设计 road alignment design
在园路的总体布局的基础上进行，可分为平曲线设计和竖曲线设计。园路的线形设计应充分考虑造景的需要，以达到蜿蜒起伏、曲折有致；应尽可能利用原有地形，以保证路基稳定和减少土方工程量。

08.0152 园路结构设计 road structural design
为保持路面坚固、平稳、耐磨，有一定的粗糙度，少尘土，便于清扫，并能直接承受人流、车辆的荷载和风、雨、寒、暑等气候作用的影响，以保证路面的使用寿命而进行的构造设计。

08.0153 主要园路 main garden road
景园内的主要道路。从园林景区入口通向全园各主景区、广场、公共建筑、观景点、后勤管理区，形成全园骨架和环路，组成导游的主干线。

08.0154 次要园路 secondary garden road
主要园路的辅助道路。呈支架状，沟通各景区内的景点和景观建筑。

08.0155 游步道 path
园路系统的最末梢，供游人休憩、散步、游览的通幽曲径，可通达园林绿地的各个角落，是到广场、园景的捷径。

08.0156 园路台阶 garden road step
当道路坡度过大时(一般超过 12%)，需设梯道来实现不同高程地面的交通联系。

08.0157 磴道 stone step
园林中的一类特殊台阶。当路段坡度超过60°时，须在山石上开凿坑穴形成台阶，并于两侧加高栏杆铁索，以利于攀登，确保游人安全。

08.0158 步石 stepping stone
置于陆地上的天然或人工整形块石，多用于草坪、林间、岸边或庭园等处。

08.0159 铺装设计 pavement design，paving design
为增加园林地面铺砌的美观和艺术性，对园林中道路面层和广场的铺装进行的美化设计。

08.0160 种植工程 planting engineering
有关植物种植的工程。

08.0161 大树移植 big tree transplanting
将胸径在 20cm 以上的落叶乔木和胸径在15cm 以上的常绿乔木移栽到异地的活动。

08.0162 假植 temporary planting
苗木不能及时栽植时，将苗木根系用湿润土壤作为临时性填埋的绿化工程措施。

08.0163 裸根移植 bare root transplanting
根部不带土球的树木移植方法。适用于移植容易成活、干径在 10~20cm 的落叶乔木。

08.0164 带土球移植 transplanting with root
根部带土球的树木移植方法。适用于土球不超过 1.3m，移植不容易成活、干径在 10~15cm 的大树。

08.0165 基础种植 foundation planting
用灌木或花卉在建筑物或构筑物的基部周围进行的绿化、美化栽植。

08.0166 种植成活率 planting survival rate
种植植物的成活数量与种植植物总量的百分比。

08.0167 适地适树 planting according to the environment
因立地条件和小气候而选择相适应的植物品种进行的绿化。

08.0168 造型修剪 pruning
将乔木或灌木作为修剪造型的一种技艺。

08.11 风景名胜区

08.0169 风景名胜区规划 landscape and famous scenery planning
保护培育、开发利用和经营管理风景名胜区，并发挥其多种功能作用的统筹部署和具体安排。一种带有区域规划性质的，以满足人们旅游活动需要为主要目的，以开发、利用、保护风景资源为基本任务的大面积游憩绿地的建设规划。

08.0170 风景名胜 famous scenery，famous scenic site
著名的自然或人文景点、景区和风景区域。

08.0171 风景资源 scenery resource
能引起审美与欣赏活动，可以作为风景游览对象和风景开发利用的事物的总称。

08.0172 景物 scenic feature
具有独立欣赏价值的风景素材的个体。

08.0173 景点 feature spot，view spot
由若干相互关联的景物所构成、具有相对独立性和完整性，并具有审美特征的基本境域单元。

08.0174 景区 scenic zone
根据风景资源类型、景观特征或游人观赏需求而将风景区划分成的一定用地范围。

08.0175 景观 landscape，scenery
可引起良好视觉感受或具有个性特征的景象。

08.0176 游览线 touring route
为游人安排的游览、欣赏风景的路线。

08.0177 环境容量 environmental capacity
在一定的时间和空间范围内所能容纳的合理的游人数量。

08.0178 国家公园 national park
国家为了保护一个或多个典型生态系统和文化遗产的完整性，为生态、旅游、科学研究和环境教育提供场所，而划定的需要特殊保护、管理和利用的自然区域。相当于我国的国家级风景名胜区。

09. 建筑设计

09.01 总图与场地

09.0001 代征地 in-site land for public
城市建设工程沿道路、铁路、河道、绿化带等公共用地安排建设的，建设单位按照有关法规、规章的规定代为征用、统一规划的公共用地。

09.0002 环境评价 environmental assessment
为保护人群健康和生存环境，对污染物(或有害因素)容许含量(或要求)所做的规定，按一定的方法对城市的环境所进行的评定、说明和预测。

09.0003 生态条件 ecological condition
影响生物生存与发展的一切外界因素。

09.0004 开发强度 development intensity
对土地、森林、水力等自然资源进行利用、开拓的力度大小。

09.0005 场地分析 site analysis
对需要建设和利用的场地的条件进行研究，确定场地的本质属性以及场地内各部分之间相互的关系与矛盾。

09.0006 位置 location
场地或建筑物、构筑物等所在或所占的地方。

09.0007 方位 orientation
表示方向和位置。东、西、南、北为基本方位，东北、东南、西北、西南为中间方位。

09.0008 地形 topography
地物和地貌的总称。

09.0009 地貌 land form
地表高低起伏的自然形态(如山川、丘陵、平原等)和不同地质特性的面层与植被(如草原、沙漠、湿地、森林等)。

09.0010 地物 surface feature
地面上各种有形物(如居民点、山川、森林、建筑物、水利工程等)和无形物(如省、县界等)，用规定的符号、图标表示在地形图上的总称。

09.0011 土质条件 soil condition
评价土壤的构造和性质的标准。

09.0012 市政公用设施 municipal utility
保证城市正常生活运转的供水、供电、供热、燃气、交通、邮电、环境卫生等服务的建筑物、构筑物及管理维修设施。

09.0013 洪水位 flood level
汛期内河流超过滩地或主槽两岸地面时急剧上升的水位。多因流域内降雨或融雪而引起。总图场地设计中的洪水位是指依据历年观测资料确定的、某一历时的水位下限，超过此限的水位。

09.0014 交通评价 traffic assessment
根据场地周边道路、车辆、人流等情况，按一定的方法、标准对区域的通达程度所进行的评定、说明和预测。

09.0015 出行方式 trip mode
从出发地向目的地的移动所采取的交通工具或形式。

09.0016 路网密度 density of road network
在一定区域内，道路网的总里程与该区域面积的比值。

09.0017 日照分析 sunlight analysis
结合区域位置及相关规范对于有效日照时间、太阳光线入射角与承照墙面的夹角等限定要求，通过计算机等辅助手段对日照进行的模拟研究。

09.0018 有效日照 effective sunshine
根据建筑气候区划确定的满足居民采光权的日照时间的范围。是判定某地采光是否符合住宅建筑日照标准的参数之一。

09.0019 日照标准 insolation standard
根据各地区的气候条件和居住卫生要求确定的，居住建筑正面向阳房间在规定的日照标准日获得的日照量。是编制居住区规划确定居住建筑间距的主要依据。

09.0020 日照间距 sunshine interval，daylight standard
根据各地区的气候条件和居住卫生要求确定的居住建筑正面向阳房间在规定的日照标准获得一定日照量需要的建筑间距。

09.0021 日照间距系数 coefficient of sunshine spacing
日照间距与前栋建筑物计算高度之比值。

09.0022 基地 plot，site
根据用地性质和使用权属确定的建筑工程项目的使用场地。

09.0023 建筑控制高度 building control high
有关法规或详细规划确定的建筑物室外地坪至檐口不得超出的高度范围。

09.0024 总图设计 site layout
对建筑用地内的建筑布局、道路、竖向、绿化及工程管线等进行综合性的设计。

09.0025 区域位置图 location plan
表示拟建房屋所在地区的范围环境关系的图纸。

09.0026 总平面图 master plan，site plan
表示拟建房屋所在规划用地范围内的总体布置图，并能反映与原有环境的关系和临界的情况等。

09.0027 竖向布置图 vertical planning
表示拟建房屋所在规划用地范围内的场地

各部分标高的设计图。

09.0028 管线综合图 integral pipeline longitudinal and vertical drawing
表示建筑设计所涉及的工程管线平面走向和竖向标高的布置图。

09.0029 交通分析图 traffic analysis drawing
表示建筑周边道路情况以及各种车流、人流关系的图纸。

09.0030 绿化布置图 green layout planning
表示场地范围内植被及环境布置的图纸。

09.0031 土方图 earthwork drawing，earthwork planning
表示拟建房屋所在规划用地范围内场地平整所需土方填挖量的设计图纸。

09.0032 现状图 status chart
表示用地目前状况。包括地形、地物、标高等的图纸。

09.0033 风玫瑰图 wind rose
表示某一地区的风向、风速、频率的特定图案。

09.0034 指北针 north arrow
在总平面图中用以表示北方方位的图例符号。

09.0035 风向频率图 wind direction frequency diagram
根据某一地区多年内各种风向的平均次数占全部风向次数的百分比值，按季节分别在16个罗盘方向上以一定比例绘制出来的图形。

09.0036 风速频率图 wind velocity diagram
又称“风速玫瑰图”。在罗盘方位图上，根据多年各方向的平均风速绘制成的图形。

09.0037 建筑坐标 construction coordinate
确定建筑在城市空间位置的一组数据。

09.0038 建筑间距 building interval
两栋建筑物或构筑物外墙之间的水平距离。

09.0039 建筑规模 building dimension
建筑所具有的体量、格局或范围的大小。

09.0040 构筑物 construction
特种工程结构的通称，指一般不直接在内部进行生产和生活活动的工程实体或附属建筑设施。

09.0041 主体建筑 main building
建筑中起主导作用的体块。

09.0042 附属建筑 attached building
在总图设计中，除起主导作用的建筑外，其他为满足建筑正常使用的辅助工程。

09.0043 预留用地 reserved land
在场地总图设计过程中为后期发展保留的用地。

09.0044 扑救场地 fire fight venue
满足消防车辆靠近建筑物实施灭火作业所需要的用地空间。

09.0045 道路 road
供各种车辆和行人等通行的工程设施。按其使用特点分为公路、城市道路、厂矿道路、林区道路及乡村道路等。

09.0046 回车道 turn-around loop
在路线的终端或路侧，供车辆回转方向使用的空场或环形道路。

09.0047 转弯半径 turning radius
汽车方向盘旋转时按旋转方向外侧的前轮循圆曲线行走轨迹的半径。

09.0048 视距 stopping sight distance
从车道中心线上规定的视线高度，能看到该车道中心线上高为 10cm 的物体顶点时，沿该车道中心线量得的长度。

09.0049 平曲线 horizontal curve
在平面线形中路线转向处曲线的总称。包括圆曲线和缓和曲线。

09.0050 竖曲线 vertical curve
在道路纵坡的变坡处设置的竖向曲线。

09.0051 超高 super elevation
为抵消车辆在平曲线路段上行驶时所产生的离心力，在该路段横断面上设置的外侧高于内侧的单向横坡。

09.0052 路基 subgrade
按照路线位置和一定技术要求修筑的作为路面基础的带状构造物。

09.0053 路面 pavement
用各种筑路材料铺筑在道路路基上直接承受车辆荷载的层状构造物。

09.0054 路肩 shoulder，verge
位于车行道外缘至路基边缘，具有一定宽度的带状部分(包括硬路肩与土路肩)。为保持车行道的功能和临时停车使用，并作为路面的横向支承。

09.0055 路拱 crown
路面横断面的两端与中间形成一定坡度的拱起形状。

09.0056 桥涵 bridge and culvert
为道路跨越天然或人工障碍物而修建的建筑物或构筑物。

09.0057 广场 square
面积广阔的场地。特指城市中的开阔场地。

09.0058 缘石坡道 curb ramp
位于人行道口或人行横道两端，使乘轮椅者避免了人行道路缘石带来的通行障碍，方便乘轮椅者进入人行道行驶的一种坡道。

09.0059 盲道 sidewalk for the blind
在人行道上铺设一种固定形态的地面砖，使视残者产生不同的脚感，诱导视残者向前行走和辨别方向以及到达目的地的通道。

09.0060 行进盲道 go-ahead blind sidewalk
表面上呈条状形，使视残者通过脚感和盲杖的感触后，指引视残者可以直接向正前方继续行走的盲道。

09.0061 提示盲道 warning blind sidewalk
表面呈圆点形状，用在盲道的拐弯处、终点处和表示服务设施的设置等，具有提醒注意作用的盲道。

09.0062 无障碍入口 barrier-free entrance
不设台阶的建筑入口。

09.0063 轮椅坡道 ramp for wheelchair
在坡度和宽度上以及地面、扶手、高度等方面符合乘轮椅者通行的坡道。

09.0064 竖向设计 vertical design
开发建设地区(或地段)为满足道路交通、地面排水、建筑布置和城市景观等方面的综合要求，对自然地形进行利用、改造、确定坡度、控制高程和平衡土方等而进行的规划设计。

09.0065 高程 elevation
以大地水准作为基准面，并作为零点(水准原点)起算地面各测量点的垂直高度。

09.0066 场地标高 ground elevation
拟建房屋所在规划用地范围内的地面某点的高程。

09.0067 等高线 contour line

地形图上高程相等的各点所连成的闭合曲线。

09.0068 地基防护工程 groundwork protection engineering

防止用地受自然危害或人为活动影响造成土体破坏而设置的保护性工程。

09.0069 场地平整 field engineering

使用地达到建设工程所需的平整要求的工程处理过程。

09.0070 土方平衡 equal of cut and fill

在某一地域内挖方数量与填方数量相等或相抵。

09.0071 填方 fill work

场地表面高于原地面时，从原地面填筑至设计场地表面部分的土石体积。

09.0072 挖方 cut work

场地表面低于原地面时，从原地面至设计场地表面挖去部分的土石体积。

09.0073 纵坡 longitudinal slope

路线纵断面上同一坡段两点间的高差与其水平距离之比。以百分率表示。

09.0074 横坡 cross slope

路幅和路侧带各组成部分的横向坡度。即路面、分隔带、人行道、绿化带等的横向倾斜度。以百分率表示。

09.0075 台地 terrace，stage

沿河谷两岸或海岸隆起的呈带状分布的阶梯状地貌。

09.0076 坡比值 grade of side slope

两控制点间垂直高差与其水平距离的比值。

09.0077 护坡 slope protection

为防止用地土体边坡变迁在坡面上所做的各种铺砌和栽植等斜坡式防护工程。

09.0078 管线综合设计 integrated design for utility pipeline

对建设用地范围内各类工程管线的空间位置统筹安排，综合协调工程管线之间以及与城市其他各项工程之间的矛盾而进行的设计。

09.0079 直埋敷设 integral pipetrench

管线铺设入地下壕沟中沿沟底和管线上方覆盖有软土层、且设保护板再埋齐地坪的铺设方式。

09.0080 综合管沟 integral pipe trench

能容纳几种公用设施管线的沟道。

09.0081 高压线走廊 high-tension line corridor

在计算导线最大风编和安全距离情况下，35kV 及以上高压架空电力线路两边导线向外侧延伸一定距离所形成的两条平行线之间的专用通道。

09.02 建筑表现与识图

09.0082 平面图 plan

用一水平的剖切面沿门窗洞位置将房屋剖切后，对剖面以下部分所作的水平投影图。

09.0083 立面图 elevation

在与房屋外墙平行的投影面上所作的房屋正投影图。

09.0084 剖面图 section

用垂直于外墙水平方向轴线的铅垂剖切面，

将房屋剖切面和沿投射方向见到部分所得的正投影图。

09.0085 断面图 section
将物体沿所设方向剖切，其剖切面所得的正投影图。

09.0086 建筑详图 architectural detail
对建筑物的某些部位或房间用较大的比例(一般为 1:20 至 1:50)绘制的详细图样。

09.0087 建筑大样图 architectural detail drawing
又称“节点详图”。对建筑物的细部或建筑构、配件用较大的比例(一般为 1:20、1:10、1:5 等)将其形状、大小、材料和做法详细地表现出来的图样。

09.0088 修正图 revised drawing
对已发出的图纸进行变更的文件。

09.0089 通用设计图 standard design drawing
又称“标准设计图”。在一定条件下可以用于各种不同类别工程的图纸。

09.0090 投影 projection
一个物体在平行光线的照射下，在其背后与光线垂直的面上形成的图像。

09.0091 剖视图 sectional view
将一个建筑或一个物体用平面切开，反映出内部空间情况的透视图形。

09.0092 断裂剖视图 braking sectional view
用平面图以分层断开的方式表现一个物体的构造、构成及做法的图形。

09.0093 正投影法 orthographic projection
平行投影线垂直于投影面时在投影面上形成图像的绘制方法。

09.0094 镜像投影法 mirror image projection
物体在镜面中反映出的图形形象用正投影绘制的方法。

09.0095 轴测图 axonometric drawing
空间物体和确定其空间位置的直角坐标系按平行投影法沿不平行于任何坐标面的方向投影到单一投影面上所得的图形。根据投影时的方向和轴向伸缩系数不同又可分正等测、正二测、斜二测等不同画法。

09.0096 展开立面图 developed elevation drawing
将一个物体各个不同方位的立面展开，表现在同一个平面上的图形。

09.0097 微缩复制图 microcopy
将大尺寸图纸按比例缩小复制在胶片上的图纸。

09.0098 效果图 rendering
准确、直观和真实的表达设计意图在现实环境中状况的图画。

09.0099 透视图 perspective view
人眼与建筑之间有一与地面垂直的透明平面，视线与该平面的交点所构成的图形。

09.0100 鸟瞰图 bird’s eye view
视平线在建筑物高度以上的透视图。

09.0101 建筑环境模型 building environment model
相对于自身以外的周边存在的状况的建筑模型。

09.0102 一点透视 one-point perspective
立方体的一个面平行于画面，另两面垂直于画面，做出的立方体透视图只有一个消失点，称一点透视。

09.0103 二点透视 two-point perspective

立方体的两个面与画面形成角度，另一面与画面垂直，做出的立方体透视有两个消失点，称两点透视。

09.0104 三点透视 three-point perspective
一个立方体三个面均与画面倾斜即画面与地面倾斜，做出的立方体透视有三个消失点，称三点透视。

09.0105 图例 legend
表示设计图中各种物体的符号。

09.0106 索引符号 index symbol
表明图样中的某一局部或构件，如需另见详图时所用的符号。

09.0107 比例 proportion
(1)在绘图中表示图形与其实物相应要素的线性尺寸之比。(2)在建筑的构成中，指物质形态的局部与局部、局部与整体之间的比值关系。

09.0108 比例尺 scale
表明实际物体尺寸与绘制图形尺寸之间比值的符号或制图工具。

09.0109 图纸幅面 drawing size
图纸宽度与长度组成的图面。

09.0110 横式幅面 horizontal sheet style
以长边作为底边的图纸。

09.0111 立式幅面 vertical sheet style
以短边作为底边的图纸。

09.0112 图面代号 drawing sheet size
代表图纸幅面大小的符号。以A0、A1、A2、A3、A4表示。

09.0113 图框 drawing frame
界定图纸内容的线框。

09.0114 标题栏 drawing title column
又称“图标”。工程设计图纸中表示设计情况的栏目。

09.0115 会签栏 signature column
供各专业负责人签字确认本套图纸设计内容的栏目。

09.0116 绝对标高 absolute elevation
以一个国家或地区统一规定的基准面作为零点，此基准面与某一点或面的垂直高度。我国规定以青岛附近黄海的平均海平面作为标高的零点。

09.0117 相对标高 relative elevation
以自主确定的建筑物室内主要地面为零点，此面与某一点或面的垂直高度。

09.0118 坐标 coordinate
确定一个点在线上、面上或空间位置的称谓。

09.0119 尺寸 dimension
用特定单位表示一个物体大小的数值。

09.0120 尺寸线 dimension line
在设计图中标明该部分大小的指示线。由一直线和标明该部分的起止符号组成。

09.0121 尺寸界线 size dimension line
在设计图中标明该部分长度范围的线。

09.0122 尺寸起止符号 dimension start terminate symbol
尺寸线与尺寸界线相交点处的符号。

09.0123 定位尺寸 positioning scale
标明一个物体与某个或数个基准点的相对距离。

**09.0124 均分尺寸 equipartition scale，equal

dimension scale

在总尺寸的范围内各项分尺寸均相等。常用EQ表示。

09.0125 图线 chart

起点和终点间以任何方式连接的一种几何图形，形状可以是直线或曲线，连续和不连续线。

09.0126 字体 font

又称“书体”。文字的风格式样。

09.0127 轴测图线性尺寸 axonometric drawing linear dimension

标明轴测图尺寸的尺寸线，应标注在各自所在的坐标面内，尺寸线应与被注长度平行，尺寸界线应平行于相应的轴测图。

09.0128 引出线 leader line

指向设计图中需详细表述部分的实线。

09.03 计算机辅助设计

09.0129 计算机辅助设计 computer aided design，CAD

利用计算机及其图形设备帮助设计人员进行的设计工作。

09.0130 计算机辅助绘图 computer aided drawing，CA drawing

又称“计算机制图”。利用计算机及其外围设备完成制图工作的原理、方法和过程。

09.0131 计算机辅助工程 computer aided engineering，CAE

计算机在现代生产领域，特别是生产制作业中的应用，主要包括计算机辅助设计、计算机辅助制造和计算机集成制作系统等内容。

09.0132 计算机辅助软件工程 computer aided software engineering，CASE

按科学原理与工程技术方法进行软件开发，并由计算机控制和实现。

09.0133 计算机图学 computer graphics，CG

用计算机作为数据到图形相互转换的原理、方法与技术。

09.0134 计算机协同设计 computer cooperative design

基于计算机、网络支持的多部门、多专业或者多个企业协调和配合进行的设计工作。

09.0135 建筑信息模型 building information model，BIM

以三维数字技术为基础，集成了建筑工程项目各种相关信息的工程数据模型。是对该工程项目相关信息的详尽表达。

09.0136 四维 four dimension，4D

三维加上项目发展的时间。用来研究可建性(可施工性)、施工计划安排以及优化任务和下一层分包商的工作顺序。

09.0137 生成设计 generative design

通过一种类似生物基因编码的转换程序最终形成人工世界的基础理论。是一种科学的艺术创作过程。其运用是一种设计活动，活动的目的不仅仅是要获得一个结果。这是一种可以在计算机上执行的具有基因性质的编码，在基因编码不断演化的过程中可以产生无穷匮尽的形式。

09.0138 参数化设计 parametric design

以约束来表达模型的形状特征，通过从模型中一些主要的定形、定位或尺寸作为自定义变量，修改这些变量的同时由程序计算出并变动其他相关尺寸，从而创建模型。

09.0139 初始图形交换规范 initial graphics exchange specification，IGES

不同计算机辅助设计/计算机辅助制造系统之间图形数据传输的国际标准。

09.0140 产品模型数据交换标准 standard for exchange of product model data，STEP model data

关于产品数据计算机可理解的表示和交换的一个国际标准。提供了一种独立于任何一个计算机辅助设计系统的中性机制来描述经历整个产品生命周期的产品数据。它已成为 ISO 国际标准(ISO 10303)。

09.0141 工业基础类标准 industry foundation class，IFC

计算机辅助设计应用领域内协同工作的国际规范。其为不同软件之间交换数据制定了独立的格式。IFC 标准是一个计算机可以处理的建筑数据表示和交换标准。由资源层、核心层、共享层和领域层 4 个层次构建。

09.0142 结构实体几何表示法 constructive solid geometry，CSG

计算机辅助设计中实体结构最易理解和最重要的表示法之一。它通过实体体素及布尔运算(如并、交、差等)定义一个给定的形体。

09.0143 坐标图形 coordinate graphics

其显示图像是由显示命令和坐标数据产生的一种计算机图形。

09.0144 计算机设计图 computer design drawing

在工程项目或产品进行构形和计算过程中所绘制的图样。

09.0145 计算机设计文件 computer design file

在计算机辅助设计数据库中与一个设计项目有关并能作为一个单独文件直接存取的信息集合。

09.0146 计算机设计阶段 computer design phase

软件生存周期中的一段时间。在这段时间内，产生体系结构，软件组成部分，接口和数据的设计，为设计编辑文件，并对其进行验证，以满足预定需求。

09.0147 计算机优化设计 computer optimization design

利用计算机确定最优设计的过程。以满足最省资源、降低成本、容易维修等要求。

09.0148 显示元素 display element

能用来构成显示图像的基本图形元素。如一个点、一条线等。

09.0149 显示图像 display image

表达显示图素的集合。

09.0150 实体 entity

客观存在并可独立处理的元素。

09.0151 矢量 vector

具有大小和方向的量。在计算机辅助设计中通常指有向线段。

09.0152 视口 viewport

显示空间中预先规定的一部分。

09.0153 模型空间 model space

用于建立模型的环境。通常以 1∶1 的比例在模型空间作图。

09.0154 图纸空间 paper space

又称“布局空间”。提供的专为规划绘图布局的一种绘图环境。用于在绘图输出以前设计模型的布局。

09.0155 相关尺寸标准 associative dimensioning

计算机辅助设计的一种功能。它把尺寸实体与要标准尺寸的几何实体关联起来，可以使尺寸的值随几何实体的改变而自动更新。

09.0156 计算机几何建模 computer geometric modeling

在计算机中表达三维形状，并且形状上可以控制的造型技术。

09.0157 计算机实体模型 computer solid model

利用计算机辅助设计能将物体的内外形状表示得很清楚的一种三维几何模型。

09.0158 图库 graphics library

在计算机辅助设计/计算机辅助制造数据库中存放一些标准的，经常使用的符号、组件、图案或零件作为样板或结构单元，以加速在系统中今后的设计工作，并通常在通用的库名下组成文件。

09.0159 光标 cursor

一个可移动的可见标记。在显示面上用来指示发生操作的位置。

09.0160 网点 grid

在屏幕上用于定位的一组矩阵式分布的点。

09.0161 图层 layer

在计算机辅助设计中存放一组相关实体的数据结构，该结构可控制实体的颜色、线型等的属性及显示方式。

09.0162 世界坐标系 world coordinate system，WCS

用于在应用程序中规定图形输入、输出的笛卡儿坐标。

09.0163 用户坐标系 user coordinate system，UCS

让用户设定坐标系的位置和方向，从而改变工作平面，便于坐标输入。

09.0164 计算机零点 computer coordinate zero

绝对坐标系中定义的坐标原点，即 X、Y、Z 轴交汇处。

09.0165 计算机绝对坐标 computer absolute coordinate

基于原点定位某一点具体位置的一种坐标。

09.0166 计算机相对坐标 computer relative coordinate

相对于前一个点坐标位置的一种坐标。

09.0167 外部参照 external reference

可以将多个图形链接到当前图形中，并且被链接的图形会随着原图形的修改而更新，是一种重要的共享数据的方法。

09.0168 缩放 zooming

改变整个显示图像的比例，以得到部分或整个图纸放大或缩小视觉效果的方法。

09.0169 动态图像 dynamic image

对于每一种处理都能发生变化的部分显示图像。

09.0170 动态运动 dynamic motion

利用计算机辅助设计软件实现的运动仿真，使设计者能在显示屏幕上看到相互作用的三维表示，从而显示出碰撞和干涉现象。

09.0171 虚拟现实 virtual reality，VR

借助于计算机图形图像技术及硬件设备，实现一种人们可以通过视、听、触、嗅等手段感受到的虚拟幻境，使之产生身临其境的交互式视景仿真的技术。

09.0172 虚拟施工 virtual construction

通过应用虚拟现实、计算机仿真等技术对实际施工过程进行计算机模拟和分析，达到对施工过程的事前控制和动态管理，以优化施工方案和风险控制的方法。

09.0173 漫游 panning

不断地使显示图像进行移动，以得到图像运动视觉效果的操作。

09.0174 线框模型 wire frame model

使用一系列线段勾画出来轮廓，用来描述对象形状的一种三维几何模型。

09.0175 线框表示 wire frame representation

用边框表达三维物体的一种模式。这种方法不能消除隐藏线。

09.0176 渲染 render

在电脑制图中是指用软件从模型生成图像的过程。

09.04 建 筑 构 造

09.0177 墙 wall

具有封闭、分割、承重或防护某一区域功能的连续竖直构件。

09.0178 外墙 external wall

用于分隔建筑内部与外部的墙体。

09.0179 内墙 internal wall

建筑物内部的墙体。

09.0180 砌筑墙 masonry wall

以砂浆为主要胶结材料，将砖或砌块按照一定方式砌筑而成的墙体。

09.0181 实体墙 solid wall

用实心的砌筑材料砌筑的实心墙体。

09.0182 空斗墙 rowlock cavity wall

用实心砌筑材料砌筑的空心墙体。

09.0183 空心砌块墙体 hollow unit masonry

用空心砌块材料砌筑的墙体。

09.0184 夹心墙 cavity wall

实体墙中间夹有为增加保温或隔音等功能材料的墙体。

09.0185 幕墙 curtain wall

由金属构架与板材组成的不承担主体结构荷载与作用的建筑外围护结构。

09.0186 玻璃幕墙 glass curtain wall

用金属型材为框格骨架，以玻璃等材料封闭而组成的幕墙。

09.0187 石材幕墙 natural stone curtain wall

面板材料是天然建筑石材的建筑幕墙。

09.0188 金属板幕墙 metal panel curtain wall

面板材料外层饰面为金属板材的建筑幕墙。

09.0189 人造板幕墙 artificial panel curtain wall

面板材料为人造外墙板(包括瓷板、陶板和微晶玻璃等，不包括玻璃、金属板材)的建筑幕墙。

09.0190 外墙外保温系统 thermal insulation system outside external wall

由保温层、保护层和固定材料(胶黏剂、锚固件等)构成并适用于安装在外墙外表面的非承重保温构造的总称。

09.0191 外墙内保温系统 thermal insulation system inside external wall

由保温层、保护层和固定材料(胶黏剂、锚固件等)构成并适用于安装在外墙内表面的非承重保温构造的总称。

09.0192 墙板 wall panel
预制成板状，供吊装用的墙体。

09.0193 隔墙 partition wall
分隔建筑物内部空间，一般不承受外来荷载的墙。

09.0194 固定隔墙 fixed partition
不可移动的隔墙。

09.0195 活动隔墙 movable partition
可以移动或拆除的隔墙。

09.0196 围护墙 enclosure wall
起围合空间作用的墙，以确保该空间获得需要的保护。

09.0197 围墙 boundary wall
分隔建筑群或界定宅院范围的墙。

09.0198 山墙 gable wall
一般指长方形建筑短边的外墙。

09.0199 女儿墙 parapet wall
建筑物外墙高出屋面的部分。

09.0200 压顶 coping
墙顶上保护墙体的覆盖物件。

09.0201 顶棚 ceiling
建筑物房间内的顶板。

09.0202 吊顶 suspended ceiling
又称“悬吊式顶棚”。悬吊在房屋结构层下的顶棚。

09.0203 墙裙 dado
设于室内墙面或柱身下部一定高度的特殊保护面层。

09.0204 踢脚 skirt
设于室内墙面或柱身根部一定高度的特殊保护面层。

09.0205 护角 corner guard
保护建筑内墙体凸角不被破损的一种构件。

09.0206 窗帘盒 curtain box，pelmet box
固定于窗上方用于隐蔽窗帘轨的盒状设施。

09.0207 挂镜线 picture molding
在室内墙面上部为悬挂镜框、画幅而设置的水平线脚。

09.0208 腰线 waist line
在内墙面一定高度上做的墙面装饰线。

09.0209 线脚 molding
建筑中在两种不同材料或两种界面的交界处，设置的由不同线和面组成的线性装饰部件。

09.0210 卷帘 rolling
用页片、栅条、金属网或帘幕等材料制成，可向左右或上下卷动的部件。

09.0211 窗台 window sill
建筑物的窗户内侧下部的台面。

09.0212 勒脚 plinth
在房屋外墙接地面部位特别设置的墙面保护部件。

09.0213 散水 apron
沿建筑外墙周边的地面，为避免建筑外墙根部渗水而做的一定宽度向外找坡的保护构件。

09.0214 防潮层 damp proofing course

为了防止地面及地下水沿着墙体毛细提升水分，在墙的横断面适当的位置设置的一层不透水构造层。

09.0215 勾缝 pointing
用水泥砂浆等材料填堵砌体间的缝隙。

09.0216 洞口 opening
根据使用或施工的要求，在墙体上或楼板预留的孔洞。

09.0217 门垛 door pier
当门安装在垂直于其墙体时为了加强墙体的刚性和方便安装在墙体上做出的壁柱。

09.0218 托座 bracket
俗称“牛腿”。一种悬臂的结构构件，以承受上部的梁或板传递下来的荷载。

09.0219 壁炉 fireplace
依着墙壁砌成的生火取暖的设备。有烟道通向室外。

09.0220 窗井 window well
为使地下室获得采用通风，在外墙外侧设置的一定宽度的下沉空间。

09.0221 管道井 pipe shaft
建筑物中专门用于排布和隐藏各种管道的垂直井道。

09.0222 检修井 inspection chamber
专门用于让专业人员到达某特定区域，对建筑物本身或对所安装设备进行维修的通行井道。

09.0223 手孔 hand hole
在墙体上预留的可供手工操作的检修孔。

09.0224 明沟 open drain，drainage
地表面设置的排水槽。

09.0225 通风道 ventilation stack
建筑物内用于组织进排风的管道。

09.0226 排烟道 smoke vent
排除建筑物内有害烟气的管道。

09.0227 雨篷 canopy
建筑物入口上方为遮挡雨水而设的部件。

09.0228 遮阳 sunshade
阻挡阳光直接照射。

09.0229 综合遮阳 comprehensive sunshade
同时采用水平遮阳和垂直遮阳方式以提高遮阳效率的遮阳方式。

09.0230 变形缝 deformation joint
防止建筑物在某些因素作用下引起开裂甚至破坏而预留的构造缝。

09.0231 伸缩缝 expansion joint
又称“温度缝”。为防止建筑物构件因温度和湿度等因素的变化如胀缩变形而设置的缝隙。

09.0232 沉降缝 settlement joint
为防止建筑物由于荷载或地基的不同而引起不均匀沉降在建筑物上设置的缝隙。

09.0233 施工缝 construction joint，working joint
因施工组织需要在施工单元分区间留设的缝。施工缝并不是一种真实存在的“缝”，它只是因后浇混凝土超过初凝时间，而与先浇注的混凝土之间存在的一个结合面。

09.0234 空铺地面 raised flooring
将地面的面层架空铺设在结构层上的地面。

09.0235 实铺地面 solid flooring
将地面的面层用某种结合物直接铺设在结

构层上的地面。

09.0236 活动地面 movable floor
可根据不同使用要求改变楼面布局的地面。

09.0237 浮筑地面 floating floor
在楼板基层与面层之间设弹性垫层，并在楼板与墙交接处采取隔离措施，避免刚性连接，消除振动传递，增强隔音效果的地面。

09.0238 不发火地面 non-sparkling floor
用铁质器物从 3m 高自由落下撞击、不产生火花的地面。通常用水泥和粒径 3~5mm 石渣为骨料做成。

09.0239 绝缘楼地面 insulated floor
采用可以隔绝电流的材料铺设的地面。

09.0240 网络地面 network floor
在结构楼板上铺设的具有阻燃、耐腐蚀、强度高、抗静电等特点的架空或预制地面板材地面。供自由布线和放置设备用。

09.0241 抗静电地板 static resistant floor
又称“耗散静电地板”。当接地或链接到任何较低电位时，使电荷能够耗散的地板。电阻在 $10\sim1.0\times10^{5}\Omega$之间。

09.0242 采暖地板 heating floor
通过埋设于地面下的加热管，把地板加热到表面温度 18~32℃而均匀地向室内辐射热量达到采暖效果的地面。

09.0243 运动地面 sport floor
供人们活动的地面。其特点一是在不妨碍其动作的前提下，最大程度的保证其安全；二是能够提供良好的运动功能。

09.0244 种植地面 planting floor
用网状的混凝土砌块铺砌的地面。网孔处可种植植物，多用于室外停车场。

09.0245 透水地面 permeable floor
可以渗透水分的硬质地面。多用于室外人行道、广场、轻型车道等。

09.0246 垫层 underbed
设于承载荷载的结构构件之上，找平、承受并传递上部荷载的构造层。

09.0247 结构层 structural floor，structural layer
在屋面或楼面中承受自重和作用在它上面的其他荷载的构造层。

09.0248 找平层 leveling layer
屋面或楼地面中，在结构层或保温层上起平整作用的构造层。一般采用水泥砂浆等材料。

09.0249 结合层 binding course
在屋面、地面或墙面中，面层与下面的构造层之间起连接作用的构造层。

09.0250 面层 surface finish
构造层中直接承受物理和化学作用的表面层。

09.0251 地龙墙 sleeper wall
用来支撑地面面层及其附属构件的，以形成架空地面层的矮墙。

09.0252 隔声层 soundproof course
采用特定的材料阻挡声音穿过某一建筑构件的构造层。

09.0253 管道敷设层 pipe laying course
多层建筑中仅为敷设管道或安放设备的夹层。

09.0254 屋顶 roof
建筑物顶部起遮盖作用的围护部件。包括用

于支撑屋顶的结构框架。

09.0255 坡屋顶 pitched roof
具有单个或多个斜坡面的屋顶。

09.0256 平屋顶 flat roof
没有坡度或仅有可供排除雨水的极小坡度的屋顶。

09.0257 孟莎式屋顶 mansard roof
由法国人孟莎(J. H. Mansart)创造的一种折面式坡屋顶，上部坡度较缓，下部坡度较陡，便于屋顶空间利用和排除雪荷载。

09.0258 屋面 roofing
屋顶的外围护部分，应具有防水、排水、保温、隔热等基本功能。

09.0259 封檐板 fascia board，barge board
设置在坡屋顶挑檐或山墙挑檐外侧，椽端瓦下的通长木板。山墙挑檐的封檐板称为封山板。

09.0260 斜脊 hip
两个夹角小于180°的斜屋面相交形成的凸棱。

09.0261 檐口 eaves
又称“屋檐”。屋面与外墙墙身的交接部位。

09.0262 挑檐 overhanging eaves
建筑屋盖挑出墙面的檐口。

09.0263 泛水 flashing
建筑外露结构在水平面与垂直面交接处为了防止雨水渗漏而采用的一种防水工艺。通常用金属或不透水的其他材料做成“∟”型或“⏋∟”型构件安装处理。

09.0264 闷顶 loft
坡屋面的建筑顶层天花板和坡屋面之间不能进入使用的空间。通常设有通风口和入孔。

09.0265 阁楼 attic
常在坡屋面建筑的顶层，利用坡屋面下与顶层楼板之间的空间用于居住或进行其他活动，此空间称为阁楼。或房间的空间较高，在中间重新制作的一层楼板。

09.0266 架空通风屋面 ventilated roof
由面层、可通风的中间层及基层组成。一般在层面上用砖或混凝土垫块架空铺设一层覆盖材料，如大阶砖或混凝土板，形成可以通风和阻碍太阳辐热作用的屋面。

09.0267 屋面防水 roof water proofing
防止雨水渗漏的屋面构造。

09.0268 地下室防水 basement waterproofing
为防止地面水渗透和地下水侵蚀，在地下室的外墙、底板和顶板处采取的防水措施。

09.0269 屋面排水 roof drainage system
使屋面雨水顺畅安全排除。

09.0270 刚性防水屋面 rigid water proof roof
采用弹性模量极小且密实性高的材料作为防水层的屋面。

09.0271 柔性防水屋面 flexible water proof roof
由具有弹性的卷材或涂料作为防水层的屋面。

09.0272 拒水粉防水粉屋面 water-proof roofing with water-repellent compound layer
采用具有憎水作用的拒水粉为主体，上加保护层构成的防水屋面。

09.0273 屋面保护层 roof protective course
为防止防水层或保温层被破坏，在其上部铺设的一层较坚硬的构造层。

09.0274 保温层 insulation layer
防止室内热量通过外围护结构向外散失的构造层。

09.0275 隔热层 isolation layer
防止热量通过维护结构传入室内的构造层。

09.0276 冷底子油 adhesive bitumen primer
由沥青加溶剂调制而成的涂刷在屋面防水层下部的基层处溶剂。可封闭基层毛细空隙，提高防水能力，同时也便于沥青油毡防水层的黏结。

09.0277 屋面无组织排水系统 roof non-organized drainage system
屋面雨水直接从挑出外墙的檐口自由落下至地面的排水方法。

09.0278 屋面有组织排水系统 roof organized drainage system
屋面雨水沿一定方向流入檐沟或天沟，再通过雨水口、雨水斗、落水管排至地面的排水方法。

09.0279 天沟 gutter
屋面上用于排除雨水的流水沟。

09.0280 内排水 internal drainage
屋面雨水通过设置在建筑物内部的水落管排放。

09.0281 外排水 external drainage
屋面雨水通过设置在建筑物外部的水落管排放。

09.0282 屋顶雨水口 roof drain
用于接收屋顶表面聚集的雨水并将其排入雨水主管或水落管的落水口。

09.0283 雨水口 scupper
又称“落水口”。供屋面雨水下泄的洞口。

09.0284 水落管 down spout，drain spout
又称“雨水管”。排除屋面雨水的竖向排水管。

09.0285 水簸箕 drainage dustpan，splash block
位于屋面或地面雨水管正下方，避免雨水直接冲刷屋面或地面的构件。

09.0286 分水线 water parting
又称“分水脊”。在屋面和天沟的排水坡中，两个不同方向排水面的交接线。

09.0287 咬口缝 lock seam
金属防水屋面板与板的连接方式。把两个相邻板两边向上折起，互相靠紧后沿同一方向折叠，然后将咬口部分压平而成。

09.0288 立缝 standing seam
金属防水屋面板与板的连接方式。把两个相邻板两边向上折起，然后将其上部往同一方向折叠数次而成。

09.0289 门 door
位于建筑物外部或内部两个空间的出入口处，可以启闭的建筑部件。用于联系或分隔建筑空间。

09.0290 外门 external door
分隔建筑物室内、外空间的门。

09.0291 内门 internal door
分隔建筑物两个室内空间的门。

09.0292 安全门 exit door，escape door
又称“逃生门”。用于人员疏散的门。

09.0293 平开门 side-hung door
转动轴位于门侧边，门扇向门框平面内或外旋转开启的门。

09.0294 推拉门 sliding door
门扇在平行门框的平面内沿水平方向移动

启闭的门。

09.0295 折叠门 folding door
用合页(铰链)连接的多个门扇折叠开启的门。

09.0296 转门 revolving door
单扇或多扇沿竖轴逆时针转动的门。

09.0297 卷门 rolling door
用页片、栅条、网格组成，可向左右、上下卷动开启的门。

09.0298 自动门 automatic door
由各种信号控制自动启闭、并具备运行装置、感应装置及门体部件的总称。

09.0299 防火门 fire door
能满足耐火稳定性、耐火完整性和耐绝热性的门。

09.0300 防火卷帘 fire resisted shutter
以钢质材料作为帘板、导轨、座板、门楣、箱体等，并配以卷门机和控制箱所组成的能符合耐火完整性要求的卷帘。

09.0301 门框 door frame
又称“门樘”。支承和安装门扇的构件。由边框和上框组成，固定于门洞口的结构上。

09.0302 门扇 door leaf
门的部件中可以开启和关闭的部分。

09.0303 筒子板 jamb lining
门窗洞口侧面墙体的护面装饰板。

09.0304 门槛 door sill
门框下部的构件，用以遮挡门内外空间。

09.0305 窗 window
为采光、通风、日照、观景等用途而设置的建筑部件。通常设于建筑物的墙体上。

09.0306 外窗 external window
分隔建筑物室内、外空间的窗。

09.0307 内窗 internal window
分隔建筑物两个室内空间的窗。

09.0308 凸窗 bay window
突出在建筑物表面的一扇或几扇窗。

09.0309 组合窗 combination window
由两樘或两樘以上的单体窗采用拼樘杆件连接组合的窗。

09.0310 高侧窗 clerestory window
在一面高出相邻屋顶的墙的上部开启的窗。

09.0311 间接采光窗 borrowed light window
内墙或隔墙中供采光的窗。

09.0312 门亮子 transom window
门上端用于采光、通风的可开启部分和固定部分。

09.0313 换气窗 vent window
窗扇中附加的开启小窗扇。作为换气用。

09.0314 逃生窗 escape window
用于人员紧急疏散的窗。

09.0315 观察窗 observation window
用于观察另一空间的外窗或内窗。

09.0316 橱窗 show window
用于陈列或展示物品的外窗或内窗。

09.0317 平开窗 side-hung window，casement window
合页(铰链)装于窗侧边，窗扇向内或向外旋转开启的窗。

09.0318 滑轴平开窗 sliding projecting casement window

窗扇上下装有折叠合页(滑撑)，向室外或室内产生旋转并同时平移开启的平开窗。

09.0319 提拉窗 vertical sliding sash

窗扇在窗框平面内沿垂直方向移动开启和关闭的窗。

09.0320 推拉窗 horizontal sliding sash

窗扇在窗框平面内沿水平方向移动开启和关闭的窗。

09.0321 折叠推拉窗 sliding folding window

多个用合页(铰链)连接的窗扇沿水平方向折叠移动开启的窗。

09.0322 推拉下悬窗 double tilting sliding sash

开启扇可分别采取下悬和水平移动两种开启形式的推拉窗。

09.0323 内平开下悬窗 tilting and turning sash

开启扇可分别采取内平开和下悬开启形式的窗。

09.0324 立转窗 vertical pivot casement

旋转轴垂直安装于窗扇的中部，窗扇可转动启闭的窗。

09.0325 老虎窗 dormer

坡屋顶向外支建的一种突出结构，并装有垂直地面的窗。

09.0326 采光屋顶 roof light

在平屋顶或坡屋顶上，延屋面方向装有可供采光窗的屋顶。

09.0327 天窗 skylight

设在屋顶上垂直于地面安装的可供采光的通风的窗。

09.0328 防火窗 fire window

隔离和阻止火势蔓延且能满足耐火稳定性、耐火完整性和耐绝热性的窗。

09.0329 楼梯 stairs

上下楼层之间通行的建筑部件。由连续的梯段，休息平台和维护安全的栏杆(或栏板)、扶手以及相应的支托结构组成。

09.0330 剪刀式楼梯 scissor stairs

又称“桥式楼梯”。由一双方向相反，楼梯平台共用的双跑平行梯段组成的楼梯。

09.0331 交叉式楼梯 intersecting stairs, staggered stairs

又称“叠合式楼梯”。在同一楼梯间内，由一对相互重叠而又不连通的单跑或双跑直上梯段构成的楼梯。

09.0332 直爬梯 catladder, vertical ladder

与地面夹角为90°的楼梯。

09.0333 开敞式楼梯 open staircase

突显在公共活动空间的楼梯。

09.0334 封闭式楼梯 enclosed staircase

设置在四面围合并带有门的空间内的楼梯。

09.0335 防烟楼梯间 smoke-prevention stairwell

高层建筑物中当发生火警时保证人们安全疏散的一种设施。其入口处应设有一定面积的防烟前室或阳台、凹廊，并设有排烟设施。与建筑物内使用空间用耐火建筑物件分隔，其门应为乙级防火门。

09.0336 封闭楼梯间 enclosed stairwell

多层建筑物中，当发生火警时保证人们安全疏散的一种设施。用耐火建筑物件分隔，能防止烟和热气进入的楼梯间。应靠外墙，并应直接天然采光和自然通风，入口门应为乙级防火门。

09.0337 梯段 flight
一个楼梯中连接两个平台并由若干个踏步组成的构件称一个梯段。

09.0338 台阶 steps
联系室内外地坪或楼层不同标高由踏步组成的阶梯型构件。

09.0339 踏步 step
上下楼梯时供脚踏的支承件。

09.0340 踏板 tread
又称“踏面”。楼梯踏步的水平面。

09.0341 踏步立板 riser
又称“踢面”。楼梯踏步的垂直面。

09.0342 防滑条 reeding，non-slip step
在楼梯踏步前缘设置的耐磨防滑的条状附件。

09.0343 楼梯平台 stair landing
又称“休息平台”。连接两个梯段的水平构件。

09.0344 楼梯栏杆 railing balustrade
楼梯的梯段和平台边缘处设置的防护构件。

09.0345 扶手 handrail
栏杆上部供人手扶的构件。

09.0346 楼梯地毯压条 stair rod
对铺设在楼梯踏步上软质卷材起固定和压制作用的部件。

09.0347 自动扶梯 escalator
以电力驱动，自动运送人员上下楼层的阶梯式机械装置。

09.0348 自动人行道 moving pavement
以电力驱动，水平或斜向自动运送人员的步道式机械装置。

09.0349 电梯 elevator
以电力驱动，运送人员或物品，作为垂直方向移动的机械装置。

09.0350 医用电梯 hospital elevator
又称“病床电梯”。为运送病床、担架(包括病人)和医疗设备而设计的电梯。

09.0351 观光电梯 observation elevator，panorama lift
具有垂直运输及观光双重功能，可供乘客在轿厢内凌空观览室内外景物的电梯。

09.0352 消防电梯 fire lift，emergency elevator
在高层建筑中设置的一种电梯，平时可供正常使用。当发生火警时由消防人员控制，进行消防扑救活动专用的电梯。

09.0353 双层电梯 double deck elevator
电梯轿厢为双层、可同时停靠在上下相邻的两个楼层，以提高运输能力的电梯。

09.0354 食梯 dumbwaiter
用来传递食品及餐具的升降设备。多用于厨房。

09.0355 高区电梯 high-zone elevator
在高层或超高层建筑中，电梯分段停靠，仅在高区停靠的电梯。

09.0356 低区电梯 low-zone elevator
在高层或超高层建筑中，电梯分段停靠，仅在低区停靠的电梯。

09.0357 电梯速度 elevator speed
电梯在井道中，上下行驶的额定速度。一般

可分为：低速行驶≤1m/s，快速行驶≤2m/s，高速行驶≤5m/s，超高速行驶>5m/s。

09.0358 群控电梯 group elevator
多台电梯集中排列时，按动召唤按钮后，按规定程序集中调度和控制的电梯。

09.0359 电机驱动电梯 electric elevator
牵引机为普通卷扬机的电梯。一般将其和控制屏设在电梯井道的顶部专门机房内。

09.0360 液压电梯 hydraulic elevator
以液压升降机为驱动主机的电梯。一般将其设在井道底的机坑内。

09.0361 无机房电梯 machine-roomless elevator，elevator without engine room
电梯的牵引机、控制屏、限速器设置在井道等处或用其他技术取代的无专门电梯机房的电梯。

09.0362 升程 rise travel
从电梯前最低等候平台至最高等候平面间的垂直距离。

09.0363 电梯轿厢 elevator car
电梯中运送承载乘客或货物的部件。

09.0364 电梯底坑 elevator pit
电梯底层端站楼面下供安装、检修和缓冲的井道部分。

09.0365 电梯对重 elevator counterweight
又称"平衡锤"。在牵引电梯中用以平衡轿厢重量和部分电梯负载重量以减少电机能量损耗的部件。

09.0366 电梯缓冲器 elevator buffer
当电梯失控时可缓解其冲击力的安全设备。一般设置在电梯底坑中。

09.05 室 内 设 计

09.0367 配饰 accessory
(1)用于美化或强化环境视觉效果的、具有一定使用功能或观赏价值的物品。(2)室内装修完成后，运用易更换易变动位置的家具、灯具、装饰织物、书画、花卉绿植、装饰工艺品等对室内进行陈设与布置。

09.0368 室内陈设 interior display
运用艺术品、工艺品、书画、盆景、古玩、玩具，家具、灯光、装饰织物、家用电器、日用器皿、插花等装饰，赋予室内空间艺术氛围。

09.0369 室内装饰 interior decoration
环境艺术的一个门类。运用室内陈设对室内进行美化，满足人们生理和心理需求的工作。

09.0370 公装 finishing and decoration of public building
公共建筑的装饰装修。

09.0371 家装 finishing and decoration of house
住宅家庭的装饰装修。

09.0372 精装修 fine fitment
对公共建筑和住宅室内进行精细、深入的装修。通常指建筑主体结构完成后，土建公司做完了初装修，即基层装修，含机电设备及系统主要管线安装完毕后，移交装饰装修公司进行的工作。

09.0373 外檐装修 exterior finish work
对处于室外或分隔室内外的门、窗、户、牖等木构件的安装制作。

09.0374 内檐装修 interior finish work

对装置在室内的门、罩、屏风、隔断、天花、藻井等装修。

09.0375 壁画 fresco

用于装饰壁面的画。按照制作方式可分为绘画和工艺两大类。

09.0376 建筑画 architectural drawing

通过绘画形式来表现建筑物室内外环境的画种。一般可以分成两种：一种是建筑写生绘画；另一种是辅助建筑设计、室内设计、建筑环境设计的表现图。

09.0377 窗帘 curtain

用不同的材料制作的，用于保护隐私、调节光线、调控制温度、阻隔声音、遮挡灰尘、美化空间的装置。

09.0378 壁挂 wall hanging

悬挂于墙壁上的装饰工艺品。如挂屏、壁毯、软雕塑、壁挂等。

09.0379 家具 furniture

(1)广义的家具是指人类维持正常生活、从事生产实践和开展社会活动必不可少的一类器具。(2)狭义家具是指在生活、工作或社会实践中供人们坐、卧或支撑与储存物品的一类器具与设备，家具不仅是一种简单的物质功能产品，而且是一种广为普及的大众艺术，既满足某些功能要求，又要满足供人们观赏、使人们接触和使用过程中产生某种审美快感和引发丰富联想的精神需求。

09.0380 明式家具 Ming dynasty furniture

一般是指我国明代至清代早期(约公元15~17世纪)所生产的，以花梨木、紫檀木、红木、铁力木等为主要用材的硬木家具。由于形成的年代主要在明代，故把这种风格的家具通称“明式家具”。

09.0381 清式家具 Qing dynasty furniture

清代中叶以后形成的一种家具。“清式家具”造型厚重、形体庞大，制作手法汇集了雕刻、镶嵌、髹漆、彩绘、堆漆、剔犀等多种手工技艺，繁纹重饰。

09.0382 床 bed

供人睡卧的家具。传统家具床种类很多：有平台床、围床、栏杆床、架子床、屏风床、拔步床、屋床、罗汉床、竹床、龙床。日常生活中有折叠床、席梦思床、单人床、双人床、双层床等。

09.0383 榻 platform，daybed

俗称“罗汉床”。一种狭长而较矮的木制可坐可卧的家具。是一种中国传统卧具式样。常见的有：独榻、带屏依的榻、合榻、贵妃榻、弥勒榻等。

09.0384 桌 table

一种上有平面称桌面、下有桌腿支柱的家具。古代桌也写作“卓”或“棹”。在桌面上可放置摆设或进餐或进行各种操作。桌按功能可分为书桌(写字台)、餐桌、供桌、牌桌等。按形式可分为如圆桌、方桌(八仙桌)、长桌、琴桌、炕桌等。

09.0385 几 [stand] small table

一种小或矮的桌。古代有两种用途，一是在人们席地而坐时供倚靠用；另外一种用途是供搁置茶杯、食具等物品用。

09.0386 架 [stand] shelf

用立柱支撑杆件或平板形成可挂物或放置物品的家具。架是架格类家具。如：衣架、镜架、巾架、盆架、博古架、书架、灯架等。

09.0387 案 long table

古代端食物用的矮脚木盘。是放置东西的家具，案面板狭长，案腿多缩进案面，是一种狭长的桌。用途略同几。在传统家具里常见的案有：条案(翘头案、平头案、卷书案)、画案、矮足案、高足案、架几案等。此外，如裁缝用的、厨房中切肉和面用的支架起来的长大的板也称案，如肉案、面案等。

09.0388 椅 chair
有靠背的坐具。可分为有扶手和无扶手两类。

09.0389 沙发 sofa
装有弹簧或软垫的一种靠背椅。

09.0390 凳 bench，stool
有腿无靠背的一种坐具。

09.0391 墩 drum shaped seat
一种鼓形小坐具。常用石、瓷、琉璃等材料制成。也有藤墩、树根墩等。与凳的主要区别是：凳的坐面是以凳腿为支撑的，而实心墩的坐面与支撑物混为一体，空心的墩坐面由侧帮支撑。墩常用于室外、也可用于室内。

09.0392 柜 cabinet
用来收藏衣物、书籍文件等杂什的家具。通常为长方形，有盖或有门，多为木制或铁制。常见的有衣柜、五斗柜、床头柜、书柜、酒柜、保险柜等。

09.0393 橱 closet
放置衣被什物、前开门、具有多种储藏用途的一种家具。橱与柜的形态和用途都很相近。常见的橱有：书橱、壁橱、衣橱等等。

09.0394 箱 case
收藏衣物或其他什物的方形或长方形家具。

09.0395 屏风 folding screen
室内用以挡风或遮挡视线的家具。多由可以折叠的单片框架结构组成，也起着分割室内空间的作用，是传统室内陈设常用的物件。

09.0396 实木家具 wooden furniture
由天然木材制成的家具。家具表面一般涂刷清漆或亚光漆等，能清晰地看到木材的天然色泽和纹理。

09.0397 金属家具 metal furniture
主要部件采用金属为原材料制作的家具。

09.0398 塑料家具 plastic furniture
主要采用塑料为制作原材料的家具。

09.0399 竹家具 bamboo furniture
以竹材为主要材料通过一定的制作工艺而做成的家具。是我国南方广泛使用的家具之一。

09.0400 藤家具 rattan furniture
采用自然藤木为主要原料制作的家具。是我国具有民间传统特色的家具之一。

09.0401 玻璃家具 glass furniture
主材是以高硬度的强化玻璃为主材的家具。大多玻璃家具由玻璃与木质或金属支托组成。

09.0402 充气家具 inflatable furniture
利用薄膜材料的张拉力和薄膜内外的气压差制造的家具。具有装运、打扫、清洗便利的特点。

09.0403 框式家具 frame-type furniture
家具按结构分类的一种，典型的中国传统家具结构类型。主要有两种构成形式：一种是由家具的立柱和横木组成的木框来支撑所有荷载；另一种如同一个箱体结构，由家具的周边组成一个框架，在框架内嵌板，分担横撑和竖撑所承受的荷载。

09.0404 板式家具 panel-type furniture

由木质人造板(纤维板、刨花板、胶合板、细木工板等)作为基材，进行表面贴面等工艺，用五金连接件组合而成的家具。

09.0405 折叠家具 folding furniture

现代家具品种之一。特点是组成家具的主要部件可以伸缩、折叠、重合，其目的是变换使用功能或便于携带、运输和储存。

09.0406 拆装家具 furniture disassembly

仅提供产品全部的零部件，现场由厂家或消费者根据设计要求自行组装成成品的家具。以便于运输。

09.0407 组合家具 combination furniture

又称“积木式家具”。根据板式家具的特点，以模块的形式拼装组合的一类家具。可以按照不同使用功能及空间需要组合，一物多用，能合能分，形态可变。

09.06 标志与色彩

09.0408 标志 sign，mark symbol，emblem

用图形符号表示规则的一种方法。它用一目了然的图形符号，以通俗易懂的方式表达、传递有关规则信息，而不依赖于语言文字。起识别、诱导、禁止、提醒、指出、说明、警告等作用。

09.0409 安全标志 safety sign

引起人对安全因素的注意，预防事故发生的标志。由安全色、几何图形、符号及辅助文字等组成。

09.0410 警告标志 warning sign

促使人们提防可能发生的危险的标志。其颜色为黄底、黑边、黑图案，形状为等边三角形。

09.0411 禁止标志 forbidden sign

不准许或制止某种行动的标志。基本形式是带斜杠的圆环。

09.0412 提示标志 prompt sign

提供目标所在位置与方向的信息。一般提示标志的背景用绿色，图形及文字用白色。消防设备提示标志的背景用红色，图形及文字用白色。

09.0413 位置标志 location sign

由图形或文字形成的用于表示设施、场所、服务等所在位置的公共信息标志。

09.0414 导向线 guidance line

设置在地面或墙面，用于指示路线方向的有颜色的线条标志。

09.0415 交通流线节点 intersection

导向系统中导向路线与其他路径的交汇处或行进方向的变更处。

09.0416 符号 symbol

表达一定事物或概念，具有简化特征的视觉形象。

09.0417 文字符号 letter symbol

由字母、数字、汉字或其组合形成的符号。

09.0418 图形符号 graphical symbol

以图形或图像为主要特征的视觉符号。用来传递事物或概念对象的信息。

09.0419 图形标志 graphical sign

图形符号、文字、边框等视觉符号的组合。以图像为主表达特定信息。

09.0420 通用符号 common symbol
适用多个领域、专业或普遍使用的图形符号。

09.0421 专用符号 special symbol
只适用某个领域、专业或专为某种需要而使用的图形符号。

09.0422 详细符号 detailed symbol
表示对象的功能、类型和(或)外部特征等细节的图形符号。

09.0423 简化符号 simplified symbol
省略部分符号细节的图形符号。

09.0424 一般符号 general symbol, basic symbol
又称“基本符号”。表示一类事物或其特征，或作为符号族中各个图形符号组成基础的较简明的图形符号。

09.0425 特定符号 specific symbol
将限定要素或其他符号要素附加在一般符号之上形成的含义具体的图形符号。

09.0426 符号族 symbol family
使用具有特定含义的图形特征表示共同概念的一组图形符号。

09.0427 简图用符号 symbol for diagram
表示系统或设备各组成部分之间相互关系的技术产品文件用的图形符号。

09.0428 标注用符号 symbol for indicating
表示在产品设计、制造、测量和质量保证等全过程中涉及的几何特性(如尺寸、距离、角度、形状、位置、定向等)和制造工艺等的技术产品文件用的图形符号。

09.0429 显示符号 display symbol
呈现设备的功能或工作状态的用于设备的图形符号。

09.0430 控制符号 control symbol
作为操作指示的设备用图形符号。

09.0431 图标 icon
呈现在屏幕或显示器上的设备用图形符号。可分静态图标、根据用户的输入改变的交互式图标和根据设备状态改变的动态图标。

09.0432 标志用图形符号 graphical symbol for use on sign
用于图形标志，表示公共、安全、交通、包装储运等信息的图形符号。

09.0433 公共信息图形符号 public information graphical symbol
向公众传递信息，无需专业培训或训练即可理解的标志用图形符号。

09.0434 安全符号 safety symbol
与安全色及安全形状共同形成安全标志的标志用图形符号。

09.0435 符号要素 symbol element
具有特定含义的图形符号的组成部分。

09.0436 限定要素 determinant element
附加于一般符号或其他图形符号之上，以提供某种确定或附加信息，不能单独使用的符号要素。一般符号也可作为限定要素使用。

09.0437 否定要素 negation element
否定图形符号原含义的符号要素。通常包括直杠和叉形两种形式。

09.0438 符号细节 symbol detail
构成图形符号要素的基本单元。

09.0439 关键细节 critical detail
又称“重要细节”。对于图形符号的理解或图形符号的完整必不可少的符号细节。

09.0440 视重 optical weight
对图形符号显著程度或大小的视觉印象。

09.0441 对象的否定 negation of a referent
通过在图形符号上添加否定要素来否定图形符号的含义。

09.0442 色彩 color
不同波长的光波刺激人的眼睛所引起的视觉反映，是人的视感觉机能对外界事物的感受结果。

09.0443 [三]原色 primary color
颜色中不能分解的基本色。只有红、绿、蓝三种。

09.0444 间色 assorted color
又称“第二次色”。由两个原色混合而得的色。只有橙(红+黄)、绿(蓝+黄)、紫(红+蓝)三种色。

09.0445 复色 duplicate color
又称“次色”。用任何两个间色或三个原色相混合而产生出来的颜色。如紫与橙，绿与紫，或红与绿，蓝与橙的混合色。

09.0446 基色 reference color
红、绿、蓝是光色的三原色，称为基色。这三种色光是相互独立的基色，三基色中任何一种基色，都不能由其他两种颜色混合得到。这三种基色按照不同的比例混合可得到的颜色范围较为广泛。

09.0447 色彩三要素 three key elements of color
表达色彩基本属性的色相、明度和纯度。任何一种色彩都同时显现三要素。

09.0448 色相 color appearance
色彩所呈现出的相貌。借以区分色彩的品种、类别。通常以循环的色相环来表示。历史上曾有多种划分的色相环，常用的为10色相环和12色相环。10色相环的顺时针排序为：红、黄红、黄、黄绿、绿、蓝绿、蓝、蓝紫、紫、红紫。

09.0449 色相环 hue circle
将不同色相的颜色依序排列成环状以方便使用。以色相为特性的色环有6色、12色、24色等，表示色相序列与相互间某些关系与规律，并被人们在研究色彩原理和配色实践时应用。

09.0450 明度 brightness
色彩排除色相和纯度后，表现出来的明暗状况。明度最高的是白色，最低的是黑色。各种色彩的明度可用由白、白灰、灰、灰黑、黑组成的明暗图来表示。

09.0451 纯度 purity
又称“彩度”。色彩的强弱程度。其决定于物体含有的光波波长是单一性还是复合性。

09.0452 饱和度 saturation
色的鲜艳纯度。色的纯度越高，饱和度就越高；色的纯度越低，饱和度就越低。在可见光谱中，各种单色光的饱和度比复合光的饱和度高。

09.0453 色性 color character
色彩的冷暖倾向。色彩学上根据心理感受，把颜色分为暖色调(红、橙、黄)、冷色调(青、蓝)和中性色调(紫、绿、黄、黑、灰、白)。

09.0454 中性色 neutral color
由黑色、白色及由黑白调和的各种深浅不同的灰色系列，无冷暖倾向的色彩。

09.0455 冷色 cold color
由于生理和心理反应，使人产生冷峻联想的色彩。如蓝色、绿色等。色彩的冷暖关系具有相对性，如绿色、翠绿与橄榄绿相比，翠绿为冷色。

09.0456 暖色 warm color

由于生理和心理反应，使人产生温暖联想的色彩。如红色、橙色、黄色。色彩的冷暖关系具有相对性，如红色、朱红与玫瑰红相比，朱红为暖色。

09.0457 物体色 object color

眼睛看到的物体的颜色。是光源色被物体吸收后反射或透射，反映到人们视觉中的色彩。光源、有色物体、眼睛、大脑是形成物体色的四大必需元素。物体色是一种复合色光，会随着光源色的改变而改变。

09.0458 光源色 color of light source

宇宙间凡能自行发光的物体，由不同光源发出的光，其波长、强弱、比例、性质各不相同，而形成的不同色光。

09.0459 固有色 inherent color

物体在常态光源下呈现出来的色彩。它具有概念化的因素。如树叶在常态光源下为绿色，而在强烈的阳光下就呈黄绿色，但人们还会认为树叶的色彩就是“绿色”，因为人们对树叶颜色的认识已形成约定俗成的概念，这种概念就是树的固有色是“绿色”。

09.0460 环境色 environmental color

在太阳光照射下，环境所呈现的颜色。物体在具体的环境中，既吸收了环境的某些色光同时又反射某些色光，被反射出来的色光又照射到其他物体上，此时，其他物体就呈现出周围环境的色彩。

09.0461 同类色 congener color

色相相同而明度不同的色。如中黄、淡黄、深黄；大红、深红、粉红等。

09.0462 类似色 analogy color

色环中 90°范围内相邻接色的统称。如红、橘红、黄。某色与其复色也为类似色，如黄、黄绿。

09.0463 邻近色 adjacent color

在色相环上两个靠近的色。如红与橙，黄与绿，蓝与紫等。一般有两个范围，绿蓝紫的邻近色大多数都是在冷色范围里，红黄橙在暖色范围里。

09.0464 对比色 contrast color

色环中 90°~180°内的色互为对比色。是人的视觉感官所产生的一种生理现象，是视网膜对色彩的平衡作用。把对比色放在一起，会给人强烈的排斥感。若混合在一起，会调出浑浊的颜色。

09.0465 补色 complementary color

又称“互补色”、“余色”。色环中对应成 180°的色彩互为补色。在色环中，不仅红与黑是补色关系，一切在对角线 90°以内包括的色，比如黄绿，绿，蓝绿三色，都与红构成补色关系。

09.0466 色带 ribbon

同一种特性(色相、明度、纯度、色性等)的不同色块有序排列成的带状图。

09.0467 芒塞尔体系 Munsell system

美国色彩学家芒塞尔(Albert H. Munsell，1858~1918)创造的，表示色彩色相、明度、彩度的色彩体系。是目前国际上作为分类和标定物体表面色最广泛采用的方法。

09.0468 色调 hue

色与色之间的整体关系构成的颜色阶调。在一定范围内几种色彩所形成的总的色彩效果。色调的形成是色相、明度、纯度、色性以及色块面积等多种因素综合的结果。其中某种因素起主导作用，会使不同颜色的物体都带有同一色彩倾向。

09.0469 色立体 color solid

将色彩按照三属性，有秩序地进行整理、分类而组成有系统的色彩体系。这种系统的体系借助于三维空间形式，来同时体现色彩的明度、色相、纯度之间的关系。目前比较通用的色立体有三种：芒塞尔色立体、奥斯特瓦尔德色立体、日本色彩研究所的色立体，其中应用最广泛的是芒塞尔色立体。

09.0470 色光 colorful light

色光的三原色是红、绿、蓝，它们是白光被分解后得到的主要色光，其他的一些色光是由这三种色光以不同比例混合而得到的。区分各种色光的依据是波长。如：红色光的波长最长，给人的视觉感觉较为强烈，紫色光的波长最短，给人的视觉感觉较为缓和。

09.0471 极色 polar color

在色立体的中心轴上也即明度的色轴中处于两端的黑色与白色，黑色、白色处在色立体垂直轴的两端，好似地球的南、北两极，故名。

09.0472 色卡 color chip

自然界存在的颜色在某种材质(如：纸、面料、塑胶等)上的体现。用于色彩选择、比对、沟通，是色彩实现在一定范围内统一标准的工具，它已成为交流色彩信息的标准语言之一。目前国内外色卡种类繁多，国际上还没有统一的色彩应用标准，各行各业应用着各不相同的色卡和色彩标准，目前应用的主要色卡有：美国PANTONE色卡、德国RAL色卡、瑞典NCS色卡、日本DIC色卡等。

09.0473 色彩体系 color system

人们把红(Red)、绿(Green)、蓝(Blue)这三以红、黄、蓝为基本色的一种体系。国际上有多种方法制定的标准体系，其中有芒塞尔表色体系、伊登表色体系、奥斯特瓦尔德表色体系、国际照明委员会(CIE)表色体系、日本色彩研究所表色体系等。在室内设计中常用的是蒙塞尔表色体系。

09.0474 无彩色 achromatic color

没有色相和冷暖倾向的色彩。除了彩色以外的其他颜色。它们只有明度差别而没有纯度差别，常见的有金、银、黑、白、灰。明度从0变化到100，而彩度很小接近于0。

09.0475 室内色彩设计 indoor color design

根据室内设计的基本要求，运用色彩的规律及要素，进行配色设计。

09.0476 色彩心理 color psychology

色彩对人们心理产生的影响。一方面不同的色彩会对人们产生不同的影响；另一方面，人们由于社会阅历、文化、教育、年龄、爱好、性别、职业等的差异，会对相同的色彩，产生不同的心理感受。在现代色彩设计中，了解色彩对人的心理感受的影响是十分重要的。

09.0477 色彩感觉 color sensation

人眼辨别颜色的能力。是大脑将人眼接收到的不同波长的光的刺激与视觉经验结合所形成的心理反应，从而产生各种色彩感觉。

09.0478 视觉色彩补偿 visual color atone

又称“视色错觉”。当眼睛看到一种色彩时，在视觉中会制造出这种色彩的补色。其形成是由于人需要一种色彩上的生理的平衡。

09.0479 视觉残像 visual photogene

又称“视觉后像”、“视觉暂留”。当外界物体的视觉刺激作用停止后，在眼睛视网膜上的影像感觉不会马上消失的现象。其发生是由于神经兴奋留下的痕迹作用。有两种即正后像和负后像。电影就是利用的正后像原理。

09.0480 视觉适应 visual adaptation

视觉器官的感觉随外界亮度的刺激而变化的过程；有时也指这一过程达到的最终状态。其机制包括视细胞或神经活动的重新调整，瞳孔的变化及明视觉与暗视觉功能的转换。由黑暗环境进入明亮环境，眼睛过渡到明视觉状态称为明适应，所需时间为几秒或几分钟，由明亮环境进入黑暗环境转换成暗视觉状态称为暗适应，这个过程约需要十几分钟到半小时。频繁的视觉适应会导致视觉迅速疲劳。

09.0481 环境色适应 environmental color adaptation

人的视觉感应力随着环境的光度和色度的改变而改变并最终与之相适应的过程。是色彩生理学中视觉的三大适应性(明适应、暗适应、环境色适应)之一。

09.0482 色彩对比 color contrast

视觉感受两种或两种以上的色彩并置在一起的效果对比。从色彩的属性分有：色相对比、明度对比、纯度对比。从色彩的形象划分有：面积对比、形状对比、位置对比。从色彩的生理与心理感受有：冷暖对比、轻重对比、动静对比、胀缩对比、进退对比、新旧对比。从对比的色数分有：两色对比、三色对比、多色对比、色组对比、色调对比。

09.0483 色相对比 contrast of color appearance

色相环上任何两种颜色或多种颜色并置在一起时，在比较中呈现色相的差异，从而形成的对比现象。

09.0484 明度对比 brightness contrast

又称“色彩的黑白度对比”。色彩的明暗程度的对比。包括不同色彩之间的明度差和同一色彩内部的明度差，如红色、黄色、绿色间，深绿、浅绿、中绿间等。在色彩的各种对比中明度的对比对空间的影响大。其对比较效果要比彩度对比更为显著。利用色彩的明度对比，可以获得不同的基本色调，并在此基础上，可得到多种色彩组合效果。

09.0485 纯度对比 purity contrast

色彩纯度的对比关系。可以是鲜艳色与灰性色彩之间的对比，也可以是各种带彩的灰色之间的对比，还可以是鲜艳色彩之间的对比。纯度对比中通过对色彩饱和度的中和，可使过分跳跃的色彩得到抑制。低纯度的色彩只要掌握得当，仍可以得到优雅和谐的效果。大部分色彩都含不同程度灰的非饱和色，每一色彩只要纯度上有微妙的变化，都会产生色彩的新相貌。因此纯度对比具有十分丰富的色彩效果。

09.0486 冷暖对比 contrast between cold and warm color

将色彩的色性倾向进行的对比。如果把色彩的明度对比转换为冷暖对比，其视觉效果更为明显。

09.0487 面积对比 contrast of color area

色块之间多与少、大与小的对比。色彩的面积对比，可获得色彩设计中的平衡关系。各种色彩的视觉强度是不同的，视觉强度与色块面积的比例是黄∶红∶绿∶紫∶蓝约为3∶4∶6∶9∶8。如紫与黄在一起，紫色面积要大于黄色面积3倍，才能达到色彩的视觉平衡。正确的面积对比会使两种色彩的感受互相加强，创造出生动和奇特的色彩效果来。

09.0488 同时对比 contrast of contemporary color

一种色彩同时受周围其他色的影响产生的

异象。当两色并置时，所有色块间都或强或弱地存在色变现象。例如，黄与红并置，乍看感觉红略带蓝紫色；黄则略带绿味。因此在色彩构成中如果要取得正红和正黄的色彩印象，就需在把复红中渗少量的黄，在黄中渗少量的红。

09.0489 色彩构成 color composition
运用科学分析的方法，将复杂的色彩现象还原为基本要素，利用色彩在空间、量与质上的可变幻性，色彩的相互作用，按照一定的规律去组合各构成之间的相互关系，再创造出新的色彩效果的过程。与平面构成及立体构成有着不可分割的关系，色彩不能脱离形体、空间、位置、面积、肌理等而独立存在。对视觉艺术设计的理论研究和创作实践具有指导意义。

09.0490 色彩肌理 color texturing
运用特定的物质材料与相应的处理塑造手法所造成画面的组织纹理。物体表面的组织纹理结构，因所有工具或材料的不同而表现出不同的感觉。物体表面肌理对色彩造成一定的影响。如肌理粗糙的材料固有色感觉强烈，色彩的明度略有降低；肌理光滑的材料固有色感觉减弱，色彩的明度略有提高。

09.0491 色彩表情 color expression
人们因外界色彩刺激引发的心理上的情绪反应。属于心理效应的范畴。由于色彩客观地存在于人们的生活中，使得人们对不同的色彩产生了相应的视觉经验，而视觉经验促使人们赋予不同的色彩以与之对应的情感表情。

09.0492 色彩象征 color symbol
人的视觉经验约定俗成地将某种色彩与某种特定内容联系起来，是色彩表情的升华。人们利用色彩象征性使其成为生产、生活中的标志，如防火色多用红色、警戒色多用橙色、安全色多用绿色、通行色多用白色等。

09.0493 明度基调 lightness motif
某个色彩结构的明暗及其明度的对比关系。根据美国蒙塞尔色彩体系的明度色阶表，色彩的明度被划为 10 个等级，分别为：低长调、低中调、低短调、中长调、中间中调、中短调、高长调、高中调、高短调、全长调，这也是明度基调的 10 个层次。

09.0494 写实色彩 treat color
色彩不受主观因素的影响而自然反映出的光在物体上产生的色彩变化。在绘画中受光色关系的制约，客观地表现自然物象的色彩感觉，因此画面的色彩反映了物体和环境在特定的光色下的真实性。是艺术设计中认识色彩的基本方法，提高色彩审美能力和色彩表现能力的不可缺少的内容。

09.0495 装饰色彩 ornament color
不受光源色、固有色、环境色的限制，不以光色规律作为色彩组合的标准，不以自然色彩的真实性作为参考，而是根据设计的需要强调色块组合的美感，构成夸张、变化的视觉效果，并力求色彩的抒情性、趣味性、新奇性和形态的图案化。

10. 建 筑 物 理

10.01 建 筑 光 学

10.0001 建筑光学 architectural lighting
研究天然光和人工光在建筑室内外应用，创

造良好光环境，满足人们工作、生活，美化环境和保护视力等要求的应用学科。

10.0002 光 light
能刺激视网膜引起视觉的辐射能。

10.0003 光环境 luminous environment
由光(照明数量和照明质量)与颜色(色调、色饱和度、颜色分布、颜色显现等)建立起来的，从生理和心理效果来评价的视觉环境。

10.0004 光通量 luminous flux
根据辐射对国际照明委员会标准光度观察者的作用导出的光度量。符号为 Φ，单位为 lm(流明)。

10.0005 发光强度 luminous intensity
简称“光强”。表征光源或灯具发出的光通量在空间的分布密度，即单位立体角内的光通量。符号为 I，单位为 cd(坎德拉)。

10.0006 [光]亮度 luminance
发光面或反光面在单位面积上的发光强度。符号为 L，单位为 cd/m^2(坎德拉每平方米)。

10.0007 [光]照度 illuminance
被照面单位面积上所接受到的光通量。符号为 E，单位为 lx(勒克斯)。

10.0008 视觉 vision
由进入人眼的辐射所产生的光感觉而获得的对外界的认识。

10.0009 视野 visual field
(1) 视力所及的范围。(2) 思想和知识的领域。

10.0010 明视觉 photopic vision
正常人眼适应高于几个坎德拉每平方米以上的光亮度水平时的视觉。这时，视网膜上的锥状细胞是起主要作用的感受器。

10.0011 暗视觉 scotopic vision
正常人眼适应低于百分之几坎德拉每平方米以下的光亮度水平时的视觉。这时，视网膜上柱状细胞是起主要作用的感受器。

10.0012 中间视觉 mesopic vision
介于明视觉和暗视觉之间的视觉。这时，视网膜上的锥状细胞和柱状细胞同时起作用。

10.0013 明适应 light adaptation
视觉系统由暗环境到明亮环境的适应过程。

10.0014 暗适应 dark adaptation
视觉系统由明亮环境到暗环境的适应过程。

10.0015 亮度对比 luminance contrast
视野中识别对象和背景的亮度差与背景亮度之比。

10.0016 视觉敏锐度 visual acuity
清晰观看分离角很小的细部的能力。观察者刚可感知分离的两相邻物体(点、线或其他特定刺激)，以弧分为单位的视角的倒数。

10.0017 可见度 visibility
表征人眼辨认物体存在或形状的难易程度。用实际亮度对比高于阈限亮度对比的倍数来表示。在室外应用时，也可以人眼恰可感知一个对象存在的距离来表示。

10.0018 视觉作业 visual task
在工作和活动中，对呈现在背景前的细部和目标的观察过程。

10.0019 视觉功效 visual performance
借助视觉器官完成一定视觉工作的能力和效率。以完成视觉作业的速度和精确度来评价视觉能力。

10.0020 眩光 glare
在视野内出现高亮度或过大亮度对比而导

致的视觉的不舒适或降低可见度的现象。

10.0021 统一眩光值 unified glare rating，UGR
度量室内视觉环境中的照明装置发出的光对人眼睛引起不舒适感而导致的主观反应的心理参量。其值可按国际照明委员会统一眩光值公式计算。

10.0022 溢散光 spill light，spray light
照明装置发出的光线中照射到被照目标范围外的那部分光线。

10.0023 干扰光 obtrusive light
由于光的数量、方向或光谱特性，在特定场合中引起人的不舒适、分散注意力或视觉能力下降的溢散光。

10.0024 光污染 light pollution
干扰光或过量的光辐射(含可见光、紫外光和红外光辐射)对人和生态环境造成的负面影响的总称。

10.0025 天空辉光 sky glow
大气中各种成分(气体分子、气溶胶和颗粒物质)引起天空光的散射辐射反射(可见和非可见)。是在天文观测星体时看到的夜空变亮的现象。

10.0026 色温 color temperature
当光源的色品与某一温度下黑体的色品相同时，该黑体的绝对温度为此光源的色温。

10.0027 相关色温 correlated color temperature
当光源的色品点不在黑体轨迹上，且光源的色品与某一温度下的黑体的色品最接近时，该黑体的绝对温度为此光源的相关色温。

10.0028 色表 color appearance
与色刺激和材料质地有关的颜色的主观感知特性。

10.0029 暖色表 warm color appearance
色温小于 3300K 的光源的色表。

10.0030 冷色表 cold color appearance
色温大于 5300K 的光源的色表。

10.0031 中间色表 intermediate color appearance
介于冷色表和暖色表之间的光源的色表。

10.0032 显色性 color rendering
与参考标准光源相比较，光源显现物体颜色的特性。

10.0033 显色指数 color rendering index
光源显色性的度量。以被测光源下物体颜色和参考标准光源下物体颜色的相符合程度来表示。

10.0034 [一般]显色指数 general color rendering index
光源对国际照明委员会(CIE)规定的 8 种标准颜色样品特殊显色指数的平均值。

10.0035 照度均匀度 uniformity ratio of illuminance
通常指规定表面上的最小照度与平均照度之比。有时也用最小照度与最大照度之比。

10.0036 维持平均照度 maintained average illuminance
照明装置必须进行维护时，在规定表面上的平均照度值。

10.0037 照明功率密度 lighting power density，LPD
单位面积上的照明安装功率。包括光源、镇流器或变压器等。单位为 W/m^2。

10.0038 照明 lighting，illumination

光照射到场景、物体及其环境使其可以被看见的过程。

10.0039 绿色照明 green lighting
节约能源、保护环境，有益于提高人们生产、工作、学习效率和生活质量，保护身心健康的照明。

10.0040 夜景照明 nightscape lighting
泛指除体育场场地、建筑工地和道路照明等功能性照明以外，为烘托夜间景观，所有室外公共活动空间或景物的夜间景观的照明。

10.0041 环境分区 environment zone
为限制光污染，根据环境亮度状况和活动的内容，对相应地区所做的划分。

10.0042 一般照明 general lighting
为照亮整个场所而设置的均匀照明。

10.0043 局部照明 local lighting
特定视觉工作用的、为照亮某个局部而设置的照明。

10.0044 分区一般照明 localized lighting
对某一特定区域，设计成不同的照度来照亮该一区域的一般照明。

10.0045 混合照明 mixed lighting
由一般照明与局部照明组成的照明。

10.0046 常设辅助人工照明 permanent supplementary artificial lighting
当天然光不足或不适宜时，为补充室内天然光而日常固定使用的人工照明。

10.0047 正常照明 normal lighting
在正常情况下使用的室内外照明。

10.0048 应急照明 emergency lighting
因正常照明的电源失效而启用的照明。

10.0049 疏散照明 escape lighting
作为应急照明的一部分，用于确保疏散通道被有效地辨认和使用的照明。

10.0050 安全照明 safety lighting
作为应急照明的一部分，用于确保处于潜在危险之中的人员安全的照明。

10.0051 备用照明 standby lighting
作为应急照明的一部分，用于确保正常活动继续进行的照明。

10.0052 障碍照明 obstacle lighting
为保障航空飞行安全，在高大建筑物和构筑物上安装障碍标志灯的照明。

10.0053 直接照明 direct lighting
灯具发射的光通量的 90%~100%部分，直接投射到假定工作面上的照明。

10.0054 半直接照明 semi-direct lighting
由灯具发射的光通量的 60%~90%部分，直接投射到假定工作面上的照明。

10.0055 一般漫射照明 general diffused lighting
由灯具发射的光通量的 40%~60%部分，直接投射到假定工作面上的照明。

10.0056 半间接照明 semi-indirect lighting
由灯具发射的光通量的 10%~40%部分，直接投射到假定工作面上的照明。

10.0057 间接照明 indirect lighting
由灯具发射的光通量的 10%以下部分，直接投射到假定工作面上的照明。

10.0058 定向照明 directional lighting

光主要从某一特定方向投射到工作面或目标上的照明。

10.0059 漫射照明 diffused lighting
光无显著特定方向投射到工作面或目标上的照明。

10.0060 泛光照明 flood lighting
通常由投光灯来照射某一情景或目标，使其照度比其周围照度明显高的照明。

10.0061 发光顶棚照明 luminous ceiling lighting
光源隐蔽在顶棚内，使顶棚成发光面的照明。

10.0062 重点照明 accent lighting
为提高指定区域或目标的照度，使其比周围区域亮的照明。

10.0063 聚光照明 spot lighting
使用光束角小的灯具，使一限定面积或物体的照度明显高于周围环境的照明。

10.0064 轮廓照明 contour lighting
利用灯光直接勾画建筑物和构筑物等被照对象的轮廓的照明。

10.0065 内透光照明 lighting from interior light
利用室内光线向室外透射的夜景照明。

10.0066 剪影照明 silhouette lighting
又称“背光照明”。利用灯光将景物与其背景分开，一般是将背景照亮，使景物保持黑暗，从而在背景上形成轮廓清晰的影像的照明方式。

10.0067 建筑化夜景照明 structural nightscape lighting
将照明光源与灯具和建筑立面的墙、柱、门、窗或屋顶部分的建筑结构结合为一体的照明。

10.0068 动态照明 dynamic lighting
通过照明装置的光输出的控制形成场景明、暗或色彩等变化的照明。

10.0069 参考平面 reference surface
测量或规定照度的平面。

10.0070 工作面 working plane
又称“作业面”。在其表面上进行工作的平面。

10.0071 利用系数 utilization factor
投射到参考平面上的光通量与照明装置中的光源的光通量之比。

10.0072 维护系数 maintenance factor
照明装置在使用一定周期后，在规定表面上的平均照度或平均亮度与该装置在相同条件下新装时在规定表面上所得到的平均照度或平均亮度之比。

10.0073 室形指数 room index
表征房间几何形状的数值。其计算公式为：$RI=S/(h\times l)$。式中，RI—室形指数；S—房间面积；l—房间水平面周长；h—灯具计算高度。

10.0074 配光曲线 photometric curve
光源(或灯具)在空间各个方向的光强分布。

10.0075 等光强曲线 iso-luminous intensity curve
在以光源的光中心为球心的假想球面上，将发光强度相等的那些方向所对应的点连接成的曲线，或是该曲线的平面投影。

10.0076 等照度曲线 iso-illuminance curve
连接一个面上等照度点的一组曲线。

10.0077 等亮度曲线 iso-luminance curve

连接一个面上等亮度点的一组曲线。

10.0078 白炽灯 incandescent lamp
用通电的方法，将灯丝元件加热到白炽态而发光的光源。

10.0079 钨丝灯 tungsten filament lamp
发光元件为钨丝的白炽灯。

10.0080 卤钨灯 tungsten halogen lamp
充有卤族元素或卤素化合物的钨丝灯。

10.0081 放电灯 discharge lamp
直接或间接由气体、金属蒸气或其混合物放电而发光的灯。

10.0082 高强度气体放电灯 high intensity discharge lamp，HID lamp
借助高压气体放电产生稳定的电弧，其放电管壁的负荷超过 3W/cm^2 的气体放电灯。

10.0083 高压钠[蒸气]灯 high-pressure sodium vapor lamp
由分压为 10kPa 数量级的钠蒸气放电而发光的放电灯。

10.0084 低压钠[蒸气]灯 low-pressure sodium vapor lamp
由分压为 0.7~1.5Pa 的钠蒸气放电而发光的放电灯。

10.0085 金属卤化物灯 metal halide lamp
由金属蒸气、金属卤化物和其分解物的混合气体放电而发光的放电灯。

10.0086 霓虹灯 neon lamp
利用惰性气体辉光放电正柱区发光和放电正柱区紫外辐射激发荧光粉涂层发光的低气压放电灯。

10.0087 荧光灯 fluorescent lamp
由汞蒸气放电产生的紫外辐射激发荧光粉涂层而发光的低压放电灯。

10.0088 三基色荧光灯 three-band fluorescent lamp
由蓝、绿、红谱带区域发光的三种稀土荧光粉制成的荧光灯。

10.0089 直管形荧光灯 straight tubular fluorescent lamp
又称“双端荧光灯”。玻壳为细长形管状的荧光灯。

10.0090 紧凑型荧光灯 compact fluorescent lamp
将放电管弯曲或拼结成一定形状，以缩小放电管线形长度的荧光灯。包括自镇流荧光灯和单端荧光灯。

10.0091 无极荧光灯 electrodeless fluorescent lamp
通过高频电磁能激发发光，频率扩度范围很大，无需电极的光源。

10.0092 发光二极管 light emitting diode，LED
由电致固体发光的一种半导体器件。

10.0093 镇流器 ballast
连接于电源和一支或几支放电灯之间，主要用于将灯电流限制到规定值的装置。

10.0094 调光器 dimmer
为改变照明装置中光源的光通量而安装在电路中的装置。

10.0095 灯具 luminaire
能透光、分配和改变光源光分布的器具。包括除光源外所有用于固定和保护光源所需的全部零、部件，以及与电源连接所必需的线路附件。

10.0096 对称配光型灯具 symmetrical luminaire

具有对称光强分布的灯具。对称性可以是轴对称或平面对称。

10.0097 防护型灯具 protected luminaire

具有特殊防固体异物、防尘、防潮和防水功能的灯具。表示防护等级的代号通常由特征字母“IP”和两个特征数字组成。即IP××，前一个数字表示防固体异物、防尘等级，后一个数字表示防水的等级。

10.0098 可调式灯具 adjustable luminaire

利用适当装置使灯具的主要部件可转动或移动的灯具。

10.0099 可移式灯具 portable luminaire

在接上电源后，可轻易地由一处移至另一处的灯具。

10.0100 嵌入式灯具 recessed luminaire

完全或部分地嵌入安装表面内的灯具。

10.0101 吸顶灯具 ceiling luminaire，surface mounted luminaire

直接安装在顶棚表面上的灯具。

10.0102 聚光灯 spotlight

又称“射灯”。通常具有直径小于0.2m的出光口并形成一般不大于0.35rad(20°)发散角的集中光束的投光灯。

10.0103 导轨灯 track-mounted luminaire

将灯具嵌入导轨，可在导轨上移动、变换位置和调节投光角度，以实现对目标的重点照明。常用在博展馆以及高档商品架、展示橱窗等场所。

10.0104 墙面布光灯 wall washer

又称“洗墙灯”。通常将灯具安装在距墙面有一定距离(通常大于300mm)处对墙面进行均匀照明的灯具。

10.0105 疏散标志灯 escape sign luminaire

灯罩上有疏散标志的应急照明灯具。包括出口标志灯和指向标志灯。

10.0106 灯具效率 luminaire efficiency

在相同的使用条件下，灯具发出的总光通量与灯具内所有光源发出的总光通量之比。

10.0107 灯具遮光角 shielding angle of luminaire

光源最边缘一点和灯具出口的连线与水平线之间的夹角。

10.0108 灯具最大允许距高比 maximum permissible spacing height ratio of luminaire

保证所需的照度均匀度时的灯具间距与灯具计算高度比的最大允许值。

10.0109 光气候 light climate

由直射日光、天空(漫射)光和地面反射光形成的天然光状况。

10.0110 日辐射 solar radiation

来自太阳的电磁辐射。

10.0111 直接日辐射 direct solar radiation

经大气层的选择性衰减后，以平行光束的方式到达地球表面的日辐射部分。

10.0112 天空漫射辐射 diffuse sky radiation

由于大气分子、移动的尘粒子、云的粒子和其他粒子散射结果到达地球表面上的日辐射部分。

10.0113 总日辐射 global solar radiation
由直接日辐射和天空漫射辐射组成的辐射。

10.0114 直射日光 sunlight
直接日辐射的可见部分。

10.0115 天空光 skylight
天空漫射辐射的可见部分。

10.0116 昼光 daylight
总日辐射的可见部分。

10.0117 反射[总]日辐射 reflected [global] solar radiation
由地球表面和任意受到辐射的表面所反射的总日辐射。

10.0118 室外平均散射照度 sky illuminance
天空漫射光在地球水平面上所产生的照度。

10.0119 总昼光照度 global illuminance
昼光在地球水平面上所产生的照度。

10.0120 国际照明委员会标准全阴天空 International Commission of Illumination standard overcast sky
天空相对亮度分布满足国际照明委员会标准条件的完全被云所遮盖的天空。

10.0121 国际照明委员会标准全晴天空 International Commission of Illumination standard clear sky
天空相对亮度分布满足国际照明委员会标准条件的无云天空。

10.0122 国际照明委员会标准一般天空 International Commission of Illumination standard general sky
国际照明委员会标准全晴天空与国际照明委员会标准全云天空，以及两者之间从晴天到全云天的共15种类型的天空亮度分布。

10.0123 天顶亮度 zenith luminance
用来表示国际照明委员会标准全阴天空、国际照明委员会标准全晴天空及国际照明委员会标准一般天空等的天空亮度分布的参数。

10.0124 室外临界照度 exterior critical illuminance
全部利用天然光进行照明时的室外最低照度。

10.0125 总云量 total cloud amount
覆盖有云彩的天空部分所张的立体角总和与整个天空2π立体角之比。

10.0126 侧面采光 side daylighting
又称“侧窗采光”。利用侧窗(含低侧窗和高侧窗)采光的方式。

10.0127 顶部采光 top daylighting
又称“天窗采光”。利用屋顶设置的天窗(含矩形天窗、锯齿形天窗、平天窗、横向天窗、三角形天窗或井式天窗等)采光的方式。

10.0128 混合采光 mixed daylighting
同时利用侧窗和天窗的采光方式。

10.0129 镜面反射采光 specular reflection daylighting
利用平面或曲面镜作为反射面，将阳光或天空光经一次或多次反射，将光线传送到室内需要照明部位的采光方式。

10.0130 反射光束采光 reflective beam daylighting
利用侧窗或天窗部位高反射比的反光板或反光百页，将阳光或天空光的光束反射到建筑深处，或离窗远的部位的采光方式。

10.0131 光导管采光 light guide daylighting
利用光导管（含反射式和棱镜式光导管）将采光器采集的光线（一般指阳光光线）传送到建筑室内需要照明部位的采光方式。

10.0132 光导纤维采光 optical fiber daylighting
利用光导纤维（含石英玻璃光导纤维和塑料光导纤维）将采光器采集的光线（一般指阳光光线）传送到建筑室内需要照明部位的采光方式。

10.0133 定日镜采光器 heliostat daylighting device
能跟踪太阳运动并采集阳光的采光设备。

10.0134 自动调光采光 automatic dimming daylighting
在建筑室内的顶棚或墙面的适当位置安装光传感器，监控室内照度，根据室内照度变化自动调整天然采光量的采光方式。

10.0135 窗洞口 daylight opening
建筑外墙或屋顶能使天然光进入室内，并不装玻璃窗的开口。

10.0136 采光系数 daylight factor
在室内给定平面上的一点上，由直接或间接地接收来自假定和已知天空亮度分布的天空漫射光而产生的照度与同一时刻该天空半球在室外无遮挡水平面上产生的天空漫射光照度之比。

10.0137 采光系数平均值 average value of daylight factor
假设工作面上的采光系数的平均值。

10.0138 采光系数的天空光分量 sky component of daylight factor
在室内给定平面上的一点上，直接接受来自假定和已知天空亮度分布的天空漫射光照度与该天空半球在室外无遮挡水平面上产生的天空漫射光照度之比。

10.0139 采光系数的室外反射光分量 externally reflected component of daylight factor
在室内给定平面上的一点上，在假定和已知天空亮度分布的直接和间接照射下，直接接受来自室外反射面反射光产生的照度与该天空半球在室外无遮挡水平面上产生的天空漫射光照度之比。

10.0140 采光系数的室内反射光分量 internally reflected component of daylight factor
在室内给定平面上的一点上，在假定和已知天空亮度分布的直接和间接照射下，直接接受来自室内反射面反射光产生的照度与该天空半球在室外无遮挡水平面上产生的天空漫射光照度之比。

10.0141 天空遮挡物 obstruction
在建筑物外的直接遮挡可见部分天空的物体。

10.0142 窗地面积比 ratio of glazing to floor area
窗洞口面积与室内地面面积之比。

10.0143 采光均匀度 uniformity of daylighting
假定工作面上的采光系数的最低值与平均值之比。

10.0144 光气候系数 daylight climate coefficient
根据光气候特点，按年平均总照度值确定的分区系数。

10.0145 窗洞口采光系数 daylight factor of daylight opening

不考虑各种参数的影响，由采光计算图表直接查出的未安装窗时的窗洞口的采光系数。

10.0146　采光的总透射比　total transmittance of daylighting

考虑采光材料透光性能以及窗结构挡光、窗玻璃污染、室内构件挡光对采光综合影响的系数。其值为窗结构挡光折减系数、窗玻璃污染系数、室内构件挡光折减系数的乘积。

10.0147　室内反射光增量系数　increment coefficient due to interior reflected light

采光计算时，考虑室内各表面的反射光使室内采光系数增加的系数。

10.0148　室外建筑挡光折减系数　light loss coefficient due to obstruction of exterior building

采光计算时，考虑室外对面建筑物遮挡影响使室内采光系数降低的系数。

10.0149　高跨比修正系数　correction coefficient of height-span ratio

顶部采光计算时，考虑由于天窗类型、窗高和跨宽的不同对室内采光系数影响的系数。

10.0150　晴天方向系数　orientation coefficient of clear day

采光系数计算时，考虑因晴天时不同纬度地区和不同朝向的窗使室内采光系数增加的系数。

10.0151　窗宽修正系数　correction coefficient of window width

侧面采光计算时，考虑不同窗宽对室内采光系数影响的系数。

10.0152　日照　sunshine

太阳光直接照射到物体表面的现象。

10.0153　建筑日照　sunshine on building

太阳光直接照射到建筑地段、建筑物围护结构表面和房间内部的状况。

10.0154　日照时数　sunshine duration

在一定的时间段内(时、日、月、年)，投射到与太阳光线垂直平面上的直接日辐射量超过200W/m^{2}的累计时间。

10.0155　可照时数　possible sunshine duration

在一定的时间段内，太阳光照射在某一特定地点的建筑物上的累计时间。

10.0156　相对日照时数　relative sunshine duration

在同一时间段内，日照时数与可照时数之比。

10.0157　最小日照间距　minimum sunshine spacing

为保证得到规定的日照时数，前后两栋建筑物间的最小间距。

10.0158　光度测量　photometry

按约定的光谱光(视)效率函数和评价光辐射量的测量技术。

10.0159　色度测量　colorimetry

建立在一组协议上有关颜色的测量技术。

10.0160　照度计　illuminance meter

测量(光)照度的仪器。

10.0161　亮度计　luminance meter

测量(光)亮度的仪器。

10.0162　积分球　integrating sphere

作为辐射计、光度计或光谱光度计的部件使用的中空球。其内表面覆以在使用光谱区几乎没有光谱选择性的漫反射材料。

10.0163 色度计 colorimeter
测量色刺激的三刺激值和色度坐标等色度量的仪器。

10.0164 光电探测器 photoelectric detector
利用辐射与物质的相互作用，产生电压、电流或其他电参数变化的探测器。

10.0165 光电池 photocell
吸收光辐射而产生电动势的光电探测器件。

10.02 建筑声学

10.0166 声学 acoustics
研究声波的产生、传播、接收和效应的一门学科。

10.0167 建筑声学 architectural acoustics
研究与建筑有关的声学问题的一门学科。包括厅堂音质与建筑环境噪声控制两大部分，目的是创造符合人们听闻要求的声环境。

10.0168 室内声学 room acoustics
研究室内声场和房间音质问题的一门学科。

10.0169 几何声学 geometrical acoustics
用声线的观点研究声波传播的一门学科。声线表示声波前进的方向。

10.0170 波动声学 wave acoustics
用波动的观点研究声学问题的一门学科。

10.0171 统计声学 statistical acoustics
用统计学方法研究声学问题的一门学科。

10.0172 声波 sound wave
弹性媒质中传播的压力、应力、质点位移、质点速度等的变化或几种变化的综合。

10.0173 声速 speed of sound
声波在媒质中传播的速度。符号为 c，单位为 m/s(米每秒)。

10.0174 频率 frequency
一秒内声压从正到负振荡的次数。符号为 f，单位为 Hz(赫兹)。

10.0175 波长 wave length
在声波传播的路径上，两相邻同相位质点之间的距离。符号为 λ，单位为 m(米)。

10.0176 反射 reflection
波阵面由两种媒质之间的表面返回的过程。向表面的入射角等于反射角。

10.0177 折射 refraction
因媒质中声速的空间变化而引起的声传播方向改变的过程。

10.0178 衍射 diffraction
由于媒质中有障碍物或其他不连续性而引起的波阵面畸变。

10.0179 散射 scattering
声波朝许多方向的不规则反射、折射或衍射。

10.0180 干涉 interference
频率相同或相近的声波相加时，某种特性的幅值与原有声波相比较具有不同的空间和时间分布的现象。

10.0181 声反射系数 sound reflection coefficient
在给定频率和条件下，自分界面(表面)反射的声功率与入射声功率之比。符号为 γ。

10.0182 声透射系数 sound transmission coefficient

在给定频率和条件下，经过分界面(墙或间壁等)透射的声功率与入射声功率之比。符号为 τ。

10.0183 可听声 audible sound

引起听觉的声波。可听声的频率范围大致为20Hz~20kHz。

10.0184 超声 ultrasound

频率高于可听声频率上限(20kHz)的声。

10.0185 次声 infrasound

频率低于可听声频率下限(20Hz)的声。

10.0186 白噪声 white noise

用固定频带宽度测量时，频谱连续并且均匀的噪声。其功率谱密度不随频率改变。

10.0187 粉红噪声 pink noise

用正比于频率的频带宽度测量时，频谱连续并且均匀的噪声。其功率谱密度与频率成反比。

10.0188 环境噪声 ambient noise

在某一环境下的总噪声。常是由多个不同位置的声源产生。

10.0189 背景噪声 background noise

在发生、检查、测量或记录的系统中与信号存在与否无关的其他一切噪声干扰。

10.0190 无规噪声 random noise

瞬时值不能预先确定的声振荡。其瞬时值对时间的分布只服从一定统计分布规律。

10.0191 纯音 pure tone

有单一音调的声音。

10.0192 级 level

在声学中一个量与同类基准量之比的对数。

10.0193 贝[尔] bel

一种级的单位。一个量与同类基准量之比的以 10 为底的对数值为 1 时称为 1 贝尔，用 B 表示。

10.0194 分贝 decibel

一种级的单位，贝尔的十分之一。用 dB 表示。

10.0195 声压 sound pressure

有声波时，媒质中的压力与静压的差值。符号为 p，单位为 Pa(帕[斯卡])。

10.0196 声压级 sound pressure level

声压与基准声压之比的以 10 为底的对数乘以 20。符号为 L_p，单位为 dB(分贝)。

10.0197 声强 sound intensity

单位时间内通过垂直于声波传播方向的单位面积的声能。符号为 I，单位为 W/m^2(瓦每平方米)。

10.0198 声强级 sound intensity level

声强与基准声强之比的以 10 为底的对数乘以 10。符号为 L_I，单位为 dB(分贝)。

10.0199 声功率 sound power

单位时间内通过某一面积的声能。符号为 W，单位为 W(瓦)。

10.0200 声功率级 sound power level

声功率与基准声功率之比的以 10 为底的对数乘以 10。符号为 L_W，单位为 dB(分贝)。

10.0201 频谱 frequency spectrum

把时间函数的分量按幅值或相位表示为频率的函数的分布图形。

10.0202 倍频程 octave
两个基频相比为 2 的声或其他信号间的频程。

10.0203 1/3 倍频程 one-third octave
两个基频相比为 $2^{1/3}$ 的声或其他信号间的频程。

10.0204 声线 sound ray
自声源发出的代表能量传播方向的曲线。

10.0205 声影区 sound shadow region
由于障碍物或折射的关系，声线不能到达的区域。

10.0206 多普勒效应 Doppler effect
传输系统中因源与观察点间的有效传播距离随时间改变而引起的观察到的波频率有所改变的现象。

10.0207 声级计 sound level meter
用以测量声级的仪器。包括传声器、放大器、衰减器、适当计权网络和具有规定动态特性的显示单元。

10.0208 计权 weighting
对信号进行变换的一种方法。其基本点是突出信号中的某些成分，抑制信号中的另一些成分。

10.0209 计权网络 weighting network
为了模拟人耳听觉在不同频率有不同的灵敏性，在声级计内设有一种能够模拟人耳的听觉特性、把电信号修正为与听感近似的网络。

10.0210 声级 sound level
声音经过声级计中根据人耳对声音各频率成分的灵敏度不同而设计的计权网络（特殊电路）修正过的总声压级值。一般常用 A 计权测量，结果用 dB(A)表示。

10.0211 响度 loudness
听觉判断声音强弱的属性。符号为 N，单位为 sone（宋）。

10.0212 响度级 loudness level
听力正常的听者判断为等响的 1000Hz 纯音（来自正前方的平面行波）的声压级。符号为 L_N，单位为 phon（方）。

10.0213 等响曲线 equal-loudness contour
典型听者认为响度相同的纯音的声压级与频率的关系的曲线。反映了人耳对各频率的灵敏度。

10.0214 自由场 free sound field
均匀各向同性媒质中，边界影响可以不计的声场。

10.0215 扩散声场 diffuse sound field
能量密度均匀、在各个传播方向进行无规分布的声场。

10.0216 半消声室 semi-anechoic room
地板为反射面的消声室，以模拟半自由空间的房间。

10.0217 音质 acoustic
房间中传声的质量。房间音质的决定因素是混响、扩散和噪声级。音质评价在语言的情况主要是靠语言清晰度，在音乐的情况则靠音乐的欣赏价值来决定。

10.0218 音质设计 acoustical design
在建筑设计过程中，从音质上保证建筑物符合要求所采取的措施。

10.0219 音调 pitch
听觉判断声音高低的属性。

10.0220 音色 timbre
人在听觉上区别具有同样响度和音调的两

个声音之所以不同的属性。

10.0221 直达声 direct sound
自声源未经反射直接传到接收点的声音。

10.0222 侧向反射声 lateral reflection
来自厅堂侧墙从两侧到达听众的反射声。

10.0223 早期反射声 early reflection
延迟 50ms 以内的反射声。

10.0224 早期衰变时间 early decay time，EDT
声源停止发声后，室内声场衰变过程早期部分从 0～10dB 的衰变曲线的斜率所确定的混响时间。

10.0225 初始时间间隙 initial time gap
到达接收点的第一个反射声与直达声之间的时差。

10.0226 混响 reverberation
声源停止发声后，声音由于多次反射或散射而延续的现象。

10.0227 混响声 reverberant sound
房间内声音达到稳态时，所有一次和多次反射声相加的结果。

10.0228 混响时间 reverberation time
声音已达到稳态后声源停止发声，声压级自原始值衰变 60dB 所需要的时间。符号为 T_{60}，单位为 s(秒)。

10.0229 最佳混响时间 optimum reverberation time
在一定使用条件下，听众认为音质最佳的混响时间。是根据人们长期使用经验得出的，并且具有一定的容许范围。

10.0230 主观混响时间 subjective reverberation time
通过主观听感判断为与一指数衰变过程具有相同的混响时间感觉的非指数衰变过程的混响时间。

10.0231 扩散场距离 diffuse field distance
在有混响的房间内，各方向的平均均方直达声压与均方混响声压相等的点到声源的声中心的距离。

10.0232 早后期声能比 early-to-late arriving sound energy ratio
一脉冲声在某点形成的脉冲响应中，早期时间界限以内的声能与早期时间界限以后的声能之比的以 10 为底的对数乘以 10。单位为 dB(分贝)。用于语言环境或音乐环境时，早期时间界限值分别取 50ms 或 80ms。

10.0233 回声 echo
大小和时差都大到足以能和直达声区别开的反射声或由于其他原因返回的声。

10.0234 颤动回声 flutter echo
同一个原始脉冲引起的一连串紧跟着的反射脉冲。

10.0235 多重回声 multiple echo
同一声源所发声音的一串可分辨的回声。

10.0236 声聚焦 sound focus
凹曲面对声波形成集中反射现象，使声能集中于某一点或某一区域致使声音过响，而其他区域则声音过低。是音质设计中的缺陷之一。

10.0237 脉冲声 impulsive sound
由正弦波的短波列或爆炸声形成的短促的声音。

10.0238 脉冲响应 impulse response
接受点接收到脉冲声信号的情况。一般为一

个直达脉冲声加上若干按到达时间序列排列的不同强度的反射脉冲声。

10.0239 掩蔽 masking

一个声音的听阈因另一个掩蔽声音的存在而上升的现象。

10.0240 染色效应 coloration

某些反射声和直达声叠加引起原来声音的某些频率成分被增强而使音质变差的现象。

10.0241 哈斯效应 Hass effect

当回声的相对声级给定时，听者感觉到回声干扰的百分数随直达声和回声间的时延而变化的现象。

10.0242 声学比 acoustic ratio

在室内某点的混响声强与直达声强之比。表示该点声场漫射的程度。

10.0243 平均自由程 mean free path

声音在室内两次反射间经过距离的平均值。

10.0244 房间常数 room constant

为房间内总吸声量以1减去平均吸声系数来除所得的商。表征一个房间的活跃程度或沉寂程度。房间常数越大，房间越沉寂。

10.0245 声源功率 power of sound source

声源在单位时间内发射出的总能量。符号为W，单位为W(瓦)。

10.0246 声线跟踪法 sound ray tracing method

声场的计算机模拟的一种方法。在计算机上计算和显示大量声线传播和反射的空间分布和时间历程，以分析声场特性。

10.0247 虚声源法 image[sound]source method

声场的计算机模拟的一种方法。用计算机确定各界面对声源映射所产生的各阶次镜像声源，从而得到接收点处反射声的时间序列和空间分布。

10.0248 调制传递函数 modulation transfer function，MTF

表述调制信号传输到听众位置处，调制指数的降低随调制频率变化的函数。

10.0249 语言传输指数 speech transmission index，STI

由调制传递函数(MTF)导出的评价语言可懂度的客观参量。

10.0250 房间声学语言传输指数 room acoustics speech transmission index，RASTI

仅用对500Hz和2000Hz两个倍频程噪声载波的 9 个调制指数计算得到的语言传输指数。

10.0251 耳间[听觉]互相关函数 interaural cross correlation function，IACC

反映接受同一信号时，在两耳间产生的听觉差异的量。是主观评价厅堂音质的重要参数。

10.0252 明晰度 clarity

乐器奏出的各个声音彼此分开的程度。为混响过程中直达声能和80ms以内的反射声能之和与80ms以后的反射声能之比取以10为底的对数再乘10。符号为C，单位为dB(分贝)。

10.0253 丰满度 fullness

表示声音在室内发声和在露天发声时相比，在音质上提高的程度。

10.0254 清晰度 definition，intelligibility

表征语言单位可被识别的程度。脉冲响应中的有益声能(对清晰度有帮助的声能，取直达声能和50ms以内的反射声能)占全部声能的比例。符号为 D，单位为 dB(分贝)。

10.0255 空气声 airborne sound
声源经过空气传播而来的声音。

10.0256 固体声 solid-borne sound
建筑中经过固体(建筑结构)传播而来的机械振动引起的声音。

10.0257 撞击声 impact sound
在建筑结构上撞击而引起的噪声。脚步声是最常听到的撞击声。

10.0258 质量定律 mass law
墙或间壁的隔声量与其面密度以 10 为底的对数成正比。

10.0259 吻合效应 coincidence effect
当声波斜入射到墙上时，墙壁的受迫弯曲波速度与自由弯曲波速度相吻合时的效应，此时墙失去了传声的阻力。

10.0260 侧向传声 flanking transmission
空气声自声源室不经过共同墙壁而传到接收室的情况。

10.0261 声桥 sound bridge
在双层或多层隔声结构中两层间的刚性连接物，声能可以振动的形式通过它在两层间传播。

10.0262 声闸 sound lock
具有大量吸收的小室或走廊，使室的两边可以相通但声耦合很小，从而提高两个分隔室间的隔声能力。

10.0263 隔声量 sound reduction index
建筑构件一侧的入射声功率级与另一侧的透射声功率级之差。隔声量等于透射系数的倒数取以 10 为底的对数乘以 10。符号为 R，单位为 dB(分贝)。

10.0264 表观隔声量 apparent sound reduction index
表征侧向传声不能忽略情况下的建筑构件的空气声隔声性能。符号为 R'，单位为 dB(分贝)。

10.0265 声压级差 level difference
在两室之中的一个房间内有声源时，两室内各自的平均声压级之差。

10.0266 规范化声压级差 normalized level difference
表征两个房间之间的空气声隔声性能，以接收室的吸声量作为修正参数。符号为 D_{n}，单位为 dB(分贝)。

10.0267 标准化声压级差 standardized level difference
表征两个房间之间的空气声隔声性能，以接收室的混响时间作为修正参数。符号为 D_{nT}，单位为 dB(分贝)。

10.0268 单值评价量 single-number quantity
表征建筑或建筑构件隔声性能的单一值，该值综合考虑了建筑或建筑构件在规定频率范围内的隔声性能。

10.0269 计权隔声量 weighted sound reduction index
隔声构件空气声隔声量的单一值评价量，由 100~3150Hz 的 1/3 倍频带的隔声量计算得出。符号为 R_{w}，单位为 dB(分贝)。

10.0270 计权表观隔声量 weighted apparent sound reduction index
侧向传声不能忽略的情况下，建筑构件空气声隔声性能的单值评价量。符号为 R'_{w}，单位为 dB(分贝)。

10.0271 计权规范化声压级差 weighted normalized level difference

以接收室的吸声量作为修正参数而得到的两个房间之间空气声隔声性能的单值评价量。符号为 $D_{n,w}$，单位为 dB(分贝)。

10.0272 计权标准化声压级差 weighted standardized level difference

以接收室的混响时间作为修正参数而得到的两个房间之间空气声隔声性能的单值评价量。符号为 $D_{nT,w}$，单位为 dB(分贝)。

10.0273 空气声隔声频谱修正量 spectrum adaptation term for air-borne sound insulation

因隔声频谱不同以及声源空间的噪声频谱不同，所需加到空气声隔声单值评价量上的修正值。

10.0274 粉红噪声频谱修正量 pink noise spectrum adaptation term

当声源空间的噪声呈粉红噪声频率特性时，计算得到的频谱修正量。符号为 C，单位为 dB(分贝)。

10.0275 交通噪声频谱修正量 traffic noise spectrum adaptation term

当声源空间的噪声呈交通噪声频率特性时，计算得到的频谱修正量。符号为 C_{tr}，单位为 dB(分贝)。

10.0276 撞击声压级 impact sound pressure level

当测试楼板用标准撞击器激发时，接收室内的 1/3 倍频程平均声压级。符号为 L_i，单位为 dB(分贝)。

10.0277 规范化撞击声压级 normalized impact sound pressure level

表征楼板的撞击声隔声性能，以接收室的吸声量作为修正参数。符号为 L_n，单位为 dB(分贝)。

10.0278 标准化撞击声压级 standardized impact sound pressure level

表征楼板的撞击声隔声性能，以接收室的混响时间作为修正参数。符号为 L'_{nT}，单位为 dB(分贝)。

10.0279 计权规范化撞击声压级 weighted normalized impact sound pressure level

以接收室的吸声量作为修正参数而得到的楼板或楼板构造的撞击声隔声性能的单值评价量。符号为 $L_{n,w}$，单位为 dB(分贝)。

10.0280 计权标准化撞击声压级 weighted standardized impact sound pressure level

以接收室的混响时间作为修正参数而得到的楼板或楼板构造的撞击声隔声性能的单值评价量。符号为 $L'_{nT,w}$，单位为 dB(分贝)。

10.0281 撞击声隔声频谱修正量 spectrum adaptation term for impact sound

考虑了标准撞击器与实际撞击声源所激发的楼板撞击声的频谱差异后加到单值评价量上的修正值。符号为 C_I，单位为 dB(分贝)。

10.0282 撞击声改善量 impact sound improvement

楼板在铺设了面层后撞击声压级降低的值。符号为 ΔL，单位为 dB(分贝)。

10.0283 基准楼板 reference floor

为了确定楼板面层撞击声改善量而提出的一种理想化楼板。其计权规范化撞击声压级为 78dB。

10.0284 基准面层 reference cover

为了计算楼板与面层综合撞击声隔声效果而提出的一种理想化面层，其计权撞击声改善量为 19dB。

10.0285 声屏障 noise barrier

专门设计的立于噪声源和受声点之间的一种声学障板。通常是针对某一特定声源和特定保护位置(或区域)设计的。

10.0286 声屏障插入损失 insertion loss of noise barrier

在保持噪声源、地形、地貌、地面和气象条件不变的情况下安装声屏障前后在某特定位置上的声压级之差。

10.0287 菲涅耳数 Fresnel [zone] number

运用光学中光波的菲涅耳衍射理论来研究声屏障隔声的参数，为声源至接收点的直达距离与通过声屏障衍射距离的差(程差)与声波半波长的比值。

10.0288 吸声材料 sound absorption materials

对入射声能具有吸收作用的材料。

10.0289 多孔吸声材料 porous absorbing materials

有很多微孔和通道，对气体或液体流过给予阻尼的材料。

10.0290 吸声系数 sound absorption coefficient

被分界面(表面)或媒质吸收的声功率，加上经过分界面透射的声功率所得的和数，与入射声功率之比。表征材料或构造吸声特性的量，是与频率相关的一组值。

10.0291 平均吸声系数 average sound absorption coefficient

(1)房间各界面的吸声系数的加权平均值，权重为各界面的面积。(2)一种吸声材料不同频率的吸声系数的算术平均值。

10.0292 边缘效应 edge effect

在测量面积有限的材料的吸声系数时，因为声波在试件边缘的绕射和衍射作用，使测得的吸声系数大于材料在工程中大面积使用时的实际吸声系数的现象。

10.0293 吸声量 equivalent absorption area

又称“等效吸声面积”。与某物体或表面吸收本领相同而吸声系数等于1的面积。符号为A，单位为m^2(平方米)。

10.0294 房间吸声量 room absorption

房间内各表面和物体的总吸声量加上房间内媒质中的损耗。

10.0295 穿孔率 perforated percentage

穿孔面积与总面积之比。

10.0296 降噪系数 noise reduction coefficient

表征材料或构造吸声特性的单一值。

10.0297 流阻 flow resistance

在稳定气流状态下，吸声材料中压力梯度与气流线速度的比。表征空气通过材料空隙的阻力。符号为R_f，单位为Pa · s/m(帕[斯卡]秒每米)。

10.0298 薄板吸收 panel absorption

周边固定在框架上的薄板(如胶合板、金属板等)，其后面设置适当厚度的封闭空气层，组成共振系统，在系统共振频率附近具有的较大的吸声作用。

10.0299 薄膜吸收 membrane absorption

在拉张状态的弹性膜(如塑料薄膜、金属薄膜等)后面设置适当厚度的封闭空气层，形成一个膜和空气层的共振系统，在系统共振频率附近具有的较大的吸声作用。

10.0300 共振吸声 resonance sound absorption

当入射声波的频率接近共振器的固有频率时，共振器孔颈的空气柱产生强烈振动，在振动过程中，由于克服摩擦阻力而消耗声能。

10.0301 吸声尖劈 wedge absorber
为了使室内各表面在一定频率范围内都具有 99%以上的声吸收，通常把多孔吸声材料做成尖劈状，放置于室内各表面，使得入射声波绝大部分进入材料内部从而被高效吸收的强吸声构造。

10.0302 噪声污染 noise pollution
因自然过程或人为活动引起各种不需要的声音，超过了人类所能允许的程度，以致危害人畜健康的现象。

10.0303 噪声控制 noise control
研究获得适当噪声环境的科学技术。

10.0304 噪声评价 noise criterion
在不同条件下，采用适当的评价量和合适的评价方法，对噪声的干扰与危害进行的评价。

10.0305 降噪量 noise reduction，noise abatement
降低噪声的程度。用 dB(分贝)数表示。

10.0306 A[计权]声[压]级 A-weighted sound pressure level
用 A 计权网络测得的声压级。符号为 L_A，单位为 dB(分贝)。

10.0307 等效连续 A 声级 equivalent continuous A-weighted sound pressure level
在规定的时间内，某一连续稳态声的 A 计权声压，具有与时变的噪声相同的均方 A 计权声压，则这一连续稳态声的声级就是此时变噪声的等效声级。符号为 $L_{Aeq,T}$，单位为 dB(分贝)。

10.0308 昼夜等效[连续 A]声级 day-night equivalent [continuous A-weighted] sound pressure level
一昼夜(24h)时间段内，噪声的能量平均值。在计算过程中，需要对夜间时段的 A 声级加 10dB，昼间时段的 A 声级则不加。符号为 L_{dn}，单位为 dB(分贝)。

10.0309 语言干扰级 speech interference level
评价噪声对语言干扰的单值量，是中心频率为 500Hz、1000Hz、2000Hz 和 4000Hz 四个倍频带噪声声压级的算术平均值。符号为 SIL，单位为 dB(分贝)。

10.0310 交通噪声指数 traffic noise index
机动车辆噪声的评价量。符号为 TNI。

10.0311 噪声污染级 noise pollution level
综合考虑噪声的能量平均值和噪声起伏后，对噪声(主要是交通噪声)的评价量。符号为 L_{NP}，单位为 dB(分贝)。

10.0312 噪度 [perceived] noisiness
与人们主观判断噪声的“吵闹”程度成比例的数值量。符号为 N_a，单位为 noy(纳)。

10.0313 再生噪声 regenerated noise
气流在管道中或消声器中产生的噪声。其大小与气流速度和气流经消声器的压降有关。再生噪声会降低消声器的功用甚至使之完全失效。

10.0314 有源噪声[振动]控制 active noise [vibration] control
用位相相反的次级声(振动信号)去控制原有噪声(振动)的技术。

10.0315 消声器 silencer
具有吸声衬里或特殊形状的气流管道，可有效地降低气流中的噪声。

10.0316 消声器插入损失 insertion loss of silencer

装置消声器前后，管口辐射噪声的声功率级的差值。符号为 D，单位为 dB(分贝)。

10.0317 隔振 vibration isolation
用专门装置将工程结构与振源隔离，以减少振动影响的措施。

10.0318 扩声系统 sound reinforcement system
包括设备和声场。设备包括将声信号转换成电信号的设备；对电信号放大、处理、传输的设备，再将电信号转换为声信号还原于所服务的声场环境的设备。

10.0319 传声器 microphone
将声信号转换为相应电信号的电声换能器。

10.0320 扬声器 loudspeaker
把电能转换为声能并在空气中辐射到远处的电声换能器。

10.0321 最大声压级 maximum sound pressure level
扩声系统完成调试后，在扩声系统服务区内各点可能的最大峰值声压级的平均值。

10.0322 声反馈 acoustic feedback
扩声系统的扬声器放出的部分声能反馈到传声器的效应，通常是指因此而引起声音明显畸变乃至系统产生自激发生啸叫的情况。

10.0323 最大可用增益 maximum available gain
扩声系统在声反馈临界状态时的增益减去6dB。

10.0324 传声增益 transmission gain
扩声系统在最大可用增益时，扩声系统服务区内各点的稳态声压级平均值与扩声系统传声器处稳态声压级的差值。

10.0325 声场不均匀度 sound distribution
有扩声时，扩声系统服务区内各点的稳态声压级中的极大值与极小值的差值。

10.0326 系统总噪声级 system total noise level
扩声系统在最大可用增益工作状态下，在扩声系统服务区内各点由扩声系统所产生的各频带的噪声声压级(扣除环境背景噪声影响)平均值。

10.03 建筑热工学

10.0327 建筑热工学 building thermal engineering
研究建筑物室内外热湿作用对建筑围护结构和室内热环境的影响，研究、设计改善热环境的措施，提高建筑物使用质量，以满足人们工作和生活需要的学科。

10.0328 传热 heat transfer
热量以传导、对流、辐射的方式，从高温处向低温处传递的过程。

10.0329 温度场 temperature field
某一时刻,物体或空间内各点的温度分布状态。

10.0330 温度梯度 temperature gradient
沿热流通路上单位距离的温度变化度数。

10.0331 等温面 isothermal surface
某一时刻，温度场中所有温度相同的点所构成的面。

10.0332 等温线 isotherm
不同的等温面与同一平面相交，在此平面上构成的一簇曲线。

10.0333 热流 heat flow
单位时间内，通过垂直于传热方向某一截面的热量。符号为 Q，单位为 W。

10.0334 热流密度 heat flux

在单位时间内，通过等温面上单位面积的热量。符号为 q，单位为 W/m^2。

10.0335 显热 sensible heat

在物质的吸热或放热过程中，能使其温度发生变化的热量。

10.0336 潜热 latent heat

在一定温度和压力下，物质发生相变过程中，所吸收或放出的热量。

10.0337 传导 conduction

同一物体内部或相接触的两物体之间由于分子、原子等微观粒子的热运动，热量由高温处向低温处传递的现象。

10.0338 稳态传热 steady heat transfer

传热体系中任何一点的温度和热流量均不随时间变化的传热过程。

10.0339 瞬态传热 transient heat transfer

一个具有初始温度场的物体，当其受到一个固定的干扰热作用，物体的温度将随时间不断地升高或降低，经历某一时间后，物体内部的温度场最终达到与外界热作用处于新的热平衡状态的传热过程。

10.0340 非稳态传热 unsteady heat transfer

围护结构内部的温度和通过围护结构的热流量随外界热作用变化而发生变化的传热过程。

10.0341 周期性传热 periodic heat transfer

温度场随时间呈现周期性变化的传热过程。

10.0342 温度波幅 temperature amplitude

当温度呈周期性波动时，最高值与平均值之差。符号为 A，单位为℃。

10.0343 温度衰减 temperature damping

从室外空间到室内空间，温度波幅逐渐减小的现象。

10.0344 延迟时间 time lag

围护结构内侧空气温度稳定，外侧受室外综合温度或室外空气温度谐波作用，其内表面温度谐波最高值(或最低值)出现时间与室外综合温度或室外空气温度谐波最高值(或最低值)出现时间的差值。符号为 ξ，单位为 h。

10.0345 衰减倍数 damping factor

围护结构内侧空气温度稳定，外侧受室外综合温度或室外空气温度谐波作用，室外综合温度或室外空气温度谐波波幅与围护结构内表面温度谐波波幅的比值。符号为 ν，无量纲。

10.0346 热惰性 thermal inertia

材料层受到波动热作用后，背波面上温度波动的剧烈程度。

10.0347 热稳定性 heat stability

在周期性热作用下，围护结构或房间抵抗温度波动的能力。

10.0348 对流 convection

流体与流体之间、流体与固体之间发生相对位移时所产生的热量交换现象。

10.0349 受迫对流 forced convection

受外力作用迫使流体产生的对流。

10.0350 自然对流 natural convection

由于流体内部不同部分的温度差异引起的对流。

10.0351 层流 laminar flow

流体在流动过程中，流体的质点运动轨迹(流线)相互平行，呈分层有次序的滑动状况。

10.0352 紊流 turbulent flow

流体在流动过程中，流体质点互相混杂，迹线不规则，流体质点各瞬时的运动速度，相对其时间平均值，常有上下不规则的涨落的流态。

10.0353 边界层 boundary layer

流体沿壁面流动时，由于黏性作用在壁面附近所形成的一个薄层。在该层中，垂直于流动方向，流体的流动梯度和温度梯度都有显著变化。

10.0354 热压 heat pressure

由于温度不同造成空气密度差异，从而在房间的上下开口处形成的空气压力差。

10.0355 风压 wind pressure

风流经建筑物时，在其周围形成的静压与稳定气流静压的差值。

10.0356 辐射 radiation

热量以电磁波的形式由一个物体传向另一个物体的现象。

10.0357 吸收率 absorptivity

表征物体对外来的入射辐射的吸收能力。其大小为被物体吸收的能量与投射到物体上的总能量之比。

10.0358 反射率 reflectivity

表征物体对外来的入射辐射的反射能力。其大小为被物体反射的能量与投射到物体上的总能量之比。

10.0359 透射率 transmissivity

表征物体对外来的入射辐射的透过能力。其大小为被物体透过的能量与投射到物体上的总能量之比。

10.0360 短波辐射 short wave radiation

波长小于 3μm 的热辐射。

10.0361 长波辐射 long wave radiation

波长大于 3μm 的热辐射。

10.0362 黑体 black body

一个理想的热辐射吸收体，能吸收来自各个方向各种波长的全部能量。它同时又是一个全辐射体，亦能发射包含所有波长的辐射。

10.0363 灰体 gray body

辐射光谱与黑体的相似，且不同波长下的单色辐射力与黑体单色辐射力之比值，不随波长而变的辐射体。

10.0364 传质 mass transfer

由于物质浓度差引起的质量传递。

10.0365 质扩散 mass diffusion

发生在多元混合物(例如由水蒸气和干空气组成的湿空气)中的物质分子迁移现象。

10.0366 水蒸气渗透 vapor permeation

在材料层或围护结构两侧水蒸气分压力差作用下，水蒸气从高压一侧转移到低压一侧的现象。

10.0367 蒸汽扩散 vapor diffusion

由于浓度差而引起的水蒸气迁移现象。

10.0368 绝热 adiabatic

隔绝、阻止热量的传递、散失、对流，使得某个密闭区域内温度或者热量不受外界影响或者外界不能够影响而保持内部自身稳定或者独立发生变化的过程和作用。

10.0369 密度 density

单位体积材料的质量。符号为 ρ，单位为 kg/m^3。

10.0370 比热 specific heat

一定压力下，温度升高或降低 1℃，单位质量物质吸收或放出的热量。符号为 c，单位为 J/(kg · K)。

10.0371 导热系数 thermal conductivity，heat conduction coefficient

在稳态条件和单位温差作用下，通过单位厚度、单位面积匀质材料的热流量。符号为 λ，单位为 W/(m · K)。

10.0372 蓄热系数 coefficient of heat accumulation

当某一足够厚度的匀质材料层一侧受到谐波热作用时，通过表面的热流波幅与表面温度波幅的比值。符号为 S，单位为 W/(m^2 · K)。

10.0373 水蒸气分压力 partial vapor pressure, partial pressure of water vapor

在一定温度下，湿空气中水蒸气部分所产生的压力。符号为 P，单位为 Pa。

10.0374 饱和水蒸气压力 saturation vapor pressure

在一定温度下，空气中水蒸气呈饱和状态时水蒸气部分所产生的压力。符号为 $P_{s \cdot c}$，单位为 Pa。

10.0375 蒸汽渗透系数 coefficient of vapor permeability

单位厚度的物体，在两侧单位水蒸气分压力差作用下，单位时间内通过单位面积渗透的水蒸气量。符号为 μ，单位为 g/(m · h · Pa)。

10.0376 蒸汽渗透阻 vapor resistivity

单位厚度的物体，在两侧单位水蒸气分压力差作用下，通过单位面积渗透单位质量水蒸气所需要的时间，是蒸汽渗透系数的倒数，符号为 H，单位为(m · h · Pa)/g。

10.0377 比湿 specific humidity

单位质量空气内所含水蒸气的质量。单位为 g/kg。

10.0378 表面换热系数 surface coefficient of heat transfer

围护结构表面和与之接触的室内空气之间，在单位温差作用下，单位时间内通过单位面积的热流量。符号为 $\alpha_{i(e)}$，(下脚标 i 表示内表面，e 表示外表面)；单位为 W/(m^2 · K)。

10.0379 表面换热阻 surface resistance of heat transfer

物体表面层在对流换热和辐射换热过程中的热阻，是表面换热系数的倒数。符号为 $R_{i(e)}$，(下脚标 i 表示内表面，e 表示外表面)；单位为 m^2 · K/W。

10.0380 对流换热系数 convective heat transfer coefficient

壁面和与之接触的流体之间，在单位温差作用下，于单位时间内通过单位表面积传递的对流换热量。

10.0381 辐射换热系数 radiative heat transfer coefficient

两壁面之间，在单位温差作用下，于单位时间内通过单位表面积传递的辐射换热量。

10.0382 太阳辐射吸收系数 solar radiation absorbility factor

表面吸收的太阳辐射热与其所接受到的太阳辐射热之比。符号为 ρ，无量纲。

10.0383 导温系数 thermal diffusivity

又称“热扩散系数”。材料的导热系数与其比热和密度乘积的比值。表征物体在加热或冷却时，各部分温度趋于一致的能力。符号为 a，单位为 m^2/h。

10.0384 热阻 thermal resistance

表征围护结构本身或其中某层材料阻抗传热能力的物理量。符号为 R，单位为 m^2 · K/W。

10.0385 传热阻 heat transfer resistance
表征围护结构(包括两侧表面空气边界层)阻抗传热能力的物理量。符号为 R_0，单位为$m^2 \cdot K/W$。

10.0386 热惰性指标 index of thermal inertia
表征围护结构抵御温度波动和热流波动能力的无量纲指标，其值等于各构造层材料热阻与蓄热系数的乘积之和。符号为 D，无量纲。

10.0387 传热系数 heat transfer coefficient
在稳态条件下，围护结构两侧空气为单位温差时，单位时间内通过单位面积传递的热量。符号为K，单位为 $W/(m^2 \cdot K)$。

10.0388 空气动力系数 air dynamic coefficient
风吹过时，房屋的不同部位所产生的逾量压力与风的动压力之比。

10.0389 综合温度 solar-air temperature
空气温度与太阳辐射当量温度之和。符号为t_{sa}，单位为℃。

10.0390 露点温度 dew-point temperature
在大气压力一定、含湿量不变的条件下，未饱和空气因冷却而到达饱和时的温度。

10.0391 保温 thermal insulation
减少通过建筑围护结构向室外散失热量。

10.0392 隔热 thermal insulation
减少通过建筑围护结构向室内传入热量。

10.0393 防寒 cold protection
防止冬季室内过冷。

10.0394 防热 heat proof
防止夏季室内过热。

10.0395 最小传热阻 minimum thermal resistance
设计计算中容许采用的围护结构传热阻的下限值。符号为 $R_{0 \cdot min}$，单位为 $m^2 \cdot K/W$。

10.0396 经济传热阻 economic thermal resistance
围护结构单位面积的建造费用(初次投资的折旧费)与使用费用(由围护结构单位面积分摊的采暖运行费用和设备折旧费)之和达到最小值时的传热阻。符号为 $R_{0 \cdot E}$，单位为$m^2 \cdot K/W$。

10.0397 室外计算温度 outdoor calculated temperature
设计计算过程中所采用的室外空气温度。

10.0398 室内计算温度 indoor calculated temperature
设计计算过程中所采用的室内空气温度。

10.0399 温差修正系数 modified temperature difference factor
根据围护结构同室外空气接触状况，在设计计算中对室内外计算温差采取的修正系数，符号ζ，无量纲。

10.0400 热容量 heat capacity
系统温度升高(或降低)1℃所吸收(或放出)的热量。

10.0401 隔汽层 vapor barrier
为防止水蒸气渗透而铺设的构造层。

10.0402 空气间层 air space
封闭在围护结构中的空气层。

10.0403 热桥 thermal bridge
曾称“冷桥”。围护结构中局部的传热系数明显大于主体部位的节点。

10.0404 谐波分析 harmonic analysis

将周期性热作用按照傅里叶级数展开，分解为一系列简谐热作用，分别求解每个简谐热作用的稳态响应，将所得结果相加即得线性系统在周期性热作用下的总响应。

10.0405 反应系数 response factor
围护结构内外表面温度和热流对一个单位三角波温度扰量的反应。

10.0406 冷凝 condensation
围护结构表面温度低于附近空气露点温度时，空气中的水蒸气在围护结构表面析出的现象。

10.0407 蒸发冷却 evaporative cooling
液体蒸发吸收汽化潜热而使其接触的物体温度下降的物理现象。

10.0408 雨水渗透 rain penetration
雨水通过围护结构外表面进入围护结构内部的现象。

10.0409 通风隔热 heat reduction by ventilation
利用室内外温度较低的空气流经围护结构，带走部分热量，减少传入室内热量的措施。

10.0410 通风量 ventilation rate
单位时间内进入室内或从室内排出的空气量。

10.0411 热舒适通风 thermal comfort ventilation
为增加体内散热及防止由皮肤潮湿引起的不舒适，以改善热舒适条件为目的的通风。

10.0412 通风降温 ventilation cooling
用通风的方式降低室内空气温度的措施。

10.0413 开口比 opening ratio
进风口面积与排风口面积的比值。

10.0414 建筑内部得热 inner heat gain of building
由于人体、设备与器具、灯具散热等所形成的房间得热量。

10.0415 围护结构 building envelope
建筑物及房间各面的围挡物。

10.0416 体形系数 shape factor
建筑物与室外大气接触的外表面积与其所包围的体积之比。符号 S，单位 1/m。

10.0417 采暖度日数 heating degree day
一年中，当室外日平均温度低于冬季采暖室内计算温度时，将日平均温度与冬季采暖室内计算温度的差值累加，得到一年的采暖度日数。符号为 *HDD*。

10.0418 空调度日数 cooling degree day
一年中，当室外日平均温度高于夏季空调室内计算温度时，将日平均温度与夏季空调室内计算温度的差值累加，得到一年的空调度日数。符号为 CDD。

10.0419 计算采暖期 heating period for calculation
采用滑动平均法计算出的累年日平均温度低于或等于 5℃的时段。

10.0420 耗热量指标 index of heat loss
在计算采暖期室外平均温度条件下，为保持室内设计计算温度，单位建筑面积在单位时间内消耗的需由室内采暖设备供给的热量。符号为 q_{H}，单位为 W/m^2。

10.0421 窗墙面积比 window to wall ratio
窗户洞口面积与房间立面单元面积(即房间层高与开间定位线围成的面积)之比。

10.0422 周边地面 perimeter region
与土壤接触的房间中距外墙内表面 2m 以内的地面。

10.0423 非周边地面 core region

与土壤接触的房间中距外墙内表面 2m 以外的地面。

10.0424 线传热系数 linear heat transfer coefficient

当围护结构两侧空气温度为单位温差时，通过单位长度热桥部位的附加传热量。符号为 ψ，单位为 W/(m · K)。

10.0425 平均传热系数 mean heat transfer coefficient

考虑热桥影响后得到的传热系数值。符号为 K_m，单位为 W/(m^2 · K)。

10.0426 遮阳系数 shading coefficient

在照射时间内，透进有遮阳洞口的太阳辐射量与透进无遮阳洞口的太阳辐射量的比值。符号 SC，单位无量纲。

10.0427 参照建筑 reference building

一栋符合节能标准要求的假想建筑。作为围护结构热工性能权衡判断时，与设计建筑相对应的，计算全年采暖和空气调节能耗的比较对象。

10.0428 气密性 air tightness

围护结构的空气渗透性能。

10.0429 空气渗透 air leakage

在室内外空气压差作用下，通过围护结构材料孔隙和构造缝隙，空气渗入或渗出的现象。

10.0430 节能率 energy saving ratio

设计建筑与基准建筑能耗的差与基准建筑能耗比值的百分率。

10.0431 保温材料 thermal insulation materials

控制室内热量外流的材料。

10.0432 隔热材料 thermal insulation materials

防止室外热量进入室内的材料。

10.0433 外保温 external thermal insulation

将保温层布置在围护结构外侧的构造方法。

10.0434 内保温 internal thermal insulation

将保温层布置在围护结构内侧的构造方法。

10.0435 热电偶 thermocouple

直接测量温度，并把温度信号转换成热电动势信号，通过电气仪表转换成被测介质温度的一种感温元件。

10.0436 热流计 heat flow meter

用于测定建筑围护结构热流密度的传感器。输出的电信号是通过热流计热流密度的函数。

10.0437 防护热板法 guarded hot plate method

将试件置于加热面板与冷却面板之间，加热面板的中间部位布置计量加热器，其周边布置防护加热器，控制冷热面板的温度，在稳态状况下，测量试件两侧表面温度及计量加热器的输入功率，计算出试件热传递性质的方法。

10.0438 防护热箱法 guarded hot box method

将计量箱置于防护箱内，并在试件两侧的箱体内，分别建立所需的温度、风速和辐射条件，达到稳定状态后，测量空气温度、试件和箱体内壁的表面温度及输入到计量箱的功率，计算出试件热传递性质的方法。

10.0439 标定热箱法 calibrated hot box method

在一个温度受到控制的空间内，将试件放在箱体的热室与冷室之间，热箱作为计量箱，其箱壁热损失和迂回热损失通过已知热阻的标准试件进行标定，在稳定状态下测量空气温度和表面温度以及输入热室的功率，计算出试件热传递性质的方法。

10.0440 热脉冲测定法 heat impulsive method
由一个加热器和放置在加热器两侧材料相同的三块试件以及测温热电偶组成。当加热器通以电流后，根据被测试件的温度变化测量试件的导热系数、导温系数和比热容的方法。

10.0441 电热模拟 electricity-heat analogy
用电势相当于温度，电流相当于单位时间内的热流，电阻与电容量各自相当于热阻与热容量的方法来模拟传热实验的方法。

10.0442 水力模拟 hydraulic analogy
用水力学中的阻力相当于热阻，水压差相当于温度差，蓄水量相当于热容量的方法来模拟传热的实验方法。

10.0443 鼓风门测定仪 blower door equipment
采用鼓风门法进行住户外围护结构整体气密性能检测的仪器。

10.0444 示踪气体测定仪 tracer gas instrument
采用示踪气体法进行建筑通风性能、气密性能检测的仪器。

10.0445 热工摄像术 thermography
用红外摄像仪对建筑表面拍摄，得到表观温度照片的方法。

10.04 建筑气候学

10.0446 建筑气候学 building climatology
研究建筑如何与气候相适应的学科。

10.0447 建筑气候区划 climatic regionalization for architecture，building climate demarcation
为区分不同气候条件对建筑影响的差异性，选取对建筑影响较大的气象要素为指标而做出的区划。

10.0448 干热气候 dry hot climate
温度高而湿度小的气候类型。

10.0449 湿热气候 wet hot climate
温度高而湿度大的气候类型。

10.0450 地方性气候 local climate
由于地形、地势和地理景观的地方性差异所形成的一种局部地区的特殊气候。

10.0451 建筑热工设计分区 dividing region for building thermal design
为使建筑热工设计与地区气候相适应而做出的气候区划。

10.0452 严寒地区 severe cold zone
累年最冷月平均气温≤-10℃的地区。

10.0453 寒冷地区 cold zone
累年最冷月平均气温-10~0℃的地区。

10.0454 夏热冬冷地区 hot summer and cold winter zone
累年最冷月平均气温 0~10℃，最热月平均温度 25~30℃的地区。

10.0455 夏热冬暖地区 hot summer and warm winter zone
累年最冷月平均气温＞10℃，最热月平均温度 25~29℃的地区。

10.0456 温和地区 temperate zone，warm zone

累年最冷月平均气温 0~13℃，最热月平均温度 18~25℃的地区。

10.0457 干球温度 dry-bulb temperature
在暴露于空气中，但又处于不受太阳直接辐射地方的干球温度表上所读取的温度数。

10.0458 湿球温度 wet-bulb temperature
在暴露于空气中，但又处于不受太阳直接辐射地方，而且球部又包有浸透水(或已结冰)的纱布的温度表上所读取的温度数。

10.0459 黑球温度 globe temperature
将温度计的水银球放入一个直径为 15cm、外涂黑色的空心铜球的中心测得的温度，用以反映环境的热辐射状况。

10.0460 相对湿度 relative humidity
空气实际的水蒸气分压力与同温度下饱和状态空气的水蒸气分压力的百分比。

10.0461 绝对湿度 absolute humidity
单位体积的湿空气中所含水蒸气的质量。

10.0462 饱和湿度 saturated humidity
一定温度、大气压力下，空气中所能容纳的水蒸气质量的最大值。

10.0463 风速 wind speed
单位时间内空气移动的水平距离。

10.0464 风向 wind direction
风的来向。

10.0465 日照百分率 percentage of sunshine
一定时间内，某地日照时数与该地的可照时数的百分比。

10.0466 云量 cloud amount
云遮蔽天空视野的成数。

10.0467 降水量 precipitation
某一时段内的未经蒸发、渗透、流失的降水，在水平面上积累的深度。

10.0468 直射辐射 direct radiation
在与太阳辐射方向相垂直的平面上接收到的直接来自太阳的辐射。

10.0469 散射辐射 diffuse radiation
由于大气的散射作用从天空的各个部分到达地面的那部分太阳辐射。

10.0470 总辐射 global radiation
到达水平地面上的太阳直射辐射和散射辐射之和。

10.0471 大气压力 air pressure
大气层中的物质受大气层自身重力产生的作用于物体上的压力。

10.0472 气温年较差 annual temperature range
最热月月平均气温与最冷月月平均气温之差。

10.0473 气温日较差 daily temperature range
气温在一昼夜内最高值与最低值之差。

10.0474 晴空指数 clearness index
入射到水平面的太阳总辐射值与天文辐射值之比。

10.0475 度日 degree-day
某一时段内，日平均温度低于(高于)某一基准温度时，日平均温度与基准温度之差的代数和。是建筑气候中衡量冷热程度的一种指数。

10.0476 太阳常数 solar constant
地球在位于日地平均距离处时，地球大气层顶界垂直于太阳光线平面上的太阳辐射照度。

10.0477 太阳辐照度 solar irradiance

以太阳为辐射源，在某一表面上形成的辐射照度。

10.0478 大气透明度 atmosphere transparency
又称“大气透明系数”。在给定太阳高度角情况下，大气对直接太阳辐射的透射比。

10.0479 典型气象年 typical meteorological year，TMY
以累年气象观测数据的平均值为依据，从累年气象观测数据中，逐月选出与平均值最接近的 12 个典型气象月，并经月间平滑处理构成的逐时气象参数的假想年。

10.0480 永[久性]冻土 permafrost
含有固态水、始终保持冻结状态的土。

10.0481 季节性冻土 seasonal frozen ground
随季节冻结和融化的土。

10.0482 岛状冻土 segregated frozen ground
呈岛状分布的永久性冻土。是季节性冻土与永久性冻土之间的过渡状态。

10.0483 标准冻结深度 standard frost penetration
裸露、城市之外的空旷场地中不少于 10 年的实测最大冻结深度的平均值。

10.0484 室内气候 indoor climate
室内由于围护结构作用，形成了与室外不同的气候条件。主要是由气温、湿度、风和热辐射这四个综合作用于人体的气象因素组成。

10.0485 室内热环境 indoor thermal environment
建筑空间内部影响人体热感觉和热舒适的物理因素。主要包括：室内温度、湿度、气流速度和环境辐射温度等。

10.0486 热舒适性 thermal comfort
从生理和心理上人对室内外热环境感觉舒适程度的特性。

10.0487 热舒适指标 thermal comfort index
反映热环境物理量及人体有关因素对人体热舒适的综合作用的指标。

10.0488 有效温度 effective temperature，ET
反映了干球温度、湿度、空气流速对人体热舒适感觉的综合影响。数值上等于产生相同感觉的静止饱和空气的温度。

10.0489 预测平均热感觉 predictive mean vote，PMV
表征人体热反应(冷热感)的评价指标，代表了同一环境中大多数人的冷热感觉的平均。

10.0490 预测不满意百分率 predicted percentage dissatisfied，PPD
预计处于热环境中的群体对于热环境不满意的百分率。

10.0491 标准有效温度 standard effective temperature，SET
为考虑环境中辐射对人体的影响，用黑球温度代替干球温度对有效温度指标的修正。

10.0492 热应力 heat stress
热环境对人体的热作用。

10.0493 热应力指标 heat stress index
衡量热环境对人体处于不同活动量时的热作用的指标。

10.0494 人体热感觉 human thermal sensation
人体对环境产生温热或寒冷的感觉，是由起着热感觉器作用的神经末梢所引起的神经活动结果。

10.0495 排汗冷却效率 cooling efficiency of

sweating

汗蒸发所产生的散热量与汗分泌的潜热之比。取决于整个热负荷(等于需要的蒸发散热量)和空气的蒸发能力。

10.0496 中性温度 neutral temperature

评价自然状态房间的热舒适指标，即个人主观上既不感觉到冷也不感觉到热的温度。

10.0497 建筑生物气候图 building bio-climatic chart

依照人体热舒适要求和室外气候条件进行建筑设计的系统方法，并将这种分析方法用图表的形式表现出来。

10.0498 环境热负荷 environmental heat load

人体与周围环境之间得热、失热量的平衡计算结果。

10.0499 平均辐射温度 mean radiant temperature

环绕空间的各个表面温度的加权平均值。

10.0500 城市气候 urban climate

城市化引起城市区域气候因子变化而出现的一类特殊气候现象。

10.0501 城市热岛 urban heat island

城市区域空气平均温度、瞬时温度值均大于郊区的现象。

10.0502 历年 annual

逐年。特指整编气象资料时，所采用的以往一段连续年份中的每一年。

10.0503 累年 normals

多年。特指整编气象资料时，所采用的以往一段连续年份(不少于 3 年)的累计。

10.0504 经度 longitude

地球上某点与两极的连线所组成的平面与 0°经线所在平面的夹角。

10.0505 纬度 latitude

地球上某点至地心连线与赤道平面的夹角。

10.0506 时区 time zone

将地球表面按经线划分的 24 个区域。

10.0507 太阳高度角 solar altitude angle

太阳光线与其水平投影之间的夹角。

10.0508 太阳方位角 solar azimuth angle

太阳光线的水平投影与正南方向的夹角。

10.0509 太阳赤纬角 solar declination angle

太阳中心和地球中心的连线与此连线在赤道平面的投影之间的夹角。

10.0510 太阳时 solar time

以太阳正对子午线上的一瞬时为正午(12 时)所推算出来的时间。

10.0511 地方太阳时 local solar time

以太阳正对当地子午线的时刻为中午 12 时所推算出的时间。

10.0512 地方标准时 local standard time

每个时区都按其中央子午线的平太阳时为计算时间的标准。

10.0513 真太阳日 true solar day

太阳连续两次经过同一子午圈的时间间隔。

10.0514 平太阳日 mean solar day

一年中真太阳日的平均。

10.0515 平太阳时 mean solar time

平太阳连续两次通过正南子午线的时间间隔的 1/24 为一小时的时间系统。

10.0516 时差 time difference

真太阳时与平太阳时的时刻之差。

10.0517 太阳时角 solar hour angle
时圈与正南子午面的夹角。

10.0518 冬至点 winter solstice
太阳直射南回归线，北半球白天最短，夜间最长。

10.0519 夏至点 summer solstice
太阳直射北回归线，北半球白天最长，夜间最短。

10.0520 春分点 spring equinox
太阳到达黄经 0 度，阳光直射地球赤道。

10.0521 秋分日 autumnal equinox
太阳到达黄经 180 度，阳光直射地球赤道。

10.0522 大寒日 great cold
太阳到达黄经 300 度。

11. 建 筑 防 护

11.01 抗 震

11.0001 抗震设防 earthquake fortification, seismic fortification
各类工程结构按照规定的可靠性要求，针对可能遭遇的地震危害性所采取的工程和非工程措施。

11.0002 抗震设防标准 earthquake fortification level, seismic fortification criterion
衡量抗震设防要求高低的尺度。由抗震设防烈度或设计地震动参数及建筑抗震设防类别确定。

11.0003 建筑抗震设防分类 seismic fortification category for building construction
根据建筑遭遇地震破坏后，可能造成人员伤亡、直接和间接经济损失、社会影响的程度及其在抗震救灾中的作用等因素，对各类建筑所做的设防类别划分。

11.0004 里氏震级 Richter magnitude
在距震中 100km 处，用伍德·安德森(Wood Anderson)地震仪所测定的水平最大地震震动位移振幅(以 μm 为单位)的常用对数。

11.0005 地震震级 earthquake magnitude
衡量一次地震释放能量大小的尺度。常用里氏震级表示。

11.0006 地震烈度 earthquake intensity
地震引起的地面震动及其影响的强弱程度。

11.0007 抗震设防烈度 earthquake fortification intensity, seismic fortification intensity
按国家规定的权限批准作为一个地区抗震设防依据的地震烈度。

11.0008 基本烈度 basic intensity
在 50 年期限内，一般场地条件下，可能遭遇的超越概率为 10%的地震烈度值。相当于 474 年一遇的烈度值。

11.0009 多遇地震烈度 intensity of frequently occurred earthquake
在 50 年期限内，一般场地条件下，可能遭遇的超越概率为 63%的地震烈度值。相当于 50 年一遇的地震烈度值。

11.0010 罕遇地震烈度 intensity of seldom occurred earthquake

在 50 年期限内，一般场地条件下，可能遭遇的超越概率为 2%~3%的地震烈度值。相当于 1600~2500 年一遇的地震烈度值。

11.0011 超越概率 exceedance probability，probability of exceedance

在一定时期内，工程场地可能遭遇大于或等于给定的地震烈度值或地震动参数值的概率。

11.0012 地震重现期 earthquake recurrence period

在同一地区内某一震级地震重复发生的时间间隔。

11.0013 地震动参数 ground motion parameter

表征地震引起的地面运动的物理参数。包括地震动峰值、反应谱和持续时间等。

11.0014 峰值[地面]加速度 peak ground acceleration

地震动加速度时间过程的绝对最大值。

11.0015 峰值[地面]速度 peak ground velocity

地震动速度时间过程的绝对最大值。

11.0016 峰值[地面]位移 peak ground displacement

地震动位移时间过程的绝对最大值。

11.0017 设计地震动参数 design parameter of ground motion，design ground motion parameter

抗震设计用的地震加速度(速度、位移)时程曲线、加速度反应谱和峰值加速度。

11.0018 设计基本地震加速度 design basic acceleration of ground motion

设计基准期内，一定超越概率所对应的地震加速度的设计值。一般建筑为 50 年设计基准期超越概率 10%的地震加速度的设计取值。

11.0019 卓越周期 predominant period

随机振动过程中出现概率最多的周期。

11.0020 土动力性质测试 dynamic property test for soil

通过动力方法，测定土的动力强度、变形特性和阻尼等的试验。

11.0021 动力三轴试验 dynamic triaxial test

在给定的周围压力下，沿圆柱形土试件的轴向施加某种谐波或随机波动作用，测定其变形和孔隙水压力的发展，以确定土的强度参数(包括饱和可液化土的液化特性等)的试验。

11.0022 剪切波速测试 shear wave velocity measurement

以激振或其他方法，确定横波在土层内传播速度的现场测试。

11.0023 场地 site

工程群体所在地，具有相似反应谱特征。其范围相当于一个厂区、居民小区和自然村或不小于 1.0km^2 的平面面积。

11.0024 场地土 site soil

场地范围内的地基土。

11.0025 场地类别 site category

根据场地覆盖层厚度和场地土刚度等因素，对建设场地所做的分类。

11.0026 场地覆盖层厚度 thickness of site soil layer，thickness of overburden layer

由地面至基底层顶面的土层厚度。

11.0027 有利地段 favorable area to earthquake resistance，favorable area

稳定基岩，坚硬土，开阔、平坦、密实、均匀的中硬土等地段。

11.0028 不利地段 unfavorable area to earthquake resistance，unfavorable area

软弱土、液化土，突出的条状山嘴，高耸孤立的山，非岩质的陡坡，河岸和边坡的边缘，平面分布上成因、岩性和状态明显不均的土层(如故河道、断层破碎带、暗埋的塘浜沟谷及半填半挖地基)等地段。

11.0029 危险地段 dangerous area to earthquake resistance，dangerous area

地震可能发生滑坡、崩坍、地陷、地裂、泥石流，发震断裂带上可能发生地表错位等对工程抗震有潜在危险的地段。

11.0030 等效剪切波速 equivalent shear wave velocity

在地面以下 20m 深范围内或小于 20m 的覆盖层土层剪切波的传播速度。

11.0031 土体抗震稳定性 seismic stability of soil

场地土体抵抗地震引起的地面破坏如地裂缝、滑坡、崩塌等的性能。

11.0032 地震地基失效 seismic failure of foundation

由于地震引起的滑坡、不均匀变形、开裂和砂土、粉土液化等使地基丧失承载能力的破坏现象。

11.0033 喷水冒砂 sand boil

土液化时，土中水连带砂土颗粒喷出地表的现象。

11.0034 液化指数 liquefaction index

衡量地震液化可能引起的场地地面破坏效应的一种指标。

11.0035 液化等级 liquefaction category

按液化指数等指标对液化效应程度的分级。

11.0036 抗液化措施 anti-liquefaction measure，liquefaction defence measure

根据工程结构重要性和地基液化等级所采取的消除或减轻液化危害的工程措施。包括对基础、上部结构和对可液化土层进行处理等措施。

11.0037 抗震减灾规划 earthquake disaster reduction planning

为减轻地震灾害所制订的规划。

11.0038 城市抗震减灾规划 urban earthquake disaster reduction planning

为提高城市综合抗震能力所制订的抗震防灾规划。是城市总体规划的组成部分。

11.0039 土地利用规划 land use planning

根据抗震设防区划和地质分布图等资料，规定土地使用等级和范围，以控制发展规模，使人口和城市功能合理分布的规划。是抗震防灾规划的组成部分。

11.0040 避震疏散场所 seismic shelter for evacuation

用作地震时受灾人员疏散的场地和建筑。

11.0041 防灾据点 disaster prevention strong hold

采用较高抗震设防要求、有避震功能、可有效保证内部人员抗震安全的建筑。

11.0042 防灾公园 disaster prevention park

城市中满足避震疏散要求的、可有效保证疏散人员安全的公园。

11.02 防　　雷

11.0043 雷击 lightning stroke
闪击中的一次放电。

11.0044 雷击点 point of strike
闪击击在大地或其突出物上的点。

11.0045 对地闪击 lightning flash to ground
雷云与大地(含地上的突出物)之间的一次或多次放电。

11.0046 直击雷 direct lightning flash
闪击直接击在建(构)筑物、其他物体、大地或外部防雷装置上，并产生电效应、热效应和机械力的雷击。

11.0047 雷电流 lightning current
流经雷击点的电流。

11.0048 闪电感应 lightning induction
闪电放电时，在附近导体上产生的闪电静电感应和闪电电磁感应。它可能使金属部件之间产生火花放电。

11.0049 闪电静电感应 lightning electrostatic induction
由于雷云的作用，使附近导体上感应出的与雷云符号相反的电荷。雷云主放电时，先导通道中的电荷迅速中和，在导体上的感应电荷得到释放，如没有就近泄入地中就会产生很高的电位。

11.0050 闪电电磁感应 lightning electromagnetic induction
由于雷电流迅速变化在其周围空间产生瞬变的强电磁场，使附近导体上感应出的很高的电动势。

11.0051 闪电电涌 lightning surge
闪电击于防雷电装置或线路上以及由闪电静电感应或闪电电磁感应引发的过电压、过电流瞬态波。

11.0052 闪电电涌侵入 lightning surge on incoming service
闪电电涌沿架空线路、电缆线路或金属管道侵入建(构)筑物，危及生命安全或损坏设备的现象。

11.0053 雷击电磁脉冲 lightning electromagnetic pulse，LEMP
雷电流经电阻、电感、电容耦合产生的电磁效应。包含闪电电涌和辐射电磁场。

11.0054 防雷区 lightning protection zone，LPZ
划分雷击电磁环境的区域。

11.0055 防雷装置 lightning protection system，LPS
用于减少闪击击于建(构)筑物上或建(构)筑物附近造成的物质性损害和人身伤亡，由外部防雷装置和内部防雷装置组成的系统。

11.0056 外部防雷装置 external lightning protection system
由接闪器、引下线、接地配置组成的防护装置。主要用于防直击雷。

11.0057 内部防雷装置 internal lightning protection system
由等电位联结系统、共用接地系统、屏蔽系统、合理布线系统、电涌保护器等组成的装置。主要用于减小和防止雷电流在防空间内所产生的电磁效应。

11.0058 接闪器 air-termination system
由拦截闪击的接闪杆、接闪带、接闪线、接闪网以及金属屋面、金属构件等组成的装置。

11.0059 引下线 down-conductor system
将雷电流从接闪器传导至接地配置的导体。

11.0060 接地配置 grounding arrangement
系统、装置和设备的接地所包含的所有电气连接和器件。

11.0061 接地 ground
在系统、装置或设备的给定点与局部地之间做的电连接。

11.0062 雷电保护接地 lightning protective ground
为雷电保护装置(接闪杆、接闪线和接闪网等)向大地泄放雷电流而设的接地。

11.0063 自然接地体 natural grounding electrode
具有接地作用但不是为此目的而专门设置的,与大地有良好接触的各种金属构件、金属管、钢筋混凝土中的钢筋等设施的统称。

11.0064 人工接地体 manual grounding electrode
专门设置的直接埋入地中或水中用于泄流和均压的物体。

11.0065 接地极 ground electrode
埋入土壤或特定的导电介质(如混凝土或焦炭)中,与大地有电接触的可导电部分。

11.0066 接地网 ground electrode network
接地配置的组成部分,仅包括接地极及其相关连接部分。

11.0067 接地导体 ground conductor
在系统、装置或设备的给定点与接地极或接地网之间提供导电通路或部分导电通路的导体。

11.0068 接地端子 grounding terminal
设备或装置上用来与接地配置进行电气连接的端子。

11.0069 工频接地电阻 power frequency ground resistance
工频交流电流通过接地极流入大地时的接地电阻。

11.0070 冲击接地电阻 shock ground resistance
冲击电流(雷电流)通过接地极流入大地时的接地电阻。

11.0071 等电位联结 equipotential bonding
为达到等电位,多个可导电部分之间的电连接。

11.0072 防雷等电位联结 lightning protection equipotential bonding
将分开的所有金属物体直接用连接导体或经电涌保护器连接到防雷装置上的措施。

11.0073 电涌保护器 surge protective device, SPD
用于限制瞬态过电压和泄放电涌电流的电器。至少含有一个非线性元件。

11.0074 放电电流 discharge current
流过避雷器或电涌保护器的冲击电流。

11.0075 标称放电电流 nominal discharge current
流过避雷器或电涌保护器具有 8/20μs 波形的电流峰值。

11.0076 冲击电流 impulse current
由电流峰值(I_{peak})和电荷(Q)确定的电流。

11.0077 雷电冲击电流 lightning current impulse
波形为 8/20 的冲击电流。因设备调整的限制，视在波前时间的测量值为 7~9μs，波尾半峰值时间为 18~22μs。

11.0078 残流 residual current
电涌保护器按制造说明连接，不带负载，施加最大持续工作电压时，流经 PE 接线端子的电流。

11.0079 限制电压 measured limiting voltage
施加规定波形和幅值的冲击电压时，在电涌保护器接线端子间测得的最大电压峰值。

11.0080 电压保护水平 voltage protection level
表征电涌保护器限制接线端子间电压的性能参数，其值可从优先值的列表中选择。该值应大于限制电压的最高值。

11.0081 标准雷电冲击电压 standard lightning voltage impulse
波形为 1.2/50 的冲击电压。

11.0082 最大持续工作电压 maximum continuous operating voltage
允许持久地施加在电涌保护器上的最大交流电压有效值或直流电压。其值等于额定电压。

11.0083 最大持续电压 maximum continuous voltage
规定温度下可连续施加的电压。

11.0084 最大持续交流电压 maximum continuous alternating current voltage
规定温度下可连续施加的交流电压(总谐波畸变小于 5%)的有效值。

11.0085 最大持续直流电压 maximum continuous direct current voltage
规定温度下可连续施加的直流电压。

11.0086 残压 residual voltage
避雷器或电涌保护器流过放电电流时两端的电压峰值。

11.0087 设备耐冲击电压额定值 rated impulse withstand voltage of equipment
设备制造商给予的设备耐冲击电压额定值。表征其绝缘防过电压的耐受能力。

11.0088 保护模式 mode of protection
电涌保护器保护元件可连接在相对相、相对地、相对中性线、中性地及其组合，以及线对线、线对地及其组合等连接方式的统称。

11.0089 电涌保护器脱离器 surge protective device disconnector
把电涌保护器从电源系统断开所需要的装置(内部的和/或外部的)。

11.0090 插入损耗 insertion loss
在给定频率下，连接到给定电源系统的电涌保护器插入损耗为，电源线上紧靠电涌保护器接入点之后，在被试电涌保护器接入前后的电压比，结果用分贝(dB)表示。

11.0091 回波损耗 return loss
反馈系数倒数的模。一般用分贝(dB)表示。

11.0092 近端串扰 near-end crosstalk，NEXT
串扰在被干扰的通道中传输，其方向与该通道中电流传输的方向相反。被干扰的通道的端部基本上靠近产生干扰的通道的激励端，或与之重合。

11.0093 单位能量 specific energy
一次闪击时间内雷电流平方对时间的积

分。代表雷电流在单位电阻上所产生的能量。

11.0094 冲击试验Ⅰ级 impulse test-class Ⅰ
按标称放电电流1.2/50μs冲击电压和Ⅰ级试验的最大冲击电流进行的试验。

11.0095 冲击试验Ⅱ级 impulse test-class Ⅱ
按标称放电电流1.2/50μs冲击电压和Ⅱ级试验的最大放电电流进行的试验。

11.0096 冲击试验Ⅲ级 impulse test-class Ⅲ
按复合波(1.2/50μs，8/20μs)进行的试验。

11.03 防火、防爆

11.0097 耐火极限 extreme limit of fire resistance
在标准耐火试验条件下，建筑构件、配件或结构从受到火的作用时起，到失去稳定性、完整性或隔热性时止的时间。用小时表示。

11.0098 耐火等级 fire resistance rating
根据物体的燃烧性能和耐火极限划分建筑构件耐火的级别。

11.0099 生产的火灾危险性分类 fire rating of produce
根据生产中使用或产生的物质及其数量等因素划分的火灾危险性类别。

11.0100 火灾危险环境 fire hazardous atmosphere
存在火灾危险物质以致有火灾危险的区域。

11.0101 明火地点 open flame site
室内外有外露火焰或赤热表面的固定地点(民用建筑内的灶具、电磁炉等除外)。

11.0102 散发火花地点 sparking site
有飞火的烟囱或室外的砂轮、电焊、气焊(割)等作业地点。

11.0103 防火间距 fire separation distance
防止着火建筑在一定时间内引燃相邻建筑的隔离距离。

11.0104 防火分区 fire compartment
在建筑内部采用防火墙、耐火楼板及其他防火分隔设施分隔而成，能在一定时间内防止火灾向同一建筑的其余部分蔓延的局部空间。

11.0105 防烟分区 smoke compartment
在建筑内由挡烟设施分隔，形成在一定时间内防止火灾烟气向同一建筑的其余部分蔓延的局部空间。

11.0106 安全出口 safety exit
供人员安全疏散用的楼梯间、室外楼梯的出入口或直通室内外安全区域的出口。

11.0107 专用消防口 fire-firing access
消防人员为灭火而进入建筑物的专用入口，平时封闭，使用时由消防人员从室外打开。

11.0108 不燃烧体 non-combustible component
用不燃材料做成的建筑构件。

11.0109 难燃烧体 difficult-combustible component
用难燃材料做成的建筑构件或用可燃材料做成而用不燃材料做保护层的建筑构件。

11.0110 燃烧体 combustible component
用可燃材料做成的建筑构件。

11.0111 挡烟垂壁 hang wall

用不燃烧材料制成，从顶棚下垂不小于500mm的固定或活动的挡烟设施。活动挡烟垂壁系指火灾时因感温、感烟或其他控制设备的作用，自动下垂的挡烟垂壁。

11.0112 闪点 flash point
在规定的试验条件下，液体挥发的蒸气与空气形成的混合物，遇火源能够闪燃的液体最低温度(采用闭杯法测定)。

11.0113 探测区域 detection zone
将报警区域按探测火灾的部位划分的单元。

11.0114 报警区域 alarm zone
将火灾自动报警系统的警戒范围按防火分区或楼层划分的单元。

11.0115 集中报警系统 remote alarm system
由集中火灾报警控制器、区域火灾报警控制器和火灾探测器等组成，或由火灾报警控制器、区域显示器和火灾探测器等组成，功能较复杂的火灾自动报警系统。

11.0116 区域报警系统 local alarm system
由区域火灾报警控制器和火灾探测器等组成，或由火灾报警控制器和火灾探测器等组成，功能简单的火灾自动报警系统。

11.0117 控制中心报警系统 control center alarm system
由消防控制室的消防控制设备、集中火灾报警控制器、区域火灾报警控制器和火灾探测器等组成，或由消防控制室的消防控制设备、火灾报警控制器、区域显示器和火灾探测器等组成，功能复杂的火灾自动报警系统。

11.0118 警示标志 caution sign
警告和提示疏散人员采取合适安全疏散行为的标志。

11.0119 疏散指示标志 evacuation indicator sign
用于指示疏散方向和(或)位置、引导人员疏散的标志。一般由疏散通道方向标志、疏散出口标志或两种标志组成。

11.0120 疏散导流标志 evacuation guiding strip
能保持疏散人员视觉连续并引导人员通向疏散出口和安全出口的一种疏散指示标志。

11.0121 环境温度 ambient temperature
紧邻设备或元件的空气或其他介质的温度。

11.0122 爆炸性气体环境的点燃温度 ignition temperature of explosive gas atmosphere
可燃性物质以气体或蒸气形态与空气形成混合物，在规定条件下被热表面点燃的最低温度。

11.0123 爆炸下限 lower explosive limit
空气中混入可燃性气体或蒸气能形成爆炸性气体环境的最低浓度。

11.0124 爆炸上限 upper explosive limit
空气中混入可燃性气体或蒸气能形成爆炸性气体环境的最高浓度。

11.0125 爆炸性气体环境 explosive gas atmosphere
空气中混入可燃性气体或蒸气，被点燃后能够保持燃烧自行传播的环境。

11.0126 爆炸性粉尘环境 explosive dust atmosphere
空气中混入粉尘、纤维或飞扬状的可燃性物质，被点燃后能够保持燃烧自行传播的环境。

11.0127 爆炸危险区域 explosive hazardous area

爆炸性环境大量出现或预期可能大量出现，以致要求对电气设备的结构、安装和使用采取专门措施的区域。

11.0128 非爆炸危险区域 non-hazardous area
爆炸性环境预期不会大量出现，以致不要求对电气设备的结构、安装和使用采取专门措施的区域。

11.0129 释放源 source of release
可向大气释放可燃性气体、蒸气或液体而形成爆炸性气体环境的地点或部位。

11.0130 可燃性物质 flammable material
本身具有可燃性，或能够产生可燃性气体或蒸气的物质，以及能够被点燃的气体、蒸汽或其混合物。

11.0131 可燃性气体 flammable gas
以一定比例与空气混合后，将会形成爆炸性气体环境的气体。

11.0132 可燃性液体 flammable liquid
在任何可预见的运行条件下，能产生可燃性蒸气的液体。

11.0133 可燃性薄雾 flammable mist
在空气中挥发能形成爆炸环境的可燃性液体微滴。

11.0134 液化可燃性气体 liquefied flammable gas
作为液态储存或处理、在环境温度和大气压下是可燃性气体的可燃性物质。

11.0135 沸溢性油品 boiling spill oil
含水并在燃烧时可产生热波作用的油品。如原油、渣油、重油等。

11.0136 防爆地漏 blastproof floor drain
战时能防止冲击波和毒剂等进入防空地下室室内的地漏。

11.0137 防爆波电缆井 anti-explosion cable pit
能防止冲击波沿电缆侵入防空地下室室内的电缆井。

11.04 防　　空

11.0138 人民防空工程 civil air defence project
为保障人民防空指挥、通信、掩蔽等需要而建造的防护建筑。分为单建掘开式工程、坑道工程、地道工程和防空地下室。

11.0139 清洁区 airtight space
又称“密闭区”。防空地下室中能抵御预定的爆炸动荷载作用，且满足防毒要求的区域。

11.0140 染毒区 airtightless space
又称“非密闭区”。防空地下室中能抵御预定的爆炸动荷载作用，但允许染毒的区域。

11.0141 防护单元 protective unit
人防工程中在防护和内部设施方面独立自成体系的空间。

11.0142 抗爆单元 anti-bomb unit
在防空地下室(或防护单元)中，用抗爆隔墙分隔的使用空间。

11.0143 人防围护结构 surrounding structure for air defence
防空地下室中承受空气冲击波或土中压缩波直接作用的顶板、墙体和底板的总称。

11.0144 人防口部 air defence gateway

防空地下室的主体与地表面，或与其他地下建筑的连接部分。对于有防毒要求的防空地下室，其口部指最里面一道密闭门以外的部分，如扩散室、密闭通道、防毒通道、洗消间、除尘室，滤毒室和竖井、防护密闭门以外的通道等。

11.0145 防护门 blast door
能阻挡冲击波但不能阻挡毒剂通过的门。

11.0146 防护密闭门 airtight blast door
既能阻挡冲击波又能阻挡毒剂通过的门。

11.0147 密闭门 airtight door
能阻挡毒剂通过但不能阻挡冲击波通过的门。

11.0148 防爆波活门 blast valve
装于通风口或排烟口处，在冲击波到来时能迅速自动关闭的防冲击波设备。

11.0149 防冲击波闸门 defence shock wave gate
防止冲击波由管道进入工程内部的闸门。

11.0150 门框墙 door frame wall
在门孔四周保障门扇就位并承受门扇传来的荷载的墙。

11.0151 密闭阀门 airtight valve
保障通风系统密闭的阀门。包括手动式和手、电动两用式密闭阀门。

11.0152 消波设施 attenuating shock wave equipment
设在进风口、排风口、柴油机排烟口处用来削弱冲击波压力的防护设施。一般包括冲击波到来时即能自动关闭的防爆波活门和利用空间扩散作用削弱冲击波压力的扩散室或扩散箱等。

11.0153 滤毒室 gas-filtering room
装有通风滤毒设备的专用房间。

11.0154 洗消间 decontamination room
供染毒人员通过和全身清除有害物的房间。通常由脱衣室、淋浴室和检查穿衣室组成。

11.0155 自动排气活门 automatic exhaust valve
靠阀门两侧空气压差作用自动启闭的具有抗冲击波余压功能的排风活门。能直接抗冲击波的称为防爆超压排气活门。

11.0156 防爆防毒化粪池 blastproof and gasproof septic tank
能阻止冲击波和毒剂等由排水管道进入工程内部的化粪池。

11.0157 水封井 trapped well
用静止水柱阻止毒剂进入工程内部的设施。

11.0158 防护密闭隔墙 protective airtight partition wall
既能抗御核爆冲击波和炸弹气浪作用，又能阻止毒剂通过的隔墙。

11.0159 密闭隔墙 airtight partition wall
主要用于阻止毒剂通过的隔墙。

11.0160 临空墙 blastproof partition wall
一侧直接受空气冲击波作用，另一侧为防空地下室内部的墙体。

11.0161 防倒塌棚架 collapse-proof shed
设置在出入口通道出地面段上方，用于防止口部堵塞的棚架。棚架能在预定的冲击波和地面建筑物倒塌荷载作用下不致坍塌。

11.05 洁净、防尘

11.0162 洁净区 clean zone
空气悬浮粒子浓度受控的限定空间。其建造和使用应减少空间内诱入、产生及滞留粒子。空间内其他有关参数如温度、湿度、压力等按要求进行控制。洁净区可以是开放式或封闭式。

11.0163 移动式洁净小室 clean booth
可整体移动位置的小型洁净室。有刚性或薄膜围挡两类。

11.0164 洁净度 cleanliness
以单位体积空气某粒径粒子的数量来区分的洁净程度。

11.0165 空气悬浮粒子 airborne particle
用于空气洁净度分级的、空气中粒子当量直径范围在 0.1~5μm 的固体和液体粒子。

11.0166 超微粒子 ultrafine particle
具有当量直径小于 0.1μm 的粒子。

11.0167 大粒子 particle
具有当量直径大于 5μm 的粒子。

11.0168 气流流型 air pattern
室内空气的流动形态和分布状态。

11.0169 单向流 unidirectional airflow
沿单一方向呈平行流线并且横断面上风速一致的气流。包括垂直单向流和水平单向流。

11.0170 垂直单向流 vertical unidirectional airflow
与水平面垂直的单向流。

11.0171 水平单向流 horizontal unidirectional airflow
与水平面平行的单向流。

11.0172 非单向流 non-unidirectional airflow
送风气流通过引导，与洁净区内部空气混合后的气流。

11.0173 混合流 mixed airflow
单向流和非单向流组合的气流。

11.0174 人员净化用室 room for cleaning human body
人员在进入洁净区之前按一定程序进行净化的房间。

11.0175 物料净化用室 room for cleaning material
物料在进入洁净区之前按一定程序进行净化的房间。

11.0176 空气吹淋室 air shower
利用高速洁净气流吹落并清除进入洁净室人员表面附着粒子的装置。

11.0177 气闸室 air lock
设置在洁净室出入口，阻隔室外或邻室污染气流和压差控制而设置的缓冲间。

11.0178 传递窗 pass box
在洁净室隔墙上设置的传递物料和工器具的开口。两侧窗扇不能同时开启，并应进行连锁控制。

11.0179 洁净工作台 clean bench
能够保持操作空间所需洁净度的工作台。

11.0180 洁净工作服 clean working garment
为把工作人员产生的粒子限制在最低程度

所使用的发尘量少的洁净服装。

11.0181 高效空气过滤器 high efficiency particulate air filter，HEPA filter
在额定风量下，最易穿透粒径的效率在99.95%以上及气流初阻力在220Pa以下的空气过滤器。

11.0182 超高效空气过滤器 ultra low penetration air filter，ULPA filter
在额定风量下，最易穿透粒径的效率在99.9995%以上及气流初阻力在250Pa以下的空气过滤器。

11.0183 自净时间 clean-down capability
洁净室被污染后，净化空调系统开始运行至恢复到稳定的规定室内洁净度等级的时间。

11.0184 空态测试 as-built test
在洁净室设施已经建成，所有动力接通并运行，但无生产设备、材料及人员的情况下进行的测试。

11.0185 静态测试 at-rest test
在洁净室设施已经建成，生产设备已经安装，并按业主及供应商同意的状态运行，但无生产人员的情况下进行的测试。

11.0186 动态测试 operational test
在洁净室设施以规定的状态运行，有规定的人员在场，并在商定的状况下进行的测试。

11.06 防 振 动

11.0187 微振动 micro-vibration
与一般振动相比振动幅值较低，但影响精密设备或仪器正常工作的振动。

11.0188 微振动控制 micro-vibration control
保证精密设备或仪器正常工作所采取的降低环境振动影响的所有方法和措施。

11.0189 时域 time domain
描述动态信号变化的时间坐标。

11.0190 频域 frequency domain
描述动态信号变化的频率坐标。

11.0191 幅域 amplitude domain
描述动态信号变化的幅值坐标。

11.0192 波形 waveform
波幅随时间变化的图形。

11.0193 峰值 peak value
给定区间内动态信号偏离基线的最大值。

11.0194 峰峰值 peak-to-peak value
给定波形图中最大正值和最大负值之差。

11.0195 固有振动频率 natural vibration frequency
系统在自由振动下所具有的振动频率。

11.0196 振动模态 mode of vibration
振动系统特性的一种表征。包括固有振动频率、振型、模态参量、模态刚度及模态阻尼。

11.0197 地脉动 micro-tremor
由气象、海洋、地壳构造活动等自然力和人类活动因素引起的地表面固有的微振动。

11.0198 设备基组 foundation set
基础和基础上的机械、附性设备及填土的总称。

11.0199 工业振动 industrial vibration
铁路(火车)、公(道)路(汽车)、城市轨道交通(地铁、轻轨)、大型动力设备、工程施工等工业振源产生的振动。

11.0200 容许振动值 allowance value of vibration
保证设备和仪器正常工作，其支承结构面的最大振动量值。

11.0201 环境振动 environment vibration
建筑场地或结构物在各种振源作用下的振动状况。

11.0202 常时微动 usual environmental micro-vibration
无明确振动干扰源的场地或结构物的微弱振动。

11.0203 建筑结构防微振体系 micro-vibration control system of structure
保证精密设备及仪器正常运行的建筑结构防微振措施的总和。

11.0204 振动响应 vibration response
地基土、结构或隔振体系受振动作用时的振动输出。

11.0205 隔振器 vibration isolator
具有衰减振动功能的支承器件。

11.0206 阻尼器 damper
用能量损耗的方法减小振动幅值的装置。

11.0207 隔振装置 vibration isolating device
由隔振器、阻尼器、调节阀、控制阀等器件形成的隔振组合体。

11.0208 隔振体系 vibration isolating system
由隔振对象、台板结构、隔振装置组成的体系。

11.0209 主动隔振 active vibration isolation
为减小振源对外界环境产生振动影响而对其采取的隔振措施。

11.0210 被动隔振 passive vibration isolation
对受环境振动影响而难以正常工作的设备或结构物所采取的隔振措施。

11.0211 振动传递率 vibration transmissibility
对于主动隔振，为隔振体系在扰力作用下的输出振动线位移与静位移之比；对于被动隔振，为隔振体系的输出振动线位移与受外界干扰的振动线位移之比。

11.0212 场地振动衰减 vibration attenuation of ground
振源产生的振动在地面上随距离的增加而减弱的一种现象。

11.0213 主动控制隔振装置 active vibration isolating device
具有预先设置并通过自身反馈系统获取信号，使隔振装置实时施加反向作用而降低环境振动影响，确保设备正常工作的装置。

11.07 防电磁辐射

11.0214 电磁环境 electromagnetic environment
存在于给定场所的电磁现象的总和。由空间、时间和频谱三个要素组成。

11.0215 电磁环境电平 electromagnetic ambient level
在规定的测试地点和测试时间内，当试验样品尚未通电时，已存在的电磁辐射和传导信号及电磁噪声电平。

11.0216 电磁环境效应 electromagnetic environment effect
电磁环境电平对电气电子系统、设备、装置的运行能力的影响。

11.0217 性能降级 degradation of performance
任何装置、设备或系统的工作性能偏离预期的指标。

11.0218 损坏 damage
由电磁干扰所造成的系统永久故障或降级，导致关键任务中止的现象。

11.0219 电磁兼容性 electromagnetic compatibility，EMC
设备、分系统、系统在共同的电磁环境中能实现各自功能的共存状态。

11.0220 安全裕度 safety margin
敏感度门限与环境中的实际干扰信号电平之间的对数值之差。用分贝表示。

11.0221 敏感度门限 susceptibility threshold
引起设备、分系统、系统呈现最小可识别的不希望有的响应或性能降级的干扰信号电平。

11.0222 电磁敏感度 electromagnetic susceptibility
对设备、器件或系统性能变化的电磁能量的度量。

11.0223 辐射敏感度 radiated susceptibility
对造成设备、分系统、系统性能降级的辐射干扰场强的度量。

11.0224 传导敏感度 conducted susceptibility
当引起设备呈现不希望有的响应或性能降级时，对电源线、控制线或信号线上干扰信号电流或电压的度量。

11.0225 衰减 attenuation
信号在从一点传到另一点的过程中，其电压、电流或功率减少的量值。

11.0226 吸收 absorption
当电磁波与某种介质相互作用时，电磁波能量不可逆转地向另一种形式的能量转换的过程。

11.0227 吸收损耗 absorption loss
由于在传输介质中或反射过程中发生能量耗散或转换所引起的传输损耗。

11.0228 反射系数 reflection coefficient
在给定的频率、给定的点和给定的传播模式下，反射的电磁波某一量值与入射的电磁波对应的量值之比。

11.0229 十倍频程 decade
高端与低端频率之比为 10：1 的频率范围。

11.0230 运行 operate
系统或设备为承担某项预定任务在一定环境下按规定的程序和技术所进行的操作。

11.0231 关键区 critical area
在外部电磁场的干扰下，导致某一区域内主要任务的失败或中止的区域。

11.0232 非关键区 noncritical area
在外部电磁场的干扰下，不会导致某一区域内主要任务的失败或中止的区域。

11.0233 电磁噪声 electromagnetic noise
与测试信号无关的一种电磁现象。

11.0234 无线电噪声 radio noise
射频频段内的电磁噪声。

11.0235 传导无线电噪声 conducted radio noise
设备运行时，在电源及互连线上产生的无线电噪声。

11.0236 无用信号 unwanted signal
对有用信号接收可能产生损害作用的信号。

11.0237 电磁干扰 electromagnetic interference
导致设备、传输信道和系统性能劣化的电磁骚扰。

11.0238 辐射干扰 radiated interference
以电磁波传播形式造成的电磁干扰。

11.0239 传导干扰 conducted interference
沿导体传输形式造成的电磁干扰。

11.0240 电磁脉冲 electromagnetic pulse
核爆炸或雷电放电时产生的瞬间强电磁辐射脉冲波。

11.0241 场强 field strength
通常指电场矢量或磁场矢量的大小。

11.0242 功率密度 power density
垂直于单位面积所传播的电磁波的功率。

11.0243 辐射发射 radiated emission
通过天线装置将电磁能量转变成电磁波形式发向空间的过程。

11.0244 传导发射 conducted emission
金属导体中所传输的部分电磁能量以电磁波形式泄漏到空间的过程。

11.0245 发射频谱 emission spectrum
组成发射信号各个频率的幅度和相位分布情况。

11.0246 抑制 suppression
通过滤波、接地、搭接、屏蔽和吸收等综合技术措施，减少或消除不希望有的发射和传导。

11.0247 电磁辐射危害 electromagnetic radiation hazard
人体、设备、军械或燃料暴露于危险程度的电磁辐射环境中，电磁能量密度足以导致打火、挥发性易燃品的燃烧、有害的人体生物效应、电引爆装置的误触发、安全关键电路的故障或逐步降级等危险。

11.0248 电磁屏蔽 electromagnetic shield
用导电材料结构体衰减电磁波向指定区域传输，实现电磁环境空间隔离的技术措施。

11.0249 电磁屏蔽室 electromagnetic shield enclosure
采用综合电磁屏蔽技术和其他技术建造，具有内外电磁环境隔离的房间。

11.0250 屏蔽效能 shield effectiveness
屏蔽体对环境空间电磁隔离能力的度量。

11.0251 电磁波吸波材料 electromagnetic wave absorber
专用于吸收入射电磁波能量的材料。

11.0252 吸波性能 absorber performance
吸波材料所吸收的能量与投射到材料表面的能量之比。

11.0253 电磁波暗室 electromagnetic wave anechoic chamber
由满足内部特定电磁环境要求的暗室、功能性用房、辅助用房和测量系统等组成，对受试设备(EUT)进行性能测试的实验室。

11.0254 半电波暗室 semi-anechoic enclosure

专门用于电磁兼容性的测量、地面不铺设电磁波吸收材料的电磁波暗室。

11.0255 全电波暗室 anechoic enclosure
专门用于电磁兼容性的测量、地面铺设电磁波吸收材料的电磁波暗室。

11.0256 电磁计量室 electromagnetic measurement room
对电学和磁学单位量值进行基准保存、传递、校准的房间。

11.0257 高功率室 high power room
安装大功率射频装置的房间。

11.08 防电离辐射

11.0258 电离辐射 ionizing radiation
能在生物物质中通过初级过程和次级过程产生离子对的辐射。

11.0259 辐射源 radiation source
可以通过发射电离辐射或释放放射性物质而引起辐射照射的一切物质或实体。

11.0260 天然源 natural source
天然存在的辐射源。

11.0261 密封源 sealed source
密封在包壳里的或紧密地固结在覆盖层里并呈固体形态的放射性物质。

11.0262 非密封源 unsealed source
不满足密封源定义中所列条件的源。

11.0263 辐射发生器 radiation generator
能产生诸如X射线、中子、电子或其他带电粒子辐射的装置。

11.0264 辐照装置 irradiation installation
安装有粒子加速器、X射线机或大型放射源等并能产生高强度辐射场的构筑物或设施、设备。

11.0265 核设施 nuclear installation
核动力厂和其他反应堆，核燃料生产、加工、储存和后处理设施，放射性废物的处理和处置设施等的总称。

11.0266 放射性废物 radioactive waste
预期不再利用的含有放射性物质或被放射性物质所污染的废弃物。其活度或活度浓度大于规定的清洁解控水平，并且它所引起的照射未被排除。

11.0267 放射性流出物 radioactive effluent
辐射源所造成的以气体、气溶胶、粉尘或液体等形态排入环境的通常情况下可在环境中得到稀释和弥散的放射性物质。

11.0268 照射 exposure
受照的行为或状态。

11.0269 照射途径 exposure pathway
放射性物质能够到达或照射人体的途径。

11.0270 确定性效应 deterministic effect
通常情况下存在剂量阈值的一种辐射效应。超过阈值时，剂量越高则效应越严重。

11.0271 随机性效应 stochastic effect
发生概率与剂量成正比而严重程度与剂量无关的辐射效应。一般认为，在辐射防护感兴趣的低剂量范围内，这种效应的发生不存在剂量阈值。

11.0272 辐射防护 radiation protection
防止电离辐射对人和非人类物种产生有害作用的技术措施。

11.0273 剂量限值 dose limit

受控实践使个人所受到的有效剂量或当量剂量不得超过的值。

11.0274 基本限值 basic limit

不允许接受剂量范围的下限。

11.0275 次级限值 secondary limit

为辐射防护实际工作需要所规定的相应于剂量限制的数值。

11.0276 密封屏障 confinement barrier

由一道或多道实体屏蔽连同相应的辅助设备所构成的系统。能有效地限制或防止正常和异常条件下放射线物质向外界的释放。

11.0277 一次屏障 primary barrier

直接包容易裂变材料或其他放射线物质的屏障。

11.0278 二次屏障 secondary barrier

包容一次屏障所在场所或小室的屏障。

11.0279 安全重要构筑物 structure important to safety

具有和执行核安全功能的构筑物。

11.0280 控制区 controlled area

对辐射工作场所划分的一种区域，在这种区域内要求或可能要求采取专门的防护手段和安全措施，以便在正常工作条件下控制正常照射或防止污染扩散及防止潜在照射或限制其程度。

11.0281 高辐射区 high radiation area

放射性超过国家标准的区域。

11.0282 监督区 supervised area

未被确定为控制区、通常不需要采取专门防护手段和安全措施、但要不断对其职业照射条件状况进行检查的任何区域。

11.0283 非居住区 exclusion area

为限制事故风险，核电厂周围设置非居住的区域。其半径(以反应堆为中心)不得小于0.5 km。

11.0284 应急设施 emergency response facility

用于紧急处理事故的设施。

11.0285 热室 hot cell

一种有厚屏蔽的封闭室。工作人员可在此封闭室内借助距离操作工具对强放射线物质进行操作试验，并可通过窥视窗观察操作情况。

11.0286 结构屏蔽 structural shield

纳入建筑结构并且由能减弱电离辐射的材料构成的屏蔽体。

11.0287 阴影屏蔽 shadow shield

电离辐射源和被屏蔽物体之间直接辐射不能自由穿行的屏蔽方式。

11.0288 厚屏蔽 thick shield

电离辐射源和被屏蔽物体之间直接辐射不能自由穿行的并使辐射显著衰减的屏蔽方式。通常指屏蔽穿透比小于 10^{-6} 的屏蔽。

11.0289 氡室 radon chamber

可调节氡(Rn)气体浓度的空气制备室。用于仪表校准、防护器材检查和生物实验等工作。

11.0290 保护系统 protection system

产生与保护任务有关的必要信号，防止反应堆状态超过规定的安全极限，或减轻超过安全极限后果的系统。

11.0291 安全停堆系统 safety shutdown system

能够触发安全驱动器动作，使反应堆快速停闭的保护系统中的子系统。

11.0292 专设安全系统 engineering safety system

减轻严重后果的最后保护系统。

11.0293 安全降功率系统 safety power cutback system

能给出触发信号并按照一定程序有限制地降低反应堆功率的保护系统中的子系统。

11.0294 安全连锁 safety interlock

仅当规定条件存在时，才允许进行反应堆的安全操作的保护系统中的子系统。

11.0295 安全报警系统 safety alarm system

能给出操作员注意并采取适当保护措施的报警信号的保护系统中的子系统。

11.0296 安全监测装置 safety monitoring assembly

能给出操作员注意并采取适当保护措施的检测信号的保护系统中的子系统。

11.0297 安全逻辑装置 safety logic assembly

根据安全监测信号，按预定逻辑功能产生输出信号的装置。

11.0298 安全驱动器 safety actuator

根据安全逻辑装置的指令，直接控制执行机构动作的装置。

11.0299 冗余 redundancy

为完成一项特定安全功能而采用多于最低必需量的设备，达到安全重要系统高可靠性和满足单一故障准则的重要设计原则。在此条件下，至少在一套设备出现故障或失效时，不至于导致功能的丧失。

11.09 防 静 电

11.0300 静电放电 electrostatic discharge，ESD

当带静电物体表面的场强超过周围介质的绝缘击穿场强时，因介质电离而使带电体上的电荷部分或全部消失的现象。

11.0301 静电危害 electrostatic harm

由于某种静电现象的作用或影响而存在着人员伤亡、财产损失或环境受到破坏的一种状态的统称。

11.0302 室内静电电位 inner electrostatic voltage

在设定的区域环境内，任一物体对地的静电电位差。

11.0303 静电噪声 electrostatic noise

由于静电放电产生的电磁波辐射对电子装置、通信设施等产生的电磁干扰。

11.0304 防静电工作区 electrostatic discharge protected area，EPA

配备各种防静电装备(用品)和设置接地系统(或等电位连接)，能限制静电电位，具有确定边界和专门标记的场所。

11.0305 静电感应 electrostatic induction

在静电场影响下引起导体上的电荷重新分布，并在其表面产生电荷的现象。

11.0306 静电泄漏 electrostatic leakage

带电体上的电荷通过带电体自身或其他物体等途径，向大地传导而使电荷部分或全部消失的现象。

11.0307 表面电阻 surface resistance

在给定的通电时间后，施加于材料表面上的标准电极之间的直流电压对于电极之间的电流的比值。在电极上可能的极化现象忽略不计。

11.0308 体积电阻 volume resistance
在给定的通电时间后，施加于一块材料的相对两个面上相接触的两个引入电极之间的直流电压和该两电极之间电流的比值。在该两电极上可能的极化现象忽略不计。

11.0309 防静电接地电阻 electrostatic grounding resistance
直接静电接地电阻和间接静电接地电阻的总和。直接静电接地电阻为接地体或自然接地体的对地电阻和接地线电阻的总和。间接静电接地电阻为被接地物体的接地极与大地之间的总电阻，主要由导电防静电材料或防静电制品的电阻决定。

11.0310 静电中和 electrostatic neutralization
带电体上的电荷与其内部或外部异性电荷(电子或离子)的结合而使所带静电电荷部分或全部消失的现象。

11.0311 离子化静电消除器 ionizing static eliminator
为中和带电体上的表面异性电荷，利用空气电离以产生所必需的正负离子的各种形式静电消除装置的统称。

11.0312 静电屏蔽 electrostatic shielding
为避免外界静电场对带电体或非带电体的影响，或者为了避免带电体的静电场对外界的影响，把带电体或非带电体置于接地的封闭或近乎封闭的金属外壳或金属栅网内的措施。

11.0313 静电接地 electrostatic grounding
通过接地极将金属导体与大地进行电气上的连接，将静电电荷安全传导到地的措施。

11.0314 防静电工作台 antistatic control worktable
供静电敏感元器件、组件及设备操作的具有静电泄放功能的工作台架。

11.10 防 污 染

11.0315 环境监测 environmental monitoring
间断或连续的测定环境中污染物的浓度，观察、分析其变化和对环境的影响过程。

11.0316 环境质量 environmental quality
在一个具体的环境内，环境的总体或环境的某些要素对人群的生存和繁衍以及社会经济发展的适宜度。是反映人类的具体要求而形成的对环境评定的一种概念。

11.0317 环境测试舱 environmental test chamber
模拟室内环境测试建筑材料和装修材料的污染物释放量的设备。

11.0318 污染物 pollutant
进入环境后会引起环境的正常组成和性质发生直接或间接有害于人类的变化，并足以危及人类和生物体的生命的物质。

11.0319 一次污染物 primary pollutant
又称“原发性污染物”。由污染源直接排入环境的，其物理和化学性状未发生变化的污染物。

11.0320 二次污染物 secondary pollutant
又称“继发性污染物”。排入环境中的一次污染物在物理、化学因素或生物的作用下发生变化，或与环境中的其他物质发生反应，所形成的物理、化学性状与一次污染物不同的新污染物。

11.0321 大气污染 atmospheric pollution

大气中的污染物或由它转化成的二次污染物的浓度达到了有害程度的现象。

11.0322 可吸入颗粒物 inhalable particle of 10 μm or less，PM10

悬浮在空气中，空气动力学当量直径小于等于 10μm 的颗粒物。

11.0323 挥发性有机化合物 volatile organic compound，VOC

在 101.3kPa 标准压力下，任何初沸点低于或等于 250℃的有机化合物。

11.0324 空气过滤 air filtration

在送风系统的各部位设置不同性能的空气过滤器，用以去除空气中的悬浮粒子和微生物的技术。

11.0325 空气净化器 air cleaner

根据房间不同的清洁度等级，采用不同方式送入经过处理的数量不等的清洁空气，同时排走相应数量的携带有在室内所产生的污染物质玷污的脏空气的装置。

11.0326 新鲜空气量 quantity of fresh air

为了满足工作人员的卫生要求，保证工作效率，房间中按照规定需要供给的室外空气量。

11.0327 人身净化 body cleaning

为防止工作人员的皮肤微屑、衣服织物的纤维及与室外大气中同样性质的微粒带入洁净室，采取的人身清洁措施。

11.0328 物料净化 supplies purify

为防止污染物带入洁净区，所送入洁净区的各种物料、原敷料、设备、工器具包装材料等，按要求进行外包装清理、吹净的措施。可有效清除外表面的微粒和微生物。

11.0329 嗅味阈值 odor threshold

人的嗅觉能够闻到其气味的浓度值。

11.0330 水污染 water body pollution

由于人类活动排放的污染物进入河流、湖泊、海洋或地下水等水体，使水和水体底泥的物理、化学性质或水体生物群落组成发生变化，从而降低了水体的使用价值的现象。

11.0331 建筑防水污染 prevent water pollution for construction

为防止水对建筑物某些部位的渗透而从建筑材料上和构造上所采取的措施。

11.0332 生产废水 industrial waste water

在工业生产过程产生的废水和废液中，含有随水流失的工业生产用料、中间产物、副产品以及生产过程中产生的污染物的那部分水。

11.0333 生活污水处理 domestic sewage treatment

采用物理、化学、生物等处理方法，使生活污水达到相应排放标准的过程。

11.0334 生产废水处理 industrial waste water treatment

采用物理、化学、生物等处理方法，使生产废水达到相应排放标准的过程。

11.0335 污水处理构筑物 sewage treatment structure

用于污水处理各个阶段的建筑单元。

11.0336 建筑隔声 sound insulation for building

对建筑物进行隔声的防护措施。包括空气声隔声和撞击声隔声两个方面。

11.0337 防噪间距 anti-noise spacing

建筑物与噪声源的合理设定距离。

11.0338　噪声敏感建筑物　noise-sensitive building

医院、学校、机关、科研单位、住宅等需要保持安静的建筑物。

11.0339　突发噪声　burst noise

突然发生、持续时间较短、强度较高的噪声。

11.0340　厂界环境噪声　industrial enterprise noise

在工业生产活动中使用固定设备等产生的，可能干扰周围生活环境的声音。在厂界处可进行测量和控制。

11.0341　室内允许噪声级　indoor permission noise level

建筑物各房间内的允许噪声级。

11.0342　频发噪声　frequent noise

频繁发生、发生的时间和间隔有一定规律，单次持续时间较短、强度较高的噪声。

11.0343　偶发噪声　sporadic noise

偶然发生、发生的时间和间隔无规律、单次持续时间较短、强度较高的噪声。

11.0344　社会生活噪声　community noise

营业性文化娱乐场所和商业经营活动中使用的设备、设施产生的噪声。

11.0345　建筑垃圾　construction waste

建设、施工单位或个人对各类建(构)筑物、管网等进行建设、铺设、拆除、修缮过程中产生的渣土、弃土、弃料、余泥及其他废弃物。

11.0346　生活垃圾　domestic waste

在日常生活中或者为日常生活提供服务的活动中产生的固体废物，以及法律、行政法规规定视为生活垃圾的固体废物。

11.0347　生活垃圾收集站　garbage station

用于收集单位或居民日常生活产生的生活垃圾的场所。

11.0348　一般工业固体废物　general industrial solid waste

未列入《国家危险废物名录》或者根据国家规定的《危险废物鉴别标准》认定其不具有危险特性的工业固体废物。

11.0349　危险固体废物　hazardous solid waste

列入《国家危险废物名录》或者根据国家规定的《危险废物鉴别标准》认定的具有危险特性的固体废物。

11.0350　建筑光污染　light pollution of construction

城市建筑物的玻璃幕墙、釉面砖墙、磨光大理石和各种涂料等装饰反射光线引起的眩光干扰。

11.0351　光折射系数　light refraction coefficient

光从真空射入介质发生折射时，入射角(i)与折射角(r)的正弦之比。

11.0352　卫生防护距离　health protection zone

产生有害因素的部门(车间或工段)的边界至居民区边界的最小距离。

11.0353　卫生防护绿化带　green belt for health protection

设置于产生职业危害因素的车间与其他车间、厂前区和生活区之间的绿化带。

11.0354　职业接触限值　occupational exposure limit

职业性有害因素的接触限制量值。即劳动者在职业活动过程中长期反复接触对机体不引起急性或慢性有害健康影响的容许接触水平。

11.0355 职业病危害防护设施 facility for occupational hazard

消除或者降低工作场所的职业病危害因素浓度或强度，减少职业病危害因素对劳动者健康的损害或影响，达到保护劳动者健康目的的设施。

11.0356 接触水平 exposure level

从事职业活动的劳动者接触某种或多种职业病危害因素的浓度(强度)和接触时间。

11.11 防 腐 蚀

11.0357 化学腐蚀 chemical corrosion

金属在非电化学作用下的腐蚀(氧化)过程。通常指在非电解质溶液及干燥气体中，纯化学作用引起的腐蚀。

11.0358 电化学腐蚀 electrochemical corrosion

金属与周围介质(主要指电解质溶液)相互作用，在界面上发生电化学反应而造成的腐蚀。

11.0359 酸腐蚀 acid corrosion

金属材料在酸溶液中发生的腐蚀。

11.0360 碱腐蚀 alkaline corrosion

金属材料在碱液中发生的腐蚀。一般指游离的氢氧化钠(NaOH)对金属的腐蚀。

11.0361 大气腐蚀性 atmospheric corrosion

大气环境(包括局部环境、微环境)引起给定基材(碳钢构件)腐蚀的能力。

11.0362 腐蚀负荷 corrosion load

促进基材腐蚀的大气环境因素的总和。

11.0363 腐蚀体系 corrosion system

由给定基材和影响腐蚀的全部环境(即腐蚀负荷)组成的体系。

11.0364 腐蚀性分级 corrosiveness classification

在腐蚀性介质长期作用下，根据其对建筑材料劣化的程度，即外观变化、重量变化、强度损失以及腐蚀速度等因素，综合评定的等级。划分为：强腐蚀、中腐蚀、弱腐蚀、微腐蚀四个等级。

11.0365 防护层使用年限 service life of protective layer

在合理设计、正确施工和正常使用和维护的条件下，防腐蚀地面、涂层等防护层预估的使用年限。

11.12 防 疫

11.0366 隔离 isolation

防止传染病传播的措施。将传染病患者、可疑患者与健康者分隔开来，互不接触。

11.0367 清洁区 clean area

未被病菌污染的区域。

11.0368 半清洁区 semi-clean area

清洁区和污染区之间的过渡区。

11.0369 污染区 contaminated area

被病菌污染的区域。

11.0370 交叉感染 cross-infection

医疗单位内病人之间发生的相互感染的现象。

11.0371 传染病 infectious disease
由各种病原体引起的能在人与人、动物与动物或人与动物之间相互传播的一类疾病。

11.0372 传播途径 spread channel
病原体离开传染源到达另一机体所经历的过程和方法。

11.0373 易感人群 susceptible
对某种传染病缺乏特异性免疫力，受感染后易发病者。

11.0374 疾病预防控制中心 center for disease control and prevention
由政府组织的疾病预防控制与公共卫生技术管理和服务的公益事业单位。疾病预防控制中心承担的基本工作任务包括突发公共卫生事件应急处置、疾病预防与控制、疫情收集与报告、监测实验与评价、健康教育与促进、应用研究与指导、业务培训与保障、技术管理与服务等。

11.0375 疫点 epidemic site
病原体从传染源向周围播散的范围较小或者单个疫源地。

11.0376 疫区 epidemic area
传染病在人群中暴发、流行，其病原体向周围播散时所能波及的地区。

11.0377 菌种 bacteria
用于发酵过程作为活细胞催化剂的微生物。包括细菌、放线菌、酵母菌和霉菌四大类。

11.0378 毒种 virus species
可能引起传染病发生的病毒种类。

11.13 防白蚁、防鼠、防蛇

11.0379 防白蚁屏障 anti-termite barrier
利用灭蚁剂对建筑物地基，墙体及木结构进行处理形成有毒的化学屏障，对白蚁产生驱避或毒杀作用使建筑物得到保护，以及在建筑物周围设置物理屏障，使白蚁不能进入建筑物中产生危害。

11.0380 防鼠隔栅 anti-rat grille
排水沟出口和排气口等老鼠易进入处设置的网眼孔径小于6mm的金属隔栅或网罩。

11.0381 防鼠板 anti-rat plate
房间门外设立高 50cm、表面光滑、门框及底部严密的能阻挡老鼠进入的挡板。

11.0382 干栏式建筑 stilt architecture
长江流域及其以南地区的土著建筑形式。上层住人，下层用作圈养家畜或置放农具。此种建筑可防蛇、虫、洪水、湿气等的侵害，主要分布在气候潮湿地区。

12. 建筑材料及制品

12.01 材 料 分 类

12.0001 金属材料 metallic materials
以金属(包括合金与纯金属)为基础的材料。可分为钢铁材料和有色金属材料两大类。具有良好的延展性、导电性和导热性。

12.0002 有机高分子材料 organic high polymer

materials

以有机高分子化合物为主要成分的材料。其相对分子质量较高。

12.0003 无机非金属材料 inorganic nonmetallic materials

除有机高分子材料和金属材料以外的几乎所有材料的统称。如陶瓷、玻璃、水泥、耐火材料、碳材料以及以此为基体的复合材料。

12.0004 晶体材料 crystalline materials

由结晶物质构成的固体材料。其所含的原子、离子、分子或粒子集团等具有周期性的规则排列。

12.0005 非晶材料 amorphous materials

内部结构具有近程有序、长程无序，而宏观表现为固体的材料。如玻璃、石蜡、沥青等。

12.0006 均质材料 homogeneous materials

其任意部分的各种物理化学性质都基本相等的材料。

12.0007 复合材料 composite，composite materials

由异质、异性、异形的有机聚合物、无机非金属、金属等材料作为基体或增强体，通过复合工艺组合而成的材料。

12.0008 胶凝材料 binding materials，cementitious materials

又称“胶结料”。在物理化学作用下能胶结其他材料并从浆状体变成坚硬的具有一定机械强度的材料。

12.0009 水硬性胶凝材料 hydraulic binder

和水成浆后，既能在空气中硬化，又能在水中硬化的胶凝材料。

12.0010 气硬性胶凝材料 air hardening binder

只能在空气中硬化的胶凝材料。

12.0011 天然材料 natural materials

自然界中的物质经物理加工，不改变其内部组成和结构的材料。如：天然石材、木材、土和砂等。

12.0012 人工材料 artificial materials

对自然界中取得的原料进行煅烧、冶炼、提纯、合成或复合等加工制成的材料。如：钢铁、铝合金、砖瓦、玻璃、塑料、石油沥青和木材制品等。

12.02 材料性能及其含义

12.0013 混凝土耐久性 durability of concrete

水泥混凝土在长期使用中，能保持质量稳定的性能。

12.0014 混凝土碱集料反应 alkali aggregate reaction

又称“混凝土碱骨料反应”。混凝土原材料中的碱性物质与活性成分发生化学反应，生成膨胀物质（或吸水膨胀物质）产生内部自膨胀应力，从而引起混凝土开裂的破坏现象。

12.0015 钢筋锈蚀 steel corrosion，reinforcement corrosion

由于混凝土的碳化或氯离子的侵入等原因，使钢筋表面生成不稳定锈蚀产物 $Fe_2O_3 \cdot nH_2O$，产生体积膨胀致使钢筋混凝土破坏的腐蚀现象。

12.0016 碳化作用 carbonation

水泥凝胶体中的水化产物 $Ca(OH)_2$ 与空气中的 CO_2 在湿度合适的条件下发生反应，生成碳酸钙的过程。对素混凝土的性能没有危害，但会对钢筋混凝土构成危害。

12.0017　抗渗性　impermeability

又称“不透水性”。混凝土抵抗在压力作用下流体渗透的性能。

12.0018　抗冻性　frost resistant

水泥混凝土抵抗冻融循环的能力。

12.0019　软化系数　coefficient of softness, softening coefficient

材料饱水状态下的抗压强度与其绝干状态下的抗压强度之比值。表示水对材料的力学性能及结构性能的劣化作用的指标，用以衡量材料的耐水性。

12.0020　干缩　dry shrinkage

水泥混凝土因毛细孔和胶孔中水分蒸发与散失而引起的体积缩小。当干缩受到限制时，混凝土容易出现干缩裂缝。

12.0021　冷缩　temperature shrinkage

又称“温度收缩”。混凝土由于温度下降引起的体积缩小。当冷缩受到限制时，混凝土容易出现冷缩裂缝。在大体积混凝土中较常见。

12.0022　坍落度　slump

测定混凝土拌和物和易性(流动性)的一种指标，用拌和物在自重作用下向下坍落的高度。以厘米数表示。

12.0023　坍落扩展度　slump flow

评价大流动性混凝土拌和物工作性能的指标。

12.0024　泌水性　bleeding

又称“析水性”。从水泥砂浆或混凝土拌和物中泌出部分拌和水的性能。

12.0025　保水性　water retentivity

水泥砂浆或混凝土拌和物具有一定的涵养内部水分的能力。

12.0026　孔隙率　porosity, porosity percentage of void

又称“空隙度”。材料中空隙所占体积与材料整体体积的百分比。表示物体的多孔性或致密程度。

12.0027　集料级配　grading of aggregate

混凝土或砂浆所用骨料颗粒粒径的分级和组合。

12.0028　含泥量　soil content

混凝土所用砂、石集料中黏土、淤泥、尘屑等颗粒的质量占集料质量的百分比。

12.0029　含水率　percentage of moisture content

材料中所含水分与其质量之比。以百分率表示。

12.0030　水灰比　water-cement ratio

水泥砂浆或水泥混凝土中，拌和用水量与水泥重量之比。

12.0031　混凝土配合比设计　concrete mix design

根据原材料的技术性能、施工条件及强度等级要求等，合理选择原材料，并对混凝土各组成材料数量间的比例关系进行计算。

12.0032　混凝土配制强度　concrete confected intensity，concrete mixing strength

在进行混凝土配合比设计时，所希望达到的目标强度值。

12.0033　和易性　workability

又称“工作度”。水泥砂浆或混凝土拌和物易于施工操作(拌和、运输、浇灌、捣实)并能获致质量均匀、成型密实的性能。

12.0034 凝结 setting
水泥加水拌和后，成为可塑的水泥浆，水泥浆逐渐变稠失去塑性，但尚不具有强度的过程。

12.0035 硬化 hardening
水泥加水拌和后，水泥浆失去塑性到获得强度的过程。

12.0036 吸水性 water absorption
材料或制品吸水的能力。以质量吸水率或体积吸水率表示。

12.0037 老化 aging
材料或制品由于温湿度、日照等影响，随时间推移而产生的各种不可逆的化学和物理过程的总称。

12.0038 气密性能 air permeability performance
外门窗正常关闭状态时，阻止空气渗透的能力。

12.0039 水密性能 watertightness performance
外门窗正常关闭状态时，在风雨同时作用下，阻止雨水渗透的能力。

12.0040 抗风压性能 wind load resistance performance
外门窗正常关闭状态时在风压作用下不发生损坏(如：开裂、面板破损、局部屈服、黏结失效等)和五金件松动、开启困难等功能障碍的能力。

12.03 材料制品

12.0041 水泥 cement
加水拌和成塑性浆体，能胶结砂石等材料并能在空气和水中硬化的粉状水硬性胶凝材料。

12.0042 硅酸盐水泥 Portland cement
由硅酸盐水泥熟料、0%~5%石灰石或粒化高炉矿渣和适量石膏磨细制成的水硬性胶凝材料。

12.0043 普通[硅酸盐]水泥 ordinary Portland cement
由硅酸盐水泥熟料、5%~20%混合材料和适量石膏磨细制成的水硬性胶凝材料。代号P. O。

12.0044 矿渣[硅酸盐]水泥 Portland blast-furnace-slag cement
由硅酸盐水泥熟料、粒化高炉矿渣和适量石膏磨细制成的水硬性胶凝材料。代号 P. S。

12.0045 火山灰质[硅酸盐]水泥 Portland pozzolana cement
由硅酸盐水泥熟料、火山灰质混合材料以及适量石膏磨细制成的水硬性胶凝材料。代号 P. P。

12.0046 粉煤灰[硅酸盐]水泥 Portland fly-ash cement
由硅酸盐水泥熟料、粉煤灰和适量石膏磨细制成的水硬性胶凝材料。代号 P. F。

12.0047 复合[硅酸盐]水泥 composite Portland cement
由硅酸盐水泥熟料、两种或两种以上规定的混合材料、适量石膏磨细制成的水硬性胶凝材料。代号 P. C。

12.0048 通用硅酸盐水泥 common Portland cement

一般土木工程通常采用的硅酸盐水泥、普通硅酸盐水泥、矿渣硅酸盐水泥、火山灰质硅酸盐水泥和粉煤灰硅酸盐水泥的统称。

12.0049 砌筑水泥 masonry cement
以活性混合材料或具有水硬性的工业废渣为主，加入适量硅酸盐水泥熟料和石膏经磨细制成的水硬性胶凝材料。代号 M。

12.0050 中热硅酸盐水泥 moderate heat Portland cement
以适当成分的硅酸盐水泥熟料，加入适量石膏，磨细制成的具有中等水化热的水硬性胶凝材料。代号 P. MH。

12.0051 快硬硫铝酸盐水泥 rapid hardening sulphoaluminate cement
由适当成分的硫铝酸盐水泥熟料和少量石灰石、适量石膏，共同磨细制成的具有快硬性能的水硬性胶凝材料。

12.0052 自应力硫铝酸盐水泥 self stressing sulphoaluminate cement
由适当成分的硫铝酸盐水泥熟料加入适量石膏磨细制成的具有膨胀性的水硬性胶凝材料。

12.0053 高铝水泥 high alumina cement
以石灰石和矾土为主要原料，配制成适当成分的生料，经熔融或烧结，制得以铝酸一钙为主要矿物的熟料，再经磨细而成的胶凝材料。

12.0054 白色硅酸盐水泥 white Portland cement
以氧化铁含量低的石灰石、白泥、硅石为主要原料，经烧结得到以硅酸钙为主要成分，氧化铁含量低的熟料，加入适量石膏，共同磨细制成的水硬性胶凝材料。

12.0055 混凝土 concrete
以水泥、骨料和水为主要原材料，也可加入外加剂、矿物掺合料、纤维等材料，经拌和、成型、养护等工艺，硬化后形成的具有强度的工程材料。

12.0056 普通混凝土 ordinary concrete
干表观密度为 2000~2800kg/m^3 的混凝土。

12.0057 轻骨料混凝土 lightweight aggregate concrete
由轻粗骨料、轻砂或其他细骨料、水泥和水拌制成的干表观密度不大于 1950kg/m^3 的混凝土。

12.0058 素混凝土 plain concrete
又称“*无筋混凝土*”。内部不配置钢筋或纤维等增强材料的混凝土。

12.0059 钢筋混凝土 reinforced concrete，steel bar reinforced concrete
内部配置钢筋、钢筋网或钢筋骨架的混凝土。

12.0060 高性能混凝土 high performance concrete
在大幅度提高普通混凝土性能的基础上采用现代混凝土技术制作的混凝土，是以耐久性作为设计的主要指标，针对不同用途的要求，对混凝土的耐久性、施工性、适用性、强度、体积稳定性和经济性加以重点保证的新型高技术混凝土。

12.0061 自密实混凝土 self-compacting concrete
无须外力振捣，在自重作用下能够流动、自动密实的混凝土。

12.0062 大体积混凝土 mass concrete
体积较大的、主要由水泥水化热引起的温度应力而可能导致有害裂缝的结构混凝土。

12.0063　清水混凝土　fair-faced concrete
直接以混凝土成型后的自然表面作为饰面的混凝土。

12.0064　泡沫混凝土　foamed concrete
通过机械方法将泡沫剂在水中充分发泡后拌入胶凝材料中形成泡沫浆体，经自然养护硬化形成的多孔混凝土。

12.0065　高强混凝土　high strength concrete
强度等级不低于C60的混凝土。

12.0066　防水混凝土　water-proofed concrete
抗渗能力大于0.60MPa的混凝土。

12.0067　泵送混凝土　pumped concrete，pump concrete
用混凝土泵经过管道输送进行浇注的混凝土。

12.0068　合成纤维混凝土　synthetic fiber reinforced concrete
掺加合成纤维作为增强材料的混凝土。

12.0069　钢纤维混凝土　steel fiber reinforced concrete
掺加短钢纤维作为增强材料的混凝土。

12.0070　预应力混凝土　prestressed concrete
通过配置预应力筋等方法建立预加压应力的混凝土。

12.0071　自应力混凝土　self-stressing concrete
又称“*化学预应力混凝土*(chemical prestressed concrete)”、“*补偿收缩混凝土*(shrinkage-compensating concrete)”。利用水泥或外加剂本身产生的膨胀能张拉钢筋以达到建立预应力目的的混凝土。

12.0072　流态混凝土　flowing concrete
又称“*超塑化混凝土*(superplastic concrete)”。在坍落度为100~150mm的混凝土混合料中掺入一定量的流化剂使坍落度达到180~230mm的混凝土。

12.0073　塑性混凝土　plastic concrete
拌和物中水泥砂浆含量较多，坍落度为50~90mm，流动性较好的混凝土。

12.0074　干硬性混凝土　dry concrete，harsh concrete
坍落度为零的混凝土拌和物。其流动性用工作度(VB值)表示，即拌和物在测定仪内摊平振实所需时间的秒数表示，一般为30 s以上。

12.0075　防辐射混凝土　radiation shielding concrete
又称“*钡石混凝土*”。采用特殊的重骨料配制的能够有效屏蔽原子核辐射和中子辐射的混凝土。

12.0076　玻璃纤维增强水泥制品　glass fiber reinforced cement
以耐碱玻璃纤维为增强材料的水泥制品。

12.0077　玻璃纤维增强石膏制品　glass fiber reinforced gypsum
以玻璃纤维为增强材料的石膏制品。

12.0078　混凝土外加剂　concrete admixture
在混凝土搅拌之前或拌制过程中加入的、用以改善新拌和(或)硬化混凝土性能的材料。

12.0079　多功能外加剂　multi-functional admixture
能改善新拌和硬化混凝土两种或两种以上性能的外加剂。

12.0080　普通减水剂　water reducing admixture
在保持混凝土坍落度基本相同的条件下，能

减少拌和用水的外加剂。

12.0081 高效减水剂 superplasticizer
在混凝土坍落度基本相同的条件下，能大幅度减少拌和用水的外加剂。

12.0082 早强减水剂 hardening accelerating and water reducing admixture
具有早强和减水功能的外加剂。

12.0083 缓凝减水剂 set retarding and water reducing admixture
具有缓凝和减水功能的外加剂。

12.0084 缓凝高效减水剂 set retarding superplasticizer
具有缓凝和高效减水功能的外加剂。

12.0085 引气减水剂 air entraining and water reducing admixture
具有引气和减水功能的外加剂。

12.0086 早强剂 hardening accelerating admixture
加速混凝土早期强度发展的外加剂。

12.0087 缓凝剂 set retarder
延长混凝土凝结时间的外加剂。

12.0088 引气剂 air entraining admixture
在混凝土搅拌过程中能引入大量均匀分布的、闭孔和稳定的微小气泡的外加剂。

12.0089 泵送剂 pumping aid
能改善混凝土拌和物泵送性能的外加剂。

12.0090 防水剂 water-repellent admixture
能提高水泥砂浆和混凝土抗渗性能的外加剂。

12.0091 防冻剂 anti-freezing admixture
能使混凝土在负温下硬化，并在规定时间内达到足够防冻强度的外加剂。

12.0092 膨胀剂 expanding admixture
能使混凝土在硬化过程产生一定体积膨胀的外加剂。

12.0093 速凝剂 flash setting admixture
能使混凝土迅速凝结硬化的外加剂。

12.0094 阻锈剂 corrosion inhibitor
能抑制或减轻混凝土中钢筋锈蚀的外加剂。

12.0095 矿物掺合料 mineral admixture
以硅、铝、钙等的一种或多种氧化物为主要成分，具有规定细度，掺入混凝土中能改善混凝土性能的活性粉体材料。

12.0096 硅灰 silica fume
从冶炼硅铁合金或工业硅时通过烟道排出的粉尘，经收集得到的以无定形二氧化硅为主要成分的粉体材料。

12.0097 粒化高炉矿渣粉 ground granulated blast furnace slag
从炼铁高炉中排出的，以硅酸盐和铝硅酸盐为主要成分的熔融物，经淬冷成粒后粉磨所得的粉体材料。

12.0098 粉煤灰 fly ash
从燃煤火力发电厂的烟道中用收尘器收集的粉尘。

12.0099 硅藻土 diatomite
硅藻残骸在海(或湖)底沉积而成的以二氧化硅为主要成分的多孔软质岩石或土块。

12.0100 碎石 crushed stone
由天然岩石经破碎、筛分得到的粒径大于4.75mm 的岩石颗粒。

12.0101 卵石 pebble

由自然条件作用而形成表面较光滑的、经筛分后粒径大于4.75mm的岩石颗粒。

12.0102 天然砂 natural sand

由自然条件作用形成的、粒径小于4.75mm的岩石颗粒。

12.0103 机制砂 manufactured sand

由岩石(不包括软质岩、风化岩石)经机械破碎、筛分制成的粒径小于 4.75mm 的岩石颗粒。

12.0104 骨料 aggregate

在混凝土或砂浆中起骨架和填充作用的岩石颗粒等粒状松散材料。

12.0105 粗骨料 coarse aggregate

又称"粗集料"。粒径大于4.75mm的骨料。

12.0106 细骨料 fine aggregate

又称"细集料"。粒径小于4.75mm的骨料。

12.0107 轻骨料 lightweight aggregate

堆积密度不大于1200 kg/m^{3}的骨料。

12.0108 超轻骨料 super lightweight aggregate

堆积密度不大于500kg/m^{3}的粗骨料。

12.0109 天然轻骨料 natural lightweight aggregate

由火山爆发形成的多孔岩石经破碎、筛分而制成的轻骨料。

12.0110 人造轻骨料 artificial lightweight aggregate

采用无机材料经加工制粒、高温焙烧而制成的轻骨料。

12.0111 陶粒 ceramsite，haydite

黏土质材料经破碎或成球后，在高温下经烧胀或烧结制成的多孔人造轻骨料的总称。

12.0112 膨胀珍珠岩 expanded perlite

酸性火山玻璃质岩石经破碎、筛分、预热、焙烧膨胀而制成的粒状多孔绝热材料。

12.0113 膨胀蛭石 exfoliated vermiculite，expanded vermiculite

以蛭石为原料，经破碎、烘干、在一定的温度下焙烧膨胀、快速冷却而成的松散颗粒。

12.0114 水泥砂浆 cement mortar

由一定比例的水泥和砂加水配制而成的砌筑材料。

12.0115 混合砂浆 composite mortar

由一定比例的水泥、石灰和砂加水配制而成的砌筑材料。

12.0116 砌筑砂浆 masonry mortar

将砖、石材、砌块等黏结成整体以承受荷载的砂浆。

12.0117 抹面砂浆 finishing mortar，mortar for coating，decorative mortar

建筑物表面以薄层状涂抹用的砂浆。

12.0118 防水砂浆 water-proof mortar，water-proofed mortar

具有一定抗渗性能的水泥砂浆。

12.0119 保温砂浆 thermo-retaining mortar，thermal insulation mortar

以绝热骨料和胶凝材料为主要成分制成，用于建筑物保温、隔热的砂浆。

12.0120 干混砂浆 dry-mixed mortar

在工厂将干燥的原材料按比例混合，运至使用地点后再加水拌和的砂浆。

12.0121 湿拌砂浆 wet-mixed mortar

在搅拌站生产、在规定时间内运送并使用、交付时处于拌和物状态的砂浆。

12.0122 预拌砂浆 ready-mixed mortar

由专业生产厂生产的干拌砂浆或湿拌砂浆。砂浆。

12.0123 普通混凝土小型空心砌块 normal concrete small hollow block

以水泥、矿物掺合料、砂、石、水等为原材料，经搅拌、压振成型、养护等工艺制成的主规格尺寸为 390mm × 190mm × 190mm、空心率不小于 25%的砌块。

12.0124 轻骨料混凝土小型空心砌块 light-weight aggregate concrete small hollow block

用轻粗骨料、轻砂(或普通砂)、水泥和水制成的干表观密度不大于 1950kg/m^3、主规格尺寸为 390mm × 190mm × 190mm 的小型空心砌块。

12.0125 粉煤灰混凝土小型空心砌块 small hollow block of fly ash concrete

以粉煤灰、水泥、集料、水为主要组分(也可加入外加剂)制成的小型空心砌块。

12.0126 装饰混凝土砌块 decorative concrete block

简称“装饰砌块”。经过饰面加工的砌块。

12.0127 加气混凝土砌块 aerated concrete block

由硅质材料和钙质材料为主要原料，掺加发气剂，经加水搅拌，由化学反应形成孔隙，经浇注成型、预养切割、蒸汽养护等工艺过程制成的多孔硅酸盐砌块。

12.0128 石膏砌块 gypsum block

以建筑石膏为主要原料，经加水搅拌、浇注成型和干燥等制成的砌块。

12.0129 烧结瓦 fired roofing tile

又称“陶瓦”。由黏土或其他无机非金属原料，经成型、烧结等工艺处理，用于建筑物屋面覆盖及装饰用的板状或块状烧结制品。根据表面状态分为有釉瓦和无釉瓦。

12.0130 青瓦 blue roofing tile，grey roofing tile

在还原气氛中烧成的青灰色的烧结瓦。

12.0131 混凝土瓦 concrete tile

由水泥、细集料和水等为主要原料，经拌和、压制或其他成型、养护等工艺制成的用于坡屋面覆盖的建筑制品。

12.0132 石棉水泥瓦 asbestos cement tile

以石棉纤维和水泥为主要原料，经抄取制板、压模、养护而制成的，用于屋面防水的板状材料。

12.0133 玻纤胎沥青瓦 asphalt shingle made from glass felt

又称“沥青玻纤瓦”。将玻纤毡为胎基、浸涂沥青，并在上表面撒布矿物粒料的防水卷材按规定尺寸切成片状后的产品。

12.0134 金属瓦 metal tile

以镀亚铅钢板为主要原料，外表经特殊加工制成用于坡屋面覆盖的建筑制品。

12.0135 石板瓦 roofing slate，stone slate

由板岩或页岩等天然岩石按其节理手工劈开加工而成的，用于坡屋面覆盖的传统建筑制品。

12.0136 合成树脂瓦 synthetic resin tile

以聚氯乙烯等树脂材料制成的用于坡屋面覆盖的建筑制品。

12.0137 耐碱玻璃纤维 alkali-resistant glass fiber

用于增强硅酸盐水泥的玻璃纤维。能耐水泥水化时析出的水化物的长期侵蚀。

12.0138 钢纤维 steel fiber

用钢制材料经加工制成的短纤维。

12.0139 合成纤维 synthetic fiber

以苯、二甲苯、苯酚、乙烯、丙烯、乙炔等为基本原料，先合成高分子化合物，再用不同方法制成的化学纤维。

12.0140 纤维素纤维 cellulose fiber

用某些植物的秆和韧皮等经机械或化学加工制成的纤维。如纸浆、竹浆、麻丝等。

12.0141 钢丝网 wire mesh

用直径小于 2mm 的冷拔低碳钢丝编织或焊接成的网，用于制作钢丝网水泥制品。

12.0142 玻璃纤维网格布 glass fiber mesh

以玻璃纤维机织物为基材，表面经高分子材料涂覆(或浸渍)处理的增强材料。根据用途不同，玻璃纤维可以是中碱、无碱或耐碱。

12.0143 烧结砖 fired brick

经焙烧而制成的砖，常结合主要原材料命名，如烧结黏土砖、烧结粉煤灰砖、烧结页岩砖、烧结煤矸石砖等。

12.0144 蒸压砖 autoclaved brick

经高压蒸汽养护硬化而制成的砖。常结合主要原料命名，如蒸压粉煤灰砖、蒸压灰砂砖等，在不致混淆的情况下，可省略蒸压两字。

12.0145 蒸养砖 steam-cured brick

经常压蒸汽养护硬化而制成的砖。常结合主要原料命名，如蒸养粉煤灰砖、蒸养矿渣砖等，在不致混淆的情况下，可省略蒸养两字。

12.0146 实心砖 solid brick

无孔洞或空洞率小于 25%的砖。

12.0147 空心砖 hollow brick

空洞率等于或大于 40%，孔的尺寸大而数量少的砖。常用于非承重部位。

12.0148 多孔砖 perforated brick

空洞率等于或大于 25%，孔的尺寸小而数量多的砖。常用于承重部位。

12.0149 劈离砖 split tile

又称“*劈裂砖*”、“*劈开砖*”。制造时两块较薄的砖原连接在一起，后用外力使其分离，通常做墙体贴面用。

12.0150 混凝土外墙板 concrete exterior wall panel

又称“*装配式墙板*”。采用钢筋混凝土制作的，用于外围护结构的墙板，也可在中层复合绝热材料的外墙板。通常尺寸相当于整个房屋开间(或进深)的宽度和整个楼层的高度。

12.0151 轻骨料混凝土外墙板 lightweight aggregate concrete exterior wall panel

采用轻骨料制成的钢筋混凝土板，也可在中层复合绝热材料，用于外围护结构的墙板。

12.0152 金属面夹芯板 metal skinned sandwich panel

以彩色涂层钢板为面材，以阻燃型聚苯乙烯泡沫塑料、聚氨酯泡沫塑料、岩棉等保温材料为芯材，用胶黏剂复合而成的夹芯板。

12.0153 加气混凝土板 autoclaved aerated concrete slab

以硅质材料和钙质材料为主要原料，铝粉为发泡剂，配以经防腐处理的钢筋网片，经加水搅拌、浇注成型、预养切割、蒸压养护制成的多孔板材。既可用作外围护结构墙板，也可用作隔墙板。

12.0154 轻质隔墙条板 lightweight panel for partition wall

采用轻质材料或轻型构造制作，长宽比不小于2.5，用于非承重内隔墙的预制条板。

12.0155 充气石膏板 aerated gypsum panel

以建筑石膏、无机填料、气泡分散稳定剂等为原料，经搅拌、充气发泡、浇注成板芯，然后再浇注石膏面层而复合制成的保温板。

12.0156 纸面石膏板 gypsum plasterboard

以建筑石膏为主要原料，掺入适量轻骨料、纤维增强材料和外加剂，构成芯材，并与护面纸牢固地黏结在一起的建筑板材。

12.0157 石膏空心条板 gypsum panel with cavity

以建筑石膏为基材，无机纤维为增强材料，可掺加轻骨料制成的空心条板。

12.0158 玻璃纤维增强水泥空心条板 glass fiber reinforced cement panel with cavity

以低碱水泥、耐碱玻璃纤维、轻骨料和水为主要原料，经搅拌、成型、养护等工序制成的空心条板。

12.0159 纤维增强硅酸钙板 fiber reinforced calcium silicate sheet

又称“硅[酸]钙板”。以钙质材料、硅质材料及增强纤维(含石棉纤维或非石棉纤维)等为主要原料，经成型，蒸压养护而成的板材。

12.0160 纤维水泥板 fiber cement flat sheet

以有机合成纤维、无机矿物纤维或纤维素纤维为增强材料，以水泥或水泥中添加硅质、钙质材料代替部分水泥为胶凝材料(硅质、钙质材料的总用量不超过胶凝材料总量的80%)，经成型、蒸汽或高压蒸汽养护制成的板材。

12.0161 水泥刨花板 cement-bonded particleboard

又称“水泥木屑板”。以水泥为胶结料，木质刨花等为增强材料，外加适量的促凝剂和水，采用半干法生产工艺，在受压状态下完成水泥与木质材料的固结而制成的板材。

12.0162 陶瓷砖 ceramic tile

由黏土和其他无机非金属原料制造的用于覆盖墙面和地面的薄板制品。

12.0163 轻质陶瓷砖 light-ceramic tile

以陶瓷原料或工业废料为主要原料，经成形、高温烧结等生产工艺制成的低容重($\leqslant 1.50 g/cm^3$)陶瓷砖。

12.0164 微晶玻璃陶瓷复合砖 glass-ceramics & ceramics combined tile

将微晶玻璃熔块粒施于陶瓷坯体表面，经高温晶化烧结，使微晶玻璃面层和陶瓷基体复合而成的建筑装饰用饰面材料。

12.0165 挤压砖 extruded brick, extruded tile

将可塑性坯料经过挤压机挤出成型，再将所成型的泥条按砖的预定尺寸进行切割的陶瓷砖。

12.0166 干压砖 dry-pressed tile，powder-pressed tile

将混合好的粉料置于模具中于一定应力下压制成型的陶瓷砖。

12.0167 瓷质砖 porcelain tile

吸水率不超过0.5%的陶瓷砖。

12.0168 炻瓷砖 stoneware porcelain tile

吸水率大于0.5%，不超过3%的陶瓷砖。

12.0169 细炻砖 fine stoneware tile

吸水率大于3%，不超过6%的陶瓷砖。

12.0170 炻质砖 stoneware tile

吸水率大于 6%，不超过 10%的陶瓷砖。

12.0171 陶质砖 fine earthenware tile
吸水率大于 10%的陶瓷砖。

12.0172 陶瓷马赛克 ceramic mosaic
又称“陶瓷锦砖”。用于装饰与保护建筑物地面及墙面的由多块小砖(表面面积不大于 $55cm^2$)拼贴成联的陶瓷砖。

12.0173 玻璃马赛克 glass mosaic
又称“锦玻璃”、“玻璃锦砖”。一种小规格的建筑饰面玻璃。

12.0174 平板玻璃 flat glass
板状的硅酸盐玻璃。

12.0175 U 形玻璃 U shape glass
又称“槽形玻璃”。用先压延后成型方法连续生产的，具有“U”形横截面的玻璃制品。

12.0176 钢化玻璃 tempered glass
通过热处理工艺，具有良好机械性能和耐热冲击性能，破碎时具有特殊的碎片状态、能够满足安全要求的玻璃。

12.0177 防火玻璃 fire resistant glass
在火灾条件下，能在一定时间内满足耐火完整性要求的玻璃。

12.0178 夹丝玻璃 wired glass
用压延法生产的内部夹有金属丝或网的平板玻璃。

12.0179 中空玻璃 sealed insulating glass
两片或多片玻璃以有效支撑物均匀隔开并周边黏结密封，使玻璃层间形成有干燥气体空间的制品。

12.0180 充气玻璃 aerated glass
在中空玻璃中充入氪或氩等惰性气体，实现隔热和降噪目的的玻璃。

12.0181 真空玻璃 vacuum glass
两片或两片以上平板玻璃以支撑物隔开，周边密封，在玻璃间形成真空层的玻璃制品。

12.0182 夹层玻璃 laminated glass
两层或多层玻璃用一层或多层塑料作为中间层的玻璃。

12.0183 低辐射镀膜玻璃 low emissivity coated glass
又称“低辐射玻璃”、“Low-E 玻璃”。对波长范围 4.5~25μm 的远红外线有较高反射比的镀膜玻璃。

12.0184 阳光控制镀膜玻璃 solar control coated glass
对波长范围 350~1800mm 的太阳光具有一定控制作用的镀膜玻璃。

12.0185 贴膜玻璃 film mounted glass
贴有有机薄膜的玻璃制品。

12.0186 着色玻璃 colored glass，tined glass
玻璃成分中加入着色剂使玻璃呈现一定颜色的平板玻璃。

12.0187 防弹玻璃 bullet resistant glass
对枪弹具有特定阻挡能力的夹层玻璃。

12.0188 空心玻璃砖 hollow glass block
两个模压成凹形的板块玻璃砖黏结成为带有空腔的整体，腔内充入干燥稀薄空气或玻璃纤维等绝热材料所形成的玻璃制品。

12.0189 镶嵌玻璃 mosaic glass, decorated glass
将嵌条、玻璃片或其他装饰物组成图案形成具有装饰效果的玻璃制品。

12.0190 压花玻璃 patterned glass

用压延法生产的表面带有花纹图案、透光但不透明的平板玻璃。

12.0191 磨砂玻璃 frosted glass，ground glass
俗称“*毛玻璃*”。普通平板玻璃经机械喷砂、手工研磨或氢氟酸溶蚀等方法，使其表面呈微细凹凸状态而不透明的玻璃制品。

12.0192 微晶玻璃 glass-ceramics
在特定组成的玻璃中加入适量的晶核剂，经烧结和晶化，制成由晶相和残余玻璃相组成的质地致密、无孔、均匀的混合体。

12.0193 激光玻璃 laser glass
又称“*[激光]全息玻璃*”。将预制的激光全息膜夹在两层玻璃中间，制成的表面具有全息光栅或其他图形光栅，在光源照射下产生物理衍射的玻璃制品。

12.0194 玻璃贴膜 glass film
贴在玻璃表面，能起到隔热、保温、阻止紫外线、防眩光、装饰、保护隐私、安全防爆等作用的一种功能薄膜。

12.0195 天然石材 natural stone
经选择和加工成的特殊尺寸或形状的天然岩石。

12.0196 天然建筑石材 natural building stone
主要作为建筑功能和结构用途的天然石材。

12.0197 花岗石 granite
以花岗岩为代表的一类石材。包括岩浆岩和各种硅酸盐类变质岩石材。

12.0198 大理石 marble
以大理岩为代表的一类石材。包括结晶的碳酸盐类岩石和质地较软的其他变质岩类石材。汉白玉是大理石的一种。

12.0199 板石 slate
俗称“*瓦板岩*”。易沿流片理产生的劈理面裂开成薄片的一类变质岩类石材。可作为屋面瓦及铺路材料。

12.0200 砂岩 sandstone
矿物成分以石英和长石为主，含有岩屑和其他副矿物机械沉积岩类石材。

12.0201 石灰石 limestone
主要由方解石、白云石等一类碳酸盐类沉积的岩石材。建筑上常用作石料。

12.0202 人造石[材] artificial stone
又称“*仿石材*”。以不饱和聚酯树脂或水泥等为黏结剂，配以天然大理石或方解石、白云石、硅砂、玻璃粉等无机物粉料，以及适量的阻燃剂、颜色等，经配料混合、瓷铸、振动压缩、挤压等方法成型固化制成的饰面材料。

12.0203 水磨石 terrazzo，terrazzo concrete
以水泥、无机颜料、装饰性骨料和水为主要原料，经配料、搅拌、成型、养护、水磨抛光等工艺制成的装饰面。

12.0204 水刷石 granitic plaster，washed granolithic plaster
又称“*汰石子*”。用水泥、石屑、小石子或颜料等加水拌和，抹在建筑物的表面，半凝固后，用硬毛刷蘸水刷去表面的水泥浆而半露的石屑或小石子。

12.0205 温石棉 chrysotile asbestos
又称“*蛇纹石棉*”。纤维状含水的镁硅酸盐。

12.0206 膨润土 bentonite
以蒙脱石为主要成分的黏土岩。有强烈的吸水性，吸水后体积可膨大 10~30 倍。还具有黏结性和防火性。

12.0207 钢筋 steel bar，reinforcing steel bar
用于混凝土结构构件中的钢条、钢丝和钢绞

线的总称。

12.0208 热处理钢筋 heat tempering bar，heat-treating bar

热轧带肋钢筋经淬火、回火的调质热处理而成的钢筋。

12.0209 冷拔钢丝 cold drawn wire，hard drawn wire

又称“高强钢丝”。热轧盘条钢筋在常温下经冷拔减小直径、增加强度的钢丝。

12.0210 光圆钢丝 wire

优质碳素盘钢条经等温铅浴淬火处理后，再冷拉加工而成的钢丝。

12.0211 刻痕钢丝 indented wire

光圆钢丝经冷拔后，在其表面压出规律的凹痕并经回火处理而成的钢丝。

12.0212 钢绞线 strand，steel strand

由若干根光圆钢丝绞捻并经消除内应力后而成的盘卷状钢丝束。

12.0213 型钢 section steel，structural steel，shaped steel

用热轧方式或冷弯加工方式制成各种规定截面形状的钢材。

12.0214 角钢 angle steel

俗称“角铁”。两边互相垂直成角形的长条钢材。有等边角钢和不等边角钢之分。

12.0215 工字钢 I-beam steel

由轧机轧制成型，截面为“工”形、翼缘为变截面的长条钢材。

12.0216 槽钢 channel steel

由轧机轧制成型，截面为槽形、翼缘为变截面的长条钢材。

12.0217 H型钢 H-section steel

由钢板焊接成型，断面为“H”形、翼缘为等截面的长条钢材。

12.0218 钢板 steel plate

用轧机轧制成板状的钢材。分热轧的薄、中厚、厚和特厚钢板及冷轧钢板。

12.0219 镀锌钢板 zinc-coated steel sheet

以电镀或热镀工艺生产，表面附有 5~12μm 厚金属锌层的钢板。有防腐蚀作用。

12.0220 压型钢板 profiled steel sheet

将涂层板或镀层板经辊压冷弯，沿板宽方向形成波形截面的成型钢板。

12.0221 彩色涂层钢板 colored coating steel sheet

以冷轧钢板、电镀锌钢板、热镀锌钢板或镀铝锌钢板为基板经过表面脱脂、磷化、铬酸盐处理后，涂上有机涂料经烘烤而制成的产品。

12.0222 钛锌板 zinc-copper-titanium alloy sheet

由高纯度金属锌(99.995%)与少量的钛和铜熔炼而成的高级金属合金板。可以用作屋面板和金属幕墙的面板。

12.0223 铝合金板 aluminum alloy sheet

以铝为基材，主要合金元素有铜、硅、镁、锌、锰，次要合金元素有镍、铁、钛、铬、锂等的板型铝合金制品。

12.0224 铝单板 aluminum sheet

以铝合金板材为面板，与加强筋和角码等部件组合，经过折弯等技术成型，表面喷(辊)涂装饰性涂料的装饰面板。

12.0225 铝塑复合板 aluminum-plastic composite panel

简称“铝塑板”。以铝合金板为(上、下)面板，中间为低密度聚乙烯(PE)芯板，并在装饰面上施加装饰性和保护性涂层(膜)的三层复合板材。

12.0226 铝蜂窝复合板 aluminum honeycomb composite panel

简称“铝蜂窝板”。以铝合金蜂窝为芯材、铝合金板为(上、下)面板，并在装饰面上施加装饰性和保护性涂层的三层复合板材。

12.0227 建筑五金 architectural hardware，building hardware

用于建筑上的金属配件和器材。

12.0228 轻钢龙骨 light steel keel

以镀锌钢带和薄壁冷轧退火钢卷带，经冷加工成型的龙骨。

12.0229 原木 log

伐倒的树干经打枝和造材后，被截成长度适合于锯制商品材的木段。

12.0230 方木 sawn lumber，squared timber

由原木锯解成四角垂直或带有缺棱的截面，宽度和高度之比小于规定值的木材。

12.0231 板材 plank，board

由原木锯解成矩形截面，宽度与厚度之比不小于规定值的木材。

12.0232 湿材 unseasoned timber

含水率大于规定的木材。

12.0233 气干材 air-dried timber，air-seasoned timber

经过自然风干达到或接近平衡含水率的木材。

12.0234 炭化木材 thermo-modified wood

在缺氧的环境中，经 180~250℃温度热处理而获得的具有尺寸稳定、耐腐等性能改善的木材。

12.0235 防腐木材 preservative-treated wood

经防腐剂等化学药剂处理后可以抵御霉菌、细菌、真菌和昆虫等侵蚀的木材。

12.0236 细木工板 blockboard，laminated wood board

俗称“大芯板”。由两片单板中间胶压拼接木板而成的板材。

12.0237 胶合板 plywood

由奇数层的旋切单板按相邻各层板的木纹相互垂直的要求叠合、涂胶和加压制成的板材。

12.0238 纤维板 fiberboard

以木材或其他植物纤维为原料，经分离成纤维，施加或不施加添加剂，成型热压而成的板材。

12.0239 刨花板 particle board

将木材或非木材植物加工成刨花碎料，并施加胶黏剂和其他添加剂热压而成的板材。

12.0240 水泥木丝板 wood wool cement board

以普通硅酸盐水泥和矿渣硅酸盐水泥为胶结料，木丝为增强材料，加入水和外加剂，平压成型、保压养护、调湿处理后制成的建筑板材。

12.0241 模塑聚苯乙烯板 expanded polystyrene board

又称“EPS 板(EPS board)”。由可发性聚苯乙烯珠粒经加热与发泡后在模具中加热成型而制得的具有闭孔结构的聚苯乙烯泡沫塑料板材。

12.0242 挤塑聚苯乙烯板 extruded polystyrene board

又称“XPS 板(XPS board)”。以聚苯乙烯树脂或其共聚物为原料加上其他的原辅料与聚合物，通过加热混合同时注入催化剂，然后挤塑压出成型而制得的硬质泡沫塑料板。

12.0243 聚氨酯泡沫塑料 expanded polyurethane，polyurethane foam

聚氨基甲酸酯树脂在加工成型时用化学或机械方法使其内部产生微孔制得的硬质、半硬质或软质制品。

12.0244 酚醛泡沫塑料 phenolic foamed plastic

由苯酚和甲醛的缩聚物在一定的温度下与发泡剂作用形成泡沫状结构，并在固化剂作用下交联固化而成的硬质制品。

12.0245 钢丝网架聚苯乙烯芯板 polystyrene core plate of steel wire rack

又称“*GJ 板*”。由三维空间焊接钢丝网架和内填阻燃型聚苯乙烯泡沫塑料板条(或整板)构成的网架芯板。

12.0246 岩棉 rock wool

采用天然火成岩石(玄武岩、辉绿岩、安山岩等)经高温熔融、用离心力、高压载能气体喷吹而制成的纤维状材料。

12.0247 矿渣棉 slag wool

又称“*矿棉*”。采用高炉矿渣、锰矿渣、磷矿渣等工业废渣，经高温熔融、用离心力、高压载能气体喷吹而制成的纤维状材料。

12.0248 玻璃棉 glass wool

用天然矿石(石英砂、白云石、蜡石等)配以化工原料(纯碱、硼酸等)熔制玻璃，在熔融状态下拉制、吹制或甩成的极细的纤维状材料。

12.0249 泡沫玻璃 foamed glass

采用玻璃粉或玻璃岩粉经熔融制成以封闭气孔结构为主的绝热材料。

12.0250 水性涂料 waterborne coating

以水作为分散介质的涂料。

12.0251 溶剂型涂料 solvent-thinned coating

分散介质为有机溶剂，主要成膜物质在分散介质中溶解成真溶液状态的涂料。

12.0252 合成树脂乳液涂料 synthetic resin emulsion coating

俗称“*乳胶漆*”。以合成树脂乳液为基料、与颜料、体质颜料及各种助剂配制而成的、施涂后能形成表面平整的薄质涂层的涂料。按使用部位分为合成树脂乳液外墙涂料和合成树脂乳液内墙涂料。

12.0253 合成树脂乳液砂壁状建筑涂料 sand textured building coating based on synthetic resin emulsion

俗称“*真石漆*”。以合成树脂乳液为主要黏结剂，以砂粒、石材微粒和石粉为骨料，在建筑物表面上形成具有石材质感饰面涂层的建筑涂料。

12.0254 复层建筑涂料 multi-layer coating for architecture

以水泥系、硅酸盐系和合成树脂乳液系等胶结料及颜料和骨料为主要原料作为主涂层，用刷涂、滚涂或喷涂等方法，在建筑物外墙面上至少涂布两层的立体或平面的复合涂层的涂料。

12.0255 弹性建筑涂料 elastomeric wall coating

以合成树脂乳液为基料，与颜料、填料及助剂配制而成，施涂一定厚度(干膜厚度大于等于 150μm)后，具有弥盖因基材伸缩(运动)产生细小裂纹的有弹性的功能性涂料。

12.0256 地坪涂料 floor coating

涂装在水泥砂浆、混凝土等基面上，对地面起装饰、保护作用，以及具有特殊功能(防静电性、防滑性等)要求的地面涂装材料。

12.0257　建筑反射隔热涂料　architectural reflective thermal insulation coating

以合成树脂为基料，与功能性颜填料(如红外颜料、空心微珠、金属微粒等)及助剂等配制而成，施涂于建筑物表面，具有较高太阳光反射比和较高半球发射率的涂料。

12.0258　钢结构防火涂料　fire resistive coating for steel structure

施涂于建筑物及构筑物的钢结构表面，能形成耐火隔热保护层以提高钢结构耐火极限的涂料。

12.0259　混凝土结构防火涂料　fire resisting coating for concrete structure

涂覆在工业与民用建筑物内和公路、铁路隧道等混凝土表面，能形成耐火隔热保护层以提高其结构耐火极限的防火涂料。

12.0260　饰面型防火涂料　finishing fire retardant paint

涂覆于可燃基层(如木材、纤维板、纸板及其制品)表面，能形成具有防火阻燃保护及一定装饰作用涂膜的防火涂料。

12.0261　电缆防火涂料　fire resisting coating for cable

涂覆于电缆(如橡胶、聚乙烯、聚氯乙烯、交联聚氯乙烯等绝缘形式的电缆)表面，能形成具有防火阻燃保护及一定装饰作用涂膜的防火涂料。

12.0262　防火封堵材料　fireproof sealing material

具有防火、防烟功能，用于密封或填塞建筑物、构筑物以及各类设施中的贯穿孔洞、环形缝隙及建筑缝隙，便于更换且符合有关性能要求的材料。按材料的主要成分，分为有机防火封堵材料和无机防火封堵材料。

12.0263　阻火包　fireproof bag

用于较大孔洞的防火封堵或电缆桥架的防火分隔，以阻燃材料包装制成的包状封堵材料。

12.0264　油漆　paint

用于各种基层材料涂覆，起装饰、保护作用的材料。多指木质基层的涂覆材料。

12.0265　桐油　China wood oil，tung oil

中国特产油料树种——油桐种子所榨取的油脂。分生桐油和熟桐油两种，生桐油用于医药和化工；熟桐油由生桐油加工而成，可直接用于室内、外木质基材或木器的防护。

12.0266　生漆　Chinese lacquer，raw lacquer

又称“大漆”、“国漆”。中国的传统涂料。从漆树上采割的乳白色胶状液体，将其涂刷于物体表面，在空气中干燥变为黑色。

12.0267　水性木器涂料　water based woodenware coating

又称“水性木器漆”。以水为分散介质，用于木器装饰及防护的涂料。

12.0268　溶剂型木器涂料　solvent based woodenware coating

以有机溶剂为分散介质，用于木器装饰及防护的涂料。

12.0269　清漆　varnish

又称“透明涂料”。涂在物体表面，干燥后形成光滑薄膜，显出物体表面原有纹理，起保护作用的透明涂料。

12.0270　调和漆　mixed paint，color paint

又称“色漆”。在清漆的基础上加入颜料(色浆)制成的用于木器装饰及防护的涂料。用干性油、颜料等制成的称为油性调和漆；用树脂、干性油和颜料等制成的称为磁性调和漆。

12.0271 沥青 bitumen，asphalt

由高分子碳氢化合物及其衍生物组成的、黑色或深褐色、不溶于水而几乎全溶于二硫化碳的一种非晶态有机材料。

12.0272 改性沥青防水卷材 modified asphalt waterproof membrane

以高分子聚合物或橡胶改性沥青做浸涂材料制成的防水卷材。

12.0273 高分子防水卷材 high polymer water-proof sheet，polymer water-proof sheet

又称“高分子防水片材”。以合成橡胶、合成树脂或两者共混为基料，加入适量助剂和填料，经混炼压延或挤出等工序加工而成的防水卷材。

12.0274 均质片 homogeneous sheet

以同一种或一组高分子材料为主要材料，各部位截面材质均匀一致的防水片材。

12.0275 复合片 composite sheet

以高分子合成材料为主要材料，复合织物等为保护或增强层，以改变其尺寸稳定性和力学特性，各部位截面结构一致的防水片材。

12.0276 自粘防水卷材 self-adhesive water-proof sheet，self-adhesive asphalt membrane

具有压敏黏结性能的防水卷材。

12.0277 沥青基防水涂料 asphaltic base water-proof coating

以沥青为主要成分配制而成的水乳型或溶剂型的防水涂料。

12.0278 聚合物乳液建筑防水涂料 polymer emulsion architectural waterproof coating

以聚合物乳液为主要材料，加入其他添加剂而制成的单组分水乳型防水涂料。

12.0279 聚合物水泥防水涂料 polymer-modified cement compound for water-proofing membrane，polymer-cement waterproofing coating

以丙烯酸酯、乙烯-乙酸乙烯等聚合物乳液和水泥为主要原料，加入填料及其他助剂配制而成，经水分挥发和水泥水化反应固化成膜的双组分水性防水涂料。

12.0280 密封材料 sealing materials

能承受接缝位移以达到水密、气密而嵌入建筑接缝中的定型和非定型材料。

12.0281 止水带 water stop

以橡胶或塑料制成的定型密封材料，用于地下工程变形缝的密封防水。

12.0282 遇水膨胀橡胶 hydrophilic expansion rubber

以水溶性聚氨酯预聚体、丙烯酸钠高分子吸水性树脂等吸水性材料与天然橡胶、氯丁橡胶等合成橡胶制得的遇水膨胀性防水橡胶。

12.0283 灌浆材料 grouting materials

在压力作用下注入地层、岩石或构筑物的缝隙、孔洞，固化后能达到增加承载力、防止渗漏、提高整体性能的液态(流体)材料。

12.0284 嵌缝膏 caulking compound，sealant

用于嵌填建筑缝隙的塑性膏状建筑密封材料。

12.0285 水泥基自流平材料 cement based self-leveling materials

由水泥基胶凝材料、细骨料、填料及添加剂等组成，与水(或乳液)搅拌后具有流动性或稍加辅助性摊铺就能流动找平的地面用材料。

12.0286 石膏基自流平材料 gypsum based self-leveling materials

由石膏基胶凝材料、细骨料、填料及添加剂等组成，与水(或乳液)搅拌后具有流动性或稍加辅助性摊铺就能流动找平的地面用材料。

12.0287 建筑石膏 building plaster，calcined gypsum

以 β-$CaSO_4 \cdot 1/2H_2O$ 为主要成分的粉状石膏胶凝材料。

12.0288 粉刷石膏 gypsum plaster

由建筑石膏或建筑石膏与不溶性硬石膏两者混合后再掺入外加剂、细骨料等制成的气硬性胶凝材料。用于建筑物内墙表面的粉刷。

12.0289 黏结石膏 gypsum binder

以建筑石膏作为主要胶凝材料，骨料、填料及添加剂所组成的室内用石膏基黏结材料。

12.0290 嵌缝石膏 joint gypsum

以建筑石膏为主要材料，掺入外加剂，均匀混合后，用于石膏板材之间填嵌缝隙或找平用的粉状嵌缝材料。

12.0291 生石灰 quick lime

以 CaO 为主要成分的气硬性胶凝材料。

12.0292 消石灰 slaked lime

又称“熟石灰”。由生石灰加水消化而成的产物。主要成分为 $Ca(OH)_2$。

12.0293 石灰膏 lime putty

生石灰与水经消解反应，除去表面澄清水后所得的膏状物。主要成分为 $Ca(OH)_2$ 和水。

12.0294 腻子 putty

嵌填墙面缺陷或缝隙，使墙面具有平整表面的膏状材料。

12.0295 膜结构用膜材料 membrane material for membrane structure

一种涂层织物，用于膜结构的覆盖材料。具有耐久、透光传热等性能。按材质分为：玻璃纤维膜材料和合成纤维膜材料。

12.0296 密封膏 sealant

用来填充建筑物接缝、具有防水和气密功能的弹性膏状建筑密封材料。

12.0297 弹性密封材料 elastic sealant

嵌入接缝后，呈现明显弹性，当接缝位移时，在密封材料中引起的残余应力几乎与应变量成正比的密封材料。

12.0298 塑性密封材料 plastic sealant

嵌入接缝后，呈现明显塑性，当接缝位移时，在密封材料中引起的残余应力迅速消失的密封材料。

12.0299 结构型密封材料 structural sealant

在受力(包括静态或动态负荷)构件接缝中起结构黏结作用的密封材料。

12.0300 塑料门窗 unplasticized polyvinyl chloride door and window，PVC-U door and window

又称“塑钢门窗”。用未增塑聚氯乙烯(PVC—U)型材按规定要求使用增强型钢制作的门窗。

12.0301 铝合金门窗 aluminum door and window

用铝合金建筑型材制作框、扇结构的门窗。

12.0302 钢门窗 steel door and window

用钢材制作门框、门扇或门扇骨架结构的门窗。

12.0303 木门窗 wood door and window

用木材为主要材料制作门框、门扇的门窗。

12.0304 玻璃钢门窗 fiberglass reinforced plastic door and window

采用热固性树脂为基体材料，以玻璃纤维为主要增强材料，加入一定量助剂和辅助材料，经拉挤工艺成型为框扇杆件后经切割、组装成的门窗。

12.0305 断桥铝门窗 bridge-cut aluminum alloy door and window

采用隔热断桥铝型材制作门框、门扇的门窗。

12.0306 遮阳金属百叶帘 metal venetian blind for shading

遮阳百叶帘的叶片为金属材料的百叶帘。

12.0307 遮阳天篷帘 sky-light blind

又称"天篷帘"。由电机及传动装置，支承构建和帘布等组装而成，且帘布与水平面夹角小于 75°，用于透明屋面在水平、倾斜或曲面状态下工作的建筑用遮阳装置。

12.0308 遮阳篷 awning

采用卷曲方式使软性材质的帘布向下倾斜与水平面夹角在 0°~15°范围内伸展、收回的遮阳装置。

12.0309 软卷帘 roller blind

采用卷曲方式使软性材质的帘布向下倾斜与水平面夹角大于 75°伸展、收回的遮阳装置。

12.0310 内置遮阳中空玻璃制品 sealed insulating glass unit with shading inside

在中空玻璃内安装遮阳装置的制品。可控遮阳装置的功能动作在中空玻璃外面操作。

12.0311 龙骨 joist，keel

支撑、承载轻板的骨架构件。常由薄壁型钢、木材等制作。

12.0312 接缝带 joint tape

由纸、金属、织物、玻璃网格布或其他材料做成的带子。通常与胶结料一起增强相邻墙板间的接缝。

12.0313 壁纸 wall paper

又称"墙纸"。用来裱贴内墙面和顶棚的装饰卷材。

12.0314 玻璃纤维壁布 glass fiber wall covering fabric

以定长玻璃纤维纱或玻璃纤维变形纱的机织物为基材，经表面涂覆处理而成的，用于建筑内墙装饰装修的玻璃纤维织物。

12.0315 地毯 carpet，rug，textile floor covering

经手工或机械工艺编织由毯面和毯基所组成的室内地面装饰织物。

12.0316 实木地板 solid wood flooring

由木材直接加工而成的地板。

12.0317 实木复合地板 parquet，wood composite floor

以实木拼板或单板为面层、实木条为芯层、单板为底层制成的企口地板和以单板为面层、胶合板为基材制成的企口地板。

12.0318 浸渍纸层压木质地板 laminate floor covering，laminate flooring

以一层或多层专用纸浸渍热固性氨基树脂，铺装在刨花板、中密度纤维板、高密度纤维板等人造板基层表面，背面加平衡层，正面加耐磨层，经热压而成的地板。商品名为强化木地板。

12.0319 竹地板 bamboo floor

把竹材加工成竹片后，再用胶黏剂胶合、加工成的长条企口地板。

12.0320 塑料地板 plastics floor
以合成树脂为基料制成的地面装饰及保护用材料。

12.0321 橡胶地板 rubber flooring
以天然橡胶或合成橡胶为原料，加入其他添加剂制成的铺地材料。

12.0322 钢管 steel pipe
含碳量小于 2%的铁碳合金钢锭或钢坯，经轧制、卷焊或熔铸而成的金属管。

12.0323 普通焊接钢管 non-galvanized steel pipe
扁平钢坯经卷管、炉焊或电焊后，在内外表面热浸镀锌而成的焊接钢管。

12.0324 无缝钢管 seamless steel pipe
将碳钢或合金钢锭、钢坯，经穿轧、热轧、冷轧(冷拔)成型，或用铸造方式成型的无焊缝的钢管。

12.0325 不锈钢管 stainless steel pipe，stainless steel tube
用少量铬等元素炼制的合金钢制作的圆管。

12.0326 铸铁管 cast-iron pipe，CIP
含碳量大于 2%的铁碳合金经熔融铸造成型的无缝金属管。

12.0327 铜管 copper pipe
以铜为原料制成的有色金属管。

12.0328 铝管 aluminum pipe
工业纯铝经轧制成型的无缝有色金属管。

12.0329 铝合金管 aluminum alloy pipe
用合金铝挤压制成的无缝有色金属管。

12.0330 硬聚氯乙烯管 unplasticized polyvinyl chloride pipe
又称“PVC-U 管(PVC-U pipe)”。聚氯乙烯树脂中加入适量助剂，经挤出成型的热塑性塑料管。

12.0331 软聚氯乙烯管 plasticized polyvinyl chloride pipe，PVC-P pipe
聚氯乙烯树脂中加入适量助剂，经挤出成型的可曲挠软质热塑性塑料管。

12.0332 聚乙烯管 polyethylene pipe
又称“PE 管(PE pipe)”。由聚乙烯树脂加入适量助剂，经挤出成型的热塑性塑料管。

12.0333 聚丙烯管 polypropylene pipe
又称“PP 管(PP pipe)”。由聚丙烯树脂加入适量助剂，经挤出成型的热塑性塑料管。

12.0334 聚丁烯管 polybutylene pipe
又称“PB 管(PB pipe)”。以聚丁烯树脂为原料加入适量助剂，经挤出成型的热塑性塑料管。

12.0335 复合管 composite pipe
两种或两种以上材料或由不同材质的同种材料组成管壁结构的圆管。

12.0336 铝塑复合管 aluminum-plastic composite pipe，aluminum polyethylene composite pressure pipe
以焊接铝管为中间层，内外层均为聚乙烯塑料或交联聚乙烯塑料，采用专用热熔胶，通过挤出成型方法成为一体的复合管。

12.0337 钢塑复合管 steel-plastic composite pipe
在钢管内壁衬(涂)一定厚度塑料层复合而成的管材。

12.0338 铝合金衬塑管 aluminum alloy liner plastic pipe

以聚丙烯(PP)为内衬材料，以无缝铝合金管为基管的复合管。

12.0339　内衬不锈钢复合钢管　stainless steel lined composite steel pipe

采用复合工艺，在碳钢管内壁衬一层薄壁不锈钢管的防腐内衬组成的复合管。

12.0340　内衬铜复合钢管　copper lined composite steel pipe

采用复合工艺，在碳钢管内壁衬一层薄壁铜管的防腐内衬组成的复合管。

12.0341　塑铝管　plastic-aluminum-plastic pipe, PAP pipe

铝管为中间层，不焊接，用以遮光和隔氧，内外层为塑料，采用专用热熔胶，通过挤出成型方法复合成一体的管材。其中内外层为耐热聚乙烯塑料的塑铝管称为耐热聚乙烯塑铝稳态复合管。

13. 建 筑 结 构

13.01　基本结构(力学)概念

13.0001　力　force

物体间的相互作用。其效果是使物体改变运动状态或发生变形。作用力与反作用力，总是同时存在，它们的大小相等、方向相反、沿同一直线分别作用在两个物体上。

13.0002　力系　system of forces

将结构中的一个部分，从与它相联系的周围部分(可能包括地面)分离开来，则该部分称作分离体，分离体上所受的若干力，以及它所承受的静力荷载构成的一组力称为力系。

13.0003　合力　resultant force

两个及两个以上力交会时形成的力。两个以上的分力的合力，可用“力的多边形法”求出。

13.0004　分力　component force

如果一个力作用于某一物体，对物体运动产生的效果相当于另外的几个力同时作用于该物体时产生的效果，则这几个力就是原先那个作用力的分力。

13.0005　力矩　moment of force

力与力臂的乘积。用来度量力使物体转动的能力。

13.0006　力偶　couple of force

平面内一对等值反向且不在同一直线上的平行力。

13.0007　支座　support

在建筑工程中，对另一个物体起支持作用的物体。约束总是通过支座来实现的。由拉紧的索等柔软物体构成的支座称为柔性支座；由一个可以滚动的滚轴对物体构成的支座称为滚动支座；由一个可以转动的球铰对物体所构成的支座称为铰支座；物体被嵌固时构成固定支座。

13.0008　支座反力　support reaction

支座对物体的反作用力。由于该支座反力通过支座对被约束物体起到约束作用，故又称为约束反力。约束反力的方向通常与所限制的位移方向相反。

13.0009　静力平衡原理　principle of statical equilibrium

阐明各种力系的静力平衡条件的原理。分离体图上的力系必须满足静力平衡条件才能维持静力平衡。静力平衡条件通常用静力平衡方程来表述。

13.0010 轴向力 normal force
作用引起的结构或构件某一正截面上的法向拉力或压力，当法向力位于截面形心时，称轴心力。对理想桁架，其只承受轴心拉力或压力的杆件称为二力杆，内力等于零的杆件称为零杆，零杆可由节点平衡时的零杆判别法确定。

13.0011 剪力 shear force
作用引起的结构或构件某一截面上的切向力。

13.0012 弯矩 bending moment
作用引起的结构或构件某一截面上的正应力所构成的力矩。

13.0013 扭矩 torque
作用引起的结构或构件某一截面上的剪力所构成的力偶矩。

13.0014 外力 external force
作用在物体上的体力和面力。在建筑结构设计中，所需考虑的外力又称为荷载。

13.0015 内力 internal force
可变形体对于外力作用的反应，是体内各部分之间相互作用的力。如结构构件中的截面弯矩、剪力、轴力、扭矩等。

13.0016 应力 stress
作用引起的结构或构件中某一截面单位面积上的力。

13.0017 正应力 normal stress
作用引起的结构或构件某一截面单位面积上的法向拉力或压力。

13.0018 剪应力 shear stress，tangential stress
作用引起的结构或构件某一截面单位面积上的切向力。

13.0019 主应力 principal stress
作用引起的结构或构件中某点的最大或最小正应力。当为拉应力时称为主拉应力，当为压应力时称为主压应力。

13.0020 预应力 prestress
在结构或构件承受主要作用前，预先施加的作用所产生的应力。

13.0021 应变 strain
作用引起的结构或构件中各种应力所产生相应的单位变形。

13.0022 正应变 linear strain
对应于正应力的线应变。

13.0023 剪应变 shear strain，tangential strain
作用引起的结构或构件中某点处两个正交面夹角的变化量。

13.0024 主应变 principal strain
作用引起的结构或构件中某点处与主应力对应的最大或最小正应变。当为拉应变时称为主拉应变，当为压应变时称为主压应变。

13.0025 强度 strength
材料抵抗破坏的能力。其值为在一定的受力状态或工作条件下，材料所能承受的最大应力。

13.0026 疲劳强度 fatigue strength
材料在规定的作用重复次数和作用变化幅度下所能承受的最大动态应力。

13.0027 疲劳承载能力 fatigue capacity
构件在规定的作用重复次数和作用变化幅度下所具有的承受最大动态作用的能力。

13.0028 徐变 creep

又称“蠕变”。材料在恒定外力作用下，其变形随时间延续而缓慢增加的进程。如混凝土，在持续外力作用下会发生徐变。

13.0029 应力松弛 stress relaxation
材料在持续外力作用下，总的变形值保持不变，而由于徐变变形渐增，弹性变形相应渐减，从而使材料内的应力随时间而逐渐降低的过程。

13.0030 弹性模量 modulus of elasticity
材料在单向受拉或受压且应力和应变呈线性关系时，截面上正应力与对应的正应变的比值。

13.0031 剪切模量 shear modulus
材料在单向受剪且应力和应变呈线性关系时，截面上剪应力与对应的剪应变的比值。

13.0032 重心 center of gravity
一个物体质量的中心。

13.0033 形心 centroid，centroid of area
仅与二维横截面的几何形状有关，是该横截面薄片面积的重心。

13.0034 中性轴 neutral axis
弯曲时梁的下层纤维产生拉伸而上层纤维产生压缩，在此上下两层纤维之间的某处有应力为零的点的轨迹。均质材料截面的中性轴总是通过横截面积的形心。

13.0035 截面面积矩 first moment of area
截面各微元面积与各微元至截面上某一指定轴线距离乘积的积分。

13.0036 截面惯性矩 second moment of area，moment of inertia
截面各微元面积与各微元至截面上某一指定轴线距离二次方乘积的积分。

13.0037 截面极惯性矩 polar second moment of area，polar moment of inertia
截面各微元面积与各微元至截面上某一指定点距离二次方乘积的积分。

13.0038 截面模量 section modulus
截面对其形心轴的惯性矩与截面上最远点至形心轴距离的比值。

13.0039 截面回转半径 radius of gyration
截面对其形心轴的惯性矩除以截面面积的商的正二次方根。

13.0040 欧拉临界力 Euler's critical force
理想线弹性轴心受压构件，按弹性稳定理论计算构件侧向屈曲时对应的荷载。

13.0041 长细比 slenderness ratio
构件的计算长度与其截面回转半径的比值。

13.0042 稳定性 stability
结构或构件保持稳定状态的能力。

13.0043 屈曲 buckling
结构或构件在失稳后呈现弯曲、褶皱、翘曲等丧失原状的情况。

13.0044 振动 vibration
物体反复通过某个基准位置的运动。

13.0045 周期 period
物体振动时，重复通过基准位置一次的间隔时间。与频率互为倒数。

13.0046 振幅 amplitude
物体振动时其位移、速度、加速度、内力、应力、应变等最大的变化幅度。即在振动曲线中，从波峰或波谷到横坐标基线的距离。

13.0047 阻尼 damping

使振幅随时间衰减的各种因素。

13.0048 共振 resonance
体系振动时，当干扰频率与固有频率接近时，振幅急剧加大的现象。

13.0049 刚度 stiffness，rigidity
结构或构件抵抗单位变形的能力。

13.0050 截面刚度 rigidity of section
截面抵抗变形的能力。为材料弹性模量或剪变模量和相应的截面惯性矩或截面面积的乘积。

13.0051 构件刚度 stiffness of structural member
构件抵抗变形的能力。为施加于构件上的作用所引起的内力与其相应的构件变形的比值。

13.0052 结构侧移刚度 lateral displacement stiffness of structure
楼层抵抗水平变形的能力。为施加于楼层的水平力与其引起的水平位移的比值。

13.0053 位移 displacement
作用引起的结构或构件中某点位置的改变，或某线段方向的改变。

13.0054 挠度 deflection
在弯矩作用平面内，结构构件轴线或中面上某点由挠曲引起垂直于轴线或中面方向的线位移。

13.0055 变形 deformation
作用引起的结构或构件中各点间的相对位移。

13.0056 连接 connection
构件间以某种方式的结合。能传递竖向力和水平力而不能传递弯矩的构件相互连接方式称为铰接；能传递竖向力和水平力，又能传递弯矩的构件相互连接方式称为刚接；能传递竖向力、水平力和部分弯矩且容许有一定变形的构件相互连接方式称为柔性连接。

13.0057 节点 joint，node
构件或杆件相互连接的部位。

13.0058 刚域 rigid zone
计算中，在杆件端部其弯曲刚度按无限大考虑的区域。

13.0059 塑性铰 plastic hinge
在结构构件中因材料屈服形成既有一定的承载能力又能相对转动的截面或区段。

13.0060 结构模型 structural model
用于结构分析、设计等的理想化的结构体系。

13.0061 几何不变体系 geometrically stable system
若不考虑材料的弹性变形，在任意荷载作用下其几何形状和所有杆件的位置都保持不变的杆件体系。

13.0062 几何可变体系 geometrically unstable system
若不考虑材料的弹性变形，在任意荷载作用下其形状或任一杆件的位置可变的杆件体系。

13.0063 静定结构 statically determinate structure
结构构件为无赘余约束的几何不变体系。用静力平衡原理即可求解其作用效应。

13.0064 超静定结构 statically indeterminate structure
结构构件为有赘余约束的几何不变体系。需用静力平衡原理和变形协调原理求解其作用效应。

13.0065 结构分析 structural analysis

确定结构上作用效应的过程。

13.0066 弹性分析 elastic analysis

基于线性应力–应变或弯矩–曲率关系，采用弹性理论分析方法对初始结构几何形体进行的结构分析。

13.0067 弹塑性分析 elasto-plastic analysis

基于材料的线弹性阶段和随后的无硬化阶段构成的应力–应变或弯矩–曲率关系的结构分析。

13.0068 材料非线性分析 material nonlinear analysis

基于材料非线性变形特性对初始结构的几何形体进行的结构分析。

13.0069 几何非线性分析 geometric nonlinearity analysis

基于线性应力–应变或弯矩–曲率关系(基于材料非线性变形特性)对已变形结构几何形体进行的结构分析。

13.0070 有限单元法 finite element method

将物体或结构整体所具有的域，划分为有限多个单元的子域，以求得近似解的一种数值计算方法。

13.0071 力法 force method

对于超静定结构，以与多余联系相应的多余未知力作为基本未知数，通过变形协调条件建立方程，求解结构的内力与位移的方法。

13.0072 位移法 displacement method

对于超静定结构，以节点位移作为基本未知数，应用基本结构列出平衡方程，求解结构的位移与内力的方法。

13.0073 内力重分布 redistribution of internal force

超静定结构进入非弹性工作阶段时，其内力分布与按弹性分析的分布相比有明显变化的现象。需按材料非线性方法求解。有时可用调整系数简化计算。

13.0074 作用 action

施加在结构上的集中力或分布力(直接作用，即荷载)和引起结构外加变形或约束变形的原因(间接作用，如支座沉降、混凝土收缩、徐变以及温度等)。

13.0075 作用效应 effect of action

由作用引起的结构或结构构件的反应。如内力、变形和裂缝等。

13.0076 永久作用 permanent action

又称“永久荷载”。在设计所考虑的时期内始终存在且其量值变化与平均值相比可以忽略不计的作用，或其变化是单调的并趋于某个限值的作用。如结构自重、土压力、预应力等。

13.0077 可变作用 variable action

又称“可变荷载”。在设计使用年限内其量值随时间变化，且其变化与平均值相比不可忽略不计的作用。例如楼面活荷载、屋面活荷载和积灰荷载、吊车荷载、风荷载、雪荷载等。

13.0078 偶然作用 accidental action

又称“偶然荷载”。在设计使用年限内不一定出现，而一旦出现其量值很大，且持续期很短的作用。例如爆炸力、撞击力等。

13.0079 静态作用 static action

使结构产生的加速度可以忽略不计的作用。

13.0080 动态作用 dynamic action

使结构产生的加速度不可忽略不计的作用。

13.0081 作用组合 combination of actions

又称“荷载组合”。在不同作用的同时影响下，为验证某一极限状态的结构可靠度而采用的一组作用设计值。

13.0082　抗力　resistance
结构或结构构件承受作用效应的能力。

13.0083　极限状态法　limit state method
不使结构超越某种规定的极限状态的设计方法。

13.0084　可靠指标　reliability index
度量结构可靠度的数值指标。用β来表示。其与失效概率p_f存在如下关系：β值小则p_f大；β值大则p_f小。因此，可靠指标β与失效概率p_f都可作为衡量结构可靠度的一个指标。

13.0085　承载能力极限状态　ultimate limit states
对应于结构或结构构件达到最大承载力或不适于继续承载的变形的状态。

13.0086　正常使用极限状态　serviceability limit state
对应于结构或结构构件达到正常使用或耐久性能的某项规定限值的状态。

13.0087　脆性破坏　brittle failure
结构或结构构件在破坏前无明显变形或其他预兆的破坏类型。

13.0088　延性破坏　ductile failure
结构或结构构件在破坏前有明显变形或其他预兆的破坏类型。

13.0089　设计使用年限　design working life
设计规定的结构或结构构件不需进行大修即可按预定目的使用的年限。

13.0090　结构的整体稳固性　structural integrity, structural robustness
当发生火灾、爆炸、撞击或人为错误等偶然事件时，结构整体能保持稳固且不出现与起因不相称的破坏后果的能力。

13.0091　连续倒塌　progressive collapse
初始的局部破坏，从构件到结构扩展，最终导致整个结构倒塌或与起因不相称的一部分结构倒塌。

13.02　结 构 类 型

13.0092　结构　structure
能承受作用并具有适当刚度的由各连接部件有机组合而成的整体。

13.0093　［房屋］建筑结构　building structure
组成工业与民用建筑包括基础在内的承重体系。

13.0094　建筑结构单元　building structural unit
房屋建筑结构中，由伸缩缝、沉降缝或防震缝隔开的区段。

13.0095　混凝土结构　concrete structure
以混凝土为主要材料制作的结构。包括素混凝土结构、钢筋混凝土结构和预应力混凝土结构等。

13.0096　素混凝土结构　plain concrete structure
无筋或不配置受力钢筋的混凝土结构。

13.0097　钢筋混凝土结构　reinforced concrete structure
配置受力的普通钢筋、钢筋网或钢筋骨架的混凝土结构。

13.0098　预应力混凝土结构　prestressed con-

crete structure
配制受力的预应力筋，再通过张拉或其他方法建立预加应力的混凝土结构。

13.0099 先张法预应力混凝土结构 pre-tensioned prestressed concrete structure
在台座上张拉预应力筋后浇筑混凝土，并通过放张预应力筋由黏结力传递而建立预加应力的混凝土结构。

13.0100 后张法预应力混凝土结构 post-tensioned prestressed concrete structure
浇筑混凝土并达到规定强度后，通过张拉预应力筋并锚固而建立预加应力的混凝土结构。

13.0101 有黏结预应力混凝土结构 bonded prestressed concrete structure
预应力筋与混凝土相互黏结的预应力混凝土结构。为先张法预应力混凝土结构和在管道内灌浆实现黏结的后张法预应力混凝土结构的总称。

13.0102 无黏结预应力混凝土结构 unbonded prestressed concrete structure
配置与混凝土之间可保持相对滑动的无黏结预应力筋的后张法预应力混凝土结构。

13.0103 现浇混凝土结构 cast-in-situ concrete structure
在现场原位支模并整体浇筑而成的混凝土结构。

13.0104 装配式混凝土结构 prefabricated concrete structure
由预制混凝土构件或部件通过装配、连接而成的混凝土结构。

13.0105 混凝土大板结构 large panel concrete structure
由一个房间为单元，由整片预制钢筋混凝土楼板和墙板组成的装配式混凝土结构。

13.0106 装配整体式混凝土结构 assembled monolithic concrete structure
由预制混凝土构件或部件通过钢筋、连接件或施加预应力加以连接，并在连接部位浇筑混凝土而形成整体受力的结构。

13.0107 升板结构 lift-slab structure
由安装在柱上的升板机，将在地坪上已叠层浇注成的屋面板和楼板依次提升到位，并以钢销支托，在节点浇筑混凝土而成的板柱结构。

13.0108 大模板混凝土结构 large-form concrete structure
由一个房间为单元大型的模板，在现场浇筑钢筋混凝土承重墙体，并与预制楼板及预制混凝土外墙板或外围护砌体等所组成的结构。分内浇外挂和内浇外砌等类型。

13.0109 混凝土折板结构 concrete folded-plate structure
由多块钢筋混凝土或预应力混凝土条形平板组成的折线形薄壁空间结构。分多边形、槽形、V 形折板等。

13.0110 钢纤维混凝土结构 steel fiber reinforced concrete structure
由掺入钢纤维的混凝土制成的结构。分无筋钢纤维、加筋钢纤维和预应力钢纤维混凝土结构。

13.0111 砌体结构 masonry structure
又称“*砖石砌体结构*”。以砌体为主制作的结构。包括砖结构、石结构和其他材料的砌块结构。有无筋砌体结构和配筋砌体结构。

13.0112 砖砌体结构 brick masonry structure
由砖砌体制成的结构。分烧结普通砖、非烧

结硅酸盐砖和承重黏土空心砖砌体结构。

13.0113 石砌体结构 stone masonry structure
由石砌体制成的结构。分料石砌体和毛石砌体结构。

13.0114 砌块砌体结构 block masonry structure
由砌块砌体制成的结构。分混凝土中、小型空心砌块砌体结构和粉煤灰中型实心砌块砌体结构。

13.0115 配筋砌体结构 reinforced masonry structure
由配置钢筋的砌体作为建筑物主要受力构件的结构。

13.0116 底部框架-抗震墙砌体结构 masonry structure with bottom frame-shear wall
由底层设置框架与抗震墙、上部各层采用砌体结构所组成的建筑结构。

13.0117 钢结构 steel structure
以钢材为主要材料制作的结构。

13.0118 冷弯轻钢结构 cold-formed steel framing system，light gage framing system
采用镀锌冷弯薄壁型钢构件组成的低层房屋结构体系。其中以轻钢的墙柱、底梁、顶梁、拉条组成墙体框架，以轻钢的搁栅、檩条作为楼盖、屋盖承重构件。

13.0119 钢管结构 steel tubular structure
以圆钢管或方钢管或矩形钢管作为主要材料所制成的结构。

13.0120 预应力钢结构 prestressed steel structure
通过张拉高强度钢丝束或钢绞线等手段或调整支座等方法，在钢结构构件或结构体系内建立预加应力的结构。

13.0121 木结构 timber structure
以木材为主要材料制作的结构。

13.0122 胶合木结构 glued timber structure
由木料与木料或木料与胶合板胶粘成整体材料所制成的结构。

13.0123 层板胶合结构 glued laminated timber structure
由木板与木板或木板与小方木重叠胶粘成整体材料所制成的结构。

13.0124 胶合板结构 plywood structure
由普通木板或胶合木作为骨架，用胶合板作为镶板或面板所制成的结构。

13.0125 生土结构 earth construction
主要用未焙烧而仅做简单加工的原状土为材料营造主体结构的建筑。

13.0126 组合结构 composite structure
同一截面或各杆件由两种或两种以上材料制成的结构。

13.0127 钢与混凝土组合构件 steel reinforced concrete composite structural member
由型钢或钢管或钢板与钢筋混凝土组合成为整体而共同工作的结构构件。

13.0128 混合结构 mixed structure
由不同材料的构件或部件混合组成的结构。

13.0129 砖混结构 masonry-concrete structure
由砖、石、砌块砌体制成竖向承重构件，并与钢筋混凝土或预应力混凝土楼盖、屋盖组成的房屋建筑结构。

13.0130 砖木结构 masonry-timber structure
由砖、石、砌块砌体制成竖向承重构件，并与木楼盖、木屋盖组成的房屋建筑结构。

13.0131 特种工程结构 special engineering structure

具有特种用途的建筑物、构筑物。如塔、烟囱、桅杆、海洋平台、筒仓、水池、管架、构架等结构。

13.03 结构体系选型

13.0132 框架结构 frame structure

由梁和柱为主要构件以刚接相连接而组成的承受竖向和水平作用的结构。

13.0133 框架-支撑结构 frame-bracing structure

由框架和框架间的支撑构件共同组成的承受竖向和水平作用的结构。

13.0134 剪力墙结构 shear wall structure

由钢筋混凝土墙体组成的承受竖向和水平作用的结构。

13.0135 框架-剪力墙结构 frame-shear wall structure

由框架和剪力墙共同承受竖向和水平作用的高层建筑结构。

13.0136 筒体结构 tube structure

由竖向筒体为主组成的承受竖向和水平作用的高层建筑结构。

13.0137 单框筒结构 frame tube structure

由外围密柱框筒与内部一般框架组成的高层建筑结构。

13.0138 框架-核心筒结构 frame-core wall structure

由核心筒与外围的稀柱框架组成的高层建筑结构。

13.0139 筒中筒结构 tube in tube structure

由核心筒与外围框筒组成的高层建筑结构。

13.0140 束筒结构 bundled tube structure

由若干并列筒体组成的高层建筑结构。

13.0141 板柱结构 slab-column structure

由水平构件为板和竖向构件为柱所组成的建筑结构。

13.0142 板柱-剪力墙结构 slab-column shear wall structure

由无梁楼板与柱组成的板柱框架和剪力墙共同承受竖向和水平作用的建筑结构。

13.0143 异型柱结构 special shaped column structure

按住宅设计要求，将柱的截面采用 T 形、十字形、L 形等形式的框架结构。

13.0144 短肢剪力墙 short-pier shear wall

墙肢的肢长与厚度比为 5∶8 的一种剪力墙形式。

13.0145 连梁 coupling wall-beam

位于剪力墙门窗洞口上下之间的墙体。

13.0146 转换层 transfer story

承担上部楼层与下部楼层结构形式或布置转变的结构构件所在的楼层。

13.0147 加强层 story with outrigger and/or belt member

设置连接内筒与外围结构的水平外伸臂(梁或桁架)结构的楼层。必要时还可沿该楼层外围结构周边设置带状水平梁或桁架。

13.0148 刚架 rigid frame

由梁和柱通过刚接而构成的单层框架。

13.0149 排架 bent frame，bent

柱底与基础刚接、柱顶与桁架(或梁)铰接而构成的单层框架。

13.0150 门式刚架 portal frame，gabled frame
由变截面型钢柱与变截面屋面型钢梁刚接而成，其结构外形为门式的平面刚架。

13.0151 抗风柱 wind-resistant column
为承受风荷载而在房屋山墙处设置的柱。

13.0152 联系梁 tie beam
用于连接两构件、保证结构整体性而又非主要承重的梁。如在排架结构中，为保证结构纵向整体性要求，在两排架柱之间设置联系梁。

13.0153 柱间支撑 column bracing
为保证建筑结构整体稳定、提高侧向刚度和传递水平力而在相邻两柱之间设置的斜向交叉杆件。

13.0154 圈梁 ring beam
在房屋的檐口、屋顶、楼层、吊车梁或基础顶面标高处，沿砌体墙水平方向设置封闭状的按构造配筋的混凝土梁式构件。

13.0155 墙梁 wall beam
(1) 由钢筋混凝土托梁和梁上计算高度范围内的砌体墙组成的梁式构件。(2) 钢结构房屋中，水平设置于柱之间用于固定轻型墙板的梁式构件。

13.0156 承重墙 load-bearing wall，bearing wall
直接承受外加作用和自重的墙体。

13.0157 结构墙 structural wall
主要承受侧向力或地震作用，并保持结构整体稳定的墙。

13.0158 填充墙 filler wall
设置于框架结构中的墙体。起围护和分隔作用，重量由梁柱承担。

13.0159 楼盖 floor system
在房屋楼层间用以承受各种楼面作用的楼板、次梁和主梁等所组成的部件总称。

13.0160 密肋楼盖 rib floor
为间距不大于 1m 的钢筋混凝土肋(小梁)和板构成的楼盖结构。

13.0161 无梁楼盖 flat slab floor
将现浇钢筋混凝土平板直接支承在柱上(柱顶常设柱帽或平托板)的楼盖结构。

13.0162 组合楼盖 composite floor system
由钢筋混凝土楼板、压型钢板与型钢组成的楼盖。

13.0163 楼板 floor plate，slab
直接承受楼面荷载的板。

13.0164 单向板 one-way slab
两对边支承的板。一般仅考虑一个方向的受力与变形。

13.0165 双向板 two-way slab
四边有支承的板，一般需考虑两个方向的受力与变形。

13.0166 主梁 girder，main beam
将楼盖荷载传递到柱、墙上的梁。

13.0167 次梁 secondary beam
将楼面荷载传递到主梁上的梁。

13.0168 井字梁 cross beam
由同一平面内梁高相同、相互正交或斜交、平面布置呈井字形的梁所组成的楼(屋)盖结构。

13.0169 简支梁 simply supported beam
梁搁置在两端支座上，其一端为轴向有约束的铰支座，另一端为能轴向滚动的支座。

13.0170 悬臂梁 cantilever beam

一端为不产生轴向、垂直位移和转动的固定支座，另一端为自由端的梁。

13.0171 连续梁 continuous beam

具有三个或三个以上支座的梁。

13.0172 钢与混凝土组合梁 composite steel and concrete beam

由混凝土翼板与钢梁通过抗剪连接件组合而成能整体受力的梁。

13.0173 过梁 lintel

设置在门窗或空洞顶部，用以传递其上部荷载的梁。

13.0174 吊车梁 crane girder

承受吊车车轮所产生的竖向荷载和纵、横向水平荷载并考虑疲劳影响的梁。

13.0175 屋盖 roof system

在房屋顶部，用以承受各种屋面作用的屋面板、檩条、屋面梁或屋架及支撑系统或大跨度空间结构组成部件的总称。

13.0176 屋面板 roof plate, roof board, roof slab

直接承受屋面荷载的板。

13.0177 檩条 purline

将屋面板承受的荷载传递到屋面梁、屋架或承重墙上的梁式构件。

13.0178 屋面梁 roof girder

将屋盖荷载传递到墙、柱、托架或托梁上的梁。

13.0179 屋架 roof truss

将屋盖荷载传递到墙、柱、托架或托梁上的桁架式结构。

13.0180 桁架 truss

由上弦杆、下弦杆与腹杆构成的一种平面格构式结构。

13.0181 屋盖支撑系统 roof-bracing system

保证屋盖整体稳定并传递纵横向水平力而在屋架间设置的各种联系杆件的总称。

13.0182 拱 arch

由曲线形或折线形的竖向拱圈杆和支承拱圈两端铰接或固接的拱址组成的构件。房屋建筑中常在拱址间设置拉杆。

13.0183 薄壳结构 shell structure

以一定曲面形式，由曲面混凝土壳板与边缘构件组成的空间结构。

13.0184 网架结构 space truss structure, space grid structure

按一定规律布置的杆件通过节点连接而形成的平板型或微曲面形空间杆系结构。主要承受整体弯曲内力。

13.0185 网壳结构 latticed shell structure, reticulated shell structure

按一定规律布置的杆件通过节点连接而形成的曲面状空间杆系或梁系结构，主要承受整体薄膜内力。

13.0186 立体桁架结构 spatial truss structure

由上弦杆、腹杆与下弦杆构成的横截面为三角形或四边形的格构式桁架。

13.0187 索结构 cable structure

由拉索作为主要承重构件而形成的预应力结构体系。

13.0188 悬索结构 cable-suspended structure

以一定曲面形式，由拉索及其边缘构件所组成的结构体系。

13.0189 斜拉索结构 cable-stayed structure

由立柱(塔桅)、斜拉索与其他构件共同组成的结构体系。

13.0190 张弦结构 string structure
由上弦(梁、桁架、拱架、网壳)、竖向撑杆(或拉杆)与下弦索组成的结构体系。

13.0191 膜结构 membrane structure
由膜材及其支承构件组成的建筑物或构筑物。

13.0192 张拉膜结构 tensile membrane structure
以一定曲面形式，对膜材通过索等边缘构件施加预应力而构成的膜结构。

13.0193 气承式膜结构 pneumatic structure, air supported structure
在由膜材覆盖的建筑中，通过充气形成的膜材内外压力差而保持建筑形体的膜结构。

13.04 建筑结构抗震

13.0194 建筑抗震 seismic building, earthquake resistance of building
为减轻地震灾害，对建筑采取的工程措施。

13.0195 建筑抗震鉴定 seismic appraiser of building, seismic evaluation for building
通过检查现有建筑的设计、施工质量和现状，按规定的抗震设防要求，对其抗震能力进行的评估。

13.0196 建筑抗震加固 seismic retrofit of building, seismic strengthening of building
使现有建筑达到规定的抗震设防要求，对其进行的设计和施工。

13.0197 综合抗震能力 comprehensive seismic capability
整个建筑结构综合考虑其构造和承载力等因素所具有的抵抗地震作用的能力。

13.0198 结构抗震性能 earthquake resistant behavior of structure
在地震作用下，结构构件的承载能力、变形能力、耗能能力、刚度及破坏形态的变化和发展。

13.0199 结构动力特性 dynamic property of structure
又称“结构动态特性”。表示结构动力特征的基本物理量，一般指结构的自振周期或自振频率，振型和阻尼。

13.0200 自振周期 natural period of vibration
结构按某一振型完成一次自由振动所需的时间。

13.0201 自振频率 natural frequency of vibration
又称“固有频率”。自振周期的倒数。

13.0202 基本周期 fundamental period
又称“第一自振周期”。结构按基本振型完成一次自由振动所需的时间。

13.0203 振型 vibration mode
结构按其某一自振周期振动时的变形模式。

13.0204 基本振型 fundamental mode
又称“第一振型”。多自由度体系和连续体自由振动时，最小自振频率所对应的振动变形模式。

13.0205 高阶振型 high order mode
多自由度体系和连续体自由振动时，对应于二阶频率以上(含二阶)的振动变形模式。

13.0206 阻尼振动 damped vibration
振动体系由于受到阻力造成能量损失而使振幅逐渐减小的振动。

13.0207 地震反应 earthquake response
地震时工程结构出现的各种动态反应。

13.0208 抗震试验 earthquake resistant test, seismic test
用各种加载设备模拟实际动力作用施加于结构、构件或其模型上，并测定结构抗震能力的试验。

13.0209 模拟地震振动试验 simulated ground motion test
用大型振动台或计算机和加载器联机模拟地震动过程，对结构或构件进行的动力或拟动力试验。

13.0210 拟静力试验 pseudo-static test
又称“伪静力试验”、“低周反复加载试验”。用一定的荷载控制或变形控制对试体进行低周反复加载，使试体从弹性阶段直至破坏的一种试验。

13.0211 拟动力试验 pseudo-dynamic test
又称“伪动力试验”。试体在静力试验台上实时模拟地震动力反应的试验。

13.0212 模拟地震振动台试验 pseudo-earthquake shaking table test
简称“振动台试验”。通过振动台台面对试体输入地面运动，模拟地震对试体作用全过程的抗震试验。

13.0213 结构动力特性测试 dynamic property measurement of structure
又称“结构动态特性测试”。测试并分析结构在自振或共振条件下的反应曲线，以确定结构的自振周期(或自振频率)、阻尼系数和结构振型等动力特性。

13.0214 滞回曲线 hysteretic curve, restoring force curve
又称“恢复力曲线”。在反复作用下试体的荷载(应力)–变形(应变)曲线。

13.0215 [建筑]抗震设计 seismic design of building
使建筑达到规定的抗震设防要求而进行的设计。

13.0216 二阶段设计 two-stage design
结构在多遇地震作用下进行抗震承载能力与变形验算，在罕遇地震作用下进行弹塑性变形验算的设计。

13.0217 建筑抗震概念设计 seismic concept design of building
根据地震灾害和工程经验等所形成的基本设计原则和设计思想，进行建筑和结构总体布置并确定细部构造的过程。

13.0218 基于性能的抗震设计 performance-based seismic design
又称“基于性态的抗震设计”。结构的设计准则由一系列可以实现的结构性能目标来表示，保证在地震作用下实现结构预定功能的抗震设计方法。

13.0219 抗震措施 seismic measure
除地震作用计算和抗力计算以外的抗震设计内容。包括抗震构造措施。

13.0220 抗震构造措施 detail of seismic design
根据抗震概念设计原则，一般不需计算而对结构和非结构各部分必须采取的各种细部要求。

13.0221 多道抗震设防 multi-defence system of seismic resistance

在结构设计中通过控制结构构件在地震中破坏的顺序来达到抗震防御目标的一种抗震概念设计原则。

13.0222 抗震结构整体性 integral behavior of seismic structure

通过加强构件间的连接来充分发挥各构件的承载能力和变形能力，以提高结构整体抗震性能的一种抗震概念设计要求。

13.0223 强柱弱梁 strong column and weak beam

使框架结构塑性铰优先出现在梁端而非柱端的设计要求。

13.0224 强剪弱弯 strong shear capacity and weak bending capacity

使构件中与正截面受弯承载能力对应的剪力低于该构件斜截面受剪承载能力的设计要求。

13.0225 柔性底层 soft ground floor

由于结构底层的抗侧刚度较弱，地震作用较大，导致塑性变形集中发生在结构底层的不利于抗震的情况。

13.0226 抗侧力体系 lateral resisting system

抗御水平地震作用及风荷载的结构体系。

13.0227 抗震墙 seismic structural wall

主要用以抵抗地震水平作用的墙体。

13.0228 抗震支撑 seismic brace

在工程结构中用以承担水平地震作用并加强结构整体稳定性的支撑系统。分为竖向支撑和水平支撑。

13.0229 约束砌体 confined masonry

为加强结构整体性和提高变形能力而采用的由圈梁和构造柱分割包围的砌体。

13.0230 构造柱 constructional column，tie column

为加强结构整体性和提高变形能力，在房屋中设置的钢筋混凝土竖向约束构件。

13.0231 芯柱 core column

在混凝土空心砌块墙体中，将砌块的空心部分插入钢筋后再灌入混凝土，形成的钢筋混凝土柱。

13.0232 防震缝 seismic joint

为减轻不规则体形对抗震性能的不利影响，将建筑物分割为若干规则单元的缝隙。

13.0233 抗震等级 seismic grade

根据结构类型、设防烈度、房屋高度和场地类别将结构划分为不同的等级进行抗震设计，以体现在同样烈度下不同的结构体系、不同高度和不同场地条件有不同的抗震要求。

13.0234 结构振动控制 structural vibration control

通过在结构上施加子系统或耗能隔振装置以抵御外界荷载的作用，从而能动地操纵结构性态的主动积极的结构对策。按是否需要外部能源和激励以及结构反应的信号，可分为被动控制、主动控制、半主动控制和混合控制四类。

13.0235 隔震 seismic isolation

利用隔震体系，设法阻止或减少地震能量进入被隔震体，从而达到降低被隔震体地震反应的强度。

13.0236 叠层橡胶支座 laminated rubber bearing

由橡胶和夹层钢板分层叠合经高温硫化黏结而成的圆形块状物。具有较大竖向承载能力和较小的水平刚度，一般用于支撑结构物的重量，连接上、下部结构，起阻断地震水平运动能量向上传播的作用。

13.0237 消能减震 energy dissipation and earthquake response reduction

又称“耗能减震”。利用特制减震构件或耗能装置，使之在地震时耗散进入结构体系的能量以减轻结构所受的地震作用。

13.0238 消能支撑 energy dissipation brace

将具有消能性能的支撑(带有速度或位移相关型阻尼器、调谐吸能型阻尼器)设置于结构中，消耗与吸收地震时进入结构体系的能量以减轻结构所受的地震作用。

13.0239 调谐质量阻尼器 tuned mass damper, TMD

又称“调频质量阻尼器”。在结构特定位置安装的与结构振动频率接近的附加质量装置。在风荷载或水平地震作用时，该装置与结构产生共振而耗散输入结构的能量。

13.0240 抗震计算方法 seismic analysis method, seismic calculation method

工程结构抗震设计采用的计算方法。分为静力法、底部剪力法、振型分解法和时程分析法。

13.0241 底部剪力法 base shear method

根据地震反应谱理论，按地震引起的工程结构底部总剪力与等效单质点体系的水平地震作用相等以及地震作用沿结构高度分布接近于倒三角形来确定地震作用分布，并求出相应地震内力和变形的方法。

13.0242 振型分解法 modal analysis method

又称“振型叠加法”。将结构的各阶振型作为广义坐标系，求出对应于各阶振型的结构反应及其组合的方法。

13.0243 时程分析法 time history method

由结构基本运动方程输入地面加速度记录进行积分求解，以求得整个时间历程的地震反应的方法。

13.0244 频域分析 frequency domain analysis

当结构受到以频率为自变量的函数表示的任意振动激励作用时，按频率进行的振动分析。

13.0245 地震作用 earthquake action

曾称“地震力”。由地震震动引起的结构动态作用。包括水平地震作用和竖向地震作用。

13.0246 反应谱 response spectrum

在同一地震动输入下，具有相同阻尼比的一系列单自由度体系反应(加速度、速度和位移)的绝对最大值与单自由度体系自振周期或频率的关系，以表征地震动的频谱特性。

13.0247 反应谱特征周期 characteristic period of response spectrum

规准化的加速度反应谱曲线开始下降点所对应的周期值。

13.0248 地震作用效应 seismic action effect

在地震作用下结构产生的内力(剪力、弯矩、轴向力、扭矩等)或变形(线位移、角位移)等的现象。

13.0249 鞭梢效应 whipping lash effect

在地震作用下，高层建筑或其他建(构)筑物顶部细长突出部分振幅剧烈增大的现象。

13.0250 结构抗震承载能力 seismic resistant capacity of structure

结构抵抗强地震作用的能力。其值为在规定的条件下结构能抵抗的最大地震作用。

13.0251 结构抗震变形能力 earthquake resistant deformability of structure

在地震作用下，结构所能承受的最大变形。

13.0252 结构性破坏 structural damage

损害结构承载能力的破坏。

13.0253 非结构性破坏 nonstructural damage

不损害结构承载能力的破坏。如非承重墙、饰面、女儿墙、檐口等的破坏。

13.0254 建筑地震破坏等级 grade of earthquake damage to building

对建筑地震破坏程度的划分。一般分为完好(含基本完好)、轻微破坏、中等破坏、严重破坏和倒塌五个等级。

13.0255 抗震性能评价 earthquake resistant performance assessment

在给定的地震作用下，对给定区域上的建筑物或工程设施是否符合抗震要求、可能出现的地震灾害程度等方面进行单方面或综合性的估计。

13.0256 结构体系抗震加固 seismic retrofit of structural system, seismic strengthening of structural system

增加新的抗震构件，调整结构沿高度和平面的刚度分布，以加强结构的抗震能力。

13.0257 构件抗震加固 seismic retrofit of structural member, seismic strengthening of structural member

对既有基础、墙、梁、柱等构件进行的加固。

13.0258 增大截面加固法 structure member strengthening with reinforced concrete

增大原构件截面面积或增配钢筋，以提高其承载力和刚度，或改变其自振频率的一种直接加固法。

13.0259 面层加固法 masonry strengthening with mortar splint

在砌体墙侧面增抹一定厚度的无筋、有钢筋网的水泥砂浆，形成组合墙体的加固方法。

13.0260 板墙加固法 masonry strengthening with reinforced concrete panel

在砌体墙侧面浇注或喷射一定厚度的钢筋混凝土，形成抗震墙的加固方法。

13.0261 混凝土套加固法 structure member strengthening with reinforced concrete jacketing strengthening

在原有的钢筋混凝土梁柱或砌体柱外包一定厚度的钢筋混凝土，扩大原构件截面的加固方法。

13.0262 复合截面加固法 structure member strengthening with externally bonded reinforced materials

通过采用结构胶黏剂黏结或高强聚合物砂浆喷抹，将增强材料粘合于原构件的混凝土表面，使之形成具有整体性的复合截面，以提高其承载力和延性的一种直接加固法。

13.0263 钢构套加固法 structure member strengthening with steel frame cage

在原有的钢筋混凝土梁柱或砌体柱外包角钢、扁钢等制成的构架，约束原有构件的加固方法。

13.0264 工程场地地震安全性评价 evaluation of seismic safety for engineering site

对工程场地可能遭受的地震作用及其危害进行评估，给出多种概率水平的场地的震动参数及可能出现的地震地质灾害。

13.05 地基与基础

13.0265 岩石 rock
经地质作用形成的由矿物颗粒间牢固联结、呈整体或具有节理裂隙的集合体。

13.0266 土 soil
自然环境中的岩石由于物理、化学、生物风化作用形成的碎屑，经过剥蚀、搬运、混入自然界中的其他物质后生成的堆积物。

13.0267 岩土工程勘察 geotechnical investigation
采用工程地质测绘、勘探、测试等手段，对建设场地的地质、环境特征和岩土工程条件进行分析、评价的活动。

13.0268 砂土 sand
粒径大于 0.075mm 的颗粒质量超过土粒总质量的 50%，粒径大于 2mm 的颗粒质量不超过土粒总质量的 50%的土。

13.0269 黏性土 cohesive soil
塑性指数大于 10 的土。

13.0270 粉土 silt
塑性指数不超过 10，且粒径大于 0.075mm 的颗粒含量不超过全重 50%的土。

13.0271 淤泥 sludge
在静水或者缓慢的流水中沉积，并经生物化学作用形成，且天然含水量大于液限、天然孔隙比大于或等于 1.5 的黏性土。

13.0272 红黏土 red clay
在热带和亚热带的湿热条件下，碳酸盐系岩石经红土化作用形成的含黏粒较多，富含铁铝氧化物的高塑性黏土。

13.0273 膨胀土 expansive soil
土中黏粒成分主要由亲水性矿物组成，同时具有显著的吸水膨胀和失水收缩两种变形特性的黏性土。

13.0274 湿陷性黄土 collapsible soil
在一定压力下受水浸湿，土结构迅速破坏，并产生显著附加下沉的黄土。

13.0275 喀斯特地貌 karst landform
地下水和地表水对可溶性岩石(如石灰岩)溶蚀与沉淀、侵蚀与沉积，以及重力崩塌、塌陷、堆积等作用而形成的地貌。

13.0276 冻土 frozen soil
温度低于或等于 0℃，并含有冰的土。

13.0277 盐渍土 salty soil
易溶盐含量大于 0.3%，并具有溶陷或盐胀等工程特性的土。盐渍土具有腐蚀性。

13.0278 液化 liquefaction
由砂土和粉土颗粒为主组成的饱和或近饱和的松散土体，在振动作用下，超静孔隙水压力增长，有效应力和抗剪强度近似为零，土由固态转变为流动状态的现象。

13.0279 地基 subgrade，ground，subsoil
支承基础的土体或岩体。

13.0280 天然地基 natural subgrade
自然形成未经人工处理的地基。

13.0281 地基处理 ground improvement
为提高地基强度，改善其变形性质或渗透性质而采取的人工处理方法。

13.0282 复合地基 composite subgrade
部分土体被增强或被置换，或在其中设置加

筋材料后，与地基土体共同承担荷载的人工地基。

13.0283　地基承载力　subgrade bearing capacity
地基承受外部荷载的能力。

13.0284　地基极限承载力　ultimate bearing capacity of ground
地基在保持稳定状态时所能承受的最大荷载强度。

13.0285　地基承载力特征值　characteristic value of subgrade bearing capacity
由荷载试验测定的地基土压力变形曲线线性变形段内规定的变形所对应的压力值，其最大值为比例界限值。

13.0286　地基原位测试　subgrade *in-situ* test
在地基原来所处的位置，直接或间接测定地基工程性质的测试方法。

13.0287　持力层　bearing stratum
直接承受基础作用的地基土层。

13.0288　地基变形　subsoil deformation
地基在外力作用下或在温度变化、地下水位变化等其他因素的影响下所产生的体积、形状的变化。

13.0289　地基刚度　stiffness of subsoil
地基抵抗变形的能力，其值为施加于地基上的力(力矩)与其引起的线变位(角变位)之比。

13.0290　压缩模量　constrained modulus
又称“侧限压缩模量”、“侧限变形模量”。土体在侧向完全不能变形条件下，竖向应力增量与竖向应变增量的比值。

13.0291　沉降　settlement
由地基变形引起的地表或地基表面向下的位移。

13.0292　基础　foundation
将建筑物承受的各种作用传递到地基上的结构组成部分。

13.0293　基础连梁　foundation tie beam
连接独立基础、条形基础或桩基承台的梁。

13.0294　基础垫层　foundation bed
位于基础和地基之间的人工构造层。

13.0295　浅基础　shallow foundation
一般指基础埋置深度小于基础底面宽度或不超过5m的基础。

13.0296　深基础　deep foundation
一般指基础埋置深度大于基础底面宽度且超过5m的基础。

13.0297　扩展基础　spread foundation
通过扩大基础底面面积、减小基底压力的钢筋混凝土基础。

13.0298　刚性基础　rigid foundation
由砖、毛石、混凝土或毛石混凝土、灰土和三合土等材料组成的，不配置钢筋的墙下条形基础或柱下独立基础。

13.0299　独立基础　single footing
用于传递柱下荷载的单独基础。

13.0300　条形基础　strip foundation
传递墙体荷载或间距较小柱荷载的条状的基础。

13.0301　筏形基础　raft foundation
又称“片筏基础”。柱下或墙下连续的平板式或梁板式钢筋混凝土基础。

13.0302　箱形基础　box foundation
由底板、顶板、侧墙及一定数量内隔墙构成的整体刚度较好的单层或多层钢筋混凝土基础。

13.0303 沉井基础 open caisson foundation
上下敞口带刃脚的空心井筒状结构，依靠自重或配以助沉措施下沉至设计标高处，以井筒作为结构的基础。

13.0304 桩基础 pile foundation
由设置于岩土中的桩和承台共同组成的或由柱与桩直接联结的基础。

13.0305 桩承台 pile platform
设置于桩基础顶端的传力构件。

13.0306 抗浮桩 uplift pile
又称"抗拔桩"。承受浮力(上拔力)的桩。

13.0307 复合桩基 composite foundation pile
由桩和承台下地基土共同承担荷载的桩基础。

13.0308 基桩检测 testing of pile foundation, pile foundation test
对桩基础中的单桩承载力和桩身完整性进行的测试。

13.0309 建筑基坑 building foundation pit
为进行建(构)筑物地下结构的施工由地面向下开挖出的空间。

13.0310 基坑支护 retaining and protecting for foundation excavation
为保证基坑开挖、坑内施工和基坑周边环境的安全，对基坑侧壁稳定性进行治理和对地下水位进行控制的工程活动。

13.0311 建筑边坡 building slope
在建(构)筑物场地或其周边的对建(构)筑物有影响的自然边坡，或由于土方开挖、填筑形成的人工边坡。

13.0312 支挡结构 retaining structure
为保持岩土边坡或基坑侧壁稳定，并控制其水平位移而建造的结构物。

13.0313 地下连续墙 diaphragm wall
在地面以下为截水防渗、挡土和承受作用而建造的连续墙体。

13.0314 挡土墙 retaining wall
承受土体侧压力的墙式构筑物。

13.0315 标准冻深 standard freezing depth
在地表平坦、裸露和城市之外的空旷场地中，地下水位与冻结锋面之间的距离大于2m的非冻胀黏性土，其不少于 10 年实测最大冻深的平均值。

13.0316 地下水控制 groundwater controlling
为保证支护结构施工、基坑挖土、地下室施工及基坑周边环境安全而采取的排水、降水、截水或回灌措施。

13.0317 抗浮设防水位 groundwater level for prevention of upfloating
抗浮评价计算所需要的、保证抗浮设防安全和经济合理的场地地下水设计水位。

14. 建筑设备与系统

14.01 给水排水系统与设备部件

14.0001 建筑给水 building water supply
为居住小区、公共建筑区、民用建筑及工

业建筑的生活区提供符合水质标准及水量、水压和水温要求的生活和消防用水的总称。

14.0002 生活饮用水 drinking water, potable water

水质符合生活饮用水卫生标准的用于日常饮用、盥洗、淋浴、洗涤的水。

14.0003 生活杂用水 non-drinking water

用于冲洗便器、浇洗汽车、浇洒道路、浇灌绿地、补充空调循环用水等的非饮用水。

14.0004 居住小区给水系统 residential district water supply system

供给居住小区内消防、冲洒道路、浇灌绿地、水景设备等用水以及向建筑物内部输配水的给水系统。由输、配水管网、增压设施、调节构筑物等组成。

14.0005 建筑内部给水系统 interior water supply system of building

又称“室内给水系统”。自室外给水管网接水入建筑物内，并供至各配水附件的系统。由引入管、水表、配水干支管与阀件、配水嘴以及水泵、水池(箱)等组成。

14.0006 生活给水系统 domestic water supply system

供居住建筑、公共建筑与工业建筑饮用、烹调、盥洗、洗涤、沐浴、浇洒和冲洗等生活用水的给水系统。按供水不同水质要求分有生活饮用水给水系统和生活杂用水给水系统。

14.0007 循环给水系统 recirculation water system

生产废水、游泳池、水景用水经冷却、净化等处理后循环供原生活、工艺用水的给水系统。

14.0008 重复利用给水系统 reuse water system

生产生活污废水经降温、物理、生化膜等处理且达到规定的水质指标后供给另一生产工艺用水或供给市政环境及其他生活用水的给水系统。

14.0009 竖向分区 vertical division zone

建筑给水系统中，在垂直方向分成的若干供水区。

14.0010 并联供水 parallel water supply

建筑物各竖向给水分区有独立增(减)压系统供水的方式。

14.0011 串联供水 series water supply

建筑物各竖向给水分区，逐区串级增(减)压供水的方式。

14.0012 调速泵组供水 governor pump unit water supply

采用能根据供水管网供水量变化自动调速的水泵机组的供水方式。能使供水管网或最不利供水点处供水压力稳定。

14.0013 叠压供水 pressure superposed water supply

利用给水管网余压直接吸水再增压的二次供水方式。

14.0014 气压给水 pneumatic water supply

水泵将水压入气压水罐并由后者保证最不利配水点所需水压及短时供水的加压供水方式。

14.0015 小时变化系数 hourly variation coefficient

最高日最大时用水量与平均时用水量的比值。

14.0016 最大时用水量 maximum hourly water consumption

最高日最大用水时段内的小时用水量。

14.0017 平均时用水量 average hourly water consumption
最高日用水时段内的平均小时用水量。

14.0018 引入管 service pipe，inlet pipe
将室外给水管引入建筑物或由市政给水管道引入至小区给水管网的管段。

14.0019 接户管 inter-building pipe
布置在建筑物周围，直接与建筑物引入管或排出管相接的给、排水管道。

14.0020 入户管 inlet pipe
住宅内生活给水管道进入住户至水表的管段。

14.0021 回流污染 backflow pollution
(1)由于给水管道内负压引起卫生器具或受水容器中的水或液体混合物倒流入生活给水系统的现象。(2)由于给水管道内上游失压导致下游有压的非饮用水或其他液体混合物进入生活给水系统的现象。

14.0022 空气间隙 air gap
(1)给水管道出口或水嘴出口的最低点与用水设备溢流水位间的垂直空间距离。(2)间接排水的设备或容器的排出管口最低点与受水器溢流水位间的垂直空间距离。

14.0023 倒流防止器 backflow preventer
采用止回部件组防止给水管道水倒流的装置。

14.0024 真空破坏器 vacuum breaker
可导入大气压消除给水管道内水流因虹吸而倒流的装置。

14.0025 卫生器具 plumbing fixture，fixture
供水并接受、排除污废水或污物的容器或装置。

14.0026 卫生器具当量 fixture unit
以某一卫生器具流量(给水流量或排水流量)值为参数，其他卫生器具的流量(给水流量或排水流量)值与其的比值。

14.0027 额定流量 rated flow
卫生器具配水出口在单位时间内流出的规定水量。

14.0028 设计流量 design flow
给水或排水某种时段内的平均流量。

14.0029 水头损失 head loss
水通过管渠、设备、构筑物等克服流动阻力引起的能耗。

14.0030 [游泳池]给水排水工程 water supply and drainage engineering [of swimming pool]
为满足游泳池池水水质、水量、水温、波浪等要求而设置的给水排水设备、构筑物、装置及管道系统等的总称。

14.0031 [游泳池]直流式给水系统 once through water supply system [of swimming pool]
连续不断向游泳池供给符合水质、水温要求的新鲜水，并排除使用后游泳池池水的给水系统。

14.0032 [游泳池]直流净化给水系统 once through treated water supply system [of swimming pool]
将江河、湖泊等天然水体中的水经过滤、加药、加热和消毒等处理达到游泳池水质标准后供给游泳池池水的直流式给水系统。

14.0033 [游泳池]循环净化给水系统 circulation treating water supply system [of swimming pool]

将使用过的游泳池池水，经过管道用水泵按规定的流量从池内抽出，并依次送入过滤、加药、加热和消毒等工艺工序使池水得到澄清并达到水质标准后再送回游泳池使用的循环给水系统。

14.0034 [游泳池]顺流式循环 [pool water] down-flow circulation

游泳池的全部循环水量，经设在池子端壁或侧壁水面以下的给水口送入池内，再由设在池底的回水口取回，进行处理后送回池内继续使用的水流组织方式。

14.0035 [游泳池]逆流式循环 [pool water] reverse circulation

游泳池的全部循环水量，经设在池底的给水口或给水槽送入池内，再经设在池壁外侧的溢流回水槽取回，进行处理后送回池内继续使用的水流组织方式。

14.0036 [游泳池]混合流式循环 [pool water] combined circulation

游泳池全部循环水60%~70%的水量，经设在池壁外侧的溢流回水槽取水，另外30%~40%的水量，经设在池底的回水口取水。将这两部分循环水量合并进行处理后，经池底送回池内继续使用的水流组织方式。

14.0037 循环周期 circulating period

游泳池内全部池水进行净化过滤、消毒杀菌和加热一次所需的时间(以小时计)。

14.0038 冷却塔 cooling tower

水和空气之间进行热交换或热、质交换使水冷却的塔式散热装置。

14.0039 历年平均不保证时 unassured hour for average year

累计历年不保证冷却塔设计计算所采用的空气干、湿球温度总小时数的年平均值。

14.0040 水质稳定处理 water quality stabilization treatment

为保证循环冷却水中的碳酸钙和二氧化碳的浓度达到平衡状态(既不产生碳酸钙沉淀而结垢，也不因其溶解而腐蚀)，并抑制微生物生长而采取的水处理工艺。

14.0041 浓缩倍数 cycle of concentration

循环冷却水的含盐浓度与补充水的含盐浓度的比值。

14.0042 建筑排水 building drainage

居住小区、公共建筑区、民用建筑及工业建筑的生活排水和雨水排水的总称。

14.0043 生活污水 domestic sewage

居民日常生活中排泄的粪便污水。

14.0044 生活废水 domestic wastewater

居民日常生活中排泄的洗涤水。

14.0045 生活排水 sanitary waste，domestic drainage

居民日常生活排除的生活污水与生活废水的总称。

14.0046 分流制排水系统 separate sewer system

不同水质污废水和雨水采用两个或两个以上各自独立的管渠系统予以排除的排水体制。

14.0047 合流制排水系统 combined sewer system

不同水质污废水和雨水采用同一管道系统排除的排水体制。

14.0048 生活排水系统 domestic drainage system

接纳并排除生活污、废水的排水系统。

14.0049 生活污水系统 domestic sewage system

接纳并排除生活污水的排水系统。

14.0050 生活废水系统 domestic wastewater system
接纳并排除生活废水(杂排水)的排水系统。

14.0051 单立管排水系统 single stack system
仅有排水立管而无通气立管的生活排水系统。

14.0052 特殊单立管排水系统 special single stack drainage system
排水立管分别采用特殊管件、特殊管材或同时采用特殊管件、特殊管材的单立管的排水系统。

14.0053 双立管排水系统 dual-stack system
具有排水立管与通气立管的生活排水系统。

14.0054 三立管排水系统 drainage waste and vent stanch system
具有分别排除生活污水和生活废水的两根立管和共用通气立管的生活排水系统。

14.0055 雨水排水系统 rain-water system, storm water system
接纳排除建筑物屋面、地面、墙面、窗井等雨雪水的排水系统。

14.0056 雨水利用系统 rain utilization system
雨水入渗、收集回用、调蓄排放等的总称。

14.0057 重力流雨水排水系统 gravity storm water system
按重力流设计的屋面雨水排水系统。

14.0058 压力流雨水排水系统 full pressure storm water system
又称“虹吸式屋面雨水排水系统”。按满管压力流原理设计管道内雨水流量、压力等可得到有效控制和平衡的屋面雨水排水系统。

14.0059 半有压式屋面雨水排水系统 gravity pressure roof storm water system
系统设计流态为重力流和压力流之间的过渡流态的屋面雨水排水系统。

14.0060 排出管 building drain, outlet pipe
从建筑物内至室外检查井的排水管段。

14.0061 立管 vertical pipe, riser, stack
呈垂直或与垂线夹角小于45°的管道。

14.0062 横管 horizontal pipe
呈水平或与水平线夹角小于45°的管道。

14.0063 清扫口 cleanout
装在排水横管上，用于清扫排水管的配件。

14.0064 检查口 check hole, check pipe
带有可开启检查盖的配件。装设在排水立管及较长的横管段上，做检查和清通之用。

14.0065 存水弯 trap
在卫生器具内部或器具排水管段上设置的一种内有水封的配件。

14.0066 水封 water seal
在装置中有一定高度的水柱，防止排水管系统中气体窜入室内。

14.0067 地漏 floor drain
排除地面积水的配件。

14.0068 通气管 vent pipe
为使排水管内空气流通、压力稳定、防止水封破坏而设置的气体流通管道。

14.0069 伸顶通气管 stack vent

排水立管与最上层排水横支管连接处向上垂直延伸至室外通气用的管道。

14.0070 专用通气立管 specific vent stack
仅与排水立管连接，为排水立管内空气流通而设置的垂直通气管道。

14.0071 汇合通气管 vent header
连接数根通气立管或排水立管顶端通气部分，并延伸至室外接通大气的通气管段。

14.0072 主通气立管 main vent stack
连接环形通气管与排水立管，为排水横支管和排水立管内空气流通而设置的通气立管。

14.0073 副通气立管 secondary vent stack, assistant vent stack
仅与环形通气管连接，为使排水横支管内空气流通而设置的通气立管。

14.0074 环形通气管 loop vent
在多个卫生器具的排水支管上，从最始端的两个卫生器具之间接出至主通气立管或副通气立管的通气管段。

14.0075 器具通气管 fixture vent
卫生器具存水弯出口接至通气管道的管段。

14.0076 结合通气管 yoke vent pipe
排水立管与通气立管的连接管段。

14.0077 自循环通气 self-circulation venting
不伸顶的通气立管在顶端、层间和排水立管相连，在底端与排出管连接，排水时在管道内产生的正负压通过连接的通气管道迂回补气而达到平衡的通气方式。

14.0078 间接排水 indirect drain
设备或容器的排水管道与排水系统非直接连接，其间留有空气间隙的排水方式。

14.0079 真空排水 vacuum drain
利用抽气设备使排水管道内产生一定真空度，形成负压排水的方式。

14.0080 同层排水 same-floor drain
排水支管布置在排水层或室外，器具排水管不穿楼层的排水方式。

14.0081 隔油池 grease tank
分隔、拦集生活废水中油脂的小型处理构筑物。

14.0082 隔油器 grease interceptor
分隔、拦集生活废水中油脂的装置或设备。

14.0083 降温池 cooling tank
降低排水温度的小型处理构筑物。

14.0084 化粪池 septic tank
将生活污水分格沉淀，并对污泥进行厌氧消化的小型处理构筑物。

14.0085 医院污水 hospital sewage
医院、医疗卫生机构中被病原体等污染的污水。

14.0086 污水一级处理 primary treatment of sewage
采用格栅、沉淀等机械方法对污水进行的初级处理。

14.0087 污水二级处理 secondary treatment of sewage
由机械处理和生物处理或化学处理组成的污水处理。

14.0088 暴雨强度 rainfall intensity
某一连续降落暴雨时段内的平均降雨量。

14.0089 重现期 recurrence interval
在一定年代的雨量记录资料统计期间内，等

于或大于某暴雨强度的降雨出现一次的平均间隔时间。

14.0090 降雨历时 duration of rainfall

暴雨降落的持续时间。以 min 计。用以确定暴雨强度值。设计雨水排水系统时采用 5min。

14.0091 汇水面积 catchment area

雨水管渠汇集降雨的面积。

14.0092 径流系数 runoff coefficient

一定汇水面积的径流雨水量与降雨量的比值。

14.0093 建筑热水 building hot water

将生活用水加热到规定水温并输送至建筑物内沐浴、盥洗、洗涤等器具、设备的洗浴用水。

14.0094 集中热水供应系统 central hot water supply system

供给一幢(不含单栋别墅)或数栋建筑物所需热水的系统。

14.0095 局部热水供应系统 local hot water supply system

供给单个或数个(一般不多于 4 个)配水点所需热水的供应系统。

14.0096 全日热水供应系统 all day hot water supply system

在全日、工作班或营业时间内不间断供应热水的系统。

14.0097 定时热水供应系统 fixed time hot water supply system

在全日、工作班或营业时间内某一时段供应热水的系统。

14.0098 开式热水供应系统 open hot water system

热水管系与大气相通的热水供应系统。

14.0099 闭式热水供应系统 closed hot water system

热水管系不与大气相通的热水供应系统。

14.0100 太阳能热水供应系统 solar water heating system

以太阳能为热源的热水供应系统。

14.0101 热泵热水供应系统 heat pump hot water system

通过热泵机组运行吸收环境低温热能制备和供应热水的系统。

14.0102 废热 waste heat

工业生产过程中排放的带有热量的废弃物质。

14.0103 太阳能保证率 solar fraction

集中热水供应系统中由太阳能部分提供的热量除以系统总负荷。

14.0104 太阳辐照量 solar irradiation

接收到太阳辐射能的面密度。

14.0105 设计小时耗热量 maximum hourly heat consumption

热水供应系统中用水设备、器具最大时段内的小时耗热量。

14.0106 设计小时供热量 maximum hourly heat supply

热水供应系统中加热设备最大时段内的小时产热量。

14.0107 第一循环系统 heat carrier circulation system

集中热水供应系统中锅炉与水加热器或热水锅炉(机组)与热水储水器之间组成的循环系统。

14.0108 第二循环系统 hot water circulation system

集中热水供应系统中，水加热器或热水储水器与热水配水点之间组成的循环系统。

14.0109 水质阻垢缓蚀处理 water quality treatment of scale-prevent & corrosion-delay

采用电、磁、化学稳定剂等物理、化学方法稳定水中钙、镁离子，使其在使用条件下不易形成水垢，延缓对加热设备或管道腐蚀的水质处理。

14.0110 燃油[气]热水机组 burning oil [gas] hot water heaters

由燃烧器、水加热炉体(炉体水套与大气相通，呈常压状态)和燃油(气)供应系统等组成的设备组合体。

14.0111 容积式水加热器 storage heat exchanger，storage water heater

又称“容积式热交换器”。配置有加热盘管和较大储水容积的密闭承压加热设备。

14.0112 导流型容积式水加热器 storage heat exchanger of guide flow type

带有引导被加热水流向加热管束的容积式水加热器。

14.0113 快速式水加热器 instantaneous heat exchanger，instantaneous water heater

又称“快速式热交换器”。热媒与被加热水通过较高流速流动，快速换热无储水容积的间接加热设备。

14.0114 半容积式水加热器 half storage type heat exchanger

带有适量储存与调节容积的快速式水加热器。是一个快速换热器与储热水罐的组合体。

14.0115 半即热式水加热器 semi-instantaneous heat exchanger，semi-instantaneous water heater

带有预测装置具有极小量储热容积的快速式水加热器。由立式储罐、浮动换热盘管、带积分预测控制的热媒流量调节阀及温度、压力双重安全阀等组成。

14.0116 电热水器 electric water heater

利用电热元件将电能转化成热能制备热水的加热设备。

14.0117 燃气热水器 gas heater

以燃气为热源直接加热冷水的水加热器。按有无储水容积分有快速式和容积式两种。按其排气方式和安装位置分有：烟道式、强制排气式、平衡式、强制给排气式等类型。

14.0118 太阳能热水器 solar water heater

利用太阳能转化成热能制备热水的加热设备。

14.0119 太阳能集热器 solar collector

吸收太阳辐射并将产生的热能传递到传热工质的装置。

14.0120 中水 reclaimed water

又称“回用水”。各种生活排水经处理后，达到规定的水质标准，可在生活、市政、环境等范围内杂用的非饮用水。

14.0121 中水原水 raw water of reclaimed water

作为中水水源而未经处理的水。一般取自建筑物的生活排水和其他可以利用的水源。

14.0122 中水系统 reclaimed water system

由中水原水的收集、储存、处理和中水供给等工程设施组成的有机结合体。

14.0123 建筑中水 reclaimed water system for

building

建筑物中水和小区中水的总称。前者指一栋或几栋建筑物的中水系统，后者指建筑小区的中水系统。

14.0124 杂排水 gray water

民用建筑中除粪便污水外的各种排水。如冷却排水、游泳池排水、沐浴排水、盥洗排水、洗衣排水、厨房排水等。

14.0125 优质杂排水 high grade gray water

杂排水中污染程度较低的排水。如冷却排水、游泳池排水、沐浴排水、盥洗排水、洗衣排水等。

14.0126 中水设施 equipments and facilities of reclaimed water

中水原水的收集、处理、中水的供给、使用及其配套的检测、计量等全套构筑物、设备和器材。

14.0127 水量平衡 water balance

对原水水量、处理量与中水用量和自来水补水量进行计算、调整，使其达到供与用的平衡和一致。

14.0128 直饮水 fine drinking water

水质符合饮用纯净水水质标准的供人们直接饮用的水。

14.0129 管道直饮水系统 pipe system for fine drinking water

原水经过深度净化处理达到标准后，通过管道供给人们直接饮用的供水系统。

14.0130 直饮水原水 raw water of fine drinking water

未经深化处理的生活饮用水或任何与生活饮用水水质相近的水。

14.0131 产品水 product water

原水经深度净化、消毒等集中处理后供给用户的直接饮用水。

14.0132 循环水量 circulating flow

管道直饮水循环系统中周而复始流动着的水量。其值根据系统工作制度与循环时间要求而确定。

14.0133 深度净化处理 advanced water treatment

管道直饮水系统对原水进行进一步处理的过程。能去除有机污染物(包括致癌、致突变、致畸物质和消毒副产物)、重金属、细菌、病毒、其他病原微生物和病原原虫。

14.0134 消防给水系统 fire water system

以水为灭火剂消防扑救火灾的供水系统。由水源、消防给水管网、消防水池、消防水泵及消火栓、自动喷水灭火设施等组成。

14.0135 高压消防给水系统 high-pressure fire water system

又称“常高压消防给水系统”。能随时供给所保护建筑物任意点消防所需水量和水压的消防给水系统。即可直接由室内或室外消防给水管网上的消火栓接出水带和水枪灭火的消防给水系统。

14.0136 临时高压消防给水系统 temporary high-pressure fire water system

火灾发生时由设置在水泵站内的消防水泵启动加压供水满足扑救火灾时所需的水压、水量要求的消防给水系统。

14.0137 消火栓 hydrant

安装在供水管道上用于连接消防水带供扑救火灾的半固定消防设施。按其设置场所与形式分有室外消火栓和室内消火栓。

14.0138 水泵接合器 siamese connection

设置在建筑物墙外，用以连接消防车向室内

消防给水管系加压输水的装置。由双口连接短管、闸阀、止回阀、安全阀组成。分有地上式、地下式和墙壁式三种。

14.0139 自动喷水灭火系统 sprinkler system
又称“水喷淋系统”。以水做灭火剂，通过管网与喷头自动控制和扑灭火灾的固定式消防设施。由消防水源、管网、喷头、控制阀门及报警设备等组成。

14.0140 闭式自动喷水灭火系统 close-type sprinkler system
喷头为闭锁状态的自动喷水灭火系统。按管网内充介质的状态分有湿式、干式和干湿式等自动喷水灭火系统。

14.0141 湿式自动喷水灭火系统 wet pipe sprinkler system
利用管网中经常充满的压力水，在闭式喷头动作喷水的同时报警而连续供水的闭式自动喷水灭火系统。由湿式报警阀、闭式喷头和供水管网等组成。

14.0142 干式自动喷水灭火系统 dry pipe sprinkler system
利用干式报警阀上部管道中充满的有压气体，在闭式喷头动作打开时泄压喷气而同时报警，随后供给压力水灭火的闭式自动喷水灭火系统。

14.0143 预作用自动喷水灭火系统 preaction sprinkler system
采用探测装置报警向充气或非充气管道输送压力水灭火的闭式自动喷水灭火系统。由预作用阀、火灾报警装置、闭式喷头和供水管网等组成。

14.0144 重复启闭预作用自动喷水灭火系统 recycling pre-action sprinkler system
能在扑灭火灾后自动关闭、复燃时再次自动开阀喷水的预作用自动喷水灭火系统。

14.0145 雨淋灭火系统 deluge system
由火灾自动报警系统或传动管控制，自动开启雨淋报警阀和启动供水泵后，向开式洒水喷头供水的开式自动喷水灭火系统。

14.0146 水幕系统 drencher system
由开式洒水喷头或水幕喷头、雨淋报警阀组或感温雨淋阀以及水流报警装置(水流指示器或压力传感器)等组成，用于挡烟阻火和冷却分隔物的喷水系统。

14.0147 防火分隔水幕 water curtain for fire compartment
密集喷洒形成水墙或水帘的水幕。

14.0148 防护冷却水幕 drencher for cooling protection
冷却防火卷帘等分隔物的水幕。

14.0149 自动喷水–泡沫联用系统 combined sprinkler-foam system
配置供给泡沫混合液的设备后，组成既可喷水又可喷泡沫的自动喷水灭火系统。

14.0150 作用面积 area of sprinkler operation
一次火灾中系统按喷水强度保护的最大面积。

14.0151 标准喷头 standard sprinkler
流量系数(K)为 80 的洒水喷头。

14.0152 响应时间指数 response time index, RTI
闭式喷头的热敏性能指标。

14.0153 快速响应喷头 fast response sprinkler
响应时间指数(RTI)小于等于 $50(\mathrm{m}\cdot\mathrm{s})^{0.5}$ 的闭式洒水喷头。

14.0154 边墙型扩展覆盖喷头 extended

coverage sidewall sprinkler

流量系数 K=115 的边墙型快速响应喷头。一般设在顶部不便布置喷头的场所。

14.0155 早期抑制快速响应喷头 early suppression fast response sprinkler

响应时间指数(RTI)$\leqslant 28 \pm 8(\text{m} \cdot \text{s})^{0.5}$，用于保护高堆垛与高货架仓库的大流量特种洒水喷头。

14.0156 信号阀 signal valve

具有输出启、闭状态信号功能的阀门。

14.0157 固定式泡沫灭火系统 fixed foam extinguishing system

由固定的泡沫消防泵、泡沫比例混合器、泡沫产生装置和管道组成的灭火系统。

14.0158 半固定式泡沫灭火系统 half fixed foam extinguishing system

由泡沫产生装置、泡沫消防车或机动泵、用水带连接组成的灭火系统。

14.0159 移动式泡沫灭火系统 mobile foam extinguishing system

由消防车或机动消防泵，泡沫比例混合器、移动式泡沫产生装置，用水带连接组成的灭火系统。

14.0160 局部应用二氧化碳灭火系统 local application carbon dioxide extinguishing system

向保护对象以设计喷射率直接喷射二氧化碳，并持续一定时间的灭火系统。

14.0161 泡沫–水雨淋灭火系统 foam-water deluge system

既能喷洒泡沫又能洒水的雨淋系统。

14.0162 干粉灭火系统 powder extinguishing system

由干粉供应源通过输送管道连接到固定的喷嘴上，通过喷嘴喷放干粉的灭火系统。

14.0163 消防炮 fire monitor

以射流形式喷射水、泡沫、干粉等灭火剂灭火的装置。

14.0164 固定消防炮灭火系统 fixed fire monitor extinguishing system

由固定消防炮和相应配置的系统组件组成的固定灭火系统。按介质可分为水炮系统、泡沫炮系统和干粉炮系统。

14.0165 水炮灭火系统 water monitor extinguishing system

喷射水灭火剂的固定消防炮系统。主要由水源、消防泵组、管道、阀门、水炮、动力源和控制装置等组成。

14.0166 泡沫炮灭火系统 foam monitor extinguishing system

喷射泡沫灭火剂的固定消防炮系统。主要由水源、泡沫液罐、消防泵组、泡沫比例混合装置、管道、阀门、泡沫炮、动力源和控制装置等组成。

14.0167 干粉炮灭火系统 powder monitor extinguishing system

喷射干粉灭火剂的固定消防炮系统。主要由干粉罐、氮气瓶组、管道、阀门、干粉炮、动力源和控制装置等组成。

14.0168 远控[消防]炮灭火系统 remote-controlled fire monitor extinguishing system

可远距离控制消防炮的固定消防炮系统。

14.0169 手动消防炮灭火系统 manual-controlled fire monitor extinguishing system

只能在现场手动操作消防炮的固定消防炮系统。

14.0170 自动消防炮灭火系统 automatic fire monitor extinguishing system

能自动完成火灾探测、火灾报警、火源瞄准和喷射灭火剂的消防炮灭火系统。

14.0171 灭火器 fire extinguisher

由人力移动，在内部蓄压或借压缩气储筒的作用下将所充装的灭火剂，喷出用以扑灭火灾的轻便灭火器具。由器头、筒体、喷嘴等组成。筒体内充装灭火剂，分有水型、泡沫型、干粉型、二氧化碳和卤代烷型等。

14.0172 灭火级别 fire rating

表示灭火器能够扑灭不同种类火灾的效能。由表示灭火效能的数字和灭火种类的字母组成。

14.0173 水喷雾灭火系统 water spray extinguishing system

由水源、供水设备、管道、雨淋阀组、过滤器和水雾喷头等组成，向保护对象喷射水雾灭火或保护冷却的灭火系统。

14.0174 细水雾灭火系统 water mist fire suppressing system

由水源、供水设备、管道、雨淋阀组、过滤器和细水雾喷头等组成，向保护对象喷射水雾灭火或保护冷却的灭火系统。

14.0175 水雾喷头 spray nozzle

在一定水压下，利用离心或撞击原理将水分解成细小水滴的喷头。

14.0176 气体灭火系统 gas fire extinguishing system

利用通常在常温和大气压力下将气体状的灭火剂进行扑灭火灾的消防灭火系统。一般由灭火剂储瓶、控制启动阀门组、输送管道、喷嘴和火灾探测控制系统等组成。按气体种类分有氢氟烷类、稀有气体类、二氧化碳及卤代烷类等灭火系统。

14.0177 惰性气体灭火系统 inert gas extinguishing system

灭火剂为惰性气体的灭火系统。

14.0178 卤代烷灭火系统 halocarbon extinguishing system

灭火剂为卤代烷的灭火系统。

14.0179 高压二氧化碳灭火系统 high-pressure carbon dioxide extinguishing system

灭火剂在常温下储存的二氧化碳灭火系统。

14.0180 低压二氧化碳灭火系统 low-pressure carbon dioxide extinguishing system

灭火剂在−18～−20℃低温下储存的二氧化碳灭火系统。

14.0181 柜式气体灭火装置 cabinet gas extinguishing equipment

由气体灭火剂瓶罐、管路、喷嘴、信号反馈部件、阻漏部件、驱动部件、减压部件、火灾探测部件、控制器组成的能自动探测并实施灭火的柜式灭火装置。

14.0182 热气溶胶灭火装置 condensed aerosol fire extinguishing device

使气溶胶发生剂通过燃烧反应产生气溶胶灭火剂的装置。通常由引发器、气溶胶发生剂和发生器、冷却装置(剂)、反馈元件、外壳及与之配套的火灾探测装置和控制装置组成。

14.0183 全淹没灭火系统 total flooding extinguishing system

在规定时间内，向防护区喷射设计规定用量

的灭火剂，并使其均匀地充满整个防护区的气体灭火系统。

14.0184 气体灭火防护区 protected area of gas fire extinguishing

满足全淹没气体灭火系统要求的有限封闭空间。

14.0185 管网灭火系统 piping extinguishing system

按一定的应用条件进行设计计算，将灭火剂从储存装置经由干管、支管输送至喷射组件实施喷射的气体灭火系统。

14.0186 预制灭火系统 pre-engineered extinguishing system

按一定的应用条件，将灭火剂储存装置和喷射组件等预先设计、组装成套且具有联动控制功能的气体灭火系统。

14.0187 组合分配系统 combined distribution system

用一套气体灭火剂储存装置通过管网的选择分配，保护两个或两个以上保护区的气体灭火系统。

14.0188 灭火浓度 flame extinguishing concentration

在 101kPa 大气压和规定的温度条件下，扑灭单位容积内某种火灾所需气体灭火剂在空气中的最小体积百分比。

14.0189 惰化浓度 inerting concentration

在火源引入时，在 101kPa 大气压和规定的温度条件下，能抑制空气中任意浓度的易燃可燃气体或易燃可燃气体蒸气的燃烧发生所需的气体灭火剂在空气中的最下体积百分比。

14.0190 浸渍时间 soaking time

在防护区内维持设计规定的气体灭火剂浓度，使火灾完全熄灭所需的时间。

14.0191 泄压口 pressure relief opening

气体灭火剂喷射时，防止防护区内压超过允许压强，泄放压力的开口。

14.0192 给水泵房 water pump room

由给水泵及其配套设施组成，升压供给生活、工艺及水景等用水、补水的设备用房。

14.0193 水箱间 water tank room

安放储存与调节生活、消防、工艺等用水的水箱及配套管路设施的设备用房。

14.0194 游泳池池水净化设备机房 water treatment room for swimming pool

由过滤、加药、加热和消毒设备及其配套循环水泵、水池(箱)等设施，管路组成专用于游泳池池水循环净化的设备用房。

14.0195 水景水处理机房 water treatment room for waterscape

由水景水的混凝沉淀、过滤、消毒等水处理设备、设施、循环水泵、管路组成专用于水景水循环净化的设备用房。

14.0196 冷却塔循环水泵房 pump room for circulating water of cooling tower

由冷却水循环泵、水处理设备及配套设施、管路组成的专供冷却塔冷却水循环冷却的设备用房。

14.0197 污水泵房 wastewater pump room

由污水集水池(井)、污水泵及其配套设施、管路组成提升污水排入市政污水系统或污水处理系统的设备用房。

14.0198 雨水泵房 rainwater pump room

由雨水集水池(井)、雨水泵及其配套设施、管路组成提升雨水排入市政雨水系统或雨水处理系统的设备用房。

14.0199 生活热水热交换间 hot water heating room

由水加热储热设备、热媒、被加热水管道、热水循环泵及配套设施组成，专供生活用热水的设备用房。

14.0200 管道直饮水净水机房 fine drinking water treatment room

由原水预处理、膜处理、消毒等深度水处理设备、产品水罐(箱)、水泵及配套设施、管路组成专供人们直接饮用水的设备用房。

14.0201 消防水泵间 fire water tank room

由消防水池、水泵及配套设施、管路组成专供消防灭火用水的设备用房。

14.02 暖通空调系统与设备部件

14.0202 供暖 heating

又称“采暖”。使室内获得热量并保持一定温度，以达到适宜的生活条件或工作条件的技术。

14.0203 集中供暖 central heating

热源和散热设备分别设置，由热源通过管道向各个房间或各个建筑物供给热量的供暖方式。

14.0204 连续供暖 continuous heating

对于全天使用的建筑物，使其室内平均温度全天均能达到设计温度的供暖方式。

14.0205 间歇供暖 intermittent heating

对于非全天使用的建筑物，仅在其使用时间内使室内平均温度达到设计温度，而在非使用时间内可自然降温的供暖方式。

14.0206 值班供暖 standby heating

在非工作时间或中断使用的时间内，为使建筑物保持最低室温要求而设置的供暖。

14.0207 热水供暖 hot water heating

以热水为热媒的供暖。

14.0208 蒸汽供暖 steam heating

以蒸汽为热媒的供暖。

14.0209 散热器供暖 radiator heating

借助于散热器向室内传热以达到室温要求的供暖方式。

14.0210 热风供暖 warm-air heating

利用热空气做媒介的对流供暖方式。

14.0211 辐射供暖 panel heating, radiant heating

以辐射传热为主的供暖方式。

14.0212 低温热水地板辐射供暖 low temperature hot water floor radiant heating

以温度不高于 60℃的热水为热媒，在地板下的加热管内循环流动，加热地板，通过地面以辐射和对流的传热方式向室内供热的供暖方式。

14.0213 发热电缆地面辐射供暖 heating cable floor radiant heating

以低温发热电缆为热源，在地板下加热地板，通过地面以辐射和对流的传热方式向室内供热的供暖方式。

14.0214 火炉供暖 stove heating

以火炉作为热源和散热体的供暖。

14.0215 太阳能供暖 solar heating

通过一定手段，将太阳辐射能转换成热能的供暖。

14.0216 区域供暖 district heating

城市某一区域的集中供热供暖。

14.0217 热源 heat source
供暖热媒的来源或能从中吸取热能的物质。

14.0218 热媒 heat medium
热能的载体。工程上指传递热能的媒介物。

14.0219 耗热量 heat loss
维护结构在室内外温差作用下向外传递的热流量。分基本耗热量和附加耗热量两部分。

14.0220 基本耗热量 basic heat loss
在稳态传热条件下，由于室内外温差作用，通过房间各部分维护结构向外传递的热流量。

14.0221 附加耗热量 additional heat loss
基于风力和房间朝向及高度、外门开启等因素的影响，对基本耗热量所采取的附加或折减量。

14.0222 供暖热负荷 heating load
根据供暖房间耗热量和得热量的平衡计算结果，需要供暖系统供给的热流量。

14.0223 通风耗热量 ventilation heat loss
室内通风换气所消耗的热流量。

14.0224 供暖期度日数 degree days of heating period
室内基准温度 18℃与供暖期室外平均温度之间的温差，乘以供暖期天数的数值。单位为℃ · d。

14.0225 供暖能耗 energy consumed for heating
用于建筑物供暖所消耗的各种能量。

14.0226 建筑物耗热量指标 index of heat loss of building
在供暖期室外平均温度条件下，为保持室内计算温度，单位建筑面积在单位时间内消耗的、需由室内供暖设备供给的热量。单位为 W/m^2。

14.0227 散热器供暖系统 radiator heating system
以各种对流散热器或辐射对流散热器作为室内散热设备的热水或蒸汽供暖系统。

14.0228 热风供暖系统 warm-air heating system，hot air heating system
以热空气作为传热媒介的供暖系统。一般指用暖风机、空气加热器将室内循环空气或室外吸入的空气加热的供暖系统。

14.0229 同程式系统 reversed return system
热媒沿管网各环路流程基本相同的系统。

14.0230 异程式系统 direct return system
热媒沿管网各环路流程不同的系统。

14.0231 单管供暖系统 one-pipe heating system
热媒在各组散热器之间为串联，垂直单管和水平单管供暖系统的统称。

14.0232 双管供暖系统 two-pipe heating system
热媒在各组散热器之间为并联的系统。

14.0233 围护结构传热系数 overall heat transfer coefficient of building envelope
围护结构两侧空气温差为 1°，在单位时间内通过单位面积围护结构传热量。单位为 $W/(m^2 \cdot K)$。常用 K 表示。

14.0234 建筑物体形系数 shape coefficient of building
建筑物与室外大气接触的外表面积与其所包围的内体积的比值。外表面积中，不包括地面的面积，单位为 m^2/m^3。

14.0235 供暖设计热负荷指标 index of design load for heating of building

在供暖室外计算温度条件下，为保持室内计算温度，单位建筑面积在单位时间内需由锅炉房或其他供热设备供给的热量。单位为 W/m^2。

14.0236 综合部分负荷性能系数 integrated part load value，IPLV

用一个单一数值表示的空气调节用冷水机组的部分负荷效率指标。基于机组部分负荷时的性能系数值、按照机组在各种负荷下运行时间的加权因素，通过计算获得。

14.0237 阻力平衡 hydraulic resistance balance

系统各并联管路在设计流量下的阻力差额率控制在允许范围内的状态。

14.0238 膨胀水箱 expansion tank

系统中因温度变化为水体积的膨胀和收缩起调节作用的水箱。

14.0239 循环泵 circulating pump

特指使水在热源设备、热网和供暖系统中循环流动的水泵。

14.0240 散热器 radiator

以对流和辐射方式向供暖房间放散热量的装置。

14.0241 空气幕 air curtain

又称“风幕”。能喷送出一定速度的幕状气流的装置。

14.0242 热空气幕 warm-air curtain

又称“热风幕”。能喷送出热气流的空气幕。

14.0243 除污器 strainer

水系统中，利用水的流动清除水中悬浮物质的装置。

14.0244 集气罐 air collector

为排除水系统中空气而设聚集空气的装置。

14.0245 固定支架 fixed support

限制管道在支撑点处发生径向和轴向位移的管道支架。

14.0246 补偿器 compensator

又称“伸缩器”。系统中用于补偿管道长度热胀冷缩量的装置。有方形补偿器、套筒补偿器和球形补偿器等。

14.0247 通风 ventilation

为提供生产和舒适条件，采用自然或机械方法，对某一空间进行换气的技术。

14.0248 新风系统 fresh air ventilation system

为满足卫生要求而向各空气调节房间供应经过集中处理室外空气的系统。

14.0249 工业通风 industrial ventilation

对生产过程中的余热、余湿、粉尘和有害气体进行控制和治理而进行的通风。

14.0250 自然通风 natural ventilation

在室内外空气温差、密度差和压力差作用下实现室内换气的通风方式。

14.0251 机械通风 mechanical ventilation

利用通风机械实现换气的通风方式。

14.0252 事故通风 emergency ventilation

用于排出或稀释生产房间内发生事故或其他非正常情况时突然散发的大量有害物质、有爆炸危险的气体或蒸气的通风方式。

14.0253 换气 air change

室内空气与室外空气进行交换。

14.0254 换气次数 ventilation rate

每小时室内空气的更换次数，即小时通风量与房间容积的比值。

14.0255 防烟 smoke control

特指火灾发生时，为防止烟气侵入作为疏散通道的走廊、楼梯间及其前室等所采取的技术措施。

14.0256 排烟 smoke extraction

特指将火灾时产生的烟气和有毒气体排出，防止烟气扩散的通风措施。

14.0257 穿堂风 through flow，through-draught，cross-ventilation

在风压的作用下，室外空气从建筑物一侧进入，贯穿内部，从另一侧流出的自然通风。

14.0258 通风设备 ventilation equipment，ventilation device

为达到通风目的所需的各种设备的统称。如通风机、除尘器、过滤器和空气加热器等。

14.0259 烟 fume

由燃烧或熔融物质挥发的蒸汽冷凝后形成的，其粒径范围一般为 0.001~1μm 的固体悬浮粒子。

14.0260 烟气 smoke

在化学工艺过程中产生的气态物质。

14.0261 除尘 dust removal，dust separation，dust control

捕集、分离含尘气流中的粉尘等固体粒子的技术。

14.0262 气力输送 pneumatic conveying，pneumatic transport

又称“风力输送”。利用气流通过管道输送物料的技术。

14.0263 风管 air duct，duct

输送空气的管道。

14.0264 风道 air channel

由砖、混凝土、炉渣石膏板和木质等建筑材料及辅料制成的通风管道。

14.0265 防烟阀 smoke proof damper，smoke damper

借助感烟(温)器能自动关闭以阻断烟气通过的阀门。

14.0266 排烟阀 smoke exhaust damper

装于排烟系统内，火灾时能自动开启进行排烟的阀门。

14.0267 事故通风系统 emergency ventilation system

用于事故通风的机械通风系统。包括事故送风和事故排风系统。

14.0268 通风机 fan

将机械能转变为气体的势能和动能，用于输送空气及其混合物的动力机械。

14.0269 离心式通风机 centrifugal fan

空气由轴向进入叶轮，沿径向方向压出的通风机。

14.0270 轴流式通风机 axial fan

空气沿叶轮轴向进入并压出的通风机。

14.0271 贯流式通风机 cross-flow fan，tangential fan

空气以垂直于叶轮轴的方向由机壳一侧的叶轮边缘进入并在机壳另一侧压出的通风机。

14.0272 除尘器 dust separator，dust collector，particulate collector

用于捕集、分离悬浮于气体中粉尘粒子的设备。

14.0273 沉降室 gravity separator，settling chamber

由于含尘气流进入较大空间速度突然降低，使尘粒在自身重力作用下与气体分离的一种重力除尘装置。

14.0274　袋式除尘器　bag filter
用纤维性滤袋捕集气体中粉尘的除尘器。

14.0275　排烟口　smoke outlet
设有排烟装置的多层或高层建筑的排烟道上，在各层距顶棚较近的部位开设排烟用开口，开口部设排烟阀。

14.0276　真空吸尘装置　vacuum cleaning installation，vacuum cleaner，cleaning vacuum plant
借助高负压气流的吸尘嘴清扫室内环境并进行积尘分离的装置。

14.0277　格栅式风口　air grill
由固定的格栅构成的风口。

14.0278　散流器　diffuser
由一些固定或可调叶片构成的，能够形成下吹、扩散气流的圆形、方形或矩形风口的装置。

14.0279　百叶型风口　register
由一层或多层成组活动叶片构成的风口。

14.0280　条缝型风口　slot outlet，slot diffuser
装有导流和调节构件的长度比大于 10 的狭长风口。

14.0281　旋流风口　twist outlet，swirl diffuser
使空气产生旋转气流的送风口。

14.0282　检查门　access door，inspection door
装在空气处理室侧壁上或风管壁上，用于检修设备的密闭门。

14.0283　屋顶通风机　power roof ventilator
通常安装在屋顶上，以防风雨围挡物兼作外壳的，用于通风换气的专用通风机。

14.0284　空气调节　air conditioning
使房间或封闭空间的空气温度、湿度、洁净度和气流组织等参数，达到要求的技术。

14.0285　舒适性空气调节　comfort air conditioning
为满足人的舒适性和健康需要而设置的空气调节。

14.0286　工艺性空气调节　process air conditioning
为满足生产工艺过程对空气参数的要求为主而设置的空气调节。

14.0287　集中式空气调节系统　central air conditioning system
集中进行空气处理、输送和分配的空气调节系统。

14.0288　变风量空气调节系统　air conditioning system of variable volume
满足空调使用要求主要靠改变送风量控制室内空气参数的空气调节系统。

14.0289　定风量空气调节系统　constant volume air conditioning system
保持送风量不变，靠改变送风参数达到室内空气要求的空气调节系统。

14.0290　全空气系统　all-air system
空气调节房间的热湿负荷，全部由集中设备处理过的空气负担的空气调节系统。

14.0291　空气-水系统　air-water system
空气调节房间的热湿负荷，由处理过的空气和水排管共同负担的空气调节系统。

14.0292　风机盘管空气调节系统　fan-coil air-

conditioning system，fan-coil system
以风机盘管机组作为各房间的末端装置，同时用集中处理的新风系统满足各房间新风需要量的空气–水系统。

14.0293 风机盘管加新风系统 primary air fan-coil system
以风机盘管机组作为各房间的末端装置，同时用集中处理的新风系统满足各房间需要量和承担部分负荷的空气–水系统。

14.0294 含湿量 humidity ratio
湿空气中，所含水蒸气的质量与干空气质量之比。

14.0295 冷却 cooling
从物质中排出热量的过程。

14.0296 加湿 humidification
特指将水分或水蒸气加入到物质中，使湿空气含湿量增加的过程。

14.0297 热湿比 heat humidity ratio
又称“角系数(angle factor)”。在湿空气状态发生变化的过程中，比焓对于含湿量的平均变化率。

14.0298 热湿交换 heat and moisture transfer
两物质间同时发生热量和湿量传递的变化过程。

14.0299 水气比 water-air ratio
又称“喷水系数”。在喷水室或冷却塔中，喷洒的水量与通过的空气量之比。

14.0300 新风量 fresh air requirement
单位时间内送入空气调节房间或系统的新鲜空气量。

14.0301 最小新风量 minimum fresh air requirement
单位时间内，为满足卫生标准送入空气调节房间或系统的新鲜空气量的最小值。

14.0302 一次回风 primary return air
在集中空气处理设备中，与新风混合的室内空气。

14.0303 气流组织 air distribution，space air diffusion
对室内空气的流动形态和分布进行控制的技术，以满足空气调节房间对空气各区位温度、湿度、流速、洁净度以及舒适感等方面的要求。

14.0304 射流 jet
特指从专用送风口向相对静止的周围空气射出的气流。

14.0305 贴附射流 wall attachment jet
利用附壁效应的作用，促使空气沿壁面流动的射流。

14.0306 自由射流 free jet
不受变壁干涉的射流。

14.0307 受限射流 jet in a confined space
明显受到变壁限制的射流。

14.0308 等温射流 isothermal jet
出口温度与周围空气温度相等的射流。

14.0309 射程 throw range
射流从风口到速度降至规定的末端值处所经过的距离。

14.0310 速度场 velocity field
空间各点在同一时刻的流体速度矢量分布状态。

14.0311 散流器送风 diffuser air supply
用散流器作送风口的送风方式。

14.0312　诱导器　induction unit
依靠经过处理的空气(一次风)形成的射流，诱导室内空气通过换热器的房间空气调节末端装置。

14.0313　诱导式空气调节系统　induction air conditioning system
以诱导器作为末端装置的空气调节系统。

14.0314　恒温系统　constant temperature system
对空调对象温度允许波动范围有严格要求的空气调节系统。

14.0315　恒温恒湿系统　constant temperature and humidity system
对空调对象温湿度允许波动范围均有严格要求的自动空气调节系统。

14.0316　两管制水系统　two-pipe water system
仅有一套供水管路和一套回水管路的水系统。

14.0317　四管制水系统　four-pipe water system
冷水和热水的供回水管路全部分设的水系统。

14.0318　焓湿图　psychrometric chart
用以表示湿空气的温度、相对湿度、含湿量和比焓等状态参数及其相互关系的两维曲线综合图。

14.0319　孔板送风　perforated air supply
依靠顶棚稳压层下部的多孔板实现均匀送风的方式。

14.0320　喷口送风　nozzle outlet air supply
依靠喷口吹出的高速射流实现送风的方式。

14.0321　稳压层　plenum space
为使送风均匀而设置的空间。空气在此降低速度，使空间各点静压近似相等。

14.0322　走廊回风　air return through corridor
以走廊作为部分回风通道的回风方式。

14.0323　新风机组　fresh air handling unit
专门用于处理室外空气的一种空调机组。

14.0324　组合式空气调节机组　modular air handling unit
根据需要，选择若干具有不同空气处理功能的预制单元组装而成的空调设备。

14.0325　加湿器　humidifier
对空气进行加湿的装置。

14.0326　蓄冷水池　thermal storage tank
用以将制冷机制取的一定数量的冷水预先储存，以备空气调节系统运行时使用的、具有良好保温性能的蓄水池。

14.0327　多联式分体空调机　multi-split air conditioning system
又称“多联机”。由分离的两个部分组成的空气调节成套设备；一部分为装在房间里的多组空气冷却装置；另一部分为装在附近的一个压缩冷凝机组或冷凝器。

14.0328　一次水　primary water
通过冷热源设备的循环水。

14.0329　二次水　secondary water
一次水经过换热器后的循环水。

14.0330　一级泵　primary pump
推动冷热水通过冷热源设备循环的水泵。

14.0331　二级泵　secondary pump
向各用户末端装置供应冷热水的水泵。

14.0332　制冷　refrigeration
用人工方法从一物质或空间移出热量，为空气调节、冷藏和科学研究等提供冷源的技术。

14.0333 冷热源设备 refrigerating machine chiller

包括原动机在内的完成制冷循环用的设备、附件及连接管路等的总和。

14.0334 压缩式冷水机组 compression-type water chiller

将压缩机、冷凝器、蒸发器以及自控元件等组装成一体，可提供冷水的压缩式制冷机。

14.0335 活塞式压缩机 reciprocating compressor

又称“往复式压缩机”。靠一组或数组气缸及其内做往复运动的活塞，改变其内部容积的压缩机。

14.0336 螺杆式压缩机 screw compressor

依靠螺旋形转子相互啮合进行压缩的回转式压缩机。

14.0337 离心式压缩机 centrifugal compressor

利用叶轮旋转产生的离心作用，提升制冷剂气体压力的压缩机。

14.0338 冷凝器 condenser

制冷剂蒸气在其中进行冷凝的换热器。

14.0339 蒸发器 evaporator

液态制冷剂在其中进行吸热蒸发的换热器。

14.0340 吸收式制冷机 absorption-type refrigerating machine

利用热能完成制冷剂循环和吸收剂循环的制冷机。

14.0341 直燃式溴化锂吸收式制冷机 direct-fired lithium-bromide absorption-type refrigerating machine

利用燃油、燃气的直接燃烧，完成吸收式制冷循环的溴化锂吸收式制冷机。

14.0342 变风量末端装置 variable air volume terminal device

根据空气调节房间负荷的变化情况自动调节送风量以保持室内所需参数的装置。

14.0343 干蒸汽加湿器 dry steam humidifier

向气流中喷射干蒸汽的空气加湿设备。

14.0344 电极式加湿器 electrode humidifier

电流通过直接插入水中的电极产生蒸汽的空气加湿设备。

14.0345 红外线加湿器 infrared humidifier

在红外线作用下水表面产生蒸汽的空气加湿设备。

14.0346 超声波加湿器 ultrasonic humidifier

水表面在超声波作用下产生微细水滴进而蒸发的空气加湿设备。

14.0347 全热换热器 air-to-air total heat exchanger，enthalpy exchanger

使进风和排风之间同时产生显热和潜热传递的换热器。

14.0348 转轮式换热器 rotary heat exchanger，heat wheel

用填充具有很大内面积的换热介质的转轮，进行送排风热量交换的设备。

14.0349 板式换热器 plate heat exchanger

冷热两种流体在多层平行传热板形成的通道相间地流动进行间接传热的换热器。

14.0350 空气预热器 air preheater

在空气调节装置中，对新风进行预先加热的设备。

14.0351 一次泵冷水系统 chilled water system

设有两级循环水泵的空调冷水系统。一次泵

推动冷水通过蒸发器循环。

14.0352 二次泵冷水系统 primary-secondary pumps

设有两级循环水泵的空调冷水系统。二次泵向各用户供应冷水。

14.0353 水冷式冷凝器 water-cooled condenser

以水为冷却介质的冷凝器。

14.0354 风冷式冷凝器 air-cooled condenser

以空气为冷却介质的冷凝器。

14.0355 传感器 transducer，sensor

能感受规定的被测量并能转换成可用信号的器件。

14.0356 直接数字控制系统 direct digital control system，DDC system

在控制回路中，数字控制器根据一组实测的被控参数和规定的控制算式的函数关系，经计算后以数字形式直接输出，并控制执行机构动作的控制系统。

14.0357 恒温器 thermostat

根据温度变化而动作，并用于保持调节对象所需温度的一种自动控制装置。

14.0358 恒湿器 humidistat

根据湿度变化而动作，并用以保持调节对象所需湿度的一种自动控制装置。

14.0359 变送器 transmitter

将敏感元件输出的信号转换成标准信号的装置。

14.0360 调节器 controller，regulator

又称“控制器”。根据被控参数的给定值与测量值的偏差，按预定的控制方式控制执行器的动作，使被控参数保持在给定值要求范围内的调节仪表。

14.0361 执行器 actuator

由执行机构和调节机构两部分组成的终端控制装置。

14.0362 散热器恒温控制阀 thermostatic radiator valve

装在供暖散热器上的室温自动控制器。

14.0363 自力式流量控制阀 self-operated flow control valve

工作时不依赖外部动力的自动调节流量的阀。

14.0364 热动力式疏水器 thermodynamic type steam trap

利用流体动力学原理，以水和蒸汽本身的物性差异控制排水孔自动启闭的疏水器。

14.0365 静态平衡阀 static hydraulic balancing valve

具有数字锁定功能的流量调节型阀门。

14.0366 动态平衡阀 dynamic hydraulic balancing valve

阀位开度依据控制参数的要求实时发生变化。动作：自力式，分类：定流量阀、定压差阀。

14.0367 冷风机组 self-contained cooling unit，cooling unit

由制冷压缩机、冷凝器、空气冷却器和通风机以及必要的自动控制仪表等组装一体的降温设备。

14.0368 新风冷负荷 cooling load from outdoor air，cooling load for ventilation

空气调节房间或系统由于引入必要的室外空气而形成的冷负荷。

14.0369 逐时冷负荷综合最大值 maximum sum of hourly cooling load

空气调节系统所服务的全部房间逐时冷负

荷总和序列中的最大值。

14.0370 空气调节系统冷负荷 air conditioning system cooling load
由空气调节系统的冷却设备所除去的热流量。

14.0371 盘管 coil
供空气加热或冷却用的肋管换热器。

14.0372 热盘管 heating coil
供空气加热用的肋管换热器。

14.0373 冷盘管 cooling coil
供空气冷却用的肋管换热器。

14.0374 热管 heat pipe
由装有液体介质的封闭管构成的，借助于无动力下反复的汽化和凝结过程将热量从一端传递至另一端的换热元件。

14.0375 风机盘管 fan-coil unit
供室内空气加热和冷却的空调系统末端装置，由小风机和水盘管换热器等组成。

14.0376 制冷剂 refrigerant
制冷系统中，完成制冷循环的工作物质。

14.0377 消声量 sound deadening capacity
消声器两端声压级的差值。

14.0378 阻抗复合消声器 impedance compound muffler
既具有消声材料，又有共振腔、扩张室、穿孔板等滤波元件的消声装置。

14.0379 微穿孔板消声器 micropunch plate muffler
利用微穿孔板吸声结构制成的，具有阻抗复合式消声器的特点，有较宽消声频带的消声装置。

14.0380 消声弯头 bend muffler
把吸声材料贴敷于通风管道弯头构件里制成的弯头式消声装置。

14.0381 噪声评价曲线 noise criterion curve, NC-curve
1957 年由白瑞纳克提出的一组噪声标准曲线，作为室内噪声标准的基础数值，适用于稳定噪声。

14.0382 供暖期室外平均温度 outdoor mean air temperature during heating period
在供暖起止日之间，室外逐日小时平均温度的平均值。

14.0383 空气调节机房 air handling unit room
用于设置空气调节设备的专用房间。

14.0384 新风机房 fresh air room
用于设置新风机组的专用房间。

14.0385 排风机房 exhaust fan room
用于设置、安装排风设备的专用房间。

14.0386 制冷机房 refrigeration station，refrigeration plant room
又称“冷冻站”。安装制冷机及其附属设备的房间。

14.0387 地源热泵系统 ground-source heat pump system
以岩土体、地下水或地表水为低温端，由水源热泵机组、地热能交换系统、建筑物内系统组成的供热空调系统。根据地热能交换系统形式的不同，地源热泵系统分为地埋管地源热泵系统、地下水热源热泵系统和地表水地源热泵系统。

14.0388 水源热泵 water source heat pump unit
以水或添加防冻剂的水溶液为低温热源的热泵。通常有水/水热泵、水/空气热泵等形式。

14.0389 空气源热泵 air source heat pump
以环境空气为低温热源的热泵。

14.0390 抽水井 production well
用于从地下含水层中取水的井。

14.0391 回灌井 injection well
用于向含水层灌注回水的井。

14.0392 热源井 heat source well
用于从地下含水层中取水或向含水层灌注回水的井。是抽水井和回灌井的统称。

14.0393 排烟机房 smoke exhaust room
用于配置、安装排烟设备的专用房间。

14.0394 送风机房 supply fan room
用于配置、安装送风设备的专用房间。

14.0395 静压箱 plenum chamber
为使送风均匀而设置的空间。空间内各点静压相等。

14.0396 蓄冰机房 room for ice storage
用以将制冷机制取的一定数量的冰储存，供空气调节系统运行时使用的、具有良好保温性能的蓄冰设备。

14.03 强电系统与设备部件

14.0397 供电 power supply
按照诸如频率、电压、连续性、最大需量、供电点及费率等技术标准和商业规则，向消费者提供电力的服务。

14.0398 供电方式 scheme of power supply
供电部门向用户提供的电源特性和类型。包括电源的频率、额定电压、电源相数和电源容量等。

14.0399 供电方案 scheme of power supply
电力供应的具体实施计划。

14.0400 高压供电 high-voltage power supply
按照中国现行标准规定，采用 1000V 以上的电压等级供电。

14.0401 供电系统 power supply system，power distribution system
由发电厂(站)、输配电网络和用户配电系统三个基本(或局部)环节组成的电能供应传输系统。

14.0402 高压配电系统 high-voltage power distribution system
按照中国现行标准规定，采用 1000V 以上电压等级的配电系统。

14.0403 低压配电系统 low-voltage distribution system
按照中国现行标准规定，采用 1000V 及以下电压等级的配电系统。

14.0404 放射式配电系统 radial distribution system
由上级配电装置采用不分支线路配电至下级配电装置或用电设备的配电方式。

14.0405 树干式配电系统 decentralized distribution system
由上级配电装置采用干线回路上“T”接若干在容量上允许的支线回路的配电方式。

14.0406 混合式配电系统 combined type distribution system
既有放射式特征又有树干式特征的配电系统。

14.0407　环形供电　ring circuit power supply
每一用电点的电源端均与两路进线电源连接，并形成环形网络的供电方式。

14.0408　单相供电　single-phase power supply
采用三相供电系统中的一相与中性线（N线）或两根相线组成的回路为用户或用电设备提供电能的供电方式。

14.0409　三相供电　three-phase power supply
采用具有相同频率、振幅、波形，相位差为120°的三个相互关联的正弦波组成的交流电源为用户或设备提供电能的供电方式。

14.0410　单回路供电　single-circuit power supply
由一个电源馈出(或引来)的一条线路供给(或接收)电能的供电方式。

14.0411　双回路供电　double circuit power supply
由一个变(配)电所的相同电压等级的两条线路提供电能的供电方式。

14.0412　多回路供电　multiple circuit power supply
供电系统采用两个以上回路的供电方式。

14.0413　供电可靠性　power supply reliability
供电系统对用户持续提供充足电力的能力。常用单位周期内(年或月)的平均停电时间和平均停电次数来评价。

14.0414　安全用电　electrical safety measure, safety power consumption
为确保用电设备在工作和维修时的人身和设备安全所必须采取的措施。

14.0415　安全电压　safety voltage
为防止人身电击事故，采用由特定电源供电的电压系列。这个系列的电压上限值为在任何情况下，加在身体不同部位之间的电压不得超过交流(50Hz或60Hz)方均根值50 V。

14.0416　供电点　supply terminal
供电(配电)系统与用户电气系统的联结点。

14.0417　系统标称电压　nominal system voltage
用以标志或识别配电系统电压的给定值。

14.0418　电压质量　voltage quality
实际电压各种指标偏离规定值的程度。

14.0419　视在功率　apparent power
电路网络某端口的电压有效值与电流有效值之乘积。

14.0420　有功功率　active power
(1)纯电阻性电路网络某端口的电压有效值与电流有效值之乘积。当电路网络呈感性或容性时，周期量电压波与电流波有了相位差。使其实际功率值变小，需要将视在功率乘以一个随电压波与电流波相位差变化的系数，这个系数在正弦波电路中，就是cosφ。(2)在交流电路中，电源在一个周期内发出的瞬时功率的平均值(或负载电阻所消耗的功率)。

14.0421　功率因数　power factor
有功功率与视在功率之比。

14.0422　电压偏差　voltage deviation
一种相对缓慢的稳态电压变动。某一节点的实际电压与系统标称电压之差与系统标称电压之比的百分数。

14.0423　电压波动　voltage fluctuation
电压均方根值一系列的相对快速变动或连续的改变。

14.0424　电压畸变　voltage distortion
供配电系统中工频电压正弦波形受谐波电

压影响而产生的电压波形的变化。

14.0425 基波 fundamental wave
将非正弦周期量按傅里叶级数展开后，阶次为 1(频率与原信号频率相同)的 1 次正弦波量。

14.0426 谐波分量 harmonic component
非正弦周期量按傅里叶级数展开后，阶次高于 1(频率为基波频率整数倍)的正弦分量。

14.0427 谐波含量 harmonic content
从非正弦周期量中减去基波分量后的量。

14.0428 谐波源 harmonic source
向电网注入谐波电流或在电网中产生谐波电压的电气设备。

14.0429 建筑供配电 power supply and distribution in building
建筑工程范围内电能的供给与分配。

14.0430 配电 distribution of electricity
在一个用电区域内向用户或用电设备供电。

14.0431 配电系统 distribution system
将电能自电源分配至用户的设施和系统的总称。

14.0432 主接线 primary system
又称“主结线”。通常指变(配)电所或发电机站内主开关与主母线的联结关系。

14.0433 布线系统 wiring system
由一根或多根绝缘导体、电缆或母线及其固定部分构成的组合。如果需要，还包括其机械保护部分。

14.0434 干线 supply main
将电能输送到数个配电装置或数个用电设备的主干线路。

14.0435 电源 power source，power supply
(1)供应电能的源端。(2)提供电能的设备。

14.0436 供电电源 power-supply source
提供电能的系统或设备。

14.0437 独立电源 independent electric supply
不受其他电源的影响而独立设置的电源。

14.0438 地热发电 geothermal power generation
将地下 150℃以上的热能转变为电能的工程技术。

14.0439 风力发电 wind power generation，wind power
以风作为动力，将风能转换为电能的工程技术。

14.0440 太阳能发电 solar power generation
利用太阳光的辐射能量转换为电能的工程技术。

14.0441 太阳能光电转换 solar photovoltaic conversion
通过聚光型或非聚光型太阳能光催化反应器，组成太阳能电池方阵，将太阳能转化为电能的工程技术。

14.0442 光伏电站 photovoltaic plant
通过太阳能电池方阵将太阳辐射能转换为电能的发电站。

14.0443 发电机 generator
将机械能转变成电能的设备。

14.0444 柴油发电机 diesel engine generator
以柴油为燃料、以柴油机为原动机带动的发电机。

14.0445 自备电源 power source by owner，self-contained power

(1)用户自己设置的自用电源设备。(2)设备生产商随其供货设备配套提供的电源装置。

14.0446 应急电源 emergency power supply, electric source for safety service
用以给断电将引起严重后果的重要用电设备供电的自备独立电源。对这种电源要求其供电高度可靠。

14.0447 备用电源 standby power source
工作电源中断或不充足时可投入使用的电源。

14.0448 不间断电源 uninterruptible power source, UPS
由变流器、开关和储能器件(如蓄电池)组合构成,在输入电源故障时维持负载电力连续性的电源设备。

14.0449 稳压电源 voltage stabilized power source
能为负载提供的电压比城市电网电压更为稳定的电源装置。

14.0450 电池 battery, cell
通过物理或化学作用产生电能的固定器件。

14.0451 负荷 load
(1)吸收功率的设备。(2)设备吸收的功率。

14.0452 负荷曲线 [power] load curve
观察到的(或期望的)负荷变化规律,用功率、时间函数的曲线来表示。

14.0453 高峰负荷 peak load
在给定时间段(例如一天、一个月或一年)内的负荷最大值。

14.0454 平均最大负荷 average peak load
在某一时期内每日最大负荷的平均值。

14.0455 过负荷 overload
电气设备或线路消耗或传输的功率或电流超过额定值或规定的允许值。

14.0456 变压器过负荷 overload of transformer
变压器的实际负载超过了其额定容量。

14.0457 电能损耗 energy loss
(1)功率损耗对时间的积分。(2)在电能的传输、利用过程中,未做有用功而损失掉的电能。

14.0458 电能消耗 power consumption
用电设施用掉的全部电能。

14.0459 节约用电 electric energy saving
为减少电能的直接和间接损耗,通过加强用电管理、采取技术上可行经济上合理、提高能源利用效率的措施的总称。

14.0460 电力负荷 electric load
(1)从电网中吸收的电功率的总称。(2)从电网中吸收的电能的动力设备。

14.0461 电气设备 electrical equipment
用于发电、变电、输电、配电或利用电能的设备的总称。即电机、变压器、开关设备和控制设备、测量仪器、保护器件、布线系统和用电设备等。

14.0462 配电电器 distributing apparatus
在将电能从电源端分配至用户的系统中,对电能进行分配和对电路及有关设备进行保护、通断、转换、隔离、控制、测量等的电器和设备的总称。

14.0463 高压配电装置 high-voltage cubicle switchboard
按照中国现行标准规定,用以接受和分配电压为1000V以上的电气设备。即高压开关电器、保护电器、测量仪表、连接母线和其他辅助设备的总称。

14.0464 高压开关设备 high-voltage switchgear
按照中国现行标准规定，在电压为 1000V 以上电力系统中，用以完成电路通断、保护、分配和隔离等功能的设备。

14.0465 低压配电装置 low-voltage distribution equipment
按照中国现行标准规定，在电压为 1000V 及以下电力系统中，用来完成通断、保护、隔离等功能，以接受和分配电能的电气设备的总称。

14.0466 低压开关设备 low-voltage switch equipment
在低压供配电系统中，完成电路的通断、保护、转换、隔离和分配的装置。

14.0467 开关柜 metal enclosed switchgear
可实现电路通断、保护、控制、测量等功能的成套柜形配电装置。

14.0468 单列布置 single row layout arrangement
将开关柜、控制柜等排成一排的安装方式。

14.0469 双列布置 double row layout arrangement
将开关柜、控制柜等排成两排(面对面、背对背或同方向)的安装方式。

14.0470 配电盘 distribution panel，distribution board
包含有一条或多条进出线回路的开关设备和控制设备的组合。一般为一路进线多路出线，并具有中性导体和保护导体的端子。

14.0471 电力配电箱 power distribution panel
主要为电动机等电力负荷配电的箱型配电装置。

14.0472 照明配电箱 lighting power distribution panel
主要为照明负荷配电的箱型配电装置。

14.0473 封闭母线 metal enclosed busbar
用金属外壳将导体连同绝缘等封闭起来的母线。

14.0474 插接式母线 plug-in busbar
按一定模数设置必要的插接孔和配套的进、出线插接箱的封闭母线。

14.0475 电动机 motor
应用电磁感应原理实现电能向机械能转换的旋转电磁机械。

14.0476 交流电动机 alternating current motor
将交流电能转换为机械能的电动机。

14.0477 笼型异步电动机 squirrel-cage asynchronous motor
其转子结构是将多根导体分别嵌入硅钢片转子槽中，并将其两端短路成笼型的交流电动机。

14.0478 伺服电动机 servomotor
输出参数(如位置、速度、加速度或力矩等)可被控制的交流或直流电动机。

14.0479 接触器 contactor
能频繁关合、承载和开断正常电流及规定的过载电流的开断和关合装置电器。

14.0480 启动器 starter
控制电动机启动、停止、正反转，并带有过载保护元件的开关电器。

14.0481 综合启动器 composite starter

由熔断器(断路器)、接触器、过载保护元件等组成，具有短路、过载等保护功能并控制电动机起、停(或正、反转)的开关电器。

14.0482 直接启动 direct-on-line starting
将线路电压直接加到电动机接线端子上，使之在全电压下一级启动的启动方式。

14.0483 降压启动 reduced-voltage starting
采用降低接入电动机定子电压的方法来减小电动机启动电流的启动方式。

14.0484 星–三角启动 star-delta starting
采用改变三相笼型异步电动机定子绕组的接法，启动时接成星形，正常运转时接为三角形，以减小启动电流的启动方式。

14.0485 自耦变压启动 auto-transformer starting
改变加装在电动机电源端的自耦变压器的抽头，降低电动机启动时的端电压，从而减小启动电流，待电动机转速升高到一定值之后，恢复全电压供电的启动方式。

14.0486 交流电动机软启动 soft starting of alternating current motor
将软启动装置串入电动机主回路的启动方式。

14.0487 交流电动机调速 speed control of alternating current motor
采用专用设备手动或自动控制改变交流电动机转速的方法。

14.0488 变极调速 pole changing [speed] control
通过改变绕组的连接方式，改变电机的极对数，从而获得两种或两种以上转速的分级调速方法。这种调速方法多用于鼠笼型异步电动机。变极方法包括反向法、换相法和多套绕组法。

14.0489 变频调速 variable frequency [speed] control
通过改变电源频率调整电动机转速的连续平滑调速方法。主要用于同步电动机和笼型异步电动机。

14.0490 电加热 electric heating
将电能直接转变为热能实现加热的过程。

14.0491 外露可导电部分 exposed-conductive part
设备上能被触及到的可导电部分。其在正常状况下不带电，但是在基本绝缘损坏时会带电。

14.0492 外界可导电部分 extraneous-conductive part
又称“装置外可导电部分”。非电气装置的组成部分，且易于引入电位的可导电部分，该电位通常为局部地电位。如建筑物的金属构件、金属管道等。

14.0493 电击 electric shock
电流通过人体或动物躯体而产生的化学效应、机械效应、热效应及生理效应而导致的伤害。

14.0494 保护导体 protective conductor
又称“PE 线”。为防电击，用来与外露可导电部分、外界可导电部分、主接地端子、接地极、电源接地点或人工中性点等任一部分做电气连接的导体。

14.0495 中性导体 neutral conductor
电气上与电源中性点连接并能用于配电的导体。

14.0496 保护接地中性导体 protective earthing and neutral conductor
又称“PEN 线”。兼有保护接地导体和中性导体两种功能的导体。

14.0497 保护接地 protective earthing
为防止电气装置设备的金属外壳、配电装置的构架和线路杆塔外导电部分等可能带电危及人身和设备安全而进行的接地。

14.0498 重复接地 iterative earthing
在接地型式为 TN 系统时，将保护接地中性导体(PEN 线)或保护导体(PE 线)再(多)次接地。

14.0499 总等电位连接 main equipotential bonding，MEB
将建筑物内电气系统的保护接地线(PE 线)、各种金属管道、金属构件和人工或自然接地装置等，采用导体将其互相连接，以降低不同金属部件间的电位差和间接接触电压危害的方法。

14.0500 局部等电位连接 local equipotential bonding，LEB
将在局部范围内的外界可导电部分和保护导体，通过局部等电位端子板(带)，将该范围内用电设备的不带电金属构件用导体联结以降低其间电位差的方法。

14.0501 辅助等电位连接 supplementary equipotential bonding，SEB
将邻近的两个或几个用电设备的不带电金属构件或其他相关不带电导体，以导体进行电气连通，使其电位差降至要求限值以下的方法。

14.0502 保护间隙 protective spark gap
由带电电极和接地电极所构成的敞开式空气间隙的电涌保护装置器件。

14.0503 泄漏电流 leakage current
正常运行状况下，在不期望的可导电部分路径内流过的电流。

14.0504 接地电流 earth current
通过接地装置流入大地的正常泄漏电流或由于故障而流入大地的接地故障电流。

14.0505 短路 short-circuit
(1) 电力系统处于正常运行状态时，突然发生相间或相与地间的非正常连接，电力系统的运行状态发生急剧变化的一种故障状态。(2) 两个或多个导电部分之间意外故障或有意形成的导电通路，此通路迫使这些导电部分之间的电位差等于或接近于零。

14.0506 短路电流 short-circuit current
在电路中，由于短路而产生的不同于正常运行值的电流。

14.0507 三相短路 three-phase [symmetrical] fault
(1) 回路某一点发生的三相之间绝缘破坏而相互连接的故障。(2) 在三相供配电系统中，三条相导体处于直接金属性的或经小阻抗连接在一起的状态。

14.0508 两相短路 two-phase short-circuit
在三相供配电系统中，任意两相导体因绝缘破坏或有意的直接金属性的或经小阻抗连接在一起的状态。

14.0509 单相短路 single-phase short-circuit
在三相供配电系统中，某一相线与中性线(或中性点)直接金属性或经小阻抗连接在一起的状态。

14.0510 单相接地 one-phase ground，single-phase earthing
在三相供配电系统中，任一相导体与保护导体或大地做直接金属性连接或经小阻抗连接在一起的状态。

14.0511　分断能力　breaking capacity
在规定的使用和性能条件下，开关器件在指定的电压下能分断的预期电流值。

14.0512　接通能力　making capacity
在规定的使用和性能条件下，开关器件在指定的电压下能安全可靠接通的预期电流值。

14.0513　安装接线图　installation connection diagram
二次设备安装及运行试验等所用的电气图。一般由屏面布置图、屏背面接线图和端子排图等几部分组成。

14.0514　绝缘强度　insulation strength
介质耐受电压的能力。

14.0515　绝缘配合　insulation coordination
考虑所采用的过电压保护措施后，根据可能作用的过电压、设备的绝缘特性及可能影响绝缘特性的因素，合理选择设备绝缘水平的方法。

14.0516　变压器　transformer
利用电磁感应原理变换交流电压、不改变电源频率的电能转换器。用做升、降电压、转换电能，或作系统隔离、匹配阻抗等功能的装置设备。主要构件是初级线圈、次级线圈和铁芯。

14.0517　电力变压器　power transformer
通过电磁感应将电力系统的一个标称交流电压和电流转换为另一个标称交流电压和电流的电力设备。由铁芯和套于其上的两个或多个绕组组成。

14.0518　干式变压器　dry type transformer
铁芯和绕组不浸在绝缘液体中的变压器。

14.0519　隔离变压器　isolating transformer
输入绕组与输出绕组之间采取不同于一般变压器的隔离措施，在电气上彼此安全隔离，用以避免偶然同时接触(正常或故障时)带电导体与地可能带来危险的变压器。

14.0520　配电变压器　distribution transformer
由较高电压降至用户级配电电压，直接做配电用的电力变压器。

14.0521　稳压器　voltage stabilizer
能稳定输出电压的电气装置。

14.0522　电压互感器　voltage transformer，potential transformer，PT
将高电压变成低电压的仪用变压器。在正常使用情况下，其变比差和相角差都应在允许范围内。

14.0523　电流互感器　current transformer，CT
将大电流变成小电流的仪用变流器。在正常使用情况下，其变比差和相角差都应在允许范围内。

14.0524　零序电流互感器　zero-sequence current transformer
在三相交流电力系统中，测量三相电流矢量和的电流互感器。

14.0525　测量仪表　measuring instrument
检测生产过程中的变量、产品质量和安全保护等功能状态的应用仪表。

14.0526　电压表　voltmeter
测量电压值的仪表。

14.0527　电流表　ammeter
测量电流值的仪表。

14.0528　脱扣器　release
与开关电器机械联结的，用以释放锁扣件并使闭合状态的开关电器断开的装置部件。

14.0529 电阻器 resistor
在电路中限制电流或将电能转变为热能等的电器。其阻抗为电阻。

14.0530 电容器 capacitor，condenser
由两片接近并相互绝缘的导体制成的电极组成的储存电荷和电能的器件。

14.0531 并联补偿电容器组 capacitor bank
并联接入交流电路中的若干电容器的组合。是一种产生容性超前电流、抵消感性负载的滞后电流，提高功率因数的装置电器。

14.0532 防爆电气设备 explosion-proof electrical equipment
电气部件全部置于具有抗击一定内、外部大气压力冲击和外部机械撞击能力的封闭金属外壳内，并使内部电气设备元件与外部可燃爆气(液、尘)体环境相互隔绝的电气装置设备。

14.0533 开关 switch
在正常的电路条件(包括规定的过载工作条件)下，能接通、承载和分断电流，并在规定的非正常电路条件(如短路)下、在规定时间内，能承载电流的机械开关电器。

14.0534 负荷开关 load break switch，load switch
能接通、承载以及分断正常条件下的电路电流，并能在规定时间内承载非正常(如短路、过载)条件下电流的开关电器。按照需要也可具有关合短路电流的能力。

14.0535 隔离开关 isolator，disconnector，isolating switch
在分闸位置能够按照规定的隔离要求，提供电气隔离断口的机械开关装置。

14.0536 接地开关 earthing switch，grounding switch
用于将回路接地的一种机械式开关装置。在异常条件(如短路)下，可在规定时间内承载规定的异常电流；但在电路正常工作条件下，不要求承载电流。

14.0537 断路器 circuit-breaker
能够关合、承载和开断正常回路条件下的电流，并能关合以及在规定的时间内承载和开断异常回路条件(包括短路条件)下的电流，对电路和设备进行可靠保护的开关装置。

14.0538 空气断路器 air circuit-breaker
触头在大气压力下的空气中分合的断路器。

14.0539 油断路器 oil circuit-breaker
触头在绝缘油中分合的断路器。

14.0540 真空断路器 vacuum circuit-breaker
触头在高真空的泡内分合的断路器。

14.0541 六氟化硫断路器 sulfur hexafluoride circuit-breaker
触头在六氟化硫气体中分合的断路器。

14.0542 智能低压断路器 intelligent low-voltage circuit-breaker
利用信息技术和电子器件实现保护、控制、监测、记录等功能于一体，额定工作电压为1000V以下的断路器。

14.0543 整定值 setting value
经过整定计算和试验，得出的保护装置电器(含断路器、接触器、继电器等)完成预定保护功能所需的动作参数(动作值、动作时间等)规定值。

14.0544 转换开关 change-over switch，transfer switching equipment
(1)从与一组端子连接改为与另一组端子连

接的开关。(2)由一个或多个开关设备构成，用于从一路电源上断开负载转接至另外一路电源上的电器。

14.0545 继电器 relay
当输入量(激励量)的变化达到规定要求时，在电气输出电路中使被控量发生预定的阶跃变化的一种电器。

14.0546 电压继电器 voltage relay
输入量(激励量)是电压，当电压达到规定值时做出相应动作的一种继电器。

14.0547 过电压继电器 over-voltage relay
当电压超过设定值时动作的电压继电器。

14.0548 欠电压继电器 under-voltage relay
当电压低于设定值时动作的电压继电器。

14.0549 电流继电器 current relay
输入量(激励量)是电流，当电流达到规定值时做出相应动作的一种继电器。

14.0550 过电流继电器 over-current relay
当电流超过设定值时动作的电流继电器。

14.0551 欠电流继电器 under-current relay
当电流小于设定值时动作的电流继电器。

14.0552 零序电流继电器 zero-sequence current relay
在三相交流电路中，以三相电流之矢量和作为激励量的电流继电器。

14.0553 接地继电器 earth fault relay
当被保护的电力元件发生接地故障时能做出相应动作的一种继电器(一般以零序电流或零序电压为激励量)。

14.0554 热继电器 thermal relay
利用输入电流所产生的热效应能够做出相应动作的一种继电器。

14.0555 时间继电器 time relay
当加入(或去掉)输入的动作信号后，其输出电路需经过规定的时间才产生跳跃式变化(或触头动作)的一种继电器。

14.0556 温度继电器 temperature relay
当温度达到规定值时动作的一种继电器。

14.0557 信号继电器 signal relay
为某些装置或器件所处的状态给出明显信号(声、光、牌等)的一种继电器。

14.0558 中间继电器 auxiliary relay
用于增加控制电路中的信号数量或信号强度的一种继电器。

14.0559 熔断器 fuse
当电流超过规定值时，以本身产生的热量使熔体熔断，断开电路的一种电器。

14.0560 电缆 [electric] cable
由一根或多根相互绝缘的导体(线芯)外包绝缘和保护层制成，将电力或信息从一处传输到另一处的缆型导体。

14.0561 阻燃性 flame retardancy
在规定试验条件下，试样被燃烧，在撤去火源后，火焰的蔓延仅在限定范围内，且具有在限定时间内自行熄灭的特性。

14.0562 阻燃电缆 flame retardant cable
(1)具有阻燃性能的电缆。(2)在电缆护层被火焰点燃后撤去火源，其护层仅延燃有限距离，而火源熄灭或撤离后能自熄的电力电缆。

14.0563 耐火性 fire resistance
在规定试验条件下，试样在火焰高温作用下，在一定时间内仍能维持回路或设备正常运行的特性(常以温度和时间限值来表征)。

14.0564 耐火电缆 fire resistant cable
(1)具有耐火性的电缆。(2)在火焰高温作用下，在一定时间内仍能维持通电能力的电缆。

14.0565 干式交联 dry type cross-linked
采用交联聚乙烯绝缘材料并能显著减少水分含量的制造工艺。

14.0566 电缆线路 cable line
由电缆组成的输配供电线路。

14.0567 高压电力电缆 high-voltage power cable
按照中国现行标准规定，额定电压为1000V以上的电力电缆。

14.0568 电缆直埋敷设 cable direct burial laying
按相关设计、施工标准的要求，将电缆线路直接埋设于地坪下的敷设方式。

14.0569 电缆沟 cable trough
用于敷设电缆，盖板可以开启的地下沟道。

14.0570 电缆排管敷设 laying in duct bank
根据规划在埋设于地面下 0.7m 及以下的排管中，穿设电缆的敷设方法。

14.0571 电线管 conduit
穿电气线(缆)专用的薄壁铁质管材。

14.0572 导线穿管敷设 conductor installed enclosed in conduit
将单根或多根绝缘导线穿各种保护管的敷设方法。

14.0573 浅槽 channel
容纳电缆数量较少，不含支架，沟底部可不封实的有盖槽式构筑物。

14.0574 电缆隧道 cable tunnel
用于容纳大量敷设在电缆支架上的电缆的廊道式或隧道式构筑物。

14.0575 电缆竖井 cable shaft
用于竖向敷设电缆或封闭母线，并可根据需要安装配电箱的专用空间。

14.0576 电缆夹层 cable vault
专供敷设电缆用的结构层。

14.0577 挠性固定 flexible fixing
使电缆随热胀冷缩可沿固定处轴向角度变化或稍有横移的固定方式。

14.0578 刚性固定 rigid fixing
使电缆不随热胀冷缩发生位移的夹紧固定方式。

14.0579 电缆蛇形敷设 snaking of cable
按定量参数要求减小电缆轴向热应力或有利自由伸缩的敷设方式。

14.0580 电缆桥架 cable tray
用于连续敷设电缆的刚性结构。由托盘(槽)或直线段、非直线段的梯架、弯通、附件及支托架、吊架等组成。

14.0581 电缆支架 cable bracket
仅有一端固定，按规定间隔设置的用于敷设电缆的固定、支持构件。

14.0582 电杆 pole
用于支撑电气线路的竖直的单杆。可以用木、钢筋混凝土、钢材或其他材料构成，它的一端直接或采用基础埋入土地中。

14.0583 拉线 guy，stay
承受张力，用于连接杆塔上一点与地锚或连接杆塔上两点的钢索。

14.0584 接线盒 junction box

供一个或几个线路接头用的保护式或封闭式的盒型部件。

14.0585 绝缘导线 insulated conductor

由外护绝缘材料层包裹的导体芯线组合成的导体。

14.0586 绝缘子 insulator

安装在不同电位的导体之间或导体与地电位构件之间，能够耐受电压和机械应力作用的器件。

14.0587 高压配电室 high-voltage distribution room

按照中国现行标准规定，安装额定工作电压为 1000V 以上电力配电装置的房间。

14.0588 低压配电室 low-voltage distribution room

按照中国现行标准规定，安装额定工作电压为 1000V 及以下配电装置的房间。

14.0589 电缆分界室 cable inlet distribution room

用于安装供电部门与用户电源电缆分界设备的房间。

14.0590 电容器室 capacitor room

专门用来安装电力电容器的房间。

14.0591 柴油发电机室 diesel generator room

安装柴油发电机的房间。

14.0592 户内变电所 indoor substation

为了避免室外环境条件的影响，将变配电设备安装在建筑物内的变电所。

14.0593 户外变电站 outdoor substation

设计和安装时考虑了能承受室外气象条件影响(通常是高压配电装置和电力变压器位于室外，周围设围墙或围栅，而低压配电装置装设在室内)的变电站。

14.0594 储油间 oil storage room

一般是指供柴油发电机储存日用柴油的房间。

14.0595 泄油池 oil leakage sump

容纳变压器或其他充油设备在事故状态下油料流入后不致被外部物质延燃使着火油料外溢，蔓延火势的设施。

14.0596 挡油设施 oil threshold trapping collection device

使燃油不至外溢的围挡。

14.04 弱电系统设备与智能设计

14.0597 火灾探测器保护面积 fire detector monitoring area

一个火灾探测器能有效探测的面积。

14.0598 火灾探测器安装间距 fire detector spacing

两个相邻火灾探测器中心之间的水平距离。

14.0599 火灾探测器保护半径 fire detector monitoring radius

一个火灾探测器能有效探测的单向最大水平距离。

14.0600 电气火灾监控系统 alarm and control system for electric fire prevention

当被保护线路中的被探测参数超过报警设定值时，能发出报警信号、控制信号并能指示报警部位的系统。

14.0601 电气火灾监控探测器 detector for

electric fire prevention

探测被保护线路中的剩余电流、温度等电气火灾危险参数变化的装置。

14.0602 消防联动控制系统 integrated fire control system

火灾自动报警系统中，接收火灾报警控制器发出的火灾报警信号，按预设逻辑完成各项消防功能的控制系统。

14.0603 联动控制信号 control signal for automatic equipment

由消防联动控制器发出的用于控制自动消防设备(设施)工作状态的信号。

14.0604 联动反馈信号 feedback signal from automatic equipment

受控自动消防设备(设施)将其工作状态信息发送给消防联动控制器的信号。

14.0605 联动触发信号 basic signal for logical program

消防联动控制器接收的用于逻辑判断，并发出联动控制的信号。

14.0606 消防联动控制器 integrated fire controller

用于接收火灾报警控制器的火灾报警信号或其他触发器件发出的报警信号，根据设定的控制逻辑发出控制信号，控制各类消防设备实现相应功能的控制设备。

14.0607 消防应急广播 fire public address

采用语音信号向现场人员通报火灾并引导现场人员疏散的装置。

14.0608 图像型火灾自动报警系统 video-based fire detection system

采用双波段探测器、光截面探测器、可视烟雾图像探测器等基于图像进行火灾探测的高度集成的智能型报警系统。

14.0609 双波段火灾探测器 double wave band fire detector

采用红外电荷耦合器件和彩色电荷耦合器件传感器作为探测器件，获取监控现场的红外图像和彩色图像，通过对序列图像的亮度、颜色、纹理、运动等特性进行分析而确认火灾的感火焰型火灾探测器。

14.0610 光截面火灾探测器 light beam image fire detector

采用高强度红外发光点阵作为发射器，以高分辨率红外电荷耦合器件作为接收器，通过分析发射器光斑图像的强度、形状、纹理等特征的变化来探测火灾烟雾的感烟火灾探测器。

14.0611 视频火灾探测报警系统 video fire detection，VFD

由探测器、图像处理单元、报警信息处理单元组成的火灾探测报警系统。

14.0612 分布式光缆温度探测报警系统 optical fiber distributed temperature detection and alarm system

由感温光缆、光电信号处理和声光报警单元组成，具有线型温度、位置探测报警功能的系统。

14.0613 吸气式烟雾探测火灾报警系统 aspirating smoke detection fire alarm system

由空气采样管网、火灾报警装置及显示控制单元组成，将空气样品抽吸到探测报警器内进行分析，并显示出所保护区域的烟雾浓度和报警、故障状态的系统。

14.0614 感温光缆 heat sensitive optical cable

用作感温光缆系统线型感温部件的光缆。

14.0615 最大允许烟雾传输时间 maximum smoke transport time

从烟雾进入距探测器最远采样点到探测器做出响应所允许的最长时间。

14.0616 智能化集成系统 intelligent integration system，IIS

将不同功能的建筑智能化系统，通过统一的信息平台实现集成，以形成具有信息汇集、资源共享及优化管理等综合功能的系统。

14.0617 信息设施系统 information technology system infrastructure，ITSI

为确保建筑物与外部信息通信网的互联及信息畅通，对语音、数据、图像和多媒体等各类信息予以接收、交换、传输、存储、检索和显示等进行综合处理的多种类信息设备系统加以组合，提供实现建筑物业务及管理等应用功能的信息通信基础设施。

14.0618 信息化应用系统 information technology application system，ITAS

以建筑物信息设施系统和建筑设备管理系统等为基础，为满足建筑物各类业务和管理功能的多种类信息设备与应用软件而组合的系统。

14.0619 通信网络系统 communication network system

以支持语音、数据、图像、控制信号和多媒体信息的接收、存储、处理、交换、传送、播放，从而满足对各种信息的通信和广播要求的系统。

14.0620 语音通信系统 voice communication system

建筑内、外进行语音信号传输的网络系统。

14.0621 信息网络系统 information network system

建筑内外进行数据、图像和多媒体信息传输的网络系统。

14.0622 有线及卫星电视系统 cable television and satellite television system

接收和传输电视信号的网络系统。

14.0623 公共和紧急广播系统 public address and emergency broadcast system

向建筑内的各区域进行公共传呼信息传送的网络系统。

14.0624 电子会议系统 electronic conference system

为会议服务的集音频、视频、会议发言和表决、同声传译及灯光控制的综合系统。

14.0625 建筑设备管理系统 management system of building equipment

对建筑设备监控系统和公共安全系统等实施综合管理的系统。

14.0626 建筑设备监控系统 monitoring system of building equipment

将建筑物(群)内的电力、照明、空调、给水排水等机电设备或系统进行集中监视、控制和管理的综合系统。

14.0627 分布计算机系统 distributed computer system

由多个分散的计算机经互联网络构成的统一计算机系统。

14.0628 现场总线 fieldbus

安装在制造或过程区域的现场装置与控制室内的自动控制装置之间的数字式、串行、多点通信数据总线。

14.0629 公共安全系统 public security system，PSS

以应对危害社会安全的各类突发事件而构建的技术防范系统或保障体系。

14.0630 机房工程 engineering of electronic equipment plant，EEEP
为智能化系统的设备和装置等提供安装条件，以确保各系统安全、稳定和可靠地运行与维护的建筑环境而实施的综合工程。

14.0631 安全防范产品 security and protection product
用于防入侵、防盗窃、防抢劫、防破坏、防爆安全检查等领域的特种器材或设备。

14.0632 安全防范系统 security and protection system，SPS
以维护社会公共安全为目的，运用安全防范产品和其他相关产品所构成的入侵报警系统、视频安防监控系统、出入口控制系统、防爆安全检查系统等；或由这些系统为子系统组合或集成的电子系统或网络。

14.0633 安全防范[系统]工程 engineering of security and protection system
以维护社会公共安全为目的，综合运用安全防范技术和其他科学技术，为建立具有防入侵、防盗窃、防抢劫、防破坏、防爆安全检查等功能(或其组合)的系统而实施的工程。

14.0634 入侵报警系统 intruder alarm system，IAS
利用传感器技术和电子信息技术探测并指示非法进入或试图非法进入设防区域的行为、处理报警信息、发出报警信息的电子系统或网络。

14.0635 防拆报警 tamper alarm
因触发防拆探测装置而导致的报警。

14.0636 防拆装置 tamper device
用来探测拆卸或打开报警系统的部件、组建或其部分的装置。

14.0637 设防 set condition
使系统的部分或全部防区处于警戒状态的操作。

14.0638 撤防 unset condition
使系统的部分或全部防区处于解除警戒状态的操作。

14.0639 防区 defence area
利用探测器(包括紧急报警装置)对防护对象实施防护，并在控制设备上能明确显示报警部位的区域。

14.0640 报警复核 alarm recheck
利用声音和(或)图像信息对现场报警的真实性进行核实的手段。

14.0641 紧急报警 emergency alarm
用户主观判断面临被劫持或遭抢劫或其他危急情况时，故意触发的报警。

14.0642 紧急报警装置 emergency alarm switch
用于紧急情况下，由人工故意触发报警信号的开关装置。

14.0643 入侵探测器 intruder detector
对入侵或企图入侵行为进行探测做出响应并产生报警状态的装置。

14.0644 报警控制设备 alarm controller
在入侵报警系统中，实施设防、撤防、测试、判断、传送报警信息，并对探测器的信号进行处理以判断是否应该产生报警状态以及完成某些显示、控制、记录和通信功能的装置。

14.0645 报警响应时间 response time toalarm
从探测器(包括紧急报警装置)探测到目标后产生报警状态信息到控制设备接收到该

信息并发出报警信号所需的时间。

14.0646 视频安防监控系统 video surveillance and control system，VSCS

利用视频技术探测、监视设防区域并实时显示、记录现场图像的电子系统或网络。

14.0647 模拟视频信号 analog video signal

基于目前的模拟电视模式，所需的大约为6MHz或更高带宽的基带图像信号。

14.0648 数字视频 digital video

利用数字化技术将模拟视频信号经过处理，或从光学图像直接经数字转换获得的具有严格时间顺序的数字信号。表示为特定数据结构的能够表征原始图像信息的数据。

14.0649 视频探测 video detection

采用光电成像技术(从近红外到可见光谱范围内)对目标进行感知并生成视频图像信号的一种探测手段。

14.0650 视频监控 video monitoring

利用视频手段对目标进行监视和信息记录。

14.0651 视频传输 video transport

利用有线或无线传输介质，直接或通过调制解调器等手段，将视频图像信号从一处传到另一处，从一台设备传到另一台设备的过程。

14.0652 前端设备 front-end device

在视频安防监控系统中，指摄像机以及与之配套的相关设备(如镜头、云台、解码驱动器、防护罩等)。

14.0653 视频主机 video controller

视频系统操作控制的核心设备。实现对图像的切换、云台和镜头的控制等。

14.0654 数字录像设备 digital video recorder, DVR

利用标准接口的数字存储介质，采用数字压缩算法，实现视(音)频信息的数字记录、监视与回放的视频设备。

14.0655 分控 branch console

在监控中心以外设立的控制终端设备。

14.0656 模拟视频监控系统 analog video surveillance system

除显示设备外的视频设备之间以端对端模拟视频信号传输方式的监控系统。

14.0657 数字视频监控系统 digital video surveillance system

除显示设备外的视频设备之间以数字视频方式进行传输的监控系统。

14.0658 图像质量 picture quality

图像信息的完整性。包括图像帧内对原始信息记录的完整性和图像帧连续关联的完整性。通常按照如下的指标进行描述：像素构成、分辨率、信噪比、原始完整性。

14.0659 原始完整性 original integrality

在视频安防监控系统中专指图像信息和声音信息保持原始场景特征的特性。即无论中间过程如何处理，最后显示/记录/回放的图像和声音与原始场景保持一致，即在色彩还原性、灰度级还原性、现场目标图像轮廓还原性(灰度级)、事件后继顺序、声音特征等方面均与现场场景保持最大相似性(主观评价)的程度。

14.0660 图像数据格式 video data format

数字视频图像的表示方法。用像素点阵序列来表征。

14.0661 数字图像压缩 digital compression for video

利用图像空间域、时间域和变换域等分布特

点，采用特殊的算法，减少表征图像信息冗余数据的处理过程。

14.0662 报警图像复核 video check to alarm
当报警事件发生时，视频监控系统调用与报警区域相关图像的功能。

14.0663 报警联动 action with alarm
报警事件发生时，引发报警设备以外的相关设备进行动作(如报警图像复核、照明控制等)。

14.0664 视频信号丢失报警 video loss alarm
当接收到视频信号的峰峰值小于设定阈值(视频信号丢失)时给出报警信息的功能。

14.0665 出入口控制系统 access control system，ACS
利用自定义符识别或(和)模式识别技术对出入口目标进行识别并控制出入口执行机构启闭的电子系统或网络。

14.0666 目标信息 object information
赋予目标或目标特有的、能够识别的特征信息。

14.0667 防破坏能力 anti destroyed ability
在系统完成安装后，具有防护面的设备(装置)抵御专业技术人员使用规定工具实施破坏性攻击，即出入口不被开启的能力。以抵御出入口被开启所需要的净工作时间表示。

14.0668 防技术开启能力 anti-technical open ability
在系统完成安装后，具有防护面的设备(装置)抵御专业技术人员使用规定工具实施开启(如各种试探、扫描、模仿、干扰等方法使系统误识或误动作而开启)，即出入口不被开启的能力。以抵御出入口被开启所需要的净工作时间表示。

14.0669 复合识别 combination identification
系统对某目标的出入行为采用两种或两种以上的信息识别方式并进行逻辑相与判断的一种识别方式。

14.0670 防目标重入 anti pass-back
能够限制经正常操作已通过某出入口的目标，为经正常通行轨迹而再次操作又通过该出入口的一种控制方式。

14.0671 多重识别控制 multi-identification control
系统采用某一种识别方式，需同时或在约定时间内对两个或两个以上目标信息进行识别后才能完成对某一出入口实施监控的一种控制方式。

14.0672 电子巡查系统 guard tour system
对保安巡查人员的巡查路线、方式及过程进行管理和控制的电子系统。

14.0673 停车库管理系统 parking lots management system
对进、出停车库的车辆进行自动登录、监控和管理的电子系统或网络。

14.0674 防爆安全检查系统 security inspection system for anti-explosion
检查有关人员、行李、货物是否携带爆炸物、武器和(或)其他违禁品的电子设备系统或网络。

14.0675 安全管理系统 security management system，SMS
对入侵报警、视频安防监控、出入口控制等子系统进行组合或集成，实现对各子系统的有效联动、管理和(或)监控的电子系统。

14.0676 风险等级 level of risk
存在于防护对象本身及其周围的、对其构成安全威胁的程度。

14.0677 防护级别 level of protection

为保障防护对象的安全所采取的防范措施的水平。

14.0678 安全防护水平 level of security

风险等级被防护级别所覆盖的程度。

14.0679 延迟 delay

延长和(或)推迟风险事件发生进程的措施。

14.0680 反应 response

为制止风险事件的发生所采取的快速行动。

14.0681 误报警 false alarm

由于意外触动手动装置、自动装置对未设计的报警状态做出相应、部件的错误动作或损坏、操作人员失误等而发出的报警。

14.0682 漏报警 leakage alarm

风险事件已经发生，而系统未能做出报警响应或指示。

14.0683 人力防范 personnel protection

简称“人防”。执行安全防范人物的具有相应素质人员和(或)人员群体的一种有组织的防范行为(包括人、组织和管理等)。

14.0684 实体防范 physical protection

简称“物防”。用于安全防范目的、能延迟风险事件发生的各种实体防护手段。包括建(构)筑物、屏障、器具、设备、系统等。

14.0685 技术防范 technical protection

简称“技防”。利用各种电子信息设备组成系统和(或)网络以提高探测、延迟、反应能力和防护功能的安全防范手段。

14.0686 防护对象 protection object

由于面临风险而需对其进行保护的对象。通常包括某个单位、某个建(构)筑物或建(构)筑物群，或其内外的某个局部范围以及某个具体的实际目标。

14.0687 周界 perimeter

需要进行实体防护和(或)电子防护的某区域的边界。

14.0688 监视区 surveillance area

实体周界防护系统和(或)电子周界防护系统所组成的周界警戒与防护区边界之间的区域。

14.0689 防护区 protection area

允许公众出入的、防护目标所在的区域或部位。

14.0690 禁区 restricted area

不允许未授权人员出入(或窥视)的防护区域或部位。

14.0691 盲区 blind area

在警戒范围内，安全防范手段未能覆盖的区域。

14.0692 纵深防护 longitudinal-depth protection

根据被防护对象所处的环境条件和安全管理的要求，对整个防范区域实施由外到里或由里到外层层设防的防护措施。

14.0693 均衡防护 balanced protection

安全防范系统各部分的安全防护水平基本一致，无明显薄弱环节或“瓶颈”的防护措施。

14.0694 纵深防护体系 longitudinal-depth protection system

兼有周界、监视区、防护区和禁区的防护体系。

14.0695 综合布线系统 generic cabling system

建筑物或建筑群内部之间的信息传输网络。既能使建筑物或建筑群内部的语言、数据通信设备、信息交换设备和信息管理系统彼此相连，也能使建筑物内通信网络设备与外部的通信网络相连。

14.0696 布线 cabling
能够支持电子信息设备相连的各种缆线、跳线、接插软线和连接器件组成的系统。

14.0697 建筑群子系统 campus subsystem
由配线设备、建筑物之间的干线电缆或光缆、设备缆线、跳线等组成的系统。

14.0698 综合布线工作区 generic cabling system work area
需要设置终端设备的独立区域。

14.0699 信道 channel
连接两个应用设备的端到端的传输通道。

14.0700 综合布线链路 generic cabling system link
一个集合点链路或是一个永久链路。

14.0701 永久链路 permanent link
信息点与楼层配线设备之间的传输线路。

14.0702 集合点 consolidation point，CP
又称“CP 点”。楼层配线设备与工作区信息点之间水平缆线路由中的连接点。

14.0703 综合布线集合点链路 consolidation point link of generic cabling system link
楼层配线设备与集合点之间，包括各端的连接器件在内的永久性的链路。

14.0704 建筑群配线设备 campus distributor
终接建筑群主干缆线的配线设备。

14.0705 建筑物配线设备 building distributor
为建筑物主干缆线或建筑群主干缆线终接的配线设备。

14.0706 楼层配线设备 floor distributor
终接水平电缆、水平光缆和其他布线子系统缆线的配线设备。

14.0707 建筑物入口设施 building entrance facility
提供符合相关规范机械与电气特性的连接器件，使得外部网络电缆和光缆引入建筑物内。

14.0708 连接器件 connecting hardware
用于连接电缆线对和光纤的一个器件或一组器件。

14.0709 光纤适配器 optical fiber connector
将两对或一对光纤连接器件进行连接的器件。

14.0710 建筑群主干电缆 campus backbone cable
用于在建筑群内连接建筑群配线架与建筑物配线架的电缆。

14.0711 建筑物主干缆线 building backbone cable
连接建筑物配线设备至楼层配线设备及建筑物内楼层配线设备之间相连接的缆线。

14.0712 水平缆线 horizontal cable
楼层配线设备到信息点之间的连接缆线。

14.0713 永久水平缆线 fixed horizontal cable
楼层配线设备到集合点的连接缆线，如果链路中不存在集合点，为直接连至信息点的连接缆线。

14.0714 集合点缆线 consolidation point cable
连接集合点至工作区信息点的缆线。

14.0715 信息点 telecommunications outlet，TO

各类电缆或光缆终接的信息插座模块。

14.0716 设备电缆 equipment cable

通信设备连接到配线设备的电缆。

14.0717 跳线 jumper

不带连接器件或带连接器件的电缆线对与带连接器件的光纤，用于配线设备之间进行连接。

14.0718 综合布线缆线 generic cabling system cable

在一个总的护套里，由一个或多个同一类型的缆线线对组成，并可包括一个总的屏蔽物。

14.0719 光缆 optical cable

由单芯或多芯光纤构成的缆线。

14.0720 综合布线电缆单元 generic cabling system cable unit

型号和类别相同的电缆线对的组合。电缆线对可有屏蔽物。

14.0721 线对 pair

一个平衡传输线路的两个导体。一般指一个对绞线对。

14.0722 平衡电缆 balanced cable

由一个或多个金属导体线对组成的对称电缆。

14.0723 屏蔽平衡电缆 screened balanced cable

带有总屏蔽和(或)每线对均有屏蔽物的平衡电缆。

14.0724 非屏蔽平衡电缆 unscreened balanced cable

不带有任何屏蔽物的平衡电缆。

14.0725 接插软线 patch call

一端或两端带有连接器件的软电缆或软光缆。

14.0726 多用户信息插座 multi-user telecommunication outlet

在某一地点，若干信息插座模块的组合。

14.0727 交叉连接 cross-connect

简称“交接”。配线设备和信息通信设备之间采用接插软线或跳线上的连接器件相连的一种连接方式。

14.0728 互连 interconnect

不用接插软线或跳线，使用连接器件把一端的电缆或光缆与另一端的电缆或光缆直接相连的一种连接方式。

14.0729 电磁辐射 electromagnetic radiation

能量以电磁波形式由源发射到空间或以电磁波形式在空间传播的现象。

14.0730 容错 fault tolerant

具有两套或两套以上相同配置的系统，在同一时刻，至少有两套系统在工作。按容错系统配置的场地设备，至少能经受住一次严重的突发设备故障或人为操作失误事件而不影响系统的运行。

14.0731 列头柜 array cabinet

为成行排列或按功能区划分的机柜提供网络布线传输服务或配电管理或的设备。一般位于一列机柜的端头。

14.0732 实时智能管理系统 real-time intelligent patch cord management system

采用计算机技术实现综合布线的实时自动化和智能化管理的系统。

14.0733 红外线 infrared ray

波长为 0.75~1000μm 的电磁波。

14.0734 红外线同声传译系统 infrared simultaneous interpretation system

利用红外线进行音频信号传输，把发言者的原声和译音语言传送给接收单元的同声传译系统。

14.0735 红外功率密度 infrared power density，IR power density

红外辐射功率与所辐射区域面积之比。单位为 mW/cm^2。

14.0736 红外发射主机 infrared transmitter

将音频信号调制到系统规定的载波上，并发射出去的装置。

14.0737 红外辐射器 infrared radiator，IR radiator

将红外发射主机提供的音频调制信号转换成红外信号的装置。

14.0738 红外接收器 infrared receiver，IR receiver

由红外信号检测器与信号处理器构成，对接收到的红外信号进行解调或重组成原始音频信号的装置。

14.0739 调幅 amplitude modulation

载波的振幅随调制信号的瞬时值成比例变化的调制方式。

14.0740 调频 frequency modulation

载波的频率随调制信号的瞬时值成比例变化的调制方式。

14.0741 调相 phase modulation

载波的相位对其参考相位的偏离值随调制信号的瞬时值成比例变化的调制方式。

14.0742 音频频率响应 audio frequency response

系统对音频信号的稳态响应特性。

14.0743 总谐波失真 total harmonic distortion

音频信号经过系统时，由于系统的非线性产生一系列谐波而导致的信号失真。

14.0744 信噪比 signal to noise ratio

信号与噪声强度的比值。

14.0745 串音衰减 crosstalk attenuation

主串信号功率与主串信号经串音路径到达被串通道后的功率比值。

14.0746 视频显示屏系统工程 video display system engineering

视频显示屏系统由视频拼接屏显示系统、传输系统和控制系统组成，可实现同时显示多路视频信号或将其中一路或多路视频信号在显示屏上进行部分和全屏显示的系统工程。

14.0747 视频显示屏单元 video display screen unit

在视频显示屏系统中可独立完成画面显示功能的基本单位。一般为矩形。

14.0748 视频拼接显示屏 video display screen together

又称“视频拼接显示墙”。由显示屏单元物理拼接而成，是图像显示区域的总称。显示屏单元间依靠适当的电气连接(包括信号传输路径)，由控制系统进行控制，可单独显示视频画面，或显示画面的某一部分，还可与系统中的其他单元配合组成完整的画面。

14.0749 传输系统 transmission system

在视频显示系统中，将需显示的信号传输至各显示屏单元的信号传输部分。

14.0750 控制系统 control system

用于视频信号的调度管理。包括图像分割和拼接、图像显示参数(如位置、色彩、亮度、均匀性、对比度等)的设置和调整、视频信号的分配和切换。

14.0751 辅助系统 auxiliary system
用于支持视频显示系统工作的配套工程。包括控制室、设备间、供配电和防雷接地系统等。

14.0752 发光二极管视频显示屏 light emitting diode video display screen，LED video display screen
通过一定的控制方式，由发光二极管器件阵列组成，用于显示视频的屏幕。

14.0753 阴极射线管显示屏 cathode ray tube display，CRT display
由电子束器件构成，从电子枪发射电子束轰击涂有荧光粉的玻璃面(荧光屏)实现电光转换，重现图像的显示屏。

14.0754 灰度等级 gray scale
显示屏同一级亮度中从最暗到最亮之间能区别的亮度级数。

14.0755 伪彩色发光二极管显示屏 pseudo-color light emitting diode panel
在发光二极管显示屏的不同区域安装不同颜色的单基色发光二极管器件构成的发光二极管显示屏。

14.0756 全彩色发光二极管显示屏 full-color light emitting diode panel
由红、绿、蓝三基色发光二极管器件组成并可调出多种色彩的发光二极管显示屏。

14.0757 液晶显示屏 liquid crystal display，LCD
外加电压使液晶分子取向改变，以调制透过液晶的光强度，产生灰度或彩色图像的显示屏。

14.0758 等离子体显示屏 plasma display panel，PDP
利用气体放电产生的等离子体引发紫外线，来激发红、绿、蓝荧光粉，发出红、绿、蓝三种基色光，在玻璃平板上形成彩色图像的显示屏。

14.0759 数字光学处理器 digital light processor，DLP
采用半导体数字光学微镜阵列作为光阀的成像装置。

14.0760 前投影 front screen projection
又称“正投影”。图像被投影在光反射屏的观众一侧的投影方式。

14.0761 背投影 rear screen projection
图像投影通过透射屏到达观众一侧的投影方式。

14.0762 像素 pixel，picture element
组成一幅图像的全部可能亮度和色度的最小成像单元。

14.0763 像素中心距 pixel pitch
相邻像素中心之间的距离。

14.0764 平整度 level up degree
视频显示屏法线方向的凹凸偏差。

14.0765 发光二极管像素失控率 ratio of out-of-control pixel
发光状态与控制要求的显示状态不相符的发光二极管像素占总像素的比率。

14.0766 换帧频率 frame refresh frequency
视频显示屏画面更新的频率。

14.0767 刷新频率 refresh frequency
视频显示屏显示数据每秒钟被重复的次数。

14.0768 图像分辨力 picture resolution
表征图像细节的能力。

14.0769 图像清晰度 picture definition
人眼能察觉到的图像细节清晰程度。用电视线表示。

14.0770 显示屏亮度 display screen luminance
在显示屏法线方向观测的任一表面单位投射面积上的发光强度。

14.0771 发光二极管显示屏最大亮度 maximum luminance of light emitting diode screen
在一定环境照度下，发光二极管视频显示屏各基色在最高灰度级、最高亮度时的亮度。全彩色发光二极管视频显示屏还包括白平衡状态下的亮度。

14.0772 色度 chromaticity
用来评价色质刺激。其值由色度坐标或主波长 1 或补色波长 7 和纯度确定。彩色的色度用色度坐标表示。色度坐标可以是国际发光照明委员会(CIE)(1931 年)的标准色度坐标系统的(x，y)，也可以是国际发光照明委员会(CIE)(1976 年)均匀度系统的(u'，v')坐标。

14.0773 有机发光二极管显示屏 organic light emitting diode display，OLED display
由使用有机材料的电流注入型固态、自发光器件拼接而成的显示屏。

14.0774 计算机信息系统安全专用产品 security product for computer information system
用于保护计算机信息系统安全的专用硬件和软件产品。

14.0775 实体安全 physical security
保护计算机设备、设施(含网络)以及其他媒体免遭地震、水灾、火灾、有害气体和其他环境事故(如电磁污染等)破坏的措施、过程。

14.0776 运行安全 operation security
为保障系统功能的安全实现，提供一套安全措施(如风险分析、审计跟踪、备份与恢复、应急等)来保护信息处理过程的安全。

14.0777 信息安全 information security
防止信息财产被故意的或偶然的非授权泄露、更改、破坏或使信息被非法的系统辨识，控制。即确保信息的完整性、保密性、可用性和可控性。

14.0778 黑客 hacker
对计算机信息系统进行非授权访问的人员。

14.0779 安全操作系统 secure operation system
为所管理的数据和资源提供相应的安全保护，而有效控制硬件和软件功能的操作系统。

14.0780 访问控制 access control
对主体访问客体的权限或能力的限制，以及限制进入物理区域(出入控制)和限制使用计算机系统和计算机存储数据的过程(存取控制)。

14.0781 防火墙 firewall
设置在两个或多个网络之间的安全阻隔。用于保证本地网络资源的安全。通常是包含软件部分和硬件部分的一个系统或多个系统的组合。

14.0782 计算机病毒 computer virus
编制或者在计算机程序中插入的破坏计算机功能或者毁坏数据、影响计算机使用、并能自我复制的一组计算机指令或程序代码。

14.0783 比特 bit
度量信息的单位。二进制的一位包含的信息量称为一比特。

14.0784 波特 baud

在异步传输中，波特是调制速率的单位，是单位间隔的倒数，也是传输速度的单位，等于每秒内离散状态或信号事件的个数。

14.0785 字节 byte

作为一个单位来处理的一串二进制数位。通常取 8 个比特为一个字节。

14.0786 字长 word length

一个字中的数位或字符的数量。

14.0787 字 word

在计算机和信息处理系统中，在存储、传送或操作时，作为一个单元的一组字符。

14.0788 中央处理器 central processing unit, CPU

计算机的一部分。包含指令的解释和执行的线路，以及为执行指令所必需的运算、逻辑和控制线路。

14.0789 计算机系统 computer system

以实现数据运算为目的的全部设备。包括中央处理器、存储器、输入输出通道、控制器、外存储器、外部设备及软件等。

14.0790 计算机配置 computer configuration

为了实现计算机的某种运行而连在一起的一组设备。

14.0791 硬件 hardware

计算机系统中的实际装置的总称。可以是电子的、电的、磁性的、机械的、光的元件或装置或由它们组成的计算机部件或计算机。

14.0792 外部设备 external device

通常指外存储器和输入、输出设备。

14.0793 终端 terminal

能通过通信通道发送和接收信息的一种设备。

14.0794 磁盘 disk

具有磁表面的圆盘形磁记录媒体。

14.0795 磁带 magnetic tape

具有磁表面的柔软带状记录媒体。

14.0796 打印机 printer

把字符的编码转换为字符的形状并印成硬拷贝的设备。

14.0797 调制解调器 modulator-demodulator, MODEM

对通信设备所传输的信号进行调制或解调的设备。

14.0798 系统软件 system software

在计算机系统中，所有供用户使用的软件。包括操作系统、汇编程序、编译程序以及各种服务性程序。

14.0799 应用软件 application software

为解决特定问题而编写的程序。

14.0800 信息 information

用来传送一定信息量的符号、序列(例如字母、数字)或连续时间的函数(例如图像)。

14.0801 平均故障间隔时间 mean time before failure, MTBF

在相当长的运行时间内，机器工作时间除以运行期间内的故障次数。

14.0802 接口 interface

两个不同系统的交接部分。

14.0803 节点 node

又称“结点”。在网络中，一个或多个功能单元与传输线路互连的一个点。

14.0804 节点计算机 node computer

在网络节点上配置的计算机。

14.0805 网络操作系统 network operation system

允许各台计算机在自主的前提下，通过计算机互连，以提供一种统一、经济而有效地使用各台计算机的方法，包括通信协议的通信系统。

14.0806 弱电小间 communication chamber

为建筑中弱电系统管线和设备设置的空间。

14.0807 安防控制中心 security control room

用于建筑中对安全防范监视及控制的场所。

14.0808 计算机网络机房 computer network room

为计算机网络设备提供运行环境的场所。

14.0809 电声控制室 sound control room

建筑中为扩声、背景音乐等播放设备提供运行环境的场所。

14.0810 计时设备机房 timing device mechanical room

为体育竞赛时而提供的用于计时设备的场所。

14.0811 建筑设备监控机房 control room of building equipment

为建筑设备监控系统提供集中监控运行环境的场所。

14.0812 程控交换机房 private branch exchange room

在建筑中用于设置语音通信数字程控交换机的场所。

14.0813 综合布线进线间 generic cabling inlet chamber

用于提供建筑群主干电缆和光缆、公用网和专用网电缆、光缆及天线馈线等室外缆线进入建筑物时进行线间成端转换成室内电缆、光缆，并在缆线的终端处可由多家电信业务经营者设置入口设施的场所。

14.0814 弱电竖井 communication shaft

建筑中为弱电管线提供垂直通道以及设置楼层弱电设备的场所。

14.0815 有线电视机房 cable TV plant room

在建筑中设置有线电视前端设备的场所。

14.0816 报警接收中心 alarm receiving center

又称“接处警中心”。接收一个或多个监控中心的报警信息并处理警情的场所。

14.0817 电信间 communication booth

放置电信设备、电缆和光缆终端配线设备，并进行缆线交接的专用空间。

14.0818 电子信息系统机房 electronic information system room

主要为电子信息系统设备提供运行环境的场所。可以是一幢建筑物或建筑物的一部分，包括主机房、辅助区、支持区和行政管理区等。

14.0819 主机房 primary computer room

主要用于电子信息处理、存储、交换和传输设备的安装和运行的建筑空间。包括服务器机房、网络机房、存储机房等功能区域。

14.0820 可拆卸式电磁屏蔽室 modular electromagnetic shielding enclosure

按照设计要求，由预先加工成型的屏蔽壳体模块板、结构件、屏蔽部件等，经过施工现场装配，组建成具有为可拆卸结构的电磁屏蔽室。

14.0821 焊接式电磁屏蔽室 welded electromagnetic shielding enclosure

主体结构采用现场焊接方式建造的具有固定结构的电磁屏蔽室。

14.05　动力系统与设备部件

14.0822　能　energy

又称“能量”。能产生某种效果或变化的能力。是做功或供热、发光的能力。

14.0823　能源　energy sources

自然界中可以直接或通过转换后，可为人类提供有用能量(如热能、电能、光能、机械能等)的物质资源。

14.0824　一次能源　primary energy

又称“天然能源”。从自然界取得，未经任何人为改变或转换，可以直接使用的能源。如原煤、原油、天然气、太阳能、水能、风能、地热能、生物质能、潮汐能、核燃料等。

14.0825　二次能源　secondary energy

由一次能源经过加工或转换得到的能源。如电力、焦炭、汽油、煤气等。

14.0826　常规能源　conventional energy

又称“传统能源”。人类已大规模生产和广泛使用的能源。如煤、石油、天然气、水能等能源。

14.0827　新能源　new energy

在现今新技术基础上，系统地开发利用的可再生能源。

14.0828　可再生能源　renewable energy

具有自我恢复的特性，并可持续利用的一次能源。如太阳能、风能、地热能、生物质能、潮汐能、氢能、核能等。

14.0829　洁净能源　clean energy

大气污染物和温室气体零排放或排放量很少的能源。如太阳能、可再生能源、氢能、及采用先进技术生产的核能等。

14.0830　分布式能源　distributed energy

将冷、热、电等能源系统，以小规模、小容量(约数千瓦至50MW左右)、模块化、分散式地布置在用户附近的能源供应方式(无论采用何种燃料或是否并网运行)。这种能源系统可有效地实现能源的梯级利用，具有高效、节能、环保等优点。

14.0831　能源强度　energy intensity

又称“单位产值能耗”。一个国家或一个地区、部门、行业每单位产值所消耗的能源量。常以吨(或公斤)煤当量(或油当量)/美元产值来表示。对一个国家或地区，通常指为获得单位国内生产总值(GDP)所消耗的一次能源总量。

14.0832　能源供应密度　energy supply density

又称“能流密度”。从能源获取(生产)每单位能量需要占用的土地面积(W/m^2)或体积(W/m^3)。

14.0833　能源品位　energy grade

比较能(量)从一种形式转换为另一种形式的难易程度。衡量能量、能源质量高低的指标性术语。高品位的能易转换为低品位的能，低品位能难转换为高品位能。从转换为电能考虑：易转换者比难转换者的品位高；从热机或供热考虑：同一类工质的热源，工质温度越高者品位越高。

14.0834　能源梯级利用　energy cascade use

在能源使用工艺系统中，按能源品位高低，逐级合理使用能源、达到最大限度地提高能源利用率的使用方式。其基本形式是热电联产和联合循环发电，将高、中温蒸汽用于发电或生产工艺，低温蒸汽用于采暖空调，充分发挥高品位能源的价值，提高系统效率，节约能源的措施。

14.0835　节能　save energy，conservation energy
采用技术上可行，经济上合理，环境和社会可接受的一切措施。从能源生产到消费的各个环节，降低能耗，减少损失，制止浪费，提高能源资源的利用效率，有效、合理地利用能源的措施。

14.0836　内能　internal energy
又称“热力学能”。储存于系统(或物质)内部的能量，是系统内工质全部微观粒子所具各种能量的总和。包括分子热运动形成的内动能、分子间相互作用形成的内位能、维持分子结构的化学能(键能)、原子核内部的原子能、电磁场作用下的电磁能以及现代科学技术尚不得知的微观能量等之总和。

14.0837　㶲　exergy
系统所含的总能量中，从理论上可转换为有用功的那部分能量。即指系统只与环境作用时，由任意状态可逆地变化到与环境平衡状态所能转换为有用功的那部分能量，是从量与质的全面角度评价不同形态能量价值的统一尺度(参数)。

14.0838　焓　enthalpy
热力学状态参数，工质在某一状态下的总能量(H)。其值等于内能(U)和其压力(P)与容积(V)的乘积之和(即：$H=U+PV$)。在热力过程中，工质焓的变化反映工质与外界之间所交换的能量(或热量)。

14.0839　熵　entropy
表征与判断热过程方向性的状态参数。微元可逆过程中换热量($\mathrm{d}Q$)与工质热力学温度(T)的比值定义为工质熵(S)的微元变化($\mathrm{d}S$)，即：$\mathrm{d}S=\mathrm{d}Q/T$。熵增大表示可逆过程从外界吸热，反之则向外界放热。熵的单位为 J/K 或 kJ/K。

14.0840　状态参数　state parameter
描述系统工质热状态的客观物理量。常用的状态参数有压力(P)、温度(T)、比体积(υ)、内能(U)、焓(H)和熵(S)等六个物理量。其中压力、温度、比体积三个可直接用仪表测定，称为基本状态参数。

14.0841　工质　working substance，working fluid
用来实现能量相互转换的媒介物。

14.0842　机械能　mechanical energy
常以做功的形式来实现的能。包括物质的动能、势能、弹性能、表面张力能等。

14.0843　热能　thermal energy
构成物质的原子或分子的随机(无规则)运动(振动)而产生的、以显热或潜热的形式所表现的能量。其宏观表现是温度的高低。

14.0844　化学能　chemical energy
不同物质的原子和(或)分子发生化学反应而重新结合时释放出的能量。即物质或物系在发生化学反应过程中以热能形式释放出来的内能。

14.0845　辐射能　radiant energy，radiation energy
又称“电磁能”。以电磁形式通过空间(含真空)以光速发射的能量。根据波长不同分以γ射线、X 射线、热辐射、微波和毫米波射线及无线电波发射的辐射能。

14.0846　核能　nuclear energy
又称“原子能”。蕴藏在原子核内部，当原子核中的粒子(中子或质子)重新分配时释放出来的能量。核能可分三类：① 裂变能：重元素(如铀、钚等)的原子核发生分裂时释放出来的能量；② 聚合能：轻元素(如氘、氚)的原子核发生聚合反应时释放出来的能量；③ 衰变能：原子核发生衰变时释放的能量。

14.0847 核电站 nuclear power station, nuclear power plant

又称“核电厂”。原子核在核反应堆内裂变释放的核能转变为电能的发电站。根据采用的核反应堆类型不同，目前世界上有压水堆、沸水堆、气冷堆、重水堆、快中子增殖堆等类型的核电站。其工艺流程是：在反应堆中核材料以可控链式裂变释放的热量被冷却剂(水、重水或气体)吸收，冷却剂通过蒸汽发生器将其吸收的热量传递给二回路中的循环水，降温后返回核反应堆循环使用(该冷却剂流程称一回路)，二回路中的循环水在蒸汽发生器内吸收热量后成为高温高压蒸汽，蒸汽推动汽轮发电机发电。

14.0848 太阳能 solar energy

又称“太阳辐射能”。由太阳内部的氢原子核聚变成氦原子核的剧烈热核反应所释放的、以电磁辐射形式发射的能量。太阳每秒钟约发射 3.83×10^{23}kJ 能量，相当每秒钟燃烧 1.28×10^{8}t 标准煤所放出的能量。每年投射到地球表面的太阳能，相当于 130×10^{12}t 标准煤的发热量。

14.0849 光伏效应 photovoltaic effect

全称“光生伏打效应”。当物体(半导体)受光照时，物体内部的电荷分布状态发生变化，不同部位之间产生电位差，形成电动势和电流的效应。

14.0850 太阳电池 solar cell，solar battery

又称“光伏电池”。根据光伏效应原理制造的、将太阳辐射能直接转换成电能的半导体电子器件。普通的太阳电池由两种不同导电类型(n 型和 p 型)的半导体构成。当今主要产品有晶体硅电池和薄膜电池。

14.0851 太阳能光伏发电 solar photovoltaic electric power generation

以太阳辐射能为能源，利用太阳电池阵列将太阳辐射能直接转换成电能，并通过功率调控系统、蓄电池、逆变器等设备而进行的发电。

14.0852 风能 wind energy

流动的空气产生的能量。是太阳能的一种转换形式，由于在地球上和大气层中，各处接收到的太阳辐射能能量是不同的，因此其温度也不同，从而引起各处大气层压力分布不平衡，在气压梯度作用下，空气流动形成风能。风能的大小决定于风速和空气的密度。

14.0853 生物质能 biomass energy

蕴藏在生物质中的能量。是绿色植物通过叶绿素将太阳能转化为化学能而储存在生物质内部的能量。包括由古代生物质转变来的化石能和现代生物质能。

14.0854 光合作用 photosynthesis

绿色植物通过其叶绿素吸收的日光能把从自然界中吸收的二氧化碳和水转化为有机物积存在体内，同时释放出氧气的过程。

14.0855 沼气 biogas

又称“生物气”。有机物质在一定温度、湿度、酸碱度及厌氧条件下，经微生物(甲烷菌)发酵分解而产生的可燃混合气体。组分为甲烷(60%~70%)、二氧化碳(25%~35%)，少量的硫化氢、氢、氮及一氧化碳，热值约 23 000~36 000kJ/m^3。

14.0856 甲烷菌 methane bacterium

能够使纤维素降解而形成大量甲烷的细菌。按其形态不同，可分为甲烷杆菌、甲烷球菌、甲烷八叠球菌、甲烷螺旋球菌等。甲烷菌能使比较简单的有机化合物发酵而产生能量，是生产沼气的主要微生物。该细菌对氧和氧化剂非常敏感，遇氧后会立即受到抑制，不能生长、繁殖，有的还会死亡。

14.0857 地热能 geothermal energy

地球内部蕴藏的各类能量的总称。地热可来自重力分异、潮汐摩擦、化学反应和放射性元素衰变而释放的能量，其中主要是地壳内长寿命微量元素铀–238、铀–235、钍–232、钾–40 等的衰变而放出的热量。现估计地热资源总量约为 14.5×10^{25}J，相当于 4948×10^{12}t 标准煤燃烧时所放出的热量，其总储藏量约为煤炭资源的 17 000 万倍。

14.0858 海洋能 ocean energy

通常指蕴藏在海洋中的可再生能源。包括潮汐能、波浪能、海流能、潮流能、海水温差能、海水盐差能等。广义的海洋能源还包括海洋上空的风能、海洋表面的太阳能及海洋生物质能等。

14.0859 氢能 hydrogen energy

储存在氢元素中的能量。氢发热值高(120MJ/kg)、储运性好，做燃料用时能效高、无污染，是很好的清洁能源。但在自然界中，氢是以与其他元素组成化合物而存在的，要通过一定方法来制取，是二次能源。在地壳内氢化合物资源丰富，氢在高温高压下发生核聚变为氦时，产生巨大能量，是未来的重要能源。

14.0860 燃料 fuel

可通过燃烧或核反应产生热能以供利用的物质。燃料按其存在形式可分为固体燃料、液体燃料、气体燃料三大类。

14.0861 化石燃料 fossil fuel

又称“*矿物燃料*”。古代动植物被深埋地下，经长期的生物化学和物理化学作用形成的含有能量的固体、液体、气体，且其所含能量可通过化学反应、物理反应或核反应释放出来的燃料。

14.0862 烃 hydrocarbon

仅由碳和氢两种元素组成的有机化合物。

14.0863 燃料高位发热量 fuel gross calorific value

又称“*高发热值*”。单位重量的固体、液体燃料(1kg)或单位体积的气体燃料($1Nm^3$)在理论空气量下完全燃烧，且烟气中的水蒸气全部凝结成水时所放出的反应热量(物质进行化学反应时所吸收或放出的热量)。

14.0864 燃料低位发热量 fuel net calorific value

又称“*低发热值*”。单位重量的固体、液体燃料(1kg)或单位体积的气体燃料($1Nm^3$)在理论空气量下完全燃烧，且烟气中的水蒸气全部以气态排出时，所放出的反应热量。

14.0865 标准煤 standard coal

又称“*煤当量(coal equivalent)*”。各种能源的统一计量单位，国际能源机构规定：凡能产生29.27MJ (7000kcal) 热量的能源均可折算为1kg 标准煤。原煤按平均热值 5000kcal/kg 计，原油按 10 000kcal/kg 计，天然气按 $9310kcal/m^3$ 计，换算系数分别为 0.714、1.429、1.33。

14.0866 煤质分析基准 basis for coal analysis

表征煤在不同状态下的分析结果。常用基准有四种：①收到基。表征煤在“收到状态”下其组分中碳、氢、氧、氮、可燃硫(有机硫+硫化铁硫)、杂质(硫酸盐硫+灰分)、水分(内水分+外水分)各占比例(%)；②空气干燥基。表征煤中水分与空气湿度达到平衡状态下的煤(无外水分)其组分中碳、氢、氧、氮、可燃硫、杂质、内水分等各占比例(%)；③干燥基。表征煤在无水状态下其组分中碳、氢、氧、氮、可燃硫、杂质各占比例(%)；④干燥无灰基。表征煤在假想的无水无灰状态下其组分中碳、氢、氧、氮、可燃硫各占比例(%)。

14.0867 煤的元素分析 elemental analysis of coal，ultimate analysis of coal

主要指对煤内的碳、氢、氧、氮、硫等五种元素的含量(%)及各自的作用和影响进行分析的统称。元素分析是燃料分类和评价燃料质量的重要指标。

14.0868 煤的工业分析 proximate analysis of coal

对实测空气干燥基中的水分、灰分、挥发分及固定碳等四项进行分析(计算各项所含百分比)，同时对其焦渣特征进行鉴定的统称。根据工业分析数据可初步判断煤的性质和工业用途。

14.0869 煤的挥发分 volatile of coal

煤在规定条件下隔绝空气加热气化，从分解出的气(汽)态物质中减去水分后的份额(%)。一般用将煤样隔绝空气加热至900℃±10℃，持续7min，从分解出的气(汽)态物质中减去水分后得到其份额(%)。挥发分是煤质分类的重要指标。

14.0870 煤的固定碳 fixed carbon of coal

煤样中挥发分逸出后所剩余的可燃质。但固定碳非纯碳，成分中除碳外，还含少量的氢、氧、氮、硫。常用下式计算：$FC_{ad}=100-M_{ad}-A_{ad}-V_{ad}$(式中$FC_{ad}$、$M_{ad}$、$A_{ad}$、$V_{ad}$分别为干燥基固定碳、水分、灰分、挥发分的百分含量%)。固定碳是煤质和煤分类的重要指标。

14.0871 煤的灰分 ash content of coal

煤在规定条件下完全燃烧后的残留物。一般检测是将煤样置于815℃±10℃下燃烧，可燃物燃尽后的残留物份额(%)为灰分。

14.0872 煤的全硫分 total sulfur of coal

煤中以各种金属硫化物形态存在的硫(如硫铁矿硫、硫酸盐硫)和以硫醇、硫醚、二硫化物、杂环硫等形态存在的有机硫，以及以游离状态存在的元素硫的总称。

14.0873 洁净煤技术 clean coal technology

旨在减少污染、提高效率的煤炭加工、燃烧、转化、污染控制等技术的总称。如洗选煤、型煤、动力配煤、水煤浆，煤的气化、液化、焦化、燃料电池、磁流体发电、流化床及循环流化床锅炉、先进燃烧器技术等。

14.0874 石油 petroleum

以烃类碳氢化合物为主要成分(96%~99%)的可燃性液态矿物。是多种有机化合物的混合物。原油是石油的基本类型，外观呈油脂状，淡黄、棕、褐或褐黑色，20℃时与水的相对密度约0.8~1.0，发热值约43.7~46.2MJ/kg。

14.0875 燃料油 fuel oil

一般将用作燃料的重质石油产品(柴油、重油、渣油)称为燃料油。主要成分为沸点300℃以上的烃类混合物，含少量氧、氮、硫，是外观棕黄至棕黑色的黏稠液体。广义燃料油还包括其他品名，我国按石油不同成分将燃料油分为9个组别，即：液化石油气、航空汽油、汽油、喷气燃料、煤油、柴油、重油、渣油和特种燃料。各组别又根据使用对象和生产条件划分为若干品种。

14.0876 轻柴油 light diesel fuel

轻质石油产品，含C_{11}~C_{24}的各族烃的混合物，沸点范围一般在180~350℃(对沸点范围在350~410℃的柴油，一般称着重柴油)，由原油经蒸馏、催化裂化、加氢裂化或石油焦化等方式生产的淡黄色液体。我国轻柴油标准按凝固点分级，有$10^{\#}$、$0^{\#}$、$-10^{\#}$、$-20^{\#}$、$-35^{\#}$、$-50^{\#}$六个牌号。

14.0877 重油 heavy oil

石油炼制过程残留下的黏性大的黑色重质燃料油。

14.0878 黏度 viscosity

衡量流体内部分子阻滞其质点间相对滑移的内摩擦力(内聚力和附着力的综合作用)大小的物体量。是流体的流动性能指标，其大小取决于流体的性质、温度和压力。

14.0879 动力黏度 dynamic viscosity

又称“绝对黏度”。流体流动的剪切应力(τ)与相邻流层之间垂直于运动方向的速度梯度(D)之比值。即 $\mu=\tau/D$。单位为 Pa · s。

14.0880 运动黏度 kinematical viscosity

动力黏度与其同温、同压下的流体密度(ρ, 单位为 kg/m^3)之比。常用符号为希腊字母 υ，单位为 m^2/s。与动力黏度的换算公式为 $\upsilon=\mu/\rho$。

14.0881 条件黏度 conditional viscosity

采用某种特制黏度计测定的、反映流体黏性的物理量。常用条件黏度有：恩氏黏度(中、俄、德、法等国用)，赛氏黏度(美国用)，雷氏秒黏度(英、美等国用)，巴氏秒黏度(法国用)等。

14.0882 恩氏黏度 Engler viscosity

用恩氏黏度计测定的条件黏度。将 200mL 温度为 t℃的试样(如油品)从标准恩氏黏度计(内径ϕ2.8mm)流出所用时间与同体积 20℃的蒸馏水流出该黏度计所用时间之比值称该油品在 t℃时的恩氏黏度(°E_t)。与运动黏度换算式为 $\upsilon=(7.31°E_t-6.31/°E_t)\times10^{-6}$。有些国家直接用试样油全部从恩氏黏度计流出所用时间(秒)来表示黏度，称为恩氏秒黏度(″E_t)。

14.0883 凝固点 freezing point，solidifying point

又称“凝点”、“冰点”。液体开始固化，液相与固相处于平衡时的温度。其数值与熔点相同。晶体在凝固过程中放出热量，冷却到一定温度时开始凝固，此时温度保持不变，即为凝固点。非晶体(如玻璃、石蜡等)在凝固过程中随温度降低而逐渐失去流动性，最后变为固体，但没有凝固点。

14.0884 燃点 ignition point，ignition temperature，fire point

又称“着火点”。物质在空气中加热时，开始并保持继续燃烧的最低温度。油的燃点指油面上的油气与空气的混合物遇明火能连续燃烧，且持续时间不少于 5s 的最低温度。

14.0885 气体燃料 gaseous fuel

常温常压下呈气体状态的燃料。

14.0886 天然气 natural gas

古代动植物深埋地下，在一定的地质条件下自然生成的可燃气体。主要成分是烷烃类混合物，含少量的氮气、二氧化碳、氢气及氦等惰性气体。广义的天然气包括纯气田天然气、石油伴生气、凝析气田气、矿井气四种。

14.0887 纯气田天然气 field natural gas

从纯气田中采出的可燃气体。主要成分是甲烷，含少量的氮气、二氧化碳、氢气及氦等惰性气体。一般不含或含微量的液相产物(一般为石油、水)。

14.0888 石油伴生气 associated gas

与石油沉积在一起的天然气。是原油的挥发性部分，在石油开采过程中，随着压力的降低从液相中释放出来的可燃气体。其成分一般以甲烷为主，还有乙烷、丙烷、丁烷、戊烷等饱和烃成分。

14.0889 矿井气 mine drainage gas

从井下煤层抽出，以甲烷为主要成分的可燃气体。甲烷含量随采气方式而变化。

14.0890 液化天然气 liquefied natural gas

在高压和深冷条件下冷凝成的液态天然气。主要成分是甲烷，密度约 $0.43g/cm^3$，沸点

–160℃左右，便于储存和长距离运输，使用时再重新气化。

14.0891 压缩天然气 compressed natural gas

加压压缩后的天然气。便于储存、长距离运输和使用。

14.0892 液化石油气 liquefied petroleum gas

将开采和炼制石油过程中获得的轻质烃类，经加压或降温而液化的液态燃料。主要成分为丙烷、丙烯、丁烷、丁烯，含少量的戊烷、戊烯和微量的硫化物杂质，其热值约50.0MJ/kg，在常温常压下呈气态。

14.0893 人工煤气 manufactured gas

以固体、液体或气体燃料(包括煤、重油、轻油、石油、天然气等)为原料经转化制得的燃气。

14.0894 焦炉煤气 coke-oven gas

煤在炼焦炉内经高温干馏而分解出来的燃气。其成分中氢气约占60%(体积份额)，甲烷约25%，含少量的硫化氢和氨，低位热值约15000~25 000kJ/Nm^3。

14.0895 水煤气 water gas

以煤或焦炭为原料，以水蒸气为气化剂，在煤气发生炉内高温下反应而生成的可燃气体。主要可燃成分是一氧化碳和氢气，低热值约8300~10 500kJ/Nm^3。

14.0896 发生炉煤气 producer gas

以煤或焦炭为原料，以空气或空气和水蒸气的混合气体作为气化剂，在煤气发生炉内高温条件下连续气化生成的可燃气体。一氧化碳和氢约占体积份额40%，其余为氮和二氧化碳，低热值在5000kJ/Nm^{3}左右。

14.0897 高炉煤气 blast furnace gas

高炉炼铁过程中产生的可燃气体(副产品)。主要可燃成分为一氧化碳(约占30%体积份额)，还有极少量的氢气和甲烷，含大量的氮和二氧化碳，标态下相对密度大于1，低热值3500kJ/Nm^{3}左右，有很强的毒性，常态下为无色无味无臭的气体。

14.0898 裂化气 cracked gas

由液体或气体烃类经裂化或催化裂化过程产生的可燃气体。

14.0899 城镇燃气 city gas，town gas

又称“城市煤气”。符合国家规范规定的城镇公用燃气质量要求，供给城镇居民、工商企业、公共事业生活、生产使用的燃气。我国《城镇燃气分类和基本特性》GB/T 13611—2006将城镇燃气分为天然气、人工煤气、液化石油气三类。

14.0900 燃烧速度 combustion velocity

又称“火焰传播速度”。表征火焰传播快慢的物理量。即燃烧火焰峰面在法线方向上的传播速度。可燃混合气体在层流状态下的火焰传播速度称为层流火焰传播速度；在湍流状态下的火焰传播速度称为湍流火焰传播速度。

14.0901 燃烧势 combustion potential

燃气燃烧速度指数。城镇燃气分类的特性指标，其值是燃气成分中H_2、O_2、C_mH_n、CO等的体积百分比含量和燃气的相对密度的平方根$\sqrt{d}$之比。$CP=(1+0.0054\times O^2{}_2)\times[1.0H_2+0.6(C_mH_n+CO)+0.3CH_4]/\sqrt{d}$。

14.0902 华白数 Wobbe index，Wobbe number

又称“热负荷指数”。和燃烧势一起构成城镇燃气分类的特性指数(W)。其值为燃气的高热值Q与其相对密度的平方根$\sqrt{d}$之比。$W=Q/\sqrt{d}$。

14.0903 燃气互换性 interchangeability of gases
按燃气 a(基准气)设计的燃具，改烧 s 燃气(置换气)，如果燃烧器不做任何调整而能保证燃具正常工作，则称 s 燃气对根据燃气 a 为基准气设计的燃具有互换性。

14.0904 气体的相对密度 relative density of gas，specific density of gas
在相同温度、压力条件下气体密度与干空气密度之比。工程中常采用标准状态下的相对密度。

14.0905 液体比重 specific gravity of liquid，specific weight of liquid
液体在其温度下的密度与水在规定参比温度下的密度之比。在科研中一般取 4℃下蒸馏水的密度作为参比量；在工程中一般取 20℃下的蒸馏水密度作为参比量；对液态石油产品，国际标准化组织(ISO)规定取 15℃下的蒸馏水密度作为参比量。

14.0906 爆炸极限 explosive limit
可燃气体、蒸气、薄雾、粉尘、纤维状物质等与空气或氧气的混合物能发生爆炸的浓度范围。其中能引发爆炸的最低浓度称为爆炸下限，可引发爆炸的最高浓度称为爆炸上限。

14.0907 化学爆炸 chemical explosion
物质由于发生极迅速的放热化学反应，生成高温高压的反应产物而引起的爆炸。化学性爆炸前后物质的性质和化学成分均发生了变化。

14.0908 物理爆炸 physical explosion
物质因状态、压力发生突变而形成的爆炸。物理性爆炸前后物质的性质和化学成分不变。

14.0909 本质安全防爆型设备 intrinsic safety explosion-proof device
因火花引起爆炸的电气设备、仪表、装置，如果在正常工作或不正常工况(如发生电气短路、断路或其不正常工况)时产生火花的能量不足以引发爆炸的设备。

14.0910 城镇燃气输配系统 city gas transmission and distribution system
按城镇燃气总体规划设计的、由城镇燃气门站、燃气管网、储气设施、调压设施、管理设施、监控系统等各种设施、设备、管网及其附属装置的总称。

14.0911 配气门站 gate station of gas distribution network
简称“门站”。从长输管道接收燃气，经调压、计量、加臭后将其输入到城镇输配系统的配气站。

14.0912 燃气调压箱 gas regulator box
将调压装置设置于专用箱体内，承担用气压力调节的设施。悬挂式或地下式安装的箱体称为调压箱；落地式安装的箱体称为调压柜。

14.0913 压缩天然气加气站 compressed natural gas fuelling station
由高、中压输气管道或气田的集气处理站引入天然气，经净化、计量后向气瓶车或气瓶组充装压缩天然气的加气站。

14.0914 液化石油气气化站 liquefied petroleum gas vaporizing station
配置有储存、气化设备，将液态石油气转换为气态石油气、并向用户供气的设施，以及布置这些设备、设施的房间、场地、辅助用房等的统称。

14.0915 液化石油气混气站 liquefied petroleum gas-air mixing station
配置有储存、气化设备和混气装置，将液

态液化石油气转换为气态石油气，然后与空气或其他可燃气体按一定比例混合配制成混合气，并向用户供气的生产设施，以及布置这些设备、设施的房间、场地和辅助用房的统称。

14.0916 瓶组气化站 vaporizing station of multiple cylinder installation

配置2个以上充液量15kg或2个以上(含2个)充液量50kg钢瓶，采用自然或强制气化方式将液态液化石油气转化为气态石油气后，向用户供气的生产设施以及布置这些设备、设施的房间、场地和辅助用房的统称。

14.0917 半密闭自然排气式燃具 semi-sealed gas burning appliance of natural exhaust type

燃烧时所需空气取自室内，以排气筒的自然抽力将烟气排至室外的燃具。

14.0918 密闭式燃具 sealed gas burning appliance

燃烧时所需空气由室外直接吸取，烟气以自然抽力或强制抽力直接排往室外的燃具。

14.0919 热熔连接 fusion-jointing

用专用加热工具加热聚乙烯燃气管道连接部位，使其熔融后施压连接成一体的连接方式。分热熔承插连接、热熔对接连接、热熔鞍形连接等方式。

14.0920 电熔连接 electrofusion-jointing

在聚乙烯燃气管道工程中，采用内埋电阻丝的专用电熔管件，通过专用设备，控制内埋于管件中的电阻丝的电压、电流及通电时间，使其达到熔接目的的连接方式。有电熔承插式连接、电熔鞍形连接等方式。

14.0921 压力折减系数 operating pressure derating coefficient for various operating temperature

聚乙烯燃气管道在20C℃以上工作温度下连续使用时，其许用工作压力与在20℃时的许用工作压力之比值。其值小于或等于1。

14.0922 阻火器 flame arrester

阻止火焰在管道内传播和蔓延的安全防护装置。分放空阻火器和管道阻火器两种，前者指安装在放空管出口处防止外部火焰向储罐或系统内传入的阻火器；后者指安装在密闭系管道统管中，防止火焰从管道一端向另使一端蔓延用的阻火器。

14.0923 发电厂 electric station，power plant

又称“发电站”。以机电设备及其配套系统将其他形式的能(如水能、化石燃料能、太阳能等)转变为电能的工厂。

14.0924 火力发电厂 steam power plant

装备火力发电机组，燃烧固体、液体、气体燃料的发电厂。

14.0925 燃气-蒸汽联合循环发电厂 combined gas and steam turbine cycle power plant

用燃气轮机和汽轮机联合发电的发电厂。将燃气送入燃气轮机的料在燃烧室燃烧，产生的高温气体推动燃气轮机做功，带动其同轴的发电机组进行第一次发电；燃气轮机排出的高温排气(约450~650℃)送入余热锅炉加热炉火产生的高温高压蒸汽进入汽轮机膨胀做功，带动同轴的发电机组进行第二发电。联合循环发电效率高(38%~44%)、启动快、NO_x污染小、冷却水用量少。

14.0926 热电冷联产 cogeneration of heat power and cool，combined cooling heating and power

建立在能源梯级利用基础上的将制冷、供

热、发电三者合而为一的联产系统。由锅炉生产的蒸汽用于发电，用汽轮机的抽气或排气供热、制冷，满足用户电、热、冷负荷需求的能量生产、转换过程。

14.0927 热化系数 coefficient of thermalization
热电联产的最大供热能力占供热区域最大热负荷的份额(%)。

14.0928 涡轮机 turbine
又称“透平”。把流体运动产生的动能转变为旋转机械能的动力机械设备。

14.0929 燃气轮机 gas turbine
以燃料燃烧产生的高温气体作为工质，并使高温气流膨胀做功，将热能转变为机械能的热力发动机。

14.0930 汽轮机 steam turbine
又称“蒸汽透平”。以蒸汽为工质，使蒸汽膨胀变热能(部分)为旋转机械能的动力机械设备。

14.0931 凝汽式汽轮机 condensing turbine
蒸汽在汽轮机内膨胀做功后，排入有高度真空度的凝汽器中冷凝的汽轮机。

14.0932 背压式汽轮机 back-pressure turbine
排汽压力高于大气压力的汽轮机。

14.0933 抽气式汽轮机 extraction turbine
带有中间抽气口，具有调整抽汽功能的汽轮机。

14.0934 乏汽轮机 exhaust steam turbine
利用其他蒸汽设备的低压排汽或工业生产工艺流程中副产的低压蒸汽做工质的汽轮机。

14.0935 热泵 heat pump
将热量由低温端向高温端传输的设备。由蒸发器、压缩机、冷凝器等组成，以消耗少量高品位能源(如机械能、电能、燃料、高温热能等)为代价，将低温热源中大量的低温热能向高温热能转换，以达到提高低温热能有效利用率的制热装置。

14.0936 热泵类型 form of heat pump
按工作原理分类有：蒸汽压缩式热泵、蒸汽喷射式热泵，吸收式热泵，热电热泵，化学热泵；按驱动能源分类有：电动热泵、燃气热泵，燃油热泵，蒸汽或热水热泵；按低温热源分类有：地源、水源、空气源、工业废液源热泵；按载热介质分类有：空气-空气、空气-水、水-水、水-空气、土壤-水、土壤-空气热泵。

14.0937 热泵供热系数 heat pump coefficient of heating performance
又称“热泵制热系数”。热泵的供热量与其运行消耗的功量之比。

14.0938 锅炉额定容量 boiler rated capacity
又称“锅炉额定负荷”。锅炉在其设计制造时所规定的输入/输出工质参数、燃料特性、锅炉效率等条件下，连续运行所必须保证的蒸汽锅炉最大蒸发量(t/h)或热水锅炉最大供热量(MW，kW)。

14.0939 额定蒸汽压力 rated steam pressure
蒸汽锅炉在其设计制造时所规定的给水压力、蒸汽负荷、使用燃料及锅炉效率范围内，长期连续运行必须保证的出口蒸发压力。锅炉蒸汽压力是指过热器主汽阀出口处的过热蒸汽压力，对无过热器的锅炉指主汽阀出口处的饱和蒸汽压力。

14.0940 额定蒸汽温度 rated steam temperature
蒸汽锅炉在其设计制造时所规定的额定负荷、压力、给水温度下，长期连续运行必须保证的出口蒸汽温度。锅炉蒸汽温度是指过热器主汽阀出口处的过热蒸汽温度，对无过热器的锅炉指主汽阀出口处的饱和蒸汽温度。

14.0941 锅炉热效率 boiler [heat] efficiency
同一时间内锅炉有效利用的总热量(包括水和蒸汽吸收的热量、排污水和自用蒸汽所消耗的热量)与输入锅炉的总热量(包括入炉燃料的低发热值和显热及用外来热源加热燃料或空气时所带入的热量)之比的百分数。

14.0942 锅炉排烟温度 boiler outlet gas temperature
锅炉运行时，其最末一级受热面出口处的平均烟气温度。

14.0943 锅炉 boiler
利用燃料燃烧、核燃料裂变(或聚变)、或其他形式的能源转换而释放的热量来加热水或其他工质，以生产规定参数(温度、压力)和品质的蒸汽、热水或其他工质的设备。

14.0944 锅炉本体 boiler proper
由锅筒、受热面及其集箱和连接管道，炉膛、燃烧器、过热器、省煤器、空气预热器(包括其连接烟、风道)、构架(包括平台和扶梯)、炉墙及除渣设备等所组成的整体。

14.0945 锅炉机组 boiler unit
由锅炉制造厂成套供货的锅炉本体，锅炉范围内的汽、水、烟、风、燃料等的管道系统，辅助机械、附属设备、监控装置等的总称。

14.0946 电站锅炉 power plant boiler
又称“动力锅炉”。生产的蒸汽主要用于发电的锅炉。按工质压力分类：有超超临界压力锅炉(工质压力≥27MPa)、超临界压力锅炉(23~25MPa)、亚临界压力锅炉(15.7~19.4MPa)、超高压锅炉(11.8~14.7MPa)、高压锅炉(7.84~10.8MPa)、中压锅炉(2.45~4.90MPa)。

14.0947 工业锅炉 industrial boiler
又称“供热锅炉”。生产的蒸汽或热水用于工业生产和(或)民用的锅炉。常用炉型有低压锅炉(工质压力⩾0.1~＜2.45MPa)、常压锅炉、真空锅炉及中压锅炉(2.45~ 3.82MPa)。

14.0948 有机载体锅炉 organic fluid boiler
以有机质液体作为热载体工质的锅炉。

14.0949 常压热水锅炉 atmospheric hot water boiler
曾称“无压锅炉”。锅炉本体开孔或用连通管与大气相通，在任何情况下，锅炉本体内顶部工质表压为零的锅炉。

14.0950 真空变相锅炉 vacuum boiler
又称“负压相变锅炉”。简称“真空锅炉”。锅内介质额定蒸汽压力低于当地大气压的相变锅炉。一般特指以水为介质的真空相变热水锅炉。

14.0951 自然循环锅炉 natural circulation boiler
依靠炉外下降管中的水和炉内上升管(水冷壁)中的汽水混合物之间的密度差和重位高度产生的压差而推动工质循环的锅筒锅炉。

14.0952 强制循环锅炉 forced circulation boiler
又称“辅助循环锅炉”、“控制循环锅炉”。主要依靠下降管和上升管之间装设的炉水循环泵的压头推动工质循环的锅筒锅炉。

14.0953 直流锅炉 once through boiler，monotube boiler
利用给水泵压头将锅炉给水按顺序一次通

过加热段、蒸发段和过热段等各级受热面而产生额定参数蒸汽的锅炉。

14.0954 负压锅炉 induced draft boiler，suction boiler

用引风机和排烟系统所产生的自生通风压头(主要是烟囱)克服烟道和风道阻力，进行排烟、且炉膛处于负压状态下运行的锅炉。

14.0955 微正压锅炉 pressurized boiler

按炉内烟气运行方式分类，只配置送风机而不配置引风机，炉膛中烟气压力高于大气环境压力的锅炉。一般为燃油、燃气锅炉，其炉膛设计压力一般在 5kPa 以下。

14.0956 层燃锅炉 grate fired boiler，stoker fired boiler

又称“火床炉”。将燃料置于炉排(或炉箅)上，形成一定厚度燃料层进行燃烧的锅炉。有固定火床炉和移动火床炉二类。

14.0957 循环流化床锅炉 circulating fluidized bed boiler

简称“循环床锅炉”。以向炉膛送入小颗粒、稠密悬浮状态的煤和高速空气，充分混合，沸腾燃烧，向水冷壁及其他受热面散热，被烟流带出炉膛的煤粒通过分离器分离送回炉膛循环燃烧的锅炉。该炉型炉内脱硫率可达 80%~95%，NO_x 可减少 50%，负荷适应性达 30%~100%，燃烧效率可达 95%~99%。

14.0958 煤粉锅炉 pulverized-coal fired boiler

又称“悬浮炉”。将煤磨制成粉状后，用热风或磨煤乏气通过燃烧器将煤粉送入炉膛，在悬浮状态下进行燃烧的锅炉。

14.0959 电加热锅炉 electric boiler

利用电能加热给水以获得额定参数的蒸汽或热水的锅炉。

14.0960 余热锅炉 waste heat boiler，heat recovery boiler，exhaust heat boiler

利用工业生产过程中的废气、废料或废液中含有的显热和(或)其可燃物质燃烧后产生的热量，加热给水以获得额定参数的蒸汽或热水的锅炉。

14.0961 冷凝锅炉 condensing boiler

在锅炉机组范围内，将烟气中所含的水蒸气进行冷凝，并使其汽化潜热得到有效利用的锅炉。

14.0962 燃烧器 burner

将燃料和空气按设计要求的比例、速度、湍流度、及混合方式送入炉膛，并使燃料在炉膛内稳定着火和燃烧的装置。

14.0963 煤粉燃烧器 pulverized-coal burner

将由煤粉制备系统供来的煤粉/空气(一次风)混合物和燃烧所需的二次风以一定的配比和速度喷入炉膛，在悬浮状态下稳定着火燃烧的装置。

14.0964 机械雾化油燃烧器 mechanical atomization oil burner

又称“压力雾化油燃烧器”。利用油在压力下旋转喷出时的紊流脉动和空气撞击力使油雾化的燃烧器。

14.0965 空气雾化油燃烧器 air atomizing oil burner

利用压缩空气射流扩散的撕裂作用和与周围介质的撞击力使油雾化的燃烧器。

14.0966 蒸汽雾化油燃烧器 steam atomizing oil burner

利用蒸汽射流扩散的撕裂作用和与周围介质的撞击力使油雾化的燃烧器。

14.0967 大气式燃烧器 atmospheric burner, natural draft burner

又称“引射式预混燃烧器”。燃烧所需要的部分空气先在燃烧器内与燃气预混后，再喷入炉膛燃烧的燃烧器。其结构主要由喷嘴、调风器、引射器及燃烧器头部四部分组成。

14.0968 完全预混式燃烧器 premixed burner, pre-aerated burner

又称“无焰燃烧器”。燃烧所需全部空气量在燃烧器内预先与燃气均匀混合，然后喷入炉膛燃烧的燃烧器。其结构主要由喷嘴、进风装置、混合器、混合器喷头及火道等组成。

14.0969 扩散式燃烧器 diffusion-flame burner, spreading-flame burner

燃气在进入炉膛前不预先和空气混合，在炉内燃烧过程中燃气和空气边混合边进行燃烧的燃烧器。

14.0970 燃烧器调节比 turndown ratio

单只燃烧器在有效燃烧范围内的最大燃烧燃料量与最小燃烧燃料量之比。

14.0971 火焰检测器 flame detector

检测炉膛或燃烧器中的燃料是否着火、火焰位置、火焰强度等的检测装置。主要由探头和信号处理器组成，通过接收火焰光波信号，输出表示火焰强度的模拟量信号、视频信号、有无火焰的开关信号。

14.0972 理论燃烧温度 theoretical combustion temperature

燃料在绝热条件和理论空气量下完全燃烧时，燃烧产物所能达到的温度。

14.0973 理论空气量 theoretical air

每千克固、液体燃料或每标准立方米气体燃料在化学当量比之下完全燃烧所需的空气量。

14.0974 过量空气系数 excess air coefficient

燃料燃烧时实际供给的空气量与理论空气量之比值。

14.0975 理论烟气量 theoretical quantity of flue gas

每千克固、液体燃料或每标准立方米气体燃料在化学当量比之下(理论空气量下)完全燃烧所生成的烟气量。

14.0976 省煤器 economizer

利用给水吸收锅炉尾部低温烟气的热量，降低烟气温度的对流受热面装置。

14.0977 沸腾式省煤器 steaming economizer

水的出口处沸腾率大于零的省煤器。

14.0978 回转式空气预热器 rotary air heater

又称“再生式空气预热器”。通过旋转器件使烟气(或其他温度不同的气体)和空气交替冲刷传热组件，进行放热和吸热的换热器。

14.0979 鼓风机 forced draft fan

将电动机的轴功率转变为吸入气体的动能和势能，从而提高气体压力(一般指排气压力大于 15kPa，且小于等于 0.196MPa)的通风机器。

14.0980 引风机 induced draft fan

一般指用于吸引设备(如锅炉、炉窑)产出的高温气体(如排烟)并进行排放的通风机器。

14.0981 烟气露点 flue gas dew point

一般指烟气中的水蒸气开始凝结时的温度。但当燃料含硫时，一般将烟气中的含硫酸蒸气开始凝结时的温度也称为烟气露点。

14.0982 烟尘初始排放浓度 smoke density at end of boiler unit

锅炉机组烟气出口处或进入净化装置前的

烟尘含量折合到标准状态下(温度为 273K，压力为 101.325kPa 时的状态)的干烟气的含尘量。单位 mg/m^3。

14.0983 烟尘排放浓度 smoke density

锅炉烟气经净化处理后排放到大气的烟尘含量、折算到标准状态下的干烟气的含尘量。未安装净化装置的锅炉房，烟尘初始排放浓度即是锅炉烟尘排放浓度。单位为 mg/m^3。

14.0984 烟气排放连续监测 continuous emission monitoring

又称“烟气排放在线监测”。对锅炉排放的烟气进行连续地、实时地跟踪监测。

14.0985 机械力除尘器 mechanical dust separator

利用粉尘颗粒的自身重力、惯性力或离心力作用使粉尘从气流中分离出来的除尘器。

14.0986 湿式除尘器 wet separator，wet dust removal equipment

借助含尘烟气与液滴或液膜的接触或撞击作用，使粉尘从气流中分离出来的除尘器。

14.0987 过滤式除尘器 dust filter

利用烟气通过纤维性滤袋捕集粉尘的方式将粉尘从烟气中分离出来的除尘器。

14.0988 静电除尘器 electrostatic precipitator

又称“电除尘器”。利用强电场先使烟气中的悬浮颗粒荷电，再在静电场力的作用下将气流中的粉尘或液滴捕集、分离出来，并排除的除尘器。静电除尘阻力小、效率高(90.0%~99.9%)，适用于处理含尘浓度低，尘粒直径 0.05~50μm 的烟气。

14.0989 燃料脱硫法 fuel desulfurization

从燃料中脱除所含硫分的工艺。有重选、电选、磁选、浮选、油团聚选等物理脱硫法，有热碱浸出、硫酸铁溶液浸出、液相氧化、熔碱、氯解、溶剂抽离、催化氧化等化学除硫法，还有生物除硫法，煤炭转换脱硫法等。

14.0990 炉内脱硫法 desulfurization in the boiler

将干吸收剂(一般采用石灰石、石灰、白云石等)喷入炉膛，与烟气中的 SO_2 反应生成硫酸钙与亚硫酸钙，然后将硫酸钙、亚硫酸钙与灰尘一起用除尘设备捕集并予以排除的脱硫工艺。

14.0991 湿法烟气脱硫法 wet process of flue gas desulfurization

采用碱性物质的水溶液或浆液吸收烟气中 SO_2，工艺。按所用吸收剂不同有：氨法、钙法、钠法、镁法、海水法、双碱法、活性炭法等脱硫工艺。湿法脱硫效率高，但烟气增湿降温后不易扩散，冒白烟，废液需妥善处理。

14.0992 干法烟气脱硫法 dry process of flue gas desulfurization

采用粉状或粒状吸附剂、吸收剂或催化剂在干态下脱除烟气中 SO_2 的工艺。有吸收喷射脱硫、电法干式脱硫、干式催化剂脱硫、脉冲等离子脱硫以及活性炭脱硫等。干法脱硫投资较少，但效率低，速度慢。

14.0993 氮氧化合物 nitrogen oxide，NO_x

一氧化二氮、一氧化氮、二氧化氮、三氧化二氮、四氧化二氮、五氧化二氮等 6 种形式的化合物的总称。其中一氧化氮和二氧化氮是重要的大气污染物。

14.0994 烟气脱硝技术 flue gas denitrification，NO_x removal from flue gas

又称“烟气氧化合物技术”。采用合适的设备、材料、工艺从烟气中脱除氮氧化合物的技术。如以分子筛、活性炭、硅胶、离子交换树脂、泥煤-碱等做材料的吸附法脱硝技术；以碱液、熔融盐、硫酸、氢氧化镁等做材料的吸收法脱硝技术；氨氯–氨硫化氢、一氧化碳等选择性催化还原法脱硝技术等。

14.0995 温室气体 greenhouse gas

又称“大气保暖气体”。大气中那些允许太阳短波辐射透入大气底层，并阻止地面和底层大气中的长波辐射逸出大气层，从而导致大气底层处(对流层)温度保持较高的气体。地球大气层中主要的温室气体有：水蒸气、二氧化碳、一氧化碳、甲烷、臭氧、氯氟烃(各种卤代烃的总称：有氟利昂 11、12、113、114、115，八氟环丁烷)等 30 余种气体。

14.0996 温室效应 greenhouse effect

又称“大气保暖效应”。在密闭温室中，玻璃可使太阳辐射热进入而阻止室内辐射热向外散失，从而使室温升高的现象。地球大气中的温室气体，允许来自太阳的短波辐射热通过到达地面；又强烈吸收从地面放射出的红外长波辐射热，只有很少部分散失到宇宙中，因此，在大气中如有过多温室气体存在，阻挡地球正常散热，从而导致地球大气层温度逐渐升高，形成大气的温室效应。

14.0997 环境污染 environmental pollution

由人类活动引起的、有害于人类及生物正常生存和发展的环境质量下降现象。主要包括大气污染、水质污染、土壤污染、固体废物污染、放射性污染、食品污染等。

14.0998 污染源 pollution source

向外界环境排放污染物的场所、设备和装置。按污染物来源可分为自然灾害(如火山爆发、森林火灾、地震等)和人类活动(如来自工业、农业、交通和生活等)两类；按污染物种类可分为：有机污染源、无机污染源、热污染源、噪声污染源、电磁污染源及病原体源、放射性污染源等。

14.0999 环境自净作用 environmental self-purification

被污染的环境在物理、化学和生物作用下、自行逐步消除污染物而得到自然净化的过程。自净机理分：① 污染物经稀释、扩散、淋洗、挥发、沉淀等达到净化的物理净化；② 污染物经氧化、还原、化合、分解、吸附等变为无害物的化学净化；③ 污染物经生物吸收、微生物分解等达到无害化的生物净化。

14.1000 环境容量 environmental capacity

在人类生成和自然生态不致受损害的前提下，环境所能容纳的污染物的最大负荷量。包括绝对容量和年容量两个方面：绝对容量是指环境所能容纳的某种污染物的最大负荷量，年容量是指环境每年所能容纳的某种污染物的最大负荷量。

14.1001 污染指数 pollution index

用于综合反映环境污染程度或环境质量等级的简单数值。用数学公式归纳环境的各种质量参数，并用各种指数综合表示大气、水体和土壤环境污染程度或环境质量，是目前通用的环境质量评价方法。

14.1002 大气层 atmospheric layer

包围地球的一层气体。主要是氮气和氧气，厚度约 160km，其总量一半的空气集中在距地面 6km 范围内。靠近地面的一层称对流层，该层在赤道处厚约 16km，在极地处约 6km。对流层的上一层大气称平流层。进入大气的污染物主要污染的是靠近地面 1~2km 处的大气。

14.1003 光化学烟雾污染 photochemical smog pollution

由 NO_x、未完全燃烧的烃及其他挥发性有机化合物在阳光的催化作用下生成的光化学氧化物。其组分中臭氧(O_3)约占 90%，还有甲醛、丙烯醛、过氧乙酰硝酸酯等。光化学烟雾会刺激眼、鼻、咽喉，损坏肺功能，有害人体健康。

14.1004 氮氧化合物污染 NO_x pollution
氮氧化合物对大气造成的污染。主要是NO_2和NO。NO_2是有刺激性、毒性很强的气体，对人体健康、植物生长、材料腐蚀有严重危害。NO_x是形成酸雨和破坏大气臭氧层的重要因素。

14.1005 二氧化硫污染 SO_2 pollution，sulfur dioxide pollution
二氧化硫对大气造成的污染。SO_2是无色、有强烈刺激性气体，对人体健康、植物生长、材料腐蚀有严重危害，是形成酸雨的重要因素。SO_2在大气中一般只存留几天，除被降雨冲洗和物体吸收部分外，都被氧化为硫酸烟雾和硫酸盐气溶胶。硫酸雾的毒性比SO_2约大10倍。

14.1006 烟尘污染 smoke dust pollution
飘浮在空气中的总悬浮物(粒径 0.1~100μm的液体或固体)对大气造成的污染。含有多种有害有毒的化合物(如硫酸盐、硝酸盐、苯并芘等)和微量金属元素(如镉、氟、汞、镍、铊)及致癌的多环芳烃，对人体有很大危害。

14.1007 酸雨 acid rain
一般泛指pH小于5.6的酸性降雨、降雪、或其他形式的大气降水(如雾、霜)。广义指酸性物质的干、湿沉降。酸雨含有多种无机酸和有机酸(绝大部分为硫酸和硝酸)，使土壤酸化贫瘠、危害植物生长，使森林破坏、材料腐蚀，流入江河造成水源酸化，影响饮用水安全，危害水生物的生存。

14.1008 二噁英 dioxins
由两组结构相似的多氯代三环芳烃类化合物组成的化合物总称。属化学致癌物质，具有很强的毒性。在有机氯除草剂生产过程中，垃圾焚烧时，以及在钢铁冶金等行业的生产过程中，在一定温度条件下都可能产生二噁英。

14.1009 吸附 adsorption
气体或液体分子(或原子、离子)附着于其界面处的固体或液体(吸附剂)表面，或在固体孔隙中滞留的现象或过程。按界面性质不同可分为：气–液、气–固、液–液、液–固吸附；按吸附性质不同可分为物体吸附和化学吸附，前者是分子间相互吸引，吸附热小，后者类似于化学键力相互吸引，吸附热大。

14.1010 变压吸附 pressure swing adsorption，PSA
固定床吸附塔通过压力变化，周期性地对通过其内的混合气体中的某种或某些成分进行吸附和脱附的分离过程。一般是在较高的压力下进行吸附，在较低的压力下进行脱附和再生，实现气体混合物的分离。

14.1011 变温吸附 temperature swing adsorption, TSA
固定床吸附塔通过温度变化，周期性地对通过其内的混合气体中的某种或某些成分进行吸附和脱附的分离过程。一般是在较低的温度下进行吸附，在较的温度下进行脱附和再生，实现气体混合物的分离。

14.1012 吸附剂 adsorbent
常指可吸附气体或溶质的固体物质。其特征是具有巨大的表面和选择性吸附能力。常用材料有：分子筛、活性炭、活性氧化铝、漂白土、酸性白土、硅胶、含水硅酸盐等。

14.1013 机械振动 mechanical vibration
机械系统在其平衡位置附近的往复运动。是描述机械系统的运动、位置的量值相对某一平均值随时间交替变化的现象。

14.1014 简谐振动 simple harmonic vibration
按正弦或余弦函数的运动规律随时间变化的

周期振动。其特征是：位移、速度、加速度的幅值之间相差一个常数因子(振动频率)。

14.1015　受迫振动　forced vibration
系统在稳态外激励力作用下产生的稳态振动(连续的周期振动)。

14.1016　自由振动　free vibration
作用于系统的激励(激起系统出现某种响应的外力或其他输入)或约束去除后出现的振动。

14.1017　随机振动　random vibration
在未来任一给定时刻，其瞬时值不能根据以往的运动经历精确预知的振动。

14.1018　喘振　breathe vibration
与机泵连接的管道系统，由于流量小，液流在机泵内发生脱液而形成的自振。其特征是：压力和流量发生周期性变化，机泵和管道产生激烈振动和低沉的噪声。

14.1019　噪声　noise
由不同频率、不同强度、无规则地组合在一起的声音，以及任何对人产生伤害或干扰的声音的统称。

14.1020　软化水　softened water
通过有效工艺处理，除掉全部或大部分钙、镁离子达到某一规定要求后的水。

14.1021　除盐水　demineralized water
通过有效工艺处理，去除全部或大部分悬浮物和无机阴、阳离子等杂质达到某一规定后的水。

14.1022　离子交换　ion exchange
溶液中的离子和离子交换剂中的离子之间所进行的等电荷反应。是一种吸附过程，被吸附的离子从溶液中分出而进入交换树脂，被交换的离子则从离子交换剂中分出而进入溶液。

14.1023　离子交换软化　ion exchange softening
利用离子交换工艺，将水中硬度除去或降低的水处理方法。

14.1024　离子交换除盐　ion exchange desalination
利用 H 型阳离子交换树脂将水中各种阳离子交换成 H^+；用 OH 型阴离子交换树脂将水中各种阴离子交换成 OH^-；从而将水中盐类除去或降低的水处理方法。

14.1025　电渗析法　electrodialysis process，electrodialysis method
在外加直流电流的作用下，利用阴、阳离子交换膜对水溶液中阴、阳离子的选择透过性，使离子通过膜层定向迁移，达到溶质和溶剂分离的物理化学过程。

14.1026　反渗透法　reverse osmosis process
又称“*逆向渗透法*”。以大于溶质渗透压的压力为推动力，用半膜过滤，使溶液中的溶剂和溶质分离的现象。

14.1027　热力除氧　thermo-deaeration
将水加热至沸腾，使溶解在水中的氧气和其他气体从水中解析出来而除去的水处理方法。

14.1028　解吸除氧　desorption deoxidization
基于亨利定律的一种除氧方法。将含溶解氧的水和不含氧的气体强烈混合，使溶解在水中的氧析出水体，然后将水面上的含氧气体中的氧通过燃烧反应器烧除的水处理方法。

14.1029　真空除氧　vacuum deaerate
将水在真空状态下加热至沸腾，使溶解于水中的氧气及其他气体从水中解析出来而除去的水处理方法。

14.1030 化学除氧　chemical deoxidization
向水中投放化学除氧剂，使其和溶解于水中的氧起化学反应而除氧的水处理方法。

14.1031 总硬度　total hardness
水中钙和镁离子的总含量。

14.1032 暂时硬度　temporary hardness
又称“碳酸盐硬度”。水中所含钙、镁碳酸盐(主要是重碳酸盐)物质所形成的硬度。

14.1033 永久硬度　perpetual hardness，permanent hardness
又称“非碳酸盐硬度”。水中所含钙、镁的非碳酸盐(主要是硫酸盐、硝酸盐、氯化物等)物质所形成的硬度。其在常压下不能通过形成沉淀而除去。

14.1034 负硬度　negative hardness
水的总碱度减去总硬度之差。

14.1035 pH 值　pH value
溶液中氢离子(H^+)浓度倒数的常用对数值(即 $pH=-\lg[H^+]$)。pH 值是表示溶液酸碱程度的一项指标，$pH<7$ 时为酸性溶液；$pH=7$ 时为中性溶液；$pH>7$ 时为碱性溶液。水的 pH 值在 0~14。

14.1036 碱度　alkalinity
水中所含能接受氢离子的物质的含量。分为酚酞碱度和甲基橙碱度(全碱度)两种。

14.1037 酸度　acidity
平衡溶液中已离解氢离子 H^+的浓度(即 H^+的活度)。通常用 pH 值来表示：$pH=-\lg[H^+]$。

14.1038 浊度　turbidity，turbidimeter
液体的浑浊程度。水的浑浊度是对水中分散的微细悬浮粒子使水透明度降低程度的一种度量。常用浊度计有：①消光浊度计——根据灯光的消失直接测量试样的浊度；②光电浊度计——根据与标准悬浊液的浊度比较来计算浊度。

14.1039 总含盐量　total dissolved salt
水中所含各种盐类的总量。

14.1040 临界含盐量　critical dissolved salt
锅炉运行负荷(蒸发量)不变工况下，使蒸汽含盐量突然增多的锅水含盐量。

14.1041 溶解氧　dissolved oxygen
溶解于溶液中的分子状态的氧。

14.1042 全固形物　total solid，total matter
水中悬浮物和溶解固形物的总量。

14.1043 溶解固形物　dissolved solid，dissolved matter
水中以被分离悬浮固形物后的滤液经蒸发和干燥所得的残渣。

14.1044 集中供热　central heating supply，centralized heat-supply
由一个或多个热源通过热网向城市、乡镇或某些区域热用户供热。

14.1045 泵　pump
利用电动机的轴功率转变为吸入流体的机械能(动能和势能)，并将流体提高到设定参数后排出的动力机械设备。

14.1046 中继泵　booster pump
热网供热中，根据水力工况需要，在热源与用户之间为提高供热介质压力而设置的水泵。或在其他流体输送工艺中，为提高下游泵的进口压力，以防汽蚀而在其进口前设置的加压泵。

14.1047 间壁式热交换器　recuperator，recuperative heat exchanger
又称“面式换热器”。参与换热的两种流体

被固体壁面隔开，彼此不直接接触，热量传递必须通过壁面的热交换器。

14.1048 混合式热交换器 mixed heat exchanger
参与换热的两种流体进入同一空间，直接混合而成为同温同压的混合介质的热交换器。

14.1049 蓄热式热交换器 regenerative heat exchanger
参与换热的两种流体交替地流过同一固体壁面或固体填料表面而进行换热的热交换器。

14.1050 蓄热器 regenerator，heat accumulator，heat storage
生产并储存高温介质的热能，在需要用热时，控制并调节释放热量的装置。

14.1051 显热蓄热 sensible heat regeneration
对蓄热物质在不发生相态变化的条件下，加热升温，使其内能增加，并予以保温储存，用热时释放热量的蓄热方式。

14.1052 潜热蓄热 latent heat regeneration
对蓄热物质加热升温至相态变化，提高蓄热物质的显热和潜热量，使其内能增加，并予以保温储存，用热时控制释放其储存的热量的蓄热方式。

14.1053 化学反应蓄热 chemical reaction heat regeneration
利用蓄热物质的可逆化学反应热进行储能的蓄热方式。

14.1054 水力半径 hydraulic radius
表征管道过流断面的大小、形状对流动摩擦阻力综合影响的物理量。其值为管道过流断面积和管道湿润周长之比。

14.1055 疏水器 trap
又称“疏水阀”。能自动地从设备或系统中排除异质、异态流体，而阻止主要流体泄漏的装置。

14.1056 蒸汽疏水器 steam trap
又称“蒸汽疏水阀”、“阻汽疏水器”。能自动地从设备或系统中排除凝结水、空气或其他不凝气体，而阻止蒸汽泄漏的装置。

14.1057 定压方式 pressurization method
在热水供热系统中，按预定要求保持某特定点的水压稳定不变(或在某一允许范围内波动)的具体方法。

14.1058 热网 heat-supply network
又称“热力网”。集中供热条件下，由热源向热用户输送和分配供热介质的管道系统。

14.1059 热网水力计算 hydraulical calculation of heat-supply network
在热网设计、改造或运行时，为保证系统安全、经济、合理，按流体力学计算公式，确定管径、流量和阻力损失三者之间取得最佳综合指标所进行的运算。

14.1060 热网水压图 pressure diagram of heat-supply network
在热水供热系统中用以表示热源和管道的地形高度、用户高度以及热水供热系统运行和停止工作时系统内各点测压管水头高度的图形。

14.1061 水力失调 hydraulic misadjustment
热网运行时，系统中热力站或热用户的实际流量和规定流量之间的不一致现象。

14.1062 比摩阻 specific frictional head loss
供热管路单位长度沿程阻力损失。

14.1063 质调节 constant flow control
保持热网流量不变，用改变供、回水温度来

保证供热要求的运行调节。

14.1064 量调节 variable flow control

保持供水温度不变，用改变热网流量来保证供热要求的运行调节。

14.1065 交流变频调速 A-C speed regulating by frequency variation

电动机的一种调速方式。鼠笼电动机通过变频，可在同一负载下得到不同的转速，以满足生产过程的需要。

14.1066 冷紧系数 coefficient of cold-pull

又称“管道冷紧比”。管道安装时的冷紧值与设计条件下的热伸(缩)量长度之比。

14.1067 仪器仪表 instrument and apparatus

用于检查、测量、控制、分析、计算和显示被测对象的物理量、化学量、生物量、几何量、电参数及其运动状态的器具或装置。

14.1068 工业自动化仪表 industrial process measurement and control instrument

为实现工业过程自动化而进行检测、显示、控制、执行等操作的仪表。

14.1069 仪表灵敏度 instrument sensitivity

仪表对被测变量变化的反应灵敏程度。其值为仪表的响应变化值除以相应激励变化值之商。对同类仪表，在标尺刻度确定后，仪表的测量范围越小，灵敏度越高。

14.1070 仪表精度 instrument accuracy

又称“仪表准确度”。描述仪表测量结果准确程度的指标。仪表的测量显示值和被测量者的真实值之间的最大差值与其量程(即仪表的上、下限刻度值之差)之比的百分数去掉正负号和百分符号后的整数。我国仪表按精度分：Ⅰ级标准表(0.005、0.02、0.05 级)、Ⅱ级标准表(0.1、0.2、0.35、0.5 级)及一般工业仪表(1.0、1.5、2.5、4.0 级)等 3 类 11 级。

14.1071 自力式调节阀 self-operated regulator, self-acting control valve

无需外加动力源，依靠被控流体(液体、气体、蒸汽等)本身的能量自行操作并保持被控变量(如温度、压力、流量)恒定的调节阀。

14.1072 驱动式调节阀 actuated type control valve

借助手动、电动、气压、液压操作，保持被控变量(如温度、压力、流量)恒定的调节阀。有电动调节阀、气动调节阀、液压调节阀等。

14.1073 标准状态 standard condition

为了在一定范围内按统一尺度计量气体体积而规定的温度和压力条件。一般把压力为 101.325kPa、温度为 0℃称为标准状态或物理标准状态。但不同国家、学科、行业规定的标准状态不尽相同，我国城市燃气行业和气体膜分离行业中采用物理标准状态；石油行业把温度为 20℃、压力为 101.325kPa 定为标准状态。美国把温度为 60°F(约 15.6℃)、压力为 101.325kPa 定为标准状态。

14.1074 标准沸点 standard boiling point

液体在一个大气压下的沸腾温度。

14.1075 临界状态 critical state, critical condition

物质处于气态和液态平衡共存、液体密度与饱和蒸汽密度相同、气液界面消失时的边界状态。临界状态下的温度、压力、密度分别称为物质的临界温度、临界压力、临界密度。

14.1076 理想气体 ideal gas

为简化气体热力性质计算而提出的假想概念。是一种分子本身不占体积的弹性质点、分子间没有作用力、且在任何压力(P)温度(T)条件下，其压力和体积的乘积除以绝对温度之商始终不变的气体。其状态方程为：$PV=nRT$。式中 n 为气体物量(摩尔 mol)；R 为通用气体常数 R=8.314(J/mol · K)。实际上有许多气体(如常温常压下的氢气、氧气、氮气、二氧化碳、一氧化碳、氦气及其混合物空气、燃气、烟气等)的性质很接近理想气体，可按理想气体计算，其误差不超过百分之几。

14.1077 压缩机 compressor

将气体压缩到表压 0.196MPa 以上的机械设备。按其工作原理可分为透平式压缩机和容积式压缩机两类；按排气压力(MPa)可分为：低压压缩机(0.196 MPa $\leqslant P \leqslant$ 0.981 MPa)、中压缩机(0.981 MPa $< P \leqslant$ 9.81 MPa)、高压缩机(9.81 MPa $< P \leqslant$ 98.1 MPa)、超高压缩机($P >$ 98.1MPa)四种。

14.1078 容积式压缩机 positive displacement compressor

利用活塞或隔膜、滑片、螺杆、转子等零部件在壳(缸)体内做往复或旋转运动，循环改变腔室容积，使气体体积缩小而压力提高的压缩机。主要有往复式、回转式和混流式压缩机三种。

14.1079 透平式压缩机 turbo-compressor

又称“速度型压缩机”。通过高速旋转叶轮使气体获得大量动能，并使气体压力升高的压缩机。主要有离心式压缩机和轴流 > 式压缩机两种。

14.1080 分子筛 molecular sieve

泛指具有均一微孔而又能够选择性地吸附直径小于其孔径的分子的吸附剂。分子筛有天然的和人工合成的两种。广泛应用于流体的干燥、脱水、净化、分离等工艺，也是性能优良的催化剂。分子筛使用后可再生。分子筛对一些物质的吸附强度顺序如下：$H_2O > NH_3 > CH_3OH > CH_3SH > H_2S > CO_2 > N_2 > CH_4$。

14.1081 液氧 liquid oxygen

液态氧气。天蓝色、透明而易流动的液体，在沸点(−183℃)和常压下的密度为 1.14g/cm^3，在−227℃时可固化为淡青色六角形晶体。遇易燃物质会发生自燃以致爆炸。可用空气分离设备在深度冷冻下制取。

14.1082 臭氧 ozone

氧的同素异形体，由 3 个氧原子组成的氧分子，常温下呈蓝色、鱼腥味气体。可自行分解为单原子，有极强氧化性，能杀灭多种细菌和病毒。

14.1083 臭氧层 ozonosphere

在距地面 20~25km 的空间中、由于太阳光高能紫外线与大气层中的氧分子间发生光解作用形成的含臭氧的空间层(但臭氧含量仅占同高度空气体积的十万分之一以下)。臭氧层能阻挡太阳光高能紫外线辐射对生命的危害。

14.1084 笑气 laughing gas，nitrous oxide

一氧化二氮，分子式为 N_2O，常温常压下是无色、无毒、稍有芳香味的不活泼性气体。在医疗上常用作麻醉剂。对神经有奇特作用，人吸入少量便发生狂笑，故得此名。

14.1085 惰性气体 inert gas，rare gas

又称“稀有气体”。氦、氖、氩、氪、氙、氡等六种气体，均属零族元素，单元子分子，无色无臭，化学性质极不活泼，不易与其他元素发生化学反应，故称惰性气体。除氡外，惰性气体在工业上都有重要用途。

14.1086 医用中心吸引系统 centralized vacuum-supply system

设置总负压气源(中心吸引站)，通过真空泵机组的抽吸使吸引系统管道达到所需负压值，再通过管网连接各需要真空吸引的终端设备，用以吸排医疗废气、污液的工艺系统。

14.1087 医用中心供氧系统 centralized oxygen-supply system

设置总医用供氧站，通过管网连接各需要医疗氧气的终端设备，给各需要医疗氧气的网点供氧的工艺系统。

14.1088 医用氧舱 medical hyperbaric oxygen chamber

能保持在压力和富氧环境下进行治疗、手术、抢救的一种舱体型密闭医用设备。包括：舱体，配套压容器，供、排气系统，供、排氧系统，电气系统，空调系统，消防系统，以及所属的仪器仪表和控制台。

14.1089 医用氧气加压舱 medical hyperbaric chamber pressurized with medical oxygen

加压介质为氧气的医用氧舱。一般用于最高工作压力不大于 0.2MPa 的单人医用氧舱或婴幼儿氧舱。

14.1090 医用空气加压舱 medical hyperbaric chamber pressurized with air

加压介质为空气的医用氧舱。一般用于最高工作压力不大于 0.3MPa 的单人或多人医用氧舱。

14.1091 真空 vacuum

在指定空间内，气体压强低于当地环境大气压强的稀薄气体状态。

14.1092 真空度 degree of vacuum

真空状态下气体的稀薄程度。通常用压力值(Pa)表示。真空区域大致划分如下：低真空 10^5 Pa $< P \leqslant 10^2$ Pa；中真空 10^2 Pa $< P \leqslant 10^{-1}$ Pa；高真空 10^{-1} Pa $< P \leqslant 10^{-5}$Pa；超高真空 $P < 10^{-5}$ Pa。

14.1093 真空系统 vacuum system

由同一设计条件确定、且相互连通，由生产、测量、控制、利用真空的设备、设施、仪器、仪表、终端设备及其连接管道构成的工艺系统。

14.1094 真空流导 vacuum conductance

在等温条件下，气体流过导管(或孔洞)时，其流量与导管的两规定截面(或孔的两侧)的平均压力差之比。是真空流阻的倒数。

14.1095 真空泵 vacuum pump

用于把气体或蒸汽从指定空间抽出，以获得真空的装置。

14.1096 真空泵抽气速率 volume flow rate of a vacuum pump

简称“泵抽速”。单位时间内，真空泵按规定条件工作时，泵入口处排除的气体体积(泵入口压强下)流量。量纲为 L/s 或 m^3/s。

14.1097 真空泵极限压力 vacuum ultimate pressure of a pump

泵在装有标准试验罩、按规定条件正常工作、空载运转(不引入气体)时，趋于稳定压力时的最低压力。

14.1098 压力容器 pressure vessel

顶部最高工作压力为 $P_w \geqslant 0.1$MPa(表压)的容器。容器按器内承受的压力分类：有压力容器、常压容器、真空容器三种。按其设计压力不同又分为：低压容器(0.1MPa $\leqslant P_w <$ 1.6MPa、中压容器(1.6MPa $< P_w <$ 10MPa、高压容器(10MPa $\leqslant P_w <$ 100MPa、超高压容器($P_w \leqslant$ 100MPa)四个等级。

14.1099 压力管道 pressure pipe，pressure tube

按管内承受的压力分类，最高工作压力≥0.1MPa 的管道。

14.1100 公称直径 nominal diameter

又称“公称通径”。管子、管件、阀门等的公称直径是按国家标准 GB/T 1047—2005《管道元件 DN(公称尺寸)的定义和选用》

表示的名义直径。压力容器的公称直径是按国家标准 GB/T 9019—2001《压力容器公称直径》表示的容器名义直径，其中对卷制圆筒以圆筒的内直径为公称直径；对钢管制圆筒以钢管外径(mm)为公称直径。

14.1101 公称压力 nominal pressure
管子、管件、阀门等在规定温度允许范围内，以国家标准GB/T 1048—2005《管道元件PN(公称压力)》系列压力等级表示的工作压力。

14.1102 许用应力 allowable stress
确保设备材料不发生破坏性变形的、允许使用的最大应力。由材料的强度极限或屈服极限除以相应的安全系数取得，或由可靠的分析方法确定。

14.1103 应力集中 stress concentration
受载零件或构件在形状、尺寸局部急剧变化时出现的应力增大现象。

14.1104 强度极限 strength limit
在荷载作用下的材料变形达到破坏时的最小应力。

14.1105 屈服极限 yield limit
又称“屈服应力”、“屈服强度”。在荷载作用下的材料开始出现屈服形变时的最小应力。

14.1106 疲劳极限 fatigue limit，endurance limit
材料在指定循环基数下能长久承受的最大交变应力。对钢材：指定循环基数一般规定为 10^7 次或更高；对铝合金等有色金属：指定循环基数一般规定为(5~10) × 10^7 次。

14.1107 电弧焊 arc welding
利用电弧作为热源的熔焊方法。

14.1108 气体保护电弧焊 gas metal arc welding
简称“气体保护焊”。用外加气体作为电弧介质保护电弧焊接区的电弧焊。常用的有惰性气体保护焊、二氧化碳气体保护焊。

14.1109 气焊 oxyfuel gas welding
利用气体火焰作为热源的焊接方法。

14.1110 钎焊 brazing，soldering
采用比母材熔点低的金属材料作为钎料，将焊件和钎料加热到高于钎料熔点，低于母材熔点，并以液态钎料润湿母材填充接头间隙，实现连接焊件的方法。

14.1111 热处理 heat treatment
对固态金属或合金采用适当方式进行加热、保温、冷却，以获得所需要的组织结构与性能的加工方法。

14.1112 无损检测 non-destructive testing
曾称“无损探伤”。在不损坏被检查材料或成品的性能和完整性的条件下，借助技术和设备器材，以物理方法或化学方法为手段，对试件内部及表面的结构、性质、状态进行检查和测试的检测方法。

14.1113 超声检测 ultrasonic testing，UT
曾称“超声波探伤”。利用超声波在被检材料中传播时，材料内部缺陷所显示的声学性质对超声波传播的影响来探测其内部缺陷的检测方法。

14.1114 射线检测 radiographic testing，RT
曾称“射线探伤”。利用易于穿透物质的 X 射线、γ 射线或中子射线对材料或试件进行透照，检查其内部缺陷，或根据衍射特性对其晶体结构进行分析的检测方法。

14.1115 磁粉检测 magnetic particle flaw detection，magnetic testing，MT
曾称“磁粉探伤”。借助于磁粉显示出铁磁

性材料漏磁场的分布，从而发现材料表面或近表面缺陷的检测方法。

14.1116　理化检验　physical and chemical examination

采用化学分析、硬度测定、光谱分析、金相检验等无损设备结构的微创方法进行表面检测，检验材料是否劣化、是否符合要求的检测方法。

14.1117　渗透检测　penetrant testing，PT，penetrant flaw detection

曾称“渗透探伤”。借助显示剂的作用，观察从材料或零部件表面缺陷中吸出的渗透液显示缺陷的检测方法。其中用着色渗透液在可见光线照射下观察缺陷痕迹的检测为着色渗透检测；用荧光渗透液在紫外线照射下，通过激发出的荧光观察缺陷痕迹的检测为着荧光渗透检测。

14.1118　耐压试验　pressure test

又称“强度试验”。将水或油、气等充入容器或管道系统内，徐徐加压，以检查其泄露、耐压破坏等的试验方法。

14.1119　气密性试验　airtightness test，gastightness test

又称“严密性试验”。将压缩空气(或氨、氟利昂、氦、卤素气体等)压入容器或管道系统内，利用其内外气体的压力差检查有无泄漏的试验方法。

14.1120　应力腐蚀　stress corrosion

由残余应力或外加应力和腐蚀联合作用所产生的材料破坏。

14.1121　气蚀　cavitation corrosion

又称“空泡腐蚀”、“空蚀”。流体中气泡破裂和腐蚀介质联合作用产生的材料破坏。在水泵、水轮机等流体设备中，当运行压力≤饱和水温时，便产生气泡，气泡被冲入高压区时，被压缩破裂，在破裂瞬间，形成高速水柱和高压(可高达4000atm，1atm=0.101325MPa)冲击，空泡的反复出现和消失，使材料受到疲劳破坏和腐蚀。

14.1122　碱脆　caustic embrittlement

碳钢或不锈钢等材料在碱溶液中由拉伸应力和腐蚀的联合作用而产生的破坏过程。如锅筒的铆接、胀接或其他应力集中部位，因游离碱(氢氧化钠)含量过高产生金属晶间裂纹的脆化。

14.1123　杂散电流腐蚀　stray current corrosion

由于外界各种电器设备的漏电或接地，在土壤中形成的杂散电流，引起对埋地金属管道、设备的腐蚀。

14.1124　电化学保护　electrochemical protection

通过控制金属电位来避免产生腐蚀的方法。

14.1125　阴极保护　cathodic protection

通过降低需要保护金属的电位，使腐蚀速率显着减小而实现降低腐蚀的电化学保护。

14.1126　阳极保护　anodic protection

以需要保护的金属为阳极，通过导入电流提高可钝化金属电位到相应的钝态电位值，从而实现腐蚀值很低的电化学保护。只适用于对不锈钢、碳钢等可钝金属的保护。

14.1127　牺牲阳极电保护　sacrificial anode protection，cathodic protection with sacrificial anode

又称“牺牲阳极阴极保护”。通过用腐蚀速度更快地辅助相极(牺牲阳极)与需保护金属耦接构成腐蚀电池，从而获得保护电流所实现的电化学保护。

英 汉 索 引

A

absolute elevation 绝对标高 09.0116
absolute humidity 绝对湿度 10.0461
absorber performance 吸波性能 11.0252
absorption 吸收 11.0226
absorption loss 吸收损耗 11.0227
absorption-type refrigerating machine 吸收式制冷机 14.0340
absorptivity 吸收率 10.0357
academic library 高[等学]校图书馆 02.0243
academy 书院 03.0173
accent lighting 重点照明 10.0062
acceptance after inspection 验收 06.0091
acceptance of project 工程验收 06.0105
access control 访问控制 14.0780
access control system 出入口控制系统 14.0665
access door 检查门 14.0282
access gallery 跑场道 02.0414
accessibility 可达性 07.0338
accession file room 藏品档案室 02.0296
accessory 配饰 09.0367
accidental action 偶然作用，*偶然荷载 13.0078
account period 计算期 05.0056
accouplement 双柱 03.0297
a certificate of registered architect 注册建筑师证书 06.0046
achromatic color 无彩色 09.0474
acid corrosion 酸腐蚀 11.0359
acidity 酸度 14.1037
acid rain 酸雨 14.1007
acoustic 音质 10.0217
acoustical control room 音响控制室，*声控室 02.0406
acoustical design 音质设计 10.0218
acoustical room 可调混响室，*混响小室 02.0403
acoustical shell 声罩 02.0379
acoustic chamber 吸声室 02.0225
acoustic feedback 声反馈 10.0322
acoustic ratio 声学比 10.0242
acoustics 声学 10.0166
acoustics laboratory 声学实验室 02.0211
ACS 出入口控制系统 14.0665
A-C speed regulating by frequency variation 交流变频调速 14.1065
acting area 表演区 02.0366
action 作用 13.0074
action with alarm 报警联动 14.0663
active noise [vibration] control 有源噪声[振动]控制 10.0314
active power 有功功率 14.0420
active space 积极空间 01.0102
active vibration isolating device 主动控制隔振装置 11.0213
active vibration isolation 主动隔振 11.0209
actual size 实际尺寸 01.0112
actuated type control valve 驱动式调节阀 14.1072
actuator 执行器 14.0361
additional heat loss 附加耗热量 14.0221
adhesive bitumen primer 冷底子油 09.0276
adiabatic 绝热 10.0368
adjacent color 邻近色 09.0463
adjustable luminaire 可调式灯具 10.0098
administration building 行政办公楼 02.0105
administration of real estate transaction 房地产交易管理 06.0167
administration system of building industry 建筑管理体制 01.0010
administrative-office zone 行政办公区 02.0113
administrative room 教学管理用房 02.0171
administrative supervision of tender 招标活动行政监督 06.0056
adsorbent 吸附剂 14.1012
adsorption 吸附 14.1009
advanced water treatment 深度净化处理 14.0133
advance sale of commodity house 商品房预售

06.0152
Aegean architecture 爱琴建筑 03.0258
aerated concrete block 加气混凝土砌块 12.0127
aerated glass 充气玻璃 12.0180
aerated gypsum panel 充气石膏板 12.0155
aerobics classroom 韵律教室，* 有氧运动室，* 舞蹈教室 02.0446
aerodrome 机场，* 航空港 02.0673
AFC 自动售检票 02.0762
affordable housing 经济适用房 06.0163
aggregate 骨料 12.0104
aging 老化 12.0037
agricultural and forestry land 农林用地 07.0128
agricultural building 农业建筑，* 农业生产建筑 02.1054
agricultural machine repair station 农机具维修站，* 农机修理站 02.1125
agricultural machinery plant 农业机械厂 02.0965
agricultural service center 农业服务中心 02.1129
agricultural tool shed 农具棚 02.1124
agrometeorological station 农业气象站 02.1128
agro-products storage building 农产品储藏库 02.1102
air atomizing oil burner 空气雾化油燃烧器 14.0965
airborne particle 空气悬浮粒子 11.0165
airborne sound 空气声 10.0255
air change 换气 14.0253
air channel 风道 14.0264
air circuit-breaker 空气断路器 14.0538
air cleaner 空气净化器 11.0325
air collector 集气罐 14.0244
air-conditioned cold store 气调库，* 气冷库 02.1108
air conditioning 空气调节 14.0284
air conditioning system cooling load 空气调节系统冷负荷 14.0370
air conditioning system of variable volume 变风量空气调节系统 14.0288
air-cooled condenser 风冷式冷凝器 14.0354
aircraft engine test stand room 航空发动机试验室 02.0954
aircraft hangar 飞机库 02.0955
aircraft manufactory 飞机制造厂 02.0953
air curtain 空气幕，* 风幕 14.0241
air defence gateway 人防口部 11.0144
air distribution 气流组织 14.0303
air-dried timber 气干材 12.0233
air duct 风管 14.0263
air dynamic coefficient 空气动力系数 10.0388
air entraining admixture 引气剂 12.0088
air entraining and water reducing admixture 引气减水剂 12.0085
air filtration 空气过滤 11.0324
air gap 空气间隙 14.0022
air grill 格栅式风口 14.0277
air handling unit room 空气调节机房 14.0383
air hardening binder 气硬性胶凝材料 12.0010
air leakage 空气渗透 10.0429
air lock 气闸室 11.0177
air pattern 气流流型 11.0168
air permeability performance 气密性能 12.0038
airport 机场，* 航空港 02.0673
air preheater 空气预热器 14.0350
air pressure 大气压力 10.0471
air return through corridor 走廊回风 14.0322
air-seasoned timber 气干材 12.0233
air shower 空气吹淋室 11.0176
airside 空侧，* 空区 02.0675
air source heat pump 空气源热泵 14.0389
air space 空气间层 10.0402
air supported structure 气承式膜结构 13.0193
air-termination system 接闪器 11.0058
airtight blast door 防护密闭门 11.0146
airtight door 密闭门 11.0147
airtightless space 染毒区，* 非密闭区 11.0140
airtightness 气密性 10.0428
airtightness test 气密性试验，* 严密性试验 14.1119
airtight partition wall 密闭隔墙 11.0159
airtight space 清洁区，* 密闭区 11.0139
airtight valve 密闭阀门 11.0151
air-to-air total heat exchanger 全热换热器 14.0347
air-water system 空气-水系统 14.0291
aisle 书架通道 02.0319，侧廊 03.0279
alarm and control system for electric fire prevention 电气火灾监控系统 14.0600
alarm controller 报警控制设备 14.0644
alarm receiving center 报警接收中心，* 接处警中心 14.0816
alarm recheck 报警复核 14.0640
alarm zone 报警区域 11.0114

alkali aggregate reaction　混凝土碱集料反应，＊混凝土碱骨料反应　12.0014
alkaline corrosion　碱腐蚀　11.0360
alkalinity　碱度　14.1036
alkali-resistant glass fiber　耐碱玻璃纤维　12.0137
all-air system　全空气系统　14.0290
all day hot water supply system　全日热水供应系统　14.0096
alley　巷　07.0286
allocation of the land use right　国有土地使用权划拨　06.0129
allowable stress　许用应力　14.1102
allowance value of vibration　容许振动值　11.0200
altar　祭坛　03.0188
Altar of Land and Grain　社稷坛　03.0193
alternating current motor　交流电动机　14.0476
aluminum door and window　铝合金门窗　12.0301
aluminum alloy liner plastic pipe　铝合金衬塑管　12.0338
aluminum alloy pipe　铝合金管　12.0329
aluminum alloy sheet　铝合金板　12.0223
aluminum honeycomb composite panel　铝蜂窝复合板，＊铝蜂窝板　12.0226
aluminum pipe　铝管　12.0328
aluminum-plastic composite panel　铝塑复合板，＊铝塑板　12.0225
aluminum-plastic composite pipe　铝塑复合管　12.0336
aluminum polyethylene composite pressure pipe　铝塑复合管　12.0336
aluminum sheet　铝单板　12.0224
ambassador residence　大使官邸　02.0134
ambient noise　环境噪声　10.0188
ambient temperature　环境温度　11.0121
ammeter　电流表　14.0527
amorphous materials　非晶材料　12.0005
amplitude　振幅　13.0046
amplitude domain　幅域　11.0191
amplitude modulation　调幅　14.0739
amusement center　娱乐中心　02.0427
amusement park　游乐园，＊游乐场　02.0422
analog video signal　模拟视频信号　14.0647
analog video surveillance system　模拟视频监控系统　14.0656
analogy color　类似色　09.0462
analysis of city eco-sensitivity　城镇生态敏感性分析　07.0036
anastylosis of heritage　原物归安　03.0426
ancestral hall　宗祠，＊家庙，＊祖祠　03.0196
ancient building surveying　古建测绘　04.0027
ancient Egyptian architecture　古埃及建筑　03.0252
ancient Greek architecture　古希腊建筑　03.0260
ancient Indian architecture　古印度建筑　03.0257
ancient Roman architecture　古罗马建筑　03.0261
ancient Roman forum　古罗马城市广场　03.0262
ancient Roman thermae　古罗马浴场　03.0263
anechoic enclosure　全电波暗室　11.0255
anechoic room　消声室，＊无回声室，＊自由场室　02.0226
anesthesia room　麻醉室　02.0562
anesthesiology department　麻醉科　02.0564
ang　昂　03.0055
angle factor　＊角系数　14.0297
angle steel　角钢，＊角铁　12.0214
angwei tiaowo　昂尾挑斡　03.0056
animal farm　畜牧场　02.1056
animal laboratory　动物实验室　02.0218
annual　历年　10.0502
annual temperature range　气温年较差　10.0472
anodic protection　阳极保护　14.1126
anteroom　门厅　02.0022，宴会厅前厅　02.0662
anti-biohazard laboratory　防生物危害实验室　02.0220
anti-bomb unit　抗爆单元　11.0142
anticorrosive chamber　防腐室　02.1139
anti destroyed ability　防破坏能力　14.0667
anti-disaster access　救灾通道　07.0237
anti-explosion cable pit　防爆波电缆井　11.0137
anti-freezing admixture　防冻剂　12.0091
anti-liquefaction measure　抗液化措施　11.0036
anti-noise spacing　防噪间距　11.0337
anti pass-back　防目标重入　14.0670
anti-rat grille　防鼠隔栅　11.0380
anti-rat plate　防鼠板　11.0381
antistatic control worktable　防静电工作台　11.0314
anti-technical open ability　防技术开启能力　14.0668
anti-termite barrier　防白蚁屏障　11.0379
apartment　公寓　02.0091

apartment building　单元式住宅　02.0085
apartment-office building　公寓式办公楼　02.0108
apartment of tower building　塔式住宅，＊塔式高层住宅　02.0088
APM　旅客捷运系统　02.0700
apparent power　视在功率　14.0419
apparent sound reduction index　表观隔声量　10.0264
application software　应用软件　14.0799
apportionment of common-floorage　商品房公用建筑面积分摊　06.0159
apprenticeship of architectural education　学徒制建筑教育　04.0001
approving authority　审定人　06.0032
apron　[停]机坪，＊站坪　02.0679；散水　09.0213
aquafarm　水产养殖场　02.1120
aquarium　水族馆　02.0263
aquatic center　游泳馆　02.0459
aquatic sport waters　水上运动场　02.0477
arch　券　03.0320，拱　13.0182
arch bridge　拱桥　08.0119
archery field　射箭场　02.0469
archery tower　箭楼　03.0158
architect　建筑师　01.0028
architect associate　建筑师事务所　06.0014
architectural acoustics　建筑声学　10.0167
architectural aesthetics　建筑美学　01.0052
architectural art　建筑艺术　01.0053
architectural art practice　建筑美术实习　04.0030
architectural configuration composition　建筑形态构成　01.0080
architectural construction　建筑构造　01.0037
architectural creation　建筑创作　01.0055
architectural culture　建筑文化　01.0033
architectural design　建筑设计　01.0016
architectural design and its theory　建筑设计及其理论　04.0011
architectural design institute　建筑设计院　06.0013
architectural design institution　建筑设计单位　06.0012
architectural design studio　建筑设计专题教学　04.0040
architectural detail　建筑详图　09.0086
architectural detail drawing　建筑大样图，＊节点详图　09.0087
architectural drawing　建筑画　09.0376
architectural education　建筑教育　01.0026
architectural education accreditation　建筑学专业教育评估　04.0037
architectural form　建筑形式　01.0056
architectural function　建筑功能　01.0051
architectural geometry　建筑图学　01.0038
architectural hardware　建筑五金　12.0227
architectural heritage　建筑遗产　03.0405
architectural history　建筑史　01.0006
architectural history and theory　建筑历史与理论　04.0012
architectural image　建筑造型　01.0058
architectural lighting　建筑光学　10.0001
architectural presentation　建筑表达　04.0047
architectural programming　建筑策划　06.0073
architectural reflective thermal insulation coating　建筑反射隔热涂料　12.0257
Architectural Society of China　中国建筑学会　06.0002
architectural space　建筑空间　01.0087
architectural space combination　建筑空间组合　01.0082
architectural space composition　建筑空间构成　01.0081
architectural style　建筑风格　01.0057
architectural theory　建筑理论　01.0007
architecture　建筑　01.0001，建筑学　01.0002
architecture discipline　建筑学学科　04.0010
architrave　额　03.0063，额枋　03.0301
architrave［horizontally positioned］　普拍枋　03.0062
archives　档案馆　02.0246
archives room　档案室　02.0119
arc welding　电弧焊　14.1107
area for control of construction around a site protected　文物保护单位建设控制地带　03.0400
area of protection for a site protected　文物保护单位保护范围　03.0399
area of sprinkler operation　作用面积　14.0150
arena　体育场　02.0454，竞赛区，＊比赛场地　02.0480
arena stage　中心式舞台，＊岛式舞台　02.0358
army horse-keeping farm　军马场，＊役马场　02.1075
array cabinet　列头柜　14.0731

arrival hall　迎客厅，＊到达旅客厅　02.0697；出站厅　02.0729
arsenal　兵工厂　02.0960
art and craft factory　工艺美术厂　02.1000
art deco　装饰艺术派　03.0343
artificial climate control installation for agriculture　农用人工气候设施　02.1127
artificial hill　假山　08.0134
artificial lightweight aggregate　人造轻骨料　12.0110
artificial materials　人工材料　12.0012
artificial panel curtain wall　人造板幕墙　09.0189
artificial stone　人造石[材]，＊仿石材　12.0202
artistic value　艺术价值　03.0393
art museum　美术馆　02.0252
art nouveau　新艺术运动　03.0344
art room　美术教室　02.0181
arts and crafts movement　艺术与工艺运动　03.0342
arts and crafts store　工艺美术品店　02.0617
asbestos cement tile　石棉水泥瓦　12.0132
as-built drawing　竣工图　06.0106
as-built test　空态测试　11.0184
ASC　中国建筑学会　06.0002
ash content of coal　煤的灰分　14.0871
asphalt　沥青　12.0271
asphaltic base waterproof coating　沥青基防水涂料　12.0277
asphalt shingle made from glass felt　玻纤胎沥青瓦，＊沥青玻纤瓦　12.0133
aspirating smoke detection fire alarm system　吸气式烟雾探测火灾报警系统　14.0613
assembled monolithic concrete structure　装配整体式混凝土结构　13.0106
assembling shop　装配车间　02.1037
assembly hall　会议厅　02.0112
assessment of heritage　遗产评估　03.0416
asset liability ratio　资产负债率　05.0070
assistant line　辅助线　02.0742
assistant vent stack　副通气立管　14.0073
associated gas　石油伴生气　14.0888
associative dimensioning　相关尺寸标准　09.0155
assorted color　间色，＊第二次色　09.0444
Assyrian architecture　亚述建筑　03.0255
astronaut training building　航天员训练建筑　02.0956
atelier　美术教室　02.0181
athletics　田径场　02.0461
atmosphere transparency　大气透明度，＊大气透明系数　10.0478
atmospheric burner　大气式燃烧器，＊引射式预混燃烧器　14.0967
atmospheric corrosion　大气腐蚀性　11.0361
atmospheric hot water boiler　常压热水锅炉，＊无压锅炉　14.0949
atmospheric layer　大气层　14.1002
atmospheric pollution　大气污染　11.0321
at-rest test　静态测试　11.0185
atrium　中庭　02.0057
attached building　附属建筑　09.0042
attached corridor　副阶　03.0015
attached green space　附属绿地　08.0026
attenuating shock wave equipment　消波设施　11.0152
attenuation　衰减　11.0225
attic　阁楼　09.0265
audible sound　可听声　10.0183
audience capacity　观众容量　02.0341
audio frequency response　音频频率响应　14.0742
auditor　审核人　06.0031
auditorium　报告厅　02.0034；观众厅　02.0335
authentication room　鉴定室　02.0306
authenticity of heritage　遗产真实性　03.0383
autoclaved aerated concrete slab　加气混凝土板　12.0153
autoclaved brick　蒸压砖　12.0144
automat　自动售货式食堂　02.0608
automated people mover　旅客捷运系统　02.0700
automatic dimming daylighting　自动调光采光　10.0134
automatic door　自动门　09.0298
automatic exhaust valve　自动排气活门　11.0155
automatic fare collection　自动售检票　02.0762
automatic fire monitor extinguishing system　自动消防炮灭火系统　14.0170
automobile factory　汽车制造厂　02.0964
automobile gas filling station　汽车加气站　02.0847
autopsy room　解剖室　02.0569
auto-transformer starting　自耦变压启动　14.0485
autumnal equinox　秋分日　10.0521
auxiliary eave　缠腰　03.0014
auxiliary relay　中间继电器　14.0558

auxiliary stack　辅助书库，*流通书库　02.0310
auxiliary system　辅助系统　14.0751
avenue tree　行道树　08.0081
average hourly water consumption　平均时用水量　14.0017
average peak load　平均最大负荷　14.0454
average sound absorption coefficient　平均吸声系数　10.0291
average stories of house　住宅平均层数　07.0282
average value of daylight factor　采光系数平均值　10.0137
A-weighted sound pressure level　A[计权]声[压]级　10.0306
awning　遮阳篷　12.0308
axial fan　轴流式通风机　14.0270
axial line　定位轴线　01.0109
axis　定位轴线　01.0109
axonometric drawing　轴测图　09.0095
axonometric drawing linear dimension　轴测图线性尺寸　09.0127

B

Babylonian architecture　巴比伦建筑　03.0254
bachelor of architecture　建筑学学士　04.0034
back-cloth light　天幕光　02.0399
backflow pollution　回流污染　14.0021
backflow preventer　倒流防止器　14.0023
background noise　背景噪声　10.0189
background projector room　背投室　02.0420
back-pressure turbine　背压式汽轮机　14.0932
back stage　后舞台　02.0363
backstage　后台　02.0409
bacteria　菌种　11.0377
bacteria-free room　无菌室　02.0227
bag filter　袋式除尘器　14.0274
baggage handling system　行李处理系统　02.0699
baggage reclaim hall　行李提取厅　02.0696
bagged material warehouse　袋装仓库　02.0883
balanced cable　平衡电缆　14.0722
balanced protection　均衡防护　14.0693
balance room　天平室　02.0232
balcony　阳台　02.0055；楼座，*楼座挑台　02.0337
ballast　镇流器　10.0093
ballroom　舞厅，*歌舞厅　02.0432；宴会厅　02.0661
baluster　望柱　03.0117
balustrade　寻杖　03.0118
bamboo floor　竹地板　12.0319
bamboo furniture　竹家具　09.0399
ban　瓣　03.0028
bank　银行　02.0623
bank branch　银行分理处　02.0627
banquet hall　宴会厅　02.0661
baofucaihua　包袱彩画　03.0146
baosha　抱厦　03.0016
bar　酒吧　02.0649
barber shop　理发店　02.0620
barbican　瓮城　03.0157
bare root transplanting　裸根移植　08.0163
barge board　封檐板　09.0259
Baroque architecture　巴洛克建筑　03.0273
barrelled material warehouse　桶装仓库　02.0882
barrel vault　筒拱　03.0313
barrier-free design　无障碍设计　01.0065
barrier-free entrance　无障碍入口　09.0062
baseball field　棒球场　02.0463
basement　地下室　02.0017
basement waterproofing　地下室防水　09.0268
base price　标底　05.0005
base shear method　底部剪力法　13.0241
basic exhibition hall　基本陈列展厅　02.0271
basic farmland reserve　基本农田保护区　07.0182
basic heat loss　基本耗热量　14.0220
basic intensity　基本烈度　11.0008
basic land price　基准地价　06.0138
basic limit　基本限值　11.0274
basic module　基本模数　01.0106
basic signal for logical program　联动触发信号　14.0605
basic stack　基本书库，*储存书库　02.0309
basic surveying and mapping　基础测绘　06.0069
basic symbol　一般符号，*基本符号　09.0424
basilica　巴西利卡　03.0276

basis for coal analysis　煤质分析基准　14.0866
bathroom　浴室　02.0048
batten　吊杆　02.0390
batter truck room　电瓶车库　02.0864
battery　电池　14.0450
baud　波特　14.0784
Bauhaus architecture education　包豪斯建筑教育　04.0003
bay　开间　01.0128；间　03.0017
bay window　凸窗　09.0308
beacon　灯塔　02.0768
beam　梁　03.0070
bearing block　斗　03.0047
bearing stratum　持力层　13.0287
bearing wall　承重墙　13.0156
beauty salon　美容院　02.0621
Beaux-Arts architecture education　巴黎美术学院建筑教育　04.0002
bed　床位　02.0670，床　09.0382
bedroom　卧室　02.0101
bee house　养蜂室，＊室内养蜂场　02.1078
behavioral architecture　建筑行为学　01.0068
behavioral space　行为空间　01.0089
Beijing Charter　北京宪章　07.0300
bel　贝[尔]　10.0193
bell and drum tower　钟鼓楼　03.0168
bench　凳　09.0390
bending moment　弯矩　13.0012
bend muffler　消声弯头　14.0380
bent　排架　13.0149
bent frame　排架　13.0149
bentonite　膨润土　12.0206
beverage factory　饮料厂　02.1011
BHS　行李处理系统　02.0699
bicycle shed　自行车棚　02.0786
bidding price　投标价　05.0035
big tree transplanting　大树移植　08.0161
billiard parlor　台球室，＊桌球房　02.0447
billiard room　台球室，＊桌球房　02.0447
bill of quantity　工程量清单　05.0006
BIM　建筑信息模型　09.0135
binding course　结合层　09.0249
binding materials　胶凝材料，＊胶结料　12.0008
bioclean operating room　无菌手术室　02.0558
bioengineering manufactory　生物制品厂　02.0985
biogas　沼气，＊生物气　14.0855
biogas digester　沼气池　02.1118
biological culture laboratory　生物培养室　02.0219
biology laboratory　生物实验室　02.0217
biomass energy　生物质能　14.0853
biotechnology manufactory　生物制品厂　02.0985
bird's eye view　鸟瞰图　09.0100
bit　比特　14.0783
bitumen　沥青　12.0271
bixie　辟邪　03.0205
black body　黑体　10.0362
black-box theater　黑匣子剧场　02.0328
blast door　防护门　11.0145
blast furnace gas　高炉煤气　14.0897
blastproof and gasproof septic tank　防爆防毒化粪池　11.0156
blastproof floor drain　防爆地漏　11.0136
blastproof partition wall　临空墙　11.0160
blast valve　防爆波活门　11.0148
bleacher　看台　02.0486
bleeding　泌水性，＊析水性　12.0024
blind's garden　盲人公园　08.0016
blind area　盲区　14.0691
block　街区　07.0200
block and bracket cluster　斗栱　03.0039
blockboard　细木工板，＊大芯板　12.0236
block masonry structure　砌块砌体结构　13.0114
block system　里坊　03.0162
blood bank　血库　02.0565
blood sample collecting room　采血室　02.0537
blower door equipment　鼓风门测定仪　10.0443
blue roofing tile　青瓦　12.0130
blur space　灰空间，＊模糊空间　01.0094
B mode ultrasound room　超声波室，＊B超室　02.0580
board　板材　12.0231
boarding bridge　[旅客]登机桥　02.0687
boarding nursery　寄宿制托儿所　02.0165
boarding school　寄宿制学校　02.0162
boat house　石舫　08.0114
body cleaning　人身净化　11.0327
boiler　锅炉　14.0943
boiler [heat] efficiency　锅炉热效率　14.0941

boiler outlet gas temperature　锅炉排烟温度　14.0942
boiler plant　锅炉房　02.0834
boiler proper　锅炉本体　14.0944
boiler rated capacity　锅炉额定容量，* 锅炉额定负荷　14.0938
boiler unit　锅炉机组　14.0945
boiling spill oil　沸溢性油品　11.0135
bonded prestressed concrete structure　有黏结预应力混凝土结构　13.0101
bonsai garden　盆景园　08.0015
book-keeping department　典藏室　02.0315
books lending　图书外借处　02.0302
booster pump　中继泵　14.1046
borrowed light window　间接采光窗　09.0311
botanical garden　植物园　08.0013
boulevard　林荫道　07.0336
boundary layer　边界层　10.0353
boundary line　红线　07.0215
boundary line of land　用地红线　07.0216
boundary of the nominated property　世界遗产核心区　03.0397
boundary wall　围墙　09.0197
bowling alley　保龄球馆　02.0465
bowling room　保龄球馆　02.0465
box　包厢　02.0338
box foundation　箱形基础　13.0302
bracket　栱　03.0051；托座，* 牛腿　09.0218
bracket-arm　栱　03.0051
bracket set　斗栱　03.0039
braking sectional view　断裂剖视图　09.0092
branch console　分控　14.0655
brazing　钎焊　14.1110
break-even analysis　盈亏平衡分析　05.0059
breaking capacity　分断能力　14.0511
breathe vibration　喘振　14.1018
breeding bird housing　种鸡舍　02.1068
brick masonry structure　砖砌体结构　13.0112
brick work　砖作　03.0134
bridge　桥梁　03.0167
bridge and culvert　桥涵　09.0056
bridge-cut aluminum alloy door and window　断桥铝门窗　12.0305
bridge pavilion　亭桥　08.0121
brightness　明度　09.0450
brightness contrast　明度对比，* 色彩的黑白度对比　09.0484
British school of built heritage conservation　英国文物建筑保护学派　03.0413
brittle failure　脆性破坏　13.0087
broadacre city　广亩城市　07.0297
broadcasting station　广播电台，* 广播中心　02.0805
broadcasting studio　播音室　02.0824
broadcasting tower　广播电视[发射]塔　02.0810
brocade-like pattern　包袱彩画　03.0146
broiler house　肉鸡舍　02.1070
brooder　育雏鸡舍　02.1066
brown field　棕地　07.0168
brutalism　粗野主义，* 蛮横主义，* 粗犷主义　03.0359
buckling　屈曲　13.0043
Buddhist monastery　佛[教]寺[院]　03.0207
Buddhist temple complex　佛[教]寺[院]　03.0207
buffer room　缓冲间　02.0288
building　建筑　01.0001；建筑物　* 房屋　01.0003
building altitude　建筑高度　01.0132
building and facility of protected culture land　保护地栽培建筑设施　02.1084
building backbone cable　建筑物主干缆线　14.0711
building bio-climatic chart　建筑生物气候图　10.0497
building climate demarcation　建筑气候区划　10.0447
building climatology　建筑气候学　10.0446
building complex　综合楼，* 建筑综合体　02.0003
building construction　建筑施工　01.0036
building control high　建筑控制高度　09.0023
building coverage　建筑密度　07.0204
building covering area　基底面积　01.0134
building density　建筑密度　07.0204
building design　房屋设计　01.0017
building dimension　建筑规模　09.0039
building disaster prevention　建筑防灾　01.0021
building distributor　建筑物配线设备　14.0705
building drain　排出管　14.0060
building drainage　建筑排水　14.0042
building economics　建筑经济[学]　01.0025
Building Education Program of the Nationalist Government in Nanjing　南京国民政府建筑教育计划　04.0009
building energy conservation　建筑节能　01.0044

building entrance facility 建筑物入口设施 14.0707
building envelope 围护结构 10.0415
building environment model 建筑环境模型 09.0101
building environment protection 建筑环保 01.0045
building equipment 建筑设备 01.0024
building equipment engineer 建筑设备工程师 01.0031
building evaluation 建筑评价 01.0043
building expansion 扩建 01.0062
building foundation pit 建筑基坑 13.0309
building geotechnics 建筑勘探 01.0041
building hardware 建筑五金 12.0227
building height control 建筑高度控制，* 建筑高度限制 07.0203
building hot water 建筑热水 14.0093
building industry 建筑业 01.0008
building information model 建筑信息模型 09.0135
building interval 建筑间距 09.0038
building line 建筑红线，* 建筑控制线 07.0217
building maintenance 建筑维护 01.0047
building material factory 建筑材料厂 02.0974
building material laboratory 建筑材料实验室 02.0214
building materials 建筑材料 01.0022
building model 建筑模型 04.0045
building module 建筑模数 01.0105
building ordinance 建筑法规 01.0011
building performance 建筑性能 01.0042
building permit 建设工程规划许可证 07.0353
building permit for construction in township & village 乡村建设规划许可证 07.0354
building physics 建筑物理[学] 01.0020
building plaster 建筑石膏 12.0287
building product 建筑制品 01.0023
building reconstruction 改建 01.0061
building renovation 建筑修缮，* 房屋修缮 01.0048
building science 建筑科学 01.0034
building site 建设场地 01.0014
building site designation 建筑选址 01.0049
building site practice 工地实习 04.0028
building slope 建筑边坡 13.0311
building structural unit 建筑结构单元 13.0094
building structure [房屋]建筑结构 13.0093
building surveying 建筑测绘 01.0039
building system 建筑体系 01.0040
building technology 建筑技术 01.0035
building technology science 建筑技术科学 04.0013
building thermal engineering 建筑热工学 10.0327
building type 建筑类型 01.0005
building volume 建筑体积 01.0127
building water supply 建筑给水 14.0001
built-up area 建成区 07.0076
built vernacular heritage 乡土建筑遗产 03.0410
bujian puzuo 补间铺作 03.0041
bulk material warehouse 散料仓 02.0879
bulk storage 散料仓 02.0879
bulletin board 标示牌 02.0734
bullet resistant glass 防弹玻璃 12.0187
bundled tube structure 束筒结构 13.0140
burner 燃烧器 14.0962
burning oil [gas] hot water heaters 燃油[气]热水机组 14.0110
burst noise 突发噪声 11.0339
business center 商务中心 02.0652
business floor 商务楼层 02.0647
business hall 营业厅 02.0630
business hotel 商务旅馆 02.0642
business-living building 商住楼 02.0095
business office building 商务写字楼 02.0106
business-office zone 业务办公区 02.0114
business park 商务园 02.0110
butchery 屠宰厂 02.1005
buttress 扶壁，* 扶垛 03.0327
byte 字节 14.0785
Byzantine architecture 拜占庭建筑 03.0269

C

cabinet 柜 09.0392
cabinet gas extinguishing equipment 柜式气体灭火装置 14.0181
cable bracket 电缆支架 14.0581

cable direct burial laying　电缆直埋敷设　14.0568
cable incoming room　电缆进线室　02.0804
cable inlet distribution room　电缆分界室　14.0589
cable line　电缆线路　14.0566
cable shaft　电缆竖井　14.0575
cable-stayed structure　斜拉索结构　13.0189
cable structure　索结构　13.0187
cable-suspended structure　悬索结构　13.0188
cable television and satellite television system　有线及卫星电视系统　14.0622
cable tray　电缆桥架　14.0580
cable trough　电缆沟　14.0569
cable tunnel　电缆隧道　14.0574
cable TV plant room　有线电视机房　14.0815
cable vault　电缆夹层　14.0576
cabling　布线　14.0696
CAD　计算机辅助设计　09.0129
CA drawing　计算机辅助绘图，＊计算机制图　09.0130
CAE　计算机辅助工程　09.0131
cafe　咖啡厅　02.0651
cafeteria　食堂　02.0041；自助餐厅　02.0658
cai　材　03.0038；踩　03.0046
calcined gypsum　建筑石膏　12.0287
calibrated hot box method　标定热箱法　10.0439
caliper side stage　耳台　02.0364
call area　检录处　02.0503
calligraphy classroom　书法教室　02.0180
camel hump　驼峰　03.0069
campus backbone cable　建筑群主干电缆　14.0710
campus distributor　建筑群配线设备　14.0704
campus subsystem　建筑群子系统　14.0697
Canberra accord on architectural education　堪培拉建筑教育协议　04.0038
canopy　雨篷　09.0227
canteen　食堂　02.0041
cantilever　昂　03.0055
cantilever beam　悬臂梁　13.0170
cao　槽　03.0022
caofu　草栿　03.0071
capacitor　电容器　14.0530
capacitor bank　并联补偿电容器组　14.0531
capacitor room　电容器室　14.0590
cap block　栌斗　03.0049
capital　柱头　03.0302
capital city　都城　07.0283
carbonation　碳化作用　12.0016
cardiac care unit　冠心病监护病房，＊CCU 室　02.0587
cargo terminal　货运站　02.0860
carpentry shop　木工车间　02.1035
carpet　地毯　12.0315
car repair pit　汽车修理站，＊修车库　02.0770
carved panel　华板，＊华版　03.0119
carving room　摹拓室　02.0294
case　箱　09.0394
CASE　计算机辅助软件工程　09.0132
casement window　平开窗　09.0317
cash flow statement　现金流量表　05.0069
cashier　收费处　02.0032
casino　赌场　02.0431
casting cleaning　铸件清理车间　02.1028
casting shop　铸造车间，＊铸工车间　02.1027
cast-in-situ concrete structure　现浇混凝土结构　13.0103
cast-iron pipe　铸铁管　12.0326
cataloging room　编目室　02.0305
catalog room　目录厅　02.0303
catchment area　汇水面积　14.0091
cathode ray tube display　阴极射线管显示屏　14.0753
cathodic protection　阴极保护　14.1125
cathodic protection with sacrificial anode　牺牲阳极电保护，＊牺牲阳极阴极保护　14.1127
catladder　直爬梯　09.0332
caulking compound　嵌缝膏　12.0284
caustic embrittlement　碱脆　14.1122
caution sign　警示标志　11.0118
cavitation corrosion　气蚀，＊空泡腐蚀，＊空蚀　14.1121
cavity wall　夹心墙　09.0184
CBA　费用效益分析　05.0065
CCU　冠心病监护病房，＊CCU 室　02.0587
CEA　费用效果分析　05.0066
CEDA　中国勘察设计协会　06.0003
ceiling　顶棚　09.0201
ceiling luminaire　吸顶灯具　10.0101
cejiao　侧脚　03.0029
cell　电池　14.0450

cell site　移动通信基站　02.0796
cellulose fiber　纤维素纤维　12.0140
cement　水泥　12.0041
cement based selfleveling materials　水泥基自流平材料　12.0285
cement-bonded particleboard　水泥刨花板，＊水泥木屑板　12.0161
cementitious materials　胶凝材料，＊胶结料　12.0008
cement mortar　水泥砂浆　12.0114
cemetery　公墓　02.1142；墓园　08.0014
center for disease control and prevention　疾病预防控制中心　11.0374
center of gravity　重心　13.0032
center of material flow　物流中心　02.0884
central air conditioning system　集中式空气调节系统　14.0287
central bay　明间　03.0018
central business district　中心商务区　07.0176
central government administration district　中央行政区　07.0177
central heating　集中供暖　14.0203
central heating supply　集中供热　14.1044
central hot water supply system　集中热水供应系统　14.0094
centralized heat-supply　集中供热　14.1044
centralized oxygen-supply system　医用中心供氧系统　14.1087
centralized terminal with boarding transporter　带有转运车的集中式航站楼　02.0684
centralized terminal with fingers　带有指廊的集中式航站楼　02.0682
centralized terminal with piers　带有指廊的集中式航站楼　02.0682
centralized terminal with remote satellite　带有卫星厅的集中式航站楼　02.0683
centralized vacuum-supply system　医用中心吸引系统　14.1086
central laboratory　中央实验室　02.0906
central measuring station　中央计量站　02.0907
central processing unit　中央处理器　14.0788
central sterilized supply department　中心[消毒]供应部　02.0566
centrifugal compressor　离心式压缩机　14.0337
centrifugal fan　离心式通风机　14.0269
centroid　形心　13.0033
centroid of area　形心　13.0033
ceramic mosaic　陶瓷马赛克，＊陶瓷锦砖　12.0172
ceramic studio　陶艺馆　02.0435
ceramic tile　陶瓷砖　12.0162
ceramsite　陶粒　12.0111
certificate invalidation　证书失效　06.0054
certificate of continuing education for registered architect　注册建筑师继续教育证书　06.0048
certificate of qualification for compilation of urban planning　城市规划编制单位资质　07.0373
CG　计算机图学　09.0133
chair　椅　09.0388
chair-back balustrade　美人靠，＊鹅颈椅，＊吴王靠　03.0106
chairman of design corporation　设计公司董事长　06.0018
change-over switch　转换开关　14.0544
channel　浅槽　14.0573；信道　14.0699
channelization traffic　渠化交通　07.0241
channelized traffic　渠化交通　07.0241
channel steel　槽钢　12.0216
chanyao　缠腰　03.0014
chanzhuzao　缠柱造　03.0037
characteristic period of response spectrum　反应谱特征周期　13.0247
characteristic value of subgrade bearing capacity　地基承载力特征值　13.0285
chart　图线　09.0125
Charter for Architectural Education　建筑学教育宪章　04.0039
chashou　叉手　03.0067
chazhuzao　叉柱造，＊插柱造　03.0036
checker　校对人　06.0030
check hole　检查口　14.0064
check-in hall　办票厅，＊值机大厅　02.0690
check pipe　检查口　14.0064
check post　检票口　02.0722
chemical corrosion　化学腐蚀　11.0357
chemical deoxidization　化学除氧　14.1030
chemical energy　化学能　14.0844
chemical explosion　化学爆炸　14.0907
chemical fertilizer plant　化肥厂　02.0994
chemical material warehouse　化学品仓库　02.0881

chemical plant　化工厂　02.0993
chemical prestressed concrete　化学预应力混凝土　12.0071
chemical reaction heat regeneration　化学反应蓄热　14.1053
chemistry laboratory　化学实验室　02.0209
chenfangtou　衬枋头　03.0058
Chenghuang Miao　城隍庙　03.0177
chess room　棋牌室　02.0448
Chicago school of architecture　芝加哥建筑学派　03.0346
chicken coop　鸡舍　02.1064
chief architect　总建筑师　06.0022
chief designer　设计总负责人　06.0020
chief electrical engineer　电气总工程师　06.0024
chief mechanical and plumbing engineer　设备总工程师　06.0025
chief process engineer　工艺总工程师　06.0026
chief structural engineer　结构总工程师　06.0023
children's exhibition hall　儿童展厅　02.0270
children's paradise　儿童乐园　02.0442
children's playground　儿童游戏场　02.0443
children's welfare home　儿童福利院　02.0125
children's park　儿童公园　08.0011
chilled water system　一次泵冷水系统　14.0351
chilling room　冷却间　02.0888
China Exploration and Design Association　中国勘察设计协会　06.0003
China wood oil　桐油　12.0265
Chinese Baroque style　中华巴洛克　03.0238
Chinese lacquer　生漆，＊大漆，＊国漆　12.0266
Chinese restaurant　中餐厅　02.0656
Chinese revival　传统复兴式　03.0239
Chinese modern architectural education　中国近代建筑教育　03.0247
Chinese modern architectural media　中国近代建筑传媒　03.0248
Chinese modern architectural organization　中国近代建筑团体　03.0249
Chinese modern architectural technology　中国近代建筑技术　03.0246
Chinese modern city planning　中国近代城市规划　03.0245
Chinese modern cultural and educational architecture　中国近代文教建筑　03.0242
Chinese modern housing　中国近代居住建筑　03.0244
Chinese modern industrial architecture　中国近代工业建筑　03.0243
chishou　螭首　03.0113
chromaticity　色度　14.0772
chrysotile asbestos　温石棉，＊蛇纹石棉　12.0205
chuan　椽　03.0077
chuandou　穿斗式　03.0006
chuidai　垂带　03.0114
chuihuamen　垂花门　03.0098
chuiji　垂脊　03.0125
chuiyu　垂鱼　03.0094
chutiao　出跳　03.0045
CIF　到岸价　05.0068
cigar bar　雪茄吧　02.0650
cinema　电影院　02.0329
cinerary casket deposit room　骨灰寄存处　02.1138
CIP　铸铁管　12.0326
circuit　环形赛道　02.0494
circuit-breaker　断路器　14.0537
circulating flow　循环水量　14.0132
circulating fluidized bed boiler　循环流化床锅炉，＊循环床锅炉　14.0957
circulating period　循环周期　14.0037
circulating pump　循环泵　14.0239
circulation treating water supply system [of swimming pool]　[游泳池]循环净化给水系统　14.0033
circus　杂技场　02.0333，马戏场　02.0334
city　城市　07.0002；市　07.0003
city beautiful movement　城市美化运动　07.0295
city blue line　城市蓝线　07.0221
city center　城市中心　07.0179
city color　城市色彩　07.0327
city development goal　城市发展目标　07.0080
city development orientation　城市发展方向　07.0081
city environmental quality assessment　城市环境质量评价　07.0037
city gas　城镇燃气，＊城市煤气　14.0899
city gas transmission and distribution system　城镇燃气输配系统　14.0910
city gate tower　城楼，＊城门楼　03.0155
city green line　城市绿线　07.0220
city image　城市意象　07.0318

city planning　城市规划　07.0015
city purple line　城市紫线　07.0219
city size　城市规模　07.0079
city skyline　城市天际线　07.0325
city square　城市广场　07.0331
city wall　城墙　03.0154
city wall and moat　城池　07.0287
city yellow line　城市黄线　07.0222
civil affairs building　民政建筑　02.0124
civil air defence project　人民防空工程　11.0138
civil building　民用建筑　02.0001
clarity　明晰度　10.0252
classical architecture　古典建筑　03.0259
classical architecture education　学院派建筑教育　04.0004
classical garden　古典园林　08.0036
classical order of architecture　古典柱式　03.0286
classical revival　新古典主义，＊古典复兴　03.0339
Classic of Luban　《鲁班经》　03.0231
classroom　教室　02.0174
clean area　清洁区　11.0367
clean bench　洁净工作台　11.0179
clean booth　移动式洁净小室　11.0163
clean coal technology　洁净煤技术　14.0873
clean-down capability　自净时间　11.0183
clean energy　洁净能源　14.0829
cleaner production　清洁生产　02.0902
cleaning vacuum plant　真空吸尘装置　14.0276
clean laboratory　洁静实验室　02.0228
cleanliness　洁净度　11.0164
cleanout　清扫口　14.0063
clean room　洁净室　02.1048
clean working garment　洁净工作服　11.0180
clean workshop　洁净车间　02.1047
clean zone　洁净区　11.0162
clearness index　晴空指数　10.0474
clerestory window　高侧窗　09.0310
climatic regionalization for architecture　建筑气候区划　10.0447
climber greening　攀缘绿化　08.0064
climbing plant　攀缘植物　08.0078
clinic　医务室　02.0519
clinical laboratory　＊检验科　02.0568
cloakroom　衣帽间　02.0033
cloister　回廊，＊走马廊　02.0064
closed axis　封闭轴线，＊封闭结合　02.0914
closed hot water system　闭式热水供应系统　14.0099
closet　壁柜，＊壁橱　02.0053，橱　09.0393
close-type sprinkler system　闭式自动喷水灭火系统　14.0140
clothing factory　服装厂　02.0992
clothing store　服装店　02.0613
cloud amount　云量　10.0466
club　俱乐部　02.0429
club building　会所　02.0428
club house　会所　02.0428
clump planting　丛植　08.0059
clustered pier　束柱　03.0329
coach station　长途汽车[客运]站，＊汽车客运站　02.0765
coal bunker　煤库　02.0862
coal equivalent　＊煤当量　14.0865
coal house　煤库　02.0862
coal preparation plant　选煤厂　02.0941
coal store　煤库　02.0862
coarse aggregate　粗骨料，＊粗集料　12.0105
code of building design　建筑设计规范　01.0063
coefficient of cold-pull　冷紧系数，＊管道冷紧比　14.1066
coefficient of heat accumulation　蓄热系数　10.0372
coefficient of softness　软化系数　12.0019
coefficient of sunshine spacing　日照间距系数　09.0021
coefficient of thermalization　热化系数　14.0927
coefficient of vapor permeability　蒸汽渗透系数　10.0375
cogeneration of heat power and cool　热电冷联产　14.0926
cogeneration power plant　热电厂　02.0931
cognitive space　认知空间　01.0100
cohesive soil　黏性土　13.0269
coil　盘管　14.0371
coincidence effect　吻合效应　10.0259
coke-oven gas　焦炉煤气　14.0894
coking plant　焦化厂　02.0943
cold bed　冷床　02.1098
cold color　冷色　09.0455
cold color appearance　冷色表　10.0030

cold drawn wire　冷拔钢丝，* 高强钢丝　12.0209
cold-formed steel framing system　冷弯轻钢结构　13.0118
cold protection　防寒　10.0393
cold room　冷间　02.0887
cold storage　冷[藏]库　02.0886
cold zone　寒冷地区　10.0453
collapse-proof shed　防倒塌棚架　11.0161
collapsible soil　湿陷性黄土　13.0274
collection storage area　藏品库区　02.0282
college　高等院校　02.0155；专科大学　02.0157；书院　03.0173
colonnade　园廊　08.0110
color　色彩　09.0442
color appearance　色相　09.0448；色表　10.0028
coloration　染色效应　10.0240
color character　色性　09.0453
color chip　色卡　09.0472
color composition　色彩构成　09.0489
color contrast　色彩对比　09.0482
colored coating steel sheet　彩色涂层钢板　12.0221
colored glass　着色玻璃　12.0186
color expression　色彩表情　09.0491
colorful light　色光　09.0470
colorimeter　色度计　10.0163
colorimetry　色度测量　10.0159
color of light source　光源色　09.0458
color paint　调和漆，* 色漆　12.0270
color psychology　色彩心理　09.0476
color rendering　显色性　10.0032
color rendering index　显色指数　10.0033
color sensation　色彩感觉　09.0477
color solid　色立体　09.0469
color symbol　色彩象征　09.0492
color system　色彩体系　09.0473
color temperature　色温　10.0026
color texturing　色彩肌理　09.0490
column-and–tie-beam construction　穿斗式　03.0006
column base　柱础，* 柱脚石　03.0108
column bracing　柱间支撑　13.0153
column grid　柱网　02.0917
columniation　列柱法　03.0295
column network　柱网　02.0917
column spacing　柱距　02.0916
column-top bracket set　柱头铺作　03.0040
column-top joist　柱头枋　03.0060
combination furniture　组合家具，* 积木式家具　09.0407
combination identification　复合识别　14.0669
combination of actions　作用组合，* 荷载组合　13.0081
combination window　组合窗　09.0309
combined cooling heating and power　热电冷联产　14.0926
combined distribution system　组合分配系统　14.0187
combined gas and steam turbine cycle power plant　燃气–蒸汽联合循环发电厂　14.0925
combined sewer system　合流制排水系统　14.0047
combined sprinkler-foam system　自动喷水-泡沫联用系统　14.0149
combined substation　牵引降压混合变电所　02.0764
combined system　合流制　07.0251
combined-teaching classroom　合班教室　02.0185
combined type distribution system　混合式配电系统　14.0406
combustible component　燃烧体　11.0110
combustion potential　燃烧势　14.0901
combustion velocity　燃烧速度，* 火焰传播速度　14.0900
comfort air conditioning　舒适性空气调节　14.0285
commemorative park　纪念公园　08.0020
commemorative place　纪念地　03.0403
commercial building　商业建筑　02.0593
commercial district　商业区　07.0173
commercial facilities　商业服务网点　02.0594
commercial property　商用物业　06.0143
commission of urban and rural planning　城乡规划委员会　07.0371
commodity house　商品房　06.0114
commodity housing market　商品房市场　06.0115
common-floorage　公用建筑面积　06.0158
common Portland cement　通用硅酸盐水泥　12.0048
common symbol　通用符号　09.0420
communicating manufactory　通信设备制造厂　02.0981
communication booth　电信间　14.0817
communication chamber　弱电小间　14.0806
communication network system　通信网络系统

14.0619
communication shaft 弱电竖井 14.0814
community 社 03.0199，社区 07.0275
community activity center 社区[活动]中心 02.0426
community health center 社区卫生服务中心，* 社区卫生服务站 02.0512
community noise 社会生活噪声 11.0344
community park 社区公园 08.0024
community planning 社区规划，* 社区设计 07.0276
community recreation center 社区[活动]中心 02.0426
compact fluorescent lamp 紧凑型荧光灯 10.0090
compact stack 密集书库 02.0314
compensator 补偿器，* 伸缩器 14.0246
competency certificate of qualifying examination 资格考试合格证书 06.0053
competitive negotiation 竞争性谈判 06.0059
complementary color 补色，* 互补色，* 余色 09.0465
component force 分力 13.0004
composite 复合材料 12.0007
composite floor system 组合楼盖 13.0162
composite foundation pile 复合桩基 13.0307
composite laboratory 复合实验室 02.0222
composite materials 复合材料 12.0007
composite mortar 混合砂浆 12.0115
composite order 组合式柱式 03.0291
composite pipe 复合管 12.0335
composite Portland cement 复合[硅酸盐]水泥 12.0047
composite sheet 复合片 12.0275
composite starter 综合启动器 14.0481
composite steel and concrete beam 钢与混凝土组合梁 13.0172
composite structure 组合结构 13.0126
composite subgrade 复合地基 13.0282
composition of urban development land 城市建设用地结构 07.0164
compound garage 复式汽车库 02.0779
comprehensive museum 综合性博物馆 02.0249
comprehensive seismic capability 综合抗震能力 13.0197
comprehensive sunshade 综合遮阳 09.0229
comprehensive unit price 综合单价 05.0029
compressed natural gas 压缩天然气 14.0891
compressed natural gas fuelling station 压缩天然气加气站 14.0913
compression-type water chiller 压缩式冷水机组 14.0334
compressor 压缩机 14.1077
compulsory land acquisition 土地征收 07.0365
compulsory tender 强制招标 06.0055
computed X-ray tomography room 电子计算机 X 射线体层摄影室 02.0575
computer absolute coordinate 计算机绝对坐标 09.0165
computer aided design 计算机辅助设计 09.0129
computer aided drawing 计算机辅助绘图，* 计算机制图 09.0130
computer aided engineering 计算机辅助工程 09.0131
computer aided software engineering 计算机辅助软件工程 09.0132
computer classroom 计算机教室 02.0178
computer configuration 计算机配置 14.0790
computer cooperative design 计算机协同设计 09.0134
computer coordinate zero 计算机零点 09.0164
computer design drawing 计算机设计图 09.0144
computer design file 计算机设计文件 09.0145
computer design phase 计算机设计阶段 09.0146
computer factory 电子计算机制造厂，* 电脑制造厂 02.0983
computer geometric modeling 计算机几何建模 09.0156
computer graphics 计算机图学 09.0133
computer network room 计算机网络机房 14.0808
computer optimization design 计算机优化设计 09.0147
computer relative coordinate 计算机相对坐标 09.0166
computer solid model 计算机实体模型 09.0157
computer system 计算机系统 14.0789
computer virus 计算机病毒 14.0782
concave front façade profile 生起 03.0030
concealed work 隐蔽工程 06.0100
concentrator 选矿厂 02.0942
concept design 概念设计 06.0063

concert hall 音乐厅 02.0324
concourse 集散厅 02.0716
concrete 混凝土 12.0055
concrete admixture 混凝土外加剂 12.0078
concrete confected intensity 混凝土配制强度 12.0032
concrete exterior wall panel 混凝土外墙板，* 装配式墙板 12.0150
concrete folded-plate structure 混凝土折板结构 13.0109
concrete mix design 混凝土配合比设计 12.0031
concrete mixing strength 混凝土配制强度 12.0032
concrete structure 混凝土结构 13.0095
concrete tile 混凝土瓦 12.0131
condensation 冷凝 10.0406
condensed aerosol fire extinguishing device 热气溶胶灭火装置 14.0182
condenser 冷凝器 14.0338， 电容器 14.0530
condensing boiler 冷凝锅炉 14.0961
condensing turbine 凝汽式汽轮机 14.0931
conditional viscosity 条件黏度 14.0881
conducted emission 传导发射 11.0244
conducted interference 传导干扰 11.0239
conducted radio noise 传导无线电噪声 11.0235
conducted susceptibility 传导敏感度 11.0224
conduction 传导 10.0337
conductor installed enclosed in conduit 导线穿管敷设 14.0572
conduit 电线管 14.0571
conference hotel 会议旅馆，*会展旅馆 02.0641
conference room 会议厅 02.0112，会议室 02.0037
confidential room 机要室 02.0121
confined masonry 约束砌体 13.0229
confinement barrier 密封屏障 11.0276
congener color 同类色 09.0461
connecting hardware 连接器件 14.0708
connecting line 联络线 02.0743
connection 连接 13.0056
conservation buffering zone 建设控制地带 07.0309
conservation energy 节能 14.0835
conservation laboratory ［展品］修复室 02.0292
conservation master plan 文物保护规划 03.0401
conservation of natural and cultural heritage 自然与文化遗产保护 07.0301
conservation of urban history and heritage 城市历史文化保护 07.0024
conservation planning 保护规划 07.0310
conservation zone 保护范围 07.0308
consolidation point 集合点，* CP 点 14.0702
consolidation point cable 集合点缆线 14.0714
consolidation point link of generic cabling system link 综合布线集合点链路 14.0703
constant flow control 质调节 14.1063
constant temperature and humidity system 恒温恒湿系统 14.0315
constant temperature system 恒温系统 14.0314
constant volume air conditioning system 定风量空气调节系统 14.0289
constrained modulus 压缩模量，* 侧限压缩模量，* 侧限变形模量 13.0290
construction 建筑 01.0001；建造，* 营造 01.0004；构筑物 09.0040
constructional column 构造柱 13.0230
construction and installation cost 建筑安装工程费 05.0013
construction coordinate 建筑坐标 09.0037
construction cost 建筑工程费 05.0010
construction drawing budget 施工图预算 05.0004
construction engineering supervision and control 建筑工程监理 06.0087
construction general contracting service charge 总承包服务费 05.0032
construction investment 建设投资 05.0025
construction joint 施工缝 09.0233
construction machine 建筑机械 01.0046
construction machinery factory 建筑［工程］机械厂 02.0973
construction module 建筑模数 01.0105
construction of new building 新建 01.0060
construction period 建设期 05.0054
construction procedure 建设程序 01.0012
construction waste 建筑垃圾 11.0345
constructive solid geometry 结构实体几何表示法 09.0142
constructivism 构成主义 03.0351
constructor 建造师 01.0032
consulate 领事馆 02.0132
consulting room 诊室 02.0533

contact aircraft stand　近机位　02.0688
contactor　接触器　14.0479
contact space　交往空间　01.0090
container wharf　集装箱码头　02.0885
contaminated area　污染区　11.0369
context　文脉　07.0324
contingency　预备费　05.0018
continuing education for registered architect　注册建筑师继续教育　06.0047
continuous beam　连续梁　13.0171
continuous emission monitoring　烟气排放连续监测，＊烟气排放在线监测　14.0984
continuous heating　连续供暖　14.0204
contour lighting　轮廓照明　10.0064
contour line　等高线　09.0067
contract price　合同价　05.0036
contrast between cold and warm color　冷暖对比　09.0486
contrast color　对比色　09.0464
contrast of color appearance　色相对比　09.0483
contrast of color area　面积对比　09.0487
contrast of contemporary color　同时对比　09.0488
control cabin　工厂控制室　02.0923
control center alarm system　控制中心报警系统　11.0117
control elevation　控制标高　07.0243
control equipment room　综控设备室　02.0757
control index　控制指标　07.0357
controlled area　控制区　11.0280
controlled environment livestock house　环境控制畜舍　02.1059
controller　调节器，＊控制器　14.0360
control level　控制标高　07.0243
control point coordinate　控制点坐标　07.0244
control room of building equipment　建筑设备监控机房　14.0811
control room of station　车站控制室，＊控制台室　02.0756
control signal for automatic equipment　联动控制信号　14.0603
control symbol　控制符号　09.0430
control system　控制系统　14.0750
convection　对流　10.0348
convective heat transfer coefficient　对流换热系数　10.0380
convenience store　便利店　02.0604
conventional energy　常规能源，＊传统能源　14.0826
convention and exhibition center　会展中心　02.0260
convention hotel　会议旅馆，＊会展旅馆　02.0641
cooling　冷却　14.0295
cooling coil　冷盘管　14.0373
cooling degree day　空调度日数　10.0418
cooling efficiency of sweating　排汗冷却效率　10.0495
cooling load for ventilation　新风冷负荷　14.0368
cooling load from outdoor air　新风冷负荷　14.0368
cooling tank　降温池　14.0083
cooling tower　冷却塔　14.0038
cooling unit　冷风机组　14.0367
coordinate　坐标　09.0118
coordinate graphics　坐标图形　09.0143
coordination space　协调空间　01.0116
coping　压顶　09.0200
copper lined composite steel pipe　内衬铜复合钢管　12.0340
copper pipe　铜管　12.0327
core column　芯柱　13.0231
core region　非周边地面　10.0423
Corinthian order　科林斯柱式　03.0289
corner beam　角梁　03.0072
corner column　角柱　03.0033
corner column-top bracket set　转角铺作　03.0042
corner guard　护角　09.0205
corner tower　角楼　03.0156
cornice　檐口　03.0299
correction coefficient of height-span ratio　高跨比修正系数　10.0149
correction coefficient of window width　窗宽修正系数　10.0151
correlated color temperature　相关色温　10.0027
corridor　走廊，＊走道　02.0062；连廊　02.0065
corridor apartment　通廊式住宅　02.0089
corridor bridge　廊桥　08.0122
corridor house　通廊式住宅　02.0089
corridor on water　水廊　08.0111
corrosion inhibitor　阻锈剂　12.0094
corrosion load　腐蚀负荷　11.0362
corrosion system　腐蚀体系　11.0363

corrosiveness classification　腐蚀性分级　11.0364
cost benefit analysis　费用效益分析　05.0065
cost effectiveness analysis　费用效果分析　05.0066
cost engineer　造价工程师　06.0027
cost，insurance and freight　到岸价　05.0068
costume room　服装间　02.0418
cottage　别墅　02.0084
county hospital　县级医院　02.0516
coupled planting　对植　08.0062
couple of force　力偶　13.0006
coupling wall-beam　连梁　13.0145
course of architectural art　建筑艺术课　04.0023
course of architectural design　建筑设计课　04.0017
course of architectural history　建筑历史课　04.0019
course of architectural practice　建筑实践课　04.0024
course of architectural technology　建筑技术课　04.0022
course of architectural theory　建筑理论课　04.0018
course of landscape architecture　风景园林课　04.0021
course of urban and rural planning　城乡规划课　04.0020
court　法庭　02.0140
courtyard　庭院　02.0058
courtyard garden　庭园　08.0008
courtyard house［with four building］　四合院　03.0222
courtyard house［with three building］　三合院　03.0223
courtyard tree　庭荫树　08.0082
covered path　连廊　02.0065
covered porch　抱厦　03.0016
covered storage　棚屋　02.0867
covering depth　覆土深度　07.0264
CP　集合点，*CP点　14.0702
CPU　中央处理器　14.0788
cracked gas　裂化气　14.0898
Craft of Gardens　《园冶》　03.0232
Craftsmen' Records of Zhou Rituals　《周礼·考工记》　03.0229
crane girder　吊车梁　13.0174
crane walkway　吊车走道　02.0912
creep　徐变，*蠕变　13.0028
cremation chamber　火化间　02.1137
critical area　关键区　11.0231
critical condition　临界状态　14.1075
critical detail　关键细节，*重要细节　09.0439
critical dissolved salt　临界含盐量　14.1040
critical regionalism　批判的地域主义　03.0364
critical state　临界状态　14.1075
cross　十字形　03.0336
cross beam　井字梁　13.0168
cross-border heritage　跨境遗产　03.0381
cross-connect　交叉连接，*交接　14.0727
cross-flow fan　贯流式通风机　14.0271
cross-infection　交叉感染　11.0370
crossover facility　立体跨线设施　02.0726
crossover station building　高架站房　02.0714
crossover waiting room　高架候车室　02.0715
cross ridge roof　十字脊屋顶　03.0088
cross slope　横坡　09.0074
crosstalk attenuation　串音衰减　14.0745
cross-ventilation　穿堂风　14.0257
crown　路拱　09.0055
CRT display　阴极射线管显示屏　14.0753
crushed stone　碎石　12.0100
crystalline materials　晶体材料　12.0004
CSG　结构实体几何表示法　09.0142
CSSD　中心［消毒］供应部　02.0566
CT　电流互感器　14.0523
CT room　*CT室　02.0575
cultivated land　熟地　06.0133
cultural and recreation building　文化娱乐建筑　02.0421
cultural building　文化建筑　02.0240
cultural center　文化中心　02.0264
cultural heritage　文化遗产　03.0375
cultural landscape　文化景观　03.0378
cultural relics　文物古迹　03.0389
cultural relics arrangement room　文物整理室　02.0291
cultural route　文化线路　03.0407
culture and community center　瓦子 03.0180
curb ramp　缘石坡道　09.0058
current relay　电流继电器　14.0549
current transformer　电流互感器　14.0523
cursor　光标　09.0159
curtain　窗帘　09.0377
curtain box　窗帘盒　09.0206
curtain wall　幕墙　09.0185
curvature of stall　［座席］横排曲率　02.0350

customers' area 顾客活动区 02.0632
customs [check area] 海关检查区 02.0693
cut work 挖方 09.0072
cybercafe 网吧 02.0436
cycle of concentration 浓缩倍数 14.0041
cyclorama 天幕 02.0376

D

4D 四维 09.0136
dado 墙裙 09.0203
daily temperature range 气温日较差 10.0473
damage 损坏 11.0218
damage and/or deterioration of heritage 文物古迹残损 03.0423
damped vibration 阻尼振动 13.0206
damper 阻尼器 11.0206
damping 阻尼 13.0047
damping factor 衰减倍数 10.0345
damp proofing course 防潮层 09.0214
damuzuo 大木作 03.0004
dance room 舞蹈教室 02.0183
dancing floor 舞池 02.0444
dangerous area 危险地段 11.0029
dangerous area to earthquake resistance 危险地段 11.0029
dangerous substance area 危险物质存放区，* 危险品库房 02.0204
daozuo 倒座 03.0226
dark adaptation 暗适应 10.0014
darkroom 暗室 02.0237
dashi-style 大式 03.0012
daybed 榻，* 罗汉床 09.0383
daylight 昼光 10.0116
daylight climate coefficient 光气候系数 10.0144
daylight factor 采光系数 10.0136
daylight factor of daylight opening 窗洞口采光系数 10.0145
daylight opening 窗洞口 10.0135
daylight standard 日照间距 09.0020
day-night equivalent [continuous A-weighted] sound pressure level 昼夜等效[连续 A]声级 10.0308
DDC system 直接数字控制系统 14.0356
dead end corridor 袋形走廊 02.0063
debridement room 清创室 02.0534
debt capital for real estate development project 房地产项目债务资金 06.0120
decade 十倍频程 11.0229
decentralized distribution system 树干式配电系统 14.0405
decentralized stockroom 散仓 02.0880
decentralized unit terminal 分散单元式航站楼 02.0685
decibel 分贝 10.0194
deciduous tree 落叶树 08.0072
deconstructivism 解构主义 03.0363
decontamination room 洗消间 11.0154
decorated flower lawn 缀花草坪 08.0087
decorated glass 镶嵌玻璃 12.0189
decorative concrete block 装饰混凝土砌块，* 装饰砌块 12.0126
decoratively nosed timber 耍头 03.0057
decorative mortar 抹面砂浆 12.0117
decorative painting 彩画作 03.0140
deep foundation 深基础 13.0296
deep pool and pond 渊潭 08.0141
defence area 防区 14.0639
defence shock wave gate 防冲击波闸门 11.0149
defensible space 防卫空间 01.0091
definition 清晰度 10.0254
deflection 挠度 13.0054
deformation 变形 13.0055
deformation joint 变形缝 09.0230
degradation of performance 性能降级 11.0217
degree-day 度日 10.0475
degree days of heating period 供暖期度日数 14.0224
degree of vacuum 真空度 14.1092
delay 延迟 14.0679
delivery area 发货区 02.0876
delivery department 产房 02.0583
deluge system 雨淋灭火系统 14.0145
demineralized water 除盐水 14.1021
demolition and construction ratio 拆建比 07.0223

densely-placed eaves pagoda　密檐塔　03.0211
density　密度　10.0369
density of road network　路网密度　09.0016
department of acupuncture and moxibustion　针灸科　02.0573
Department of Architecture in Central University　中央大学建筑系　04.0007
Department of Architecture in Northeastern University　东北大学建筑系　04.0008
Department of Building in Suzhou Industrial College　苏州工业专门学校建筑科　04.0006
department of logistic service　后勤保障科　02.0590
department of nuclear medicine　核医学科　02.0574
department of radiology　放射部，* 放射科　02.0570
department store　百货商店　02.0597
departure/arrival curb　出港/到港车道边　02.0698
depreciation of fixed assets　固定资产折旧　05.0063
depth of building　进深　01.0129
depth of station　车站埋深　02.0755
description of plan　规划说明　07.0192
design assignment statement　设计任务书　06.0061
designated urban function　城市性质　07.0027
design basic acceleration of ground motion　设计基本地震加速度　11.0018
design change　设计变更　06.0081
design competition　设计竞赛　06.0060
design course program　建筑设计课程任务书　04.0046
design direction right　建筑设计主持权　06.0043
designer　设计人　06.0029
design flow　设计流量　14.0028
design ground motion parameter　设计地震动参数　11.0017
design negotiation　设计洽商　06.0082
design objective point　[设计]视点　02.0345
design on prescribed cost　限额设计　05.0023
design parameter of ground motion　设计地震动参数　11.0017
design qualification　设计资质　06.0049
design working life　设计使用年限　13.0089
desorption deoxidization　解吸除氧　14.1028
despatch area　发货区　02.0876
de stijl　风格派　03.0350
desulfurization in the boiler　炉内脱硫法　14.0990
detached house　独立式住宅　02.0083
detailed construction planning　修建性详细规划　07.0196
detailed planning　详细规划　07.0194
detailed regulatory planning　控制性详细规划　07.0195
detailed symbol　详细符号　09.0422
detail of seismic design　抗震构造措施　13.0220
detain station　看守所　02.0146
detection zone　探测区域　11.0113
detector for electric fire prevention　电气火灾监控探测器　14.0601
detention house　拘留所　02.0145
determinant element　限定要素　09.0436
deterministic effect　确定性效应　11.0270
developed elevation drawing　展开立面图　09.0096
development-appropriate zone　适宜建设区　07.0075
development control area　建设控制地带　07.0309
development intensity　开发强度　09.0004
development land　建设用地　07.0116
development priority zone　主体功能区　07.0056
development-prohibited zone　禁止建设区　07.0073
development-restricted zone　限制建设区　07.0074
development zone　开发区　07.0033
dew-point temperature　露点温度　10.0390
diagonal ridge　角脊　03.0127
diagonal ridge for gable and hip roof　戗脊　03.0126
diagonal ridge for hip roof　垂脊　03.0125
diagram of plan　规划图纸　07.0193
diantang　殿堂式　03.0010
diaphragm wall　地下连续墙　13.0313
diatomite　硅藻土　12.0099
diesel engine generator　柴油发电机　14.0444
diesel generator room　柴油发电机室　14.0591
dietary kitchen　营养厨房　02.0591
difficult-combustible component　难燃烧体　11.0109
diffraction　衍射　10.0178
diffused lighting　漫射照明　10.0059
diffuse field distance　扩散场距离　10.0231
diffuser　散流器　14.0278
diffuse radiation　散射辐射　10.0469
diffuser air supply　散流器送风　14.0311
diffuse sky radiation　天空漫射辐射　10.0112
diffuse sound field　扩散声场　10.0215

diffusion-flame burner　扩散式燃烧器　14.0969
difu　地栿　03.0120
digital compression for video　数字图像压缩　14.0661
digital light processor　数字光学处理器　14.0759
digital video　数字视频　14.0648
digital video recorder　数字录像设备　14.0654
digital video surveillance system　数字视频监控系统　14.0657
dimension　尺寸　09.0119
dimension line　尺寸线　09.0120
dimension start terminate symbol　尺寸起止符号　09.0122
dimmer　调光器　10.0094
dining hall　餐厅　02.0040
dining room　餐厅　02.0040
dioxins　二噁英　14.1008
direct burying　直埋敷设　09.0079
direct cost　直接费　05.0015
direct digital control system　直接数字控制系统　14.0356
direct-fired lithium-bromide absorption-type refrigerating machine　直燃式溴化锂吸收式制冷机　14.0341
directional lighting　定向照明　10.0058
direction of entry　[交通]出入口方位　07.0213
direct lighting　直接照明　10.0053
direct lightning flash　直击雷　11.0046
direct-on-line starting　直接启动　14.0482
director of design institute　设计院院长　06.0019
direct radiation　直射辐射　10.0468
direct return system　异程式系统　14.0230
direct solar radiation　直接日辐射　10.0111
direct sound　直达声　10.0221
disassembly of heritage　[全部]解体修复，＊落架大修　03.0425
disaster prevention park　防灾公园　11.0042
disaster prevention strong hold　防灾据点　11.0041
disaster shelter for evacuation　避难疏散场所　07.0170
discharge current　放电电流　11.0074
discharge lamp　放电灯　10.0081
disco club　迪斯科舞厅　02.0433
disconnector　隔离开关　14.0535
disinfecting pool　消毒池　02.1072
disinfection room [of museum]　[博物馆]消毒室　02.0289
disk　磁盘　14.0794
displacement　位移　13.0053
displacement method　位移法　13.0072
display element　显示元素　09.0148
display image　显示图像　09.0149
display screen luminance　显示屏亮度　14.0770
display symbol　显示符号　09.0429
dissolved matter　溶解固形物　14.1043
dissolved oxygen　溶解氧　14.1041
dissolved solid　溶解固形物　14.1043
distance between centers of lines　线间距　02.0751
distilled water room　蒸馏水室　02.0235
distributed computer system　分布计算机系统　14.0627
distributed energy　分布式能源　14.0830
distributing apparatus　配电电器　14.0462
distribution board　配电盘　14.0470
distribution of electricity　配电　14.0430
distribution panel　配电盘　14.0470
distribution system　配水管网　07.0250；配电系统　14.0431
distribution transformer　配电变压器　14.0520
district heating　区域供暖　14.0216
Di Tan　地坛　03.0190
dividing region for building thermal design　建筑热工设计分区　10.0451
diving board　跳板　02.0500
diving platform　跳[水]台　02.0499
diving pool　跳水池　02.0498
DLP　数字光学处理器　14.0759
dock　船坞　02.0952
dome　穹顶　03.0321
domed coffered ceiling　藻井　03.0093
domestic drainage　生活排水　14.0045
domestic drainage system　生活排水系统　14.0048
domestic electric appliance plant　家用电器厂　02.0982
domestic sewage　生活污水　14.0043
domestic sewage system　生活污水系统　14.0049
domestic sewage treatment　生活污水处理　11.0333
domestic waste　生活垃圾　11.0346
domestic wastewater　生活废水　14.0044
domestic wastewater system　生活废水系统　14.0050
domestic water supply system　生活给水系统

14.0006
dominant item 主控项目 06.0097
donation exhibition hall 捐赠展厅 02.0274
door 门 09.0289
door frame 门框，*门樘 09.0301
door frame wall 门框墙 11.0150
door knocker 铺首，*门铺 03.0101
door leaf 门扇 09.0302
door pier 门垛 09.0217
door sill 门槛 09.0304
doping control room 兴奋剂检测室 02.0478
Doppler effect 多普勒效应 10.0206
Doric order 多立克柱式 03.0287
dormer 老虎窗 09.0325
dormitory 宿舍 02.0094
dose limit 剂量限值 11.0273
dou 斗 03.0047
double-bed room 双床间 02.0667
double circuit power supply 双回路供电 14.0411
double deck elevator 双层电梯 09.0353
double eave 重檐 03.0090
double row layout arrangement 双列布置 14.0469
double tilting sliding sash 推拉下悬窗 09.0322
double wave band fire detector 双波段火灾探测器 14.0609
dougong 斗栱 03.0039
doukou 斗口 03.0048
down-conductor system 引下线 11.0059
down spout 水落管，*雨水管 09.0284
dragon or phoenix pattern 和玺彩画 03.0143
drainage 明沟 09.0224
drainage dustpan 水簸箕 09.0285
drainage waste and vent stanch system 三立管排水系统 14.0054
drain spout 水落管，*雨水管 09.0284
drawing frame 图框 09.0113
drawing sheet size 图面代号 09.0112
drawing size 图纸幅面 09.0109
drawing title column 标题栏，*图标 09.0114
drencher for cooling protection 防护冷却水幕 14.0148
drencher system 水幕系统 14.0146
dressing room 更衣室 02.0039；化妆室 02.0410
drinking water 生活饮用水 14.0002
drip tile 滴水 03.0133
driveway 机动车道 07.0232
drop storage 软景库 02.0417
drug control department 药品检验所 02.0521
drug manufacturing room 制剂室 02.0551
drum 鼓座 03.0332
drum shaped seat 墩 09.0391
drum-shaped stone block 抱鼓石 03.0138
dry-bulb temperature 干球温度 10.0457
dry concrete 干硬性混凝土 12.0074
dry hot climate 干热气候 10.0448
drying yard 晒场 02.1106
dry-mixed mortar 干混砂浆 12.0120
dry pipe sprinkler system 干式自动喷水灭火系统 14.0142
dry-pressed tile 干压砖 12.0166
dry process of flue gas desulfurization 干法烟气脱硫法 14.0992
dry shrinkage 干缩 12.0020
dry steam humidifier 干蒸汽加湿器 14.0343
dry type cross-linked 干式交联 14.0565
dry type transformer 干式变压器 14.0518
dual-stack system 双立管排水系统 14.0053
dubbing room 配音室 02.0825
duct 风管 14.0263
ductile failure 延性破坏 13.0088
dumbwaiter 食梯 09.0354
duplex apartment 跃层住宅 02.0086
duplicate color 复色，*次色 09.0445
durability of concrete 混凝土耐久性 12.0013
duration of rainfall 降雨历时 14.0090
dust collector 除尘器 14.0272
dust control 除尘 14.0261
dust filter 过滤式除尘器 14.0987
dust proof workshop 防尘车间 02.1049
dust removal 除尘 14.0261
dust separation 除尘 14.0261
dust separator 除尘器 14.0272
duty room 值班室 02.0029
DVR 数字录像设备 14.0654
[dwelling] house 住宅 02.0082
dwelling unit type 套型 02.0081
dynamic action 动态作用 13.0080
dynamic analysis 动态分析 05.0076

dynamic hydraulic balancing valve 动态平衡阀 14.0366
dynamic image 动态图像 09.0169
dynamic investment 动态投资 05.0022
dynamic lighting 动态照明 10.0068
dynamic motion 动态运动 09.0170
dynamic property measurement of structure 结构动力特性测试，* 结构动态特性测试 13.0213
dynamic property of structure 结构动力特性，* 结构动态特性 13.0199
dynamic property test for soil 土动力性质测试 11.0020
dynamic triaxial test 动力三轴试验 11.0021
dynamic viscosity 动力黏度，* 绝对黏度 14.0879

E

e 额 03.0063
early Christian architecture 早期基督教建筑 03.0268
early decay time 早期衰变时间 10.0224
early modernism 早期现代主义 03.0240
early reflection 早期反射声 10.0223
early suppression fast response sprinkler 早期抑制快速响应喷头 14.0155
early-to-late arriving sound energy ratio 早后期声能比 10.0232
earth construction 生土结构 13.0125
earth current 接地电流 14.0504
earthen building 生土建筑 01.0073
earth fault relay 接地继电器 14.0553
earthing switch 接地开关 14.0536
earthquake action 地震作用，* 地震力 13.0245
earthquake disaster reduction planning 抗震减灾规划 11.0037
earthquake fortification 抗震设防 11.0001
earthquake fortification intensity 抗震设防烈度 11.0007
earthquake fortification level 抗震设防标准 11.0002
earthquake intensity 地震烈度 11.0006
earthquake magnitude 地震震级 11.0005
earthquake recurrence period 地震重现期 11.0012
earthquake resistance of building 建筑抗震 13.0194
earthquake resistant behavior of structure 结构抗震性能 13.0198
earthquake resistant deformability of structure 结构抗震变形能力 13.0251
earthquake resistant performance assessment 抗震性能评价 13.0255
earthquake resistant test 抗震试验 13.0208
earthquake response 地震反应 13.0207
earthwork 土方工程 08.0133
earthwork drawing 土方图 09.0031
earthwork planning 土方图 09.0031
eave 檐 03.0076
eave column 檐柱 03.0032
eave rafter 檐椽 03.0078
eaves 檐口，* 屋檐 09.0261
eave tile 勾头 03.0132
ECG room 心电图室 02.0543
echo 回声 10.0233
eclecticism 折中主义 03.0341
ecological architecture 生态建筑学 03.0373
ecological building 生态建筑 01.0071
ecological condition 生态条件 09.0003
ecological footprint 生态足迹 07.0039
economic evaluation 经济评价 05.0041
economic hotel 经济型旅馆，* 快捷旅馆 02.0643
economic technological development district 经济[技术]开发区 02.0900
economic thermal resistance 经济传热阻 10.0396
economizer 省煤器 14.0976
edge effect 边缘效应 10.0292
edible fungus building 食用菌房建筑 02.1100
editing room 剪接室 02.0829
EDT 早期衰变时间 10.0224
educational building 教育建筑 02.0154
education and research district 文教区 07.0174
EEEP 机房工程 14.0630
effective length of platform 有效站台长度 02.0746
effective sunshine 有效日照 09.0018
effective temperature 有效温度 10.0488
effect of action 作用效应 13.0075
efficiency apartment 小套公寓 02.0092

Egyptian column　埃及式柱　03.0281
EICU　抢救监护室　02.0586
elastic analysis　弹性分析　13.0066
elastic sealant　弹性密封材料　12.0297
elastomeric wall coating　弹性建筑涂料　12.0255
elasto-plastic analysis　弹塑性分析　13.0067
electrical equipment　电气设备　14.0461
electrical safety measure　安全用电　14.0414
electric boiler　电加热锅炉　14.0959
[electric] cable　电缆　14.0560
electric elevator　电机驱动电梯　09.0359
electric energy saving　节约用电　14.0459
electric generator and motor manufactory　电机厂　02.0969
electric heating　电加热　14.0490
electricity-heat analogy　电热模拟　10.0441
electric load　电力负荷　14.0460
electric shock　电击　14.0493
electric source for safety service　应急电源　14.0446
electric station　发电厂，*发电站　14.0923
electric stimulation laboratory　电学模拟实验室　02.0212
electric vehicle charging station　电动汽车充电站　02.0848
electric water heater　电热水器　14.0116
electrocardiogram room　心电图室　02.0543
electrochemical corrosion　电化学腐蚀　11.0358
electrochemical protection　电化学保护　14.1124
electrode humidifier　电极式加湿器　14.0344
electrodeless fluorescent lamp　无极荧光灯　10.0091
electrodialysis method　电渗析法　14.1025
electrodialysis process　电渗析法　14.1025
electrofusion-jointing　电熔连接　14.0920
electrolysis plant　电解厂　02.0972
electrolysis shop　电解车间　02.1041
electromagnetic ambient level　电磁环境电平　11.0215
electromagnetic compatibility　电磁兼容性　11.0219
electromagnetic environment　电磁环境　11.0214
electromagnetic environment effect　电磁环境效应　11.0216
electromagnetic interference　电磁干扰　11.0237
electromagnetic measurement room　电磁计量室　11.0256
electromagnetic noise　电磁噪声　11.0233
electromagnetic pulse　电磁脉冲　11.0240
electromagnetic radiation　电磁辐射　14.0729
electromagnetic radiation hazard　电磁辐射危害　11.0247
electromagnetic shield　电磁屏蔽　11.0248
electromagnetic shield enclosure　电磁屏蔽室　11.0249
electro-magnetic shielding shop　[电磁]屏蔽车间　02.1053
electromagnetic susceptibility　电磁敏感度　11.0222
electromagnetic wave absorber　电磁波吸波材料　11.0251
electromagnetic wave anechoic chamber　电磁波暗室　11.0253
electronic component factory　电子元件厂　02.0979
electronic conference system　电子会议系统　14.0624
electronic information system room　电子信息系统机房　14.0818
electroplating factory　电镀厂　02.0971
electroplating shop　电镀车间　02.1040
electrostatic discharge　静电放电　11.0300
electrostatic discharge protected area　防静电工作区　11.0304
electrostatic grounding　静电接地　11.0313
electrostatic grounding resistance　防静电接地电阻　11.0309
electrostatic harm　静电危害　11.0301
electrostatic induction　静电感应　11.0305
electrostatic leakage　静电泄漏　11.0306
electrostatic neutralization　静电中和　11.0310
electrostatic noise　静电噪声　11.0303
electrostatic precipitator　静电除尘器，*电除尘器　14.0988
electrostatic shielding　静电屏蔽　11.0312
elemental analysis of coal　煤的元素分析　14.0867
elementary school　完全小学　02.0161
elevated pipeline　架空管线　07.0265
elevated story　架空层，*吊脚架空层　02.0016
elevation　高程　09.0065；立面图　09.0083
elevator buffer　电梯缓冲器　09.0366
elevator　电梯　09.0349
elevator car　电梯轿厢　09.0363
elevator core　电梯井　02.0068

elevator counterweight 电梯对重，*平衡锤 09.0365
elevator hall 电梯厅，*候梯厅 02.0067
elevator pit 电梯底坑 09.0364
elevator shaft 电梯井 02.0068
elevator speed 电梯速度 09.0357
elevator without engine room 无机房电梯 09.0361
embassy 使馆 02.0131
emblem 标志 09.0408
EMC 电磁兼容性 11.0219
emergency access 疏散道路 07.0238
emergency alarm 紧急报警 14.0641
emergency alarm switch 紧急报警装置 14.0642
emergency center 急救中心 02.0509
emergency department 急诊部 02.0524
emergency elevator 消防电梯 09.0352
emergency intensive care unit 抢救监护室 02.0586
emergency lighting 应急照明 10.0048
emergency power supply 应急电源 14.0446
emergency response facility 应急设施 11.0284
emergency treatment room 抢救室 02.0535
emergency ventilation 事故通风 14.0252
emergency ventilation system 事故通风系统 14.0267
emission spectrum 发射频谱 11.0245
employee's welfare facility 生活间 02.0908
enclosed entrance porch 门斗 02.0021
enclosed industrial factory 密闭厂房 02.1018
enclosed staircase 封闭式楼梯 09.0334
enclosed stairwell 封闭楼梯间 09.0336
enclosure wall 围护墙 09.0196
end mileage of station 车站终点里程 02.0748
end stage 尽端式舞台 02.0360
endurance limit 疲劳极限 14.1106
energy 能，*能量 14.0822
energy cascade use 能源梯级利用 14.0834
energy consumed for heating 供暖能耗 14.0225
energy dissipation and earthquake response reduction 消能减震，*耗能减震 13.0237
energy dissipation brace 消能支撑 13.0238
energy grade 能源品位 14.0833
energy intensity 能源强度，*单位产值能耗 14.0831
energy loss 电能损耗 14.0457
energy saving ratio 节能率 10.0430
energy sources 能源 14.0823
energy supply density 能源供应密度，*能流密度 14.0832
engineering consulting corporation 工程咨询公司 06.0016
engineering cost 工程费用 05.0014
engineering of electronic equipment plant 机房工程 14.0630
engineering of security and protection system 安全防范[系统]工程 14.0633
engineering safety system 专设安全系统 11.0292
Engler viscosity 恩氏黏度 14.0882
entablature 檐部 03.0298
entasis 卷杀 03.0027，凸肚 03.0308
entertainment center 娱乐中心 02.0427
enthalpy 焓 14.0838
enthalpy exchanger 全热换热器 14.0347
entity 实体 09.0150
entrance 入口 02.0019
entrance hall 门厅 02.0022
entropy 熵 14.0839
environmental art 环境艺术 01.0054
environmental assessment 环境评价 09.0002
environmental capacity 环境容量 08.0177，14.1000
environmental color 环境色 09.0460
environmental color adaptation 环境色适应 09.0481
environmental heat load 环境热负荷 10.0498
environmental monitoring 环境监测 11.0315
environmental pollution 环境污染 14.0997
environmental psychology 环境心理学 01.0066
environmental quality 环境质量 11.0316
environmental sanitary engineering 环卫工程 07.0261
environmental self-purification 环境自净作用 14.0999
environmental test chamber 环境测试舱 11.0317
environment vibration 环境振动 11.0201
environment zone 环境分区 10.0041
EPA 防静电工作区 11.0304
epidemic area 疫区 11.0376
epidemic prevention station 防疫站 02.0520
epidemic site 疫点 11.0375
EPS board *EPS 板 12.0241
equal dimension scale 均分尺寸 09.0124
equal-loudness contour 等响曲线 10.0213
equal of cut and fill 土方平衡 09.0070

equestrian field　马术场　02.0471
equipartition scale　均分尺寸　09.0124
equipment cable　设备电缆　14.0716
equipment cost　设备购置费　05.0011
equipment foundation　设备基础　02.0921
equipment preparation area　设备摆放区　02.0205
equipments and facilities of reclaimed water　中水设施　14.0126
equipment scale　设备尺度　01.0120
equipotential bonding　等电位联结　11.0071
equity　项目资本金　05.0078
equity capital for real estate development project　房地产开发项目资本金　06.0119
equivalent absorption area　吸声量，*等效吸声面积　10.0293
equivalent continuous A-weighted sound pressure level　等效连续 A 声级　10.0307
equivalent shear wave velocity　等效剪切波速　11.0030
escalator　自动扶梯　09.0347
escape chute　疏散滑梯　02.0922
escape door　安全门，*逃生门　09.0292
escape lighting　疏散照明　10.0049
escape sign luminaire　疏散标志灯　10.0105
escape window　逃生窗　09.0314
ESD　静电放电　11.0300
ESWL room　体外震波碎石机室　02.0572
ET　有效温度　10.0488
ethics and conducts of architects　建筑师职业道德　06.0004
Euler's critical force　欧拉临界力　13.0040
evacuation guiding strip　疏散导流标志　11.0120
evacuation indicator sign　疏散指示标志　11.0119
evaluation of seismic safety for engineering site　工程场地地震安全性评价　13.0264
evaluation parameter　评价参数　05.0046
evaporative cooling　蒸发冷却　10.0407
evaporator　蒸发器　14.0339
evergreen tree　常绿树　08.0073
evidential testing　见证取样检测　06.0095
examination hall　贡院　03.0172
examination of foundation pit excavated　验槽　06.0101
exceedance probability　超越概率　11.0011
excess air coefficient　过量空气系数　14.0974
exclusion area　非居住区　11.0283
exclusive agency　专卖店　02.0603
executive floor　行政楼层　02.0648
executive suite　行政套房　02.0668
exergy　㶲　14.0837
exfoliated vermiculite　膨胀蛭石　12.0113
exhaust fan room　排风机房　14.0385
exhaust heat boiler　余热锅炉　14.0960
exhaust steam turbine　乏汽轮机　14.0934
exhibition gallery　展廊　02.0259
exhibition hall　陈列馆　02.0257；展[览]馆　02.0258；展厅　02.0267
exhibition preparation room　备展室　02.0280
exhibition room　展览室　02.0276
existence space　存在空间　01.0098
exit　出口　02.0020
exit door　安全门，*逃生门　09.0292
expanded module　扩大模数　01.0107
expanded perlite　膨胀珍珠岩　12.0112
expanded polystyrene board　模塑聚苯乙烯板　12.0241
expanded polyurethane　聚氨酯泡沫塑料　12.0243
expanded vermiculite　膨胀蛭石　12.0113
expanding admixture　膨胀剂　12.0092
expansion joint　伸缩缝，*温度缝　09.0231
expansion tank　膨胀水箱　14.0238
explosion-proof electrical equipment　防爆电气设备　14.0532
explosive dust atmosphere　爆炸性粉尘环境　11.0126
explosive gas atmosphere　爆炸性气体环境　11.0125
explosive hazardous area　爆炸危险区域　11.0127
explosive limit　爆炸极限　14.0906
expansive soil　膨胀土　13.0273
experimental theater　实验剧院，*先锋剧场　02.0327
exposed-conductive part　外露可导电部分　14.0491
exposure　照射　11.0268
exposure level　接触水平　11.0356
exposure pathway　照射途径　11.0269
expressionism　表现主义　03.0348
extended coverage sidewall sprinkler　边墙型扩展覆盖喷头　14.0154
[exterior/interior] projection　出跳　03.0045
exterior critical illuminance　室外临界照度　10.0124

exterior finish work 外檐装修 09.0373
external device 外部设备 14.0792
external door 外门 09.0290
external drainage 外排水 09.0281
external force 外力 13.0014
external lightning protection system 外部防雷装置 11.0056
externally reflected component of daylight factor 采光系数的室外反射光分量 10.0139
external reference 外部参照 09.0167
external thermal insulation 外保温 10.0433
external wall 外墙 09.0178
external window 外窗 09.0306
extracorporeal shock wave lithotripsy room 体外震波碎石机室 02.0572
extraction turbine 抽气式汽轮机 14.0933
extraneous-conductive part 外界可导电部分，* 装置外可导电部分 14.0492
extreme limit of fire resistance 耐火极限 11.0097
extreme sport hall 极限运动场 02.0441
extruded brick 挤压砖 12.0165
extruded polystyrene board 挤塑聚苯乙烯板 12.0242
extruded tile 挤压砖 12.0165

F

fabrication plant building 加工厂建筑 02.1111
face-lifting chamber 整容室 02.1140
facilitical for occupational hazard 职业病危害防护设施 11.0355
factorial chicken farm 工厂化养鸡场 02.1063
factory 工厂 02.0893
fair-faced concrete 清水混凝土 12.0063
false alarm 误报警 14.0681
false proscenium 假台口 02.0378
family hotel 家庭旅馆 02.0645
family shrine 宗祠，* 祖祠，* 家庙 03.0196
famous scenery 风景名胜 08.0170
famous scenic park 风景名胜公园 08.0019
famous scenic site 风景名胜 08.0170
fan 通风机 14.0268
fan-coil air- conditioning system 风机盘管空气调节系统 14.0292
fan-coil system 风机盘管空气调节系统 14.0292
fan-coil unit 风机盘管 14.0375
fang 枋 03.0059
Fangshan stone 房山石，* 北太湖石 08.0104
fan vault 扇拱 03.0317
farm machinery station 农机站，* 农业机器站 02.1122
farm product market 农贸市场，* 集贸市场 02.0605
farm store building 农用仓库建筑 02.1101
fascia board 封檐板 09.0259
fast channel 快速进站通道，* 绿色通道 02.0730
fast design 快图设计 04.0026
fast food restaurant 快餐店 02.0610
fast response sprinkler 快速响应喷头 14.0153
fast track 预检分诊室 02.0530
fatigue capacity 疲劳承载能力 13.0027
fatigue limit 疲劳极限 14.1106
fatigue strength 疲劳强度 13.0026
fault tolerant 容错 14.0730
favorable area 有利地段 11.0027
favorable area to earthquake resistance 有利地段 11.0027
feasibility study 可行性研究 06.0072
feature spot 景点 08.0173
feedback signal from automatic equipment 联动反馈信号 14.0604
feed processing plant 饲料加工间 02.1115
feed storage 饲料储存处 02.1110
feichuan 飞椽 03.0079
fengshui 风水学 01.0069
fengshui pagoda 风水塔 03.0175
fenxin doudi cao 分心斗底槽 03.0023
ferry station 轮渡站 02.0767
festooned gate 垂花门 03.0098
fettling shop 铸件清理车间 02.1028
fiberboard 纤维板 12.0238
fiber cement flat sheet 纤维水泥板 12.0160
fiberglass reinforced plastic door and window 玻璃钢门窗 12.0304

fiber reinforced calcium silicate sheet　纤维增强硅酸钙板，*硅[酸]钙板　12.0159
FIDIC　国际咨询工程师联合会　06.0005
fieldbus　现场总线　14.0628
field engineering　场地平整　09.0069
field natural gas　纯气田天然气　14.0887
field of play　竞赛区，*比赛场地　02.0480
field strength　场强　11.0241
filled-heart method　计心造　03.0044
filler wall　填充墙　13.0158
filling station　加油站　02.0846
fill work　填方　09.0071
film laboratory　洗印厂　02.0828
film mounted glass　贴膜玻璃　12.0185
final acceptance　竣工验收　07.0355
final bay　稍间　03.0020
final product storage　成品库　02.0859
final settlement of account　竣工决算　05.0008
financial benefit　财务效益　05.0064
financial building　金融建筑　02.0622
financial discount rate　财务折现率　05.0047
financial evaluation　财务评价　05.0042
financial net present value　财务净现值　05.0053
fine aggregate　细骨料，*细集料　12.0106
fine drinking water　直饮水　14.0128
fine drinking water treatment room　管道直饮水净水机房　14.0200
fine earthenware tile　陶质砖　12.0171
fine fitment　精装修　09.0372
fine stoneware tile　细炻砖　12.0169
finishing and decoration of house　家装　09.0371
finishing and decoration of public building　公装　09.0370
finishing fire retardant paint　饰面型防火涂料　12.0260
finishing mortar　抹面砂浆　12.0117
finite element method　有限单元法　13.0070
fire authority　消防局　02.0127
fire compartment　防火分区　11.0104
fire curtain　防火幕　02.0372
fired brick　烧结砖　12.0143
fire department　消防局　02.0127
fire detector monitoring area　火灾探测器保护面积　14.0597
fire detector monitoring radius　火灾探测器保护半径　14.0599
fire detector spacing　火灾探测器安装间距　14.0598
fire door　防火门　09.0299
fired roofing tile　烧结瓦，*陶瓦　12.0129
fire engine room　消防车库　02.0129
fire extinguisher　灭火器　14.0171
fire fight venue　扑救场地　09.0044
fire-firing access　专用消防口　11.0107
fire hazardous atmosphere　火灾危险环境　11.0100
fire lift　消防电梯　09.0352
fire monitor　消防炮　14.0163
fireplace　壁炉　09.0219
fire point　燃点，*着火点　14.0884
fireproof bag　阻火包　12.0263
fireproof sealing material　防火封堵材料　12.0262
fire protection control room　消防控制室，*消防控制中心　02.0841
fire public address　消防应急广播　14.0607
fire rating　灭火级别　14.0172
fire rating of produce　生产的火灾危险性分类　11.0099
fire resistance　耐火性　14.0563
fire resistance rating　耐火等级　11.0098
fire resistant cable　耐火电缆　14.0564
fire resistant glass　防火玻璃　12.0177
fire resisted shutter　防火卷帘　09.0300
fire resisting coating for cable　电缆防火涂料　12.0261
fire resisting coating for concrete structure　混凝土结构防火涂料　12.0259
fire resistive coating for steel structure　钢结构防火涂料　12.0258
fire separation distance　防火间距　11.0103
fire station　消防站　02.0128
firewall　防火墙　14.0781
fire water system　消防给水系统　14.0134
fire water tank room　消防水泵间　14.0201
fire window　防火窗　09.0328
firing range　射击场，*靶场　02.0468
first aid station　救护站，*急救站　02.0510
first moment of area　截面面积矩　13.0035
fish farm　养鱼场　02.1121
fish-shaped board　垂鱼　03.0094

fitness center 健身俱乐部，* 健身中心 02.0654
fitting room 试衣间 02.0633
fixed assets 固定资产 05.0061
fixed carbon of coal 煤的固定碳 14.0870
fixed cost 固定成本 05.0073
fixed fire monitor extinguishing system 固定消防炮灭火系统 14.0164
fixed foam extinguishing system 固定式泡沫灭火系统 14.0157
fixed horizontal cable 永久水平缆线 14.0713
fixed partition 固定隔墙 09.0194
fixed seating 固定座位 02.0488
fixed support 固定支架 14.0245
fixed time hot water supply system 定时热水供应系统 14.0097
fixture 卫生器具 14.0025
fixture unit 卫生器具当量 14.0026
fixture vent 器具通气管 14.0075
flame arrester 阻火器 14.0922
flame detector 火焰检测器 14.0971
flame extinguishing concentration 灭火浓度 14.0188
flame retardancy 阻燃性 14.0561
flame retardant cable 阻燃电缆 14.0562
flammable gas 可燃性气体 11.0131
flammable liquid 可燃性液体 11.0132
flammable material 可燃性物质 11.0130
flammable mist 可燃性薄雾 11.0133
flanking transmission 侧向传声 10.0260
flaps 活门，* 演员活门 02.0384
flashing 泛水 09.0263
flash point 闪点 11.0112
flash setting admixture 速凝剂 12.0093
flat coffered ceiling 平綦 03.0092
flat glass 平板玻璃 12.0174
flat roof 平屋顶 09.0256
flat slab floor 无梁楼盖 13.0161
flat tile 板瓦，* 瓪瓦 03.0130
flaw detector room 探伤室 02.0236
flexible fixing 挠性固定 14.0577
flexible seating 活动座席 02.0352
flexible stage 活动舞台 02.0365
flexible water proof roof 柔性防水屋面 09.0271
flexible workshop 灵活厂房 02.1019
flight 梯段 09.0337
floats 地排灯 02.0400
floating floor 浮筑地面 09.0237
flood level 洪水位 09.0013
flood lighting 泛光照明 10.0060
floor 楼层 02.0011
floor area 建筑面积 01.0122
floor area ratio 容积率 07.0206
floor coating 地坪涂料 12.0256
floor distributor 楼层配线设备 14.0706
floor drain 地漏 14.0067
floor light 地板灯 02.0401
floor plate 楼板 13.0163
floor system 楼盖 13.0159
floor tie-beam 地栿 03.0120
floor to ceiling height 室内净高 01.0131
flower 花卉 08.0071
flower bed 花坛 08.0096
flower border 花径 08.0095
flower cellar 花窖 02.1094
flower hedge 花篱 08.0094
flowers and plants 花卉 08.0071
flowing concrete 流态混凝土 12.0072
flowing space 流动空间 01.0095
flow resistance 流阻 10.0297
flue gas denitrification 烟气脱硝技术，* 烟气氧化合物技术 14.0994
flue gas dew point 烟气露点 14.0981
fluorescent lamp 荧光灯 10.0087
flush gable roof 硬山 03.0083
flutter echo 颤动回声 10.0234
fly ash 粉煤灰 12.0098
fly gallery 天桥 02.0387
flying buttress 飞扶壁 03.0328
flying mechanism 飞行机构 02.0391
flying rafter 飞椽 03.0079
fly tower 台塔，* 舞台塔 02.0386
FNPV 财务净现值 05.0053
foamed concrete 泡沫混凝土 12.0064
foamed glass 泡沫玻璃 12.0249
foam monitor extinguishing system 泡沫炮灭火系统 14.0166
foam-water deluge system 泡沫–水雨淋灭火系统 14.0161
FOB 离岸价 05.0067

folding door　折叠门　09.0295
folding furniture　折叠家具　09.0405
folding screen　屏风　09.0395
folding-the-roof [method]　举折　03.0025
foliation　叶饰　03.0311
folklore garden　民俗园，＊民族村　02.0423
folklore village　民俗园，＊民族村　02.0423
font　字体，＊书体　09.0126
food plaza　饮食广场　02.0609
food product factory　食品厂　02.1004
football field　足球场　02.0462
football stadium　足球场　02.0462
foot light　脚光　02.0397
forbidden sign　禁止标志　09.0411
force　力　13.0001
forced circulation boiler　强制循环锅炉，＊辅助循环锅炉，＊控制循环锅炉　14.0952
forced convection　受迫对流　10.0349
forced draft fan　鼓风机　14.0979
forced vibration　受迫振动　14.1015
force method　力法　13.0071
foreign style　洋风式　03.0237
fore-proscenium curtain　前檐幕　02.0375
forestage　台唇　02.0368
forestage lighting gallery　面光桥　02.0395
forging and pressing shop　锻压车间　02.1030
forging shop　锻造车间，＊锻工车间　02.1029
formal style garden　规则式园林　08.0005
form of heat pump　热泵类型　14.0936
fossil fuel　化石燃料，＊矿物燃料　14.0861
foundation　基础　13.0292
foundation bed　基础垫层　13.0294
foundation planting　基础种植　08.0165
foundation set　设备基组　11.0198
foundation tie beam　基础连梁　13.0293
foundry shop　铸造车间，＊铸工车间　02.1027
fountain　喷泉　08.0147
four dimension　四维　09.0136
four dimensional space　四维空间　01.0092
four legal prerequisites　文物四有　03.0396
four-pipe water system　四管制水系统　14.0317
foyer　休息室　02.0038
frame-bracing structure　框架-支撑结构　13.0133
frame-core wall structure　框架-核心筒结构　13.0138
frame refresh frequency　换帧频率　14.0766
frame-shear wall structure　框架-剪力墙结构　13.0135
frame structure　框架结构　13.0132
frame tube structure　单框筒结构　13.0137
frame-type furniture　框式家具　09.0403
franchised store　专卖店　02.0603
free-field room　消声室，＊无回声室，＊自由场室　02.0226
freehand drawing　徒手画　04.0043
free jet　自由射流　14.0306
free on board　离岸价　05.0067
free sound field　自由场　10.0214
free vibration　自由振动　14.1016
freezing point　凝固点，＊凝点，＊冰点　14.0883
freezing room　冻结间　02.0889
freight traffic　货运交通　07.0087
French classical architecture　法国古典主义建筑　03.0274
French school of built heritage conservation　法国文物建筑保护学派　03.0412
frequency　频率　10.0174
frequency domain　频域　11.0190
frequency domain analysis　频域分析　13.0244
frequency modulation　调频　14.0740
frequency spectrum　频谱　10.0201
frequent noise　频发噪声　11.0342
fresco　壁画　09.0375
fresh air handling unit　新风机组　14.0323
fresh air requirement　新风量　14.0300
fresh air room　新风机房　14.0384
fresh air ventilation system　新风系统　14.0248
Fresnel [zone] number　菲涅耳数　10.0287
frieze　檐壁　03.0300
frontage　临街面　07.0333
front-end device　前端设备　14.0652
front screen projection　前投影，＊正投影　14.0760
frosted glass　磨砂玻璃，＊毛玻璃　12.0191
frost resistant　抗冻性　12.0018
frozen soil　冻土　13.0276
fruit and vegetable storage cellar　果蔬储藏窖　02.1109
fruit processing factory　果品加工厂　02.1113
fuel　燃料　14.0860

fuel desulfurization　燃料脱硫法　14.0989
fuel gross calorific value　燃料高位发热量,＊高发热值　14.0863
fuel net calorific value　燃料低位发热量，＊低发热值　14.0864
fuel oil　燃料油　14.0875
fujiaodou　附角斗　03.0050
fujie　副阶　03.0015
fujimu　扶脊木　03.0074
full-color light emitting diode panel　全彩色发光二极管显示屏　14.0756
fullness　丰满度　10.0253
full pressure storm water system　压力流雨水排水系统，＊虹吸式屋面雨水排水系统　14.0058
full-time nursery　全日制托儿所　02.0166
fully decorated house　全装修房,＊精装修房　06.0155
fume　烟　14.0259
fumigation room　熏蒸室　02.0290
functionalism　功能主义　03.0355
functional space　功能空间　01.0088
function laboratory　功能检查科　02.0542
fundamental mode　基本振型，＊第一振型　13.0204
fundamental period　基本周期，＊第一自振周期　13.0202
fundamental wave　基波　14.0425
funeral architecture　丧葬建筑，＊殡葬建筑　02.1134
funeral parlor　殡仪馆　02.1135
fupen　覆盆　03.0109
fur and leather factory　皮革厂　02.0991
furnace room　烧制车间　02.1045
furniture　家具　09.0379
furniture disassembly　拆装家具　09.0406
furniture scale　家具尺度　01.0119
fuse　熔断器　14.0559
fusion-jointing　热熔连接　14.0919
futurism　未来主义　03.0349

G

gabled frame　门式刚架　13.0150
gable eave board　搏风板，＊搏缝板　03.0075
gable wall　山墙　09.0198
gallery　画廊　02.0255；廊　03.0150；园廊　08.0110
gallery house　楼廊，＊双层廊　08.0112
game room　游戏厅　02.0434
ganlan　干栏　03.0008
gaotai　高台建筑　03.0009
garage　［汽］车库　02.0769
garbage disposal plant　垃圾处理场　02.0840
garbage station　生活垃圾收集站　11.0347
garden　花园　08.0017
garden and park　园林　08.0001
garden art　园林艺术　08.0042
garden bench　园凳　08.0129
garden building　园林建筑　08.0108
garden chair　园椅　08.0128
garden city　田园城市　07.0292
garden design　园林设计　08.0051
garden engineering　园林工程　08.0132
garden history　园林史　08.0035
garden lamp　园灯　08.0130
garden layout　园林布局　08.0050
garden path design　园路设计　08.0054
garden pavilion　凉亭　08.0115
garden paving engineering　园路工程　08.0149
garden planning　园林规划　08.0049
garden plant　园林植物　08.0066
garden road step　园路台阶　08.0156
gargoyle　滴水兽　03.0335
gas distributing station　配气站　02.0836
gaseous fuel　气体燃料　14.0885
gas-filtering room　滤毒室　11.0153
gas fire extinguishing system　气体灭火系统　14.0176
gas heater　燃气热水器　14.0117
gas metal arc welding　气体保护电弧焊,＊气体保护焊　14.1108
gas plant　气体加工厂，＊气体处理厂　02.0945
gas regulator box　燃气调压箱　14.0912
gas supply system of city　城市燃气供应系统　07.0256
gastightness test　气密性试验,＊严密性试验　14.1119
gas turbine　燃气轮机　14.0929
gatekeeper’s room　传达室，＊收发室　02.0028

gateman's room 传达室，* 收发室 02.0028
gate stand 近机位 02.0688
gate station of gas distribution network 配气门站，* 门站 14.0911
gate tower 阙 03.0147
gauge 限界 02.0740
general art museum 综合性美术馆 02.0253
general color rendering index [一般]显色指数 10.0034
general contracting [工程]总承包 06.0067
general contracting company [工程]总承包公司 06.0015
general diffused lighting 一般漫射照明 10.0055
general hospital 综合医院 02.0507
general industrial solid waste 一般工业固体废物 11.0348
general laboratory 通用实验室 02.0206
general lighting 一般照明 10.0042
general operation room 有菌手术室 02.0557
general symbol 一般符号，* 基本符号 09.0424
general teaching room 公共教学用房 02.0170
general telecommunication business hall 综合电信营业厅 02.0802
generative design 生成设计 09.0137
generator 发电机 14.0443
generic cabling inlet chamber 综合布线进线间 14.0813
generic cabling system 综合布线系统 14.0695
generic cabling system cable 综合布线缆线 14.0718
generic cabling system cable unit 综合布线电缆单元 14.0720
generic cabling system link 综合布线链路 14.0700
generic cabling system work area 综合布线工作区 14.0698
geological hazard prevention 城市地质灾害防治 07.0102
geometrical acoustics 几何声学 10.0169
geometrically stable system 几何不变体系 13.0061
geometrically unstable system 几何可变体系 13.0062
geometric nonlinearity analysis 几何非线性分析 13.0069
geotechnical investigation 岩土工程勘察 13.0267
geothermal energy 地热能 14.0857
geothermal power generation 地热发电 14.0438
germplasm bank 种质库，* 基因库，* 品种资源库 02.1107
geshan 槅扇，* 隔扇 03.0103
girder 主梁 13.0166
glare 眩光 10.0020
glass-ceramics 微晶玻璃 12.0192
glass-ceramics & ceramics combined tile 微晶玻璃陶瓷复合砖 12.0164
glass curtain wall 玻璃幕墙 09.0186
glass fiber mesh 玻璃纤维网格布 12.0142
glass fiber reinforced cement 玻璃纤维增强水泥制品 12.0076
glass fiber reinforced cement panel with cavity 玻璃纤维增强水泥空心条板 12.0158
glass fiber reinforced gypsum 玻璃纤维增强石膏制品 12.0077
glass fiber wall covering fabric 玻璃纤维壁布 12.0314
glass film 玻璃贴膜 12.0194
glass furniture 玻璃家具 09.0401
glass mosaic 玻璃马赛克，* 锦玻璃，* 玻璃锦砖 12.0173
glass wool 玻璃棉 12.0248
glazed tile 琉璃瓦 03.0131
global illuminance 总昼光照度 10.0119
global radiation 总辐射 10.0470
global solar radiation 总日辐射 10.0113
globe temperature 黑球温度 10.0459
glued laminated timber structure 层板胶合结构 13.0123
glued timber structure 胶合木结构 13.0122
go-ahead blind sidewalk 行进盲道 09.0060
golden section 黄金分割，* 黄金比 01.0083
golf course 高尔夫球场 02.0467
gong 栱 03.0051
Gothic architecture 哥特建筑 03.0271
goulan 钩阑，* 勾栏 03.0116
goulianda 勾连搭 03.0089
government office 衙署 03.0164
governor pump unit water supply 调速泵组供水 14.0012
grade of earthquake damage to building 建筑地震破坏等级 13.0254

grade of side slope 坡比值 09.0076
grade 1 registered architect 一级注册建筑师 06.0036
grade 2 registered architect 二级注册建筑师 06.0037
grading of aggregate 集料级配 12.0027
grain processing plant 粮食加工厂 02.1003
grain depot 粮库，*粮仓 02.0863
grain storage 粮库，*粮仓 02.0863
granary 粮库，*粮仓 02.0863
granite 花岗石 12.0197
granitic plaster 水刷石，*汰石子 12.0204
graphical sign 图形标志 09.0419
graphical symbol 图形符号 09.0418
graphical symbol for use on sign 标志用图形符号 09.0432
graphics library 图库 09.0158
grass 草 08.0070
grate fired boiler 层燃锅炉，*火床炉 14.0956
graveyard 陵墓 03.0201，墓地 02.1141
gravity pressure roof storm water system 半有压式屋面雨水排水系统 14.0059
gravity separator 沉降室 14.0273
gravity storm water system 重力流雨水排水系统 14.0057
gray body 灰体 10.0363
gray scale 灰度等级 14.0754
gray space 灰空间，*模糊空间 01.0094
gray water 杂排水 14.0124
grease interceptor 隔油器 14.0082
grease tank 隔油池 14.0081
great cold 大寒日 10.0522
greater [structural] carpentry 大木作 03.0004
Greek cross 希腊十字形 03.0337
green area 绿地面积 01.0133
green area for environmental protection 防护绿地 07.0158
green belt 绿带 08.0033
green belt for health protection 卫生防护绿化带 11.0353
green buffering zone 绿化隔离区 07.0186
green building 绿色建筑 01.0070
green coverage area 绿化覆盖面积 08.0031
greenery coverage ratio 绿化覆盖率 08.0032
greenhouse 温室，*暖房 02.1087
greenhouse effect 温室效应，*大气保暖效应 14.0996
greenhouse gas 温室气体，*大气保暖气体 14.0995
greening 绿化 08.0002
greening rate 绿地率 07.0210
green land of wedge 楔形绿地 08.0034
green layout planning 绿化布置图 09.0030
green lighting 绿色照明 10.0039
green room 候场室 02.0413
green space 绿地 08.0004
green space attached to housing estate 居住绿地 08.0027
green space attached to urban road and square 道路绿地 08.0029
green space between houses or apartments 宅间绿地 07.0274
green wall 绿墙 08.0093
grey roofing tile 青瓦 12.0130
grid 栅顶，*葡萄架 02.0392，网点 09.0160
gridiron 栅顶，*葡萄架 02.0392
grill window 直棂窗 03.0105
grocery store 食品店 02.0606
groin 穹棱 03.0319
groin vault 棱拱 03.0314
grotto 石窟 03.0208
ground 接地 11.0061，地基 13.0279
ground conductor 接地导体 11.0067
ground cover plant 地被植物 08.0079
ground electrode 接地极 11.0065
ground electrode network 接地网 11.0066
ground elevation 场地标高 09.0066
ground glass 磨砂玻璃，*毛玻璃 12.0191
ground granulated blast furnace slag 粒化高炉矿渣粉 12.0097
ground improvement 地基处理 13.0281
grounding arrangement 接地配置 11.0060
grounding switch 接地开关 14.0536
grounding terminal 接地端子 11.0068
ground motion parameter 地震动参数 11.0013
ground-source heat pump system 地源热泵系统 14.0387
groundwater controlling 地下水控制 13.0316
groundwater level for prevention of upfloating 抗浮设防水位 13.0317
groundwork protection engineering 地基防护工程

09.0068
group elevator　群控电梯　09.0358
group green space　组团绿地　07.0273
group planting　群植　08.0058
grouting materials　灌浆材料　12.0283
growth pole theory　增长极理论，* 发展极理论　07.0066
guan　道观，* 道院，* 道宫　03.0216
Guandi Miao　关帝庙　03.0176
guarded hot box method　防护热箱法　10.0438
guarded hot plate method　防护热板法　10.0437
guard tour system　电子巡查系统　14.0672
guesthouse　宾馆　02.0636
guest room　客房　02.0663
guidance line　导向线　09.0414
guild hall　会馆　03.0179
gutter　排水沟　07.0248，天沟　09.0279
guy　拉线　14.0583
gym　健身房　02.0457
gymnasium　健身房　02.0457，体育馆　02.0455
gypsum based self-leveling materials　石膏基自流平材料　12.0286
gypsum binder　黏结石膏　12.0289
gypsum block　石膏砌块　12.0128
gypsum panel with cavity　石膏空心条板　12.0157
gypsum plaster　粉刷石膏　12.0288
gypsum plasterboard　纸面石膏板　12.0156

H

haberdashery　服饰店　02.0614
habitable space　居住空间　02.0100
hacker　黑客　14.0778
half fixed foam extinguishing system　半固定式泡沫灭火系统　14.0158
half storage type heat exchanger　半容积式水加热器　14.0114
hall　过厅　02.0024
halocarbon extinguishing system　卤代烷灭火系统　14.0178
hand hole　手孔　09.0223
handing over inspection　交接检测　06.0096
handling capacity of an airport　机场吞吐量　02.0701
hand over of working drawing　施工图设计交底　06.0084
handrail　扶手　09.0345
hangar　飞机库　02.0955
hang wall　挡烟垂壁　11.0111
hard drawn wire　冷拔钢丝，* 高强钢丝　12.0209
hardening　硬化　12.0035
hardening accelerating admixture　早强剂　12.0086
hardening accelerating and water reducing admixture　早强减水剂　12.0082
hardware　硬件　14.0791
harmonic analysis　谐波分析　10.0404
harmonic component　谐波分量　14.0426
harmonic content　谐波含量　14.0427
harmonic source　谐波源　14.0428
harsh concrete　干硬性混凝土　12.0074
Hass effect　哈斯效应　10.0241
hatchery　孵化厅　02.1065
haydite　陶粒　12.0111
hazardous material storage　危险品库　02.0861
hazardous material warehouse　危险品库　02.0861
hazardous solid waste　危险固体废物　11.0349
head loss　水头损失　14.0029
health center　卫生所　02.0515
health club　健身俱乐部，* 健身中心　02.0654
health protection zone　卫生防护距离　11.0352
heat accumulator　蓄热器　14.1050
heat and moisture transfer　热湿交换　14.0298
heat capacity　热容量　10.0400
heat carrier circulation system　第一循环系统　14.0107
heat conduction coefficient　导热系数　10.0371
heated greenhouse　加温温室　02.1088
heat exchanger room　热交换站　02.0837
heat flow　热流　10.0333
heat flow meter　热流计　10.0436
heat flux　热流密度　10.0334
heat-generating plant　供热厂　02.0932
heat humidity ratio　热湿比　14.0297

heat impulsive method 热脉冲测定法 10.0440
heating 供暖，＊采暖 14.0202
heating cable floor radiant heating 发热电缆地面辐射供暖 14.0213
heating coil 热盘管 14.0372
heating degree day 采暖度日数 10.0417
heating floor 采暖地板 09.0242
heating load 供暖热负荷 14.0222
heating period for calculation 计算采暖期 10.0419
heat loss 耗热量 14.0219
heat medium 热媒 14.0218
heat pipe 热管 14.0374
heat pressure 热压 10.0354
heat proof 防热 10.0394
heat pump 热泵 14.0935
heat pump coefficient of heating performance 热泵供热系数，＊热泵制热系数 14.0937
heat pump hot water system 热泵热水供应系统 14.0101
heat recovery boiler 余热锅炉 14.0960
heat reduction by ventilation 通风隔热 10.0409
heat sensitive optical cable 感温光缆 14.0614
heat source 热源 14.0217
heat source well 热源井 14.0392
heat stability 热稳定性 10.0347
heat storage 蓄热器 14.1050
heat stress 热应力 10.0492
heat stress index 热应力指标 10.0493
heat substation 热力站 02.0838
heat-supply network 热网，＊热力网 14.1058
heat tempering bar 热处理钢筋 12.0208
heat transfer 传热 10.0328
heat transfer coefficient 传热系数 10.0387
heat transfer resistance 传热阻 10.0385
heat-treating bar 热处理钢筋 12.0208
heat-treating shop 热处理车间 02.1038
heat treatment 热处理 14.1111
heat wheel 转轮式换热器 14.0348
heavy oil 重油 14.0877
hedge 绿篱 08.0092
heliostat daylighting device 定日镜采光器 10.0133
hemodialysis room 血液透析室 02.0571
HEPA filter 高效空气过滤器 11.0181
herb flower 草花 08.0074
heritage component 附属文物 03.0394
heritage site 遗产地 03.0380，文物古迹 03.0389
heritage value 文物价值 03.0390
hexicaihua 和玺彩画 03.0143
HID lamp 高强度气体放电灯 10.0082
high alumina cement 高铝水泥 12.0053
high efficiency particulate air filter 高效空气过滤器 11.0181
high grade gray water 优质杂排水 14.0125
high intensity discharge lamp 高强度气体放电灯 10.0082
high level station building 线侧上式站房 02.0713
high order mode 高阶振型 13.0205
high performance concrete 高性能混凝土 12.0060
high-platform［architecture］ 高台建筑 03.0009
high-platform building 台榭 03.0152
high polymer water-proof sheet 高分子防水卷材，＊高分子防水片材 12.0273
high power room 高功率室 11.0257
high-pressure carbon dioxide extinguishing system 高压二氧化碳灭火系统 14.0179
high-pressure fire water system 高压消防给水系统，＊常高压消防给水系统 14.0135
high-pressure sodium vapor lamp 高压钠[蒸气]灯 10.0083
high rack storage 高架仓库 02.0869
high radiation area 高辐射区 11.0281
high-rise building 高层建筑 02.0008
high-rise garage 高层汽车库 02.0774
high-rise house 高层住宅 02.0075
high-rise industrial building 高层厂房 02.1014
high strength concrete 高强混凝土 12.0065
high-tech 高技派 03.0365
high-tech industrial development zone 高技术产业开发区 02.0899
high-tech park 高技术园区，＊高技术城 02.0901
high-tension line corridor 高压线走廊 09.0081
high-voltage cubicle switchboard 高压配电装置 14.0463
high-voltage distribution room 高压配电室 14.0587
high-voltage power cable 高压电力电缆 14.0567
high-voltage power distribution system 高压配电系统 14.0402
high-voltage power supply 高压供电 14.0400

high-voltage switchgear　高压开关设备　14.0464
highway service area　高速公路服务区，* 高速公路服务站　02.0785
high-zone elevator　高区电梯　09.0355
hill making　掇山　08.0136
hip　斜脊　09.0260
hip-and-gable roof　歇山　03.0081
Hippodamus' planning　希波丹姆规划模式　07.0290
hip roof　庑殿　03.0080
historical building　历史建筑　02.1132
historical garden and park　历史名园　08.0018
historical value　历史价值　03.0391
historic area　历史地段　07.0306
historic city　历史文化名城　07.0302
historic conservation area　历史文化街区，* 历史文化保护区　07.0303
historic town　历史文化名镇　07.0304
historic village　历史文化名村　07.0305
holistic conservation　整体保护　07.0311
hollow brick　空心砖　12.0147
hollow glass block　空心玻璃砖　12.0188
hollow unit masonry　空心砌块墙体　09.0183
home ownership　房屋所有权　06.0150
homogeneous materials　均质材料　12.0006
homogeneous sheet　均质片　12.0274
honey house　取蜜车间　02.1080
horizontal cable　水平缆线　14.0712
horizontal curve　平曲线　09.0049
horizontal pipe　横管　14.0062
horizontal sheet style　横式幅面　09.0110
horizontal sliding sash　推拉窗　09.0320
horizontal unidirectional airflow　水平单向流　11.0171
horse barn　马舍，* 马厩　02.1077
horse ranch　养马场　02.1076
hospital　医院　02.0506
hospital elevator　医用电梯，* 病床电梯　09.0350
hospital sewage　医院污水　14.0085
hospital street　医院街　02.0522
hostel　招待所　02.0638
hot air heating system　热风供暖系统　14.0228
hot bed　温床　02.1099
hot cell　热室　11.0285
hotel　旅馆，* 酒店，* 饭店　02.0635
hot summer and cold winter zone　夏热冬冷地区　10.0454
hot summer and warm winter zone　夏热冬暖地区　10.0455
hot water circulation system　第二循环系统　14.0108
hot water heating　热水供暖　14.0207
hot water heating room　生活热水热交换间　14.0199
hourly variation coefficient　小时变化系数　14.0015
house expropriation　房屋征收　06.0136
housekeeping　房务部，* 房管部　02.0653
house leasing market　住房租赁市场　06.0116
house mortgage loan　住房按揭贷款　06.0149
house plant　室内植物　08.0076
house unit　套　02.0080
housing accumulation fund　住房公积金　06.0148
housing cluster　住宅组团，* 居住组团　07.0269
housing group　住宅组团，* 居住组团　07.0269
housing in row　行列式　07.0279
housing layout　住宅布局　07.0278
housing type composition　户型比　07.0281
H-section steel　H 型钢　12.0217
huabiao　华表　03.0102
huagong　华拱　03.0052
hub airport　枢纽机场　02.0674
hub building for long distance telecommunication　长途电信枢纽楼　02.0793
hue　色调　09.0468
hue circle　色相环　09.0449
huiguan　会馆　03.0179
human engineering　人类工程学　01.0067
human habitat　人居环境　07.0043
human settlement　人居环境　07.0043
human thermal sensation　人体热感觉　10.0494
humidification　加湿　14.0296
humidifier　加湿器　14.0325
humidistat　恒湿器　14.0358
humidity ratio　含湿量　14.0294
hunting park　囿　08.0037
hurdle rate　基准收益率　05.0052
hydrant　消火栓　14.0137
hydraulical calculation of heat-supply network　热网水力计算　14.1059
hydraulic analogy　水力模拟　10.0442
hydraulic binder　水硬性胶凝材料　12.0009

hydraulic elevator　液压电梯　09.0360
hydraulic misadjustment　水力失调　14.1061
hydraulic press shop　水压机车间　02.1031
hydraulic radius　水力半径　14.1054
hydraulic resistance balance　阻力平衡　14.0237
hydraulic structure　水工建筑物　02.0934
hydrocarbon　烃　14.0862
hydrogen energy　氢能　14.0859
hydrophilic expansion rubber　遇水膨胀橡胶　12.0282
hydropower plant　水力发电厂　02.0933
hydrotherapy center　温泉水疗中心　02.0655
hysteretic curve　滞回曲线，* 恢复力曲线　13.0214

I

IACC　耳间[听觉]互相关函数　10.0251
IAS　入侵报警系统　14.0634
I-beam steel　工字钢　12.0215
ice hocky rink　冰球馆　02.0476
ice storage room　冰库　02.0891
icon　图标　09.0431
ICU　重症监护室，* 特殊护理单元　02.0585
ideal city　理想城市　07.0291
ideal gas　理想气体　14.1076
identification and investigation of heritage　文物调查　03.0424
idle land　闲置土地　06.0141
IFC　工业基础类标准　09.0141
IGES　初始图形交换规范　09.0139
ignition point　燃点，* 着火点　14.0884
ignition temperature　燃点，* 着火点　14.0884
ignition temperature of explosive gas atmosphere　爆炸性气体环境的点燃温度　11.0122
IIS　智能化集成系统　14.0616
illegal construction　违法建设　07.0360
illegal occupation of land　违法占地　07.0361
illuminance　[光]照度　10.0007
illuminance meter　照度计　10.0160
illumination　照明　10.0038
illusory space　虚空间　01.0093
image[sound]source method　虚声源法　10.0247
immigration [check area]　边防检查区　02.0694
impact sound　撞击声　10.0257
impact sound improvement　撞击声改善量　10.0282
impact sound pressure level　撞击声压级　10.0276
impedance compound muffler　阻抗复合消声器　14.0378
imperial academy　辟雍，* 璧雍　03.0187
Imperial Ancestral Temple　太庙　03.0194
imperial city　皇城　07.0284
imperial garden　[中国]皇家园林　03.0219
imperial park　苑　08.0038
imperial retreat　行宫　03.0185
impermeability　抗渗性，* 不透水性　12.0017
impulse current　冲击电流　11.0076
impulse response　脉冲响应　10.0238
impulse test-class Ⅰ　冲击试验Ⅰ级　11.0094
impulse test-class Ⅱ　冲击试验Ⅱ级　11.0095
impulse test-class Ⅲ　冲击试验Ⅲ级　11.0096
impulsive sound　脉冲声　10.0237
incandescent lamp　白炽灯　10.0078
inclination [of the corner column]　侧脚　03.0029
inclined strut　托脚　03.0068
increment coefficient due to interior reflected light　室内反射光增量系数　10.0147
incubation building　孵化器建筑　02.0929
incubator　孵化器　02.0928
indented wire　刻痕钢丝　12.0211
independent design right　独立设计权　06.0044
independent electric supply　独立电源　14.0437
index of design load for heating of building　供暖设计热负荷指标　14.0235
index of heat loss　耗热量指标　10.0420
index of heat loss of building　建筑物耗热量指标　14.0226
index of thermal inertia　热惰性指标　10.0386
index symbol　索引符号　09.0106
indirect cost　间接费　05.0016
indirect drain　间接排水　14.0078
indirect lighting　间接照明　10.0057
individual project　单项工程　05.0027
indoor athletics stadium　田径馆　02.0460
indoor calculated temperature　室内计算温度　10.0398

indoor climate 室内气候 10.0484
indoor color design 室内色彩设计 09.0475
indoor ice rink 冰球馆 02.0476
indoor ice skating rink 滑冰馆，* 溜冰馆 02.0475
indoor parking ［汽］车库 02.0769
indoor permission noise level 室内允许噪声级 11.0341
indoor sports hall 风雨操场 02.0199
indoor substation 户内变电所 14.0592
indoor thermal environment 室内热环境 10.0485
induced draft boiler 负压锅炉 14.0954
induced draft fan 引风机 14.0980
induction air conditioning system 诱导式空气调节系统 14.0313
induction unit 诱导器 14.0312
industrial boiler 工业锅炉，* 供热锅炉 14.0947
industrial building 工业建筑 02.0892
industrial city 工业城市 07.0028
industrial district 工业区 07.0171
industrial engineering 工业工程 02.0897
industrial enterprise noise 厂界环境噪声 11.0340
industrial heritage 工业遗产 03.0408
industrial kitchen 工业厨房，* 配餐楼 02.0909
industrial land 工业用地 07.0145
industrial park 工业园 02.0898，产业园区 07.0032
industrial process measurement and control instrument 工业自动化仪表 14.1068
industrial property 工业物业 06.0144
industrial ventilation 工业通风 14.0249
industrial vibration 工业振动 11.0199
industrial warehouse building 仓储建筑 02.0850
industrial waste water 生产废水 11.0332
industrial waste water treatment 生产废水处理 11.0334
industry foundation class 工业基础类标准 09.0141
inert gas 惰性气体，* 稀有气体 14.1085
inert gas extinguishing system 惰性气体灭火系统 14.0177
inerting concentration 惰化浓度 14.0189
infant room 乳儿室 02.0194
infectious disease 传染病 11.0371
inflatable furniture 充气家具 09.0402
information 信息 14.0800
information desk 问询处，* 问讯处 02.0030；导医处 02.0529
information network system 信息网络系统 14.0621
information processing room 信息处理用房 02.0317
information security 信息安全 14.0777
information systems of urban planning administration 规划管理信息系统 07.0350
information technology application system 信息化应用系统 14.0618
information technology system infrastructure 信息设施系统 14.0617
infra-module 分模数 01.0108
infrared humidifier 红外线加湿器 14.0345
infrared power density 红外功率密度 14.0735
infrared radiator 红外辐射器 14.0737
infrared ray 红外线 14.0733
infrared receiver 红外接收器 14.0738
infrared simultaneous interpretation system 红外线同声传译系统 14.0734
infrared transmitter 红外发射主机 14.0736
infrasound 次声 10.0185
infusion room 输液室 02.0544
inhalable particle of 10 μm or less 可吸入颗粒物 11.0322
inherent color 固有色 09.0459
initial graphics exchange specification 初始图形交换规范 09.0139
initial time gap 初始时间间隙 10.0225
injection room 注射室 02.0545
injection well 回灌井 14.0391
inlet pipe 引入管 14.0018；入户管 14.0020
inn 旅店 02.0637
inner and outer city walls 城郭 03.0153
inner electrostatic voltage 室内静电电位 11.0302
inner heat gain of building 建筑内部得热 10.0414
inner-patio housing 内天井式住宅 02.0090
inorganic nonmetallic materials 无机非金属材料 12.0003
inpatient department 住院部 02.0582
inpatient register hall 出入院大厅 02.0525
inscribed tablet in garden 园林匾额楹联 08.0131
insertion loss 插入损耗 11.0090
insertion loss of noise barrier 声屏障插入损失 10.0286
insertion loss of silencer 消声器插入损失 10.0316

in-site land for public　代征地　09.0001
insolation standard　日照标准　09.0019
inspection　检验　06.0094
inspection center　检验中心　02.0568
inspection chamber　检修井　09.0222
inspection door　检查门　14.0282
inspection lot　检验批　06.0093
inspection of property line　验线　06.0102
inspection room for very important person　特别观摩室　02.0279
installation connection diagram　安装接线图　14.0513
installation cost　安装工程费　05.0012
instantaneous heat exchanger　快速式水加热器，* 快速式热交换器　14.0113
instantaneous water heater　快速式水加热器，* 快速式热交换器　14.0113
institute　高等院校　02.0155；专科大学　02.0157
instrument accuracy　仪表精度，* 仪表准确度　14.1070
instrument and apparatus　仪器仪表　14.1067
instrument and meter factory　仪器仪表厂　02.0975
instrument sensitivity　仪表灵敏度　14.1069
insulated conductor　绝缘导线　14.0585
insulated floor　绝缘楼地面　09.0239
insulation coordination　绝缘配合　14.0515
insulation layer　保温层　09.0274
insulation strength　绝缘强度　14.0514
insulator　绝缘子　14.0586
insurance company　保险公司　02.0629
intangible assets　无形资产　05.0062
integral behavior of seismic structure　抗震结构整体性　13.0222
integral pipeline longitudinal and vertical drawing　管线综合图　09.0028
integral pipe trench　共同沟　07.0263；综合管沟　09.0080
integrated design for utility pipeline　管线综合设计　09.0078
integrated fire controller　消防联动控制器　14.0606
integrated fire control system　消防联动控制系统　14.0602
integrated part load value　综合部分负荷性能系数　14.0236
integrated urban and rural development　城乡统筹　07.0019
integrated urban design　整体城市设计　07.0322
integrating sphere　积分球　10.0162
integrity of heritage　遗产完整性　03.0384
intelligent building　智能建筑　01.0076
intelligent integration system　智能化集成系统　14.0616
intelligent low-voltage circuit-breaker　智能低压断路器　14.0542
intelligibility　清晰度　10.0254
intensity of frequently occurred earthquake　多遇地震烈度　11.0009
intensity of seldom occurred earthquake　罕遇地震烈度　11.0010
intensive care unit　重症监护室，* 特殊护理单元　02.0585
interaural cross correlation function　耳间[听觉]互相关函数　10.0251
inter-building pipe　接户管　14.0019
interchangeability of gases　燃气互换性　14.0903
interchange station　换乘站　02.0744
inter-city transportation　城市对外交通　07.0088
intercolumnar bracket set　补间铺作　03.0041
intercolumniation　柱间距　03.0296
interconnect　互连　14.0728
interface　接口　14.0802
interference　干涉　10.0180
interim store　中间仓库　02.0858
interior decoration　室内装饰　09.0369
interior design　室内设计　01.0018
interior designer　室内设计师　01.0029
interior display　室内陈设　09.0368
interior finish work　内檐装修　09.0374
interior water supply system of building　建筑内部给水系统，* 室内给水系统　14.0005
intermediate color appearance　中间色表　10.0031
intermediate platform　中间站台　02.0725
intermittent heating　间歇供暖　14.0205
internal door　内门　09.0291
internal drainage　内排水　09.0280
internal energy　内能，* 热力学能　14.0836
internal force　内力　13.0015
internal lightning protection system　内部防雷装置　11.0057

internally reflected component of daylight factor 采光系数的室内反射光分量 10.0140
internal rate of return 内部收益率 05.0049
internal thermal insulation 内保温 10.0434
internal wall 内墙 09.0179
internal window 内窗 09.0307
International Commission of Illumination standard clear sky 国际照明委员会标准全晴天空 10.0121
International Commission of Illumination standard general sky 国际照明委员会标准一般天空 10.0122
International Commission of Illumination standard overcast sky 国际照明委员会标准全阴天空 10.0120
international exchange exhibition hall 国际交流展厅 02.0273
International Federation of Consulting Engineers 国际咨询工程师联合会 06.0005
international style 国际式 03.0354
international telecommunication center 国际局 02.0795
International Union of Architects 国际建筑师协会 06.0006
International Union of Architects Accord on Recommended International Standards of Professionalism in Architectural Practice 国际建筑师协会关于建筑实践中职业主义的推荐国际标准认同书 06.0007
International Union of Architects Accord Policies 国际建筑师协会认同书政策 06.0008
internet bar 网吧 02.0436
interrogation room 审讯室 02.0150
intersecting stairs 交叉式楼梯，* 叠合式楼梯 09.0331
intersection 交通流线节点 09.0415
interval of underground utility 地下管线间距 07.0262
intervention of heritage 文化遗产干预 03.0415
intrinsic safety explosion-proof device 本质安全防爆型设备 14.0909
intruder alarm system 入侵报警系统 14.0634
intruder detector 入侵探测器 14.0643
inverted V-shaped brace 叉手 03.0067
inverted V-shaped bracket 人字栱 03.0054
investment estimate 投资估算 05.0002
invitation tender 邀请招标，* 有限竞争性招标 06.0058
ion exchange 离子交换 14.1022
ion exchange desaltination 离子交换除盐 14.1024
ion exchange softening 离子交换软化 14.1023
Ionic order 爱奥尼柱式 03.0288
ionizing radiation 电离辐射 11.0258
ionizing static eliminator 离子化静电消除器 11.0311
IPLV 综合部分负荷性能系数 14.0236
IR power density 红外功率密度 14.0735
IRR 内部收益率 05.0049
irradiation installation 辐照装置 11.0264
IR radiator 红外辐射单元 14.0737
IR receiver 红外接收单元 14.0738
iso-illuminance curve 等照度曲线 10.0076
isolated consulting room 隔离诊室 02.0546
isolated observation room 隔离观察室 02.0548
isolated planting 孤植 08.0060
isolating switch 隔离开关 14.0535
isolating transformer 隔离变压器 14.0519
isolation 隔离 11.0366
isolation barn ［病兽］隔离室 02.1081
isolation layer 隔热层 09.0275
isolation livestock house 隔离畜舍，* 病畜舍 02.1058
isolation room ［幼儿］隔离室 02.0197
isolation ward 隔离病房 02.0589
isolator 隔离开关 14.0535
iso-luminance curve 等亮度曲线 10.0077
iso-luminous intensity curve 等光强曲线 10.0075
isotherm 等温线 10.0332
isothermal jet 等温射流 14.0308
isothermal surface 等温面 10.0331
Italian school of built heritage conservation 意大利文物建筑保护学派 03.0414
iterative earthing 重复接地 14.0498
ITAS 信息化应用系统 14.0618
ITSI 信息设施系统 14.0617

J

jail 监狱 02.0148
jamb lining 筒子板 09.0303
jet 射流 14.0304
jet in a confined space 受限射流 14.0307
jewelry shop 珠宝店 02.0618
jewelry work 珠宝饰品厂 02.1001
jiacheng 夹城 03.0161
jianlou 箭楼 03.0158
jiaoji 角脊 03.0127
jiaolou 角楼 03.0156
jinggan 井干式 03.0007
jinxiang doudi cao 金箱斗底槽 03.0024
jinzhuan 金砖 03.0135
jixinzao 计心造 03.0044
joint 节点 13.0057
joint design studio 联合设计专题 04.0041
joint gypsum 嵌缝石膏 12.0290
joint tape 接缝带 12.0312
joist 枋 03.0059，龙骨 12.0311
juansha 卷杀 03.0027
judge's suite 法官室 02.0141
judicial building 司法建筑 02.0135
jujia 举架 03.0026
jumper 跳线 14.0717
junction box 接线盒 14.0584
juzhe 举折 03.0025

K

Kaogongji city planning formulation 《考工记》营国制度 07.0289
karaoke TV compartment KTV 包房，* 卡拉 OK 包房 02.0445
karst landform 喀斯特地貌 13.0275
keel 龙骨 12.0311
kindergarten 托儿所，* 幼儿园 02.0164
kindergarten activity room 幼儿活动室 02.0191
kindergarten dormitory 幼儿寝室 02.0193
kindergarten musical and multi-activity room 幼儿音体活动室 02.0192
kinematical viscosity 运动黏度 14.0880
kitchen 厨房 02.0043
kitchenette 烹饪台，* 开放式厨房 02.0044
knitting mill 针织厂 02.0989
knowledge on architectural profession 建筑师执业知识 04.0025
KTV compartment KTV 包房，* 卡拉 OK 包房 02.0445
kuixinglou 魁星楼 03.0171
Kunshan stone 昆山石 08.0098

L

laboratory 实验室 02.0189
laboratory building 科学实验建筑 02.0200
lake 湖泊 08.0145
lama pagoda 喇嘛塔，* 覆钵式塔 03.0213
laminar flow 层流 10.0351
laminated glass 夹层玻璃 12.0182
laminated rubber bearing 叠层橡胶支座 13.0236
laminated wood board 细木工板，* 大芯板 12.0236
laminate floor covering 浸渍纸层压木质地板 12.0318
laminate flooring 浸渍纸层压木质地板 12.0318
lan'e 阑额 03.0064

land assignment　土地划拨，* 土地无偿拨用　07.0368
land development　土地开发　06.0134
land elevation　用地标高　07.0246
land for administration　行政办公用地　07.0131
land for administration and public service　公共管理与公共服务用地　07.0130
land for airport　机场用地　07.0121
land for business facility　商务用地　07.0142
land for commercial and business facility　商业服务业设施用地　07.0140
land for commercial facility　商业用地　07.0141
land for cultural facility　文化设施用地　07.0132
land for education and scientific research　教育科研用地　07.0133
land for environmental facility　环境设施用地　07.0154
land for foreign affair　外事用地　07.0138
land for health care　医疗卫生用地　07.0135
land for heritage　文物古迹用地　07.0137
land for logistics and warehouse　物流仓储用地　07.0146
land form　地貌　09.0009
land for mixed use　混合用地　07.0160
land for municipal utility　公用设施用地　07.0152
land for municipal utility outlet　公用设施营业网点用地　07.0144
land for national and regional road　公路用地　07.0119
land for park　公园绿地　07.0157
land for park and square　绿地与广场用地　07.0156
land for pipeline　管道运输用地　07.0122
land for port　港口用地　07.0120
land for provision facility　供应设施用地　07.0153
land for railway　铁路用地　07.0118
land for recreation facility　娱乐康体用地　07.0143
land for regional public infrastructure　区域公用设施用地　07.0123
land for regional transportation infrastructure　区域交通设施用地　07.0117
land for religion facility　宗教设施用地　07.0139
land for security facility　安全设施用地　07.0155
land for social welfare facility　社会福利设施用地　07.0136
land for special use　特殊用地　07.0124
land for sport　体育用地　07.0134
land for square　广场用地　07.0159
land for street and transportation　道路与交通设施用地　07.0147
land for transportation hub　交通枢纽用地　07.0150
land for transportation terminal　交通场站用地　07.0151
land for urban rail transit　城市轨道交通用地　07.0149
land for urban road　城市道路用地　07.0148
land leasing　土地出让，* 土地使用权出让　07.0366
land management　土地管理　07.0363
land market　土地市场　06.0113
land ownership　土地所有权　06.0126
land price　土地价格，* 地价　06.0139
land price for sale　出让地价，* 土地出让金　07.0369
land reserve　土地储备　06.0137
landscape　景观　08.0175
landscape and famous scenery planning　风景名胜区规划　08.0169
landscape architect　景观设计师　01.0030
landscape architecture　景观园林　01.0013
landscape design　景观设计　01.0019
landscape engineering　园林工程　08.0132
landscape history　园林史　08.0035
landscape planning　园林规划　08.0049
landscape planning and design　风景园林规划与设计　04.0016
landscaping　造景　08.0044
landside　陆侧，* 陆区　02.0676
land transfer　土地转让，* 土地使用权转让　07.0367
land use　用地性质，* 土地使用，* 土地利用　07.0202
land use classification　用地分类　07.0113
land use compatibility　用地兼容性　07.0166
land use control　土地使用控制　07.0197
land use evaluation for urban construction　城市建设用地评价　07.0169
land use planning　土地利用规划　07.0059，11.0039
land use right　土地使用权　06.0127
land value per unit floorage　楼面地价　06.0140
lane　巷　07.0286
lang　廊　03.0150
language classroom　语言教室　02.0179
lantern　采光塔　03.0333
large archaeological site　大遗址　03.0406

large city 大城市 07.0052
large-form concrete structure 大模板混凝土结构 13.0108
large panel concrete structure 混凝土大板结构 13.0105
laser glass 激光玻璃，＊[激光]全息玻璃 12.0193
La Tendenza ＊坦丹札学派 03.0361
latent heat 潜热 10.0336
latent heat regeneration 潜热蓄热 14.1052
lateral displacement stiffness of structure 结构侧移刚度 13.0052
lateral reflection 侧向反射声 10.0222
lateral resisting system 抗侧力体系 13.0226
Latin cross 拉丁十字形 03.0338
latitude 纬度 10.0505
latticed shell structure 网壳结构 13.0185
laughing gas 笑气 14.1084
laundering and dyeing shop 洗染店 02.0616
laundry 洗衣房 02.0047
lavatory 卫生间 02.0049；盥洗室 02.0051
law court 法院 02.0137
lawn 草坪 08.0086
lawn mixed with flower spot 缀花草坪 08.0087
lawn plant 草坪植物 08.0075
lawn with woodland 疏林草地 08.0085
lawyer's room 律师室 02.0142
layer 图层 09.0161
layer house 蛋鸡舍 02.1069
laying in duct bank 电缆排管敷设 14.0570
LCD 液晶显示屏 14.0757
leader line 引出线 09.0128
leaf-patterned board 惹草 03.0095
leakage alarm 漏报警 14.0682
leakage current 泄漏电流 14.0503
leasehold of land 土地批租，＊土地使用权有偿转让 07.0364
leather ware factory 皮革厂 02.0991
LEB 局部等电位连接 14.0500
lecture theater 阶梯教室 02.0186
LED 发光二极管 10.0092
LED video display screen 发光二极管视频显示屏 14.0752
left luggage room 小件寄存处 02.0718
legend 图例 09.0105
legislation on urban and rural planning 城乡规划法规 07.0347
LEMP 雷击电磁脉冲 11.0053
lending department 借出处 02.0304
letter symbol 文字符号 09.0417
level 级 10.0192
level crossing 平交道 02.0733
level difference 声压级差 10.0265
leveling layer 找平层 09.0248
level of protection 防护级别 14.0677
level of risk 风险等级 14.0676
level of security 安全防护水平 14.0678
level parallel station building 线侧平式站房 02.0710
level terminal station building 线端平式站房 02.0711
level up degree 平整度 14.0764
liang 梁 03.0070
liaoyanfang 橑檐枋 03.0061
library 图书馆 02.0241
lifang 里坊 03.0162
life cycle of building 建筑全寿命周期 01.0135
lift 升降台 02.0381
lift-slab structure 升板结构 13.0107
light 光 10.0002
light adaptation 明适应 10.0013
light beam image fire detector 光截面火灾探测器 14.0610
light-ceramic tile 轻质陶瓷砖 12.0163
light climate 光气候 10.0109
light diesel fuel 轻柴油 14.0876
light emitting diode 发光二极管 10.0092
light emitting diode video display screen 发光二极管视频显示屏 14.0752
light gage framing system 冷弯轻钢结构 13.0118
light guide daylighting 光导管采光 10.0131
lighting 照明 10.0038
lighting bridge 灯光渡桥 02.0388
lighting control room 灯[光]控[制]室 02.0405
lighting from interior light 内透光照明 10.0065
lighting power density 照明功率密度 10.0037
lighting power distribution panel 照明配电箱 14.0472
light loss coefficient due to obstruction of exterior building 室外建筑挡光折减系数 10.0148

lightness motif　明度基调　09.0493
lightning current　雷电流　11.0047
lightning current impulse　雷电冲击电流　11.0077
lightning electromagnetic induction　闪电电磁感应　11.0050
lightning electromagnetic pulse　雷击电磁脉冲　11.0053
lightning electrostatic induction　闪电静电感应　11.0049
lightning flash to ground　对地闪击　11.0045
lightning induction　闪电感应　11.0048
lightning protection equipotential bonding　防雷等电位联结　11.0072
lightning protection system　防雷装置　11.0055
lightning protection zone　防雷区　11.0054
lightning protective ground　雷电保护接地　11.0062
lightning stroke　雷击　11.0043
lightning surge　闪电电涌　11.0051
lightning surge on incoming service　闪电电涌侵入　11.0052
light pollution　光污染　10.0024
light pollution of construction　建筑光污染　11.0350
light refraction coefficient　光折射系数　11.0351
light steel keel　轻钢龙骨　12.0228
lightweight aggregate　轻骨料　12.0107
lightweight aggregate concrete　轻骨料混凝土　12.0057
lightweight aggregate concrete exterior wall panel　轻骨料混凝土外墙板　12.0151
lightweight aggregate concrete small hollow block　轻骨料混凝土小型空心砌块　12.0124
lightweight panel for partition wall　轻质隔墙条板　12.0154
lime putty　石灰膏　12.0293
limestone　石灰石　12.0201
limit state method　极限状态法　13.0083
lin　檩　03.0073
linear accelerator room　直线加速器成像室　02.0578
linear heat transfer coefficient　线传热系数　10.0424
linear park　带状公园　08.0021
linear planting　列植，＊带植　08.0061
linear strain　正应变　13.0022
linear terminal　线型航站楼，＊前列式航站楼　02.0681
Lingbi stone　灵璧石　08.0099
lintel　门楣，＊门额　03.0099；过梁　13.0173
liquefaction　液化　13.0278
liquefaction category　液化等级　11.0035
liquefaction defence measure　抗液化措施　11.0036
liquefaction index　液化指数　11.0034
liquefied flammable gas　液化可燃性气体　11.0134
liquefied natural gas　液化天然气　14.0890
liquefied petroleum gas　液化石油气　14.0892
liquefied petroleum gas-air mixing station　液化石油气混气站　14.0915
liquefied petroleum gas plant　液化石油气厂　02.0944
liquefied petroleum gas vaporizing station　液化石油气气化站　14.0914
liquid crystal display　液晶显示屏　14.0757
liquid oxygen　液氧　14.1081
listed building　文物建筑　03.0404
listed building for conservation　保护建筑　02.1133
listening laboratory　听力实验室　02.0221
List of the World Heritage　世界遗产名录　03.0387
liubeiqu　流盃渠，＊流杯渠　03.0121
livestock farm　畜牧场　02.1056
livestock house　畜禽舍建筑　02.1055
living room　起居室，＊客厅　02.0102
load　负荷　14.0451
load-bearing wall　承重墙　13.0156
load break switch　负荷开关　14.0534
loading and unloading area　装卸货区，＊装卸货场　02.0874
loading and unloading dock　装卸站台　02.0873
loading and unloading platform　装卸站台　02.0873
loading and unloading yard　装卸货区，＊装卸货场　02.0874
loading and unloading yard　装卸场　02.0872
load switch　负荷开关　14.0534
loan interest in construction period　建设期贷款利息　05.0019
lobby　门厅　02.0022，大堂　02.0023
local alarm system　区域报警系统　11.0116
local application carbon dioxide extinguishing system　局部应用二氧化碳灭火系统　14.0160
local climate　地方性气候　10.0450
local equipotential bonding　局部等电位连接　14.0500
local hot water supply system　局部热水供应系统

14.0095
localized lighting　分区一般照明　10.0044
local lighting　局部照明　10.0043
local police station　派出所　02.0139
local solar shed　阳畦　02.1097
local solar time　地方太阳时　10.0511
local standard time　地方标准时　10.0512
local telecommunication building　本地电信楼　02.0794
location　区位　07.0199，位置　09.0006
location plan　区域位置图　09.0025
location sign　位置标志　09.0413
location theory　区位理论，* 区位经济论，* 经济空间论　07.0065
locker room　更衣室　02.0039；运动员更衣室，* 运动员休息室　02.0479
lock seam　咬口缝　09.0287
locomotive and rolling stock factory　机车车辆厂　02.0967
loft　闷顶　09.0264
log　原木　12.0229
log-cabin construction　井干式　03.0007
loggia　回廊，* 走马廊　02.0064
logistics center　物流中心　02.0884
long distance bus station　长途汽车[客运]站，* 汽车客运站　02.0765
long distance telecommunication center　长途电信枢纽楼　02.0793
longest sight distance　最远视距　02.0346
longitude　经度　10.0504
longitudinal aisle　纵过道　02.0339
longitudinal-depth protection　纵深防护　14.0692
longitudinal-depth protection system　纵深防护体系　14.0694
longitudinal slope　纵坡　09.0073
long table　案　09.0387
long wave radiation　长波辐射　10.0361
loop vent　环形通气管　14.0074
loose planting　散植　08.0063
lotus column　莲花式柱　03.0283
loudness　响度　10.0211
loudness level　响度级　10.0212
loudspeaker　扬声器　10.0320
lounge　休息室　02.0038；候诊处　02.0532；酒吧　02.0649
low emissivity coated glass　低辐射镀膜玻璃，* 低辐射玻璃，* Low-E 玻璃　12.0183
lower explosive limit　爆炸下限　11.0123
low-lying station building　线侧下式站房　02.0712
low-pressure carbon dioxide extinguishing system　低压二氧化碳灭火系统　14.0180
low-pressure sodium vapor lamp　低压钠［蒸气］灯　10.0084
low-rent housing　廉租房　06.0165
low-rise house　低层住宅　02.0072
low temperature hot water floor radiant heating　低温热水地板辐射供暖　14.0212
low-voltage distribution room　低压配电室　14.0588
low-voltage distribution system　低压配电系统　14.0403
low-voltage distribution equipment　低压配电装置　14.0465
low-voltage switch equipment　低压开关设备　14.0466
low-zone elevator　低区电梯　09.0356
LPD　照明功率密度　10.0037
LPG plant　液化石油气厂　02.0944
LPS　防雷装置　11.0055
LPZ　防雷区　11.0054
Luban Jing　《鲁班经》　03.0231
ludou　栌斗　03.0049
luggage claim room　行包提取处　02.0720
luggage out counter　行包提取处　02.0720
luggage ramp　行包坡道　02.0732
luggage room　行李房　02.0717
luggage storage　小件寄存处　02.0718
luggage tunnel　行包地道　02.0731
luminaire　灯具　10.0095
luminaire efficiency　灯具效率　10.0106
luminance　[光]亮度　10.0006
luminance contrast　亮度对比　10.0015
luminance meter　亮度计　10.0161
luminous ceiling lighting　发光顶棚照明　10.0061
luminous environment　光环境　10.0003
luminous flux　光通量　10.0004
luminous intensity　发光强度，* 光强　10.0005

M

machine room　设备机房　02.0070
machine-roomless elevator　无机房电梯　09.0361
machine shop　金工车间　02.1034
machine tool factory　机床厂　02.0968
machining shop　机械加工车间　02.1025
madao　马道　03.0159
magnetic particle flaw detection　磁粉检测，＊磁粉探伤　14.1115
magnetic resonance imaging room　磁共振室　02.0579
magnetic tape　磁带　14.0795
magnetic testing　磁粉检测，＊磁粉探伤　14.1115
mahjong room　麻将室　02.0449
mail facility　邮政设施　07.0258
main beam　主梁　13.0166
main building　主体建筑　09.0041
main equipotential bonding　总等电位连接　14.0499
main garden road　主要园路　08.0153
main line　正线　02.0741
main stage　主台，＊基本台　02.0361
maintained average illuminance　维持平均照度　10.0036
maintenance and repair shop　机修车间　02.1043
maintenance factor　维护系数　10.0072
maintenance shop　保养间　02.1123
main vent stack　主通气立管　14.0072
major restoration of heritage　文物古迹重点修复　03.0420
making and approval of urban and rural plan　城乡规划编制与审批　07.0344
making capacity　接通能力　14.0512
management of land development　土地开发管理　07.0362
management rules and agreements　管理规约，＊业主公约　06.0173
management system of building equipment　建筑设备管理系统　14.0625
man-made phytocommunity　人工植物群落　08.0077
man-made rockery　塑石　08.0138
man-made rockwork　塑山　08.0137
mansard roof　孟莎式屋顶　09.0257
mansion-type structure　厅堂式　03.0011
manual-controlled fire monitor extinguishing system　手动消防炮灭火系统　14.0169
manual grounding electrode　人工接地体　11.0064
manufactured gas　人工煤气　14.0893
manufactured sand　机制砂　12.0103
manure yard　积肥场　02.1083
marble　大理石　12.0198
market　市场　02.0595，市　03.0163
mark symbol　标志　09.0408
masking　掩蔽　10.0239
masonry　石作　03.0107
masonry cement　砌筑水泥　12.0049
masonry-concrete structure　砖混结构　13.0129
masonry mortar　砌筑砂浆　12.0116
masonry strengthening with mortar splint　面层加固法　13.0259
masonry strengthening with reinforced concrete panel　板墙加固法　13.0260
masonry structure　砌体结构，＊砖石砌体结构　13.0111
masonry structure with bottom frame-shear wall　底部框架-抗震墙砌体结构　13.0116
masonry-timber structure　砖木结构　13.0130
masonry wall　砌筑墙　09.0180
mass concrete　大体积混凝土　12.0062
mass diffusion　质扩散　10.0365
mass law　质量定律　10.0258
mass planting　群植　08.0058
mass spectrography　质谱分析室　02.0230
mass transfer　传质　10.0364
mass transit　城市轨道交通　02.0738
mast　桅杆　02.0813
master control room　总控制室　02.0827
master of architecture　建筑学硕士　04.0035
master of urban planning　城市规划硕士　04.0036
master plan　总平面图　09.0026
material flow center　物流中心　02.0884

material nonlinear analysis　材料非线性分析　13.0068
mature bird housing　育成鸡舍　02.1067
maximum available gain　最大可用增益　10.0323
maximum continuous alternating current voltage　最大持续交流电压　11.0084
maximum continuous direct current voltage　最大持续直流电压　11.0085
maximum continuous operating voltage　最大持续工作电压　11.0082
maximum continuous voltage　最大持续电压　11.0083
maximum down ward tilt angle　最大俯角　02.0349
maximum horizontal visual angle　最大水平视角　02.0348
maximum hourly heat consumption　设计小时耗热量　14.0105
maximum hourly heat supply　设计小时供热量　14.0106
maximum hourly water consumption　最大时用水量　14.0016
maximum luminance of light emitting diode screen　发光二极管显示屏最大亮度　14.0771
maximum permissible spacing height ratio of luminaire　灯具最大允许距高比　10.0108
maximum smoke transport time　最大允许烟雾传输时间　14.0615
maximum sound pressure level　最大声压级　10.0321
maximum sum of hourly cooling load　逐时冷负荷综合最大值　14.0369
maximum visitors capacity in park　公园最大游人量　08.0052
Mayan architecture　玛雅建筑　03.0266
mean free path　平均自由程　10.0243
mean heat transfer coefficient　平均传热系数　10.0425
mean radiant temperature　平均辐射温度　10.0499
mean solar day　平太阳日　10.0514
mean solar time　平太阳时　10.0515
mean time before failure　平均故障间隔时间　14.0801
measured limiting voltage　限制电压　11.0079
measurement item　措施项目　05.0028
measuring instrument　测量仪表　14.0525
meat product plant　肉类加工厂，*肉联厂　02.1006
MEB　总等电位连接　14.0499
mechanical and stereoscopic garage　机械式立体汽车库　02.0776
mechanical atomization oil burner　机械雾化油燃烧器，*压力雾化油燃烧器　14.0964
mechanical dust separator　机械力除尘器　14.0985
mechanical energy　机械能　14.0842
mechanical engineer　*机电工程师　01.0031
mechanical floor　设备层　02.0015
mechanical garage　机械式汽车库　02.0775
mechanical properties laboratory　机械性能实验室　02.0216
mechanical ventilation　机械通风　14.0251
mechanical vibration　机械振动　14.1013
mechanics laboratory　力学实验室　02.0213
medical appliance manufactory　医疗设备厂　02.0977
medical building　医疗卫生建筑　02.0505
medical engineering section　医疗设备科　02.0553
medical hyperbaric chamber pressurized with air　医用空气加压舱　14.1090
medical hyperbaric chamber pressurized with medical oxygen　医用氧气加压舱　14.1089
medical hyperbaric oxygen chamber　医用氧舱　14.1088
medical station　医疗站　02.0514
medical technology department　医技部，*医疗技术部　02.0554
medicine store　药库　02.0552
medieval architecture　中世纪建筑　03.0267
medium high house　中高层住宅　02.0074
medium-sized city　中等城市　07.0053
medium wave and short wave receiving station　中波、短波收音台　02.0811
medium wave and short wave transmitting station　中波、短波广播发射台　02.0808
meeting room　会议室　02.0037
mega-city region　特大城市地区　07.0051
megalopolis　都市连绵区，*大都市带，*都市密集区　07.0049
membrane absorption　薄膜吸收　10.0299
membrane material for membrane structure　膜结构用膜材料　12.0295
membrane structure　膜结构　13.0191
[memorial] archway　牌坊　03.0148
memorial hall　祠堂　03.0195
memorial hall for distinguished local　乡贤祠　03.0198
memorial hall for renowned official　名宦祠　03.0197

memorial museum　纪念馆　02.0251
mesopic vision　中间视觉　10.0012
metabolism　新陈代谢派　03.0366
metal enclosed busbar　封闭母线　14.0473
metal enclosed switchgear　开关柜　14.0467
metal furniture　金属家具　09.0397
metal halide lamp　金属卤化物灯　10.0085
metallic materials　金属材料　12.0001
metal panel curtain wall　金属板幕墙　09.0188
metal skinned sandwich panel　金属面夹芯板　12.0152
metal tile　金属瓦　12.0134
metal venetian blind for shading　遮阳金属百叶帘　12.0306
meteorological station　气象台　02.0203
methane bacterium　甲烷菌　14.0856
methane power station　沼气电站　02.1119
metro station　地铁站　02.0739
metrology room　计量室　02.0231
metropolitan area　都市区　07.0048
mezzanine　夹层　02.0012
microcopy　微缩复制图　09.0097
microelectronic manufactory　微电子工厂　02.0980
microfilm reading room　微缩图书阅览室　02.0301
microphone　传声器　10.0319
micropunch plate muffler　微穿孔板消声器　14.0379
microscope room　显微镜室　02.0233
micro-tremor　地脉动　11.0197
micro-vibration　微振动　11.0187
micro-vibration control　微振动控制　11.0188
micro-vibration control system of structure　建筑结构防微振体系　11.0203
microwave relay station　微波站　02.0801
microwave telecommunication building　微波通信楼　02.0797
middle mileage of station　车站中心里程，＊站台中点里程　02.0749
midway between tracks　线间距　02.0751
milk house　牛乳处理间　02.1074
milking parlor　挤奶厅，＊挤奶间　02.1073
mill　工厂　02.0893
mine drainage gas　矿井气　14.0889
mineral admixture　矿物掺合料　12.0095
mineral processing plant　选矿厂　02.0942
Ming dynasty furniture　明式家具　09.0380
mingtang　明堂　03.0186
minimalism　极少主义　03.0368
minimum fresh air requirement　最小新风量　14.0301
minimum sight distance　最近视距　02.0347
minimum sunshine spacing　最小日照间距　10.0157
minimum thermal resistance　最小传热阻　10.0395
mining city　矿业城市，＊矿业资源型城市　07.0029
mining land　采矿用地　07.0125
mining machinery plant　矿山机械厂　02.0966
Ministry of Housing and Urban-Rural Development of the People's Republic of China　中华人民共和国住房和城乡建设部　06.0001
minor restoration of heritage　文物古迹现状修整　03.0419
mint factory　造币厂　02.0998
mirror image projection　镜像投影法　09.0094
missionary architecture　教会建筑　03.0241
mixed airflow　混合流　11.0173
mixed cultural and natural heritage　文化和自然混合遗产，＊自然与文化双遗产　03.0377
mixed daylighting　混合采光　10.0128
mixed forest　混交林　08.0084
mixed heat exchanger　混合式热交换器　14.1048
mixed lighting　混合照明　10.0045
mixed paint　调和漆，＊色漆　12.0270
mixed structure　混合结构　13.0128
mixed style garden　混合式园林　08.0007
mixed traffic railway station　客货共线铁路旅客车站　02.0703
mixed-use district　综合区　07.0178
mixed zone　混合区　02.0492
moat　城壕，＊护城河　03.0160
mobile foam extinguishing system　移动式泡沫灭火系统　14.0159
mobile telecommunication base station　移动通信基站　02.0796
mobility　机动性　07.0339
modal analysis method　振型分解法，＊振型叠加法　13.0242
model house　样板房　06.0153
model space　模型空间　09.0153
MODEM　调制解调器　14.0797
mode of protection　保护模式　11.0088

mode of vibration　振动模态　11.0196
moderate heat Portland cement　中热硅酸盐水泥　12.0050
modern conservation technique of heritage　现代文保技术　03.0428
modernism in architecture　现代主义建筑，＊现代派建筑　03.0353
modernist architecture education　现代派建筑教育　04.0005
modern movement　现代建筑运动　03.0352
modified asphalt waterproof membrane　改性沥青防水卷材　12.0272
modified temperature difference factor　温差修正系数　10.0399
modular air handling unit　组合式空气调节机组　14.0324
modular co-ordination　模数协调　01.0115
modular electromagnetic shielding enclosure　可拆卸式电磁屏蔽室　14.0820
modular network　模数化网络　01.0117
modulation transfer function　调制传递函数　10.0248
modulator-demodulator　调制解调器　14.0797
module　模数　01.0104
modulor system　模度体系　01.0084
modulus of elasticity　弹性模量　13.0030
molding　线脚　09.0209
molecular sieve　分子筛　14.1080
moment of force　力矩　13.0005
moment of inertia　截面惯性矩　13.0036
monastery　庙宇，＊寺院　03.0206
monastery garden　寺庙园林　08.0041
monitoring and controlling center　监控中心　02.0842
monitoring system of building equipment　建筑设备监控系统　14.0626
monotube boiler　直流锅炉　14.0953
monumental architecture　纪念性建筑　02.1131
moon gate　月洞门　08.0117
morning-check room　晨检室　02.0196
mortar for coating　抹面砂浆　12.0117
mortgage of real estate　房地产抵押　06.0147
mortise-and-tenon joint　榫卯　03.0031
mortuary　太平间　02.0592
mosaic glass　镶嵌玻璃　12.0189
mosque　清真寺，＊礼拜寺　03.0218
motel　汽车旅馆　02.0639
motion picture studio　电影制片厂　02.0817
motor　电动机　14.0475
motor factory　汽车制造厂　02.0964
motor hostel　汽车旅馆　02.0639
motor inn　汽车旅馆　02.0639
motor repair shop　汽车修理站，＊修车库　02.0770
monumental architecture　纪念性建筑　02.1131
mounting and trimming room　装裱修整室　02.0307
mounting room　装裱室　02.0295
mourning hall　追悼室，＊悼念厅　02.1136
movable floor　活动地面　09.0236
movable partition　活动隔墙　09.0195
movable stand　活动看台　02.0487
movie and television base　影视外景基地　02.0818
moving pavement　自动人行道　09.0348
MRI room　磁共振室　02.0579
MT　磁粉检测，＊磁粉探伤　14.1115
MTBF　平均故障间隔时间　14.0801
MTF　调制传递函数　10.0248
multi-bay building　多跨建筑物　02.0919
multi-defence system of seismic resistance　多道抗震设防　13.0221
multi-functional admixture　多功能外加剂　12.0079
multi-functional building　综合楼，＊建筑综合体　02.0003
multi-functional hall　多功能厅　02.0035
multi-identification control　多重识别控制　14.0671
multi-layer coating for architecture　复层建筑涂料　12.0254
multimedia classroom　多媒体教室　02.0177
multiple circuit power supply　多回路供电　14.0412
multiple echo　多重回声　10.0235
multi-purpose hall　多功能演播厅　02.0819
multi-purpose studio　多功能演播厅　02.0819
multi-split air conditioning system　多联式分体空调机，＊多联机　14.0327
multi-storied building　楼阁　03.0151
multi-storied pagoda in louge style　楼阁式塔　03.0210
multi-story house　多层住宅　02.0073
multi-story building　多层建筑　02.0007
multi-story industrial building　多层厂房　02.1013
multi-story warehouse　多层仓库　02.0853
multi-story workshop　多层厂房　02.1013

multi-use office building　综合性办公楼　02.0107
multi-user telecommunication outlet　多用户信息插座　14.0726
multi-use theater　多功能剧场　02.0332
municipal facility　市政建筑　02.0830
municipal hall　市政厅　02.0111
municipality　市　07.0003
municipal utility　市政公用设施　09.0012
Munsell system　芒塞尔体系　09.0467
museum　博物馆　02.0248
music room　音乐教室　02.0182
MW and SW receiving station　中波、短波收音台　02.0811
MW and SW transmitting station　中波、短波广播发射台　02.0808

N

NABAR　全国注册建筑师管理委员会　06.0039
narthex　前厅　03.0277
natatorium　游泳馆　02.0459
［national］archaeological park　［国家考古］遗址公园　03.0411
National Board of Architectural Accreditation　全国高等学校建筑学专业教育评估委员会　04.0032
national economic evaluation　国民经济评价　05.0043
national material reserve warehouse　国家物质储备库　02.0855
national park　国家公园　08.0178
national repository warehouse　国家物质储备库　02.0855
National Supervision Board of Architectural Education　全国高等学校建筑学学科专业指导委员会　04.0031
native place association　会馆　03.0179
natural building stone　天然建筑石材　12.0196
natural circulation boiler　自然循环锅炉　14.0951
natural convection　自然对流　10.0350
natural draft burner　大气式燃烧器，＊引射式预混燃烧器　14.0967
natural frequency of vibration　自振频率，＊固有频率　13.0201
natural gas　天然气　14.0886
natural grounding electrode　自然接地体　11.0063
natural heritage　自然遗产　03.0376
natural lightweight aggregate　天然轻骨料　12.0109
natural materials　天然材料　12.0011
natural period of vibration　自振周期　13.0200
natural sand　天然砂　12.0102
natural source　天然源　11.0260
natural stone　天然石材　12.0195
natural stone curtain wall　石材幕墙　09.0187
natural style garden　自然式园林　08.0006
natural subgrade　天然地基　13.0280
natural ventilation　自然通风　14.0250
natural vibration frequency　固有振动频率　11.0195
nature reserve　自然保护区　07.0185
nave　中殿　03.0278
NC-curve　噪声评价曲线　14.0381
near-end crosstalk　近端串扰　11.0092
negation element　否定要素　09.0437
negation of a referent　对象的否定　09.0441
negative hardness　负硬度　14.1034
negative space　消极空间　01.0103
neighborhood　里，＊闾里，＊街坊　07.0285
neighborhood unit　邻里单位　07.0296
neo-classicism　新古典主义，＊古典复兴　03.0339
neon lamp　霓虹灯　10.0086
net floor area　使用面积　01.0124
net residential density　人口净密度　07.0209
net storey height　室内净高　01.0131
network floor　网络地面　09.0240
network operation system　网络操作系统　14.0805
neutral axis　中性轴　13.0034
neutral conductor　中性导体　14.0495
neutral temperature　中性温度　10.0496
neutral color　中性色　09.0454
new energy　新能源　14.0827
new modern　新现代　03.0362
new rationalism　新理性主义　03.0361
new urbanism　新城市主义　07.0041
NEXT　近端串扰　11.0092

nianyuzhuang　碾玉装　03.0142
night club　夜总会　02.0430
nightscape lighting　夜景照明　10.0040
nitrogen oxide　氮氧化合物　14.0993
nitrous oxide　笑气　14.1084
node　节点　13.0057；节点，* 结点　14.0803
node computer　节点计算机　14.0804
noise　噪声　14.1019
noise abatement　降噪量　10.0305
noise barrier　声屏障　10.0285
noise control　噪声控制　10.0303
noise criterion　噪声评价　10.0304
noise criterion curve　噪声评价曲线　14.0381
noise pollution　噪声污染　10.0302
noise pollution level　噪声污染级　10.0311
noise reduction　降噪量　10.0305
noise reduction coefficient　降噪系数　10.0296
noisc-scnsitivc building　噪声敏感建筑物　11.0338
nominal diameter　公称直径，* 公称通径　14.1100
nominal discharge current　标称放电电流　11.0075
nominal pressure　公称压力　14.1101
nominal size　标志尺寸　01.0110
nominal system voltage　系统标称电压　14.0417
nonboarding school　非寄宿制学校　02.0163
non-combustible component　不燃烧体　11.0108
noncritical area　非关键区　11.0232
non-destructive testing　无损检测，* 无损探伤　14.1112
non-development land　非建设用地　07.0126
non-drinking water　生活杂用水　14.0003
non-ferrous metal plant　有色金属冶炼厂　02.0948
non-ferrous metal products factory　有色金属制品厂　02.0949
non-ferrous metal refinery　有色金属冶炼厂　02.0948
non-galvanized steel pipe　普通焊接钢管　12.0323
non-hazardous area　非爆炸危险区域　11.0128
nonmotorized vehicle lane　非机动车道　07.0233
non-physical cultural heritage　非物质文化遗产　03.0379
non-slip step　防滑条　09.0342
non-sparkling floor　不发火地面　09.0238
nonstructural damage　非结构性破坏　13.0253
non-unidirectional airflow　非单向流　11.0172
norm　定额　05.0037
normal concrete small hollow block　普通混凝土小型空心砌块　12.0123
normal force　轴向力　13.0010
normalized impact sound pressure level　规范化撞击声压级　10.0277
normalized level difference　规范化声压级差　10.0266
normal lighting　正常照明　10.0047
normals　累年　10.0503
normal stress　正应力　13.0017
north arrow　指北针　09.0034
NO_x　氮氧化合物　14.0993
NO_x pollution　氮氧化合物污染　14.1004
NO_x removal from flue gas　烟气脱硝技术，* 烟气氧化合物技术　14.0994
nozzle outlet air supply　喷口送风　14.0320
nuclear energy　核能，* 原子能　14.0846
nuclear installation　核设施　11.0265
nuclear power plant　核电站，* 核电厂　14.0847
nuclear power station　核电站，* 核电厂　14.0847
number of entry　［交通］出入口数量　07.0214
number of parking lot　停车泊位数　07.0212
nursery　托儿室　02.0298；托儿所，* 幼儿园　02.0164
nurse station　护士站　02.0528
nursing home for seniors　老人院，* 养老院，* 敬老院　02.0099
nursing room　哺乳室　02.0195
nursing unit　护理单元　02.0584
nutriology department　营养科　02.0549

O

object color　物体色　09.0457
object information　目标信息　14.0666
observation elevator　观光电梯　09.0351
observation room　观察室　02.0547
observation window　观察窗　09.0315
observatory　天文台，* 天文观象台　02.0202

obstacle lighting 障碍照明 10.0052
obstruction 天空遮挡物 10.0141
obtrusive light 干扰光 10.0023
occupational exposure limit 职业接触限值 11.0354
ocean energy 海洋能 14.0858
octagonal well 八角井 03.0139
octave 倍频程 10.0202
odor threshold 嗅味阈值 11.0329
office 办公室 02.0115
office building 办公建筑 02.0104
office building complex 综合性办公楼 02.0107
officially protected entity 文物保护单位 03.0395
official residence 官邸 03.0165
official style 官式 03.0001
ogee dome 葱花穹顶 03.0323
oil cellar 地下油库 02.0870
oil circuit-breaker 油断路器 14.0539
oil leakage sump 泄油池 14.0595
oil storage room 储油间 14.0594
oil threshold trapping collection device 挡油设施 14.0596
old and valuable tree 古树名木 08.0067
OLED display 有机发光二极管显示屏 14.0773
once through boiler 直流锅炉 14.0953
once through treated water supply system [of swimming pool] [游泳池]直流净化给水系统 14.0032
once through water supply system [of swimming pool] [游泳池]直流式给水系统 14.0031
one-phase ground 单相接地 14.0510
one-pipe heating system 单管供暖系统 14.0231
one-point perspective 一点透视 09.0102
one-third octave 1/3 倍频程 10.0203
one-way slab 单向板 13.0164
one-way street 单行道 07.0240
onion dome 洋葱头穹顶 03.0324
on site service 驻场设计 06.0083
open air depot 露天仓库 02.0865
open air repository 露天仓库 02.0865
open caisson foundation 沉井基础 13.0303
open drain 明沟 09.0224
opened industrial building 敞开式厂房 02.1023
open flame site 明火地点 11.0101
open garage 敞开式汽车库 02.0773
open hot water system 开式热水供应系统 14.0098
opening 洞口 09.0216
opening ratio 开口比 10.0413
open livestock house 开放式畜舍 02.1057
open space 开敞空间 01.0096，绿地 08.0004
open space office 开放式办公室 02.0116
open space ratio 空地率 07.0211
open stacking yard 露天堆场 02.0866
open stack reading room 开架阅览室 02.0300
open stack 开架书库 02.0313
open stage 开敞式舞台 02.0356
open staircase 开敞式楼梯 09.0333
open storage 露天仓库 02.0865
opera house 歌剧院 02.0323
operate 运行 11.0230
operating cost 经营成本 05.0072
operating period 运营期 05.0055
operating pressure derating coefficient for various operating temperature 压力折减系数 14.0921
operating project 经营性项目 05.0077
operational test 动态测试 11.0186
operation department 手术部 02.0556
operation office for train receiving departure 运转室 02.0723
operation procedure 工序 02.0896
operation security 运行安全 14.0776
opposite house 倒座 03.0226
opposite planting 对植 08.0062
optical cable 光缆 14.0719
optical fiber connector 光纤适配器 14.0709
optical fiber daylighting 光导纤维采光 10.0132
optical fiber distributed temperature detection and alarm system 分布式光缆温度探测报警系统 14.0612
optical fiber regeneration station 光缆中继站 02.0799
optical instrument factory 光学仪器仪表厂 02.0976
optical laboratory 光学实验室 02.0210
optical weight 视重 09.0440
optical workshop 光学车间 02.1050
optimum reverberation time 最佳混响时间 10.0229
orchestra pit 乐池 02.0369
order 柱式 03.0280
ordinary classroom 普通教室 02.0175
ordinary concrete 普通混凝土 12.0056
ordinary Portland cement 普通[硅酸盐]水泥

12.0043
organic architecture　有机建筑　03.0357
organic decentralization　有机疏散　07.0294
organic fluid boiler　有机载体锅炉　14.0948
organic high polymer materials　有机高分子材料　12.0002
organic light emitting diode display　有机发光二极管显示屏　14.0773
organization of building industry　建筑机构　01.0009
orientation　方位　09.0007
orientation coefficient of clear day　晴天方向系数　10.0150
original integrality　原始完整性　14.0659
ornamental lawn　观赏草坪　08.0089
ornamental pillar　华表　03.0102
ornament color　装饰色彩　09.0495
orthographic projection　正投影法　09.0093
other project cost　工程建设其他费　05.0017
outdoor calculated temperature　室外计算温度　10.0397
outdoor exhibition area　室外展场　02.0277
outdoor ice skating rink　滑冰场，* 溜冰场　02.0474
outdoor mean air temperature during heating period　供暖期室外平均温度　14.0382
outdoor space　外部空间　01.0101
outdoor substation　户外变电站　14.0593
outlets　奥特莱斯，* 名牌折扣店　02.0602
outlet pipe　排出管　14.0060
outpatient department　门诊部　02.0523
outpatient operating room　门诊手术室　02.0559
outskirt of city　关厢　07.0288
outstanding universal value of heritage　突出的普遍价值　03.0385
overall heat transfer coefficient of building envelope　围护结构传热系数　14.0233
over-current relay　过电流继电器　14.0550
overhanging eaves　挑檐　09.0262
overhanging gable roof　悬山　03.0082
overhead traveling crane　桥式吊车，* 天车　02.0910
overload　过负荷　14.0455
overload of transformer　变压器过负荷　14.0456
overpass　过街楼　02.0004
over-voltage relay　过电压继电器　14.0547
owners assembly　业主大会　06.0171
owners committee　业主委员会　06.0172
oxyfuel gas welding　气焊　14.1109
oxygenerator factory　制氧机厂，* 空分设备厂，* 气体分离设备厂　02.0962
ozone　臭氧　14.1082
ozonosphere　臭氧层　14.1083

P

packing storage　藏品包装库　02.0286
pagoda　佛塔，* 宝塔　03.0209
paifang　牌坊　03.0148
pailou　牌坊　03.0148
paint　油漆　12.0264
painter’s room　绘景间　02.0419
painting shop　涂装车间，* 油漆饰面车间　02.1042
pair　线对　14.0721
palace　宫殿　03.0184
palace-type structure　殿堂式　03.0010
Palladian motive　帕拉第奥券柱式　03.0294
palm column　棕榈叶式柱　03.0282
panel absorption　薄板吸收　10.0298
paneled opening　槅扇，* 隔扇　03.0103
panel heating　辐射供暖　14.0211
panel-type furniture　板式家具　09.0404
panning　漫游　09.0173
panorama lift　观光电梯　09.0351
panoramic cinema　全景电影院，* 环幕影院　02.0330
pantry　备餐间　02.0042
paper mill　造纸厂　02.0999
paper space　图纸空间，* 布局空间　09.0154
PAP pipe　塑铝管　12.0341
papyrus column　纸草花式柱　03.0284
parachuting tower　跳伞塔　02.0502
parallel station building　线侧式站房，* 通过式站房　02.0708
parallel water supply　并联供水　14.0010
parametric design　参数化设计　09.0138
parapet wall　女儿墙　09.0199

park　公园　08.0009
parking lot　停车场　02.0781
parking lots management system　停车库管理系统　14.0673
parking ratio　停车率　07.0229
parking space　停车位　02.0782
parkway　林荫道　07.0336
parquet　实木复合地板　12.0317
partial pressure of water vapor　水蒸气分压力　10.0373
partial vapor pressure　水蒸气分压力　10.0373
particle　大粒子　11.0167
particle board　刨花板　12.0239
particulate collector　除尘器　14.0272
partition wall　隔墙　09.0193
pass box　传递窗　11.0178
passenger flow forecast　客流预测　02.0750
passenger railway station　客运专线铁路旅客车站　02.0704
passenger separation　旅客分流　02.0686
passenger service office　客运室　02.0721
passenger station building　旅客站房　02.0707
[passenger] terminal building　[旅客]航站楼　02.0680
passenger tunnel　进出站地道　02.0728
passive vibration isolation　被动隔振　11.0210
patch call　接插软线　14.0725
path　游步道　08.0155
pathology laboratory　病理科　02.0567
patio　天井　02.0059
patterned glass　压花玻璃　12.0190
pattern flower bed　模纹花坛　08.0097
pattern language　模式语言　01.0085
pattern shop　模型车间　02.1052
pavement　路面　09.0053
pavement design　铺装设计　08.0159
pavilion　亭　03.0149
paving design　铺装设计　08.0159
pawn shop　典当行　02.0625
payback period　投资回收期　05.0048
PB pipe　＊PB 管　12.0334
PDP　等离子体显示屏　14.0758
peak ground acceleration　峰值[地面]加速度　11.0014
peak ground displacement　峰值[地面]位移　11.0016
peak ground velocity　峰值[地面]速度　11.0015
peak load　高峰负荷　14.0453
peak-to-peak value　峰峰值　11.0194
peak value　峰值　11.0193
pebble　卵石　12.0101
pedestal　基座　03.0304
pedestrian path　人行道，＊步行道　07.0234
pedestrian street　步行街　07.0235
pedestrian system　步行系统　07.0329
pediluvium studio　足浴馆　02.0440
pediment　山墙　03.0309
pelmet box　窗帘盒　09.0206
pendentive　帆拱　03.0331
penetrant flaw detection　渗透检测，＊渗透探伤　14.1117
penetrant testing　渗透检测，＊渗透探伤　14.1117
penjing garden　盆景园　08.0015
PE pipe　＊PE 管　12.0332
[perceived] noisiness　噪度　10.0312
percentage of moisture content　含水率　12.0029
percentage of sunshine　日照百分率　10.0465
perforated air supply　孔板送风　14.0319
perforated brick　多孔砖　12.0148
perforated percentage　穿孔率　10.0295
performance-based seismic design　基于性能的抗震设计，＊基于性态的抗震设计　13.0218
performing arts building　观演建筑　02.0320
performing arts center　[表]演艺[术]中心　02.0322
pergola　花架　08.0124
perimeter　周界　14.0687
perimeter region　周边地面　10.0422
perimetric pattern　周边式　07.0280
period　周期　13.0045
periodic heat transfer　周期性传热　10.0341
permafrost　永[久性]冻土　10.0480
permanent action　永久作用，＊永久荷载　13.0076
permanent exhibition hall　常设展厅，＊固定陈列展厅　02.0268
permanent hardness　永久硬度，＊非碳酸盐硬度　14.1033
permanent link　永久链路　14.0701
permanent population　常住人口　07.0021
permanent supplementary artificial lighting　常设辅助

人工照明　10.0046
permeable floor　透水地面　09.0245
permission note for location　选址意见书　07.0351
perpetual hardness　永久硬度，＊非碳酸盐硬度　14.1033
Persian architecture　波斯建筑　03.0256
Persian column　波斯式柱　03.0285
personal space　个人空间　01.0099
personnel protection　人力防范，＊人防　14.0683
perspective line　透景线　08.0047
perspective view　透视图　09.0099
pesticide plant　农药厂　02.0995
petroleum　石油　14.0874
pharmaceutical factory　制药厂　02.0984
pharmacy　药房　02.0527
pharmacy department　药剂科　02.0550
phase modulation　调相　14.0741
phcnolic foamcd plastic　酚醛泡沫塑料　12.0244
phenomenology of architecture　建筑现象学　03.0371
photocell　光电池　10.0165
photochemical smog pollution　光化学烟雾污染　14.1003
photoelectric detector　光电探测器　10.0164
photographic studio　［展品］摄影室　02.0293
photograph studio　摄影棚，＊摄影工作室　02.0820
photometric curve　配光曲线　10.0074
photometry　光度测量　10.0158
photopic vision　明视觉　10.0010
photo studio　照相馆　02.0619
photosynthesis　光合作用　14.0854
photovoltaic effect　光伏效应，＊光生伏打效应　14.0849
photovoltaic plant　光伏电站　14.0442
pH value　pH 值　14.1035
physical and chemical examination　理化检验　14.1116
physical explosion　物理爆炸　14.0908
physical protection　实体防范，＊物防　14.0684
physical protection and strengthening of heritage　文物古迹防护加固　03.0418
physical security　实体安全　14.0775
physics laboratory　物理实验室　02.0208
physiotherapy department　理疗科，＊理疗部　02.0555
phytotron　人工气候室　02.1126
pickling shop　酸洗车间　02.1039
picture definition　图像清晰度　14.0769
picture element　像素　14.0762
picture molding　挂镜线　09.0207
picture quality　图像质量　14.0658
picture resolution　图像分辨力　14.0768
pig barn　猪舍　02.1071
piled stone hill　掇山　08.0136
pile foundation　桩基础　13.0304
pile foundation test　基桩检测　13.0308
pile platform　桩承台　13.0305
pilot testing plant　中间试验车间　02.1044
pin at doorhead［connecting lintels］　门簪　03.0100
pingqi　平綦　03.0092
pingzuo　平坐　03.0034
pink noise　粉红噪声　10.0187
pink noise spectrum adaptation term　粉红噪声频谱修正量　10.0274
pinnacle　小尖塔　03.0330
pipe gallery　管廊　02.0925
pipe laying course　管道敷设层　09.0253
pipe room　管道间　02.0069
pipe shaft　管道井　09.0221
pipe system for fine drinking water　管道直饮水系统　14.0129
piping extinguishing system　管网灭火系统　14.0185
pitch　音调　10.0219
pitched roof　坡屋顶　09.0255
pixel　像素　14.0762
pixel pitch　像素中心距　14.0763
place　场所　07.0320
plain concrete　素混凝土，＊无筋混凝土　12.0058
plain concrete structure　素混凝土结构　13.0096
plan　平面图　09.0082
plane composition　平面构成　01.0078
planetarium　天文馆　02.0261
plank　板材　12.0231
planned space　积极空间　01.0102
planner　规划师　01.0027
planning and design brief　规划设计条件　07.0356
planning area　规划区　07.0077
planning period　规划期限　07.0190
planning permit for land use　建设用地规划许可证　07.0352

planning permit for village construction 建设工程规划许可证 07.0353
plant 工厂 02.0893
plant factory 植物工厂 02.1092
plant front area 厂前区 02.0905
planting 绿化 08.0002
planting according to the environment 适地适树 08.0167
planting arrangement 植物配置，* 植物配植 08.0057
planting design 种植设计 08.0055
planting engineering 种植工程 08.0160
planting floor 种植地面 09.0244
planting survival rate 种植成活率 08.0166
plants greenhouse 植物展览温室 02.0262
plan type rate 户室比 02.0079
plasma display panel 等离子体显示屏 14.0758
plaster room 石膏室 02.0536
plastic-aluminum-plastic pipe 塑铝管 12.0341
plastic concrete 塑性混凝土 12.0073
plastic furniture 塑料家具 09.0398
plastic greenhouse 塑料温室 02.1090
plastic hinge 塑性铰 13.0059
plastic house 塑料棚，* 暖棚 02.1085
plasticized polyvinyl chloride pipe 软聚氯乙烯管 12.0331
plastic sealant 塑性密封材料 12.0298
plastics floor 塑料地板 12.0320
plate heat exchanger 板式换热器 14.0349
platform 主席台 02.0123；站台，* 月台 02.0754；园台 08.0116；榻，* 罗汉床 09.0383
platform bridge 进出站天桥 02.0727
platform for station building 站房平台 02.0737
platform screen door 站台屏蔽门 02.0763
platform tunnel 进出站地道 02.0728
playground 操场 02.0198
playhouse 戏剧场，* 戏院 02.0325
plenum chamber 静压箱 14.0395
plenum space 稳压层 14.0321
plinth 基底石 03.0305；勒脚 09.0212
plot 基地 09.0022
plot ratio 容积率 07.0206
plug-in busbar 插接式母线 14.0474
plumbing fixture 卫生器具 14.0025
plywood 胶合板 12.0237
plywood structure 胶合板结构 13.0124
PM10 可吸入颗粒物 11.0322
PMV 预测平均热感觉 10.0489
pneumatic conveying 气力输送，* 风力输送 14.0262
pneumatic structure 气承式膜结构 13.0193
pneumatic transport 气力输送，* 风力输送 14.0262
pneumatic water supply 气压给水 14.0014
podium 裙房 02.0010
poetic imagery of garden 园林意境 08.0046
pointing 勾缝 09.0215
point of strike 雷击点 11.0044
polar color 极色 09.0471
polar moment of inertia 截面极惯性矩 13.0037
polarography room 极谱分析室 02.0229
polar second moment of area 截面极惯性矩 13.0037
pole 电杆 14.0582
pole changing［speed］control 变极调速 14.0488
police station 警务室 02.0147
pollutant 污染物 11.0318
pollution index 污染指数 14.1001
pollution source 污染源 14.0998
polybutylene pipe 聚丁烯管 12.0334
polyethylene pipe 聚乙烯管 12.0332
polymer-cement waterproofing coating 聚合物水泥防水涂料 12.0279
polymer emulsion architectural waterproof coating 聚合物乳液建筑防水涂料 12.0278
polymer-modified cement compound for waterproofing membrane 聚合物水泥防水涂料 12.0279
polymer water-proof sheet 高分子防水卷材，* 高分子防水片材 12.0273
polypropylene pipe 聚丙烯管 12.0333
polystyrene core plate of steel wire rack 钢丝网架聚苯乙烯芯板，* GJ 板 12.0245
polyurethane foam 聚氨酯泡沫塑料 12.0243
pond 池塘 08.0144
pool 池塘 08.0144
pool of relief supplies 救灾物资储备库 02.0856
［pool water］combined circulation ［游泳池］混合流式循环 14.0036
［pool water］down-flow circulation ［游泳池］顺流式循环 14.0034
［pool water］reverse circulation ［游泳池］逆流式循环 14.0035

popular science activity room 科普活动室 02.0297
population and labor resettlement 人口及劳动力安置 06.0135
porcelain tile 瓷质砖 12.0167
porch 门廊 02.0025；廊 03.0150
porosity 孔隙率，＊空隙度 12.0026
porosity percentage of void 孔隙率，＊空隙度 12.0026
porous absorbing materials 多孔吸声材料 10.0289
portable luminaire 可移式灯具 10.0099
portal bridge 渡桥码头 02.0389
portal frame 门式刚架 13.0150
port city 港口城市 07.0030
porter's room 传达室，＊收发室 02.0028
portico 门廊 02.0025
Portland blastfurnace-slag cement 矿渣[硅酸盐]水泥 12.0044
Portland cement 硅酸盐水泥 12.0042
Portland fly-ash cement 粉煤灰[硅酸盐]水泥 12.0046
Portland pozzolana cement 火山灰质[硅酸盐]水泥 12.0045
port passenger station 港口客运站，＊水路客运站 02.0766
positioning scale 定位尺寸 09.0123
positive displacement compressor 容积式压缩机 14.1078
possible sunshine duration 可照时数 10.0155
postal center 邮件处理中心 02.0789
post-and-beam construction 抬梁式 03.0005
post facility 邮政设施 07.0258
post house 驿站 03.0166
post-modernism 后现代主义，＊新折中主义 03.0360
post-occupancy evaluation 使用后评价 06.0074
post office 邮局 02.0788
post project evaluation 项目后评价 05.0045
post-tensioned prestressed concrete structure 后张法预应力混凝土结构 13.0100
post transfer station 邮件转运站 02.0790
potable water 生活饮用水 14.0002
potential transformer 电压互感器 14.0522
poultry farm 养禽场 02.1060
poultry house 禽舍 02.1061
poultry yard 养鸡场 02.1062
powder extinguishing system 干粉灭火系统 14.0162
powder monitor extinguishing system 干粉炮灭火系统 14.0167
powder-pressed tile 干压砖 12.0166
power center 动力中心 02.0927
power consumption 电能消耗 14.0458
power density 功率密度 11.0242
power distribution panel 电力配电箱 14.0471
power distribution station 配电站 02.0844
power distribution system 供电系统 14.0401
power factor 功率因数 14.0421
power frequency ground resistance 工频接地电阻 11.0069
[power] load curve 负荷曲线 14.0452
power of sound source 声源功率 10.0245
power plant 发电厂，＊发电站 14.0923
power plant boiler 电站锅炉，＊动力锅炉 14.0946
power roof ventilator 屋顶通风机 14.0283
power source 电源 14.0435
power source by owner 自备电源 14.0445
power supply 供电 14.0397，电源 14.0435
power supply and distribution in building 建筑供配电 14.0429
power supply reliability 供电可靠性 14.0413
power-supply source 供电电源 14.0436
power supply system 供电系统 14.0401
power supply system of city 城市供电系统 07.0253
power transformer 电力变压器 14.0517
PPD 预测不满意百分率 10.0490
PP pipe ＊PP 管 12.0333
practice hall 训练馆 02.0481
practice in a host nation 在东道国的实践 06.0011
prairie house 草原式住宅 03.0347
preaction sprinkler system 预作用自动喷水灭火系统 14.0143
pre-aerated burner 完全预混式燃烧器，＊无焰燃烧器 14.0968
precipitation 降水量 10.0467
precision workshop 精密车间 02.1046
pre-design 设计前期 06.0065
predicted percentage dissatisfied 预测不满意百分率 10.0490
predictive mean vote 预测平均热感觉 10.0489
predominant period 卓越周期 11.0019

pre-engineered extinguishing system 预制灭火系统 14.0186
pre-examination of paediatric 儿科预检处 02.0531
prefabricated concrete structure 装配式混凝土结构 13.0104
pre-historic architecture 史前建筑 03.0250
preliminary design 初步设计 06.0076
preliminary estimate 设计概算 05.0003
preliminary index 估算指标 05.0038
premixed burner 完全预混式燃烧器，* 无焰燃烧器 14.0968
preparation and reception area 筹展接待区 02.0281
preparation room 手术准备室 02.0560
preservative-treated wood 防腐木材 12.0235
presidential suite 总统套房 02.0669
pressing and stamping shop 冲压车间 02.1032
press seat 记者席 02.0491
pressure diagram of heat-supply network 热网水压图 14.1060
pressure pipe 压力管道 14.1099
pressure relief opening 泄压口 14.0191
pressure superposed water supply 叠压供水 14.0013
pressure swing adsorption 变压吸附 14.1010
pressure test 耐压试验，* 强度试验 14.1118
pressure tube 压力管道 14.1099
pressure vessel 压力容器 14.1098
pressurization method 定压方式 14.1057
pressurized boiler 微正压锅炉 14.0955
prestress 预应力 13.0020
prestressed concrete 预应力混凝土 12.0070
prestressed concrete structure 预应力混凝土结构 13.0098
prestressed steel structure 预应力钢结构 13.0120
pre-tensioned prestressed concrete structure 先张法预应力混凝土结构 13.0099
prevent water pollution for construction 建筑防水污染 11.0331
primary air fan-coil system 风机盘管加新风系统 14.0293
primary barrier 一次屏障 11.0277
primary color [三]原色 09.0443
primary computer room 主机房 14.0819
primary energy 一次能源，* 天然能源 14.0824
primary land development 土地一级开发 06.0110
primary platform 基本站台 02.0724
primary pollutant 一次污染物，* 原发性污染物 11.0319
primary pump 一级泵 14.0330
primary return air 一次回风 14.0302
primary school with nine years program 九年[一贯]制学校 02.0160
primary-secondary pumps 二次泵冷水系统 14.0352
primary system 主接线，* 主结线 14.0432
primary treatment of sewage 污水一级处理 14.0086
primary water 一次水 14.0328
principal ridge 正脊 03.0124
principal strain 主应变 13.0024
principal stress 主应力 13.0019
principle of architectural composition 建筑构图原理 01.0077
principle of professionalism for architects 建筑师职业精神原则 06.0010
principle of reciprocity 对等原则 06.0051
principle of statical equilibrium 静力平衡原理 13.0009
printer 打印机 14.0796
printing and dyeing plant 印染厂 02.0990
printing press 印刷厂 02.0997
prison 监狱 02.0148
prison cell 监舍 02.0149
privacy 私密性 07.0340
private branch exchange room 程控交换机房 14.0812
private garden [中国]私家园林 03.0220，私家园林 08.0040
private school 私塾，* 私学，* 教馆 03.0174
probability of exceedance 超越概率 11.0011
process 工艺 02.0895
process air conditioning 工艺性空气调节 14.0286
processing plant 气体加工厂，* 气体处理厂 02.0945
processing shop 加工车间 02.1036
procuratorate 检察院 02.0136
producer gas 发生炉煤气 14.0896
production well 抽水井 14.0390
productive plantation area 生产绿地 08.0025
product water 产品水 14.0131
professional leader 专业负责人 06.0021
professional training workshop 实训楼 02.0167

profiled steel sheet　压型钢板　12.0220
profit-oriented land　经营性用地　06.0131
progressive collapse　连续倒塌　13.0091
project acceptance　承包　06.0089
project appraisal　项目评估　05.0044
project cost　工程造价　05.0001
projecting steps　出跳　03.0045
project initiation and approval　立项　06.0064
projection　投影　09.0090
projection room　放映室　02.0407
project manager　项目经理　06.0028
project offer　发包　06.0088
project proposal　项目建议书　06.0071
project settlement　工程结算　05.0007
prompter box　提词间　02.0385
prompt sign　提示标志　09.0412
proof electro-magnetic shop　[电磁]屏蔽车间　02.1053
proper name right　专有名称权　06.0042
property　物业　06.0118
property line　红线　07.0215
property line of land　用地红线　07.0216
property management　物业管理　06.0125
property management enterprise　物业服务企业　06.0170
property management fee　物业服务费　06.0177
property owner　业主　06.0124
property room　道具室　02.0415
proportion　比例　09.0107
proscenium　台口　02.0367
proscenium curtain　大幕　02.0371
proscenium stage　镜框式舞台　02.0355
protected area of gas fire extinguishing　气体灭火防护区　14.0184
protected luminaire　防护型灯具　10.0097
protection area　防护区　14.0689
protection object　防护对象　14.0686
protection of cultural relics　文物保护工程　03.0402
protection system　保护系统　11.0290
protective airtight partition wall　防护密闭隔墙　11.0158
protective conductor　保护导体，* PE 线　14.0494
protective earthing and neutral conductor　保护接地中性导体，* PEN 线　14.0496
protective earthing　保护接地　14.0497
protective spark gap　保护间隙　14.0502
protective unit　防护单元　11.0141
provisional sum　暂估价　05.0033
proximate analysis of coal　煤的工业分析　14.0868
pruning　造型修剪　08.0168
PSA　变压吸附　14.1010
pseudo-color light emitting diode panel　伪彩色发光二极管显示屏　14.0755
pseudo-dynamic test　拟动力试验，* 伪动力试验　13.0211
pseudo-earthquake shaking table test　模拟地震振动台试验，* 振动台试验　13.0212
pseudo-static test　拟静力试验，* 低周反复加载试验，* 伪静力试验　13.0210
PSS　公共安全系统　14.0629
psychological consultation room　心理咨询室　02.0188
psychological counseling room　心理咨询室　02.0188
psychological impact　心理作用　01.0086
psychrometric chart　焓湿图　14.0318
PT　电压互感器　14.0522；渗透检测，* 渗透探伤　14.1117
public activity center　公共活动中心　02.0425
public address and emergency broadcast system　公共和紧急广播系统　14.0623
public bath　公共浴场　02.0438
public building　公共建筑　02.0002
public housing　公[有住]房　06.0160
public information graphical symbol　公共信息图形符号　09.0433
public lavatory　公共厕所　02.0849
public library　公共图书馆　02.0242
public participation　公众参与　07.0042
public rental housing　公租房，* 公共租赁住房　06.0164
public security bureau　公安局　02.0138
public security system　公共安全系统　14.0629
public tender　公开招标，* 无限竞争性招标　06.0057
public toilet　公共厕所　02.0849
public transport terminal　交通枢纽　02.0672
public zone of station　车站公共区　02.0745
pulverized-coal burner　煤粉燃烧器　14.0963
pulverized-coal fired boiler　煤粉锅炉，* 悬浮炉

14.0958
pump 泵 14.1045
pump concrete 泵送混凝土 12.0067
pumped concrete 泵送混凝土 12.0067
pumping aid 泵送剂 12.0089
pump room for circulating water of cooling tower 冷却塔循环水泵房 14.0196
pupaifang 普拍枋 03.0062
pure forest 纯林 08.0083
pure tone 纯音 10.0191
purism 纯粹主义，*纯净主义 03.0358
purity 纯度，*彩度 09.0451
purity contrast 纯度对比 09.0485
purlin 檩 03.0073
purline 檩条 13.0177
purpose of land use 土地用途 06.0128
putty 腻子 12.0294
PVC-P pipe 软聚氯乙烯管 12.0331
PVC-U door and window 塑料门窗，*塑钢门窗 12.0300
PVC-U pipe *PVC-U 管 12.0330
pylon 埃及式门楼 03.0275
pyramid 金字塔 03.0253
pyramidal roof 攒尖 03.0084

Q

qiangji 戗脊 03.0126
Qilou 骑楼 02.0005
Qing dynasty furniture 清式家具 09.0381
Qing Engineering Manual for the Board of Works by the Ministry of Public Works 清工部《工程做法》 03.0233
Qing Gongbu Gongcheng Zuofa 清工部《工程做法》 03.0233
qinghuang stone 青黄石 08.0101
Qingshi Yingzao Zeli 《清式营造则例》 03.0234
Qing Structural Regulations 《清式营造则例》 03.0234
qingyun stone 青云片 08.0105
QS 工料测量师 05.0039
qualification examination 资格考试 06.0041
qualification of surveying and geotechnical engineering 勘察资质 06.0050
qualification system for construction activities 建筑活动执业资格制度 06.0038
quality assurance of real estate development project 房地产开发项目质量责任 06.0169
quality of construction engineering 建筑工程质量 06.0090
quantity of fresh air 新鲜空气量 11.0326
quantity surveyor 工料测量师 05.0039
quarantine［check］area 检验检疫［检查］区 02.0692
que 阙 03.0147
queti 雀替 03.0065
quick dressing room 抢妆室 02.0412
quick lime 生石灰 12.0291

R

race course 赛马场，*跑马场 02.0470
racetrack 赛车场 02.0472
racing lane 泳道 02.0497
radial distribution system 放射式配电系统 14.0404
radiant energy 辐射能，*电磁能 14.0845
radiant heating 辐射供暖 14.0211
radiated emission 辐射发射 11.0243
radiated interference 辐射干扰 11.0238
radiated susceptibility 辐射敏感度 11.0223
radiation 辐射 10.0356
radiation energy 辐射能，*电磁能 14.0845
radiation generator 辐射发生器 11.0263
radiation protection 辐射防护 11.0272
radiation shielding concrete 防辐射混凝土，*钡石混凝土 12.0075
radiation source 辐射源 11.0259
radiative heat transfer coefficient 辐射换热系数 10.0381

radiator 散热器 14.0240
radiator heating 散热器供暖 14.0209
radiator heating system 散热器供暖系统 14.0227
radio & TV broadcast engineering 广播电视工程 07.0260
radioactive effluent 放射性流出物 11.0267
radioactive waste 放射性废物 11.0266
radio and television satellite earth station 广播电视卫星地球站 02.0812
radiographic testing 射线检测，* 射线探伤 14.1114
radioisotope unit 同位素室 02.0577
radio noise 无线电噪声 11.0234
radius of gyration 截面回转半径 13.0039
radon chamber 氡室 11.0289
rafter 椽 03.0077
rafter span [horizontal projection] 椽架 03.0021
raft foundation 筏形基础，* 片筏基础 13.0301
railing 钩阑，* 勾栏 03.0116
railing balustrade 楼梯栏杆 09.0344
railway station 铁路客运站 02.0702
rainfall intensity 暴雨强度 14.0088
rain penetration 雨水渗透 10.0408
rain shelter greenhouse 避雨棚，* 防雨棚 02.1086
rain utilization system 雨水利用系统 14.0056
rainwater collection system 雨水收集系统 07.0247
rainwater pump room 雨水泵房 14.0198
rain-water system 雨水排水系统 14.0055
raised-floor [architecture] 干栏 03.0008
raised flooring 空铺地面 09.0234
raising-the-roof [method] 举架 03.0026
ramp for wheelchair 轮椅坡道 09.0063
ramp garage 坡道式汽车库 02.0772
ramp [saw-tooth surface] 礓䃰 03.0115
random noise 无规噪声 10.0190
random vibration 随机振动 14.1017
rapid hardening sulphoaluminate cement 快硬硫铝酸盐水泥 12.0051
rare book stack 珍善本书库 02.0312
rare gas 惰性气体，* 稀有气体 14.1085
RASTI 房间声学语言传输指数 10.0250
rated flow 额定流量 14.0027
rated impulse withstand voltage of equipment 设备耐冲击电压额定值 11.0087
rated steam pressure 额定蒸汽压力 14.0939
rated steam temperature 额定蒸汽温度 14.0940
rationalism 理性主义 03.0356
ratio of glazing to floor area 窗地面积比 10.0142
ratio of out-of-control pixel 发光二极管像素失控率 14.0765
rattan furniture 藤家具 09.0400
raw lacquer 生漆，* 大漆，* 国漆 12.0266
raw land 生地 06.0132
raw material handling plant 原料加工车间 02.1024
raw material processing plant 原材料加工工厂 02.0940
raw material storage 原料库 02.0857
raw water of fine drinking water 直饮水原水 14.0130
raw water of reclaimed water 中水原水 14.0121
ray flow detector room 射线探伤室 02.0930
ray inspection machine room 射线探伤室 02.0930
reading room 阅览室 02.0299
ready-mixed mortar 预拌砂浆 12.0122
real estate administrative management 房地产行政管理 06.0166
real estate development 房地产开发 06.0109
real estate development enterprise 房地产开发企业 06.0122
real estate finance 房地产金融 06.0121
real estate intermediate service agency 房地产中介服务机构 06.0123
real estate investment trusts 房地产投资信托基金 06.0146
real estate market 房地产市场 06.0112
real estate ownership registration 房地产权属登记 06.0168
real estate trust 房地产信托 06.0145
real-time intelligent patch cord management system 实时智能管理系统 14.0732
rear screen projection 背投影 14.0761
recao 惹草 03.0095
receiving and lending area 藏品出纳区 02.0283
receiving area 收货区 02.0877
reception desk 服务台 02.0031
reception room 接待室，* 会客室，* 接待厅 02.0036
recessed luminaire 嵌入式灯具 10.0100
reciprocating compressor 活塞式压缩机，* 往复式压缩机 14.0335
recirculation water system 循环给水系统 14.0007

reclaimed water 中水，*回用水 14.0120
reclaimed water station 中水处理站 02.0832
reclaimed water system 中水系统 14.0122
reclaimed water system for building 建筑中水 14.0123
reconstruction of heritage 文物古迹原址重建 03.0421
recording room 录音棚，*录音工作室 02.0822，录音室 02.0823
recording studio 录音棚，*录音工作室 02.0822
recreational lawn 游憩草坪 08.0088
recreation center 娱乐中心 02.0427
recuperative heat exchanger 间壁式热交换器，*面式换热器 14.1047
recuperator 间壁式热交换器，*面式换热器 14.1047
recurrence interval 重现期 14.0089
recycling pre-action sprinkler system 重复启闭预作用自动喷水灭火系统 14.0144
red clay 红黏土 13.0272
redistribution of internal force 内力重分布 13.0073
reduced-voltage starting 降压启动 14.0483
redundancy 冗余 11.0299
reeding 防滑条 09.0342
referee seat 裁判席 02.0483
reference building 参照建筑 10.0427
reference color 基色 09.0446
reference cover 基准面层 10.0284
reference floor 基准楼板 10.0283
reference surface 参考平面 10.0069
reflected［global］solar radiation 反射［总］日辐射 10.0117
reflection 反射 10.0176
reflection coefficient 反射系数 11.0228
reflective beam daylighting 反射光束采光 10.0130
reflectivity 反射率 10.0358
refraction 折射 10.0177
refresh frequency 刷新频率 14.0767
refreshment store 快餐店 02.0610
refrigerant 制冷剂 14.0376
refrigerated room 冷藏间 02.0890
refrigerating machine chiller 冷热源设备 14.0333
refrigerating machine factory 冷冻机厂 02.0970
refrigeration 制冷 14.0332
refrigeration plant room 制冷机房，*冷冻站 14.0386
refrigeration station 制冷机房，*冷冻站 14.0386
refrigerator manufactory 冷冻机厂 02.0970
refuge 救助站 02.0126
refuge floor 避难层 02.0014
regenerated noise 再生噪声 10.0313
regenerative heat exchanger 蓄热式热交换器 14.1049
regenerator 蓄热器 14.1050
regional coordination 区域协调 07.0063
regional governance 区域治理，*区域管治 07.0061
regionalism 区域主义 07.0064
regional planning 区域规划 07.0046
regional policy 区域政策 07.0062
register 百叶型风口 14.0279
registered architect 注册建筑师 06.0035
registered urban planner 注册城市规划师 07.0370
register supervision 注册监督 06.0040
registration 注册 06.0034
registration office 挂号处 02.0526
regular maintenance of heritage 文物古迹日常保养 03.0417
regulated maximum bidding price 招标控制价 05.0040
Regulations of the People’s Republic of China on Registered Architects 中华人民共和国注册建筑师条例 06.0033
regulator 调节器，*控制器 14.0360
regulator station 燃气调压站 02.0835
rehabilitation department 康复［医学］科 02.0581
rehabilitation hospital 康复医院 02.0511
rehearsal room 排练厅 02.0411
reinforced concrete 钢筋混凝土 12.0059
reinforced concrete structure 钢筋混凝土结构 13.0097
reinforced masonry structure 配筋砌体结构 13.0115
reinforcement corrosion 钢筋锈蚀 12.0015
reinforcing steel bar 钢筋 12.0207
REITs 房地产投资信托基金 06.0146
relative density of gas 气体的相对密度 14.0904
relative elevation 相对标高 09.0117
relative humidity 相对湿度 10.0460
relative sunshine duration 相对日照时数 10.0156
relay 继电器 14.0545
release 脱扣器 14.0528

reliability index　可靠指标　13.0084
religious architecture　宗教建筑　02.1130
remote aircraft stand　远机位　02.0689
remote alarm system　集中报警系统　11.0115
remote-controlled fire monitor extinguishing system　远控[消防]炮灭火系统　14.0168
removable window　支摘窗　03.0104
Renaissance architecture　文艺复兴建筑　03.0272
render　渲染　09.0176
rendering　效果图　09.0098
renewable energy　可再生能源　14.0828
rentable industrial building　出租性工业厂房　02.1015
renzigong　人字栱　03.0054
repair　返修　06.0103
report for starting construction　开工报告　06.0086
report hall　报告厅　02.0034
research center　研究中心　02.0201
research institutional library　科[学]研[究]图书馆　02.0244
research studio　研究工作室　02.0238
reserve　预留金　05.0034
reserved land　预留用地　09.0043
residential and commercial land　商住用地　07.0161
residential building　居住建筑　02.0071
residential building for the senior citizen　老年人居住建筑　02.0096
residential building unit　住宅单元　02.0078
residential density　人口毛密度，＊人口密度　07.0208
residential district　居住区　07.0172
residential district park　居住区公园　07.0271
residential district planning　居住区规划　07.0267
residential district water supply system　居住小区给水系统　14.0004
residential green space　居住绿地　08.0027
residential land　居住用地　07.0129
residential property　居住物业　06.0142
residential quarter　居住小区　07.0268
residential road system　居住区道路系统　07.0270
residential special maintenance fund　住宅专项维修资金　06.0176
residual current　残流　11.0078
residual voltage　残压　11.0086
resistance　抗力　13.0082
resistor　电阻器　14.0529
resonance　共振　13.0048
resonance sound absorption　共振吸声　10.0300
resort　度假[村]旅馆，＊度假村　02.0640
response　反应　14.0680
response factor　反应系数　10.0405
response spectrum　反应谱　13.0246
response time to alarm　报警响应时间　14.0645
response time index　响应时间指数　14.0152
restaurant　餐馆，＊饭馆　02.0607
restoring force curve　滞回曲线，＊恢复力曲线　13.0214
restricted area　禁区　14.0690
resultant force　合力　13.0003
retail store　零售商店　02.0599
retaining and protecting for foundation excavation　基坑支护　13.0310
retaining structure　支挡结构　13.0312
retaining wall　挡土墙　13.0314
reticulated shell structure　网壳结构　13.0185
return loss　回波损耗　11.0091
return on equity　资本金净利润率　05.0051
return on investment　总投资收益率，＊投资利润率　05.0050
reuse water system　重复利用给水系统　14.0008
reverberant sound　混响声　10.0227
reverberation　混响　10.0226
reverberation chamber　混响室　02.0223
reverberation time　混响时间　10.0228
reversed return system　同程式系统　14.0229
reverse osmosis process　反渗透法，＊逆向渗透法　14.1026
revetment in garden　驳岸　08.0146
review of design　评图　04.0042
review of preliminary design　初步设计评审　06.0077
review room　评议室　02.0152，审听室　02.0826
revised drawing　修正图　09.0088
revolution storage　周转库　02.0287
revolving door　转门　09.0296
revolving restaurant　旋转餐厅　02.0660
revolving stage　转台　02.0380
rewind room　倒片室，＊卷片室　02.0408
rework　返工　06.0104
ribbed vault　肋骨拱　03.0315
ribbon　色带　09.0466

rib floor　密肋楼盖　13.0160
rice milling plant　碾米厂　02.1112
Richter magnitude　里氏震级　11.0004
ridge　脊　03.0123
ridge ornament　正吻　03.0128
rigid fixing　刚性固定　14.0578
rigid foundation　刚性基础　13.0298
rigid frame　刚架　13.0148
rigidity　刚度　13.0049
rigidity of section　截面刚度　13.0050
rigid water proof roof　刚性防水屋面　09.0270
rigid zone　刚域　13.0058
ring beam　圈梁　13.0154
ring circuit power supply　环形供电　14.0407
riser　踏步立板，*踢面　09.0341；立管　14.0061
rise travel　升程　09.0362
risk analysis　风险分析　05.0057
Ri Tan　日坛　03.0191
river basin planning　流域规划　07.0057
rivulet　溪流　08.0143
road　道路　09.0045
road alignment design　园路线形设计　08.0151
road boundary line　道路红线　07.0218
road elevation　道路标高　07.0245
road layout　园路布局　08.0150
road network density　道路网密度　07.0230
road section　道路横断面　07.0231
roadside green space　街旁绿地　08.0022
road structural design　园路结构设计　08.0152
rock　岩石　13.0265
rockery　假山　08.0134
rock garden　岩石园　08.0023
rock wool　岩棉　12.0246
rockwork　假山　08.0134
ROE　资本金净利润率　05.0051
ROI　总投资收益率，*投资利润率　05.0050
rolled ridge roof　卷棚　03.0085
roller blind　软卷帘　12.0309
rolling　卷帘　09.0210
rolling door　卷门　09.0297
rolling mill　轧钢厂　02.0947
Roman arch and order　罗马券柱式　03.0293
Romanesque architecture　罗马风建筑，*罗马式建筑，*罗曼建筑　03.0270
romantic classicism　浪漫主义，*浪漫的古典主义　03.0340
romanticism　浪漫主义，*浪漫的古典主义　03.0340
Roman waterway　罗马水道　03.0264
roof　屋顶　09.0254
roof board　屋面板　13.0176
roof-bracing system　屋盖支撑系统　13.0181
roof drain　屋顶雨水口　09.0282
roof drainage system　屋面排水　09.0269
roof garden　屋顶花园　02.0061
roof girder　屋面梁　13.0178
roofing　屋面　09.0258
roofing slate　石板瓦　12.0135
roof light　采光屋顶　09.0326
roof non-organized drainage system　屋面无组织排水系统　09.0277
roof organized drainage system　屋面有组织排水系统　09.0278
roof plate　屋面板　13.0176
roof protective course　屋面保护层　09.0273
roof slab　屋面板　13.0176
roof system　屋盖　13.0175
roof truss　屋架　13.0179
roof water proofing　屋面防水　09.0267
room absorption　房间吸声量　10.0294
room acoustics　室内声学　10.0168
room acoustics speech transmission index　房间声学语言传输指数　10.0250
room constant　房间常数　10.0244
room for cleaning human body　人员净化用室　11.0174
room for cleaning material　物料净化用室　11.0175
room for ice storage　蓄冰机房　14.0396
room index　室形指数　10.0073
rostrum　主席台　02.0123
rotary air heater　回转式空气预热器，*再生式空气预热器　14.0978
rotary heat exchanger　转轮式换热器　14.0348
rough beam　草栿　03.0071
roughcast house　毛坯房，*初装饰房　06.0154
row house　联排式住宅，*联立式住宅　02.0087
rowlock cavity wall　空斗墙　09.0182
row spacing　排距　02.0342
royal garden　皇家园林　08.0039

RT 射线检测，* 射线探伤 14.1114
RTI 响应时间指数 14.0152
rubber flooring 橡胶地板 12.0321
rug 地毯 12.0315
rule on quality repair guarantee 质量保修制度 06.0107
runoff coefficient 径流系数 14.0092
run-out extension 伸缩台 02.0383
runway 跑道 02.0677
rural area 农村地区 07.0047
rural energy building 农村能源建筑 02.1116
rural fuel saving stove and kiln 农村节能炉窑 02.1117
rural hospital 乡镇卫生院 02.0517
rural housing land 宅基地 07.0112

S

sacrificial anode protection 牺牲阳极电保护，* 牺牲阳极阴极保护 14.1127
safety actuator 安全驱动器 11.0298
safety alarm system 安全报警系统 11.0295
safety exit 安全出口 11.0106
safety interlock 安全连锁 11.0294
safety lighting 安全照明 10.0050
safety logic assembly 安全逻辑装置 11.0297
safety margin 安全裕度 11.0220
safety monitoring assembly 安全监测装置 11.0296
safety power consumption 安全用电 14.0414
safety power cutback system 安全降功率系统 11.0293
safety shutdown system 安全停堆系统 11.0291
safety sign 安全标志 09.0409
safety symbol 安全符号 09.0434
safety voltage 安全电压 14.0415
sale area of commodity house 商品房销售面积 06.0157
sale price of commodity house 商品房销售价格 06.0156
sales area 售货区 02.0631
salient part of foundation 台明 03.0110
salon 沙龙 02.0265
salt works 盐厂，* 制盐场 02.1010
salty soil 盐渍土 13.0277
same-floor drain 同层排水 14.0080
sampling inspection 抽样检验 06.0098
sampling scheme 抽样方案 06.0099
sanatorium 疗养院 02.0513
sand 砂土 13.0268
sand boil 喷水冒砂 11.0033
sandstone 砂岩 12.0200
sand textured building coating based on synthetic resin emulsion 合成树脂乳液砂壁状建筑涂料，* 真石漆 12.0253
sanheyuan 三合院 03.0223
sanitary waste 生活排水 14.0045
satellite telecommunication earth station 卫星通信地球站，* 国际卫星通信地面站 02.0798
satellite town 卫星城 07.0293
saturated humidity 饱和湿度 10.0462
saturation 饱和度 09.0452
saturation vapor pressure 饱和水蒸气压力 10.0374
sauna bathroom * 桑拿浴室 02.0439
save energy 节能 14.0835
savings bank 储蓄所 02.0626
sawn lumber 方木 12.0230
saw-tooth industry building 锯齿形天窗厂房 02.0924
scale 比例尺 09.0108
scale of human body 人体尺度 01.0118
scattered planting 散植 08.0063
scattering 散射 10.0179
scenery 景观 08.0175
scenery resource 风景资源 08.0171
scenic area 风景名胜区 07.0184
scenic feature 景物 08.0172
scenic forest land 风景林地 08.0028
scenic zone 景区 08.0174
schematic design 方案设计 06.0075
scheme of power supply 供电方式 14.0398
scheme of power supply 供电方案 14.0399
school building 中小学校建筑 02.0159

school of architecture　建筑学院　04.0033
science and technology laboratory　科技活动室　02.0187
science and technology museum　科[学]技[术]馆　02.0256
science of human settlement　人居环境科学　07.0044
scientific value　科学价值　03.0392
scissor stairs　剪刀式楼梯，*桥式楼梯　09.0330
scope of development land　建设用地范围　07.0072
scope of professional activities　执业范围　06.0052
scoreboard　计时记分牌　02.0504
scotopic vision　暗视觉　10.0011
screened balanced cable　屏蔽平衡电缆　14.0723
screening track　预检分诊室　02.0530
screen [spirit] wall　照壁，*影壁　03.0136
screw compressor　螺杆式压缩机　14.0336
scrub up　手术洗涤室　02.0563
scupper　雨水口，*落水口　09.0283
sea cable landing station　海缆登陆站　02.0800
sealant　嵌缝膏　12.0284，密封膏　12.0296
sealed gas burning appliance　密闭式燃具　14.0918
sealed insulating glass　中空玻璃　12.0179
sealed insulating glass unit with shading inside　内置遮阳中空玻璃制品　12.0310
sealed source　密封源　11.0261
sealing materials　密封材料　12.0280
seamless steel pipe　无缝钢管　12.0324
seasonal aspect　季相　08.0048
seasonal frozen ground　季节性冻土　10.0481
seat-width　座宽　02.0343
SEB　辅助等电位连接　14.0501
secondary barrier　二次屏障　11.0278
secondary beam　次梁　13.0167
secondary energy　二次能源　14.0825
secondary garden road　次要园路　08.0154
secondary housing market　二手房市场　06.0117
secondary land development　土地二级开发　06.0111
secondary limit　次级限值　11.0275
secondary pollutant　二次污染物，*继发性污染物　11.0320
secondary pump　二级泵　14.0331
secondary treatment of sewage　污水二级处理　14.0087
secondary vent stack　副通气立管　14.0073
secondary water　二次水　14.0329
second moment of area　截面惯性矩　13.0036
secretarial office　文秘室　02.0120
section　剖面图　09.0084，断面图　09.0085
sectional view　剖视图　09.0091
section modulus　截面模量　13.0038
section steel　型钢　12.0213
sector plan　专项规划　07.0071
secure operation system　安全操作系统　14.0779
security and protection product　安全防范产品　14.0631
security and protection system　安全防范系统　14.0632
security check area　[旅客]安检区　02.0691
security control room　安防控制中心　14.0807
security inspection system for anti-explosion　防爆安全检查系统　14.0674
security interest on property　担保物权　06.0175
security management system　安全管理系统　14.0675
security product for computer information system　计算机信息系统安全专用产品　14.0774
security room　公安安全室，*警务站　02.0758
seed selection room　选种室　02.1105
seed storage　种子库　02.1104
segregated frozen ground　岛状冻土　10.0482
seismic action effect　地震作用效应　13.0248
seismic analysis method　抗震计算方法　13.0240
seismic appraiser of building　建筑抗震鉴定　13.0195
seismic brace　抗震支撑　13.0228
seismic building　建筑抗震　13.0194
seismic calculation method　抗震计算方法　13.0240
seismic concept design of building　建筑抗震概念设计　13.0217
seismic design of building　[建筑]抗震设计　13.0215
seismic evaluation for building　建筑抗震鉴定　13.0195
seismic failure of foundation　地震地基失效　11.0032
seismic fortification　抗震设防　11.0001
seismic fortification category for building construction　建筑抗震设防分类　11.0003
seismic fortification criterion　抗震设防标准　11.0002
seismic fortification intensity　抗震设防烈度　11.0007
seismic grade　抗震等级　13.0233
seismic isolation　隔震　13.0235

seismic joint 防震缝 13.0232
seismic measure 抗震措施 13.0219
seismic resistant capacity of structure 结构抗震承载能力 13.0250
seismic retrofit of building 建筑抗震加固 13.0196
seismic retrofit of structural member 构件抗震加固 13.0257
seismic retrofit of structural system 结构体系抗震加固 13.0256
seismic shelter for evacuation 避震疏散场所 11.0040
seismic stability of soil 土体抗震稳定性 11.0031
seismic strengthening of building 建筑抗震加固 13.0196
seismic strengthening of structural member 构件抗震加固 13.0257
seismic strengthening of structural system 结构体系抗震加固 13.0256
seismic structural wall 抗震墙 13.0227
seismic test 抗震试验 13.0208
selection of structure typology 结构选型 01.0050
self-acting control valve 自力式调节阀 14.1071
self-adhesive asphalt membrane 自粘防水卷材 12.0276
self-adhesive water-proof sheet 自粘防水卷材 12.0276
self-circulation venting 自循环通气 14.0077
self-compacting concrete 自密实混凝土 12.0061
self-contained cooling unit 冷风机组 14.0367
self-contained power 自备电源 14.0445
self-operated flow control valve 自力式流量控制阀 14.0363
self-operated regulator 自力式调节阀 14.1071
self-service bank 自助银行 02.0624
self-service department 自助还书处 02.0316
self-stressing concrete 自应力混凝土 12.0071
self stressing sulphoaluminate cement 自应力硫铝酸盐水泥 12.0052
semi-anechoic enclosure 半电波暗室 11.0254
semi-anechoic room 半消声室 10.0216
semi-basement 半地下室 02.0018
semi-circular tile 筒瓦 03.0129
semi-clean area 半清洁区 11.0368
semi-conductor device plant 半导体器件厂 02.0978
semi-direct lighting 半直接照明 10.0054
semidome 半球形穹顶 03.0322
semi-enclosed industrial building 半敞开式厂房 02.1022
semi-indirect lighting 半间接照明 10.0056
semi-instantaneous heat exchanger 半即热式水加热器 14.0115
semi-instantaneous water heater 半即热式水加热器 14.0115
semi-open space office 半开放式办公室 02.0117
semiotics of architecture 建筑符号学 03.0370
semi-sealed gas burning appliance of natural exhaust type 半密闭自然排气式燃具 14.0917
senior housing 老年住宅 02.0097
sense of continuity 连续感 07.0342
sense of order 秩序感 07.0341
sensible heat 显热 10.0335
sensible heat regeneration 显热蓄热 14.1051
sensitivity analysis 敏感性分析 05.0060
sensor 传感器 14.0355
separate sewer system 分流制排水系统 14.0046
separate system 分流制 07.0252
separation of pedestrian and vehicular circulation 人车分行，* 人车分流 07.0239
septic tank 化粪池 14.0084
serial heritage 系列遗产 03.0382
serial properties 系列遗产 03.0382
series water supply 串联供水 14.0011
serviceability limit state 正常使用极限状态 13.0086
service apartment 旅馆式公寓，* 服务公寓 02.0093
service center 导医处 02.0529
service facilities 居住区公共配套设施 02.0077
service facility 配建设施 02.0076
service life of protective layer 防护层使用年限 11.0365
service office building 旅馆式办公楼 02.0109
service pipe 引入管 14.0018
service radius 服务半径 07.0225
servomotor 伺服电动机 14.0478
SET 标准有效温度 10.0491
set condition 设防 14.0637
set retarder 缓凝剂 12.0087
set retarding and water reducing admixture 缓凝减水剂 12.0083
set retarding superplasticizer 缓凝高效减水剂

12.0084
setting 凝结 12.0034
setting value 整定值 14.0543
settlement 居民点 07.0001；住区 07.0277；沉降 13.0291
settlement joint 沉降缝 09.0232
settling chamber 沉降室 14.0273
severe cold zone 严寒地区 10.0452
sewage treatment structure 污水处理构筑物 11.0335
shade-frame 荫棚 02.1095
shading coefficient 遮阳系数 10.0426
shadow shield 阴影屏蔽 11.0287
shady tree 庭荫树 08.0082
shaft 柱身 03.0303
shallow foundation 浅基础 13.0295
shallow vaulted roof 囤顶 03.0087
shape coefficient of building 建筑物体形系数 14.0234
shaped steel 型钢 12.0213
shape factor 体形系数 10.0416
sharing space 共享空间 01.0097
she 社 03.0199
shear force 剪力 13.0011
shear modulus 剪切模量 13.0031
shear strain 剪应变 13.0023
shear stress 剪应力 13.0018
shear wall structure 剪力墙结构 13.0134
shear wave velocity measurement 剪切波速测试 11.0022
shell structure 薄壳结构 13.0183
shengqi 生起 03.0030
shield effectiveness 屏蔽效能 11.0250
shielding angle of luminaire 灯具遮光角 10.0107
shiku 石窟 03.0208
ship-building berth 船台 02.0951
shipyard 造船厂 02.0950
shock ground resistance 冲击接地电阻 11.0070
shooting range 射击场，*靶场 02.0468
shop 商店，*商场 02.0596；店铺 03.0182
shopping center 购物中心 02.0601
shopping street 商业街 07.0236
short-circuit 短路 14.0505
short-circuit current 短路电流 14.0506
short-pier shear wall 短肢剪力墙 13.0144
short post 蜀柱 03.0066
short-term plan for development 近期建设规划 07.0070
short wave radiation 短波辐射 10.0360
shoulder 路肩 09.0054
showroom 陈列室 02.0275
show window 橱窗 09.0316
shrinkage compensating concrete *补偿收缩混凝土 12.0071
shrub 灌木 08.0069
shuatou 耍头 03.0057
shuffleboard room 沙壶球室 02.0450
shuzhu 蜀柱 03.0066
si 佛[教]寺[院] 03.0207
siamese connection 水泵接合器 14.0138
side bay 次间 03.0019
side daylighting 侧面采光，*侧窗采光 10.0126
side-hung door 平开门 09.0293
side-hung window 平开窗 09.0317
side light room 耳光室 02.0394
side room 耳房 03.0224
side slope 边坡 07.0249
side stage 侧台 02.0362
sidewalk 人行道，*步行道 07.0234
sidewalk for the blind 盲道 09.0059
sight line planning 视线设计 02.0344
sight triangle 视距三角形 07.0242
sign 标志 09.0408
signal power room 信号电源室 02.0760
signal relay 信号继电器 14.0557
signal room for civil air defense 人防信号室，*人防信号显示室 02.0759
signal to noise ratio 信噪比 14.0744
signal valve 信号阀 14.0156
signature column 会签栏 09.0115
siheyuan 四合院 03.0222
silencer 消声器 10.0315
silhouette lighting 剪影照明，*背光照明 10.0066
silica fume 硅灰 12.0096
silk reeling mill 缫丝厂 02.0988
silo 筒仓 02.0868
silt 粉土 13.0270
simple harmonic vibration 简谐振动 14.1014
simplified symbol 简化符号 09.0423

simply supported beam 简支梁 13.0169
simulated ground motion test 模拟地震振动试验 13.0209
simultaneous interpretation booth 同声传译控制室 02.0122
single-bay building 单跨建筑物 02.0918
single-bed room 单床间 02.0666
single-category urban development land area per capita 人均单项城市建设用地面积 07.0163
single-circuit power supply 单回路供电 14.0410
single family house 独立式住宅 02.0083
single footing 独立基础 13.0299
single-number quantity 单值评价量 10.0268
single-phase earthing 单相接地 14.0510
single-phase power supply 单相供电 14.0408
single-phase short-circuit 单相短路 14.0509
single-photon emission computed tomography room 单光子发射计算机体层摄影室 02.0576
single row layout arrangement 单列布置 14.0468
single stack system 单立管排水系统 14.0051
single-story building 单层建筑 02.0006
single-story industrial building 单层厂房 02.1012
single-story pagoda 单层塔 03.0212
single-story warehouse 单层仓库 02.0852
single-tier bracket 单栱 03.0053
single-unit office 单元式办公室 02.0118
sinking courtyard 下沉庭院 02.0060
site 基地 09.0022，场地 11.0023
site acceptance 进场验收 06.0092
site analysis 场地分析 09.0005
site area 占地面积，* 用地面积 01.0121
site category 场地类别 11.0025
site furnishings 建筑小品 01.0059
site layout 总图设计 09.0024
site plan 总图 01.0015；总平面图 09.0026
site planning 修建性详细规划 07.0196
site soil 场地土 11.0024
site study planning 相地 08.0043
size co-ordination 尺度协调 01.0114
size dimension line 尺寸界线 09.0121
size of population 人口容量 07.0207
size of the land 用地面积 07.0201
sketch 草图，* 方案草图 04.0044
skirt 踢脚 09.0204
sky component of daylight factor 采光系数的天空光分量 10.0138
sky glow 天空辉光 10.0025
sky illuminance 室外平均散射照度 10.0118
skylight 天窗 09.0327，天空光 10.0115
sky-light blind 遮阳天篷帘，* 天篷帘 12.0307
slab 楼板 13.0163
slab-column shear wall structure 板柱-剪力墙结构 13.0142
slab-column structure 板柱结构 13.0141
slag wool 矿渣棉，* 矿棉 12.0247
slaked lime 消石灰，* 熟石灰 12.0292
slate 板石，* 瓦板岩 12.0199
sleeper wall 地龙墙 09.0251
slenderness ratio 长细比 13.0041
sliding door 推拉门 09.0294
sliding folding window 折叠推拉窗 09.0321
sliding projecting casement window 滑轴平开窗 09.0318
slope lawn 护坡草坪 08.0091
slope protection 护坡 09.0077
slot diffuser 条缝型风口 14.0280
slot outlet 条缝型风口 14.0280
sludge 淤泥 13.0271
sluice room 污洗室 02.0540
slump 坍落度 12.0022
slump flow 坍落扩展度 12.0023
small city 小城市 07.0054
smaller [non-structural] carpentry 小木作 03.0091
small garden 小区游园 07.0272
small garden ornament 园林小品 08.0109
small hollow block of fly ash concrete 粉煤灰混凝土小型空心砌块 12.0125
small office home office 公寓式办公楼 02.0108
smart growth 精明增长 07.0040
smelting shop 冶炼车间 02.1026
smoke 烟气 14.0260
smoke compartment 防烟分区 11.0105
smoke control 防烟 14.0255
smoke damper 防烟阀 14.0265
smoke density 烟尘排放浓度 14.0983
smoke density at end of boiler unit 烟尘初始排放浓度 14.0982
smoke dust pollution 烟尘污染 14.1006

smoke exhaust damper 排烟阀 14.0266
smoke exhaust room 排烟机房 14.0393
smoke extraction 排烟 14.0256
smoke outlet 排烟口 14.0275
smoke-prevention stairwell 防烟楼梯间 09.0335
smoke proof damper 防烟阀 14.0265
smoke vent 排烟道 09.0226
SMS 安全管理系统 14.0675
snaking of cable 电缆蛇形敷设 14.0579
SO_2 pollution 二氧化硫污染 14.1005
soaking time 浸渍时间 14.0190
sofa 沙发 09.0389
softening coefficient 软化系数 12.0019
softened water 软化水 14.1020
soft ground floor 柔性底层 13.0225
soft starting of alternating current motor 交流电动机软启动 14.0486
SOHO 公寓式办公楼 02.0108
soil 土 13.0266
soil condition 土质条件 09.0011
soil content 含泥量 12.0028
soil natural angle of repose 土壤自然安息角 08.0056
solar-air temperature 综合温度 10.0389
solar altitude angle 太阳高度角 10.0507
solar azimuth angle 太阳方位角 10.0508
solar battery 太阳电池，*光伏电池 14.0850
solar cell 太阳电池，*光伏电池 14.0850
solar collector 太阳能集热器 14.0119
solar constant 太阳常数 10.0476
solar control coated glass 阳光控制镀膜玻璃 12.0184
solar declination angle 太阳赤纬角 10.0509
solar energy 太阳能，*太阳辐射能 14.0848
solar fraction 太阳能保证率 14.0103
solar greenhouse 日光温室，*不加温温室 02.1089
solar heating 太阳能供暖 14.0215
solar heat power plant 太阳能热发电站 02.0936
solar hour angle 太阳时角 10.0517
solar irradiance 太阳辐照度 10.0477
solar irradiation 太阳辐照量 14.0104
solar photovoltaic conversion 太阳能光电转换 14.0441
solar photovoltaic electric power generation 太阳能光伏发电 14.0851
solar photovoltaic power plant 太阳能光伏电站 02.0937
solar power generation 太阳能发电 14.0440
solar radiation 日辐射 10.0110
solar radiation absorbility factor 太阳辐射吸收系数 10.0382
solar time 太阳时 10.0510
solar water heater 太阳能热水器 14.0118
solar water heating system 太阳能热水供应系统 14.0100
soldering 钎焊 14.1110
solid-borne sound 固体声 10.0256
solid brick 实心砖 12.0146
solid door 版门 03.0096
solid flooring 实铺地面 09.0235
solidifying point 凝固点，*凝点，*冰点 14.0883
solid wall 实体墙 09.0181
solid wood flooring 实木地板 12.0316
solvent based woodenware coating 溶剂型木器涂料 12.0268
solvent-thinned coating 溶剂型涂料 12.0251
sound absorption coefficient 吸声系数 10.0290
sound absorption materials 吸声材料 10.0288
sound bridge 声桥 10.0261
sound control room 电声控制室 14.0809
sound deadening capacity 消声量 14.0377
sound distribution 声场不均匀度 10.0325
sound focus 声聚焦 10.0236
sound insulation chamber 隔声室 02.0224
sound insulation for building 建筑隔声 11.0336
sound intensity 声强 10.0197
sound intensity level 声强级 10.0198
sound level 声级 10.0210
sound level meter 声级计 10.0207
sound lock 声闸 10.0262
sound power 声功率 10.0199
sound power level 声功率级 10.0200
sound pressure 声压 10.0195
sound pressure level 声压级 10.0196
soundproof course 隔声层 09.0252
soundproof front room 隔声前室，*声闸 02.0402
sound ray 声线 10.0204
sound ray tracing method 声线跟踪法 10.0246
sound reduction index 隔声量 10.0263

sound reflection coefficient　声反射系数　10.0181
sound reinforcement system　扩声系统　10.0318
sound shadow region　声影区　10.0205
sound transmission coefficient　声透射系数　10.0182
sound wave　声波　10.0172
Source of Architectural Methods　《营造法原》　03.0235
source of release　释放源　11.0129
space air diffusion　气流组织　14.0303
space art　* 空间艺术　01.0053
spacecraft assembling plant　航天器总装厂　02.0957
spacecraft launching complex　航天发射场　02.0958
spacecraft launching pad　航天发射台　02.0959
space grid structure　网架结构　13.0184
spa center　温泉水疗中心　02.0655
space truss structure　网架结构　13.0184
span　跨度　02.0915
sparking site　散发火花地点　11.0102
sparrow brace　雀替　03.0065
spatial planning　空间规划　07.0012
spatial truss structure　立体桁架结构　13.0186
SPD　电涌保护器　11.0073
special classroom　专用教室　02.0176
special engineering structure　特种工程结构　13.0131
speciality restaurant　风味餐厅　02.0659
speciality shop　专卖店　02.0603
specialized art museum　专门性美术馆　02.0254
specialized exhibition hall　专题展厅　02.0272
specialized hospital　专科医院　02.0508
specialized library　专门性图书馆　02.0245
specialized museum　专门性博物馆　02.0250
special lab　专用实验室　02.0207
special shaped column structure　异型柱结构　13.0143
special single stack drainage system　特殊单立管排水系统　14.0052
special stack　特藏书库　02.0311
special symbol　专用符号　09.0421
specific density of gas　气体的相对密度　14.0904
specific energy　单位能量　11.0093
specific frictional head loss　比摩阻　14.1062
specific garden　专类公园　08.0010
specific gravity of liquid　液体比重　14.0905
specific heat　比热　10.0370
specific humidity　比湿　10.0377
specific symbol　特定符号　09.0425
specific vent stack　专用通气立管　14.0070
specific weight of liquid　液体比重　14.0905
specimen planting　孤植　08.0060
spectator seat　观众席　02.0485
spectator stand　看台　02.0486
SPECT room　* SPECT 室　02.0576
spectrum adaptation term for air-borne sound insulation　空气声隔声频谱修正量　10.0273
spectrum adaptation term for impact sound　撞击声隔声频谱修正量　10.0281
specular reflection daylighting　镜面反射采光　10.0129
speech interference level　语言干扰级　10.0309
speech transmission index　语言传输指数　10.0249
speed control of alternating current motor　交流电动机调速　14.0487
speed of sound　声速　10.0173
spill light　溢散光　10.0022
spire　尖顶　03.0325
spirit road　神道　03.0202
splash block　水簸箕　09.0285
split tile　劈离砖，* 劈开砖，* 劈裂砖　12.0149
sporadic noise　偶发噪声　11.0343
sport floor　运动地面　09.0243
sporting equipment factory　体育器材厂　02.1002
sports building　体育建筑　02.0451
sports center　体育中心　02.0453
sports facility　体育设施　02.0452
sports field　操场　02.0198
sports hall　体育馆　02.0455
sports lawn　运动草坪　08.0090
sportsman seat　运动员席　02.0484
spotlight　聚光灯，* 射灯　10.0102
spot lighting　聚光照明　10.0063
spot light room　追光室　02.0396
spot sale of commodity house　商品房现售　06.0151
spray light　溢散光　10.0022
spray nozzle　水雾喷头　14.0175
spread channel　传播途径　11.0372
spread foundation　扩展基础　13.0297
spreading-flame burner　扩散式燃烧器　14.0969
spring and water fall　泉瀑　08.0140
spring equinox　春分点　10.0520
sprinkler system　自动喷水灭火系统，* 水喷淋系统

14.0139
SPS 安全防范系统 14.0632
square 广场 09.0057
squared timber 方木 12.0230
square-walled bastion and memorial shrine 方城明楼 03.0203
squash court 壁球馆 02.0466
squirrel-cage asynchronous motor 笼型异步电动机 14.0477
stability 稳定性 13.0042
stack 立管 14.0061
stack layer 书架层 02.0318
stack-room 书库 02.0308
stack vent 伸顶通气管 14.0069
stadium 体育场 02.0454
stage 舞台 02.0354；戏台 03.0181；台地 09.0075
stage illumination 舞台灯光 02.0393
stage in the round 环绕式舞台 02.0359
stage light 舞台灯光 02.0393
stage manager's room 舞台监督室 02.0404
stage scenery room 布景库 02.0416
staggered seating 错排座席 02.0351
staggered stairs 交叉式楼梯，*叠合式楼梯 09.0331
stainless steel lined composite steel pipe 内衬不锈钢复合钢管 12.0339
stainless steel pipe 不锈钢管 12.0325
stainless steel tube 不锈钢管 12.0325
staircase 楼梯间 02.0066
stair landing 楼梯平台，*休息平台 09.0343
stair rod 楼梯地毯压条 09.0346
stairs 楼梯 09.0329
stalactite vault 钟乳拱，*蜂窝拱 03.0318
stalagmite 石笋，*剑石 08.0107
stall 池座 02.0336
standard boiling point 标准沸点 14.1074
standard cell design portfolio 标准单元组合设计 02.0239
standard coal 标准煤 14.0865
standard condition 标准状态 14.1073
standard design drawing 通用设计图，*标准设计图 09.0089
standard effective temperature 标准有效温度 10.0491
standard for exchange of product model data 产品模型数据交换标准 09.0140
standard for flood control 城市防洪标准 07.0266
standard freezing depth 标准冻深 13.0315
standard frost penetration 标准冻结深度 10.0483
standard guest room 标准间 02.0664
standardized impact sound pressure level 标准化撞击声压级 10.0278
standardized level difference 标准化声压级差 10.0267
standard lightning voltage impulse 标准雷电冲击电压 11.0081
standard of building construction 工程建设标准 01.0064
standard of per thousand people 千人指标 07.0224
standard sprinkler 标准喷头 14.0151
standby heating 值班供暖 14.0206
standby lighting 备用照明 10.0051
standby power source 备用电源 14.0447
standing seam 立缝 09.0288
[stand] shelf 架 09.0386
[stand] small table 几 09.0385
star-delta starting 星-三角启动 14.0484
starter 启动器 14.0480
starting block 出发台 02.0501
start mileage of station 车站起点里程 02.0747
state guesthouse 国宾馆 02.0646
state parameter 状态参数 14.0840
static action 静态作用 13.0079
statically determinate structure 静定结构 13.0063
statically indeterminate structure 超静定结构 13.0064
static analysis 静态分析 05.0075
static hydraulic balancing valve 静态平衡阀 14.0365
static investment 静态投资 05.0021
static resistant floor 抗静电地板，*耗散静电地板 09.0241
static traffic 静态交通 07.0228
stationary store 文具用品店 02.0615
station square 车站广场 02.0735
station yard 站场 02.0736
statistical acoustics 统计声学 10.0171
status chart 现状图 09.0032
stay 拉线 14.0583
steady heat transfer 稳态传热 10.0338

steam atomizing oil burner　蒸汽雾化油燃烧器　14.0966
steam bathroom　蒸汽浴室　02.0439
steam-cured brick　蒸养砖　12.0145
steam heating　蒸汽供暖　14.0208
steaming economizer　沸腾式省煤器　14.0977
steam power plant　火力发电厂　14.0924
steam trap　蒸汽疏水器，* 蒸汽疏水阀，* 阻汽疏水器　14.1056
steam turbine　汽轮机，* 蒸汽透平　14.0930
steam turbine manufactory　汽轮机厂，* 透平机厂，* 涡轮机厂　02.0961
steel bar　钢筋　12.0207
steel bar reinforced concrete　钢筋混凝土　12.0059
steel corrosion　钢筋锈蚀　12.0015
steel door and window　钢门窗　12.0302
steel fiber　钢纤维　12.0138
steel fiber reinforced concrete　钢纤维混凝土　12.0069
steel fiber reinforced concrete structure　钢纤维混凝土结构　13.0110
steel pipe　钢管　12.0322
steel plant　炼钢厂　02.0946
steel-plastic composite pipe　钢塑复合管　12.0337
steel plate　钢板　12.0218
steel reinforced concrete composite structural member　钢与混凝土组合构件　13.0127
steel strand　钢绞线　12.0212
steel structure　钢结构　13.0117
steel tubular structure　钢管结构　13.0119
steeple　尖塔　03.0326
stellar vault　星形拱　03.0316
step　踏步　09.0339
STEP model data　产品模型数据交换标准　09.0140
stepped gable wall　五花山墙　03.0137
stepping stone　步石　08.0158
stepping stone on water　汀步　08.0125
steps　台阶　09.0338
stereobate　台基　03.0307
stereophonic cinema　立体电影院　02.0331
stereoscopic composition　立体构成　01.0079
sterilizing room　消毒室　02.0561
STI　语言传输指数　10.0249
stiffness　刚度　13.0049
stiffness of structural member　构件刚度　13.0051
stiffness of subsoil　地基刚度　13.0289
stilt architecture　干栏式建筑　11.0382
stipulated fee　规费　05.0030
stochastic effect　随机性效应　11.0271
stock exchange　证券交易所　02.0628
stockroom　库房　02.0878
stock room　库房　02.0878
stoker fired boiler　层燃锅炉，* 火床炉　14.0956
stolen-heart method　偷心造　03.0043
stone arch bridge　石拱桥　08.0120
stone arrangement　置石　08.0135
stone cave　石洞　08.0118
stonehenge　巨石阵，* 石环，* 石栏　03.0251
stone layout　置石　08.0135
stone masonry structure　石砌体结构　13.0113
stone slab［at platform edge］　阶条石，* 阶沿石　03.0111
stone slate　石板瓦　12.0135
stone step　磴道　08.0157
stone tomb statuary［along spirit road］　［石］象生　03.0204
stoneware porcelain tile　炻瓷砖　12.0168
stoneware tile　炻质砖　12.0170
stone work　石作　03.0107
stool　凳　09.0390
stopping sight distance　视距　09.0048
storage　储藏室　02.0052；仓库　02.0851
storage building　仓储建筑　02.0850
storage heat exchanger　容积式水加热器，* 容积式热交换器　14.0111
storage heat exchanger of guide flow type　导流型容积式水加热器　14.0112
storage room　实验储存室　02.0234；库房　02.0878
storage shed　棚屋　02.0867
storage water heater　容积式水加热器，* 容积式热交换器　14.0111
store　商店，* 商场　02.0596，仓库　02.0851
storm water system　雨水排水系统　14.0055
story　楼层　02.0011
story height　层高　01.0130
story-telling house　书场，* 曲艺场　02.0326
story with outrigger and/or belt member　加强层　13.0147
stove heating　火炉供暖　14.0214

straight tubular fluorescent lamp　直管形荧光灯，* 双端荧光灯　10.0089
strain　应变　13.0021
strainer　除污器　14.0243
strand　钢绞线　12.0212
strategic planning　战略规划　07.0060
stray current corrosion　杂散电流腐蚀　14.1123
stream　溪涧　08.0142
street furniture　街道设施　07.0330
streetscape　街景　07.0334
street tree　行道树　08.0081
strength　强度　13.0025
strength limit　强度极限　14.1104
stress　应力　13.0016
stress concentration　应力集中　14.1103
stress corrosion　应力腐蚀　14.1120
stress relaxation　应力松弛　13.0029
string structure　张弦结构　13.0190
strip foundation　条形基础　13.0300
strong column and weak beam　强柱弱梁　13.0223
strong shear capacity and weak bending capacity　强剪弱弯　13.0224
structural analysis　结构分析　13.0065
structural damage　结构性破坏　13.0252
structural floor　结构层　09.0247
structural integrity　结构的整体稳固性　13.0090
structural layer　结构层　09.0247
structural model　结构模型　13.0060
structural nightscape lighting　建筑化夜景照明　10.0067
structural robustness　结构的整体稳固性　13.0090
structural sealant　结构型密封材料　12.0299
structural shield　结构屏蔽　11.0286
structural steel　型钢　12.0213
structural vibration control　结构振动控制　13.0234
structural wall　结构墙　13.0157
structure　结构　13.0092
structure area　结构面积　01.0126
structure important to safety　安全重要构筑物　11.0279
structure member strengthening with externally bonded reinforced materials　复合截面加固法　13.0262
structure member strengthening with reinforced concrete　增大截面加固法　13.0258，
structure member strengthening with reinforced concrete jacketing strengthening　混凝土套加固法　13.0261
structure member strengthening with steel frame cage　钢构套加固法　13.0263
students' activity center　学生活动中心　02.0168
students' dormitory　学生宿舍　02.0173
studio　演播室　02.0821
study room　书房　02.0103
stylobate　柱座　03.0306
sub-city center　城市副中心　07.0180
subgrade　路基　09.0052；地基　13.0279
subgrade bearing capacity　地基承载力　13.0283
subgrade *in-situ* test　地基原位测试　13.0286
subjective reverberation time　主观混响时间　10.0230
submit for record　备案　06.0066
subsidiary construction level　平坐　03.0034
subsidiary of cultural relics　附属文物　03.0394
subsidized housing　保障性住房　06.0162
subsoil　地基　13.0279
subsoil deformation　地基变形　13.0288
suburbanization　郊区化　07.0010
subway station　地铁站　02.0739
suction boiler　负压锅炉　14.0954
sugar mill　制糖厂　02.1009
sugar refining plant　制糖厂　02.1009
suite　套房　02.0665
sulfur dioxide pollution　二氧化硫污染　14.1005
sulfur hexafluoride circuit-breaker　六氟化硫断路器　14.0541
sumeru pedestal　须弥座　03.0112
summer solstice　夏至点　10.0519
sunlight　直射日光　10.0114
sunlight analysis　日照分析　09.0017
sunmao　榫卯　03.0031
sunshade　遮阳　09.0228
sunshine　日照　10.0152
sunshine duration　日照时数　10.0154
sunshine interval　日照间距　09.0020
sunshine on building　建筑日照　10.0153
super elevation　超高　09.0051
super high-rise building　超高层建筑　02.0009
superimposed order　叠柱式　03.0292
super lightweight aggregate　超轻骨料　12.0108
supermarket　超级市场，* 自选市场　02.0600

superplastic concrete　＊超塑化混凝土　12.0072
superplasticizer　高效减水剂　12.0081
supervised area　监督区　11.0282
supervision company　工程监理公司　06.0017
supplementary equipotential bonding　辅助等电位连接　14.0501
supplies purify　物料净化　11.0328
supply fan room　送风机房　14.0394
supply main　干线　14.0434
supply terminal　供电点　14.0416
support　支座　13.0007
support reaction　支座反力　13.0008
suppression　抑制　11.0246
surface　界面　07.0335
surface coefficient of heat transfer　表面换热系数　10.0378
surface feature　地物　09.0010
surface finish　面层　09.0250
surface mounted luminaire　吸顶灯具　10.0101
surface resistance　表面电阻　11.0307
surface resistance of heat transfer　表面换热阻　10.0379
surge protective device　电涌保护器　11.0073
surge protective device disconnector　电涌保护器脱离器　11.0089
surrounding area of a train station　旅客车站专用场地　02.0706
surrounding structure for air defence　人防围护结构　11.0143
surveillance area　监视区　14.0688
surveying and geotechnical engineering of construction project　建设工程勘察　06.0070
surveying and mapping　测绘　06.0068
susceptibility threshold　敏感度门限　11.0221
susceptible　易感人群　11.0373
suspended ceiling　吊顶，＊悬吊式顶棚　09.0202
sustainable urban development　城市可持续发展　07.0045
sutra pillar　经幢　03.0215
Suzhou style pattern　苏式彩画　03.0145
swimming facility　游泳设施　02.0458
swimming pool　游泳池　02.0495
swirl diffuser　旋流风口　14.0281
switch　开关　14.0533
switching station　开闭所，＊开关站　02.0845
symbol　符号　09.0416
symbol detail　符号细节　09.0438
symbol element　符号要素　09.0435
symbol family　符号族　09.0426
symbol for diagram　简图用符号　09.0427
symbol for indicating　标注用符号　09.0428
symmetrical luminaire　对称配光型灯具　10.0096
synthetic fiber　合成纤维　12.0139
synthetic fiber reinforced concrete　合成纤维混凝土　12.0068
synthetic resin emulsion coating　合成树脂乳液涂料，＊乳胶漆　12.0252
synthetic resin tile　合成树脂瓦　12.0136
system of forces　力系　13.0002
system software　系统软件　14.0798
system total noise level　系统总噪声级　10.0326

T

table　桌　09.0384
Taihu stone　太湖石　08.0103
tailiang　抬梁式　03.0005
Tai Miao　太庙　03.0194
taiming　台明　03.0110
taixie　台榭　03.0152
talk room　谈话室　02.0144
tamper alarm　防拆报警　14.0635
tamper device　防拆装置　14.0636
tangent circle pattern　旋子彩画　03.0144
tangential fan　贯流式通风机　14.0271
tangential strain　剪应变　13.0023
tangential stress　剪应力　13.0018
tannery　皮革厂　02.0991
Taoist temple　道观，＊道院，＊道宫　03.0216
taxation　税金　05.0031
taxiway　滑行道　02.0678
teacher’s office　教师办公用房　02.0172

teaching room　教学用房　02.0169
tea factory　制茶厂　02.1008
tea house　茶馆，＊茶室　02.0611
technical and economic index　技术经济指标　06.0078
technical archives room　技术档案室　02.0247
technical protection　技术防范，＊技防　14.0685
technical remolding　技术改造　02.0903
technical renovation　技术改造　02.0903
technical size　技术尺寸　01.0113
technique　工艺　02.0895
technology　工艺　02.0895
tectonic expression　建构表达　03.0372
telecommunication building　［邮］电［通］信建筑　02.0787
telecommunication engineering　电信工程　07.0259
telecommunication machine room　电信机房　02.0803
telecommunication office　电信局　02.0791
telecommunication private premise　电信专用房屋　02.0792
telecommunications outlet　信息点　14.0715
television and frequency modulation transmitting station　电视、调频广播发射台　02.0809
television station　电视台　02.0806
temperate zone　温和地区　10.0456
temperature amplitude　温度波幅　10.0342
temperature damping　温度衰减　10.0343
temperature field　温度场　10.0329
temperature gradient　温度梯度　10.0330
temperature relay　温度继电器　14.0556
temperature shrinkage　冷缩，＊温度收缩　12.0021
temperature swing adsorption　变温吸附　14.1011
tempered glass　钢化玻璃　12.0176
temple　庙宇，＊寺院　03.0206
temple garden　寺庙园林　08.0041
Temple of City God　城隍庙　03.0177
Temple of Confucius　文庙　03.0169
Temple of Earth　地坛　03.0190
Temple of Guan Yu　关帝庙　03.0176
Temple of Heaven　天坛　03.0189
Temple of Land God　土地庙　03.0178
Temple of Moon　月坛　03.0192
Temple of Sun　日坛　03.0191
Temple of the God of the Five Great Mountains　五岳庙　03.0217
temporary construction　临时建筑　07.0358
temporary detention room　暂押室　02.0151
temporary exhibition hall　临时展厅　02.0269
temporary hardness　暂时硬度，＊碳酸盐硬度　14.1032
temporary high-pressure fire water system　临时高压消防给水系统　14.0136
temporary luggage room　行包收集间　02.0719
temporary planting　假植　08.0162
temporary stand　临时看台　02.0489
temporary site　临时用地　07.0359
temporary storage　暂存库　02.0285
tender and auction or listing of state-owned land use right　国有土地使用权招拍挂　06.0130
tender document　招标文件　06.0062
tennis court　网球场　02.0464
tensile membrane structure　张拉膜结构　13.0192
Tentative Lists［of The World Heritage］［世界遗产］预备清单　03.0386
terminal　游船码头　08.0123，终端　14.0793
terminal station building　线端式站房，＊尽端式站房　02.0709
terrace　平台，＊露台　02.0056，台地　09.0075
terrace house　联排式住宅，＊联立式住宅　02.0087
terrazzo　水磨石　12.0203
terrazzo concrete　水磨石　12.0203
territorial development and management　国土开发与整治　07.0058
testing of pile foundation　基桩检测　13.0308
textile floor covering　地毯　12.0315
textile mill　纺织厂　02.0987
text of plan　规划文本　07.0191
theater　剧场　02.0321
The Charter of Athens　雅典宪章　07.0298
The Charter of Machu Picchu　马丘比丘宪章　07.0299
the examination for registered architect　注册建筑师执业资格考试　06.0045
the Great Wall　长城　03.0228
The List of World Heritage in Danger　《濒危世界遗产名录》　03.0388
the Los Angeles avant-garde　洛杉矶先锋派　03.0367
theme park　主题公园　02.0424
the National Administration Board of Architectural Registration　全国注册建筑师管理委员会　06.0039

theoretical air　理论空气量　14.0973
theoretical combustion temperature　理论燃烧温度　14.0972
theoretical quantity of flue gas　理论烟气量　14.0975
the quality responsibility system　质量责任制　06.0108
therapy room　治疗室　02.0538
thermal bridge　热桥，* 冷桥　10.0403
thermal comfort　热舒适性　10.0486
thermal comfort index　热舒适指标　10.0487
thermal comfort ventilation　热舒适通风　10.0411
thermal conductivity　导热系数　10.0371
thermal diffusivity　导温系数，* 热扩散系数　10.0383
thermal energy　热能　14.0843
thermal inertia　热惰性　10.0346
thermal insulation　保温　10.0391，隔热　10.0392
thermal insulation materials　保温材料　10.0431，隔热材料　10.0432
thermal insulation mortar　保温砂浆　12.0119
thermal insulation system inside external wall　外墙内保温系统　09.0191
thermal insulation system outside external wall　外墙外保温系统　09.0190
thermal relay　热继电器　14.0554
thermal resistance　热阻　10.0384
thermal science laboratory　热工实验室　02.0215
thermal storage tank　蓄冷水池　14.0326
thermocouple　热电偶　10.0435
thermo-deaeration　热力除氧　14.1027
thermodynamic type steam trap　热动力式疏水器　14.0364
thermography　热工摄像术　10.0445
thermo-modified wood　炭化木材　12.0234
thermo-retaining mortar　保温砂浆　12.0119
thermostat　恒温器　14.0357
thermostatic radiator valve　散热器恒温控制阀　14.0362
the senior's center　托老所　02.0098
thickness of overburden layer　场地覆盖层厚度　11.0026
thickness of site soil layer　场地覆盖层厚度　11.0026
thick shield　厚屏蔽　11.0288
three-band fluorescent lamp　三基色荧光灯　10.0088
three key elements of color　色彩三要素　09.0447
three-phase power supply　三相供电　14.0409
three-phase [symmetrical] fault　三相短路　14.0507
three-point perspective　三点透视　09.0104
through-draught　穿堂风　14.0257
through flow　穿堂风　14.0257
throw range　射程　14.0309
thrust stage　伸出式舞台　02.0357
Tian Tan　天坛　03.0189
ticket office　售票处，* 票房　02.0027
tie beam　联系梁　13.0152
tie column　构造柱　13.0230
tilework and roofing　瓦作　03.0122
tilting and turning sash　内平开下悬窗　09.0323
timber module　斗口　03.0048
timber module　材　03.0038
timber structure　木结构　13.0121
timbre　音色　10.0220
time difference　时差　10.0516
time domain　时域　11.0189
time history method　时程分析法　13.0243
time lag　延迟时间　10.0344
time relay　时间继电器　14.0555
time zone　时区　10.0506
timing device mechanical room　计时设备机房　14.0810
tined glass　着色玻璃　12.0186
tingtang　厅堂式　03.0011
TMD　调谐质量阻尼器，* 调频质量阻尼器　13.0239
TMY　典型气象年　10.0479
TO　信息点　14.0715
tobacco factory　烟草厂　02.1007
tobacco oast house　烟叶烘房，* 烤烟房　02.1114
TOD　公共交通导向型发展　07.0086
toilet　厕所，* 洗手间　02.0050
toilet　卫生间　02.0049
toll station　高速公路收费站　02.0784
tomb　墓葬　03.0200
tool distribution room　工具分发室　02.0926
tool making shop　工具车间　02.1051
tool room　教具室　02.0190
tools and instruments factory　工具厂　02.0963
top daylighting　顶部采光，* 天窗采光　10.0127
top light　顶光　02.0398
topographical design　地形设计，* 园林地貌创作　08.0053

topographic map 地形图 07.0189
topography 地形 09.0008
torque 扭矩 13.0013
total cloud amount 总云量 10.0125
total cost 总成本，＊总成本费用 05.0071
total dissolved salt 总含盐量 14.1039
total flooding extinguishing system 全淹没灭火系统 14.0183
total floor area 总建筑面积 01.0123
total floor space per hectare plot 建筑面积密度 07.0205
total hardness 总硬度 14.1031
total harmonic distortion 总谐波失真 14.0743
total investment 总投资 05.0024
total matter 全固形物 14.1042
total solid 全固形物 14.1042
total sulfur of coal 煤的全硫分 14.0872
total transmittance of daylighting 采光的总透射比 10.0146
touring route 游览线 08.0176
tourism & resort zone 旅游度假区 07.0034
tourist city 旅游城市 07.0031
touxinzao 偷心造 03.0043
tower body 塔体 02.0815
tower head 塔楼 02.0814
tower skirt building 塔下建筑 02.0816
town 镇 07.0004
town and city agglomeration 城镇群 07.0055
town and country land use classification 城乡用地分类 07.0114
town gas 城镇燃气，＊城市煤气 14.0899
townhouse 联排式住宅，＊联立式住宅 02.0087
town planning 镇规划 07.0016
townscape 城镇景观，＊市容 07.0317
township 乡 07.0005
township planning 乡规划 07.0017
toy making factory 玩具厂 02.0996
tracer gas instrument 示踪气体测定仪 10.0444
track 赛道 02.0493
track center line 轨道中心线 02.0752
track elevation 轨顶标高 02.0753
track field 田径场 02.0461
track-mounted luminaire 导轨灯 10.0103
track office 工务房间 02.0761
traditional Chinese medicine factory 中药厂 02.0986
traditional Chinese medicine store 中药店 02.0612
traditional feature 传统风貌 07.0307
traditional treatment technique of heritage 传统修缮技术 03.0427
traffic analysis drawing 交通分析图 09.0029
traffic area 交通面积 01.0125
traffic assessment 交通评价 09.0014
traffic noise index 交通噪声指数 10.0310
traffic noise spectrum adaptation term 交通噪声频谱修正量 10.0275
traffic organization 交通组织 07.0226
training pool 训练池 02.0496
train station 铁路客运站 02.0702
training tower 训练塔 02.0130
transboundary property 跨境遗产 03.0381
transducer 传感器 14.0355
transfer station 换乘站 02.0744
transfer story 转换层 13.0146
transfer switching equipment 转换开关 14.0544
transformer 变压器 14.0516
transient heat transfer 瞬态传热 10.0339
transition slope 缓坡段 02.0780
transit-oriented development 公共交通导向型发展 07.0086
transmission gain 传声增益 10.0324
transmission network center 传输网络中心 02.0807
transmission system 传输系统 14.0749
transmissivity 透射率 10.0359
transmitter 变送器 14.0359
transmitting tower 广播电视[发射]塔 02.0810
transom window 门亮子 09.0312
transplanting with root 带土球移植 08.0164
transportation building 交通建筑 02.0671
transverse aisle 横过道 02.0340
transverse curtain 檐幕 02.0374
trap 存水弯，＊疏水阀 14.0065；疏水器 14.1055
trap door 活门，＊演员活门 02.0384
trapped well 水封井 11.0157
tread 踏板，＊踏面 09.0340
treat color 写实色彩 09.0494
Treatise on Architectural Methods 《营造法式》 03.0230
treatment of heritage setting 文物古迹环境治理

03.0422
treatment room　换药室　02.0539
tree　乔木　08.0068
trellis　花架　08.0124
trial waiting room　候审室　02.0153
trip mode　出行方式　09.0015
truck weighbridge　汽车地磅　02.0875
truck-weighing platform　汽车地磅　02.0875
true solar day　真太阳日　10.0513
truncated roof　盝顶　03.0086
truss　桁架　13.0180
truss interval　柱距　02.0916
TSA　变温吸附　14.1011
tube in tube structure　筒中筒结构　13.0139
tube structure　筒体结构　13.0136
Tudi Miao　土地庙　03.0178
tuned mass damper　调谐质量阻尼器，＊调频质量阻尼器　13.0239
tung oil　桐油　12.0265
tungsten filament lamp　钨丝灯　10.0079
tungsten halogen lamp　卤钨灯　10.0080
tuojiao　托脚　03.0068
turbidimeter　浊度　14.1038
turbidity　浊度　14.1038
turbine　涡轮机，＊透平　14.0928
turbo-compressor　透平式压缩机，＊速度型压缩机　14.1079
turbulent flow　紊流　10.0352
turn-around loop　回车道　09.0046
turn-around space　回车场地　02.0783
turndown ratio　燃烧器调节比　14.0970
turning radius　转弯半径　09.0047
Tuscan order　塔斯干柱式　03.0290
TV and FM transmitting station　电视、调频广播发射台　02.0809
twist outlet　旋流风口　14.0281
two-phase short-circuit　两相短路　14.0508
two-pipe heating system　双管供暖系统　14.0232
two-pipe water system　两管制水系统　14.0316
two-point perspective　二点透视　09.0103
two-stage design　二阶段设计　13.0216
two story mechanical garage　两层式机械汽车库　02.0777
two-way slab　双向板　13.0165
tympanum　山花　03.0310
type of work　作　03.0002
typical floor　标准层　02.0013
typical meteorological year　典型气象年　10.0479
typology of architecture　建筑类型学　03.0369

U

UCS　用户坐标系　09.0163
UGR　统一眩光值　10.0021
UIA　国际建筑师协会　06.0006
UIA Accord Policies　国际建筑师协会认同书政策　06.0008
UIA Accord Recommended Guidelines　国际建筑师协会认同书推荐导则　06.0009
ULPA filter　超高效空气过滤器　11.0182
ultimate analysis of coal　煤的元素分析　14.0867
ultimate bearing capacity of ground　地基极限承载力　13.0284
ultimate limit states　承载能力极限状态　13.0085
ultrafine particle　超微粒子　11.0166
ultra low penetration air filter　超高效空气过滤器　11.0182
ultrasonic humidifier　超声波加湿器　14.0346
ultrasonic testing　超声检测，＊超声波探伤　14.1113
ultrasound　超声　10.0184
unassured hour for average year　历年平均不保证时　14.0039
unbonded prestressed concrete structure　无黏结预应力混凝土结构　13.0102
uncertainty analysis　不确定性分析　05.0058
underbed　垫层　09.0246
under-current relay　欠电流继电器　14.0551
underground architecture　地下建筑　01.0074
underground area of archaeological remains　地下文物埋藏区　07.0187
underground garage　地下车库　02.0771
underground heat exchange greenhouse　地下热交换温

室，* 地下蓄热温室 02.1091
underground oil tank 地下油罐 02.0871
underground workshop 地下厂房 02.1021
understage 台仓 02.0370
under-voltage relay 欠电压继电器 14.0548
underwater cultural heritage 水下文化遗产 03.0409
undulating roof 勾连搭 03.0089
unfavorable area 不利地段 11.0028
unfavorable area to earthquake resistance 不利地段 11.0028
unidirectional airflow 单向流 11.0169
unified glare rating 统一眩光值 10.0021
uniformity of daylighting 采光均匀度 10.0143
uniformity ratio of illuminance 照度均匀度 10.0035
uninterruptible power source 不间断电源 14.0448
unit cost 单位造价 05.0009
unit factory 单元式工厂 02.1016
unit project 单位工程 05.0026
university 高等院校 02.0155，综合大学 02.0156
university library 高[等学]校图书馆 02.0243
unloading zone 卸货区 02.0634
unpacking room 拆箱间 02.0284
unplasticized polyvinyl chloride door and window 塑料门窗，* 塑钢门窗 12.0300
unplasticized polyvinyl chloride pipe 硬聚氯乙烯管 12.0330
unscreened balanced cable 非屏蔽平衡电缆 14.0724
unsealed source 非密封源 11.0262
unseasoned timber 湿材 12.0232
unset condition 撤防 14.0638
unsteady heat transfer 非稳态传热 10.0340
unwanted signal 无用信号 11.0236
uplift pile 抗浮桩，* 抗拔桩 13.0306
upper explosive limit 爆炸上限 11.0124
UPS 不间断电源 14.0448
urban aesthetics 城市美学 07.0314
urban afforestation and greening 城市绿化 08.0003
urban air defense 城市防空 07.0101
urban and rural planning 城乡规划 07.0013
urban and rural planning administration 城乡规划管理 07.0343
urban and rural planning and design 城乡规划与设计 04.0015
urban and rural planning inspector system 城乡规划督察员制度 07.0372
urban arterial road 城市主干路 07.0092
urban climate 城市气候 10.0500
urban communication system 城市通信系统 07.0257
urban comprehensive planning 城市总体规划 07.0067
urban comprehensive transportation 城市综合交通 07.0085
urban design 城市设计 07.0312
urban design and its theory 城市设计及其理论 04.0014
urban design guideline 城市设计导则 07.0323
urban development land area per capita 人均城市建设用地面积 07.0162
urban development land use classification 城市建设用地分类 07.0115
urban district heating 城市集中供热，* 区域供热 07.0108
urban district planning 城市分区规划 07.0069
urban earthquake disaster reduction planning 城市抗震减灾规划 11.0038
urban earthquake hazard protection 城市防震 07.0099
urban ecological system 城市生态系统 07.0035
urban electrical load 城市用电负荷 07.0254
urban electricity supply 城市供电 07.0107
urban electric substation 城市变电所，* 变电站 02.0843
urban environment protection 城市环境保护 07.0038
urban express way 城市快速路 07.0091
urban fire control 城市消防 07.0100
urban flood control 城市防洪 07.0098
urban fringe 城乡接合部，* 城市边缘地区 07.0078
urban functional zoning 城市功能分区 07.0082
urban gas 城市燃气 07.0109
urban green space system 城市绿地系统 07.0095
urban green space system planning 城市绿地系统规划 08.0030
urban growth boundary 城市增长边界 07.0083
urban heating system 城市供热系统 07.0255
urban heat island 城市热岛 10.0501
urban information infrastructure 城市信息基础设施 07.0110
urban infrastructure 城市基础设施 07.0097

urbanization 城市化，＊城镇化，＊都市化 07.0008
urbanization level 城市化水平 07.0009
urban land-use balance 城市用地平衡 07.0165
urban land-use layout 城市用地布局 07.0026
urban lighting 城市照明 07.0328
urban mass transit 城市公共交通 07.0089
urban master planning 城市总体规划 07.0067
urban master planning outline 城市总体规划纲要 07.0068
urban morphology 城市形态 07.0315
urban periphery 城乡接合部，＊城市边缘地区 07.0078
urban physical environment 城市体形环境 07.0313
urban planning 城市规划 07.0015
urban planning and development control 城市规划建设管理 07.0345
urban planning land use administration 城市规划用地管理 07.0346
urban planning standard 城乡规划标准 07.0348
urban population growth rate 城市人口增长率 07.0022
urban population projection 城市人口预测 07.0023
urban population structure 城市人口结构 07.0020
urban private housing 城市私有房屋，＊私房 06.0161
urban public facility 城市公共设施 07.0319
urban public realm 城市公共领域 07.0321
urban public transportation 城市公共交通 07.0089
urban rail transit 城市轨道交通 02.0738
urban road area ratio 城市道路面积率 07.0227
urban road network 城市道路网 07.0090
Urban-rural Planning Law of the People's Republic of China 中华人民共和国城乡规划法 07.0349
urban sanitation 城市环境卫生 07.0111
urban science 城市科学 07.0011
urban sculpture 城市雕塑 07.0337
urban secondary trunk road 城市次干路 07.0093
urban section 城市片区 07.0181
urban service road 城市支路 07.0094
urban sewage treatment 城市污水处理 07.0105
urban sewerage and drainage 城市排水 07.0104
urban structure 城市结构 07.0025
urban system 城镇体系 07.0007
urban system planning 城镇体系规划 07.0014
urban telecommunication 城市电信 07.0106
urban tissue 城市肌理 07.0316
urban transportation mode 城市交通结构 07.0084
urban trunk road 城市主干路 07.0092
urban village 城中村 07.0188
urban water supply 城市供水，＊城市给水 07.0103
urban water system 城市水系 07.0096
usable area 使用面积 01.0124
user coordinate system 用户坐标系 09.0163
U shape glass U形玻璃，＊槽形玻璃 12.0175
usual environmental microvibration 常时微动 11.0202
usufruct 用益物权 06.0174
UT 超声检测，＊超声波探伤 14.1113
utilities pipelines planning 市政工程管线规划 07.0198
utilization factor 利用系数 10.0071

V

vacuum 真空 14.1091
vacuum boiler 真空变相锅炉，＊负压相变锅炉，＊真空锅炉 14.0950
vacuum breaker 真空破坏器 14.0024
vacuum circuit-breaker 真空断路器 14.0540
vacuum cleaner 真空吸尘装置 14.0276
vacuum cleaning installation 真空吸尘装置 14.0276
vacuum conductance 真空流导 14.1094
vacuum deaerate 真空除氧 14.1029
vacuum drain 真空排水 14.0079
vacuum glass 真空玻璃 12.0181
vacuum pump 真空泵 14.1095
vacuum system 真空系统 14.1093
vacuum ultimate pressure of a pump 真空泵极限压力 14.1097
Vajra Throne pagoda 金刚宝座塔 03.0214
value of cultural relics 文物价值 03.0390
vapor barrier 隔汽层 10.0401
vapor diffusion 蒸汽扩散 10.0367
vaporizing station of multiple cylinder installation 瓶组

气化站 14.0916
vapor permeation 水蒸气渗透 10.0366
vapor resistivity 蒸汽渗透阻 10.0376
variable action 可变作用，* 可变荷载 13.0077
variable air volume terminal device 变风量末端装置 14.0342
variable cost 可变成本 05.0074
variable flow control 量调节 14.1064
variable frequency [speed] control 变频调速 14.0489
varnish 清漆，* 透明涂料 12.0269
vault 拱 03.0312
vector 矢量 09.0151
vegetable propagating house 蔬菜留种网室 02.1093
veil curtain 纱幕 02.0377
velocity field 速度场 14.0310
velodrome 自行车馆，* 自行车赛场 02.0473
vent header 汇合通气管 14.0071
ventilated grain depot 通风[干燥]储粮仓 02.1103
ventilated roof 架空通风屋面 09.0266
ventilation 通风 14.0247
ventilation cooling 通风降温 10.0412
ventilation device 通风设备 14.0258
ventilation equipment 通风设备 14.0258
ventilation heat loss 通风耗热量 14.0223
ventilation rate 通风量 10.0410；换气次数 14.0254
ventilation stack 通风道 09.0225
vent pipe 通气管 14.0068
vent window 换气窗 09.0313
veranda 园廊 08.0110
veranda style 外廊式，* 殖民地式，* 买办式 03.0236
verge 路肩 09.0054
vernacular architecture 乡土建筑 01.0072
vernacular dwelling 民居 03.0221
vertical circular garage 竖直循环式机械汽车库 02.0778
vertical curve 竖曲线 09.0050
vertical design 竖向设计 09.0064
vertical division zone 竖向分区 14.0009
vertical ladder 直爬梯 09.0332
[vertically positioned] architrave 阑额 03.0064
vertical pipe 立管 14.0061
vertical pivot casement 立转窗 09.0324
vertical planning 竖向布置图 09.0027
vertical planting 立体绿化 08.0065
vertical sheet style 立式幅面 09.0111
vertical sliding sash 提拉窗 09.0319
vertical unidirectional airflow 垂直单向流 11.0170
vestibule 前室 02.0026
veterinary station 兽医站，* 畜牧兽医工作站 02.1082
VFD 视频火灾探测报警系统 14.0611
viaduct 罗马水道 03.0264
vibration 振动 13.0044
vibration attenuation of ground 场地振动衰减 11.0212
vibration isolating device 隔振装置 11.0207
vibration isolating system 隔振体系 11.0208
vibration isolation 隔振 10.0317
vibration isolator 隔振器 11.0205
vibration mode 振型 13.0203
vibration response 振动响应 11.0204
vibration transmissibility 振动传递率 11.0211
video-based fire detection system 图像型火灾自动报警系统 14.0608
video check to alarm 报警图像复核 14.0662
video controller 视频主机 14.0653
video data format 图像数据格式 14.0660
video detection 视频探测 14.0649
video display screen together 视频拼接显示屏，* 视频拼接显示墙 14.0748
video display screen unit 视频显示屏单元 14.0747
video display system engineering 视频显示屏系统工程 14.0746
video fire detection 视频火灾探测报警系统 14.0611
video loss alarm 视频信号丢失报警 14.0664
video monitoring 视频监控 14.0650
video surveillance and control system 视频安防监控系统 14.0646
video transport 视频传输 14.0651
Vienna secession 维也纳分离派 03.0345
Viennese secession 维也纳分离派 03.0345
view borrowing 借景 08.0045
viewport 视口 09.0152
view spot 景点 08.0173
villa 别墅 02.0084
village 村 07.0006
village health clinic 村卫生室 02.0518
village planning 村庄规划 07.0018

vine 藤本植物 08.0080
VIP seat 贵宾席 02.0490
virtual construction 虚拟施工 09.0172
virtual reality 虚拟现实 09.0171
virus species 毒种 11.0378
visa department 签证处 02.0133
visa section 签证处 02.0133
viscosity 黏度 14.0878
visibility 可见度 10.0017
vision 视觉 10.0008
visitor's gallery ［展馆］参观走廊 02.0278；［工厂］参观走廊 02.0920
visual acuity 视觉敏锐度 10.0016
visual adaptation 视觉适应 09.0480
visual color atone 视觉色彩补偿，*视色错觉 09.0478
visual corridor 视线通廊 07.0326
visual field 视野 10.0009
visual performance 视觉功效 10.0019
visual photogene 视觉残像，*视觉后像，*视觉暂留 09.0479
visual task 视觉作业 10.0018
Vitruvius' three principles 维特鲁威建筑三原则 03.0265
VOC 挥发性有机化合物 11.0323
vocational middle school 中等职业学校，*职业技术学校 02.0158
voice communication system 语音通信系统 14.0620
volatile of coal 煤的挥发分 14.0869
volatile organic compound 挥发性有机化合物 11.0323
voltage deviation 电压偏差 14.0422
voltage distortion 电压畸变 14.0424
voltage fluctuation 电压波动 14.0423
voltage protection level 电压保护水平 11.0080
voltage quality 电压质量 14.0418
voltage relay 电压继电器 14.0546
voltage stabilized power source 稳压电源 14.0449
voltage stabilizer 稳压器 14.0521
voltage transformer 电压互感器 14.0522
voltmeter 电压表 14.0526
volume flow rate of a vacuum pump 真空泵抽气速率，*泵抽速 14.1096
volume resistance 体积电阻 11.0308
volute 卷涡 03.0334
VR 虚拟现实 09.0171
VSCS 视频安防监控系统 14.0646

W

wagon stage 车台 02.0382
waist line 腰线 09.0208
waiting area 候诊处 02.0532
waiting hall 候机厅，*候车厅 02.0695
waiting lounge 候机厅，*候车厅 02.0695
walk-in closet 步入式衣柜 02.0054
walkway plate 走道板 02.0913
wall 墙 09.0177
wall attachment jet 贴附射流 14.0305
wall beam 墙梁 13.0155
wall hanging 壁挂 09.0378
wall panel 墙板 09.0192
wall paper 壁纸，*墙纸 12.0313
wall washer 墙面布光灯，*洗墙灯 10.0104
ward 病房 02.0588
warehouse 仓库 02.0851
warehouse area 仓库区 02.0854
warehouse district 仓储区 07.0175
warehouse zone 仓库区 02.0854
warm-air curtain 热空气幕，*热风幕 14.0242
warm-air heating 热风供暖 14.0210
warm-air heating system 热风供暖系统 14.0228
warm color 暖色 09.0456
warm color appearance 暖色表 10.0029
warming up area 热身场地 02.0482
warning blind sidewalk 提示盲道 09.0061
warning sign 警告标志 09.0410
warm zone 温和地区 10.0456
washed granolithic plaster 水刷石，*汰石子 12.0204
washery 洗涤间 02.0046
washroom 盥洗室 02.0051
waste disposal room 处置室 02.0541
waste heat 废热 14.0102
waste heat boiler 余热锅炉 14.0960

waste incineration power plant　垃圾发电站　02.0938
waste-recycling plant　废品再生工厂　02.0939
waste station　垃圾站，* 垃圾房，* 垃圾中转站　02.0839
waste to energy power plant　垃圾发电站　02.0938
wastewater pump room　污水泵房　14.0197
wastewater treatment plant　污水处理厂　02.0833
water absorption　吸水性　12.0036
water-air ratio　水气比，* 喷水系数　14.0299
water area　水域　07.0127
water balance　水量平衡　14.0127
water based woodenware coating　水性木器涂料，* 水性木器漆　12.0267
water body pollution　水污染　11.0330
waterborne coating　水性涂料　12.0250
water-cement ratio　水灰比　12.0030
water-cooled condenser　水冷式冷凝器　14.0353
water curtain for fire compartment　防火分隔水幕　14.0147
waterfall　瀑布　08.0148
water feature　水景　08.0126
waterfront area　滨水区　07.0332
water gas　水煤气　14.0895
water heater room　开水间　02.0045
water mist fire suppressing system　细水雾灭火系统　14.0174
water monitor extinguishing system　水炮灭火系统　14.0165
water park　嬉水园　02.0437
water parting　分水线，* 分水脊　09.0286
water-proofed concrete　防水混凝土　12.0066
water-proofed mortar　防水砂浆　12.0118
water-proof mortar　防水砂浆　12.0118
water-proof roofing with water-repellent compound layer　拒水粉防水粉屋面　09.0272
water pump room　给水泵房　14.0192
water quality stabilization treatment　水质稳定处理　14.0040
water quality treatment of scale-prevent & corrosion-delay　水质阻垢缓蚀处理　14.0109
water reducing admixture　普通减水剂　12.0080
water-repellent admixture　防水剂　12.0090
water retentivity　保水性　12.0025
water seal　水封　14.0066
waterside pavilion　水榭　08.0113
waterside platform　亲水平台　08.0127
water source heat pump unit　水源热泵　14.0388
water source protection area　水源保护区　07.0183
water spray extinguishing system　水喷雾灭火系统　14.0173
water stop　止水带　12.0281
water supply and drainage engineering [of swimming pool]　[游泳池]给水排水工程　14.0030
water supply and purification plant　自来水厂　02.0831
water supply and treatment plant　自来水厂　02.0831
water system layout in garden　园林理水　08.0139
water tank room　水箱间　14.0193
watertightness performance　水密性能　12.0039
water tower　水塔　02.0911
water treatment room for swimming pool　游泳池池水净化设备机房　14.0194
water treatment room for waterscape　水景水处理机房　14.0195
waterway passenger station　港口客运站，* 水路客运站　02.0766
waterway passenger terminal　港口客运站，* 水路客运站　02.0766
wave acoustics　波动声学　10.0170
waveform　波形　11.0192
wave length　波长　10.0175
wave seating　波浪席　02.0353
way of construction　造　03.0003
wazi　瓦子　03.0180
WCS　世界坐标系　09.0162
wedge absorber　吸声尖劈　10.0301
weighted apparent sound reduction index　计权表观隔声量　10.0270
weighted normalized impact sound pressure level　计权规范化撞击声压级　10.0279
weighted normalized level difference　计权规范化声压级差　10.0271
weighted sound reduction index　计权隔声量　10.0269
weighted standardized impact sound pressure level　计权标准化撞击声压级　10.0280
weighted standardized level difference　计权标准化声压级差　10.0272
weighting　计权　10.0208

weighting network 计权网络 10.0209
welded electromagnetic shielding enclosure 焊接式电磁屏蔽室 14.0821
welding shop 焊接车间 02.1033
welfare facility 生活福利建筑 02.0904
Wenchang Temple 文昌宫 03.0170
wengcheng 瓮城 03.0157
Wen Miao 文庙 03.0169
western restaurant 西餐厅 02.0657
wet-bulb temperature 湿球温度 10.0458
wet dust removal equipment 湿式除尘器 14.0986
wet hot climate 湿热气候 10.0449
wetland 湿地 07.0167
wet-mixed mortar 湿拌砂浆 12.0121
wet pipe sprinkler system 湿式自动喷水灭火系统 14.0141
wet process of flue gas desulfurization 湿法烟气脱硫法 14.0991
wet separator 湿式除尘器 14.0986
whipping lash effect 鞭梢效应 13.0249
white noise 白噪声 10.0186
white Portland cement 白色硅酸盐水泥 12.0054
wholesale store 批发商店 02.0598
wind break 风障 02.1096
wind direction 风向 10.0464
wind direction frequency diagram 风向频率图 09.0035
wind energy 风能 14.0852
windfarm generating electric power 风电场风力发电站 02.0935
wind load resistance performance 抗风压性能 12.0040
window 窗 09.0305
windowless factory building 无窗厂房，*无天窗厂房 02.1017
window sill 窗台 09.0211
window to wall ratio 窗墙面积比 10.0421
window well 窗井 09.0220
wind power 风力发电 14.0439
wind power generation 风力发电 14.0439
wind pressure 风压 10.0355
wind-resistant column 抗风柱 13.0151
wind rose 风玫瑰图 09.0033
wind speed 风速 10.0463
wind velocity diagram 风速频率图，*风速玫瑰图 09.0036
wing 边幕 02.0373
wing room 厢房 03.0225
wintering bee house 越冬室 02.1079
winter solstice 冬至点 10.0518
wire 光圆钢丝 12.0210
wired glass 夹丝玻璃 12.0178
wire frame model 线框模型 09.0174
wire frame representation 线框表示 09.0175
wire mesh 钢丝网 12.0141
wiring system 布线系统 14.0433
witness' room 证人室 02.0143
Wobbe index 华白数，*热负荷指数 14.0902
Wobbe number 华白数，*热负荷指数 14.0902
wood composite floor 实木复合地板 12.0317
wood door and window 木门窗 12.0303
wooden furniture 实木家具 09.0396
wood wool cement board 水泥木丝板 12.0240
word 字 14.0787
word length 字长 14.0786
workability 和易性，*工作度 12.0033
working capital 流动资金 05.0020
working drawing 施工图 06.0079
working drawing practice 施工图实习 04.0029
working drawing review 施工图审查 06.0080
working fluid 工质 14.0841
working joint 施工缝 09.0233
working license for construction 施工许可 06.0085
working plane 工作面，*作业面 10.0070
working substance 工质 14.0841
workshop 劳动技术教室 02.0184；车间 02.0894；作坊 03.0183
workshop under one roof 联合厂房 02.1020
work size 构造尺寸 01.0111
world city 世界城市 07.0050
world coordinate system 世界坐标系 09.0162
world heritage 世界遗产 03.0374
world heritage buffer zone 世界遗产缓冲区 03.0398
world heritage core zone 世界遗产核心区 03.0397
wucai bianzhuang 五彩遍装 03.0141
wudian 庑殿 03.0080
Wushu gymnasium 武[术]馆 02.0456
wutoumen 乌头门 03.0097
Wuyue Miao 五岳庙 03.0217

X

xiangpi stone　象皮石　08.0106
xiaomuzuo　小木作　03.0091
xiaoshi-style　小式　03.0013
xieshan　歇山　03.0081
xitai　戏台　03.0181
XPS board　＊XPS 板　12.0242
xuanshan　悬山　03.0082
xuan stone　宣石　08.0102
xumizuo　须弥座　03.0112

Y

yan　檐　03.0076
yanchuan　檐椽　03.0078
yashu　衙署　03.0164
yield limit　屈服极限，＊屈服强度，＊屈服应力　14.1105
Yingde stone　英德石　08.0100
Yingzao Fashi　《营造法式》　03.0230
Yingzao Fayuan　《营造法原》　03.0235
yizhan　驿站　03.0166
yoke vent pipe　结合通气管　14.0076
yongdingzhu　永定柱　03.0035
you　囿　08.0037
youth center　青少年活动中心　02.0266
youth hotel　青年旅馆，＊青年旅社　02.0644
yuan　苑　08.0038
Yuanye　《园冶》　03.0232
Yue Tan　月坛　03.0192
yurt　毡房，＊蒙古包，＊毡包　03.0227

Z

zao　造　03.0003
zaojing　藻井　03.0093
zenith luminance　天顶亮度　10.0123
zero energy building　零能耗建筑　01.0075
zero-sequence current relay　零序电流继电器　14.0552
zero-sequence current transformer　零序电流互感器　14.0524
zhengwen　正吻　03.0128
zhilingchuang　直棂窗　03.0105
zhizhaichuang　支摘窗　03.0104
Zhouli Kaogongji　《周礼·考工记》　03.0229
zhuanjiao puzuo　转角铺作　03.0042
zhutoufang　柱头枋　03.0060
zhutou puzuo　柱头铺作　03.0040
zinc-coated steel sheet　镀锌钢板　12.0219
zinc-copper-titanium alloy sheet　钛锌板　12.0222
zoo　动物园　08.0012
zooming　缩放　09.0168
zuo　作　03.0002

汉 英 索 引

A

埃及式门楼　pylon　03.0275
埃及式柱　Egyptian column　03.0281
爱奥尼柱式　Ionic order　03.0288
爱琴建筑　Aegean architecture　03.0258
安防控制中心　security control room　14.0807
安全报警系统　safety alarm system　11.0295
安全标志　safety sign　09.0409
安全操作系统　secure operation system　14.0779
安全出口　safety exit　11.0106
安全电压　safety voltage　14.0415
安全防范产品　security and protection product　14.0631
安全防范系统　security and protection system，SPS　14.0632
安全防范[系统]工程　engineering of security and protection system　14.0633
安全防护水平　level of security　14.0678
安全符号　safety symbol　09.0434
安全管理系统　security management system，SMS　14.0675
安全监测装置　safety monitoring assembly　11.0296
安全降功率系统　safety power cutback system　11.0293
安全连锁　safety interlock　11.0294
安全逻辑装置　safety logic assembly　11.0297
安全门　exit door，escape door　09.0292
安全驱动器　safety actuator　11.0298
安全设施用地　land for security facility　07.0155
安全停堆系统　safety shutdown system　11.0291
安全用电　electrical safety measure，safety power consumption　14.0414
安全裕度　safety margin　11.0220
安全照明　safety lighting　10.0050
安全重要构筑物　structure important to safety　11.0279
安装工程费　installation cost　05.0012
安装接线图　installation connection diagram　14.0513
案　long table　09.0387
暗视觉　scotopic vision　10.0011
暗室　darkroom　02.0237
暗适应　dark adaptation　10.0014
昂　cantilever，ang　03.0055
昂尾挑斡　angwei tiaowo　03.0056
奥特莱斯　outlets　02.0602

B

八角井　octagonal well　03.0139
巴比伦建筑　Babylonian architecture　03.0254
巴黎美术学院建筑教育　Beaux-Arts architecture education　04.0002
巴洛克建筑　Baroque architecture　03.0273
巴西利卡　basilica　03.0276
*靶场　shooting range，firing range　02.0468
白炽灯　incandescent lamp　10.0078
白色硅酸盐水泥　white Portland cement　12.0054
白噪声　white noise　10.0186
百货商店　department store　02.0597
百叶型风口　register　14.0279
拜占庭建筑　Byzantine architecture　03.0269
*EPS 板　EPS board　12.0241
*GJ 板　polystyrene core plate of steel wire rack　12.0245
*XPS 板　XPS board　12.0242
板材　plank，board　12.0231
板墙加固法　masonry strengthening with reinforced concrete panel　13.0260
板石　slate　12.0199
板式换热器　plate heat exchanger　14.0349

板式家具　panel-type furniture　09.0404
板瓦　flat tile　03.0130
板柱-剪力墙结构　slab-column shear wall structure　13.0142
板柱结构　slab-column structure　13.0141
版门　solid door　03.0096
*瓪瓦　flat tile　03.0130
办公建筑　office building　02.0104
办公室　office　02.0115
办票厅　check-in hall　02.0690
半敞开式厂房　semi-enclosed industrial building　02.1022
半导体器件厂　semi-conductor device plant　02.0978
半地下室　semi-basement　02.0018
半电波暗室　semi-anechoic enclosure　11.0254
半固定式泡沫灭火系统　half fixed foam extinguishing system　14.0158
半即热式水加热器　semi-instantaneous heat exchanger，semi-instantaneous water heater　14.0115
半间接照明　semi-indirect lighting　10.0056
半开放式办公室　semi-open space office　02.0117
半密闭自然排气式燃具　semi-sealed gas burning appliance of natural exhaust type　14.0917
半清洁区　semi-clean area　11.0368
半球形穹顶　semidome　03.0322
半容积式水加热器　half storage type heat exchanger　14.0114
半消声室　semi-anechoic room　10.0216
半有压式屋面雨水排水系统　gravity pressure roof storm water system　14.0059
半直接照明　semi-direct lighting　10.0054
瓣　ban　03.0028
棒球场　baseball field　02.0463
KTV 包房　karaoke TV compartment，KTV compartment　02.0445
包袱彩画　brocade-like pattern，baofucaihua　03.0146
包豪斯建筑教育　Bauhaus architecture education　04.0003
包厢　box　02.0338
包装库　objects packing storage　02.0286
薄板吸收　panel absorption　10.0298
薄壳结构　shell structure　13.0183
薄膜吸收　membrane absorption　10.0299
*宝塔　pagoda　03.0209
饱和度　saturation　09.0452
饱和湿度　saturated humidity　10.0462
饱和水蒸气压力　saturation vapor pressure　10.0374
保护导体　protective conductor　14.0494
保护地栽培建筑设施　building and facility of protected culture land　02.1084
保护范围　conservation zone　07.0308
保护规划　conservation planning　07.0310
保护间隙　protective spark gap　14.0502
保护建筑　listed building for conservation　02.1133
保护接地　protective earthing　14.0497
保护接地中性导体　protective earthing and neutral conductor　14.0496
保护模式　mode of protection　11.0088
保护系统　protection system　11.0290
保龄球馆　bowling room，bowling alley　02.0465
保水性　water retentivity　12.0025
保温　thermal insulation　10.0391
保温材料　thermal insulation materials　10.0431
保温层　insulation layer　09.0274
保温砂浆　thermo-retaining mortar，thermal insulation mortar　12.0119
保险公司　insurance company　02.0629
保养间　maintenance shop　02.1123
保障性住房　subsidized housing　06.0162
报告厅　auditorium，report hall　02.0034
报警复核　alarm recheck　14.0640
报警接收中心　alarm receiving center　14.0816
报警控制设备　alarm controller　14.0644
报警联动　action with alarm　14.0663
报警区域　alarm zone　11.0114
报警图像复核　video check to alarm　14.0662
报警响应时间　response time to alarm　14.0645
抱鼓石　drum-shaped stone block　03.0138
抱厦　covered porch，baosha　03.0016
暴雨强度　rainfall intensity　14.0088
爆炸极限　explosive limit　14.0906
爆炸上限　upper explosive limit　11.0124
爆炸危险区域　explosive hazardous area　11.0127
爆炸下限　lower explosive limit　11.0123
爆炸性粉尘环境　explosive dust atmosphere　11.0126
爆炸性气体环境　explosive gas atmosphere　11.0125
爆炸性气体环境的点燃温度　ignition temperature of explosive gas atmosphere　11.0122

北京宪章　Beijing Charter　07.0300
*北太湖石　Fangshan stone　08.0104
贝[尔]　bel　10.0193
备案　submit for record　06.0066
备餐间　pantry　02.0042
备用电源　standby power source　14.0447
备用照明　standby lighting　10.0051
备展室　exhibition preparation room　02.0280
*背光照明　silhouette lighting　10.0066
背景噪声　background noise　10.0189
背投室　background projector room　02.0420
背投影　rear screen projection　14.0761
背压式汽轮机　back-pressure turbine　14.0932
*钡石混凝土　radiation shielding concrete　12.0075
倍频程　octave　10.0202
1/3 倍频程　one-third octave　10.0203
被动隔振　passive vibration isolation　11.0210
本地电信楼　local telecommunication building　02.0794
本质安全防爆型设备　intrinsic safety explosion-proof device　14.0909
泵　pump　14.1045
*泵抽速　volume flow rate of a vacuum pump　14.1096
泵送混凝土　pumped concrete，pump concrete　12.0067
泵送剂　pumping aid　12.0089
比例　proportion　09.0107
比例尺　scale　09.0108
比摩阻　specific frictional head loss　14.1062
比热　specific heat　10.0370
*比赛场地　arena，field of play　02.0480
比湿　specific humidity　10.0377
比特　bit　14.0783
闭式热水供应系统　closed hot water system　14.0099
闭式自动喷水灭火系统　close-type sprinkler system　14.0140
辟邪　bixie　03.0205
辟雍　imperial academy　03.0187
*壁橱　closet　02.0053
壁挂　wall hanging　09.0378
壁柜　closet　02.0053
壁画　fresco　09.0375
壁炉　fireplace　09.0219
壁球馆　squash court　02.0466
壁纸　wall paper　12.0313
避难层　refuge floor　02.0014
避难疏散场所　disaster shelter for evacuation　07.0170
避雨棚　rain shelter greenhouse　02.1086
避震疏散场所　seismic shelter for evacuation　11.0040
*璧雍　imperial academy　03.0187
边防检查区　immigration [check area]　02.0694
边界层　boundary layer　10.0353
边幕　wing　02.0373
边坡　side slope　07.0249
边墙型扩展覆盖喷头　extended coverage sidewall sprinkler　14.0154
边缘效应　edge effect　10.0292
编目室　cataloging room　02.0305
鞭梢效应　whipping lash effect　13.0249
便利店　convenience store　02.0604
*变电站　urban electric substation　02.0843
变风量空气调节系统　air conditioning system of variable volume　14.0288
变风量末端装置　variable air volume terminal device　14.0342
变极调速　pole changing [speed] control　14.0488
变频调速　variable frequency [speed] control　14.0489
变送器　transmitter　14.0359
变温吸附　temperature swing adsorption，TSA　14.1011
变形　deformation　13.0055
变形缝　deformation joint　09.0230
变压器　transformer　14.0516
变压器过负荷　overload of transformer　14.0456
变压吸附　pressure swing adsorption，PSA　14.1010
标称放电电流　nominal discharge current　11.0075
标底　base price　05.0005
标定热箱法　calibrated hot box method　10.0439
标示牌　bulletin board　02.0734
标题栏　drawing title column　09.0114
标志　sign，mark symbol，emblem　09.0408
标志尺寸　nominal size　01.0110
标志用图形符号　graphical symbol for use on sign　09.0432
标注用符号　symbol for indicating　09.0428
标准层　typical floor　02.0013

标准单元组合设计　standard cell design portfolio　02.0239
标准冻结深度　standard frost penetration　10.0483
标准冻深　standard freezing depth　13.0315
标准沸点　standard boiling point　14.1074
标准化声压级差　standardized level difference　10.0267
标准化撞击声压级　standardized impact sound pressure level　10.0278
标准间　standard guest room　02.0664
标准雷电冲击电压　standard lightning voltage impulse　11.0081
标准煤　standard coal　14.0865
标准喷头　standard sprinkler　14.0151
*标准设计图　standard design drawing　09.0089
标准有效温度　standard effective temperature，SET　10.0491
标准状态　standard condition　14.1073
表观隔声量　apparent sound reduction index　10.0264
表面电阻　surface resistance　11.0307
表面换热系数　surface coefficient of heat transfer　10.0378
表面换热阻　surface resistance of heat transfer　10.0379
表现主义　expressionism　03.0348
表演区　acting area　02.0366
[表]演艺[术]中心　performing arts center　02.0322
别墅　villa，cottage　02.0084
宾馆　guesthouse　02.0636
滨水区　waterfront area　07.0332
《濒危世界遗产名录》　The List of World Heritage in Danger　03.0388
殡仪馆　funeral parlor　02.1135
*殡葬建筑　funeral architecture　02.1134
冰点　freezing point，solidifying point　14.0883
冰库　ice storage room　02.0891
冰球馆　indoor ice rink，ice hocky rink　02.0476
兵工厂　arsenal　02.0960
并联补偿电容器组　capacitor bank　14.0531
并联供水　parallel water supply　14.0010
*病床电梯　hospital elevator　09.0350
病房　ward　02.0588
病理科　pathology laboratory　02.0567
[病兽]隔离室　isolation barn　02.1081
*病畜舍　isolation livestock house　02.1058
波长　wave length　10.0175
波动声学　wave acoustics　10.0170
波浪席　wave seating　02.0353
波斯建筑　Persian architecture　03.0256
波斯式柱　Persian column　03.0285
波特　baud　14.0784
波形　waveform　11.0192
*Low-E 玻璃　low emissivity coated glass　12.0183
玻璃钢门窗　fiberglass reinforced plastic door and window　12.0304
玻璃家具　glass furniture　09.0401
*玻璃锦砖　glass mosaic　12.0173
玻璃马赛克　glass mosaic　12.0173
玻璃棉　glass wool　12.0248
玻璃幕墙　glass curtain wall　09.0186
玻璃贴膜　glass film　12.0194
玻璃纤维壁布　glass fiber wall covering fabric　12.0314
玻璃纤维网格布　glass fiber mesh　12.0142
玻璃纤维增强石膏制品　glass fiber reinforced gypsum　12.0077
玻璃纤维增强水泥空心条板　glass fiber reinforced cement panel with cavity　12.0158
玻璃纤维增强水泥制品　glass fiber reinforced cement　12.0076
玻纤胎沥青瓦　asphalt shingle made from glass felt　12.0133
播音室　broadcasting studio　02.0824
驳岸　revetment in garden　08.0146
博物馆　museum　02.0248
[博物馆]消毒室　disinfection room [of museum]　02.0289
搏风板　gable eave board　03.0075
*搏缝板　gable eave board　03.0075
补偿器　compensator　14.0246
*补偿收缩混凝土　shrinkage-compensating concrete　12.0071
补间铺作　intercolumnar bracket set，bujian puzuo　03.0041
补色　complementary color　09.0465
哺乳室　nursing room　02.0195
不发火地面　non-sparkling floor　09.0238
*不加温温室　solar greenhouse　02.1089

不间断电源 uninterruptible power source，UPS 14.0448
不利地段 unfavorable area to earthquake resistance，unfavorable area 11.0028
不确定性分析 uncertainty analysis 05.0058
不燃烧体 non-combustible component 11.0108
*不透水性 impermeability 12.0017
不锈钢管 stainless steel pipe，stainless steel tube 12.0325
布景库 stage scenery room 02.0416
*布局空间 paper space 09.0154
布线 cabling 14.0696
布线系统 wiring system 14.0433
步入式衣柜 walk-in closet 02.0054
步石 stepping stone 08.0158
*步行道 sidewalk，pedestrian path 07.0234
步行街 pedestrian street 07.0235
步行系统 pedestrian system 07.0329

C

材 timber module，cai 03.0038
材料非线性分析 material nonlinear analysis 13.0068
财务净现值 financial net present value，FNPV 05.0053
财务评价 financial evaluation 05.0042
财务效益 financial benefit 05.0064
财务折现率 financial discount rate 05.0047
裁判席 referee seat 02.0483
采光的总透射比 total transmittance of daylighting 10.0146
采光均匀度 uniformity of daylighting 10.0143
采光塔 lantern 03.0333
采光屋顶 roof light 09.0326
采光系数 daylight factor 10.0136
采光系数的室内反射光分量 internally reflected component of daylight factor 10.0140
采光系数的室外反射光分量 externally reflected component of daylight factor 10.0139
采光系数的天空光分量 sky component of daylight factor 10.0138
采光系数平均值 average value of daylight factor 10.0137
采矿用地 mining land 07.0125
*采暖 heating 14.0202
采暖地板 heating floor 09.0242
采暖度日数 heating degree day 10.0417
采血室 blood sample collecting room 02.0537
*彩度 purity 09.0451
彩画作 decorative painting 03.0140
彩色涂层钢板 colored coating steel sheet 12.0221
跴 cai 03.0046
参考平面 reference surface 10.0069
参数化设计 parametric design 09.0138
参照建筑 reference building 10.0427
餐馆 restaurant 02.0607
餐厅 dining room，dining hall 02.0040
残流 residual current 11.0078
残压 residual voltage 11.0086
仓储建筑 industrial warehouse building，storage building 02.0850
仓储区 warehouse district 07.0175
仓库 warehouse，storage，store 02.0851
仓库区 warehouse area，warehouse zone 02.0854
藏品档案室 collection file room 02.0296
藏品库区 collection storage area 02.0282
操场 sports field，playground 02.0198
槽 cao 03.0022
槽钢 channel steel 12.0216
*槽形玻璃 U shape glass 12.0175
草 grass 08.0070
草栿 rough beam，caofu 03.0071
草花 herb flower 08.0074
草坪 lawn 08.0086
草坪植物 lawn plant 08.0075
草图 sketch 04.0044
草原式住宅 prairie house 03.0347
*侧窗采光 side daylighting 10.0126
侧脚 inclination［of the corner column］，cejiao 03.0029
侧廊 aisle 03.0279
侧面采光 side daylighting 10.0126
侧台 side stage 02.0362

*侧限变形模量　constrained modulus　13.0290
*侧限压缩模量　constrained modulus　13.0290
侧向传声　flanking transmission　10.0260
侧向反射声　lateral reflection　10.0222
厕所　toilet　02.0050
测绘　surveying and mapping　06.0068
测量仪表　measuring instrument　14.0525
层板胶合结构　glued laminated timber structure　13.0123
层高　story height　01.0130
层流　laminar flow　10.0351
层燃锅炉　grate fired boiler，stoker fired boiler　14.0956
叉手　inverted V-shaped brace，chashou　03.0067
叉柱造　chazhuzao　03.0036
插接式母线　plug-in busbar　14.0474
插入损耗　insertion loss　11.0090
*插柱造　chazhuzao　03.0036
茶馆　tea house　02.0611
*茶室　tea house　02.0611
拆建比　demolition and construction ratio　07.0223
拆箱间　unpacking room　02.0284
拆装家具　furniture disassembly　09.0406
柴油发电机　diesel engine generator　14.0444
柴油发电机室　diesel generator room　14.0591
缠腰　auxiliary eave，chanyao　03.0014
缠柱造　chanzhuzao　03.0037
产房　delivery department　02.0583
产品模型数据交换标准　standard for exchange of product model data，STEP model data　09.0140
产品水　product water　14.0131
产业园区　industrial park　07.0032
颤动回声　flutter echo　10.0234
长波辐射　long wave radiation　10.0361
长城　the Great Wall　03.0228
长途电信枢纽楼　long distance telecommunication center，hub building for long distance telecommunication　02.0793
长途汽车[客运]站　coach station，long distance bus station　02.0765
长细比　slenderness ratio　13.0041
*常高压消防给水系统　high-pressure fire water system　14.0135
常规能源　conventional energy　14.0826
常绿树　evergreen tree　08.0073
常设辅助人工照明　permanent supplementary artificial lighting　10.0046
常设展厅　permanent exhibition hall　02.0268
常时微动　usual environmental microvibration　11.0202
常压热水锅炉　atmospheric hot water boiler　14.0949
常住人口　permanent population　07.0021
厂前区　plant front area　02.0905
场地　site　11.0023
场地标高　ground elevation　09.0066
场地分析　site analysis　09.0005
场地覆盖层厚度　thickness of site soil layer，thickness of overburden layer　11.0026
场地类别　site category　11.0025
场地平整　field engineering　09.0069
场地土　site soil　11.0024
场地振动衰减　vibration attenuation of ground　11.0212
场强　field strength　11.0241
场所　place　07.0320
敞开式厂房　opened industrial building　02.1023
敞开式汽车库　open garage　02.0773
超高　super elevation　09.0051
超高层建筑　super high-rise building　02.0009
超高效空气过滤器　ultra low penetration air filter，ULPA filter　11.0182
超级市场　supermarket　02.0600
超静定结构　statically indeterminate structure　13.0064
超轻骨料　super lightweight aggregate　12.0108
超声　ultrasound　10.0184
超声波加湿器　ultrasonic humidifier　14.0346
*超声波探伤　ultrasonic testing，UT　14.1113
超声检测　ultrasonic testing，UT　14.1113
*B 超室　B type ultrasound room　02.0580
*超塑化混凝土　superplastic concrete　12.0072
超微粒子　ultrafine particle　11.0166
超越概率　exceedance probability，probability of exceedance　11.0011
车间　workshop　02.0894
车台　wagon stage　02.0382
车站公共区　public zone of station　02.0745
车站广场　station square　02.0735

车站控制室　control room of station　02.0756
车站埋深　depth of station　02.0755
车站起点里程　start mileage of station　02.0747
车站中心里程　middle mileage of station　02.0749
车站终点里程　end mileage of station　02.0748
撤防　unset condition　14.0638
沉降　settlement　13.0291
沉降缝　settlement joint　09.0232
沉降室　gravity separator，settling chamber　14.0273
沉井基础　open caisson foundation　13.0303
陈列馆　exhibition hall　02.0257
陈列室　showroom　02.0275
晨检室　morning-check room　02.0196
衬枋头　chenfangtou　03.0058
成品库　final product storage　02.0859
承包　project acceptance　06.0089
承载能力极限状态　ultimate limit states　13.0085
承重墙　load-bearing wall，bearing wall　13.0156
城池　city wall and moat　07.0287
城郭　inner and outer city walls　03.0153
城壕　moat　03.0160
城隍庙　Temple of City God，Chenghuang Miao　03.0177
城楼　city gate tower　03.0155
*城门楼　city gate tower　03.0155
城墙　city wall　03.0154
城市　city　07.0002
*城市边缘地区　urban periphery，urban fringe　07.0078
城市变电所　urban electric substation　02.0843
城市次干路　urban secondary trunk road　07.0093
城市道路面积率　urban road area ratio　07.0227
城市道路网　urban road network　07.0090
城市道路用地　land for urban road　07.0148
城市地质灾害防治　geological hazard prevention　07.0102
城市电信　urban telecommunication　07.0106
城市雕塑　urban sculpture　07.0337
城市对外交通　inter-city transportation　07.0088
城市发展方向　city development orientation　07.0081
城市发展目标　city development goal　07.0080
城市防洪　urban flood control　07.0098
城市防洪标准　standard for flood control　07.0266
城市防空　urban air defense　07.0101
城市防震　urban earthquake hazard protection　07.0099
城市分区规划　urban district planning　07.0069
城市副中心　sub-city center　07.0180
*城市给水　urban water supply　07.0103
城市公共交通　urban public transportation，urban mass transit　07.0089
城市公共领域　urban public realm　07.0321
城市公共设施　urban public facility　07.0319
城市功能分区　urban functional zoning　07.0082
城市供电　urban electricity supply　07.0107
城市供电系统　power supply system of city　07.0253
城市供热系统　urban heating system　07.0255
城市供水　urban water supply　07.0103
城市广场　city square　07.0331
城市规划　urban planning，city planning　07.0015
城市规划编制单位资质　certificate of qualification for compilation of urban planning　07.0373
城市规划建设管理　urban planning and development control　07.0345
城市规划硕士　master of urban planning　04.0036
城市规划用地管理　urban planning land use administration　07.0346
城市规模　city size　07.0079
城市轨道交通　urban rail transit, mass transit　02.0738
城市轨道交通用地　land for urban rail transit　07.0149
城市化　urbanization　07.0008
城市化水平　urbanization level　07.0009
城市环境保护　urban environment protection　07.0038
城市环境卫生　urban sanitation　07.0111
城市环境质量评价　city environmental quality assessment　07.0037
城市黄线　city yellow line　07.0222
城市肌理　urban tissue　07.0316
城市基础设施　urban infrastructure　07.0097
城市集中供热　urban district heating　07.0108
城市建设用地分类　urban development land use classification　07.0115
城市建设用地结构　composition of urban development land　07.0164
城市建设用地评价　land use evaluation for urban construction　07.0169
城市交通结构　urban transportation mode　07.0084

城市结构　urban structure　07.0025
城市抗震减灾规划　urban earthquake disaster reduction planning　11.0038
城市科学　urban science　07.0011
城市可持续发展　sustainable urban development　07.0045
城市快速路　urban express way　07.0091
城市蓝线　city blue line　07.0221
城市历史文化保护　conservation of urban history and heritage　07.0024
城市绿地系统　urban green space system　07.0095
城市绿地系统规划　urban green space system planning　08.0030
城市绿化　urban afforestation and greening　08.0003
城市绿线　city green line　07.0220
*城市煤气　city gas，town gas　14.0899
城市美化运动　city beautiful movement　07.0295
城市美学　urban aesthetics　07.0314
城市排水　urban sewerage and drainage　07.0104
城市片区　urban section　07.0181
城市气候　urban climate　10.0500
城市燃气　urban gas　07.0109
城市燃气供应系统　gas supply system of city　07.0256
城市热岛　urban heat island　10.0501
城市人口结构　urban population structure　07.0020
城市人口预测　urban population projection　07.0023
城市人口增长率　urban population growth rate　07.0022
城市色彩　city color　07.0327
城市设计　urban design　07.0312
城市设计导则　urban design guideline　07.0323
城市设计及其理论　urban design and its theory　04.0014
城市生态系统　urban ecological system　07.0035
城市水系　urban water system　07.0096
城市私有房屋　urban private housing　06.0161
城市体形环境　urban physical environment　07.0313
城市天际线　city skyline　07.0325
城市通信系统　urban communication system　07.0257
城市污水处理　urban sewage treatment　07.0105
城市消防　urban fire control　07.0100
城市信息基础设施　urban information infrastructure　07.0110
城市形态　urban morphology　07.0315
城市性质　designated urban function　07.0027
城市意象　city image　07.0318
城市用地布局　urban land-use layout　07.0026
城市用地平衡　urban land-use balance　07.0165
城市用电负荷　urban electrical load　07.0254
城市增长边界　urban growth boundary　07.0083
城市照明　urban lighting　07.0328
城市支路　urban service road　07.0094
城市中心　city center　07.0179
城市主干路　urban trunk road，urban arterial road　07.0092
城市紫线　city purple line　07.0219
城市综合交通　urban comprehensive transportation　07.0085
城市总体规划　urban master planning，urban comprehensive planning　07.0067
城市总体规划纲要　urban master planning outline　07.0068
城乡规划　urban and rural planning　07.0013
城乡规划编制与审批　making and approval of urban and rural plan　07.0344
城乡规划标准　urban planning standard　07.0348
城乡规划督察员制度　urban and rural planning inspector system　07.0372
城乡规划法规　legislation on urban and rural planning　07.0347
城乡规划管理　urban and rural planning administration　07.0343
城乡规划课　course of urban and rural planning　04.0020
城乡规划委员会　commission of urban and rural planning　07.0371
城乡规划与设计　urban and rural planning and design　04.0015
城乡接合部　urban periphery，urban fringe　07.0078
城乡统筹　integrated urban and rural development　07.0019
城乡用地分类　town and country land use classification　07.0114
*城镇化　urbanization　07.0008
城镇景观　townscape　07.0317
城镇群　town and city agglomeration　07.0055
城镇燃气　city gas，town gas　14.0899

城镇燃气输配系统　city gas transmission and distribution system　14.0910
城镇生态敏感性分析　analysis of city eco-sensitivity　07.0036
城镇体系　urban system　07.0007
城镇体系规划　urban system planning　07.0014
城中村　urban village　07.0188
程控交换机房　private branch exchange room　14.0812
螭首　chishou　03.0113
池塘　pool，pond　08.0144
池座　stall　02.0336
持力层　bearing stratum　13.0287
尺寸　dimension　09.0119
尺寸界线　size dimension line　09.0121
尺寸起止符号　dimension start terminate symbol　09.0122
尺寸线　dimension line　09.0120
尺度协调　size co-ordination　01.0114
充气玻璃　aerated glass　12.0180
充气家具　inflatable furniture　09.0402
充气石膏板　aerated gypsum panel　12.0155
冲击电流　impulse current　11.0076
冲击接地电阻　shock ground resistance　11.0070
冲击试验Ⅰ级　impulse test-class Ⅰ　11.0094
冲击试验Ⅱ级　impulse test-class Ⅱ　11.0095
冲击试验Ⅲ级　impulse test-class Ⅲ　11.0096
重复接地　iterative earthing　14.0498
重复利用给水系统　reuse water system　14.0008
重复启闭预作用自动喷水灭火系统　recycling pre-action sprinkler system　14.0144
重现期　recurrence interval　14.0089
重檐　double eave　03.0090
冲压车间　pressing and stamping shop　02.1032
抽气式汽轮机　extraction turbine　14.0933
抽水井　production well　14.0390
抽样方案　sampling scheme　06.0099
抽样检验　sampling inspection　06.0098
筹展接待区　preparation and reception area　02.0281
臭氧　ozone　14.1082
臭氧层　ozonosphere　14.1083
出发台　starting block　02.0501
出港/到港车道边　departure/arrival curb　02.0698
出口　exit　02.0020
出纳区　objects receiving and lending area　02.0283
出让地价　land price for sale　07.0369
出入口控制系统　access control system，ACS　14.0665
出入院大厅　inpatient register hall　02.0525
出跳　［exterior/interior］projection，projecting steps，chutiao　03.0045
出行方式　trip mode　09.0015
出站厅　arrival hall　02.0729
出租性工业厂房　rentable industrial building　02.1015
初步设计　preliminary design　06.0076
初步设计评审　review of preliminary design　06.0077
初始时间间隙　initial time gap　10.0225
初始图形交换规范　initial graphics exchange specification，IGES　09.0139
*初装饰房　roughcast house　06.0154
除尘　dust removal，dust separation，dust control　14.0261
除尘器　dust separator，dust collector，particulate collector　14.0272
除污器　strainer　14.0243
除盐水　demineralized water　14.1021
厨房　kitchen　02.0043
橱　closet　09.0393
橱窗　show window　09.0316
储藏室　storage　02.0052
*储存书库　basic stack　02.0309
储蓄所　savings bank　02.0626
储油间　oil storage room　14.0594
处置室　waste disposal room　02.0541
穿斗式　column-and–tie-beam construction，chuandou　03.0006
穿孔率　perforated percentage　10.0295
穿堂风　through flow，through-draught，cross-ventilation　14.0257
传播途径　spread channel　11.0372
传达室　gatekeeper's room，gateman's room，porter's room　02.0028
传导　conduction　10.0337
传导发射　conducted emission　11.0244
传导干扰　conducted interference　11.0239
传导敏感度　conducted susceptibility　11.0224
传导无线电噪声　conducted radio noise　11.0235
传递窗　pass box　11.0178

传感器　transducer，sensor　14.0355
传染病　infectious disease　11.0371
传热　heat transfer　10.0328
传热系数　heat transfer coefficient　10.0387
传热阻　heat transfer resistance　10.0385
传声器　microphone　10.0319
传声增益　transmission gain　10.0324
传输网络中心　transmission network center　02.0807
传输系统　transmission system　14.0749
传统风貌　traditional feature　07.0307
传统复兴式　Chinese revival　03.0239
*传统能源　conventional energy　14.0826
传统修缮技术　traditional treatment technique of heritage　03.0427
传质　mass transfer　10.0364
船台　ship-building berth　02.0951
船坞　dock　02.0952
椽　rafter，chuan　03.0077
椽架　rafter span［horizontal projection］　03.0021
喘振　breathe vibration　14.1018
串联供水　series water supply　14.0011
串音衰减　crosstalk attenuation　14.0745
窗　window　09.0305
窗地面积比　ratio of glazing to floor area　10.0142
窗洞口　daylight opening　10.0135
窗洞口采光系数　daylight factor of daylight opening　10.0145
窗井　window well　09.0220
窗宽修正系数　correction coefficient of window width　10.0151
窗帘　curtain　09.0377
窗帘盒　curtain box，pelmet box　09.0206
窗墙面积比　window to wall ratio　10.0421
窗台　window sill　09.0211
床　bed　09.0382
床位　bed　02.0670
垂带　chuidai　03.0114
垂花门　festooned gate，chuihuamen　03.0098
垂脊　diagonal ridge for hip roof，chuiji　03.0125
垂鱼　fish-shaped board，chuiyu　03.0094
垂直单向流　vertical unidirectional airflow　11.0170
春分点　spring equinox　10.0520
纯粹主义　purism　03.0358
纯度　purity　09.0451
纯度对比　purity contrast　09.0485
*纯净主义　purism　03.0358
纯林　pure forest　08.0083
纯气田天然气　field natural gas　14.0887
纯音　pure tone　10.0191
祠堂　memorial hall　03.0195
瓷质砖　porcelain tile　12.0167
磁带　magnetic tape　14.0795
磁粉检测　magnetic particle flaw detection，magnetic testing，MT　14.1115
*磁粉探伤　magnetic particle flaw detection，magnetic testing，MT　14.1115
磁共振室　magnetic resonance imaging room，MRI room　02.0579
磁盘　disk　14.0794
次级限值　secondary limit　11.0275
次间　side bay　03.0019
次梁　secondary beam　13.0167
*次色　duplicate color　09.0445
次声　infrasound　10.0185
次要园路　secondary garden road　08.0154
葱花穹顶　ogee dome　03.0323
丛植　clump planting　08.0059
粗骨料　coarse aggregate　12.0105
*粗犷主义　brutalism　03.0359
*粗集料　coarse aggregate　12.0105
粗野主义　brutalism　03.0359
脆性破坏　brittle failure　13.0087
村　village　07.0006
村卫生室　village health clinic　02.0518
村庄规划　village planning　07.0018
存水弯　trap　14.0065
存在空间　existence space　01.0098
措施项目　measurement item　05.0028
错排座席　staggered seating　02.0351

D

打印机　printer　14.0796
大城市　large city　07.0052
*大都市带　megalopolis　07.0049
大寒日　greater cold　10.0522
大理石　marble　12.0198
大粒子　particle　11.0167
大模板混凝土结构　large-form concrete structure　13.0108
大木作　greater［structural］carpentry，damuzuo　03.0004
大幕　proscenium curtain　02.0371
*大漆　Chinese lacquer，raw lacquer　12.0266
*大气保暖气体　greenhouse gas　14.0995
*大气保暖效应　greenhouse effect　14.0996
大气层　atmospheric layer　14.1002
大气腐蚀性　atmospheric corrosion　11.0361
大气式燃烧器　atmospheric burner，natural draft burner　14.0967
大气透明度　atmosphere transparency　10.0478
*大气透明系数　atmosphere transparency　10.0478
大气污染　atmospheric pollution　11.0321
大气压力　air pressure　10.0471
大使官邸　ambassador residence　02.0134
大式　dashi-style　03.0012
大树移植　big tree transplanting　08.0161
大堂　lobby　02.0023
大体积混凝土　mass concrete　12.0062
*大芯板　blockboard，laminated wood board　12.0236
大遗址　large archaeological site　03.0406
代征地　in-site land for public　09.0001
带土球移植　transplanting with root　08.0164
带有卫星厅的集中式航站楼　centralized terminal with remote satellite　02.0683
带有指廊的集中式航站楼　centralized terminal with piers，centralized terminal with fingers　02.0682
带有转运车的集中式航站楼　centralized terminal with boarding transporter　02.0684
*带植　linear planting　08.0061
带状公园　linear park　08.0021
袋式除尘器　bag filter　14.0274
袋形走廊　dead end corridor　02.0063
袋装仓库　bagged material warehouse　02.0883
单层仓库　single-story warehouse　02.0852
单层厂房　single-story industrial building　02.1012
单层建筑　single-story building　02.0006
单层塔　single-story pagoda　03.0212
单床间　single-bed room　02.0666
单栱　single-tier bracket　03.0053
单管供暖系统　one-pipe heating system　14.0231
单光子发射计算机体层摄影室　single-photon emission computed tomography room　02.0576
单回路供电　single-circuit power supply　14.0410
单跨建筑物　single-bay building　02.0918
单框筒结构　frame tube structure　13.0137
单立管排水系统　single stack system　14.0051
单列布置　single row layout arrangement　14.0468
*单位产值能耗　energy intensity　14.0831
单位工程　unit project　05.0026
单位能量　specific energy　11.0093
单位造价　unit cost　05.0009
单向板　one-way slab　13.0164
单向流　unidirectional airflow　11.0169
单项工程　individual project　05.0027
单相短路　single-phase short-circuit　14.0509
单相供电　single-phase power supply　14.0408
单相接地　one-phase ground，single- phase earthing　14.0510
单行道　one-way street　07.0240
单元式办公室　single-unit office　02.0118
单元式工厂　unit factory　02.1016
单元式住宅　apartment building　02.0085
单值评价量　single-number quantity　10.0268
担保物权　security interest on property　06.0175
蛋鸡舍　layer house　02.1069
氮氧化合物　nitrogen oxide，NO_x　14.0993
氮氧化合物污染　NO_x pollution　14.1004
挡土墙　retaining wall　13.0314
挡烟垂壁　hang wall　11.0111
挡油设施　oil threshold trapping collection device　14.0596

档案馆　archives　02.0246
档案室　archives room　02.0119
导轨灯　track-mounted luminaire　10.0103
导流型容积式水加热器　storage heat exchanger of guide flow type　14.0112
导热系数　thermal conductivity，heat conduction coefficient　10.0371
导温系数　thermal diffusivity　10.0383
导线穿管敷设　conductor installed enclosed in conduit　14.0572
导向线　guidance line　09.0414
导医处　information desk，service center　02.0529
*岛式舞台　arena stage　02.0358
岛状冻土　segregated frozen ground　10.0482
倒片室　rewind room　02.0408
倒座　opposite house，daozuo　03.0226
倒流防止器　backflow preventer　14.0023
到岸价　cost，insurance and freight；CIF　05.0068
*到达旅客厅　arrival hall　02.0697
*悼念厅　mourning hall　02.1136
*道宫　Taoist temple，guan　03.0216
道观　Taoist temple，guan　03.0216
道具室　property room　02.0415
道路　road　09.0045
道路标高　road elevation　07.0245
道路横断面　road section　07.0231
道路红线　road boundary line　07.0218
道路绿地　green space attached to urban road and square　08.0029
道路网密度　road network density　07.0230
道路与交通设施用地　land for street and transportation　07.0147
*道院　Taoist temple，guan　03.0216
灯光渡桥　lighting bridge　02.0388
灯[光]控[制]室　lighting control room　02.0405
灯具　luminaire　10.0095
灯具效率　luminaire efficiency　10.0106
灯具遮光角　shielding angle of luminaire　10.0107
灯具最大允许距高比　maximum permissible spacing height ratio of luminaire　10.0108
灯塔　beacon　02.0768
等电位联结　equipotential bonding　11.0071
等高线　contour line　09.0067
等光强曲线　iso-luminous intensity curve　10.0075
等离子体显示屏　plasma display panel，PDP　14.0758
等亮度曲线　iso-luminance curve　10.0077
等温面　isothermal surface　10.0331
等温射流　isothermal jet　14.0308
等温线　isotherm　10.0332
等响曲线　equal-loudness contour　10.0213
等效剪切波速　equivalent shear wave velocity　11.0030
等效连续 A 声级　equivalent continuous A-weighted sound pressure level　10.0307
* 等效吸声面积　equivalent absorption area　10.0293
等照度曲线　iso-illuminance curve　10.0076
凳　bench，stool　09.0390
磴道　stone step　08.0157
低层住宅　low-rise house　02.0072
*低发热值　fuel net calorific value　14.0864
*低辐射玻璃　low emissivity coated glass　12.0183
低辐射镀膜玻璃　low emissivity coated glass　12.0183
低区电梯　low-zone elevator　09.0356
低温热水地板辐射供暖　low temperature hot water floor radiant heating　14.0212
低压二氧化碳灭火系统　low-pressure carbon dioxide extinguishing system　14.0180
低压开关设备　low-voltage switch equipment　14.0466
低压钠［蒸气］灯　low-pressure sodium vapor lamp　10.0084
低压配电室　low-voltage distribution room　14.0588
低压配电系统　low-voltage distribution system　14.0403
低压配电装置　low-voltage distribution equipment　14.0465
*低周反复加载试验　pseudo-static test　13.0210
滴水　drip tile　03.0133
滴水兽　gargoyle　03.0335
迪斯科舞厅　disco club　02.0433
底部剪力法　base shear method　13.0241
底部框架-抗震墙砌体结构　masonry structure with bottom frame-shear wall　13.0116
地被植物　ground cover plant　08.0079
地板灯　floor light　02.0401
地方标准时　local standard time　10.0512
地方太阳时　local solar time　10.0511
地方性气候　local climate　10.0450

地栿　floor tie-beam，difu　03.0120
地基　subgrade，ground，subsoil　13.0279
地基变形　subsoil deformation　13.0288
地基承载力　subgrade bearing capacity　13.0283
地基承载力特征值　characteristic value of subgrade bearing capacity　13.0285
地基处理　ground improvement　13.0281
地基防护工程　groundwork protection engineering　09.0068
地基刚度　stiffness of subsoil　13.0289
地基极限承载力　ultimate bearing capacity of ground　13.0284
地基原位测试　subgrade *in-situ* test　13.0286
*地价　land price　06.0139
地龙墙　sleeper wall　09.0251
地漏　floor drain　14.0067
地脉动　micro-tremor　11.0197
地貌　land form　09.0009
地排灯　floats　02.0400
地坪涂料　floor coating　12.0256
地热发电　geothermal power generation　14.0438
地热能　geothermal energy　14.0857
地坛　Temple of Earth，Di Tan　03.0190
地毯　carpet，rug，textile floor covering　12.0315
地铁站　metro station，subway station　02.0739
地物　surface feature　09.0010
地下厂房　underground workshop　02.1021
地下车库　underground garage　02.0771
地下管线间距　interval of underground utility　07.0262
地下建筑　underground architecture　01.0074
地下连续墙　diaphragm wall　13.0313
地下热交换温室　underground heat exchange greenhouse　02.1091
地下室　basement　02.0017
地下室防水　basement waterproofing　09.0268
地下水控制　groundwater controlling　13.0316
地下文物埋藏区　underground area of archaeological remains　07.0187
*地下蓄热温室　underground heat exchange greenhouse　02.1091
地下油罐　underground oil tank　02.0871
地下油库　oil cellar　02.0870
地形　topography　09.0008
地形设计　topographical design　08.0053
地形图　topographic map　07.0189
地源热泵系统　ground-source heat pump system　14.0387
地震重现期　earthquake recurrence period　11.0012
地震地基失效　seismic failure of foundation　11.0032
地震动参数　ground motion parameter　11.0013
地震反应　earthquake response　13.0207
*地震力　earthquake action　13.0245
地震烈度　earthquake intensity　11.0006
地震震级　earthquake magnitude　11.0005
地震作用　earthquake action　13.0245
地震作用效应　seismic action effect　13.0248
*第二次色　assorted color　09.0444
第二循环系统　hot water circulation system　14.0108
第一循环系统　heat carrier circulation system　14.0107
*第一振型　fundamental mode　13.0204
*第一自振周期　fundamental period　13.0202
典藏室　book-keeping department　02.0315
典当行　pawn shop　02.0625
典型气象年　typical meteorological year，TMY　10.0479
*CP 点　consolidation point，CP　14.0702
电池　battery，cell　14.0450
*电除尘器　electrostatic precipitator　14.0988
电磁波暗室　electromagnetic wave anechoic chamber　11.0253
电磁波吸波材料　electromagnetic wave absorber　11.0251
电磁辐射　electromagnetic radiation　14.0729
电磁辐射危害　electromagnetic radiation hazard　11.0247
电磁干扰　electromagnetic interference　11.0237
电磁环境　electromagnetic environment　11.0214
电磁环境电平　electromagnetic ambient level　11.0215
电磁环境效应　electromagnetic environment effect　11.0216
电磁计量室　electromagnetic measurement room　11.0256
电磁兼容性　electromagnetic compatibility，EMC　11.0219
电磁脉冲　electromagnetic pulse　11.0240

电磁敏感度　electromagnetic susceptibility　11.0222
*电磁能　radiant energy，radiation energy　14.0845
电磁屏蔽　electromagnetic shield　11.0248
［电磁］屏蔽车间　electro-magnetic shielding shop，proof electro-magnetic shop　02.1053
电磁屏蔽室　electromagnetic shield enclosure　11.0249
电磁噪声　electromagnetic noise　11.0233
电动机　motor　14.0475
电动汽车充电站　electric vehicle charging station　02.0848
电镀厂　electroplating factory　02.0971
电镀车间　electroplating shop　02.1040
电杆　pole　14.0582
电弧焊　arc welding　14.1107
电化学保护　electrochemical protection　14.1124
电化学腐蚀　electrochemical corrosion　11.0358
电击　electric shock　14.0493
电机厂　electric generator and motor manufactory　02.0969
电机驱动电梯　electric elevator　09.0359
电极式加湿器　electrode humidifier　14.0344
电加热　electric heating　14.0490
电加热锅炉　electric boiler　14.0959
电解厂　electrolysis plant　02.0972
电解车间　electrolysis shop　02.1041
电缆　［electric］cable　14.0560
电缆防火涂料　fire resisting coating for cable　12.0261
电缆分界室　cable inlet distribution room　14.0589
电缆沟　cable trough　14.0569
电缆夹层　cable vault　14.0576
电缆进线室　cable incoming room　02.0804
电缆排管敷设　laying in duct bank　14.0570
电缆桥架　cable tray　14.0580
电缆蛇形敷设　snaking of cable　14.0579
电缆竖井　cable shaft　14.0575
电缆隧道　cable tunnel　14.0574
电缆线路　cable line　14.0566
电缆支架　cable bracket　14.0581
电缆直埋敷设　cable direct burial laying　14.0568
电离辐射　ionizing radiation　11.0258
电力变压器　power transformer　14.0517
电力负荷　electric load　14.0460
电力配电箱　power distribution panel　14.0471
电流表　ammeter　14.0527
电流互感器　current transformer，CT　14.0523
电流继电器　current relay　14.0549
*电脑制造厂　computer factory　02.0983
电能损耗　energy loss　14.0457
电能消耗　power consumption　14.0458
电瓶车库　batter truck room　02.0864
电气火灾监控探测器　detector for electric fire prevention　14.0601
电气火灾监控系统　alarm and control system for electric fire prevention　14.0600
电气设备　electrical equipment　14.0461
电气总工程师　chief electrical engineer　06.0024
电热模拟　electricity-heat analogy　10.0441
电热水器　electric water heater　14.0116
电容器　capacitor，condenser　14.0530
电容器室　capacitor room　14.0590
电熔连接　electrofusion-jointing　14.0920
电渗析法　electrodialysis process，electrodialysis method　14.1025
电声控制室　sound control room　14.0809
电视、调频广播发射台　television and frequency modulation transmitting station，TV and FM transmitting station　02.0809
电视台　television station　02.0806
电梯　elevator　09.0349
电梯底坑　elevator pit　09.0364
电梯对重　elevator counterweight　09.0365
电梯缓冲器　elevator buffer　09.0366
电梯轿厢　elevator car　09.0363
电梯井　elevator shaft，elevator core　02.0068
电梯速度　elevator speed　09.0357
电梯厅　elevator hall　02.0067
电线管　conduit　14.0571
电信工程　telecommunication engineering　07.0259
电信机房　telecommunication machine room　02.0803
电信间　communication booth　14.0817
电信局　telecommunication office　02.0791
电信专用房屋　telecommunication private premise　02.0792
电学模拟实验室　electric stimulation laboratory　02.0212
电压保护水平　voltage protection level　11.0080

电压表　voltmeter　14.0526
电压波动　voltage fluctuation　14.0423
电压互感器　voltage transformer，potential transformer，PT　14.0522
电压畸变　voltage distortion　14.0424
电压继电器　voltage relay　14.0546
电压偏差　voltage deviation　14.0422
电压质量　voltage quality　14.0418
电影院　cinema　02.0329
电影制片厂　motion picture studio　02.0817
电涌保护器　surge protective device，SPD　11.0073
电涌保护器脱离器　surge protective device disconnector　11.0089
电源　power source，power supply　14.0435
电站锅炉　power plant boiler　14.0946
电子会议系统　electronic conference system　14.0624
电子计算机 X 射线体层摄影室　computed X-ray tomography room　02.0575
电子计算机制造厂　computer factory　02.0983
电子信息系统机房　electronic information system room　14.0818
电子巡查系统　guard tour system　14.0672
电子元件厂　electronic component factory　02.0979
电阻器　resistor　14.0529
店铺　shop　03.0182
垫层　underbed　09.0246
殿堂式　palace-type structure，diantang　03.0010
吊车梁　crane girder　13.0174
吊车走道　crane walkway　02.0912
吊顶　suspended ceiling　09.0202
吊杆　batten　02.0390
*吊脚架空层　elevated story　02.0016
叠层橡胶支座　laminated rubber bearing　13.0236
*叠合式楼梯　intersecting stairs，staggered stairs　09.0331
叠压供水　pressure superposed water supply　14.0013
叠柱式　superimposed order　03.0292
顶部采光　top daylighting　10.0127
顶光　top light　02.0398
顶棚　ceiling　09.0201
定额　norm　05.0037
定风量空气调节系统　constant volume air conditioning system　14.0289
定日镜采光器　heliostat daylighting device　10.0133
定时热水供应系统　fixed time hot water supply system　14.0097
定位尺寸　positioning scale　09.0123
定位轴线　axis，axial line　01.0109
定向照明　directional lighting　10.0058
定压方式　pressurization method　14.1057
东北大学建筑系　Department of Architecture in Northeastern University　04.0008
冬至点　winter solstice　10.0518
氡室　radon chamber　11.0289
*动力锅炉　power plant boiler　14.0946
动力黏度　dynamic viscosity　14.0879
动力三轴试验　dynamic triaxial test　11.0021
动力中心　power center　02.0927
动态测试　operational test　11.0186
动态分析　dynamic analysis　05.0076
动态平衡阀　dynamic hydraulic balancing valve　14.0366
动态投资　dynamic investment　05.0022
动态图像　dynamic image　09.0169
动态运动　dynamic motion　09.0170
动态照明　dynamic lighting　10.0068
动态作用　dynamic action　13.0080
动物实验室　animal laboratory　02.0218
动物园　zoo　08.0012
冻结间　freezing room　02.0889
冻土　frozen soil　13.0276
洞口　opening　09.0216
斗　bearing block，dou　03.0047
斗栱　bracket set，block and bracket cluster，dougong　03.0039
斗口　doukou，timber module　03.0048
都城　capital city　07.0283
*都市化　urbanization　07.0008
*都市密集区　megalopolis　07.0049
都市连绵区　megalopolis　07.0049
都市区　metropolitan area　07.0048
毒种　virus species　11.0378
独立电源　independent electric supply　14.0437
独立基础　single footing　13.0299
独立设计权　independent design right　06.0044
独立式住宅　detached house，single family house　02.0083
赌场　casino　02.0431

*度假村　resort　02.0640
度假[村]旅馆　resort　02.0640
度日　degree-day　10.0475
渡桥码头　portal bridge　02.0389
镀锌钢板　zinc-coated steel sheet　12.0219
短波辐射　short wave radiation　10.0360
短路　short-circuit　14.0505
短路电流　short-circuit current　14.0506
短肢剪力墙　short-pier shear wall　13.0144
断裂剖视图　braking sectional view　09.0092
断路器　circuit-breaker　14.0537
断面图　section　09.0085
断桥铝门窗　bridge-cut aluminum alloy door and window　12.0305
*锻工车间　forging shop　02.1029
锻压车间　forging and pressing shop　02.1030
锻造车间　forging shop　02.1029
对比色　contrast color　09.0464
对称配光型灯具　symmetrical luminaire　10.0096
对等原则　principle of reciprocity　06.0051
对地闪击　lightning flash to ground　11.0045
对流　convection　10.0348
对流换热系数　convective heat transfer coefficient　10.0380
对象的否定　negation of a referent　09.0441
对植　opposite planting，coupled planting　08.0062
墩　drum shaped seat　09.0391
囤顶　shallow vaulted roof　03.0087
多层仓库　multi-story warehouse　02.0853
多层厂房　multi-story workshop，multi- story industrial building　02.1013
多层建筑　multi-story building　02.0007
多层住宅　multi-story house　02.0073
多重回声　multiple echo　10.0235
多重识别控制　multi-identification control　14.0671
多道抗震设防　multi-defence system of seismic resistance　13.0221
多功能剧场　multi-use theater　02.0332
多功能厅　multi-functional hall　02.0035
多功能外加剂　multi-functional admixture　12.0079
多功能演播厅　multi-purpose studio，multi-purpose hall　02.0819
多回路供电　multiple circuit power supply　14.0412
多孔吸声材料　porous absorbing materials　10.0289
多孔砖　perforated brick　12.0148
多跨建筑物　multi-bay building　02.0919
多立克柱式　Doric order　03.0287
*多联机　multi-split air conditioning system　14.0327
多联式分体空调机　multi-split air conditioning system　14.0327
多媒体教室　multimedia classroom　02.0177
多普勒效应　Doppler effect　10.0206
多用户信息插座　multi-user telecom- munication outlet　14.0726
多遇地震烈度　intensity of frequently occurred earthquake　11.0009
掇山　piled stone hill，hill making　08.0136
惰化浓度　inerting concentration　14.0189
惰性气体　inert gas，rare gas　14.1085
惰性气体灭火系统　inert gas extinguishing system　14.0177

E

*鹅颈椅　chair-back balustrade　03.0106
额　architrave，e　03.0063
额定流量　rated flow　14.0027
额定蒸汽温度　rated steam temperature　14.0940
额定蒸汽压力　rated steam pressure　14.0939
额枋　architrave　03.0301
恩氏黏度　Engler viscosity　14.0882
儿科预检处　pre-examination of paediatric　02.0531
儿童福利院　children’s welfare home　02.0125
儿童公园　children’s park　08.0011
儿童乐园　children’s paradise　02.0442
儿童游戏场　children’s playground　02.0443
儿童展厅　children’s exhibition hall　02.0270
耳房　side room　03.0224
耳光室　side light room　02.0394
耳间[听觉]互相关函数　interaural cross correlation function，IACC　10.0251
耳台　caliper side stage　02.0364

二次泵冷水系统　primary-secondary pumps　14.0352
二次能源　secondary energy　14.0825
二次屏障　secondary barrier　11.0278
二次水　secondary water　14.0329
二次污染物　secondary pollutant　11.0320
二点透视　two-point perspective　09.0103
二噁英　dioxins　14.1008
二级泵　secondary pump　14.0331
二级注册建筑师　grade 2 registered architect　06.0037
二阶段设计　two-stage design　13.0216
二手房市场　secondary housing market　06.0117
二氧化硫污染　SO_2 pollution，sulfur dioxide pollution　14.1005

F

发包　project offer　06.0088
发电厂　electric station，power plant　14.0923
发电机　generator　14.0443
*发电站　electric station，power plant　14.0923
发光顶棚照明　luminous ceiling lighting　10.0061
发光二极管　light emitting diode，LED　10.0092
发光二极管视频显示屏　light emitting diode video display screen，LED video display screen　14.0752
发光二极管显示屏最大亮度　maximum luminance of light emitting diode screen　14.0771
发光二极管像素失控率　ratio of out- of-control pixel　14.0765
发光强度　luminous intensity　10.0005
发货区　despatch area，delivery area　02.0876
发热电缆地面辐射供暖　heating cable floor radiant heating　14.0213
发射频谱　emission spectrum　11.0245
发生炉煤气　producer gas　14.0896
*发展极理论　growth pole theory　07.0066
乏汽轮机　exhaust steam turbine　14.0934
筏形基础　raft foundation　13.0301
法官室　judge's suite　02.0141
法国古典主义建筑　French classical architecture　03.0274
法国文物建筑保护学派　French school of built heritage conservation　03.0412
法庭　court　02.0140
法院　law court　02.0137
帆拱　pendentive　03.0331
反射　reflection　10.0176
反射光束采光　reflective beam daylighting　10.0130
反射率　reflectivity　10.0358
反射系数　reflection coefficient　11.0228
反射[总]日辐射　reflected [global] solar radiation　10.0117
反渗透法　reverse osmosis process　14.1026
反应　response　14.0680
反应谱　response spectrum　13.0246
反应谱特征周期　characteristic period of response spectrum　13.0247
反应系数　response factor　10.0405
返工　rework　06.0104
返修　repair　06.0103
泛光照明　flood lighting　10.0060
泛水　flashing　09.0263
*饭店　hotel　02.0635
*饭馆　restaurant　02.0607
*方案草图　sketch　04.0044
方案设计　schematic design　06.0075
方城明楼　square-walled bastion and memorial shrine　03.0203
方木　sawn lumber，squared timber　12.0230
方位　orientation　09.0007
枋　joist，fang　03.0059
防白蚁屏障　anti-termite barrier　11.0379
防爆安全检查系统　security inspection system for anti-explosion　14.0674
防爆波电缆井　anti-explosion cable pit　11.0137
防爆波活门　blast valve　11.0148
防爆地漏　blastproof floor drain　11.0136
防爆电气设备　explosion-proof electrical equipment　14.0532
防爆防毒化粪池　blastproof and gasproof septic tank　11.0156
防拆报警　tamper alarm　14.0635
防拆装置　tamper device　14.0636

防潮层　damp proofing course　09.0214
防尘车间　dust proof workshop　02.1049
防冲击波闸门　defence shock wave gate　11.0149
防弹玻璃　bullet resistant glass　12.0187
防倒塌棚架　collapse-proof shed　11.0161
防冻剂　anti-freezing admixture　12.0091
防辐射混凝土　radiation shielding concrete　12.0075
防腐木材　preservative-treated wood　12.0235
防腐室　anticorrosive chamber　02.1139
防寒　cold protection　10.0393
防护层使用年限　service life of protective layer　11.0365
防护单元　protective unit　11.0141
防护对象　protection object　14.0686
防护级别　level of protection　14.0677
防护冷却水幕　drencher for cooling protection　14.0148
防护绿地　green area for environmental protection　07.0158
防护门　blast door　11.0145
防护密闭隔墙　protective airtight partition wall　11.0158
防护密闭门　airtight blast door　11.0146
防护区　protection area　14.0689
防护热板法　guarded hot plate method　10.0437
防护热箱法　guarded hot box method　10.0438
防护型灯具　protected luminaire　10.0097
防滑条　reeding，non-slip step　09.0342
防火玻璃　fire resistant glass　12.0177
防火窗　fire window　09.0328
防火分隔水幕　water curtain for fire compartment　14.0147
防火分区　fire compartment　11.0104
防火封堵材料　fireproof sealing material　12.0262
防火间距　fire separation distance　11.0103
防火卷帘　fire resisted shutter　09.0300
防火门　fire door　09.0299
防火幕　fire curtain　02.0372
防火墙　firewall　14.0781
防技术开启能力　anti-technical open ability　14.0668
防静电工作区　electrostatic discharge protected area，EPA　11.0304
防静电工作台　antistatic control worktable　11.0314
防静电接地电阻　electrostatic grounding resistance　11.0309
防雷等电位联结　lightning protection equipotential bonding　11.0072
防雷区　lightning protection zone，LPZ　11.0054
防雷装置　lightning protection system，LPS　11.0055
防目标重入　anti pass-back　14.0670
防破坏能力　anti destroyed ability　14.0667
防区　defence area　14.0639
防热　heat proof　10.0394
防生物危害实验室　anti-biohazard laboratory　02.0220
防鼠板　anti-rat plate　11.0381
防鼠隔栅　anti-rat grille　11.0380
防水混凝土　water-proofed concrete　12.0066
防水剂　water-repellent admixture　12.0090
防水砂浆　water-proof mortar，water-proofed mortar　12.0118
防卫空间　defensible space　01.0091
防烟　smoke control　14.0255
防烟阀　smoke proof damper，smoke damper　14.0265
防烟分区　smoke compartment　11.0105
防烟楼梯间　smoke-prevention stairwell　09.0335
防疫站　epidemic prevention station　02.0520
*防雨棚　rain shelter greenhouse　02.1086
防灾公园　disaster prevention park　11.0042
防灾据点　disaster prevention strong hold　11.0041
防噪间距　anti-noise spacing　11.0337
防震缝　seismic joint　13.0232
房地产抵押　mortgage of real estate　06.0147
房地产交易管理　administration of real estate transaction　06.0167
房地产金融　real estate finance　06.0121
房地产开发　real estate development　06.0109
房地产开发企业　real estate development enterprise　06.0122
房地产开发项目质量责任　quality assurance of real estate development project　06.0169
房地产开发项目资本金　equity capital for real estate development project　06.0119
房地产权属登记　real estate ownership registration　06.0168
房地产市场　real estate market　06.0112
房地产投资信托基金　real estate investment trusts，REITs　06.0146

房地产项目债务资金　debt capital for real estate development project　06.0120
房地产信托　real estate trust　06.0145
房地产行政管理　real estate administrative management　06.0166
房地产中介服务机构　real estate intermediate service agency　06.0123
*房管部　housekeeping　02.0653
房间常数　room constant　10.0244
房间声学语言传输指数　room acoustics speech transmission index，RASTI　10.0250
房间吸声量　room absorption　10.0294
房山石　Fangshan stone　08.0104
*房屋　building　01.0003
[房屋]建筑结构　building structure　13.0093
房屋设计　building design　01.0017
房屋所有权　home ownership　06.0150
*房屋修缮　building renovation　01.0048
房屋征收　house expropriation　06.0136
房务部　housekeeping　02.0653
*仿石材　artificial stone　12.0202
访问控制　access control　14.0780
纺织厂　textile mill　02.0987
放电灯　discharge lamp　10.0081
放电电流　discharge current　11.0074
放射部　department of radiology　02.0570
*放射科　department of radiology　02.0570
放射式配电系统　radial distribution system　14.0404
放射性废物　radioactive waste　11.0266
放射性流出物　radioactive effluent　11.0267
放映室　projection room　02.0407
飞椽　flying rafter，feichuan　03.0079
飞扶壁　flying buttress　03.0328
飞机库　hangar，aircraft hangar　02.0955
飞机制造厂　aircraft manufactory　02.0953
飞行机构　flying mechanism　02.0391
非爆炸危险区域　non-hazardous area　11.0128
非单向流　non-unidirectional airflow　11.0172
非关键区　noncritical area　11.0232
非机动车道　nonmotorized vehicle lane　07.0233
非寄宿制学校　nonboarding school　02.0163
非建设用地　non-development land　07.0126
非结构性破坏　nonstructural damage　13.0253
非晶材料　amorphous materials　12.0005
非居住区　exclusion area　11.0283
*非密闭区　airtightless space　11.0140
非密封源　unsealed source　11.0262
非屏蔽平衡电缆　unscreened balanced cable　14.0724
*非碳酸盐硬度　perpetual hardness，permanent hardness　14.1033
非稳态传热　unsteady heat transfer　10.0340
非物质文化遗产　non-physical cultural heritage　03.0379
非周边地面　core region　10.0423
菲涅耳数　Fresnel [zone] number　10.0287
废品再生工厂　waste-recycling plant　02.0939
废热　waste heat　14.0102
沸腾式省煤器　steaming economizer　14.0977
沸溢性油品　boiling spill oil　11.0135
费用效果分析　cost effectiveness analysis，CEA　05.0066
费用效益分析　cost benefit analysis，CBA　05.0065
分贝　decibel　10.0194
分布计算机系统　distributed computer system　14.0627
分布式光缆温度探测报警系统　optical fiber distributed temperature detection and alarm system　14.0612
分布式能源　distributed energy　14.0830
分断能力　breaking capacity　14.0511
分控　branch console　14.0655
分力　component force　13.0004
分流制　separate system　07.0252
分流制排水系统　separate sewer system　14.0046
分模数　infra-module　01.0108
分区一般照明　localized lighting　10.0044
分散单元式航站楼　decentralized unit terminal　02.0685
*分水脊　water parting　09.0286
分水线　water parting　09.0286
分心斗底槽　fenxin doudi cao　03.0023
分子筛　molecular sieve　14.1080
酚醛泡沫塑料　phenolic foamed plastic　12.0244
粉红噪声　pink noise　10.0187
粉红噪声频谱修正量　pink noise spectrum adaptation term　10.0274
粉煤灰　fly ash　12.0098
粉煤灰[硅酸盐]水泥　Portland fly-ash cement

12.0046
粉煤灰混凝土小型空心砌块　small hollow block of fly ash concrete　12.0125
粉刷石膏　gypsum plaster　12.0288
粉土　silt　13.0270
丰满度　fullness　10.0253
风道　air channel　14.0264
风电场风力发电站　windfarm generating electric power　02.0935
风格派　de stijl　03.0350
风管　air duct，duct　14.0263
风机盘管　fan-coil unit　14.0375
风机盘管加新风系统　primary air fan-coil system　14.0293
风机盘管空气调节系统　fan-coil air-conditioning system，fan-coil system　14.0292
风景林地　scenic forest land　08.0028
风景名胜　famous scenery，famous scenic site　08.0170
风景名胜公园　famous scenic park　08.0019
风景名胜区　scenic area　07.0184
风景名胜区规划　landscape and famous scenery planning　08.0169
风景园林规划与设计　landscape planning and design　04.0016
风景园林课　course of landscape architecture　04.0021
风景资源　scenery resource　08.0171
风冷式冷凝器　air-cooled condenser　14.0354
风力发电　wind power generation，wind power　14.0439
*风力输送　pneumatic conveying，pneumatic transport　14.0262
风玫瑰图　wind rose　09.0033
*风幕　air curtain　14.0241
风能　wind energy　14.0852
风水塔　fengshui pagoda　03.0175
风水学　fengshui　01.0069
风速　wind speed　10.0463
*风速玫瑰图　wind velocity diagram　09.0036
风速频率图　wind velocity diagram　09.0036
风味餐厅　speciality restaurant　02.0659
风险等级　level of risk　14.0676
风险分析　risk analysis　05.0057
风向　wind direction　10.0464
风向频率图　wind direction frequency diagram　09.0035
风压　wind pressure　10.0355
风雨操场　indoor sports hall　02.0199
风障　wind break　02.1096
*封闭结合　closed axis　02.0914
封闭楼梯间　enclosed stairwell　09.0336
封闭母线　metal enclosed busbar　14.0473
封闭式楼梯　enclosed staircase　09.0334
封闭轴线　closed axis　02.0914
封檐板　fascia board，barge board　09.0259
峰峰值　peak-to-peak value　11.0194
峰值　peak value　11.0193
峰值[地面]加速度　peak ground acceleration　11.0014
峰值[地面]速度　peak ground velocity　11.0015
峰值[地面]位移　peak ground displacement　11.0016
*蜂窝拱　stalactite vault　03.0318
佛[教]寺[院]　Buddhist monastery，Buddhist temple complex，si　03.0207
佛塔　pagoda　03.0209
否定要素　negation element　09.0437
孵化器　incubator　02.0928
孵化器建筑　incubation building　02.0929
孵化厅　hatchery　02.1065
扶壁　buttress　03.0327
*扶垛　buttress　03.0327
扶脊木　fujimu　03.0074
扶手　handrail　09.0345
服饰店　haberdashery　02.0614
服务半径　service radius　07.0225
*服务公寓　service apartment　02.0093
服务台　reception desk　02.0031
服装厂　clothing factory　02.0992
服装店　clothing store　02.0613
服装间　costume room　02.0418
浮筑地面　floating floor　09.0237
符号　symbol　09.0416
符号细节　symbol detail　09.0438
符号要素　symbol element　09.0435
符号族　symbol family　09.0426
幅域　amplitude domain　11.0191
辐射　radiation　10.0356
辐射发射　radiated emission　11.0243

辐射发生器　radiation generator　11.0263
辐射防护　radiation protection　11.0272
辐射干扰　radiated interference　11.0238
辐射供暖　panel heating，radiant heating　14.0211
辐射换热系数　radiative heat transfer coefficient　10.0381
辐射敏感度　radiated susceptibility　11.0223
辐射能　radiant energy，radiation energy　14.0845
辐射源　radiation source　11.0259
辐照装置　irradiation installation　11.0264
辅助等电位连接　supplementary equipotential bonding，SEB　14.0501
辅助书库　auxiliary stack　02.0310
辅助系统　auxiliary system　14.0751
辅助线　assistant line　02.0742
*辅助循环锅炉　forced circulation boiler　14.0952
腐蚀负荷　corrosion load　11.0362
腐蚀体系　corrosion system　11.0363
腐蚀性分级　corrosiveness classification　11.0364
负荷　load　14.0451
负荷开关　load break switch，load switch　14.0534
负荷曲线　[power] load curve　14.0452
负压锅炉　induced draft boiler，suction boiler　14.0954
*负压相变锅炉真空锅炉　vacuum boiler　14.0950
负硬度　negative hardness　14.1034
附加耗热量　additional heat loss　14.0221
附角斗　fujiaodou　03.0050
附属建筑　attached building　09.0042
附属绿地　attached green space　08.0026
附属文物　heritage component，subsidiary of cultural relics　03.0394
复层建筑涂料　multi-layer coating for architecture　12.0254
复合材料　composite，composite materials　12.0007
复合地基　composite subgrade　13.0282
复合管　composite pipe　12.0335
复合[硅酸盐]水泥　composite Portland cement　12.0047
复合截面加固法　structure member strengthening with externally bonded reinforced materials　13.0262
复合片　composite sheet　12.0275
复合识别　combination identification　14.0669
复合实验室　composite laboratory　02.0222
复合桩基　composite foundation pile　13.0307
复色　duplicate color　09.0445
复式汽车库　compound garage　02.0779
副阶　attached corridor，fujie　03.0015
副通气立管　secondary vent stack，assistant vent stack　14.0073
*覆钵式塔　lama pagoda　03.0213
覆盆　fupen　03.0109
覆土深度　covering depth　07.0264

G

改建　building reconstruction　01.0061
改性沥青防水卷材　modified asphalt waterproof membrane　12.0272
概念设计　concept design　06.0063
干法烟气脱硫法　dry process of flue gas desulfurization　14.0992
干粉灭火系统　powder extinguishing system　14.0162
干粉炮灭火系统　powder monitor extinguishing system　14.0167
干混砂浆　dry-mixed mortar　12.0120
干栏式建筑　stilt architecture　11.0382
干栏　raised-floor [architecture]，ganlan　03.0008
干球温度　dry-bulb temperature　10.0457
干扰光　obtrusive light　10.0023
干热气候　dry hot climate　10.0448
干涉　interference　10.0180
干式变压器　dry type transformer　14.0518
干式交联　dry type cross-linked　14.0565
干式自动喷水灭火系统　dry pipe sprinkler system　14.0142
干缩　dry shrinkage　12.0020
干压砖　dry-pressed tile，powder- pressed tile　12.0166
干硬性混凝土　dry concrete，harsh concrete　12.0074
干蒸汽加湿器　dry steam humidifier　14.0343
感温光缆　heat sensitive optical cable　14.0614
干线　supply main　14.0434
刚度　stiffness，rigidity　13.0049
刚架　rigid frame　13.0148

刚性防水屋面　rigid water proof roof　09.0270
刚性固定　rigid fixing　14.0578
刚性基础　rigid foundation　13.0298
刚域　rigid zone　13.0058
钢板　steel plate　12.0218
钢构套加固法　structure member strengthening with steel frame cage　13.0263
钢管　steel pipe　12.0322
钢管结构　steel tubular structure　13.0119
钢化玻璃　tempered glass　12.0176
钢绞线　strand，steel strand　12.0212
钢结构　steel structure　13.0117
钢结构防火涂料　fire resistive coating for steel structure　12.0258
钢筋　steel bar，reinforcing steel bar　12.0207
钢筋混凝土　reinforced concrete，steel bar reinforced concrete　12.0059
钢筋混凝土结构　reinforced concrete structure　13.0097
钢筋锈蚀　steel corrosion，reinforcement corrosion　12.0015
钢门窗　steel door and window　12.0302
钢丝网　wire mesh　12.0141
钢丝网架聚苯乙烯芯板　polystyrene core plate of steel wire rack　12.0245
钢塑复合管　steel-plastic composite pipe　12.0337
钢纤维　steel fiber　12.0138
钢纤维混凝土　steel fiber reinforced concrete　12.0069
钢纤维混凝土结构　steel fiber reinforced concrete structure　13.0110
钢与混凝土组合构件　steel reinforced concrete composite structural member　13.0127
钢与混凝土组合梁　composite steel and concrete beam　13.0172
港口城市　port city　07.0030
港口客运站　port passenger station，waterway passenger station，waterway passenger terminal　02.0766
港口用地　land for port　07.0120
高侧窗　clerestory window　09.0310
高层厂房　high-rise industrial building　02.1014
高层建筑　high-rise building　02.0008
高层汽车库　high-rise garage　02.0774
高层住宅　high-rise house　02.0075
高程　elevation　09.0065
高[等学]校图书馆　university library，academic library　02.0243
高等院校　university，college，institute　02.0155
高尔夫球场　golf course　02.0467
*高发热值　fuel gross calorific value　14.0863
高分子防水卷材　high polymer water- proof sheet，polymer water-proof sheet　12.0273
*高分子防水片材　high polymer water- proof sheet，polymer water-proof sheet　12.0273
高峰负荷　peak load　14.0453
高辐射区　high radiation area　11.0281
高功率室　high power room　11.0257
高技派　high-tech　03.0365
*高技术城　high-tech park　02.0901
高技术产业开发区　high-tech industrial development zone　02.0899
高技术园区　high-tech park　02.0901
高架仓库　high rack storage　02.0869
高架候车室　crossover waiting room　02.0715
高架站房　crossover station building　02.0714
高阶振型　high order mode　13.0205
高跨比修正系数　correction coefficient of height-span ratio　10.0149
高炉煤气　blast furnace gas　14.0897
高铝水泥　high alumina cement　12.0053
高强度气体放电灯　high intensity discharge lamp，HID lamp　10.0082
*高强钢丝　cold drawn wire，hard drawn wire　12.0209
高强混凝土　high strength concrete　12.0065
高区电梯　high-zone elevator　09.0355
高速公路服务区　highway service area　02.0785
*高速公路服务站　highway service area　02.0785
高速公路收费站　toll station　02.0784
高台建筑　high-platform [architecture]，gaotai　03.0009
高效减水剂　superplasticizer　12.0081
高效空气过滤器　high efficiency particulate air filter，HEPA filter　11.0181
高性能混凝土　high performance concrete　12.0060
高压电力电缆　high-voltage power cable　14.0567
高压二氧化碳灭火系统　high-pressure carbon dioxide extinguishing system　14.0179

高压供电　high-voltage power supply　14.0400
高压开关设备　high-voltage switchgear　14.0464
高压钠[蒸气]灯　high-pressure sodium vapor lamp　10.0083
高压配电室　high-voltage distribution room　14.0587
高压配电系统　high-voltage power distribution system　14.0402
高压配电装置　high-voltage cubicle switchboard　14.0463
高压线走廊　high-tension line corridor　09.0081
高压消防给水系统　high-pressure fire water system　14.0135
哥特建筑　Gothic architecture　03.0271
歌剧院　opera house　02.0323
*歌舞厅　ballroom　02.0432
阁楼　attic　09.0265
格栅式风口　air grill　14.0277
隔离　isolation　11.0366
隔离变压器　isolating transformer　14.0519
隔离病房　isolation ward　02.0589
隔离观察室　isolated observation room　02.0548
隔离开关　isolator，disconnector，isolating switch　14.0535
隔离畜舍　isolation livestock house　02.1058
隔离诊室　isolated consulting room　02.0546
隔汽层　vapor barrier　10.0401
隔墙　partition wall　09.0193
隔热　thermal insulation　10.0392
隔热材料　thermal insulation materials　10.0432
隔热层　isolation layer　09.0275
*隔扇　paneled opening，geshan　03.0103
隔声层　soundproof course　09.0252
隔声量　sound reduction index　10.0263
隔声前室　soundproof front room　02.0402
隔声室　sound insulation chamber　02.0224
隔油池　grease tank　14.0081
隔油器　grease interceptor　14.0082
隔振　vibration isolation　10.0317
隔振器　vibration isolator　11.0205
隔振体系　vibration isolating system　11.0208
隔振装置　vibration isolating device　11.0207
隔震　seismic isolation　13.0235
槅扇　paneled opening，geshan　03.0103
个人空间　personal space　01.0099
更衣室　dressing room，locker room　02.0039
工厂　factorial，mill，plant　02.0893
[工厂]参观走廊　visitor's gallery　02.0920
工厂化养鸡场　factorial chicken farm　02.1063
工厂控制室　control cabin　02.0923
工程场地地震安全性评价　evaluation of seismic safety for engineering site　13.0264
工程费用　engineering cost　05.0014
工程监理公司　supervision company　06.0017
工程建设标准　standard of building construction　01.0064
工程建设其他费　other project cost　05.0017
工程结算　project settlement　05.0007
工程量清单　bill of quantity　05.0006
工程验收　acceptance of project　06.0105
工程造价　project cost　05.0001
工程咨询公司　engineering consulting corporation　06.0016
[工程]总承包　general contracting　06.0067
[工程]总承包公司　general contracting company　06.0015
工地实习　building site practice　04.0028
工具厂　tools and instruments factory　02.0963
工具车间　tool making shop　02.1051
工具分发室　tool distribution room　02.0926
工料测量师　quantity surveyor，QS　05.0039
工频接地电阻　power frequency ground resistance　11.0069
工务房间　track office　02.0761
工序　operation procedure　02.0896
工业城市　industrial city　07.0028
工业厨房　industrial kitchen　02.0909
工业工程　industrial engineering　02.0897
工业锅炉　industrial boiler　14.0947
工业基础类标准　industry foundation class，IFC　09.0141
工业建筑　industrial building　02.0892
工业企业厂界环境噪声　industrial enterprise noise　11.0340
工业区　industrial district　07.0171
工业通风　industrial ventilation　14.0249
工业物业　industrial property　06.0144
工业遗产　industrial heritage　03.0408
工业用地　industrial land　07.0145

工业园　industrial park　02.0898
工业振动　industrial vibration　11.0199
工业自动化仪表　industrial process measurement and control instrument　14.1068
工艺　process，technology，technique　02.0895
工艺美术厂　art and craft factory　02.1000
工艺美术品店　arts and crafts store　02.0617
工艺性空气调节　process air conditioning　14.0286
工艺总工程师　chief process engineer　06.0026
工质　working substance，working fluid　14.0841
工字钢　I-beam steel　12.0215
*工作度　workability　12.0033
工作面　working plane　10.0070
公安安全室　security room　02.0758
公安局　public security bureau　02.0138
*公称通径　nominal diameter　14.1100
公称压力　nominal pressure　14.1101
公称直径　nominal diameter　14.1100
公共安全系统　public security system，PSS　14.0629
公共厕所　public toilet，public lavatory　02.0849
公共管理与公共服务用地　land for administration and public service　07.0130
公共和紧急广播系统　public address and emergency broadcast system　14.0623
公共活动中心　public activity center　02.0425
公共建筑　public building　02.0002
公共交通导向型发展　transit-oriented development，TOD　07.0086
公共教学用房　general teaching room　02.0170
公共图书馆　public library　02.0242
公共信息图形符号　public information graphical symbol　09.0433
公共浴场　public bath　02.0438
公开招标　public tender　06.0057
*公共租赁住房　public rental housing　06.0164
公路用地　land for national and regional road　07.0119
公墓　cemetery　02.1142
公用建筑面积　common-floorage　06.0158
公用设施营业网点用地　land for municipal utility outlet　07.0144
公用设施用地　land for municipal utility　07.0152
公[有住]房　public housing　06.0160
公寓　apartment　02.0091
公寓式办公楼　apartment-office building，small office home office，SOHO　02.0108
公园　park　08.0009
公园绿地　land for park　07.0157
公园最大游人量　maximum visitors capacity in park　08.0052
公众参与　public participation　07.0042
公装　finishing and decoration of public building　09.0370
公租房　public rental housing　06.0164
功率密度　power density　11.0242
功率因数　power factor　14.0421
功能检查科　function laboratory　02.0542
功能空间　functional space　01.0088
功能主义　functionalism　03.0355
供电　power supply　14.0397
供电点　supply terminal　14.0416
供电电源　power-supply source　14.0436
供电方案　scheme of power supply　14.0399
供电方式　scheme of power supply　14.0398
供电可靠性　power supply reliability　14.0413
供电系统　power supply system，power distribution system　14.0401
供暖　heating　14.0202
供暖能耗　energy consumed for heating　14.0225
供暖期度日数　degree days of heating period　14.0224
供暖期室外平均温度　outdoor mean air temperature during heating period　14.0382
供暖热负荷　heating load　14.0222
供暖设计热负荷指标　index of design load for heating of building　14.0235
供热厂　heat-generating plant　02.0932
*供热锅炉　industrial boiler　14.0947
供应设施用地　land for provision facility　07.0153
宫殿　palace　03.0184
拱　vault　03.0312；arch　13.0182
拱桥　arch bridge　08.0119
栱　bracket，bracket-arm，gong　03.0051
共同沟　integral pipe trench　07.0263
共享空间　sharing space　01.0097
共振　resonance　13.0048
共振吸声　resonance sound absorption　10.0300
贡院　examination hall　03.0172
勾缝　pointing　09.0215
*勾栏　railing，goulan　03.0116

勾连搭　undulating roof，goulianda　03.0089
勾头　eave tile　03.0132
钩阑　railing，goulan　03.0116
构成主义　constructivism　03.0351
构件刚度　stiffness of structural member　13.0051
构件抗震加固　seismic retrofit of structural member，seismic strengthening of structural member　13.0257
构造尺寸　work size　01.0111
构造柱　constructional column，tie column　13.0230
构筑物　construction　09.0040
购物中心　shopping center　02.0601
估算指标　preliminary index　05.0038
孤植　specimen planting，isolated planting　08.0060
古埃及建筑　ancient Egyptian architecture　03.0252
*古典复兴　neo-classicism，classical revival　03.0339
古典建筑　classical architecture　03.0259
古典园林　classical garden　08.0036
古典柱式　classical order of architecture　03.0286
古建测绘　ancient building surveying　04.0027
古罗马城市广场　ancient Roman forum　03.0262
古罗马建筑　ancient Roman architecture　03.0261
古罗马浴场　ancient Roman thermae　03.0263
古树名木　old and valuable tree　08.0067
古希腊建筑　ancient Greek architecture　03.0260
古印度建筑　ancient Indian architecture　03.0257
骨灰寄存处　cinerary casket deposit room　02.1138
骨料　aggregate　12.0104
鼓风机　forced draft fan　14.0979
鼓风门测定仪　blower door equipment　10.0443
鼓座　drum　03.0332
*固定陈列展厅　permanent exhibition hall　02.0268
固定成本　fixed cost　05.0073
固定隔墙　fixed partition　09.0194
固定式泡沫灭火系统　fixed foam extinguishing system　14.0157
固定消防炮灭火系统　fixed fire monitor extinguishing system　14.0164
固定支架　fixed support　14.0245
固定资产　fixed assets　05.0061
固定资产折旧　depreciation of fixed assets　05.0063
固定座位　fixed seating　02.0488
固体声　solid-borne sound　10.0256
*固有频率　natural frequency of vibration　13.0201
固有色　inherent color　09.0459
固有振动频率　natural vibration frequency　11.0195
顾客活动区　customers' area　02.0632
挂号处　registration office　02.0526
挂镜线　picture molding　09.0207
关帝庙　Temple of Guan Yu，Guandi Miao　03.0176
关键区　critical area　11.0231
关键细节　critical detail　09.0439
关厢　outskirt of city　07.0288
观察窗　observation window　09.0315
观察室　observation room　02.0547
观光电梯　observation elevator，panorama lift　09.0351
观赏草坪　ornamental lawn　08.0089
观演建筑　performing arts building　02.0320
观众容量　audience capacity　02.0341
观众厅　auditorium　02.0335
观众席　spectator seat　02.0485
官邸　official residence　03.0165
官式　official style　03.0001
冠心病监护病房　cardiac care unit，CCU　02.0587
*PB 管　PB pipe　12.0334
*PE 管　PE pipe　12.0332
*PP 管　PP pipe　12.0333
*PVC-U 管　PVC-U pipe　12.0330
管道敷设层　pipe laying course　09.0253
管道间　pipe room　02.0069
管道井　pipe shaft　09.0221
*管道冷紧比　coefficient of cold-pull　14.1066
管道运输用地　land for pipeline　07.0122
管道直饮水净水机房　fine drinking water treatment room　14.0200
管道直饮水系统　pipe system for fine drinking water　14.0129
管廊　pipe gallery　02.0925
管理规约　management rules and agreements　06.0173
管网灭火系统　piping extinguishing system　14.0185
管线综合设计　integrated design for utility pipeline　09.0078
管线综合图　integral pipeline longitudinal and vertical drawing　09.0028
贯流式通风机　cross-flow fan，tangential fan　14.0271
盥洗室　lavatory，washroom　02.0051
灌浆材料　grouting materials　12.0283
灌木　shrub　08.0069
光　light　10.0002

光标　cursor　09.0159
光导管采光　light guide daylighting　10.0131
光导纤维采光　optical fiber daylighting　10.0132
光电池　photocell　10.0165
光电探测器　photoelectric detector　10.0164
光度测量　photometry　10.0158
*光伏电池　solar cell, solar battery　14.0850
光伏电站　photovoltaic plant　14.0442
光伏效应　photovoltaic effect　14.0849
光合作用　photosynthesis　14.0854
光化学烟雾污染　photochemical smog pollution　14.1003
光环境　luminous environment　10.0003
光截面火灾探测器　light beam image fire detector　14.0610
光缆　optical cable　14.0719
光缆中继站　optical fiber regeneration station　02.0799
[光]亮度　luminance　10.0006
光气候　light climate　10.0109
光气候系数　daylight climate coefficient　10.0144
*光强　luminous intensity　10.0005
*光生伏打效应　photovoltaic effect　14.0849
光通量　luminous flux　10.0004
光污染　light pollution　10.0024
光纤适配器　optical fiber connector　14.0709
光学车间　optical workshop　02.1050
光学实验室　optical laboratory　02.0210
光学仪器仪表厂　optical instrument factory　02.0976
光圆钢丝　wire　12.0210
光源色　color of light source　09.0458
[光]照度　illuminance　10.0007
光折射系数　light refraction coefficient　11.0351
广播电视[发射]塔　transmitting tower, broadcasting tower　02.0810
广播电视工程　radio & TV broadcast engineering　07.0260
广播电视卫星地球站　radio and television satellite earth station　02.0812
广播电台　broadcasting station　02.0805
*广播中心　broadcasting station　02.0805
广场　square　09.0057
广场用地　land for square　07.0159
广亩城市　broadacre city　07.0297
规范化声压级差　normalized level difference　10.0266
规范化撞击声压级　normalized impact sound pressure level　10.0277
规费　stipulated fee　05.0030
规划管理信息系统　information systems of urban planning administration　07.0350
规划期限　planning period　07.0190
规划区　planning area　07.0077
规划设计条件　planning and design brief　07.0356
规划师　planner　01.0027
规划说明　description of plan　07.0192
规划图纸　diagram of plan　07.0193
规划文本　text of plan　07.0191
规则式园林　formal style garden　08.0005
硅灰　silica fume　12.0096
*硅[酸]钙板　fiber reinforced calcium silicate sheet　12.0159
硅酸盐水泥　Portland cement　12.0042
硅藻土　diatomite　12.0099
轨道中心线　track center line　02.0752
轨顶标高　track elevation　02.0753
柜　cabinet　09.0392
柜式气体灭火装置　cabinet gas extinguishing equipment　14.0181
贵宾席　VIP seat　02.0490
锅炉　boiler　14.0943
锅炉本体　boiler proper　14.0944
*锅炉额定负荷　boiler rated capacity　14.0938
锅炉额定容量　boiler rated capacity　14.0938
锅炉房　boiler plant　02.0834
锅炉机组　boiler unit　14.0945
锅炉排烟温度　boiler outlet gas temperature　14.0942
锅炉热效率　boiler [heat] efficiency　14.0941
国宾馆　state guesthouse　02.0646
国际建筑师协会　International Union of Architects, UIA　06.0006
国际建筑师协会关于建筑实践中职业主义的推荐国际标准认同书　International Union of Architects Accord on Recommended International Standards of Professionalism in Architectural Practice　06.0007
国际建筑师协会认同书推荐导则　UIA Accord Recommended Guidelines　06.0009
国际建筑师协会认同书政策　International Union of

Architects Accord Policies，UIA Accord Policies 06.0008
国际交流展厅 international exchange exhibition hall 02.0273
国际局 international telecommunication center 02.0795
国际式 international style 03.0354
*国际卫星通信地面站 satellite telecommunication earth station 02.0798
国际照明委员会标准全晴天空 International Commission of Illumination standard clear sky 10.0121
国际照明委员会标准全阴天空 International Commission of Illumination standard overcast sky 10.0120
国际照明委员会标准一般天空 International Commission of Illumination standard general sky 10.0122
国际咨询工程师联合会 International Federation of Consulting Engineers，FIDIC 06.0005
国家公园 national park 08.0178
[国家考古]遗址公园 [national] archaeological park 03.0411
国家物质储备库 national material reserve warehouse，national repository warehouse 02.0855
国民经济评价 national economic evaluation 05.0043
*国漆 Chinese lacquer，raw lacquer 12.0266
国土开发与整治 territorial development and management 07.0058
国有土地使用权划拨 allocation of the land use right 06.0129
国有土地使用权招拍挂 tender and auction or listing of state-owned land use right 06.0130
果品加工厂 fruit processing factory 02.1113
果蔬储藏窖 fruit and vegetable storage cellar 02.1109
过电流继电器 over-current relay 14.0550
过电压继电器 over-voltage relay 14.0547
过负荷 overload 14.0455
过街楼 overpass 02.0004
过梁 lintel 13.0173
过量空气系数 excess air coefficient 14.0974
过滤式除尘器 dust filter 14.0987
过厅 hall 02.0024

H

哈斯效应 Hass effect 10.0241
海关检查区 customs [check area] 02.0693
海缆登陆站 sea cable landing station 02.0800
海洋能 ocean energy 14.0858
含泥量 soil content 12.0028
含湿量 humidity ratio 14.0294
含水率 percentage of moisture content 12.0029
焓 enthalpy 14.0838
焓湿图 psychrometric chart 14.0318
寒冷地区 cold zone 10.0453
罕遇地震烈度 intensity of seldom occurred earthquake 11.0010
焊接车间 welding shop 02.1033
焊接式电磁屏蔽室 welded electromagnetic shielding enclosure 14.0821
航空发动机试验室 aircraft engine test stand room 02.0954
*航空港 aerodrome，airport 02.0673
航天发射场 spacecraft launching complex 02.0958
航天发射台 spacecraft launching-pad 02.0959
航天器总装厂 spacecraft assembling plant 02.0957
航天员训练建筑 astronaut training building 02.0956
*耗能减震 energy dissipation and earthquake response reduction 13.0237
耗热量 heat loss 14.0219
耗热量指标 index of heat loss 10.0420
*耗散静电地板 static resistant floor 09.0241
合班教室 combined-teaching classroom 02.0185
合成树脂乳液砂壁状建筑涂料 sand textured building coating based on synthetic resin emulsion 12.0253
合成树脂乳液涂料 synthetic resin emulsion coating 12.0252
合成树脂瓦 synthetic resin tile 12.0136
合成纤维 synthetic fiber 12.0139
合成纤维混凝土 synthetic fiber reinforced concrete 12.0068

合力　resultant force　13.0003
合流制　combined system　07.0251
合流制排水系统　combined sewer system　14.0047
合同价　contract price　05.0036
和玺彩画　dragon or phoenix pattern，hexicaihua　03.0143
*核电厂　nuclear power station，nuclear power plant　14.0847
核电站　nuclear power station，nuclear power plant　14.0847
核能　nuclear energy　14.0846
核设施　nuclear installation　11.0265
核医学科　department of nuclear medicine　02.0574
*荷载组合　combination of actions　13.0081
黑客　hacker　14.0778
黑球温度　globe temperature　10.0459
黑体　black body　10.0362
黑匣子剧场　black-box theater　02.0328
恒湿器　humidistat　14.0358
恒温恒湿系统　constant temperature and humidity system　14.0315
恒温器　thermostat　14.0357
恒温系统　constant temperature system　14.0314
桁架　truss　13.0180
横管　horizontal pipe　14.0062
横过道　transverse aisle　02.0340
横坡　cross slope　09.0074
横式幅面　horizontal sheet style　09.0110
红黏土　red clay　13.0272
红外发射主机　infrared transmitter　14.0736
红外辐射器　infrared radiator，IR radiator　14.0737
红外功率密度　infrared power density，IR power density　14.0735
红外接收器　infrared receiver，IR receiver　14.0738
红外线　infrared ray　14.0733
红外线加湿器　infrared humidifier　14.0345
红外线同声传译系统　infrared simultaneous interpretation system　14.0734
红线　boundary line，property line　07.0215
洪水位　flood level　09.0013
*虹吸式屋面雨水排水系统　full pressure storm water system　14.0058
后勤保障科　department of logistic service　02.0590
后台　backstage　02.0409
后舞台　back stage　02.0363
后现代主义　post-modernism　03.0360
后张法预应力混凝土结构　post-tensioned prestressed concrete structure　13.0100
厚屏蔽　thick shield　11.0288
候场室　green room　02.0413
*候车厅　waiting hall，waiting lounge　02.0695
候机厅　waiting hall，waiting lounge　02.0695
候审室　trial waiting room　02.0153
*候梯厅　elevator hall　02.0067
候诊处　waiting area，lounge　02.0532
湖泊　lake　08.0145
*互补色　complementary color　09.0465
互连　interconnect　14.0728
户内变电所　indoor substation　14.0592
户室比　plan type rate　02.0079
户外变电站　outdoor substation　14.0593
户型比　housing type composition　07.0281
*护城河　moat　03.0160
护角　corner guard　09.0205
护理单元　nursing unit　02.0584
护坡　slope protection　09.0077
护坡草坪　slope lawn　08.0091
护士站　nurse station　02.0528
花岗石　granite　12.0197
花卉　flower，flowers and plants　08.0071
花架　pergola，trellis　08.0124
花窖　flower cellar　02.1094
花径　flower border　08.0095
花篱　flower hedge　08.0094
花坛　flower bed　08.0096
花园　garden　08.0017
华白数　Wobbe index，Wobbe number　14.0902
华板　carved panel　03.0119
*华版　carved panel　03.0119
华表　ornamental pillar，huabiao　03.0102
华拱　huagong　03.0052
滑冰场　outdoor ice skating rink　02.0474
滑冰馆　indoor ice skating rink　02.0475
滑行道　taxiway　02.0678
滑轴平开窗　sliding projecting casement window　09.0318
化肥厂　chemical fertilizer plant　02.0994
化粪池　septic tank　14.0084

化工厂　chemical plant　02.0993
化石燃料　fossil fuel　14.0861
化学爆炸　chemical explosion　14.0907
化学除氧　chemical deoxidization　14.1030
化学反应蓄热　chemical reaction heat regeneration　14.1053
化学腐蚀　chemical corrosion　11.0357
化学能　chemical energy　14.0844
化学品仓库　chemical material warehouse　02.0881
化学实验室　chemistry laboratory　02.0209
*化学预应力混凝土　self-stressing concrete　12.0071
化妆室　dressing room　02.0410
画廊　gallery　02.0255
环境测试舱　environmental test chamber　11.0317
环境分区　environment zone　10.0041
环境监测　environmental monitoring　11.0315
环境控制畜舍　controlled environment livestock house　02.1059
环境评价　environmental assessment　09.0002
环境热负荷　environmental heat load　10.0498
环境容量　environmental capacity　08.0177，14.1000
环境色　environmental color　09.0460
环境色适应　environmental color adaptation　09.0481
环境设施用地　land for environmental facility　07.0154
环境温度　ambient temperature　11.0121
环境污染　environmental pollution　14.0997
环境心理学　environmental psychology　01.0066
环境艺术　environmental art　01.0054
环境噪声　ambient noise　10.0188
环境振动　environment vibration　11.0201
环境质量　environmental quality　11.0316
环境自净作用　environmental self-purification　14.0999
*环幕影院　panoramic cinema　02.0330
环绕式舞台　stage in the round　02.0359
环卫工程　environmental sanitary engineering　07.0261
环形供电　ring circuit power supply　14.0407
环形赛道　circuit　02.0494
环形通气管　loop vent　14.0074
*桓表　ornamental pillar，huabiao　03.0102
缓冲间　buffer room　02.0288
缓凝高效减水剂　set retarding superplasticizer　12.0084
缓凝剂　set retarder　12.0087
缓凝减水剂　set retarding and water reducing admixture　12.0083
缓坡段　transition slope　02.0780
换乘站　transfer station，interchange station　02.0744
换气　air change　14.0253
换气窗　vent window　09.0313
换气次数　ventilation rate　14.0254
换药室　treatment room　02.0539
换帧频率　frame refresh frequency　14.0766
皇城　imperial city　07.0284
皇家园林　royal garden　08.0039
*黄金比　golden section　01.0083
黄金分割　golden section　01.0083
灰度等级　gray scale　14.0754
灰空间　gray space，blur space　01.0094
灰体　gray body　10.0363
*恢复力曲线　hysteretic curve，restoring force curve　13.0214
挥发性有机化合物　volatile organic compound，VOC　11.0323
回波损耗　return loss　11.0091
回车场地　turn-around space　02.0783
回车道　turn-around loop　09.0046
回灌井　injection well　14.0391
回廊　cloister，loggia　02.0064
回流污染　backflow pollution　14.0021
回声　echo　10.0233
*回用水　reclaimed water　14.0120
回转式空气预热器　rotary air heater　14.0978
汇合通气管　vent header　14.0071
汇水面积　catchment area　14.0091
会馆　guild hall，native place association，huiguan　03.0179
*会客室　reception room　02.0036
会签栏　signature column　09.0115
会所　club house，club building　02.0428
会议旅馆　convention hotel，conference hotel　02.0641
会议室　meeting room，conference room　02.0037
会议厅　assembly hall，conference room　02.0112
*会展旅馆　convention hotel，conference hotel　02.0641
会展中心　convention and exhibition center　02.0260

绘景间　painter's room　02.0419
混合采光　mixed daylighting　10.0128
混合结构　mixed structure　13.0128
混合流　mixed airflow　11.0173
混合区　mixed zone　02.0492
混合砂浆　composite mortar　12.0115
混合式配电系统　combined type distribution system　14.0406
混合式热交换器　mixed heat exchanger　14.1048
混合式园林　mixed style garden　08.0007
混合用地　land for mixed use　07.0160
混合照明　mixed lighting　10.0045
混交林　mixed forest　08.0084
混凝土　concrete　12.0055
混凝土大板结构　large panel concrete structure　13.0105
*混凝土碱骨料反应　alkali aggregate reaction　12.0014
混凝土碱集料反应　alkali aggregate reaction　12.0014
混凝土结构　concrete structure　13.0095
混凝土结构防火涂料　fire resisting coating for concrete structure　12.0259
混凝土耐久性　durability of concrete　12.0013
混凝土配合比设计　concrete mix design　12.0031
混凝土配制强度　concrete confected intensity, concrete mixing strength　12.0032
混凝土套加固法　structure member strengthening with reinforced concrete jacketing strengthening　13.0261
混凝土瓦　concrete tile　12.0131
混凝土外加剂　concrete admixture　12.0078
混凝土外墙板　concrete exterior wall panel　12.0150
混凝土折板结构　concrete folded-plate structure　13.0109
混响　reverberation　10.0226
混响声　reverberant sound　10.0227
混响时间　reverberation time　10.0228
混响室　reverberation chamber　02.0223
*混响小室　acoustical room　02.0403
和易性　workability　12.0033
活动地面　movable floor　09.0236
活动隔墙　movable partition　09.0195
活动看台　movable stand　02.0487
活动舞台　flexible stage　02.0365
活动座席　flexible seating　02.0352
活门　flaps，trap door　02.0384
活塞式压缩机　reciprocating compressor　14.0335
*火床炉　grate fired boiler, stoker fired boiler　14.0956
火化间　cremation chamber　02.1137
火力发电厂　steam power plant　14.0924
火炉供暖　stove heating　14.0214
火山灰质[硅酸盐]水泥　Portland pozzolana cement　12.0045
*火焰传播速度　combustion velocity　14.0900
火焰检测器　flame detector　14.0971
火灾探测器安装间距　fire detector spacing　14.0598
火灾探测器保护半径　fire detector monitoring radius　14.0599
火灾探测器保护面积　fire detector monitoring area　14.0597
火灾危险环境　fire hazardous atmosphere　11.0100
货运交通　freight traffic　07.0087
货运站　cargo terminal　02.0860

J

几　[stand] small table　09.0385
机场　aerodrome，airport　02.0673
机场吞吐量　handling capacity of an airport　02.0701
机场用地　land for airport　07.0121
机车车辆厂　locomotive and rolling stock factory　02.0967
机床厂　machine tool factory　02.0968
*机电工程师　mechanical engineer　01.0031
机动车道　driveway　07.0232
机动性　mobility　07.0339
机房工程　engineering of electronic equipment plant, EEEP　14.0630
机械加工车间　machining shop　02.1025
机械力除尘器　mechanical dust separator　14.0985
机械能　mechanical energy　14.0842
机械式立体汽车库　mechanical and stereoscopic garage　02.0776
机械式汽车库　mechanical garage　02.0775

机械通风　mechanical ventilation　14.0251
机械雾化油燃烧器　mechanical atomization oil burner　14.0964
机械性能实验室　mechanical properties laboratory　02.0216
机械振动　mechanical vibration　14.1013
机修车间　maintenance and repair shop　02.1043
机要室　confidential room　02.0121
机制砂　manufactured sand　12.0103
鸡舍　chicken coop　02.1064
积肥场　manure yard　02.1083
积分球　integrating sphere　10.0162
积极空间　active space，planned space　01.0102
*积木式家具　combination furniture　09.0407
基本陈列展厅　basic exhibition hall　02.0271
*基本符号　general symbol，basic symbol　09.0424
基本耗热量　basic heat loss　14.0220
基本烈度　basic intensity　11.0008
基本模数　basic module　01.0106
基本农田保护区　basic farmland reserve　07.0182
基本书库　basic stack　02.0309
*基本台　main stage　02.0361
基本限值　basic limit　11.0274
基本站台　primary platform　02.0724
基本振型　fundamental mode　13.0204
基本周期　fundamental period　13.0202
基波　fundamental wave　14.0425
基础　foundation　13.0292
基础测绘　basic surveying and mapping　06.0069
基础垫层　foundation bed　13.0294
基础连梁　foundation tie beam　13.0293
基础种植　foundation planting　08.0165
基底面积　building covering area　01.0134
基底石　plinth　03.0305
基地　plot，site　09.0022
基坑支护　retaining and protecting for foundation excavation　13.0310
基色　reference color　09.0446
*基因库　germplasm bank　02.1107
基于性能的抗震设计　performance- based seismic design　13.0218
*基于性态的抗震设计　performance- based seismic design　13.0218
基桩检测　testing of pile foundation，pile foundation test　13.0308
基准地价　basic land price　06.0138
基准楼板　reference floor　10.0283
基准面层　reference cover　10.0284
基准收益率　hurdle rate　05.0052
基座　pedestal　03.0304
激光玻璃　laser glass　12.0193
*[激光]全息玻璃　laser glass　12.0193
级　level　10.0192
极谱分析室　polarography room　02.0229
极色　polar color　09.0471
极少主义　minimalism　03.0368
极限运动场　extreme sport hall　02.0441
极限状态法　limit state method　13.0083
*急救站　first aid station　02.0510
急救中心　emergency center　02.0509
急诊部　emergency department　02.0524
疾病预防控制中心　center for disease control and prevention　11.0374
集合点　consolidation point，CP　14.0702
集合点缆线　consolidation point cable　14.0714
集料级配　grading of aggregate　12.0027
*集贸市场　farm product market　02.0605
集气罐　air collector　14.0244
集散厅　concourse　02.0716
集中报警系统　remote alarm system　11.0115
集中供暖　central heating　14.0203
集中供热　central heating supply，centralized heat-supply　14.1044
集中热水供应系统　central hot water supply system　14.0094
集中式空气调节系统　central air conditioning system　14.0287
集装箱码头　container wharf　02.0885
几何不变体系　geometrically stable system　13.0061
几何非线性分析　geometric nonlinearity analysis　13.0069
几何可变体系　geometrically unstable system　13.0062
几何声学　geometrical acoustics　10.0169
*挤奶间　milking parlor　02.1073
挤奶厅　milking parlor　02.1073
挤塑聚苯乙烯板　extruded polystyrene board　12.0242
挤压砖　extruded brick，extruded tile　12.0165

给水泵房 water pump room 14.0192
脊 ridge 03.0123
计量室 metrology room 02.0231
计权 weighting 10.0208
计权标准化声压级差 weighted standardized level difference 10.0272
计权标准化撞击声压级 weighted standardized impact sound pressure level 10.0280
计权表观隔声量 weighted apparent sound reduction index 10.0270
计权隔声量 weighted sound reduction index 10.0269
计权规范化声压级差 weighted normalized level difference 10.0271
计权规范化撞击声压级 weighted normalized impact sound pressure level 10.0279
A[计权]声[压]级 A-weighted sound pressure level 10.0306
计权网络 weighting network 10.0209
计时记分牌 scoreboard 02.0504
计时设备机房 timing device mechanical room 14.0810
计算采暖期 heating period for calculation 10.0419
计算机病毒 computer virus 14.0782
计算机辅助工程 computer aided engineering，CAE 09.0131
计算机辅助绘图 computer aided drawing，CA drawing 09.0130
计算机辅助软件工程 computer aided software engineering，CASE 09.0132
计算机辅助设计 computer aided design，CAD 09.0129
计算机几何建模 computer geometric modeling 09.0156
计算机教室 computer classroom 02.0178
计算机绝对坐标 computer absolute coordinate 09.0165
计算机零点 computer coordinate zero 09.0164
计算机配置 computer configuration 14.0790
计算机设计阶段 computer design phase 09.0146
计算机设计图 computer design drawing 09.0144
计算机设计文件 computer design file 09.0145
计算机实体模型 computer solid model 09.0157
计算机图学 computer graphics，CG 09.0133
计算机网络机房 computer network room 14.0808
计算机系统 computer system 14.0789
计算机相对坐标 computer relative coordinate 09.0166
计算机协同设计 computer cooperative design 09.0134
计算机信息系统安全专用产品 security product for computer information system 14.0774
计算机优化设计 computer optimization design 09.0147
*计算机制图 computer aided drawing，CA drawing 09.0130
计算期 account period 05.0056
计心造 filled-heart method，jixinzao 03.0044
记者席 press seat 02.0491
纪念地 commemorative place 03.0403
纪念公园 commemorative park 08.0020
纪念馆 memorial museum 02.0251
纪念性建筑 monumental architecture 02.1131
*技防 technical protection 14.0685
技术尺寸 technical size 01.0113
技术档案室 technical archives room 02.0247
技术防范 technical protection 14.0685
技术改造 technical renovation，technical remolding 02.0903
技术经济指标 technical and economic index 06.0078
剂量限值 dose limit 11.0273
季节性冻土 seasonal frozen ground 10.0481
季相 seasonal aspect 08.0048
继电器 relay 14.0545
*继发性污染物 secondary pollutant 11.0320
寄宿制托儿所 boarding nursery 02.0165
寄宿制学校 boarding school 02.0162
祭坛 altar 03.0188
加工厂建筑 fabrication plant building 02.1111
加工车间 processing shop 02.1036
加气混凝土板 autoclaved aerated concrete slab 12.0153
加气混凝土砌块 aerated concrete block 12.0127
加强层 story with outrigger and/or belt member 13.0147
加湿 humidification 14.0296
加湿器 humidifier 14.0325
加温温室 heated greenhouse 02.1088
加油站 filling station 02.0846

夹层　mezzanine　02.0012
夹层玻璃　laminated glass　12.0182
夹城　jiacheng　03.0161
夹丝玻璃　wired glass　12.0178
夹心墙　cavity wall　09.0184
家具　furniture　09.0379
家具尺度　furniture scale　01.0119
*家庙　ancestral hall，family shrine　03.0196
家庭旅馆　family hotel　02.0645
家用电器厂　domestic electric appliance plant　02.0982
家装　finishing and decoration of house　09.0371
甲烷菌　methane bacterium　14.0856
假山　rockery，rockwork，artificial hill　08.0134
假台口　false proscenium　02.0378
假植　temporary planting　08.0162
架　[stand] shelf　09.0386
架空层　elevated story　02.0016
架空管线　elevated pipeline　07.0265
架空通风屋面　ventilated roof　09.0266
尖顶　spire　03.0325
尖塔　steeple　03.0326
间　bay　03.0017
监督区　supervised area　11.0282
监控中心　monitoring and controlling center　02.0842
监舍　prison cell　02.0149
监视区　surveillance area　14.0688
监狱　prison，jail　02.0148
剪刀式楼梯　scissor stairs　09.0330
剪接室　editing room　02.0829
剪力　shear force　13.0011
剪力墙结构　shear wall structure　13.0134
剪切波速测试　shear wave velocity measurement　11.0022
剪切模量　shear modulus　13.0031
剪应变　shear strain，tangential strain　13.0023
剪应力　shear stress，tangential stress　13.0018
剪影照明　silhouette lighting　10.0066
检查口　check hole，check pipe　14.0064
检查门　access door，inspection door　14.0282
检察院　procuratorate　02.0136
检录处　call area　02.0503
检票口　check post　02.0722
检修井　inspection chamber　09.0222
检验　inspection　06.0094
检验检疫[检查]区　quarantine [check] area　02.0692
*检验科　clinical laboratory　02.0568
检验批　inspection lot　06.0093
检验中心　inspection center　02.0568
简化符号　simplified symbol　09.0423
简图用符号　symbol for diagram　09.0427
简谐振动　simple harmonic vibration　14.1014
简支梁　simply supported beam　13.0169
碱脆　caustic embrittlement　14.1122
碱度　alkalinity　14.1036
碱腐蚀　alkaline corrosion　11.0360
见证取样检测　evidential testing　06.0095
间壁式热交换器　recuperator，recuperative heat exchanger　14.1047
间接采光窗　borrowed light window　09.0311
间接费　indirect cost　05.0016
间接排水　indirect drain　14.0078
间接照明　indirect lighting　10.0057
间色　assorted color　09.0444
间歇供暖　intermittent heating　14.0205
建成区　built-up area　07.0076
建构表达　tectonic expression　03.0372
建设场地　building site　01.0014
建设程序　construction procedure　01.0012
建设工程规划许可证　planning permit for village construction　07.0353
建设工程勘察　surveying and geotechnical engineering of construction project　06.0070
建设控制地带　development control area，conservation buffering zone　07.0309
建设期　construction period　05.0054
建设期贷款利息　loan interest in construction period　05.0019
建设投资　construction investment　05.0025
建设用地　development land　07.0116
建设用地范围　scope of development land　07.0072
建设用地规划许可证　planning permit for land use　07.0352
建造　construction　01.0004
建造师　constructor　01.0032
建筑　(1) architecture，(2) building，(3) construction　01.0001
建筑安装工程费　construction and installation cost

05.0013
建筑边坡　building slope　13.0311
建筑表达　architectural presentation　04.0047
建筑材料　building materials　01.0022
建筑材料厂　building material factory　02.0974
建筑材料实验室　building material laboratory　02.0214
建筑测绘　building surveying　01.0039
建筑策划　architectural programming　06.0073
建筑创作　architectural creation　01.0055
建筑大样图　architectural detail drawing　09.0087
建筑地震破坏等级　grade of earthquake damage to building　13.0254
建筑法规　building ordinance　01.0011
建筑反射隔热涂料　architectural reflective thermal insulation coating　12.0257
建筑防水污染　prevent water pollution for construction　11.0331
建筑防灾　building disaster prevention　01.0021
建筑风格　architectural style　01.0057
建筑符号学　semiotics of architecture　03.0370
建筑高度　building altitude　01.0132
建筑高度控制　building height control　07.0203
*建筑高度限制　building height control　07.0203
建筑隔声　sound insulation for building　11.0336
建筑工程费　construction cost　05.0010
建筑[工程]机械厂　construction machinery factory　02.0973
建筑工程监理　construction engineering supervision and control　06.0087
建筑工程质量　quality of construction engineering　06.0090
建筑功能　architectural function　01.0051
建筑供配电　power supply and distribution in building　14.0429
建筑构图原理　principle of architectural composition　01.0077
建筑构造　architectural construction　01.0037
建筑管理体制　administration system of building industry　01.0010
建筑光污染　light pollution of construction　11.0350
建筑光学　architectural lighting　10.0001
建筑规模　building dimension　09.0039
建筑红线　building line　07.0217
建筑化夜景照明　structural nightscape lighting　10.0067
建筑画　architectural drawing　09.0376
建筑环保　building environment protection　01.0045
建筑环境模型　building environment model　09.0101
建筑活动执业资格制度　qualification system for construction activities　06.0038
建筑机构　organization of building industry　01.0009
建筑机械　construction machine　01.0046
建筑基坑　building foundation pit　13.0309
建筑给水　building water supply　14.0001
建筑技术　building technology　01.0035
建筑技术科学　building technology science　04.0013
建筑技术课　course of architectural technology　04.0022
建筑间距　building interval　09.0038
建筑教育　architectural education　01.0026
建筑节能　building energy conservation　01.0044
建筑结构单元　building structural unit　13.0094
建筑结构防微振体系　micro-vibration control system of structure　11.0203
建筑经济[学]　building economics　01.0025
建筑勘探　building geotechnics　01.0041
建筑抗震　seismic building，earthquake resistance of building　13.0194
建筑抗震概念设计　seismic concept design of building　13.0217
建筑抗震加固　seismic retrofit of building，seismic strengthening of building　13.0196
建筑抗震鉴定　seismic appraiser of building，seismic evaluation for building　13.0195
建筑抗震设防分类　seismic fortification category for building construction　11.0003
[建筑]抗震设计　seismic design of building　13.0215
建筑科学　building science　01.0034
建筑空间　architectural space　01.0087
建筑空间构成　architectural space composition　01.0081
建筑空间组合　architectural space combination　01.0082
建筑控制高度　building control high　09.0023
*建筑控制线　building line　07.0217
建筑垃圾　construction waste　11.0345
建筑类型　building type　01.0005

建筑类型学　typology of architecture　03.0369
建筑理论　architectural theory　01.0007
建筑理论课　course of architectural theory　04.0018
建筑历史课　course of architectural history　04.0019
建筑历史与理论　architectural history and theory　04.0012
建筑美术实习　architectural art practice　04.0030
建筑美学　architectural aesthetics　01.0052
建筑密度　building density，building coverage　07.0204
建筑面积　floor area　01.0122
建筑面积密度　total floor space per hectare plot　07.0205
建筑模数　building module，construction module　01.0105
建筑模型　building model　04.0045
建筑内部得热　inner heat gain of building　10.0414
建筑内部给水系统　interior water supply system of building　14.0005
建筑排水　building drainage　14.0042
建筑评价　building evaluation　01.0043
建筑气候区划　climatic regionalization for architecture，building climate demarcation　10.0447
建筑气候学　building climatology　10.0446
建筑全寿命周期　life cycle of building　01.0135
建筑群配线设备　campus distributor　14.0704
建筑群主干电缆　campus backbone cable　14.0710
建筑群子系统　campus subsystem　14.0697
建筑热工设计分区　dividing region for building thermal design　10.0451
建筑热工学　building thermal engineering　10.0327
建筑热水　building hot water　14.0093
建筑日照　sunshine on building　10.0153
建筑设备　building equipment　01.0024
建筑设备工程师　building equipment engineer　01.0031
建筑设备管理系统　management system of building equipment　14.0625
建筑设备监控机房　control room of building equipment　14.0811
建筑设备监控系统　monitoring system of building equipment　14.0626
建筑设计　architectural design　01.0016
建筑设计单位　architectural design institution　06.0012
建筑设计规范　code of building design　01.0063
建筑设计及其理论　architectural design and its theory　04.0011
建筑设计课　course of architectural design　04.0017
建筑设计课程任务书　design course program　04.0046
建筑设计院　architectural design institute　06.0013
建筑设计主持权　design direction right　06.0043
建筑设计专题教学　architectural design studio　04.0040
建筑生物气候图　building bio-climatic chart　10.0497
建筑声学　architectural acoustics　10.0167
建筑师　architect　01.0028
建筑师事务所　architect associate　06.0014
建筑师执业知识　knowledge on architectural profession　04.0025
建筑师职业道德　ethics and conducts of architects　06.0004
建筑师职业精神原则　principle of professionalism for architects　06.0010
建筑施工　building construction　01.0036
建筑石膏　building plaster，calcined gypsum　12.0287
建筑实践课　course of architectural practice　04.0024
建筑史　architectural history　01.0006
建筑体积　building volume　01.0127
建筑体系　building system　01.0040
建筑图学　architectural geometry　01.0038
建筑维护　building maintenance　01.0047
建筑文化　architectural culture　01.0033
建筑五金　architectural hardware，building hardware　12.0227
建筑物　building　01.0003
建筑物耗热量指标　index of heat loss of building　14.0226
建筑物理[学]　building physics　01.0020
建筑物配线设备　building distributor　14.0705
建筑物入口设施　building entrance facility　14.0707
建筑物体形系数　shape coefficient of building　14.0234
建筑物主干缆线　building backbone cable　14.0711
建筑现象学　phenomenology of architecture　03.0371
建筑详图　architectural detail　09.0086
建筑小品　site furnishings　01.0059

建筑信息模型 building information model，BIM 09.0135
建筑行为学 behavioral architecture 01.0068
建筑形式 architectural form 01.0056
建筑形态构成 architectural configuration composition 01.0080
建筑性能 building performance 01.0042
建筑修缮 building renovation 01.0048
建筑选址 building site designation 01.0049
建筑学 architecture 01.0002
建筑学教育宪章 Charter for Architectural Education 04.0039
建筑学硕士 master of architecture 04.0035
建筑学学科 architecture discipline 04.0010
建筑学学士 bachelor of architecture 04.0034
建筑学院 school of architecture 04.0033
建筑学专业教育评估 architectural education accreditation 04.0037
建筑业 building industry 01.0008
建筑遗产 architectural heritage 03.0405
建筑艺术 architectural art 01.0053
建筑艺术课 course of architectural art 04.0023
建筑造型 architectural image 01.0058
建筑制品 building product 01.0023
建筑中水 reclaimed water system for building 14.0123
*建筑综合体 multi-functional building，building complex 02.0003
建筑坐标 construction coordinate 09.0037
*剑石 stalagmite 08.0107
健身房 gymnasium，gym 02.0457
健身俱乐部 fitness center，health club 02.0654
*健身中心 fitness center，health club 02.0654
鉴定室 authentication room 02.0306
箭楼 archery tower，jianlou 03.0158
礓䃰 ramp［saw-tooth surface］ 03.0115
降水量 precipitation 10.0467
降温池 cooling tank 14.0083
降压启动 reduced-voltage starting 14.0483
降雨历时 duration of rainfall 14.0090
降噪量 noise reduction，noise abatement 10.0305
降噪系数 noise reduction coefficient 10.0296
交叉感染 cross-infection 11.0370
交叉连接 cross-connect 14.0727
交叉式楼梯 intersecting stairs，staggered stairs 09.0331
*交接 cross-connect 14.0727
交接检测 handing over inspection 06.0096
交流变频调速 A-C speed regulating by frequency variation 14.1065
交流电动机 alternating current motor 14.0476
交流电动机调速 speed control of alternating current motor 14.0487
交流电动机软启动 soft starting of alternating current motor 14.0486
交通场站用地 land for transportation terminal 07.0151
［交通］出入口方位 direction of entry 07.0213
［交通］出入口数量 number of entry 07.0214
交通分析图 traffic analysis drawing 09.0029
交通建筑 transportation building 02.0671
交通流线节点 intersection 09.0415
交通面积 traffic area 01.0125
交通评价 traffic assessment 09.0014
交通枢纽 public transport terminal 02.0672
交通枢纽用地 land for transportation hub 07.0150
交通噪声频谱修正量 traffic noise spectrum adaptation term 10.0275
交通噪声指数 traffic noise index 10.0310
交通组织 traffic organization 07.0226
交往空间 contact space 01.0090
郊区化 suburbanization 07.0010
胶合板 plywood 12.0237
胶合板结构 plywood structure 13.0124
胶合木结构 glued timber structure 13.0122
*胶结料 binding materials，cementitious materials 12.0008
胶凝材料 binding materials，cementitious materials 12.0008
焦化厂 coking plant 02.0943
焦炉煤气 coke-oven gas 14.0894
角钢 angle steel 12.0214
角脊 diagonal ridge，jiaoji 03.0127
角梁 corner beam 03.0072
角楼 corner tower，jiaolou 03.0156
*角铁 angle steel 12.0214
*角系数 angle factor 14.0297
角柱 corner column 03.0033

脚光　foot light　02.0397
校对人　checker　06.0030
教会建筑　missionary architecture　03.0241
教具室　tool room　02.0190
*教馆　private school　03.0174
教师办公用房　teacher's office　02.0172
教室　classroom　02.0174
教学管理用房　administrative room　02.0171
教学用房　teaching room　02.0169
教育建筑　educational building　02.0154
教育科研用地　land for education and scientific research　07.0133
阶梯教室　lecture theater　02.0186
阶条石　stone slab［at platform edge］　03.0111
*阶沿石　stone slab［at platform edge］　03.0111
接插软线　patch call　14.0725
*接处警中心　alarm receiving center　14.0816
接触器　contactor　14.0479
接触水平　exposure level　11.0356
接待室　reception room　02.0036
*接待厅　reception room　02.0036
接地　ground　11.0061
接地导体　ground conductor　11.0067
接地电流　earth current　14.0504
接地端子　grounding terminal　11.0068
接地极　ground electrode　11.0065
接地继电器　earth fault relay　14.0553
接地开关　earthing switch，grounding switch　14.0536
接地配置　grounding arrangement　11.0060
接地网　ground electrode network　11.0066
接缝带　joint tape　12.0312
接户管　inter-building pipe　14.0019
接口　interface　14.0802
接闪器　air-termination system　11.0058
接通能力　making capacity　14.0512
接线盒　junction box　14.0584
街道设施　street furniture　07.0330
*街坊　neighborhood　07.0285
街景　streetscape　07.0334
街旁绿地　roadside green space　08.0022
街区　block　07.0200
节点　joint，node　13.0057；node　14.0803
节点计算机　node computer　14.0804
*节点详图　architectural detail drawing　09.0087
节能　save energy，conservation energy　14.0835
节能率　energy saving ratio　10.0430
节约用电　electric energy saving　14.0459
洁净车间　clean workshop　02.1047
洁净度　cleanliness　11.0164
洁净工作服　clean working garment　11.0180
洁净工作台　clean bench　11.0179
洁净煤技术　clean coal technology　14.0873
洁净能源　clean energy　14.0829
洁净区　clean zone　11.0162
洁净室　clean room　02.1048
洁静实验室　clean laboratory　02.0228
*结点　node　14.0803
结构　structure　13.0092
结构侧移刚度　lateral displacement stiffness of structure　13.0052
结构层　structural floor，structural layer　09.0247
结构的整体稳固性　structural integrity，structural robustness　13.0090
结构动力特性　dynamic property of structure　13.0199
结构动力特性测试　dynamic property measurement of structure　13.0213
*结构动态特性　dynamic property of structure　13.0199
*结构动态特性测试　dynamic property measurement of structure　13.0213
结构分析　structural analysis　13.0065
结构抗震变形能力　earthquake resistant deformability of structure　13.0251
结构抗震承载能力　seismic resistant capacity of structure　13.0250
结构抗震性能　earthquake resistant behavior of structure　13.0198
结构面积　structure area　01.0126
结构模型　structural model　13.0060
结构屏蔽　structural shield　11.0286
结构墙　structural wall　13.0157
结构实体几何表示法　constructive solid geometry，CSG　09.0142
结构体系抗震加固　seismic retrofit of structural system，seismic strengthening of structural system　13.0256
结构型密封材料　structural sealant　12.0299
结构性破坏　structural damage　13.0252

结构选型 selection of structure typology 01.0050
结构振动控制 structural vibration control 13.0234
结构总工程师 chief structural engineer 06.0023
结合层 binding course 09.0249
结合通气管 yoke vent pipe 14.0076
截面刚度 rigidity of section 13.0050
截面惯性矩 second moment of area, moment of inertia 13.0036
截面回转半径 radius of gyration 13.0039
截面极惯性矩 polar second moment of area，polar moment of inertia 13.0037
截面面积矩 first moment of area 13.0035
截面模量 section modulus 13.0038
解构主义 deconstructivism 03.0363
解剖室 autopsy room 02.0569
解吸除氧 desorption deoxidization 14.1028
界面 surface 07.0335
借出处 lending department 02.0304
借景 view borrowing 08.0045
金刚宝座塔 Vajra Throne pagoda 03.0214
金工车间 machine shop 02.1034
金融建筑 financial building 02.0622
金属板幕墙 metal panel curtain wall 09.0188
金属材料 metallic materials 12.0001
金属家具 metal furniture 09.0397
金属卤化物灯 metal halide lamp 10.0085
金属面夹芯板 metal skinned sandwich panel 12.0152
金属瓦 metal tile 12.0134
金箱斗底槽 jinxiang doudi cao 03.0024
金砖 jinzhuan 03.0135
金字塔 pyramid 03.0253
紧凑型荧光灯 compact fluorescent lamp 10.0090
紧急报警 emergency alarm 14.0641
紧急报警装置 emergency alarm switch 14.0642
*锦玻璃 glass mosaic 12.0173
尽端式舞台 end stage 02.0360
*尽端式站房 terminal station building 02.0709
近端串扰 near-end crosstalk，NEXT 11.0092
近机位 contact aircraft stand，gate stand 02.0688
近期建设规划 short-term plan for development 07.0070
进场验收 site acceptance 06.0092
进出站地道 passenger tunnel，platform tunnel 02.0728
进出站天桥 platform bridge 02.0727
进深 depth of building 01.0129
浸渍时间 soaking time 14.0190
浸渍纸层压木质地板 laminate floor covering，laminate flooring 12.0318
禁区 restricted area 14.0690
禁止标志 forbidden sign 09.0411
禁止建设区 development-prohibited zone 07.0073
经度 longitude 10.0504
经济传热阻 economic thermal resistance 10.0396
经济[技术]开发区 economic technological development district 02.0900
*经济空间论 location theory 07.0065
经济评价 economic evaluation 05.0041
经济适用房 affordable housing 06.0163
经济型旅馆 economic hotel 02.0643
经营成本 operating cost 05.0072
经营性项目 operating project 05.0077
经营性用地 profit-oriented land 06.0131
经幢 sutra pillar 03.0215
晶体材料 crystalline materials 12.0004
精密车间 precision workshop 02.1046
精明增长 smart growth 07.0040
精装修 fine fitment 09.0372
*精装修房 fully decorated house 06.0155
井干式 log-cabin construction，jinggan 03.0007
井字梁 cross beam 13.0168
景点 feature spot，view spot 08.0173
景观 landscape，scenery 08.0175
景观设计 landscape design 01.0019
景观设计师 landscape architect 01.0030
景观园林 landscape architecture 01.0013
景区 scenic zone 08.0174
景物 scenic feature 08.0172
警告标志 warning sign 09.0410
警示标志 caution sign 11.0118
警务室 police station 02.0147
*警务站 security room 02.0758
径流系数 runoff coefficient 14.0092
竞赛区 arena，field of play 02.0480
竞争性谈判 competitive negotiation 06.0059
*敬老院 nursing home for seniors 02.0099
静电除尘器 electrostatic precipitator 14.0988

静电放电　electrostatic discharge，ESD　11.0300
静电感应　electrostatic induction　11.0305
静电接地　electrostatic grounding　11.0313
静电屏蔽　electrostatic shielding　11.0312
静电危害　electrostatic harm　11.0301
静电泄漏　electrostatic leakage　11.0306
静电噪声　electrostatic noise　11.0303
静电中和　electrostatic neutralization　11.0310
静定结构　statically determinate structure　13.0063
静力平衡原理　principle of statical equilibrium　13.0009
静态测试　at-rest test　11.0185
静态分析　static analysis　05.0075
静态交通　static traffic　07.0228
静态平衡阀　static hydraulic balancing valve　14.0365
静态投资　static investment　05.0021
静态作用　static action　13.0079
静压箱　plenum chamber　14.0395
镜框式舞台　proscenium stage　02.0355
镜面反射采光　specular reflection daylighting　10.0129
镜像投影法　mirror image projection　09.0094
九年[一贯]制学校　primary school with nine years program　02.0160
酒吧　bar，lounge　02.0649
*酒店　hotel　02.0635
救护站　first aid station　02.0510
救灾通道　anti-disaster access　07.0237
救灾物资储备库　pool of relief supplies　02.0856
救助站　refuge　02.0126
居民点　settlement　07.0001
居住建筑　residential building　02.0071
居住空间　habitable space　02.0100
居住绿地　green space attached to housing estate，residential green space　08.0027
居住区　residential district　07.0172
居住区道路系统　residential road system　07.0270
居住区公共配套设施　service facilities　02.0077
居住区公园　residential district park　07.0271
居住区规划　residential district planning　07.0267
居住物业　residential property　06.0142
居住小区　residential quarter　07.0268
居住小区给水系统　residential district water supply system　14.0004
居住用地　residential land　07.0129
*居住组团　housing cluster，housing group　07.0269
拘留所　detention house　02.0145
局部等电位连接　local equipotential bonding，LEB　14.0500
局部热水供应系统　local hot water supply system　14.0095
局部应用二氧化碳灭火系统　local application carbon dioxide extinguishing system　14.0160
局部照明　local lighting　10.0043
举架　raising-the-roof [method]，jujia　03.0026
举折　folding-the-roof [method]，juzhe　03.0025
巨石阵　stonehenge　03.0251
拒水粉防水粉屋面　water-proof roofing with water-repellent compound layer　09.0272
俱乐部　club　02.0429
剧场　theater　02.0321
锯齿形天窗厂房　saw-tooth industry building　02.0924
聚氨酯泡沫塑料　expanded polyurethane，polyurethane foam　12.0243
聚丙烯管　polypropylene pipe　12.0333
聚丁烯管　polybutylene pipe　12.0334
聚光灯　spotlight　10.0102
聚光照明　spot lighting　10.0063
聚合物乳液建筑防水涂料　polymer emulsion architectural waterproof coating　12.0278
聚合物水泥防水涂料　polymer-modified cement compound for waterproofing membrane，polymer-cement waterproofing coating　12.0279
聚乙烯管　polyethylene pipe　12.0332
捐赠展厅　donation exhibition hall　02.0274
卷帘　rolling　09.0210
卷门　rolling door　09.0297
卷棚　rolled ridge roof　03.0085
*卷片室　rewind room　02.0408
卷杀　entasis，juansha　03.0027
卷涡　volute　03.0334
绝对标高　absolute elevation　09.0116
*绝对黏度　dynamic viscosity　14.0879
绝对湿度　absolute humidity　10.0461
绝热　adiabatic　10.0368
绝缘导线　insulated conductor　14.0585
绝缘楼地面　insulated floor　09.0239

绝缘配合　insulation coordination　14.0515
绝缘强度　insulation strength　14.0514
绝缘子　insulator　14.0586
军马场　army horse-keeping farm　02.1075
均分尺寸　equipartition scale，equal dimension scale　09.0124
均衡防护　balanced protection　14.0693
均质材料　homogeneous materials　12.0006
均质片　homogeneous sheet　12.0274
菌种　bacteria　11.0377
竣工决算　final settlement of account　05.0008
竣工图　as-built drawing　06.0106
竣工验收　final acceptance　07.0355

K

咖啡厅　cafe　02.0651
喀斯特地貌　karst landform　13.0275
*卡拉 OK 包房　karaoke TV compartment，KTV compartment　02.0445
开闭所　switching station　02.0845
开敞空间　open space　01.0096
开敞式楼梯　open staircase　09.0333
开敞式舞台　open stage　02.0356
开发强度　development intensity　09.0004
开发区　development zone　07.0033
开放式办公室　open space office　02.0116
*开放式厨房　kitchenette　02.0044
开放式畜舍　open livestock house　02.1057
开工报告　report for starting construction　06.0086
开关　switch　14.0533
开关柜　metal enclosed switchgear　14.0467
*开关站　switching station　02.0845
开架书库　open stack　02.0313
开架阅览室　open stack reading room　02.0300
开间　bay　01.0128
开口比　opening ratio　10.0413
开式热水供应系统　open hot water system　14.0098
开水间　water heater room　02.0045
勘察资质　qualification of surveying and geotechnical engineering　06.0050
堪培拉建筑教育协议　Canberra accord on architectural education　04.0038
看守所　detain station　02.0146
看台　spectator stand，bleacher　02.0486
康复[医学]科　rehabilitation department　02.0581
康复医院　rehabilitation hospital　02.0511
*抗拔桩　uplift pile　13.0306
抗爆单元　anti-bomb unit　11.0142
抗侧力体系　lateral resisting system　13.0226
抗冻性　frost resistant　12.0018
抗风压性能　wind load resistance performance　12.0040
抗风柱　wind-resistant column　13.0151
抗浮设防水位　groundwater level for prevention of upfloating　13.0317
抗浮桩　uplift pile　13.0306
抗静电地板　static resistant floor　09.0241
抗力　resistance　13.0082
抗渗性　impermeability　12.0017
抗液化措施　anti-liquefaction measure，liquefaction defence measure　11.0036
抗震措施　seismic measure　13.0219
抗震等级　seismic grade　13.0233
抗震构造措施　detail of seismic design　13.0220
抗震计算方法　seismic analysis method，seismic calculation method　13.0240
抗震减灾规划　earthquake disaster reduction planning　11.0037
抗震结构整体性　integral behavior of seismic structure　13.0222
抗震墙　seismic structural wall　13.0227
抗震设防　earthquake fortification，seismic fortification　11.0001
抗震设防标准　earthquake fortification level，seismic fortification criterion　11.0002
抗震设防烈度　earthquake fortification intensity，seismic fortification intensity　11.0007
抗震试验　earthquake resistant test，seismic test　13.0208
抗震性能评价　earthquake resistant performance assessment　13.0255

抗震支撑　seismic brace　13.0228
《考工记》营国制度　Kaogongji city planning formulation　07.0289
*烤烟房　oast house　02.1114
科技活动室　science and technology laboratory　02.0187
科林斯柱式　Corinthian order　03.0289
科普活动室　popular science activity room　02.0297
科[学]技[术]馆　science and technology museum　02.0256
科学价值　scientific value　03.0392
科学实验建筑　laboratory building　02.0200
科[学]研[究]图书馆　research institutional library　02.0244
可变成本　variable cost　05.0074
*可变荷载　variable action　13.0077
可变作用　variable action　13.0077
可拆卸式电磁屏蔽室　modular electromagnetic shielding enclosure　14.0820
可达性　accessibility　07.0338
可见度　visibility　10.0017
可靠指标　reliability index　13.0084
可燃性薄雾　flammable mist　11.0133
可燃性气体　flammable gas　11.0131
可燃性物质　flammable material　11.0130
可燃性液体　flammable liquid　11.0132
可调混响室　acoustical room　02.0403
可调式灯具　adjustable luminaire　10.0098
可听声　audible sound　10.0183
可吸入颗粒物　inhalable particle of 10 μm or less, PM10　11.0322
可行性研究　feasibility study　06.0072
可移式灯具　portable luminaire　10.0099
可再生能源　renewable energy　14.0828
可照时数　possible sunshine duration　10.0155
刻痕钢丝　indented wire　12.0211
客房　guest room　02.0663
客货共线铁路旅客车站　mixed traffic railway station　02.0703
客流预测　passenger flow forecast　02.0750
*客厅　living room　02.0102
客运室　passenger service office　02.0721
客运专线铁路旅客车站　passenger railway station　02.0704
空侧　airside　02.0675
空斗墙　rowlock cavity wall　09.0182
*空分设备厂　oxygenerator factory　02.0962
空间规划　spatial planning　07.0012
*空间艺术　space art　01.0053
*空泡腐蚀　cavitation corrosion　14.1121
空铺地面　raised flooring　09.0234
空气吹淋室　air shower　11.0176
空气动力系数　air dynamic coefficient　10.0388
空气断路器　air circuit-breaker　14.0538
空气过滤　air filtration　11.0324
空气间层　air space　10.0402
空气间隙　air gap　14.0022
空气净化器　air cleaner　11.0325
空气幕　air curtain　14.0241
空气渗透　air leakage　10.0429
空气声　air borne sound　10.0255
空气声隔声频谱修正量　spectrum adaptation term for air-borne sound insulation　10.0273
空气-水系统　air-water system　14.0291
空气调节　air conditioning　14.0284
空气调节机房　air handling unit room　14.0383
空气调节系统冷负荷　air conditioning system cooling load　14.0370
空气雾化油燃烧器　air atomizing oil burner　14.0965
空气悬浮粒子　airborne particle　11.0165
空气预热器　air preheater　14.0350
空气源热泵　air source heat pump　14.0389
*空区　airside　02.0675
*空蚀　cavitation corrosion　14.1121
空态测试　as-built test　11.0184
空调度日数　cooling degree day　10.0418
空心玻璃砖　hollow glass block　12.0188
空心砌块墙体　hollow unit masonry　09.0183
空心砖　hollow brick　12.0147
孔板送风　perforated air supply　14.0319
孔隙率　porosity, porosity percentage of void　12.0026
空地率　open space ratio　07.0211
*空隙度　porosity, porosity percentage of void　12.0026
控制标高　control elevation, control level　07.0243
控制点坐标　control point coordinate　07.0244
控制符号　control symbol　09.0430
*控制器　controller, regulator　14.0360

控制区　controlled area　11.0280
*控制台室　control room　02.0756
控制系统　control system　14.0750
控制性详细规划　detailed regulatory planning　07.0195
*控制循环锅炉　forced circulation boiler　14.0952
控制指标　control index　07.0357
控制中心报警系统　control center alarm system　11.0117
库房　stockroom，stock room，storage room　02.0878
跨度　span　02.0915
跨境遗产　transboundary property，cross-border heritage　03.0381
快餐店　fast food restaurant，refreshment store　02.0610
*快捷旅馆　economic hotel　02.0643
快速进站通道　fast channel　02.0730
*快速式热交换器　instantaneous heat exchanger，instantaneous water heater　14.0113
快速式水加热器　instantaneous heat exchanger，instantaneous water heater　14.0113
快速响应喷头　fast response sprinkler　14.0153
快图设计　fast design　04.0026
快硬硫铝酸盐水泥　rapid hardening sulphoaluminate cement　12.0051
矿井气　mine drainage gas　14.0889
*矿棉　slag wool　12.0247
矿山机械厂　mining machinery plant　02.0966
矿物掺合料　mineral admixture　12.0095
*矿物燃料　fossil fuel　14.0861
矿业城市　mining city　07.0029
*矿业资源型城市　mining city　07.0029
矿渣[硅酸盐]水泥　Portland blast-furnace-slag cement　12.0044
矿渣棉　slag wool　12.0247
框架-核心筒结构　frame-core wall structure　13.0138
框架-剪力墙结构　frame-shear wall structure　13.0135
框架结构　frame structure　13.0132
框架-支撑结构　frame-bracing structure　13.0133
框式家具　frame-type furniture　09.0403
魁星楼　kuixinglou　03.0171
昆山石　Kunshan stone　08.0098
扩大模数　expanded module　01.0107
扩建　building expansion　01.0062
扩散场距离　diffuse field distance　10.0231
扩散声场　diffuse sound field　10.0215
扩散式燃烧器　diffusion-flame burner，spreading-flame burner　14.0969
扩声系统　sound reinforcement system　10.0318
扩展基础　spread foundation　13.0297

L

垃圾处理场　garbage disposal plant　02.0840
垃圾发电站　waste incineration power plant，waste to energy power plant　02.0938
*垃圾房　waste station　02.0839
垃圾站　waste station　02.0839
*垃圾中转站　waste station　02.0839
拉丁十字形　Latin cross　03.0338
拉线　guy，stay　14.0583
喇嘛塔　lama pagoda　03.0213
阑额　[vertically positioned]architrave，lan’e　03.0064
廊　porch，gallery，lang　03.0150
廊桥　corridor bridge　08.0122
*浪漫的古典主义　romanticism，romantic classicism　03.0340
浪漫主义　romanticism，romantic classicism　03.0340
劳动技术教室　workshop　02.0184
老虎窗　dormer　09.0325
老化　aging　12.0037
老年人居住建筑　residential building for the senior citizen　02.0096
老年住宅　senior housing　02.0097
老人院　nursing home for seniors　02.0099
橑檐枋　liaoyanfang　03.0061
乐池　orchestra pit　02.0369
勒脚　plinth　09.0212
雷电保护接地　lightning protective ground　11.0062
雷电冲击电流　lightning current impulse　11.0077
雷电流　lightning current　11.0047

雷击　lightning stroke　11.0043
雷击点　point of strike　11.0044
雷击电磁脉冲　lightning electromagnetic pulse，LEMP　11.0053
肋骨拱　ribbed vault　03.0315
类似色　analogy color　09.0462
累年　normals　10.0503
棱拱　groin vault　03.0314
冷拔钢丝　cold drawn wire，hard drawn wire　12.0209
冷藏间　refrigerated room　02.0890
冷[藏]库　cold storage　02.0886
冷床　cold bed　02.1098
冷底子油　adhesive bitumen primer　09.0276
冷冻机厂　refrigerator manufactory，refrigerating machine factory　02.0970
*冷冻站　refrigeration station，refrigeration plant room　14.0386
冷风机组　self-contained cooling unit，cooling unit　14.0367
冷间　cold room　02.0887
冷紧系数　coefficient of cold-pull　14.1066
冷凝　condensation　10.0406
冷凝锅炉　condensing boiler　14.0961
冷凝器　condenser　14.0338
冷暖对比　contrast between cold and warm color　09.0486
冷盘管　cooling coil　14.0373
*冷桥　thermal bridge　10.0403
冷却　cooling　14.0295
冷却间　chilling room　02.0888
冷却塔　cooling tower　14.0038
冷却塔循环水泵房　pump room for circulating water of cooling tower　14.0196
冷热源设备　refrigerating machine chiller　14.0333
冷色　cold color　09.0455
冷色表　cold color appearance　10.0030
冷缩　temperature shrinkage　12.0021
冷弯轻钢结构　cold-formed steel framing system，light gage framing system　13.0118
离岸价　free on board，FOB　05.0067
离心式通风机　centrifugal fan　14.0269
离心式压缩机　centrifugal compressor　14.0337
离子化静电消除器　ionizing static eliminator　11.0311
离子交换　ion exchange　14.1022
离子交换除盐　ion exchange desalt ination　14.1024
离子交换软化　ion exchange softening　14.1023
*礼拜寺　mosque　03.0218
里　neighborhood　07.0285
里坊　block system，lifang　03.0162
里氏震级　Richte magnitude　11.0004
理发店　barber shop　02.0620
理化检验　physical and chemical examination　14.1116
*理疗部　physiotherapy department　02.0555
理疗科　physiotherapy department　02.0555
理论空气量　theoretical air　14.0973
理论燃烧温度　theoretical combustion temperature　14.0972
理论烟气量　theoretical quantity of flue gas　14.0975
理想城市　ideal city　07.0291
理想气体　ideal gas　14.1076
理性主义　rationalism　03.0356
力　force　13.0001
力法　force method　13.0071
力矩　moment of force　13.0005
力偶　couple of force　13.0006
力系　system of forces　13.0002
力学实验室　mechanics laboratory　02.0213
历年　annual　10.0502
历年平均不保证时　unassured hour for average year　14.0039
历史地段　historic area　07.0306
历史价值　historical value　03.0391
历史建筑　historical building　02.1132
历史名园　historical garden and park　08.0018
*历史文化保护区　historic conservation area　07.0303
历史文化街区　historic conservation area　07.0303
历史文化名城　historic city　07.0302
历史文化名村　historic village　07.0305
历史文化名镇　historic town　07.0304
立缝　standing seam　09.0288
立管　vertical pipe，riser，stack　14.0061
立面图　elevation　09.0083
立式幅面　vertical sheet style　09.0111
立体电影院　stereophonic cinema　02.0331
立体构成　stereoscopic composition　01.0079
立体桁架结构　spatial truss structure　13.0186

立体跨线设施　crossover facility　02.0726
立体绿化　vertical planting　08.0065
立项　project initiation and approval　06.0064
立转窗　vertical pivot casement　09.0324
利用系数　utilization factor　10.0071
沥青　bitumen，asphalt　12.0271
*沥青玻纤瓦　asphalt shingle made from glass felt　12.0133
沥青基防水涂料　asphaltic base waterproof coating　12.0277
粒化高炉矿渣粉　ground granulated blast furnace slag　12.0097
连接　connection　13.0056
连接器件　connecting hardware　14.0708
连廊　corridor，covered path　02.0065
连梁　coupling wall-beam　13.0145
连续倒塌　progressive collapse　13.0091
连续感　sense of continuity　07.0342
连续供暖　continuous heating　14.0204
连续梁　continuous beam　13.0171
莲花式柱　lotus column　03.0283
联动触发信号　basic signal for logical program　14.0605
联动反馈信号　feedback signal from automatic equipment　14.0604
联动控制信号　control signal for automatic equipment　14.0603
联合厂房　workshop under one roof　02.1020
联合设计专题　joint design studio　04.0041
*联立式住宅　row house，terrace house，townhouse　02.0087
联络线　connecting line　02.0743
联排式住宅　row house，terrace house，townhouse　02.0087
联系梁　tie beam　13.0152
廉租房　low-rent housing　06.0165
炼钢厂　steel plant　02.0946
凉亭　garden pavilion　08.0115
梁　beam，liang　03.0070
*粮仓　granary，grain depot，grain storage　02.0863
粮库　granary，grain depot，grain storage　02.0863
粮食加工厂　grain processing plant　02.1003
两层式机械汽车库　two story mechanical garage　02.0777
两管制水系统　two-pipe water system　14.0316
两相短路　two-phase short-circuit　14.0508
亮度对比　luminance contrast　10.0015
亮度计　luminance meter　10.0161
量调节　variable flow control　14.1064
疗养院　sanatorium　02.0513
列头柜　array cabinet　14.0731
列植　linear planting　08.0061
列柱法　columniation　03.0295
裂化气　cracked gas　14.0898
邻近色　adjacent color　09.0463
邻里单位　neighborhood unit　07.0296
林荫道　parkway，boulevard　07.0336
临街面　frontage　07.0333
临界含盐量　critical dissolved salt　14.1040
临界状态　critical state，critical condition　14.1075
临空墙　blastproof partition wall　11.0160
临时高压消防给水系统　temporary high-pressure fire water system　14.0136
临时建筑　temporary construction　07.0358
临时看台　temporary stand　02.0489
临时用地　temporary site　07.0359
临时展厅　temporary exhibition hall　02.0269
檩　purlin，lin　03.0073
檩条　purline　13.0177
灵璧石　Lingbi stone　08.0099
灵活厂房　flexible workshop　02.1019
陵墓　graveyard　03.0201
零能耗建筑　zero energy building　01.0075
零售商店　retail store　02.0599
零序电流互感器　zero-sequence current transformer　14.0524
零序电流继电器　zero-sequence current relay　14.0552
领事馆　consulate　02.0132
*溜冰场　outdoor ice skating rink　02.0474
*溜冰馆　indoor ice skating rink　02.0475
*流杯渠　liubeiqu　03.0121
流盃渠　liubeiqu　03.0121
流动空间　flowing space　01.0095
流动资金　working capital　05.0020
流态混凝土　flowing concrete　12.0072
*流通书库　auxiliary stack　02.0310
流域规划　river basin planning　07.0057

流阻　flow resistance　10.0297
琉璃瓦　glazed tile　03.0131
六氟化硫断路器　sulfur hexafluoride circuit-breaker　14.0541
龙骨　joist，keel　12.0311
笼型异步电动机　squirrel-cage asynchronous motor　14.0477
楼板　floor plate，slab　13.0163
楼层　floor，story　02.0011
楼层配线设备　floor distributor　14.0706
楼盖　floor system　13.0159
楼阁　multi-storied building　03.0151
楼阁式塔　multi-storied pagoda in louge style　03.0210
楼廊　gallery house　08.0112
楼面地价　land value per unit floorage　06.0140
楼梯　stairs　09.0329
楼梯地毯压条　stair rod　09.0346
楼梯间　staircase　02.0066
楼梯栏杆　railing balustrade　09.0344
楼梯平台　stair landing　09.0343
楼座　balcony　02.0337
*楼座挑台　balcony　02.0337
漏报警　leakage alarm　14.0682
露点温度　dew-point temperature　10.0390
*露台　terrace　02.0056
露天仓库　open air repository，open air depot，open storage　02.0865
露天堆场　open stacking yard　02.0866
炉内脱硫法　desulfurization in the boiler　14.0990
栌斗　cap block，ludou　03.0049
卤代烷灭火系统　halocarbon extinguishing system　14.0178
卤钨灯　tungsten halogen lamp　10.0080
《鲁班经》　Classic of Luban，Luban Jing　03.0231
陆侧　landside　02.0676
*陆区　landside　02.0676
*录音工作室　recording studio，recording room　02.0822
录音棚　recording studio，recording room　02.0822
录音室　recording room　02.0823
滤毒室　gas-filtering room　11.0153
盝顶　truncated roof　03.0086
路拱　crown　09.0055
路基　subgrade　09.0052
路肩　shoulder，verge　09.0054
路面　pavement　09.0053
路网密度　density of road network　09.0016
*闾里　neighborhood　07.0285
旅店　inn　02.0637
旅馆　hotel　02.0635
旅馆式办公楼　service office building　02.0109
旅馆式公寓　service apartment　02.0093
[旅客]安检区　security check area　02.0691
旅客车站专用场地　surrounding area of a train station　02.0706
[旅客]登机桥　boarding bridge　02.0687
旅客分流　passenger separation　02.0686
[旅客]航站楼　[passenger] terminal building　02.0680
旅客捷运系统　automated people mover，APM　02.0700
旅客站房　passenger station building　02.0707
旅游城市　tourist city　07.0031
旅游度假区　tourism & resort zone　07.0034
铝单板　aluminum sheet　12.0224
*铝蜂窝板　aluminum honeycomb composite panel　12.0226
铝蜂窝复合板　aluminum honeycomb composite panel　12.0226
铝管　aluminum pipe　12.0328
铝合金板　aluminum alloy sheet　12.0223
铝合金衬塑管　aluminum alloy liner plastic pipe　12.0338
铝合金管　aluminum alloy pipe　12.0329
铝合金门窗　aluminum door and window　12.0301
*铝塑板　aluminum-plastic composite panel　12.0225
铝塑复合板　aluminum-plastic composite panel　12.0225
铝塑复合管　aluminum-plastic composite pipe，aluminum polyethylene composite pressure pipe　12.0336
律师室　lawyer's room　02.0142
绿带　green belt　08.0033
绿地　open space，green space　08.0004
绿地率　greening rate　07.0210
绿地面积　green area　01.0133
绿地与广场用地　land for park and square　07.0156
绿化　greening，planting　08.0002

绿化布置图　green layout planning　09.0030
绿化覆盖率　greenery coverage ratio　08.0032
绿化覆盖面积　green coverage area　08.0031
绿化隔离区　green buffering zone　07.0186
绿篱　hedge　08.0092
绿墙　green wall　08.0093
绿色建筑　green building　01.0070
*绿色通道　fast channel　02.0730
绿色照明　green lighting　10.0039
卵石　pebble　12.0101
轮渡站　ferry station　02.0767
轮廓照明　contour lighting　10.0064
轮椅坡道　ramp for wheelchair　09.0063
*罗汉床　platform，daybed　09.0383
罗马风建筑　Romanesque architecture　03.0270
罗马券柱式　Roman arch and order　03.0293
*罗马式建筑　Romanesque architecture　03.0270
罗马水道　viaduct，Roman waterway　03.0264
*罗曼建筑　Romanesque architecture　03.0270
螺杆式压缩机　screw compressor　14.0336
裸根移植　bare root transplanting　08.0163
洛杉矶先锋派　the Los Angeles avant-garde　03.0367
*落架大修　disassembly of heritage　03.0425
*落水口　scupper　09.0283
落叶树　deciduous tree　08.0072

M

麻将室　mahjong room　02.0449
麻醉科　anesthesiology department　02.0564
麻醉室　anesthesia room　02.0562
马道　madao　03.0159
*马厩　horse barn　02.1077
马丘比丘宪章　The Charter of Machu Picchu　07.0299
马舍　horse barn　02.1077
马术场　equestrian field　02.0471
马戏场　circus　02.0334
玛雅建筑　Mayan architecture　03.0266
*买办式　veranda style　03.0236
脉冲声　impulsive sound　10.0237
脉冲响应　impulse response　10.0238
*蛮横主义　brutalism　03.0359
漫射照明　diffused lighting　10.0059
漫游　panning　09.0173
盲道　sidewalk for the blind　09.0059
盲区　blind area　14.0691
盲人公园　blind's garden　08.0016
芒塞尔体系　Munsell system　09.0467
*毛玻璃　frosted glass，ground glass　12.0191
毛坯房　roughcast house　06.0154
*煤当量　coal equivalent　14.0865
煤的工业分析　proximate analysis of coal　14.0868
煤的固定碳　fixed carbon of coal　14.0870
煤的灰分　ash content of coal　14.0871
煤的挥发分　volatile of coal　14.0869
煤的全硫分　total sulfur of coal　14.0872
煤的元素分析　elemental analysis of coal，ultimate analysis of coal　14.0867
煤粉锅炉　pulverized-coal fired boiler　14.0958
煤粉燃烧器　pulverized-coal burner　14.0963
煤库　coal store，coal house，coal bunker　02.0862
煤质分析基准　basis for coal analysis　14.0866
美人靠　chair-back balustrade　03.0106
美容院　beauty salon　02.0621
美术馆　art museum　02.0252
美术教室　atelier，art room　02.0181
门　door　09.0289
门斗　enclosed entrance porch　02.0021
门垛　door pier　09.0217
*门额　lintel　03.0099
门槛　door sill　09.0304
门框　door frame　09.0301
门框墙　door frame wall　11.0150
门廊　porch，portico　02.0025
门亮子　transom window　09.0312
门楣　lintel　03.0099
*门铺　door knocker　03.0101
门扇　door leaf　09.0302
门式刚架　portal frame，gabled frame　13.0150
*门樘　door frame　09.0301
门厅　entrance hall，anteroom，lobby　02.0022
门簪　pin at doorhead［connecting lintels］　03.0100

*门站　gate station of gas distribution network 14.0911
门诊部　outpatient department　02.0523
门诊手术室　outpatient operating room　02.0559
闷顶　loft　09.0264
*蒙古包　yurt　03.0227
孟莎式屋顶　mansard roof　09.0257
泌水性　bleeding　12.0024
密闭厂房　enclosed industrial factory　02.1018
密闭阀门　airtight valve　11.0151
密闭隔墙　airtight partition wall　11.0159
密闭门　airtight door　11.0147
*密闭区　airtight space　11.0139
密闭式燃具　sealed gas burning appliance　14.0918
密度　density　10.0369
密封材料　sealing materials　12.0280
密封膏　sealant　12.0296
密封屏障　confinement barrier　11.0276
密封源　sealed source　11.0261
密集书库　compact stack　02.0314
密肋楼盖　rib floor　13.0160
密檐塔　densely-placed eaves pagoda　03.0211
面层　surface finish　09.0250
面层加固法　masonry strengthening with mortar splint 13.0259
面光桥　forestage lighting gallery　02.0395
面积对比　contrast of color area　09.0487
*面式换热器　recuperator，recuperative heat exchanger 14.1047
庙宇　monastery，temple　03.0206
灭火级别　fire rating　14.0172
灭火浓度　flame extinguishing concentration　14.0188
灭火器　fire extinguisher　14.0171
民居　vernacular dwelling　03.0221
民俗园　folklore garden，folklore village　02.0423
民用建筑　civil building　02.0001
民政建筑　civil affairs building　02.0124
*民族村　folklore garden，folklore village　02.0423
敏感度门限　susceptibility threshold　11.0221
敏感性分析　sensitivity analysis　05.0060
名宦祠　memorial hall for renowned official　03.0197
*名牌折扣店　outlet　02.0602
明度　brightness　09.0450
明度对比　brightness contrast　09.0484
明度基调　lightness motif　09.0493
明沟　open drain，drainage　09.0224
明火地点　open flame site　11.0101
明间　central bay　03.0018
明式家具　Ming dynasty furniture　09.0380
明视觉　photopic vision　10.0010
明适应　light adaptation　10.0013
明堂　mingtang　03.0186
明晰度　clarity　10.0252
摹拓室　carving room　02.0294
模度体系　modulor system　01.0084
*模糊空间　gray space，blur space　01.0094
模拟地震振动试验　simulated ground motion test 13.0209
模拟地震振动台试验　pseudo-earthquake shaking table test　13.0212
模拟视频监控系统　analog video surveillance system 14.0656
模拟视频信号　analog video signal　14.0647
模式语言　pattern language　01.0085
模数　module　01.0104
模数化网络　modular network　01.0117
模数协调　modular co-ordination　01.0115
模塑聚苯乙烯板　expanded polystyrene board　12.0241
模纹花坛　pattern flower bed　08.0097
模型车间　pattern shop　02.1052
模型空间　model space　09.0153
膜结构　membrane structure　13.0191
膜结构用膜材料　membrane material for membrane structure　12.0295
磨砂玻璃　frosted glass，ground glass　12.0191
抹面砂浆　finishing mortar，mortar for coating，decorative mortar　12.0117
木工车间　carpentry shop　02.1035
木结构　timber structure　13.0121
木门窗　wood door and window　12.0303
目标信息　object information　14.0666
目录厅　catalog room　02.0303
墓地　graveyard　02.1141
墓园　cemetery　08.0014
墓葬　tomb　03.0200
幕墙　curtain wall　09.0185

N

耐火等级　fire resistance rating　11.0098
耐火电缆　fire resistant cable　14.0564
耐火极限　extreme limit of fire resistance　11.0097
耐火性　fire resistance　14.0563
耐碱玻璃纤维　alkali-resistant glass fiber　12.0137
耐压试验　pressure test　14.1118
南京国民政府建筑教育计划　Building Education Program of the Nationalist Government in Nanjing　04.0009
难燃烧体　difficult-combustible component　11.0109
挠度　deflection　13.0054
挠性固定　flexible fixing　14.0577
内保温　internal thermal insulation　10.0434
内部防雷装置　internal lightning protection system　11.0057
内部收益率　internal rate of return，IRR　05.0049
内衬不锈钢复合钢管　stainless steel lined composite steel pipe　12.0339
内衬铜复合钢管　copper lined composite steel pipe　12.0340
内窗　internal window　09.0307
内力　internal force　13.0015
内力重分布　redistribution of internal force　13.0073
内门　internal door　09.0291
内能　internal energy　14.0836
内排水　internal drainage　09.0280
内平开下悬窗　tilting and turning sash　09.0323
内墙　internal wall　09.0179
内天井式住宅　inner-patio housing　02.0090
内透光照明　lighting from interior light　10.0065
内檐装修　interior finish work　09.0374
内置遮阳中空玻璃制品　sealed insulating glass unit with shading inside　12.0310
能　energy　14.0822
*能量　energy　14.0822
*能流密度　energy supply density　14.0832
能源　energy sources　14.0823
能源供应密度　energy supply density　14.0832
能源品位　energy grade　14.0833
能源强度　energy intensity　14.0831
能源梯级利用　energy cascade use　14.0834
霓虹灯　neon lamp　10.0086
拟动力试验　pseudo-dynamic test　13.0211
拟静力试验　pseudo-static test　13.0210
*逆向渗透法　reverse osmosis process　14.1026
腻子　putty　12.0294
黏度　viscosity　14.0878
黏结石膏　gypsum binder　12.0289
黏性土　cohesive soil　13.0269
碾米厂　rice milling plant　02.1112
碾玉装　nianyuzhuang　03.0142
鸟瞰图　bird's eye view　09.0100
*凝点　freezing point，solidifying point　14.0883
凝固点　freezing point，solidifying point　14.0883
凝结　setting　12.0034
凝汽式汽轮机　condensing turbine　14.0931
牛乳处理间　milk house　02.1074
*牛腿　bracket　09.0218
扭矩　torque　13.0013
农产品储藏库　agro-products storage building　02.1102
农村地区　rural area　07.0047
农村节能炉窑　rural fuel saving stove and kiln　02.1117
农村能源建筑　rural energy building　02.1116
农机具维修站　agricultural machine repair station　02.1125
*农机修理站　agricultural machine repair station　02.1125
农机站　farm machinery station　02.1122
农具棚　agricultural tool shed　02.1124
农林用地　agricultural and forestry land　07.0128
农贸市场　farm product market　02.0605
农药厂　pesticide plant　02.0995
农业服务中心　agricultural service center　02.1129
*农业机器站　farm machinery station　02.1122
农业机械厂　agricultural machinery plant　02.0965
农业建筑　agricultural building　02.1054
农业气象站　agrometeorological station　02.1128
*农业生产建筑　agricultural building　02.1054

农用仓库建筑 farm store building 02.1101
农用人工气候设施 artificial climate control installation for agriculture 02.1127
浓缩倍数 cycle of concentration 14.0041
女儿墙 parapet wall 09.0199
*暖房 greenhouse 02.1087
*暖棚 plastic house 02.1085
暖色 warm color 09.0456
暖色表 warm color appearance 10.0029

O

欧拉临界力 Euler's critical force 13.0040
偶发噪声 sporadic noise 11.0343
*偶然荷载 accidental action 13.0078
偶然作用 accidental action 13.0078

P

帕拉第奥券柱式 Palladian motive 03.0294
排出管 building drain，outlet pipe 14.0060
排风机房 exhaust fan room 14.0385
排汗冷却效率 cooling efficiency of sweating 10.0495
排架 bent frame，bent 13.0149
排距 row spacing 02.0342
排练厅 rehearsal room 02.0411
排水沟 gutter 07.0248
排烟 smoke extraction 14.0256
排烟道 smoke vent 09.0226
排烟阀 smoke exhaust damper 14.0266
排烟机房 smoke exhaust room 14.0393
排烟口 smoke outlet 14.0275
牌坊 ［memorial］archway，pailou，paifang 03.0148
派出所 local police station 02.0139
攀缘绿化 climber greening 08.0064
攀缘植物 climbing plant 08.0078
盘管 coil 14.0371
刨花板 particle board 12.0239
跑场道 access gallery 02.0414
跑道 runway 02.0677
*跑马场 race course 02.0470
泡沫玻璃 foamed glass 12.0249
泡沫混凝土 foamed concrete 12.0064
泡沫炮灭火系统 foam monitor extinguishing system 14.0166
泡沫-水雨淋灭火系统 foam-water deluge system 14.0161
*配餐楼 industrial kitchen 02.0909
配电 distribution of electricity 14.0430
配电变压器 distribution transformer 14.0520
配电电器 distributing apparatus 14.0462
配电盘 distribution panel，distribution board 14.0470
配电系统 distribution system 14.0431
配电站 power distribution station 02.0844
配光曲线 photometric curve 10.0074
配建设施 service facility 02.0076
配筋砌体结构 reinforced masonry structure 13.0115
配气门站 gate station of gas distribution network 14.0911
配气站 gas distributing station 02.0836
配饰 accessory 09.0367
配水管网 distribution system 07.0250
配音室 dubbing room 02.0825
喷口送风 nozzle outlet air supply 14.0320
喷泉 fountain 08.0147
喷水冒砂 sand boil 11.0033
*喷水系数 water-air ratio 14.0299
盆景园 penjing garden，bonsai garden 08.0015
烹饪台 kitchenette 02.0044
棚屋 covered storage，storage shed 02.0867
膨润土 bentonite 12.0206
膨胀剂 expanding admixture 12.0092
膨胀水箱 expansion tank 14.0238
膨胀土 expansive soil 13.0273
膨胀珍珠岩 expanded perlite 12.0112
膨胀蛭石 exfoliated vermiculite，expanded vermiculite

12.0113
批发商店　wholesale store　02.0598
批判的地域主义　critical regionalism　03.0364
*劈开砖　split tile　12.0149
劈离砖　split tile　12.0149
*劈裂砖　split tile　12.0149
皮革厂　fur and leather factory，leather ware factory，tannery　02.0991
疲劳承载能力　fatigue capacity　13.0027
疲劳极限　fatigue limit，endurance limit　14.1106
疲劳强度　fatigue strength　13.0026
*片筏基础　raft foundation　13.0301
*票房　ticket office　02.0027
频发噪声　frequent noise　11.0342
频率　frequency　10.0174
频谱　frequency spectrum　10.0201
频域　frequency domain　11.0190
频域分析　frequency domain analysis　13.0244
*品种资源库　germplasm bank　02.1107
平板玻璃　flat glass　12.0174
*平衡锤　elevator counterweight　09.0365
平衡电缆　balanced cable　14.0722
平交道　level crossing　02.0733
平均传热系数　mean heat transfer coefficient　10.0425
平均辐射温度　mean radiant temperature　10.0499
平均故障间隔时间　mean time before failure，MTBF　14.0801
平均时用水量　average hourly water consumption　14.0017
平均吸声系数　average sound absorption coefficient　10.0291
平均自由程　mean free path　10.0243
平均最大负荷　average peak load　14.0454
平开窗　side-hung window，casement window　09.0317
平开门　side-hung door　09.0293
平面构成　plane composition　01.0078
平面图　plan　09.0082
平棊　flat coffered ceiling，pingqi　03.0092
平曲线　horizontal curve　09.0049
平台　terrace　02.0056
平太阳日　mean solar day　10.0514
平太阳时　mean solar time　10.0515
平屋顶　flat roof　09.0256
平整度　level up degree　14.0764
平坐　subsidiary construction level，pingzuo　03.0034
评价参数　evaluation parameter　05.0046
评图　review of design　04.0042
评议室　review room　02.0152
屏蔽平衡电缆　screened balanced cable　14.0723
屏蔽效能　shield effectiveness　11.0250
屏风　folding screen　09.0395
瓶组气化站　vaporizing station of multiple cylinder installation　14.0916
坡比值　grade of side slope　09.0076
坡道式汽车库　ramp garage　02.0772
坡屋顶　pitched roof　09.0255
剖面图　section　09.0084
剖视图　sectional view　09.0091
扑救场地　fire fight venue　09.0044
铺首　door knocker　03.0101
铺装设计　pavement design，paving design　08.0159
*葡萄架　grid，gridiron　02.0392
普拍枋　architrave［horizontally positioned］，pupaifang　03.0062
普通[硅酸盐]水泥　ordinary Portland cement　12.0043
普通焊接钢管　non-galvanized steel pipe　12.0323
普通混凝土　ordinary concrete　12.0056
普通混凝土小型空心砌块　normal concrete small hollow block　12.0123
普通减水剂　water reducing admixture　12.0080
普通教室　ordinary classroom　02.0175
瀑布　waterfall　08.0148

Q

骑楼　Qilou　02.0005
棋牌室　chess room　02.0448
启动器　starter　14.0480
起居室　living room　02.0102
气承式膜结构　pneumatic structure，air supported structure　13.0193

气干材　air-dried timber，air-seasoned timber　12.0233
气焊　oxyfuel gas welding　14.1109
*气冷库　air-conditioned cold store　02.1108
气力输送　pneumatic conveying，pneumatic transport　14.0262
气流流型　air pattern　11.0168
气流组织　air distribution，space air diffusion　14.0303
气密性　air tightness　10.0428
气密性能　air permeability performance　12.0038
气密性试验　airtightness test，gastightness test　14.1119
气蚀　cavitation corrosion　14.1121
气体保护电弧焊　gas metal arc welding　14.1108
*气体保护焊　gas metal arc welding　14.1108
*气体处理厂　gas plant，processing plant　02.0945
气体的相对密度　relative density of gas，specific density of gas　14.0904
*气体分离设备厂　oxygenerator factory　02.0962
气体加工厂　gas plant，processing plant　02.0945
气体灭火防护区　protected area of gas fire extinguishing　14.0184
气体灭火系统　gas fire extinguishing system　14.0176
气体燃料　gaseous fuel　14.0885
气调库　air-conditioned cold store　02.1108
气温年较差　annual temperature range　10.0472
气温日较差　daily temperature range　10.0473
气象台　meteorological station　02.0203
气压给水　pneumatic water supply　14.0014
气硬性胶凝材料　air hardening binder　12.0010
气闸室　air lock　11.0177
汽车地磅　truck-weighing platform，truck weighbridge　02.0875
汽车加气站　automobile gas filling station　02.0847
*汽车客运站　coach station，long distance bus station　02.0765
[汽]车库　garage，indoor parking　02.0769
汽车旅馆　motel，motor inn，motor hostel　02.0639
汽车修理站　motor repair shop，car repair pit　02.0770
汽车制造厂　automobile factory，motor factory　02.0964
汽轮机　steam turbine　14.0930
汽轮机厂　steam turbine manufactory　02.0961
砌块砌体结构　block masonry structure　13.0114
砌体结构　masonry structure　13.0111
砌筑墙　masonry wall　09.0180
砌筑砂浆　masonry mortar　12.0116
砌筑水泥　masonry cement　12.0049
器具通气管　fixture vent　14.0075
千人指标　standard of per thousand people　07.0224
钎焊　brazing，soldering　14.1110
签证处　visa department，visa section　02.0133
前端设备　front-end device　14.0652
*前列式航站楼　linear terminal　02.0681
前室　vestibule　02.0026
前厅　narthex　03.0277
前投影　front screen projection　14.0760
前檐幕　fore-proscenium curtain　02.0375
潜热　latent heat　10.0336
潜热蓄热　latent heat regeneration　14.1052
浅槽　channel　14.0573
浅基础　shallow foundation　13.0295
欠电流继电器　under-current relay　14.0551
欠电压继电器　under-voltage relay　14.0548
嵌缝膏　caulking compound，sealant　12.0284
嵌缝石膏　joint gypsum　12.0290
嵌入式灯具　recessed luminaire　10.0100
戗脊　diagonal ridge for gable and hip roof，qiangji　03.0126
强度　strength　13.0025
强度极限　strength limit　14.1104
*强度试验　pressure test　14.1118
强剪弱弯　strong shear capacity and weak bending capacity　13.0224
强制循环锅炉　forced circulation boiler　14.0952
强制招标　compulsory tender　06.0055
强柱弱梁　strong column and weak beam　13.0223
墙　wall　09.0177
墙板　wall panel　09.0192
墙梁　wall beam　13.0155
墙面布光灯　wall washer　10.0104
墙裙　dado　09.0203
*墙纸　wall paper　12.0313
抢救监护室　emergency intensive care unit，EICU　02.0586
抢救室　emergency treatment room　02.0535
抢妆室　quick dressing room　02.0412
乔木　tree　08.0068
桥涵　bridge and culvert　09.0056

桥梁　bridge　03.0167
桥式吊车　overhead traveling crane　02.0910
*桥式楼梯　scissor stairs　09.0330
亲水平台　waterside platform　08.0127
禽舍　poultry house　02.1061
青黄石　qinghuang stone　08.0101
青年旅馆　youth hotel　02.0644
*青年旅社　youth hotel　02.0644
青少年活动中心　youth center　02.0266
青瓦　blue roofing tile，grey roofing tile　12.0130
青云片　qingyun stone　08.0105
氢能　hydrogen energy　14.0859
轻柴油　light diesel fuel　14.0876
轻钢龙骨　light steel keel　12.0228
轻骨料　lightweight aggregate　12.0107
轻骨料混凝土　lightweight aggregate concrete　12.0057
轻骨料混凝土外墙板　lightweight aggregate concrete exterior wall panel　12.0151
轻骨料混凝土小型空心砌块　lightweight aggregate concrete small hollow block　12.0124
轻质隔墙条板　lightweight panel for partition wall　12.0154
轻质陶瓷砖　light-ceramic tile　12.0163
清创室　debridement room　02.0534
清工部《工程做法》　Qing Engineering Manual for the Board of Works by the Ministry of Public Works，Qing Gongbu Gongcheng Zuofa　03.0233
清洁区　airtight space　11.0139，clean area　11.0367
清洁生产　cleaner production　02.0902
清漆　varnish　12.0269
清扫口　cleanout　14.0063
清式家具　Qing dynasty furniture　09.0381
《清式营造则例》　Qing Structural Regulations，Qingshi Yingzao Zeli　03.0234
清水混凝土　fair-faced concrete　12.0063
清晰度　definition，intelligibility　10.0254
清真寺　mosque　03.0218
晴空指数　clearness index　10.0474
晴天方向系数　orientation coefficient of clear day　10.0150
穹顶　dome　03.0321
穹棱　groin　03.0319
秋分日　autumnal equinox　10.0521
区位　location　07.0199
*区位经济论　location theory　07.0065
区位理论　location theory　07.0065
区域报警系统　local alarm system　11.0116
区域公用设施用地　land for regional public infrastructure　07.0123
区域供暖　district heating　14.0216
*区域供热　urban district heating　07.0108
*区域管治　regional governance　07.0061
区域规划　regional planning　07.0046
区域交通设施用地　land for regional transportation infrastructure　07.0117
区域位置图　location plan　09.0025
区域协调　regional coordination　07.0063
区域政策　regional policy　07.0062
区域治理　regional governance　07.0061
区域主义　regionalism　07.0064
*曲艺场　story-telling house　02.0326
驱动式调节阀　actuated type control valve　14.1072
屈服极限　yield limit　14.1105
*屈服强度　yield limit　14.1105
*屈服应力　yield limit　14.1105
屈曲　buckling　13.0043
渠化交通　channelized traffic，channelization traffic　07.0241
取蜜车间　honey house　02.1080
圈梁　ring beam　13.0154
[全部]解体修复　disassembly of heritage　03.0425
全彩色发光二极管显示屏　full-color light emitting diode panel　14.0756
全电波暗室　anechoic enclosure　11.0255
全固形物　total solid，total matter　14.1042
全国高等学校建筑学学科专业指导委员会　National Supervision Board of Architectural Education　04.0031
全国高等学校建筑学专业教育评估委员会　National Board of Architectural Accreditation　04.0032
全国注册建筑师管理委员会　the National Administration Board of Architectural Registration，NABAR　06.0039
全景电影院　panoramic cinema　02.0330
全空气系统　all-air system　14.0290
全热换热器　air-to-air total heat exchanger，enthalpy exchanger　14.0347

全日热水供应系统　all day hot water supply system　14.0096
全日制托儿所　full-time nursery　02.0166
全淹没灭火系统　total flooding extinguishing system　14.0183
全装修房　fully decorated house　06.0155
泉瀑　spring and water fall　08.0140
券　arch　03.0320
雀替　sparrow brace，queti　03.0065
确定性效应　deterministic effect　11.0270
阙　gate tower，que　03.0147
裙房　podium　02.0010
群控电梯　group elevator　09.0358
群植　group planting，mass planting　08.0058

R

燃点　ignition point，ignition temperature，fire point　14.0884
燃料　fuel　14.0860
燃料低位发热量　fuel net calorific value　14.0864
燃料高位发热量　fuel gross calorific value　14.0863
燃料脱硫法　fuel desulfurization　14.0989
燃料油　fuel oil　14.0875
燃气互换性　interchangeability of gases　14.0903
燃气轮机　gas turbine　14.0929
燃气热水器　gas heater　14.0117
燃气调压箱　gas regulator box　14.0912
燃气调压站　regulator station　02.0835
燃气-蒸汽联合循环发电厂　combined gas and steam turbine cycle power plant　14.0925
燃烧器　burner　14.0962
燃烧器调节比　turndown ratio　14.0970
燃烧势　combustion potential　14.0901
燃烧速度　combustion velocity　14.0900
燃烧体　combustible component　11.0110
燃油[气]热水机组　burning oil [gas] hot water heaters　14.0110
染毒区　airtightless space　11.0140
染色效应　coloration　10.0240
惹草　leaf-patterned board，recao　03.0095
热泵　heat pump　14.0935
热泵供热系数　heat pump coefficient of heating performance　14.0937
热泵类型　form of heat pump　14.0936
热泵热水供应系统　heat pump hot water system　14.0101
*热泵制热系数　heat pump coefficient of heating performance　14.0937
热处理　heat treatment　14.1111
热处理车间　heat-treating shop　02.1038
热处理钢筋　heat tempering bar，heat-treating bar　12.0208
热电厂　cogeneration power plant　02.0931
热电冷联产　cogeneration of heat power and cool，combined cooling heating and power　14.0926
热电偶　thermocouple　10.0435
热动力式疏水器　thermodynamic type steam trap　14.0364
热惰性　thermal inertia　10.0346
热惰性指标　index of thermal inertia　10.0386
热风供暖　warm-air heating　14.0210
热风供暖系统　warm-air heating system，hot air heating system　14.0228
*热风幕　warm-air curtain　14.0242
*热负荷指数　Wobbe index，Wobbe number　14.0902
热工摄像术　thermography　10.0445
热工实验室　thermal science laboratory　02.0215
热管　heat pipe　14.0374
热化系数　coefficient of thermalization　14.0927
热继电器　thermal relay　14.0554
热交换站　heat exchanger room　02.0837
热空气幕　warm-air curtain　14.0242
*热扩散系数　thermal diffusivity　10.0383
热力除氧　thermo-deaeration　14.1027
*热力网　heat-supply network　14.1058
*热力学能　internal energy　14.0836
热力站　heat substation　02.0838
热流　heat flow　10.0333
热流计　heat flow meter　10.0436
热流密度　heat flux　10.0334
热脉冲测定法　heat impulsive method　10.0440
热媒　heat medium　14.0218

热能　thermal energy　14.0843
热盘管　heating coil　14.0372
热气溶胶灭火装置　condensed aerosol fire extinguishing device　14.0182
热桥　thermal bridge　10.0403
热容量　heat capacity　10.0400
热熔连接　fusion-jointing　14.0919
热身场地　warming up area　02.0482
热湿比　heat humidity ratio　14.0297
热湿交换　heat and moisture transfer　14.0298
热室　hot cell　11.0285
热舒适通风　thermal comfort ventilation　10.0411
热舒适性　thermal comfort　10.0486
热舒适指标　thermal comfort index　10.0487
热水供暖　hot water heating　14.0207
热网　heat-supply network　14.1058
热网水力计算　hydraulical calculation of heat-supply network　14.1059
热网水压图　pressure diagram of heat-supply network　14.1060
热稳定性　heat stability　10.0347
热压　heat pressure　10.0354
热应力　heat stress　10.0492
热应力指标　heat stress index　10.0493
热源　heat source　14.0217
热源井　heat source well　14.0392
热阻　thermal resistance　10.0384
*人车分流　separation of pedestrian and vehicular circulation　07.0239
人车分行　separation of pedestrian and vehicular circulation　07.0239
*人防　personnel protection　14.0683
人防口部　air defence gateway　11.0144
人防围护结构　surrounding structure for air defence　11.0143
人防信号室　signal room for civil air defense　02.0759
*人防信号显示室　signal room for civil air defense　02.0759
人工材料　artificial materials　12.0012
人工接地体　manual grounding electrode　11.0064
人工煤气　manufactured gas　14.0893
人工气候室　phytotron　02.1126
人工植物群落　man-made phytocommunity　08.0077
人居环境　human settlement，human habitat　07.0043
人居环境科学　science of human settlement　07.0044
人均城市建设用地面积　urban development land area per capita　07.0162
人均单项城市建设用地面积　single-category urban development land area per capita　07.0163
人口及劳动力安置　population and labor resettlement　06.0135
人口净密度　net residential density　07.0209
人口毛密度　residential density　07.0208
*人口密度　residential density　07.0208
人口容量　size of population　07.0207
人类工程学　human engineering　01.0067
人力防范　personnel protection　14.0683
人民防空工程　civil air defence project　11.0138
人身净化　body cleaning　11.0327
人体尺度　scale of human body　01.0118
人体热感觉　human thermal sensation　10.0494
人行道　sidewalk，pedestrian path　07.0234
人员净化用室　room for cleaning human body　11.0174
人造板幕墙　artificial panel curtain wall　09.0189
人造轻骨料　artificial lightweight aggregate　12.0110
人造石[材]　artificial stone　12.0202
人字栱　inverted V-shaped bracket，renzigong　03.0054
认知空间　cognitive space　01.0100
日辐射　solar radiation　10.0110
日光温室　solar greenhouse　02.1089
日坛　Temple of Sun，Ri Tan　03.0191
日照　sunshine　10.0152
日照百分率　percentage of sunshine　10.0465
日照标准　insolation standard　09.0019
日照分析　sunlight analysis　09.0017
日照间距　sunshine interval，daylight standard　09.0020
日照间距系数　coefficient of sunshine spacing　09.0021
日照时数　sunshine duration　10.0154
容错　fault tolerant　14.0730
容积率　floor area ratio，plot ratio　07.0206
*容积式热交换器　storage heat exchanger，storage water heater　14.0111
容积式水加热器　storage heat exchanger，storage water heater　14.0111

容积式压缩机　positive displacement compressor　14.1078
容许振动值　allowance value of vibration　11.0200
溶剂型木器涂料　solvent based woodenware coating　12.0268
溶剂型涂料　solvent-thinned coating　12.0251
溶解固形物　dissolved solid，dissolved matter　14.1043
溶解氧　dissolved oxygen　14.1041
熔断器　fuse　14.0559
冗余　redundancy　11.0299
柔性底层　soft ground floor　13.0225
柔性防水屋面　flexible water proof roof　09.0271
肉鸡舍　broiler house　02.1070
肉类加工厂　meat product plant　02.1006
*肉联厂　meat product plant　02.1006
*蠕变　creep　13.0028
乳儿室　infant room　02.0194
*乳胶漆　synthetic resin emulsion coating　12.0252
入户管　inlet pipe　14.0020
入口　entrance　02.0019
入侵报警系统　intruder alarm system，IAS　14.0634
入侵探测器　intruder detector　14.0643
软化水　softened water　14.1020
软化系数　coefficient of softness，softening coefficient　12.0019
软景库　drop storage　02.0417
软聚氯乙烯管　plasticized polyvinyl chloride pipe，PVC-P pipe　12.0331
软卷帘　roller blind　12.0309
弱电竖井　communication shaft　14.0814
弱电小间　communication chamber　14.0806

S

赛车场　racetrack　02.0472
赛道　track　02.0493
赛马场　race course　02.0470
三点透视　three-point perspective　09.0104
三合院　courtyard house［with three building］，sanhe-yuan　03.0223
三基色荧光灯　three-band fluorescent lamp　10.0088
三立管排水系统　drainage waste and vent stanch system　14.0054
三相短路　three-phase［symmetrical］fault　14.0507
三相供电　three-phase power supply　14.0409
［三］原色　primary color　09.0443
散仓　decentralized stockroom　02.0880
散发火花地点　sparking site　11.0102
散料仓　bulk storage，bulk material warehouse　02.0879
散流器　diffuser　14.0278
散流器送风　diffuser air supply　14.0311
散热器　radiator　14.0240
散热器供暖　radiator heating　14.0209
散热器供暖系统　radiator heating system　14.0227
散热器恒温控制阀　thermostatic radiator valve　14.0362
散射　scattering　10.0179
散射辐射　diffuse radiation　10.0469
散水　apron　09.0213
散植　scattered planting，loose planting　08.0063
*桑拿浴室　sauna bathroom　02.0439
丧葬建筑　funeral architecture　02.1134
缫丝厂　silk reeling mill　02.0988
色表　color appearance　10.0028
色彩　color　09.0442
色彩表情　color expression　09.0491
*色彩的黑白度对比　brightness contrast　09.0484
色彩对比　color contrast　09.0482
色彩感觉　color sensation　09.0477
色彩构成　color composition　09.0489
色彩肌理　color texturing　09.0490
色彩三要素　three key elements of color　09.0447
色彩体系　color system　09.0473
色彩象征　color symbol　09.0492
色彩心理　color psychology　09.0476
色带　ribbon　09.0466
色调　hue　09.0468
色度　chromaticity　14.0772
色度测量　colorimetry　10.0159
色度计　colorimeter　10.0163
色光　colorful light　09.0470

色卡　color chip　09.0472
色立体　color solid　09.0469
*色漆　mixed paint，color paint　12.0270
色温　color temperature　10.0026
色相　color appearance　09.0448
色相对比　contrast of color appearance　09.0483
色相环　hue circle　09.0449
色性　color character　09.0453
沙发　sofa　09.0389
沙壶球室　shuffleboard room　02.0450
沙龙　salon　02.0265
纱幕　veil curtain　02.0377
砂土　sand　13.0268
砂岩　sandstone　12.0200
晒场　drying yard　02.1106
山花　tympanum　03.0310
山墙　pediment　03.0309，gable wall　09.0198
闪点　flash point　11.0112
闪电电磁感应　lightning electromagnetic induction　11.0050
闪电电涌　lightning surge　11.0051
闪电电涌侵入　lightning surge on incoming service　11.0052
闪电感应　lightning induction　11.0048
闪电静电感应　lightning electrostatic induction　11.0049
扇拱　fan vault　03.0317
*商场　shop，store　02.0596
商店　shop，store　02.0596
商品房　commodity house　06.0114
商品房公用建筑面积分摊　apportionment of common-floorage　06.0159
商品房市场　commodity housing market　06.0115
商品房现售　spot sale of commodity house　06.0151
商品房销售价格　sale price of commodity house　06.0156
商品房销售面积　sale area of commodity house　06.0157
商品房预售　advance sale of commodity house　06.0152
商务楼层　business floor　02.0647
商务旅馆　business hotel　02.0642
商务写字楼　business office building　02.0106
商务用地　land for business facility　07.0142
商务园　business park　02.0110
商务中心　business center　02.0652
商业服务网点　commercial facilities　02.0594
商业服务业设施用地　land for commercial and business facility　07.0140
商业建筑　commercial building　02.0593
商业街　shopping street　07.0236
商业区　commercial district　07.0173
商业用地　land for commercial facility　07.0141
商用物业　commercial property　06.0143
商住楼　business-living building　02.0095
商住用地　residential and commercial land　07.0161
熵　entropy　14.0839
烧结瓦　fired roofing tile　12.0129
烧结砖　fired brick　12.0143
烧制车间　furnace room　02.1045
稍间　final bay　03.0020
*蛇纹石棉　chrysotile asbestos　12.0205
设备摆放区　equipment preparation area　02.0205
设备层　mechanical floor　02.0015
设备尺度　equipment scale　01.0120
设备电缆　equipment cable　14.0716
设备购置费　equipment cost　05.0011
设备机房　machine room　02.0070
设备基础　equipment foundation　02.0921
设备基组　foundation set　11.0198
设备耐冲击电压额定值　rated impulse withstand voltage of equipment　11.0087
设备总工程师　chief mechanical and plumbing engineer　06.0025
设防　set condition　14.0637
设计变更　design change　06.0081
设计地震动参数　design parameter of ground motion，design ground motion parameter　11.0017
设计概算　preliminary estimate　05.0003
设计公司董事长　chairman of design corporation　06.0018
设计基本地震加速度　design basic acceleration of ground motion　11.0018
设计竞赛　design competition　06.0060
设计流量　design flow　14.0028
设计洽商　design negotiation　06.0082
设计前期　pre-design　06.0065
设计人　designer　06.0029

设计任务书　design assignment statement　06.0061
设计使用年限　design working life　13.0089
[设计]视点　design objective point　02.0345
设计小时供热量　maximum hourly heat supply　14.0106
设计小时耗热量　maximum hourly heat consumption　14.0105
设计院院长　director of design institute　06.0019
设计资质　design qualification　06.0049
设计总负责人　chief designer　06.0020
社　community，she　03.0199
社会福利设施用地　land for social welfare facility　07.0136
社会生活噪声　community noise　11.0344
社稷坛　Altar of Land and Grain　03.0193
社区　community　07.0275
社区公园　community park　08.0024
社区规划　community planning　07.0276
社区[活动]中心　community activity center，community recreation center　02.0426
*社区设计　community planning　07.0276
*社区卫生服务站　community health center　02.0512
社区卫生服务中心　community health center　02.0512
射程　throw range　14.0309
*射灯　spotlight　10.0102
射击场　shooting range，firing range　02.0468
射箭场　archery field　02.0469
射流　jet　14.0304
射线检测　radiographic testing，RT　14.1114
*射线探伤　radiographic testing，RT　14.1114
射线探伤室　ray inspection machine room，ray flow detector room　02.0930
*摄影工作室　photograph studio　02.0820
摄影棚　photograph studio　02.0820
伸出式舞台　thrust stage　02.0357
伸顶通气管　stack vent　14.0069
伸缩缝　expansion joint　09.0231
*伸缩器　compensator　14.0246
伸缩台　run-out extension　02.0383
深度净化处理　advanced water treatment　14.0133
深基础　deep foundation　13.0296
神道　spirit road　03.0202
审定人　approving authority　06.0032
审核人　auditor　06.0031
审听室　review room　02.0826
审讯室　interrogation room　02.0150
渗透检测　penetrant testing，PT，penetrant flaw detection　14.1117
*渗透探伤　penetrant testing，PT，penetrant flaw detection　14.1117
升板结构　lift-slab structure　13.0107
升程　rise travel　09.0362
升降台　lift　02.0381
生产的火灾危险性分类　fire rating of produce　11.0099
生产废水　industrial waste water　11.0332
生产废水处理　industrial waste water treatment　11.0334
生产绿地　productive plantation area　08.0025
生成设计　generative design　09.0137
生地　raw land　06.0132
生活废水　domestic wastewater　14.0044
生活废水系统　domestic wastewater system　14.0050
生活福利建筑　welfare facility　02.0904
生活给水系统　domestic water supply system　14.0006
生活间　employee’s welfare facility　02.0908
生活垃圾　domestic waste　11.0346
生活垃圾收集站　garbage station　11.0347
生活排水　sanitary waste，domestic drainage　14.0045
生活排水系统　domestic drainage system　14.0048
生活热水热交换间　hot water heating room　14.0199
生活污水　domestic sewage　14.0043
生活污水处理　domestic sewage treatment　11.0333
生活污水系统　domestic sewage system　14.0049
生活饮用水　drinking water，potable water　14.0002
生活杂用水　non-drinking water　14.0003
生漆　Chinese lacquer，raw lacquer　12.0266
生起　concave front façade profile，shengqi　03.0030
生石灰　quick lime　12.0291
生态建筑　ecological building　01.0071
生态建筑学　ecological architecture　03.0373
生态条件　ecological condition　09.0003
生态足迹　ecological footprint　07.0039
生土建筑　earthen building　01.0073
生土结构　earth construction　13.0125
生物培养室　biological culture laboratory　02.0219
*生物气　biogas　14.0855
生物实验室　biology laboratory　02.0217

生物制品厂　biotechnology manufactory, bioengineering manufactory　02.0985
生物质能　biomass energy　14.0853
声波　sound wave　10.0172
声场不均匀度　sound distribution　10.0325
声反馈　acoustic feedback　10.0322
声反射系数　sound reflection coefficient　10.0181
声功率　sound power　10.0199
声功率级　sound power level　10.0200
声级　sound level　10.0210
声级计　sound level meter　10.0207
声聚焦　sound focus　10.0236
*声控室　acoustical control room　02.0406
声屏障　noise barrier　10.0285
声屏障插入损失　insertion loss of noise barrier　10.0286
声强　sound intensity　10.0197
声强级　sound intensity level　10.0198
声桥　sound bridge　10.0261
声速　speed of sound　10.0173
声透射系数　sound transmission coefficient　10.0182
声线　sound ray　10.0204
声线跟踪法　sound ray tracing method　10.0246
声学　acoustics　10.0166
声学比　acoustic ratio　10.0242
声学实验室　acoustics laboratory　02.0211
声压　sound pressure　10.0195
声压级　sound pressure level　10.0196
声压级差　level difference　10.0265
声影区　sound shadow region　10.0205
声源功率　power of sound source　10.0245
声闸　sound lock　10.0262
*声闸　soundproof front room　02.0402
声罩　acoustical shell　02.0379
省煤器　economizer　14.0976
*圣莫尼卡学派　The Santa Monica School　03.0367
施工缝　construction joint, working joint　09.0233
施工图　working drawing　06.0079
施工图设计交底　hand over of working drawing　06.0084
施工图审查　working drawing review　06.0080
施工图实习　working drawing practice　04.0029
施工图预算　construction drawing budget　05.0004
施工许可　working license for construction　06.0085
湿拌砂浆　wet-mixed mortar　12.0121
湿材　unseasoned timber　12.0232
湿地　wetland　07.0167
湿法烟气脱硫法　wet process of flue gas desulfurization　14.0991
湿球温度　wet-bulb temperature　10.0458
湿热气候　wet hot climate　10.0449
湿式除尘器　wet separator, wet dust removal equipment　14.0986
湿式自动喷水灭火系统　wet pipe sprinkler system　14.0141
湿陷性黄土　collapsible soil　13.0274
十倍频程　decade　11.0229
十字脊屋顶　cross ridge roof　03.0088
十字形　cross　03.0336
石板瓦　roofing slate, stone slate　12.0135
石材幕墙　natural stone curtain wall　09.0187
石洞　stone cave　08.0118
石舫　boat house　08.0114
石膏基自流平材料　gypsum based self- leveling materials　12.0286
石膏空心条板　gypsum panel with cavity　12.0157
石膏砌块　gypsum block　12.0128
石膏室　plaster room　02.0536
石拱桥　stone arch bridge　08.0120
*石环　stonehenge　03.0251
石灰膏　lime putty　12.0293
石灰石　limestone　12.0201
石窟　grotto, shiku　03.0208
*石栏　stonehenge　03.0251
石棉水泥瓦　asbestos cement tile　12.0132
石砌体结构　stone masonry structure　13.0113
石笋　stalagmite　08.0107
[石]象生　stone tomb statuary [along spirit road]　03.0204
石油　petroleum　14.0874
石油伴生气　associated gas　14.0888
石作　stone work, masonry　03.0107
时差　time difference　10.0516
时程分析法　time history method　13.0243
时间继电器　time relay　14.0555
时区　time zone　10.0506
时域　time domain　11.0189
实际尺寸　actual size　01.0112

实木地板　solid wood flooring　12.0316
实木复合地板　parquet，wood composite floor　12.0317
实木家具　wooden furniture　09.0396
实铺地面　solid flooring　09.0235
实时智能管理系统　real-time intelligent patch cord management system　14.0732
实体　entity　09.0150
实体安全　physical security　14.0775
实体防范　physical protection　14.0684
实体墙　solid wall　09.0181
实心砖　solid brick　12.0146
实训楼　professional training workshop　02.0167
实验储存室　storage room　02.0234
实验剧院　experimental theater　02.0327
实验室　laboratory　02.0189
炻瓷砖　stoneware porcelain tile　12.0168
炻质砖　stoneware tile　12.0170
食品厂　food product factory　02.1004
食品店　grocery store　02.0606
食堂　canteen，cafeteria　02.0041
食梯　dumbwaiter　09.0354
食用菌房建筑　edible fungus building　02.1100
史前建筑　pre-historic architecture　03.0250
矢量　vector　09.0151
使馆　embassy　02.0131
使用后评价　post-occupancy evaluation　06.0074
使用面积　net floor area，usable area　01.0124
世界城市　world city　07.0050
世界遗产　world heritage　03.0374
世界遗产核心区　world heritage core zone，boundary of the nominated property　03.0397
世界遗产缓冲区　world heritage buffer zone　03.0398
世界遗产名录　List of the World Heritage　03.0387
[世界遗产]预备清单　Tentative Lists [of The World Heritage]　03.0386
世界坐标系　world coordinate system，WCS　09.0162
市　market　03.0163，municipality，city　07.0003
市场　market　02.0595
*市容　townscape　07.0317
市政工程管线规划　utilities pipelines planning　07.0198
市政公用设施　municipal utility　09.0012
市政建筑　municipal facility　02.0830
市政厅　municipal hall　02.0111
示踪气体测定仪　tracer gas instrument　10.0444
事故通风　emergency ventilation　14.0252
事故通风系统　emergency ventilation system　14.0267
视距　stopping sight distance　09.0048
视距三角形　sight triangle　07.0242
视觉　vision　10.0008
视觉残像　visual photogene　09.0479
视觉功效　visual performance　10.0019
*视觉后像　visual photogene　09.0479
视觉敏锐度　visual acuity　10.0016
视觉色彩补偿　visual color atone　09.0478
视觉适应　visual adaptation　09.0480
*视觉暂留　visual photogene　09.0479
视觉作业　visual task　10.0018
视口　viewport　09.0152
视频安防监控系统　video surveillance and control system，VSCS　14.0646
视频传输　video transport　14.0651
视频火灾探测报警系统　video fire detection，VFD　14.0611
视频监控　video monitoring　14.0650
视频拼接显示屏　video display screen together　14.0748
*视频拼接显示墙　video display screen together　14.0748
视频探测　video detection　14.0649
视频显示屏单元　video display screen unit　14.0747
视频显示屏系统工程　video display system engineering　14.0746
视频信号丢失报警　video loss alarm　14.0664
视频主机　video controller　14.0653
*视色错觉　visual color atone　09.0478
视线设计　sight line planning　02.0344
视线通廊　visual corridor　07.0326
视野　visual field　10.0009
视在功率　apparent power　14.0419
视重　optical weight　09.0440
试衣间　fitting room　02.0633
饰面型防火涂料　finishing fire retardant paint　12.0260
*CCU 室　cardiac care unit，CCU　02.0587
*CT 室　CT room　02.0575
*SPECT 室　SPECT room　02.0576

室内陈设　interior display　09.0368
室内反射光增量系数　increment coefficient due to interior reflected light　10.0147
*室内给水系统　interior water supply system　14.0005
室内计算温度　indoor calculated temperature　10.0398
室内净高　net storey height，floor to ceiling height　01.0131
室内静电电位　inner electrostatic voltage　11.0302
室内气候　indoor climate　10.0484
室内热环境　indoor thermal environment　10.0485
室内色彩设计　indoor color design　09.0475
室内设计　interior design　01.0018
室内设计师　interior designer　01.0029
室内声学　room acoustics　10.0168
*室内养蜂场　bee house　02.1078
室内允许噪声级　indoor permission noise level　11.0341
室内植物　house plant　08.0076
室内装饰　interior decoration　09.0369
室外计算温度　outdoor calculated temperature　10.0397
室外建筑挡光折减系数　light loss coefficient due to obstruction of exterior building　10.0148
室外临界照度　exterior critical illuminance　10.0124
室外平均散射照度　sky illuminance　10.0118
室外展场　outdoor exhibition area　02.0277
室形指数　room index　10.0073
适地适树　planting according to the environment　08.0167
适宜建设区　development-appropriate zone　07.0075
释放源　source of release　11.0129
*收发室　gatekeeper's room，gateman's room，porter's room　02.0028
收费处　cashier　02.0032
收货区　receiving area　02.0877
手动消防炮灭火系统　manual-controlled fire monitor extinguishing system　14.0169
手孔　hand hole　09.0223
手术部　operation department　02.0556
手术洗涤室　scrub up　02.0563
手术准备室　preparation room　02.0560
受迫对流　forced convection　10.0349
受迫振动　forced vibration　14.1015
受限射流　jet in a confined space　14.0307
兽医站　veterinary station　02.1082
售货区　sales area　02.0631
售票处　ticket office　02.0027
书场　story-telling house　02.0326
书法教室　calligraphy classroom　02.0180
书房　study room　02.0103
书架层　stack layer　02.0318
书架通道　aisle　02.0319
书库　stack-room　02.0308
*书体　font　09.0126
书院　college，academy　03.0173
枢纽机场　hub airport　02.0674
疏林草地　lawn with woodland　08.0085
疏散标志灯　escape sign luminaire　10.0105
疏散导流标志　evacuation guiding strip　11.0120
疏散道路　emergency access　07.0238
疏散滑梯　escape chute　02.0922
疏散照明　escape lighting　10.0049
疏散指示标志　evacuation indicator sign　11.0119
*疏水阀　trap　14.1055
疏水器　trap　14.1055
舒适性空气调节　comfort air conditioning　14.0285
输液室　infusion room　02.0544
蔬菜留种网室　vegetable propagating house　02.1093
熟地　cultivated land　06.0133
*熟石灰　slaked lime　12.0292
蜀柱　short post，shuzhu　03.0066
束筒结构　bundled tube structure　13.0140
束柱　clustered pier　03.0329
树干式配电系统　decentralized distribution system　14.0405
竖曲线　vertical curve　09.0050
竖向布置图　vertical planning　09.0027
竖向分区　vertical division zone　14.0009
竖向设计　vertical design　09.0064
竖直循环式机械汽车库　vertical circular garage　02.0778
数字光学处理器　digital light processor，DLP　14.0759
数字录像设备　digital video recorder，DVR　14.0654
数字视频　digital video　14.0648
数字视频监控系统　digital video surveillance system　14.0657
数字图像压缩　digital compression for video　14.0661

刷新频率　refresh frequency　14.0767
要头　decoratively nosed timber，shuatou　03.0057
衰减　attenuation　11.0225
衰减倍数　damping factor　10.0345
双波段火灾探测器　double wave band fire detector　14.0609
双层电梯　double deck elevator　09.0353
*双层廊　gallery house　08.0112
双床间　double-bed room　02.0667
*双端荧光灯　straight tubular fluorescent lamp　10.0089
双管供暖系统　two-pipe heating system　14.0232
双回路供电　double circuit power supply　14.0411
双立管排水系统　dual-stack system　14.0053
双列布置　double row layout arrangement　14.0469
双向板　two-way slab　13.0165
双柱　accouplement　03.0297
水泵接合器　siamese connection　14.0138
水簸箕　drainage dustpan，splash block　09.0285
水产养殖场　aquafarm　02.1120
水封　water seal　14.0066
水封井　trapped well　11.0157
水工建筑物　hydraulic structure　02.0934
水灰比　water-cement ratio　12.0030
水景　water feature　08.0126
水景水处理机房　water treatment room for waterscape　14.0195
水廊　corridor on water　08.0111
水冷式冷凝器　water-cooled condenser　14.0353
水力半径　hydraulic radius　14.1054
水力发电厂　hydropower plant　02.0933
水力模拟　hydraulic analogy　10.0442
水力失调　hydraulic misadjustment　14.1061
水量平衡　water balance　14.0127
*水路客运站　port passenger station，waterway passenger station，waterway passenger terminal　02.0766
水落管　down spout，drain spout　09.0284
水煤气　water gas　14.0895
水密性能　watertightness performance　12.0039
水磨石　terrazzo，terrazzo concrete　12.0203
水幕系统　drencher system　14.0146
水泥　cement　12.0041
水泥基自流平材料　cement based self-leveling materials　12.0285
水泥木丝板　wood wool cement board　12.0240
*水泥木屑板　cement-bonded particleboard　12.0161
水泥刨花板　cement-bonded particleboard　12.0161
水泥砂浆　cement mortar　12.0114
水炮灭火系统　water monitor extinguishing system　14.0165
*水喷淋系统　sprinkler system　14.0139
水喷雾灭火系统　water spray extinguishing system　14.0173
水平单向流　horizontal unidirectional airflow　11.0171
水平缆线　horizontal cable　14.0712
水气比　water-air ratio　14.0299
水上运动场　aquatic sport waters　02.0477
水刷石　granitic plaster，washed granolithic plaster　12.0204
水塔　water tower　02.0911
水头损失　head loss　14.0029
水污染　water body pollution　11.0330
水雾喷头　spray nozzle　14.0175
水下文化遗产　underwater cultural heritage　03.0409
水箱间　water tank room　14.0193
水榭　waterside pavilion　08.0113
*水性木器漆　water based woodenware coating　12.0267
水性木器涂料　water based woodenware coating　12.0267
水性涂料　waterborne coating　12.0250
水压机车间　hydraulic press shop　02.1031
水硬性胶凝材料　hydraulic binder　12.0009
水域　water area　07.0127
水源保护区　water source protection area　07.0183
水源热泵　water source heat pump unit　14.0388
水蒸气分压力　partial vapor pressure，partial pressure of water vapor　10.0373
水蒸气渗透　vapor permeation　10.0366
水质稳定处理　water quality stabilization treatment　14.0040
水质阻垢缓蚀处理　water quality treatment of scale-prevent & corrosion- delay　14.0109
水族馆　aquarium　02.0263
税金　taxation　05.0031
瞬态传热　transient heat transfer　10.0339

司法建筑　judicial building　02.0135
*私房　urban private housing　06.0161
私家园林　private garden　08.0040
私密性　privacy　07.0340
私塾　private school　03.0174
*私学　private school　03.0174
四管制水系统　four-pipe water system　14.0317
四合院　courtyard house [with four building], siheyuan　03.0222
四维　four dimension, 4D　09.0136
四维空间　four dimensional space　01.0092
寺庙园林　monastery garden, temple garden　08.0041
*寺院　monastery, temple　03.0206
伺服电动机　servomotor　14.0478
饲料储存处　feed storage　02.1110
饲料加工间　feed processing plant　02.1115
送风机房　supply fan room　14.0394
苏式彩画　Suzhou style pattern　03.0145
苏州工业专门学校建筑科　Department of Building in Suzhou Industrial College　04.0006
素混凝土　plain concrete　12.0058
素混凝土结构　plain concrete structure　13.0096
速度场　velocity field　14.0310
*速度型压缩机　turbo-compressor　14.1079
速凝剂　flash setting admixture　12.0093
宿舍　dormitory　02.0094
*塑钢门窗　unplasticized polyvinyl chloride door and window, PVC-U door and window　12.0300
塑料地板　plastics floor　12.0320
塑料家具　plastic furniture　09.0398
塑料门窗　unplasticized polyvinyl chloride door and window, PVC-U door and window　12.0300
塑料棚　plastic house　02.1085
塑料温室　plastic greenhouse　02.1090
塑铝管　plastic-aluminum-plastic pipe, PAP pipe　12.0341
塑山　man-made rockwork　08.0137
塑石　man-made rockery　08.0138
塑性混凝土　plastic concrete　12.0073
塑性铰　plastic hinge　13.0059
塑性密封材料　plastic sealant　12.0298
酸度　acidity　14.1037
酸腐蚀　acid corrosion　11.0359
酸洗车间　pickling shop　02.1039
酸雨　acid rain　14.1007
随机性效应　stochastic effect　11.0271
随机振动　random vibration　14.1017
碎石　crushed stone　12.0100
损坏　damage　11.0218
榫卯　mortise-and-tenon joint, sunmao　03.0031
缩放　zooming　09.0168
索结构　cable structure　13.0187
索引符号　index symbol　09.0106

T

塔楼　tower head　02.0814
*塔式高层住宅　apartment of tower building　02.0088
塔式住宅　apartment of tower building　02.0088
塔斯干柱式　Tuscan order　03.0290
塔体　tower body　02.0815
塔下建筑　tower skirt building　02.0816
榻　platform, daybed　09.0383
踏板　tread　09.0340
踏步　step　09.0339
踏步立板　riser　09.0341
*踏面　tread　09.0340
台仓　understage　02.0370
台唇　forestage　02.0368
台地　terrace, stage　09.0075
台基　stereobate　03.0307
台阶　steps　09.0338
台口　proscenium　02.0367
台明　salient part of foundation, taiming　03.0110
台球室　billiard room, billiard parlor　02.0447
台塔　fly tower　02.0386
台榭　high-platform building, taixie　03.0152
抬梁式　post-and-beam construction, tailiang　03.0005
太湖石　Taihu stone　08.0103
太庙　Imperial Ancestral Temple, Tai Miao　03.0194
太平间　mortuary　02.0592
太阳常数　solar constant　10.0476

太阳赤纬角　solar declination angle　10.0509
太阳电池　solar cell，solar battery　14.0850
太阳方位角　solar azimuth angle　10.0508
*太阳辐射能　solar energy　14.0848
太阳辐射吸收系数　solar radiation absorbility factor　10.0382
太阳辐照度　solar irradiance　10.0477
太阳辐照量　solar irradiation　14.0104
太阳高度角　solar altitude angle　10.0507
太阳能　solar energy　14.0848
太阳能保证率　solar fraction　14.0103
太阳能发电　solar power generation　14.0440
太阳能供暖　solar heating　14.0215
太阳能光电转换　solar photovoltaic conversion　14.0441
太阳能光伏电站　solar photovoltaic power plant　02.0937
太阳能光伏发电　solar photovoltaic electric power generation　14.0851
太阳能集热器　solar collector　14.0119
太阳能热发电站　solar heat power plant　02.0936
太阳能热水供应系统　solar water heating system　14.0100
太阳能热水器　solar water heater　14.0118
太阳时　solar time　10.0510
太阳时角　solar hour angle　10.0517
*汰石子　granitic plaster，washed granolithic plaster　12.0204
钛锌板　zinc-copper-titanium alloy sheet　12.0222
坍落度　slump　12.0022
坍落扩展度　slump flow　12.0023
谈话室　talk room　02.0144
弹塑性分析　elasto-plastic analysis　13.0067
弹性分析　elastic analysis　13.0066
弹性建筑涂料　elastomeric wall coating　12.0255
弹性密封材料　elastic sealant　12.0297
弹性模量　modulus of elasticity　13.0030
*坦丹札学派　La Tendenza　03.0361
炭化木材　thermo-modified wood　12.0234
探测区域　detection zone　11.0113
探伤室　flaw detector room　02.0236
碳化作用　carbonation　12.0016
*碳酸盐硬度　temporary hardness　14.1032
逃生窗　escape window　09.0314
*逃生门　exit door，escape door　09.0292
*陶瓷锦砖　ceramic mosaic　12.0172
陶瓷马赛克　ceramic mosaic　12.0172
陶瓷砖　ceramic tile　12.0162
陶粒　ceramsite，haydite　12.0111
*陶瓦　fired roofing tile　12.0129
陶艺馆　ceramic studio　02.0435
陶质砖　fine earthenware tile　12.0171
套　house unit　02.0080
套房　suite　02.0665
套型　dwelling unit type　02.0081
特别观摩室　inspection room for very important person　02.0279
特藏书库　special stack　02.0311
特大城市地区　mega-city region　07.0051
特定符号　specific symbol　09.0425
特殊单立管排水系统　special single stack drainage system　14.0052
*特殊护理单元　intensive care unit，ICU　02.0585
特殊用地　land for special use　07.0124
特种工程结构　special engineering structure　13.0131
藤本植物　vine　08.0080
藤家具　rattan furniture　09.0400
梯段　flight　09.0337
踢脚　skirt　09.0204
*踢面　riser　09.0341
提词间　prompter box　02.0385
提拉窗　vertical sliding sash　09.0319
提示标志　prompt sign　09.0412
提示盲道　warning blind sidewalk　09.0061
体积电阻　volume resistance　11.0308
体外震波碎石机室　extracorporeal shock wave lithotripsy room，ESWL room　02.0572
体形系数　shape factor　10.0416
体育场　stadium，arena　02.0454
体育馆　gymnasium，sports hall　02.0455
体育建筑　sports building　02.0451
体育器材厂　sporting equipment factory　02.1002
体育设施　sports facility　02.0452
体育用地　land for sport　07.0134
体育中心　sports center　02.0453
*天车　overhead traveling crane　02.0910
天窗　skylight　09.0327
*天窗采光　top daylighting　10.0127

天顶亮度 zenith luminance 10.0123
天沟 gutter 09.0279
天井 patio 02.0059
天空光 skylight 10.0115
天空辉光 sky glow 10.0025
天空漫射辐射 diffuse sky radiation 10.0112
天空遮挡物 obstruction 10.0141
天幕 cyclorama 02.0376
天幕光 back-cloth light 02.0399
*天篷帘 sky-light blind 12.0307
天平室 balance room 02.0232
天桥 fly gallery 02.0387
天然材料 natural materials 12.0011
天然地基 natural subgrade 13.0280
天然建筑石材 natural building stone 12.0196
*天然能源 primary energy 14.0824
天然气 natural gas 14.0886
天然轻骨料 natural lightweight aggregate 12.0109
天然砂 natural sand 12.0102
天然石材 natural stone 12.0195
天然源 natural source 11.0260
天坛 Temple of Heaven，Tian Tan 03.0189
*天文观象台 observatory 02.0202
天文馆 planetarium 02.0261
天文台 observatory 02.0202
田径场 athletics，track field 02.0461
田径馆 indoor athletics stadium 02.0460
田园城市 garden city 07.0292
填充墙 filler wall 13.0158
填方 fill work 09.0071
挑檐 overhanging eaves 09.0262
条缝型风口 slot outlet，slot diffuser 14.0280
条件黏度 conditional viscosity 14.0881
条形基础 strip foundation 13.0300
调幅 amplitude modulation 14.0739
调光器 dimmer 10.0094
调和漆 mixed paint，color paint 12.0270
调节器 controller，regulator 14.0360
调频 frequency modulation 14.0740
*调频质量阻尼器 tuned mass damper，TMD 13.0239
调速泵组供水 governor pump unit water supply 14.0012
调相 phase modulation 14.0741
调谐质量阻尼器 tuned mass damper，TMD 13.0239
调制传递函数 modulation transfer function，MTF 10.0248
调制解调器 modulator-demodulator，MODEM 14.0797
跳板 diving board 02.0500
跳伞塔 parachuting tower 02.0502
跳水池 diving pool 02.0498
跳[水]台 diving platform 02.0499
跳线 jumper 14.0717
贴附射流 wall attachment jet 14.0305
贴膜玻璃 film mounted glass 12.0185
铁路客运站 railway station，train station 02.0702
铁路用地 land for railway 07.0118
厅堂式 mansion-type structure，tingtang 03.0011
汀步 stepping stone on water 08.0125
听力实验室 listening laboratory 02.0221
烃 hydrocarbon 14.0862
亭 pavilion 03.0149
亭桥 bridge pavilion 08.0121
庭荫树 courtyard tree，shady tree 08.0082
庭园 courtyard garden 08.0008
庭院 courtyard 02.0058
停车泊位数 number of parking lot 07.0212
停车场 parking lot 02.0781
停车库管理系统 parking lots management system 14.0673
停车率 parking ratio 07.0229
停车位 parking space 02.0782
[停]机坪 apron 02.0679
通风 ventilation 14.0247
通风道 ventilation stack 09.0225
通风[干燥]储粮仓 ventilated grain depot 02.1103
通风隔热 heat reduction by ventilation 10.0409
通风耗热量 ventilation heat loss 14.0223
通风机 fan 14.0268
通风降温 ventilation cooling 10.0412
通风量 ventilation rate 10.0410
通风设备 ventilation equipment，ventilation device 14.0258
*通过式站房 parallel station building 02.0708
通廊式住宅 corridor apartment，corridor house 02.0089
通气管 vent pipe 14.0068
通信设备制造厂 communicating manufactory

02.0981
通信网络系统　communication network system 14.0619
通用符号　common symbol　09.0420
通用硅酸盐水泥　common Portland cement　12.0048
通用设计图　standard design drawing　09.0089
通用实验室　general laboratory　02.0206
同层排水　same-floor drain　14.0080
同程式系统　reversed return system　14.0229
同类色　congener color　09.0461
同声传译控制室　simultaneous interpretation booth 02.0122
同时对比　contrast of contemporary color　09.0488
同位素室　radioisotope unit　02.0577
桐油　China wood oil，tung oil　12.0265
铜管　copper pipe　12.0327
统计声学　statistical acoustics　10.0171
统一眩光值　unified glare rating，UGR　10.0021
桶装仓库　barrelled material warehouse　02.0882
筒仓　silo　02.0868
筒拱　barrel vault　03.0313
筒体结构　tube structure　13.0136
筒瓦　semi-circular tile　03.0129
筒中筒结构　tube in tube structure　13.0139
筒子板　jamb lining　09.0303
偷心造　stolen-heart method，touxinzao　03.0043
投标价　bidding price　05.0035
投影　projection　09.0090
投资估算　investment estimate　05.0002
投资回收期　payback period　05.0048
*投资利润率　return on investment，ROI　05.0050
透景线　perspective line　08.0047
*透明涂料　varnish　12.0269
*透平　turbine　14.0928
*透平机厂　steam turbine manufactory　02.0961
透平式压缩机　turbo-compressor　14.1079
透射率　transmissivity　10.0359
透视图　perspective view　09.0099
透水地面　permeable floor　09.0245
凸窗　bay window　09.0308
凸肚　entasis　03.0308
突出的普遍价值　outstanding universal value of heritage　03.0385
突发噪声　burst noise　11.0339
*图标　drawing title column　09.0114
图标　icon　09.0431
图层　layer　09.0161
图库　graphics library　09.0158
图框　drawing frame　09.0113
图例　legend　09.0105
图面代号　drawing sheet size　09.0112
图书馆　library　02.0241
图书外借处　books lending　02.0302
图线　chart　09.0125
图像分辨力　picture resolution　14.0768
图像清晰度　picture definition　14.0769
图像数据格式　video data format　14.0660
图像型火灾自动报警系统　video-based fire detection system　14.0608
图像质量　picture quality　14.0658
图形标志　graphical sign　09.0419
图形符号　graphical symbol　09.0418
图纸幅面　drawing size　09.0109
图纸空间　paper space　09.0154
徒手画　freehand drawing　04.0043
涂装车间　painting shop　02.1042
屠宰厂　butchery　02.1005
土　soil　13.0266
土地出让　land leasing　07.0366
*土地出让金　land price for sale　07.0369
土地储备　land reserve　06.0137
土地二级开发　secondary land development　06.0111
土地管理　land management　07.0363
土地划拨　land assignment　07.0368
土地价格　land price　06.0139
土地开发　land development　06.0134
土地开发管理　management of land development 07.0362
*土地利用　land use　07.0202
土地利用规划　land use planning　07.0059，11.0039
土地庙　Temple of Land God，Tudi Miao　03.0178
土地批租　leasehold of land　07.0364
*土地使用　land use　07.0202
土地使用控制　land use control　07.0197
土地使用权　land use right　06.0127
*土地使用权出让　land leasing　07.0366
*土地使用权有偿转让　leasehold of land　07.0364
*土地使用权转让　land transfer　07.0367

土地市场　land market　06.0113
土地所有权　land ownership　06.0126
*土地无偿拨用　land assignment　07.0368
土地一级开发　primary land development　06.0110
土地用途　purpose of land use　06.0128
土地征收　compulsory land acquisition　07.0365
土地转让　land transfer　07.0367
土动力性质测试　dynamic property test for soil　11.0020
土方工程　earthwork　08.0133
土方平衡　equal of cut and fill　09.0070
土方图　earthwork drawing，earthwork planning　09.0031
土壤自然安息角　soil natural angle of repose　08.0056
土体抗震稳定性　seismic stability of soil　11.0031
土质条件　soil condition　09.0011
推拉窗　horizontal sliding sash　09.0320
推拉门　sliding door　09.0294
推拉下悬窗　double tilting sliding sash　09.0322
托儿室　nursery　02.0298
托儿所　nursery，kindergarten　02.0164
托脚　inclined strut，tuojiao　03.0068
托老所　the senior's center　02.0098
托座　bracket　09.0218
脱扣器　release　14.0528
驼峰　camel hump　03.0069

W

挖方　cut work　09.0072
*瓦板岩　slate　12.0199
瓦子　culture and community center，wazi　03.0180
瓦作　tilework and roofing　03.0122
外保温　external thermal insulation　10.0433
外部参照　external reference　09.0167
外部防雷装置　external lightning protection system　11.0056
外部空间　outdoor space　01.0101
外部设备　external device　14.0792
外窗　external window　09.0306
外界可导电部分　extraneous- conductive part　14.0492
外廊式　veranda style　03.0236
外力　external force　13.0014
外露可导电部分　exposed-conductive part　14.0491
外门　external door　09.0290
外排水　external drainage　09.0281
外墙　external wall　09.0178
外墙内保温系统　thermal insulation system inside external wall　09.0191
外墙外保温系统　thermal insulation system outside external wall　09.0190
外事用地　land for foreign affair　07.0138
外檐装修　exterior finish work　09.0373
弯矩　bending moment　13.0012
完全小学　elementary school　02.0161
完全预混式燃烧器　premixed burner，pre-aerated burner　14.0968
玩具厂　toy making factory　02.0996
网吧　internet bar，cybercafe　02.0436
网点　grid　09.0160
网架结构　space truss structure，space grid structure　13.0184
网壳结构　latticed shell structure，reticulated shell structure　13.0185
网络操作系统　network operation system　14.0805
网络地面　network floor　09.0240
网球场　tennis court　02.0464
*往复式压缩机　reciprocating compressor　14.0335
望柱　baluster　03.0117
危险地段　dangerous area to earthquake resistance，dangerous area　11.0029
危险固体废物　hazardous solid waste　11.0349
危险品库　hazardous material storage，hazardous material warehouse　02.0861
*危险品库房　dangerous substance area　02.0204
危险物质存放区　dangerous substance area　02.0204
微波通信楼　microwave telecommunication building　02.0797
微波站　microwave relay station　02.0801
微穿孔板消声器　micropunch plate muffler　14.0379
微电子工厂　microelectronic manufactory　02.0980
微晶玻璃　glass-ceramics　12.0192

微晶玻璃陶瓷复合砖　glass-ceramics & ceramics combined tile　12.0164
微缩复制图　microcopy　09.0097
微缩图书阅览室　microfilm reading room　02.0301
微振动　micro-vibration　11.0187
微振动控制　micro-vibration control　11.0188
微正压锅炉　pressurized boiler　14.0955
围护结构　building envelope　10.0415
围护结构传热系数　overall heat transfer coefficient of building envelope　14.0233
围护墙　enclosure wall　09.0196
围墙　boundary wall　09.0197
违法建设　illegal construction　07.0360
违法占地　illegal occupation of land　07.0361
桅杆　mast　02.0813
维持平均照度　maintained average illuminance 10.0036
维护系数　maintenance factor　10.0072
维特鲁威建筑三原则　Vitruvius' three principles 03.0265
维也纳分离派　Vienna secession，Viennese secession 03.0345
伪彩色发光二极管显示屏　pseudo-color light emitting diode panel　14.0755
*伪动力试验　pseudo-dynamic test　13.0211
*伪静力试验　pseudo-static test　13.0210
纬度　latitude　10.0505
卫生防护距离　health protection zone　11.0352
卫生防护绿化带　green belt for health protection 11.0353
卫生间　toilet，lavatory　02.0049
卫生器具　plumbing fixture，fixture　14.0025
卫生器具当量　fixture unit　14.0026
卫生所　health center　02.0515
卫星城　satellite town　07.0293
卫星通信地球站　satellite telecommunication earth station　02.0798
未来主义　futurism　03.0349
位移　displacement　13.0053
位移法　displacement method　13.0072
位置　location　09.0006
位置标志　location sign　09.0413
温差修正系数　modified temperature difference factor 10.0399
温床　hot bed　02.1099
温度波幅　temperature amplitude　10.0342
温度场　temperature field　10.0329
*温度缝　expansion joint　09.0231
温度继电器　temperature relay　14.0556
*温度收缩　temperature shrinkage　12.0021
温度衰减　temperature damping　10.0343
温度梯度　temperature gradient　10.0330
温和地区　temperate zone，worm zone　10.0456
温泉水疗中心　spa center，hydrotherapy center 02.0655
温石棉　chrysotile asbestos　12.0205
温室　greenhouse　02.1087
温室气体　greenhouse gas　14.0995
温室效应　greenhouse effect　14.0996
文昌宫　Wenchang Temple　03.0170
*文峰塔　fengshui pagoda　03.0175
文化和自然混合遗产　mixed cultural and natural heritage　03.0377
文化建筑　cultural building　02.0240
文化景观　cultural landscape　03.0378
文化设施用地　land for cultural facility　07.0132
文化线路　cultural route　03.0407
文化遗产　cultural heritage　03.0375
文化遗产干预　intervention of heritage　03.0415
文化娱乐建筑　cultural and recreation building 02.0421
文化中心　cultural center　02.0264
文教区　education and research district　07.0174
文具用品店　stationary store　02.0615
文脉　context　07.0324
文秘室　secretarial office　02.0120
文庙　Temple of Confucius，Wen Miao　03.0169
文物保护单位　officially protected entity　03.0395
文物保护单位保护范围　area of protection for a site protected　03.0399
文物保护单位建设控制地带　area for control of construction around a site protected　03.0400
文物保护工程　protection of cultural relics　03.0402
文物保护规划　conservation master plan　03.0401
文物调查　identification and investigation of heritage 03.0424
文物整理室　cultural relics arrangement room 02.0291

文物古迹　cultural relics，heritage site　03.0389
文物古迹残损　damage and/or deterioration of heritage　03.0423
文物古迹防护加固　physical protection and strengthening of heritage　03.0418
文物古迹环境治理　treatment of heritage setting　03.0422
文物古迹日常保养　regular maintenance of heritage　03.0417
文物古迹现状修整　minor restoration of heritage　03.0419
文物古迹用地　land for heritage　07.0137
文物古迹原址重建　reconstruction of heritage　03.0421
文物古迹重点修复　major restoration of heritage　03.0420
文物价值　heritage value，value of cultural relics　03.0390
文物建筑　listed building　03.0404
文物四有　four legal prerequisites　03.0396
文艺复兴建筑　Renaissance architecture　03.0272
文字符号　letter symbol　09.0417
吻合效应　coincidence effect　10.0259
紊流　turbulent flow　10.0352
稳定性　stability　13.0042
稳态传热　steady heat transfer　10.0338
稳压层　plenum space　14.0321
稳压电源　voltage stabilized power source　14.0449
稳压器　voltage stabilizer　14.0521
问询处　information desk　02.0030
*问讯处　information desk　02.0030
瓮城　barbican，wengcheng　03.0157
涡轮机　turbine　14.0928
*涡轮机厂　steam turbine manufactory　02.0961
卧室　bedroom　02.0101
乌头门　wutoumen　03.0097
污染区　contaminated area　11.0369
污染物　pollutant　11.0318
污染源　pollution source　14.0998
污染指数　pollution index　14.1001
污水泵房　wastewater pump room　14.0197
污水处理厂　wastewater treatment plant　02.0833
污水处理构筑物　sewage treatment structure　11.0335
污水二级处理　secondary treatment of sewage　14.0087
污水一级处理　primary treatment of sewage　14.0086
污洗室　sluice room　02.0540
屋顶　roof　09.0254
屋顶花园　roof garden　02.0061
屋顶通风机　power roof ventilator　14.0283
屋顶雨水口　roof drain　09.0282
屋盖　roof system　13.0175
屋盖支撑系统　roof-bracing system　13.0181
屋架　roof truss　13.0179
屋面　roofing　09.0258
屋面板　roof plate，roof board，roof slab　13.0176
屋面保护层　roof protective course　09.0273
屋面防水　roof water proofing　09.0267
屋面梁　roof girder　13.0178
屋面排水　roof drainage system　09.0269
屋面无组织排水系统　roof non-organized drainage system　09.0277
屋面有组织排水系统　roof organized drainage system　09.0278
*屋檐　eaves　09.0261
钨丝灯　tungsten filament lamp　10.0079
无彩色　achromatic color　09.0474
无窗厂房　windowless factory building　02.1017
无缝钢管　seamless steel pipe　12.0324
无规噪声　random noise　10.0190
*无回声室　anechoic room，free-field room　02.0226
无机房电梯　machine-roomless elevator，elevator without engine room　09.0361
无机非金属材料　inorganic nonmetallic materials　12.0003
无极荧光灯　electrodeless fluorescent lamp　10.0091
*无筋混凝土　plain concrete　12.0058
无菌室　bacteria-free room　02.0227
无菌手术室　bioclean operating room　02.0558
无梁楼盖　flat slab floor　13.0161
无黏结预应力混凝土结构　unbonded prestressed concrete structure　13.0102
无损检测　non-destructive testing　14.1112
*无损探伤　non-destructive testing　14.1112
*无天窗厂房　windowless factory building　02.1017
无线电噪声　radio noise　11.0234
无限竞争性招标　public tender　06.0057
无形资产　intangible assets　05.0062

*无压锅炉　atmospheric hot water boiler　14.0949
*无焰燃烧器　premixed burner，pre-aerated burner　14.0968
无用信号　unwanted signal　11.0236
无障碍入口　barrier-free entrance　09.0062
无障碍设计　barrier-free design　01.0065
*吴王靠　chair-back balustrade　03.0106
五彩遍装　wucai bianzhuang　03.0141
五花山墙　stepped gable wall　03.0137
五岳庙　Temple of the God of the Five Great Mountains，Wuyue Miao　03.0217
庑殿　hip roof，wudian　03.0080
武[术]馆　Wushu gymnasium　02.0456
舞池　dancing floor　02.0444
*舞蹈教室　aerobics classroom　02.0446
舞蹈教室　dance room　02.0183
舞台　stage　02.0354
舞台灯光　stage illumination，stage light　02.0393
舞台监督室　stage manager's room　02.0404
*舞台塔　fly tower　02.0386
舞厅　ballroom　02.0432
*物防　physical protection　14.0684
物理爆炸　physical explosion　14.0908
物理实验室　physics laboratory　02.0208
物料净化　supplies purify　11.0328
物料净化用室　room for cleaning material　11.0175
物流仓储用地　land for logistics and warehouse　07.0146
物流中心　logistics center，center of material flow，material flow center　02.0884
物体色　object color　09.0457
物业　property　06.0118
物业服务费　property management fee　06.0177
物业服务企业　property management enterprise　06.0170
物业管理　property management　06.0125
误报警　false alarm　14.0681

X

西餐厅　western restaurant　02.0657
吸波性能　absorber performance　11.0252
吸顶灯具　ceiling luminaire，surface mounted luminaire　10.0101
吸附　adsorption　14.1009
吸附剂　adsorbent　14.1012
吸气式烟雾探测火灾报警系统　aspirating smoke detection fire alarm system　14.0613
吸声材料　sound absorption materials　10.0288
吸声尖劈　wedge absorber　10.0301
吸声量　equivalent absorption area　10.0293
吸声室　acoustic chamber　02.0225
吸声系数　sound absorption coefficient　10.0290
吸收　absorption　11.0226
吸收率　absorptivity　10.0357
吸收式制冷机　absorption-type refrigerating machine　14.0340
吸收损耗　absorption loss　11.0227
吸水性　water absorption　12.0036
希波丹姆规划模式　Hippodamus' planning　07.0290
希腊十字形　Greek cross　03.0337
*析水性　bleeding　12.0024
牺牲阳极电保护　sacrificial anode protection，cathodic protection with sacrificial anode　14.1127
*牺牲阳极阴极保护　sacrificial anode protection，cathodic protection with sacrificial anode　14.1127
*稀有气体　inert gas，rare gas　14.1085
溪涧　stream　08.0142
溪流　rivulet　08.0143
嬉水园　water park　02.0437
洗涤间　washery　02.0046
*洗墙灯　wall washer　10.0104
洗染店　laundering and dyeing shop　02.0616
*洗手间　toilet　02.0050
洗消间　decontamination room　11.0154
洗衣房　laundry　02.0047
洗印厂　film laboratory　02.0828
戏剧场　playhouse　02.0325
戏台　stage，xitai　03.0181
*戏院　playhouse　02.0325
系列遗产　serial properties，serial heritage　03.0382
系统标称电压　nominal system voltage　14.0417

系统软件　system software　14.0798
系统总噪声级　system total noise level　10.0326
细骨料　fine aggregate　12.0106
*细集料　fine aggregate　12.0106
细木工板　blockboard, laminated wood board　12.0236
细炻砖　fine stoneware tile　12.0169
细水雾灭火系统　water mist fire suppressing system　14.0174
下沉庭院　sinking courtyard　02.0060
夏热冬冷地区　hot summer and cold winter zone　10.0454
夏热冬暖地区　hot summer and warm winter zone　10.0455
夏至点　summer solstice　10.0519
*先锋剧场　experimental theater　02.0327
先张法预应力混凝土结构　pre-tensioned prestressed concrete structure　13.0099
纤维板　fiberboard　12.0238
纤维水泥板　fiber cement flat sheet　12.0160
纤维素纤维　cellulose fiber　12.0140
纤维增强硅酸钙板　fiber reinforced calcium silicate sheet　12.0159
闲置土地　idle land　06.0141
显热　sensible heat　10.0335
显热蓄热　sensible heat regeneration　14.1051
显色性　color rendering　10.0032
显色指数　color rendering index　10.0033
显示符号　display symbol　09.0429
显示屏亮度　display screen luminance　14.0770
显示图像　display image　09.0149
显示元素　display element　09.0148
显微镜室　microscope room　02.0233
县级医院　county hospital　02.0516
现场总线　fieldbus　14.0628
现代建筑运动　modern movement　03.0352
*现代派建筑　modernism in architecture　03.0353
现代派建筑教育　modernist architecture education　04.0005
现代文保技术　modern conservation technique of heritage　03.0428
现代主义建筑　modernism in architecture　03.0353
现浇混凝土结构　cast-in-situ concrete structure　13.0103
现金流量表　cash flow statement　05.0069
现状图　status chart　09.0032
*PE 线　protective conductor　14.0494
*PEN 线　protective and neutral conductor　14.0496
线侧平式站房　level parallel station building　02.0710
线侧式站房　parallel station building　02.0708
线传热系数　linear heat transfer coefficient　10.0424
线端平式站房　level terminal station building　02.0711
线端式站房　terminal station building　02.0709
线对　pair　14.0721
线间距　distance between centers of lines, midway between tracks　02.0751
线脚　molding　09.0209
线框表示　wire frame representation　09.0175
线框模型　wire frame model　09.0174
线型航站楼　linear terminal　02.0681
限定要素　determinant element　09.0436
限额设计　design on prescribed cost　05.0023
限界　gauge　02.0740
限制电压　measured limiting voltage　11.0079
限制建设区　development-restricted zone　07.0074
乡　township　07.0005
乡村建设规划许可证　building permit for construction in township & village　07.0354
乡规划　township planning　07.0017
乡土建筑　vernacular architecture　01.0072
乡土建筑遗产　built vernacular heritage　03.0410
乡贤祠　memorial hall for distinguished local　03.0198
乡镇卫生院　rural hospital　02.0517
相对标高　relative elevation　09.0117
相对日照时数　relative sunshine duration　10.0156
相对湿度　relative humidity　10.0460
相关尺寸标准　associative dimensioning　09.0155
相关色温　correlated color temperature　10.0027
厢房　wing room　03.0225
箱　case　09.0394
箱形基础　box foundation　13.0302
镶嵌玻璃　mosaic glass, decorated glass　12.0189
详细符号　detailed symbol　09.0422
详细规划　detailed planning　07.0194
响度　loudness　10.0211
响度级　loudness level　10.0212
响应时间指数　response time index, RTI　14.0152
巷　lane, alley　07.0286

项目后评价　post project evaluation　05.0045
项目建议书　project proposal　06.0071
项目经理　project manager　06.0028
项目评估　project appraisal　05.0044
项目资本金　equity　05.0078
相地　site study planning　08.0043
象皮石　xiangpi stone　08.0106
像素　pixel，picture element　14.0762
像素中心距　pixel pitch　14.0763
橡胶地板　rubber flooring　12.0321
消波设施　attenuating shock wave equipment　11.0152
消毒池　disinfecting pool　02.1072
消毒室　sterilizing room　02.0561
消防车库　fire engine room　02.0129
消防电梯　fire lift，emergency elevator　09.0352
消防给水系统　fire water system　14.0134
消防局　fire department，fire authority　02.0127
消防控制室　fire protcction control room　02.0841
*消防控制中心　fire protection control room　02.0841
消防联动控制器　integrated fire controller　14.0606
消防联动控制系统　integrated fire control system　14.0602
消防炮　fire monitor　14.0163
消防水泵间　fire water tank room　14.0201
消防应急广播　fire public address　14.0607
消防站　fire station　02.0128
消火栓　hydrant　14.0137
消极空间　negative space　01.0103
消能减震　energy dissipation and earth- quake response reduction　13.0237
消能支撑　energy dissipation brace　13.0238
消声量　sound deadening capacity　14.0377
消声器　silencer　10.0315
消声器插入损失　insertion loss of silencer　10.0316
消声室　anechoic room，free-field room　02.0226
消声弯头　bend muffler　14.0380
消石灰　slaked lime　12.0292
小城市　small city　07.0054
小尖塔　pinnacle　03.0330
小件寄存处　left luggage room，luggage storage　02.0718
小木作　smaller [non-structural] carpentry，xiaomuzuo　03.0091
小区游园　small garden　07.0272
小时变化系数　hourly variation coefficient　14.0015
小式　xiaoshi-style　03.0013
小套公寓　efficiency apartment　02.0092
效果图　rendering　09.0098
笑气　laughing gas，nitrous oxide　14.1084
楔形绿地　green land of wedge　08.0034
歇山　hip-and-gable roof，xieshan　03.0081
协调空间　coordination space　01.0116
斜脊　hip　09.0260
斜拉索结构　cable-stayed structure　13.0189
谐波分量　harmonic component　14.0426
谐波分析　harmonic analysis　10.0404
谐波含量　harmonic content　14.0427
谐波源　harmonic source　14.0428
写实色彩　treat color　09.0494
泄漏电流　leakage current　14.0503
泄压口　pressure relief opening　14.0191
泄油池　oil leakage sump　14.0595
卸货区　unloading zone　02.0634
心电图室　electrocardiogram room，ECG room　02.0543
心理咨询室　psychological consultation room，psychological counseling room　02.0188
心理作用　psychological impact　01.0086
芯柱　core column　13.0231
新陈代谢派　metabolism　03.0366
新城市主义　new urbanism　07.0041
新风机房　fresh air room　14.0384
新风机组　fresh air handling unit　14.0323
新风冷负荷　cooling load from outdoor air，cooling load for ventilation　14.0368
新风量　fresh air requirement　14.0300
新风系统　fresh air ventilation system　14.0248
新古典主义　neo-classicism，classical revival　03.0339
新建　construction of new building　01.0060
新理性主义　new rationalism　03.0361
新能源　new energy　14.0827
新鲜空气量　quantity of fresh air　11.0326
新现代　new modern　03.0362
新艺术运动　art nouveau　03.0344
*新折中主义　post-modernism　03.0360
信道　channel　14.0699
信号电源室　signal power room　02.0760
信号阀　signal valve　14.0156

信号继电器　signal relay　14.0557
信息　information　14.0800
信息安全　information security　14.0777
信息处理用房　information processing room　02.0317
信息点　telecommunications outlet，TO　14.0715
信息化应用系统　information technology application system，ITAS　14.0618
信息设施系统　information technology system infrastructure，ITSI　14.0617
信息网络系统　information network system　14.0621
信噪比　signal to noise ratio　14.0744
兴奋剂检测室　doping control room　02.0478
星-三角启动　star-delta starting　14.0484
星形拱　stellar vault　03.0316
行包地道　luggage tunnel　02.0731
行包坡道　luggage ramp　02.0732
行包收集间　temporary luggage room　02.0719
行包提取处　luggage claim room，luggage out counter　02.0720
行道树　avenue tree，street tree　08.0081
行宫　imperial retreat　03.0185
行进盲道　go-ahead blind sidewalk　09.0060
行李处理系统　baggage handling system，BHS　02.0699
行李房　luggage room　02.0717
行李提取厅　baggage reclaim hall　02.0696
行列式　housing in row　07.0279
行为空间　behavioral space　01.0089
行政办公楼　administration building　02.0105
行政办公区　administrative-office zone　02.0113
行政办公用地　land for administration　07.0131
行政楼层　executive floor　02.0648
行政套房　executive suite　02.0668
U 形玻璃　U shape glass　12.0175
形心　centroid，centroid of area　13.0033
B 型超声波室　B-mode ultrasound room　02.0580
型钢　section steel，structural steel，shaped steel　12.0213
H 型钢　H-section steel　12.0217
性能降级　degradation of performance　11.0217
*休息平台　stair landing　09.0343
休息室　foyer，lounge　02.0038
*修车库　motor repair shop，car repair pit　02.0770
修建性详细规划　site planning，detailed construction planning　07.0196
修正图　revised drawing　09.0088
须弥座　sumeru pedestal，xumizuo　03.0112
虚空间　illusory space　01.0093
虚拟施工　virtual construction　09.0172
虚拟现实　virtual reality，VR　09.0171
虚声源法　image[sound]source method　10.0247
徐变　creep　13.0028
许用应力　allowable stress　14.1102
畜牧场　animal farm，livestock farm　02.1056
*畜牧兽医工作站　veterinary station　02.1082
畜禽舍建筑　livestock house　02.1055
嗅味阈值　odor threshold　11.0329
蓄冰机房　room for ice storage　14.0396
蓄冷水池　thermal storage tank　14.0326
蓄热器　regenerator，heat accumulator，heat storage　14.1050
蓄热式热交换器　regenerative heat exchanger　14.1049
蓄热系数　coefficient of heat accumulation　10.0372
宣石　xuan stone　08.0102
悬臂梁　cantilever beam　13.0170
*悬吊式顶棚　suspended ceiling　09.0202
*悬浮炉　pulverized-coal fired boiler　14.0958
悬山　overhanging gable roof，xuanshan　03.0082
悬索结构　cable-suspended structure　13.0188
旋流风口　twist outlet，swirl diffuser　14.0281
旋转餐厅　revolving restaurant　02.0660
旋子彩画　tangent circle pattern　03.0144
选矿厂　concentrator，mineral processing plant　02.0942
选煤厂　coal preparation plant　02.0941
选址意见书　permission note for location　07.0351
选种室　seed selection room　02.1105
眩光　glare　10.0020
渲染　render　09.0176
学生活动中心　students' activity center　02.0168
学生宿舍　students' dormitory　02.0173
学徒制建筑教育　apprenticeship of architectural education　04.0001
学院派建筑教育　classical architecture education　04.0004
雪茄吧　cigar bar　02.0650
血库　blood bank　02.0565

血液透析室　hemodialysis room　02.0571
熏蒸室　fumigation room　02.0290
寻杖　balustrade　03.0118
循环泵　circulating pump　14.0239
*循环床锅炉　circulating fluidized bed boiler　14.0957
循环给水系统　recirculation water system　14.0007
循环流化床锅炉　circulating fluidized bed boiler　14.0957
循环水量　circulating flow　14.0132
循环周期　circulating period　14.0037
训练池　training pool　02.0496
训练馆　practice hall　02.0481
训练塔　training tower　02.0130

Y

压顶　coping　09.0200
压花玻璃　patterned glass　12.0190
压力管道　pressure pipe，pressure tube　14.1099
压力流雨水排水系统　full pressure storm water system　14.0058
压力容器　pressure vessel　14.1098
*压力雾化油燃烧器　mechanical atomization oil burner　14.0964
压力折减系数　operating pressure derating coefficient for various operating temperature　14.0921
压缩机　compressor　14.1077
压缩模量　constrained modulus　13.0290
压缩式冷水机组　compression-type water chiller　14.0334
压缩天然气　compressed natural gas　14.0891
压缩天然气加气站　compressed natural gas fuelling station　14.0913
压型钢板　profiled steel sheet　12.0220
衙署　government office，yashu　03.0164
雅典宪章　The Charter of Athens　07.0298
亚述建筑　Assyrian architecture　03.0255
烟　fume　14.0259
烟草厂　tobacco factory　02.1007
烟尘初始排放浓度　smoke density at end of boiler unit　14.0982
烟尘排放浓度　smoke density　14.0983
烟尘污染　smoke dust pollution　14.1006
烟气　smoke　14.0260
烟气露点　flue gas dew point　14.0981
烟气排放连续监测　continuous emission monitoring　14.0984
*烟气排放在线监测　continuous emission monitoring　14.0984
烟气脱硝技术　flue gas denitrification，NO_x removal from flue gas　14.0994
*烟气氧化合物技术　flue gas denitrification，NO_x removal from flue gas　14.0994
烟叶烘房　tobacco oast house　02.1114
延迟　delay　14.0679
延迟时间　time lag　10.0344
延性破坏　ductile failure　13.0088
严寒地区　severe cold zone　10.0452
*严密性试验　airtightness test，gastightness test　14.1119
岩棉　rock wool　12.0246
岩石　rock　13.0265
岩石园　rock garden　08.0023
岩土工程勘察　geotechnical investigation　13.0267
研究工作室　research studio　02.0238
研究中心　research center　02.0201
盐厂　salt works　02.1010
盐渍土　salty soil　13.0277
檐　eave，yan　03.0076
檐壁　frieze　03.0300
檐部　entablature　03.0298
檐椽　eave rafter，yanchuan　03.0078
檐口　cornice　03.0299，eaves　09.0261
檐幕　transverse curtain　02.0374
檐柱　eave column　03.0032
衍射　diffraction　10.0178
掩蔽　masking　10.0239
演播室　studio　02.0821
*演员活门　flaps，trap door　02.0384
宴会厅　banquet hall，ballroom　02.0661
宴会厅前厅　anteroom　02.0662
验槽　examination of foundation pit excavated

06.0101
验收 acceptance after inspection 06.0091
验线 inspection of property line 06.0102
扬声器 loudspeaker 10.0320
阳光控制镀膜玻璃 solar control coated glass 12.0184
阳极保护 anodic protection 14.1126
阳畦 local solar shed 02.1097
阳台 balcony 02.0055
洋葱头穹顶 onion dome 03.0324
洋风式 foreign style 03.0237
养蜂室 bee house 02.1078
养鸡场 poultry yard 02.1062
*养老院 nursing home for seniors 02.0099
养马场 horse ranch 02.1076
养禽场 poultry farm 02.1060
养鱼场 fish farm 02.1121
样板房 model house 06.0153
腰线 waist line 09.0208
邀请招标 invitation tender 06.0058
咬口缝 lock seam 09.0287
药房 pharmacy 02.0527
药剂科 pharmacy department 02.0550
药库 medicine store 02.0552
药品检验所 drug control department 02.0521
冶炼车间 smelting shop 02.1026
业务办公区 business-office zone 02.0114
业主 property owner 06.0124
业主大会 owners assembly 06.0171
*业主公约 management rules and agreements 06.0173
业主委员会 owners committee 06.0172
叶饰 foliation 03.0311
夜景照明 nightscape lighting 10.0040
夜总会 night club 02.0430
液化 liquefaction 13.0278
液化等级 liquefaction category 11.0035
液化可燃性气体 liquefied flammable gas 11.0134
液化石油气 liquefied petroleum gas 14.0892
液化石油气厂 liquefied petroleum gas plant，LPG plant 02.0944
液化石油气混气站 liquefied petroleum gas-air mixing station 14.0915
液化石油气气化站 liquefied petroleum gas vaporizing station 14.0914
液化天然气 liquefied natural gas 14.0890
液化指数 liquefaction index 11.0034
液晶显示屏 liquid crystal display，LCD 14.0757
液体比重 specific gravity of liquid，specific weight of liquid 14.0905
液压电梯 hydraulic elevator 09.0360
液氧 liquid oxygen 14.1081
一般符号 general symbol，basic symbol 09.0424
一般工业固体废物 general industrial solid waste 11.0348
一般漫射照明 general diffused lighting 10.0055
[一般]显色指数 general color rendering index 10.0034
一般照明 general lighting 10.0042
一次泵冷水系统 chilled water system 14.0351
一次回风 primary return air 14.0302
一次能源 primary energy 14.0824
一次屏障 primary barrier 11.0277
一次水 primary water 14.0328
一次污染物 primary pollutant 11.0319
一点透视 one-point perspective 09.0102
一级泵 primary pump 14.0330
一级注册建筑师 grade 1 registered architect 06.0036
衣帽间 cloakroom 02.0033
医技部 medical technology department 02.0554
*医疗技术部 medical technology department 02.0554
医疗设备厂 medical appliance manufactory 02.0977
医疗设备科 medical engineering section 02.0553
医疗卫生建筑 medical building 02.0505
医疗卫生用地 land for health care 07.0135
医疗站 medical station 02.0514
医务室 clinic 02.0519
医用电梯 hospital elevator 09.0350
医用空气加压舱 medical hyperbaric chamber pressurized with air 14.1090
医用氧舱 medical hyperbaric oxygen chamber 14.1088
医用氧气加压舱 medical hyperbaric chamber pressurized with medical oxygen 14.1089
医用中心供氧系统 centralized oxygen-supply system 14.1087
医用中心吸引系统 centralized vacuum-supply system

14.1086
医院　hospital　02.0506
医院街　hospital street　02.0522
医院污水　hospital sewage　14.0085
仪表精度　instrument accuracy　14.1070
仪表灵敏度　instrument sensitivity　14.1069
*仪表准确度　instrument accuracy　14.1070
仪器仪表　instrument and apparatus　14.1067
仪器仪表厂　instrument and meter factory　02.0975
移动式洁净小室　clean booth　11.0163
移动式泡沫灭火系统　mobile foam extinguishing system　14.0159
移动通信基站　cell site，mobile telecommunication base station　02.0796
遗产地　heritage site　03.0380
遗产评估　assessment of heritage　03.0416
遗产完整性　integrity of heritage　03.0384
遗产真实性　authenticity of heritage　03.0383
椅　chair　09.0388
艺术价值　artistic value　03.0393
艺术与工艺运动　arts and crafts movement　03.0342
异程式系统　direct return system　14.0230
异型柱结构　special shaped column structure　13.0143
*役马场　army horse-keeping farm　02.1075
抑制　suppression　11.0246
易感人群　susceptible　11.0373
驿站　post house，yizhan　03.0166
疫点　epidemic site　11.0375
疫区　epidemic area　11.0376
意大利文物建筑保护学派　Italian school of built heritage conservation　03.0414
溢散光　spill light，spray light　10.0022
阴极保护　cathodic protection　14.1125
阴极射线管显示屏　cathode ray tube display，CRT display　14.0753
阴影屏蔽　shadow shield　11.0287
荫棚　shade-frame　02.1095
音调　pitch　10.0219
音乐教室　music room　02.0182
音乐厅　concert hall　02.0324
音频频率响应　audio frequency response　14.0742
音色　timbre　10.0220
音响控制室　acoustical control room　02.0406
音质　acoustic　10.0217
音质设计　acoustical design　10.0218
银行　bank　02.0623
银行分理处　bank branch　02.0627
引出线　leader line　09.0128
引风机　induced draft fan　14.0980
引气剂　air entraining admixture　12.0088
引气减水剂　air entraining and water reducing admixture　12.0085
引入管　service pipe，inlet pipe　14.0018
*引射式预混燃烧器　atmospheric burner，natural draft burner　14.0967
引下线　down-conductor system　11.0059
饮料厂　beverage factory　02.1011
饮食广场　food plaza　02.0609
隐蔽工程　concealed work　06.0100
印染厂　printing and dyeing plant　02.0990
印刷厂　printing press　02.0997
英德石　Yingde stone　08.0100
英国文物建筑保护学派　British school of built heritage conservation　03.0413
迎客厅　arrival hall　02.0697
盈亏平衡分析　break-even analysis　05.0059
荧光灯　fluorescent lamp　10.0087
营养厨房　dietary kitchen　02.0591
营养科　nutriology department　02.0549
营业厅　business hall　02.0630
*营造　construction　01.0004
《营造法式》　Treatise on Architectural Methods，Yingzao Fashi　03.0230
《营造法原》　Source of Architectural Methods，Yingzao Fayuan　03.0235
*影壁　screen［spirit］wall　03.0136
影视外景基地　movie and television base　02.0818
应变　strain　13.0021
应急电源　emergency power supply，electric source for safety service　14.0446
应急设施　emergency response facility　11.0284
应急照明　emergency lighting　10.0048
应力　stress　13.0016
应力腐蚀　stress corrosion　14.1120
应力集中　stress concentration　14.1103
应力松弛　stress relaxation　13.0029
应用软件　application software　14.0799
硬化　hardening　12.0035

硬件　hardware　14.0791
硬聚氯乙烯管　unplasticized polyvinyl chloride pipe　12.0330
硬山　flush gable roof　03.0083
永定柱　yongdingzhu　03.0035
*永久荷载　permanent action　13.0076
永久链路　permanent link　14.0701
永久水平缆线　fixed horizontal cable　14.0713
永[久性]冻土　permafrost　10.0480
永久硬度　perpetual hardness，permanent hardness　14.1033
永久作用　permanent action　13.0076
泳道　racing lane　02.0497
用地标高　land elevation　07.0246
用地分类　land use classification　07.0113
用地红线　boundary line of land，property line of land　07.0216
用地兼容性　land use compatibility　07.0166
*用地面积　site area　01.0121
用地面积　size of the land　07.0201
用地性质　land use　07.0202
用户坐标系　user coordinate system，UCS　09.0163
用益物权　usufruct　06.0174
㶲　exergy　14.0837
优质杂排水　high grade gray water　14.0125
[邮]电[通]信建筑　telecommunication building　02.0787
邮件处理中心　postal center　02.0789
邮件转运站　post transfer station　02.0790
邮局　post office　02.0788
邮政设施　mail facility，post facility　07.0258
油断路器　oil circuit-breaker　14.0539
油漆　paint　12.0264
*油漆饰面车间　painting shop　02.1042
游步道　path　08.0155
游船码头　terminal　08.0123
游览线　touring route　08.0176
*游乐场　amusement park　02.0422
游乐园　amusement park　02.0422
游憩草坪　recreational lawn　08.0088
游戏厅　game room　02.0434
游泳池　swimming pool　02.0495
游泳池池水净化设备机房　water treatment room for swimming pool　14.0194
[游泳池]给水排水工程　water supply and drainage engineering［of swimming pool］　14.0030
[游泳池]混合流式循环　［pool water］combined circulation　14.0036
[游泳池]逆流式循环　［pool water］reverse circulation　14.0035
[游泳池]顺流式循环　［pool water］down-flow circulation　14.0034
[游泳池]循环净化给水系统　circulation treating water supply system［of swimming pool］　14.0033
[游泳池]直流净化给水系统　once through treated water supply system［of swimming pool］　14.0032
[游泳池]直流式给水系统　once through water supply system［of swimming pool］　14.0031
游泳馆　natatorium，aquatic center　02.0459
游泳设施　swimming facility　02.0458
有功功率　active power　14.0420
有机发光二极管显示屏　organic light emitting diode display，OLED display　14.0773
有机高分子材料　organic high polymer materials　12.0002
有机建筑　organic architecture　03.0357
有机疏散　organic decentralization　07.0294
有机载体锅炉　organic fluid boiler　14.0948
有菌手术室　general operation room　02.0557
有利地段　favorable area to earthquake resistance，favorable area　11.0027
有黏结预应力混凝土结构　bonded prestressed concrete structure　13.0101
有色金属冶炼厂　non-ferrous metal plant，non-ferrous metal refinery　02.0948
有色金属制品厂　non-ferrous metal products factory　02.0949
有线电视机房　cable TV plant room　14.0815
有线及卫星电视系统　cable television and satellite television system　14.0622
有限单元法　finite element method　13.0070
*有限竞争性招标　invitation tender　06.0058
有效站台长度　effective length of platform　02.0746
有效日照　effective sunshine　09.0018
有效温度　effective temperature，ET　10.0488
*有氧运动室　aerobics classroom　02.0446
有源噪声[振动]控制　active noise［vibration］control　10.0314

[幼儿]隔离室　isolation room　02.0197
幼儿活动室　kindergarten activity room　02.0191
幼儿寝室　kindergarten dormitory　02.0193
幼儿音体活动室　kindergarten musical and multi-activity room　02.0192
*幼儿园　nursery，kindergarten　02.0164
囿　hunting park，you　08.0037
诱导器　induction unit　14.0312
诱导式空气调节系统　induction air conditioning system　14.0313
淤泥　sludge　13.0271
余热锅炉　waste heat boiler，heat recovery boiler，exhaust heat boiler　14.0960
*余色　complementary color　09.0465
娱乐康体用地　land for recreation facility　07.0143
娱乐中心　entertainment center，amusement center，recreation center　02.0427
雨淋灭火系统　deluge system　14.0145
雨篷　canopy　09.0227
雨水泵房　rainwater pump room　14.0198
*雨水管　down spout，drain spout　09.0284
雨水口　scupper　09.0283
雨水利用系统　rain utilization system　14.0056
雨水排水系统　rain-water system，storm water system　14.0055
雨水渗透　rain penetration　10.0408
雨水收集系统　rainwater collection system　07.0247
语言传输指数　speech transmission index，STI　10.0249
语言干扰级　speech interference level　10.0309
语言教室　language classroom　02.0179
语音通信系统　voice communication system　14.0620
育成鸡舍　mature bird housing　02.1067
育雏鸡舍　brooder　02.1066
浴室　bathroom　02.0048
预拌砂浆　ready-mixed mortar　12.0122
预备费　contingency　05.0018
预测不满意百分率　predicted percentage dissatisfied，PPD　10.0490
预测平均热感觉　predictive mean vote，PMV　10.0489
预检分诊室　screening track，fast track　02.0530
预留金　reserve　05.0034
预留用地　reserved land　09.0043
预应力　prestress　13.0020
预应力钢结构　prestressed steel structure　13.0120
预应力混凝土　prestressed concrete　12.0070
预应力混凝土结构　prestressed concrete structure　13.0098
预制灭火系统　pre-engineered extinguishing system　14.0186
预作用自动喷水灭火系统　preaction sprinkler system　14.0143
遇水膨胀橡胶　hydrophilic expansion rubber　12.0282
渊潭　deep pool and pond　08.0141
园灯　garden lamp　08.0130
园凳　garden bench　08.0129
园廊　veranda，gallery，colonnade　08.0110
园林　garden and park　08.0001
园林匾额楹联　inscribed tablet in garden　08.0131
园林布局　garden layout　08.0050
*园林地貌创作　topographical design　08.0053
园林工程　garden engineering，landscape engineering　08.0132
园林规划　garden planning，landscape planning　08.0049
园林建筑　garden building　08.0108
园林理水　water system layout in garden　08.0139
园林设计　garden design　08.0051
园林史　landscape history，garden history　08.0035
园林小品　small garden ornament　08.0109
园林艺术　garden art　08.0042
园林意境　poetic imagery of garden　08.0046
园林植物　garden plant　08.0066
园路布局　road layout　08.0150
园路工程　garden paving engineering　08.0149
园路结构设计　road structural design　08.0152
园路设计　garden path design　08.0054
园路台阶　garden road step　08.0156
园路线形设计　road alignment design　08.0151
园台　platform　08.0116
《园冶》　Craft of Gardens，Yuanye　03.0232
园椅　garden chair　08.0128
原材料加工工厂　raw material processing plant　02.0940
*原发性污染物　primary pollutant　11.0319
原料加工车间　raw material handling plant　02.1024
原料库　raw material storage　02.0857

原木　log　12.0229
原始完整性　original integrality　14.0659
原物归安　anastylosis of heritage　03.0426
*原子能　nuclear energy　14.0846
缘石坡道　curb ramp　09.0058
远机位　remote aircraft stand　02.0689
远控[消防]炮灭火系统　remote-controlled fire monitor extinguishing system　14.0168
苑　imperial park，yuan　08.0038
约束砌体　confined masonry　13.0229
月洞门　moon gate　08.0117
*月台　platform　02.0754
月坛　Temple of Moon，Yue Tan　03.0192
阅览室　reading room　02.0299
跃层住宅　duplex apartment　02.0086
越冬室　wintering bee house　02.1079
云量　cloud amount　10.0466
运动草坪　sports lawn　08.0090
运动地面　sport floor　09.0243
运动黏度　kinematical viscosity　14.0880
运动员更衣室　locker room　02.0479
运动员席　sportsman seat　02.0484
*运动员休息室　locker room　02.0479
运行　operate　11.0230
运行安全　operation security　14.0776
运营期　operating period　05.0055
运转室　operation office for train receiving departure　02.0723
韵律教室　aerobics classroom　02.0446

Z

杂技场　circus　02.0333
杂排水　gray water　14.0124
杂散电流腐蚀　stray current corrosion　14.1123
*再生式空气预热器　rotary air heater　14.0978
再生噪声　regenerated noise　10.0313
在东道国的实践　practice in a host nation　06.0011
攒尖　pyramidal roof　03.0084
暂存库　temporary storage　02.0285
暂估价　provisional sum　05.0033
暂时硬度　temporary hardness　14.1032
暂押室　temporary detention room　02.0151
早后期声能比　early-to-late arriving sound energy ratio　10.0232
早期反射声　early reflection　10.0223
早期基督教建筑　early Christian architecture　03.0268
早期衰变时间　early decay time，EDT　10.0224
早期现代主义　early modernism　03.0240
早期抑制快速响应喷头　early suppression fast response sprinkler　14.0155
早强剂　hardening accelerating admixture　12.0086
早强减水剂　hardening accelerating and water reducing admixture　12.0082
藻井　domed coffered ceiling，zaojing　03.0093
造　way of construction，zao　03.0003
造币厂　mint factory　02.0998
造船厂　shipyard　02.0950
造价工程师　cost engineer　06.0027
造景　landscaping　08.0044
造型修剪　pruning　08.0168
造纸厂　paper mill　02.0999
噪度　[perceived] noisiness　10.0312
噪声　noise　14.1019
噪声控制　noise control　10.0303
噪声敏感建筑物　noise-sensitive building　11.0338
噪声评价　noise criterion　10.0304
噪声评价曲线　noise criterion curve，NC-curve　14.0381
噪声污染　noise pollution　10.0302
噪声污染级　noise pollution level　10.0311
增大截面加固法　structure member strengthening with reinforced concrete　13.0258
增长极理论　growth pole theory　07.0066
轧钢厂　rolling mill　02.0947
栅顶　grid，gridiron　02.0392
宅基地　rural housing land　07.0112
宅间绿地　green space between houses or apartments　07.0274
*毡包　yurt　03.0227
毡房　yurt　03.0227
[展馆]参观走廊　visitor’s gallery　02.0278

展开立面图　developed elevation drawing　09.0096
展[览]馆　exhibition hall　02.0258
展览室　exhibition room　02.0276
展廊　exhibition gallery　02.0259
[展品]摄影室　photographic studio　02.0293
[展品]修复室　conservation laboratory　02.0292
展厅　exhibition hall　02.0267
占地面积　site area　01.0121
战略规划　strategic planning　07.0060
站场　station yard　02.0736
站房平台　platform for station building　02.0737
*站坪　apron　02.0679
站台　platform　02.0754
站台屏蔽门　platform screen door　02.0763
*站台中点里程　middle mileage of station　02.0748
张拉膜结构　tensile membrane structure　13.0192
张弦结构　string structure　13.0190
障碍照明　obstacle lighting　10.0052
招标活动行政监督　administrative supervision of tender　06.0056
招标控制价　regulated maximum bidding price　05.0040
招标文件　tender document　06.0062
招待所　hostel　02.0638
找平层　leveling layer　09.0248
沼气　biogas　14.0855
沼气池　biogas digester　02.1118
沼气电站　methane power station　02.1119
照壁　screen [spirit] wall　03.0136
照度计　illuminance meter　10.0160
照度均匀度　uniformity ratio of illuminance　10.0035
照明　lighting，illumination　10.0038
照明功率密度　lighting power density，LPD　10.0037
照明配电箱　lighting power distribution panel　14.0472
照射　exposure　11.0268
照射途径　exposure pathway　11.0269
照相馆　photo studio　02.0619
遮阳　sunshade　09.0228
遮阳金属百叶帘　metal venetian blind for shading　12.0306
遮阳篷　awning　12.0308
遮阳天篷帘　sky-light blind　12.0307
遮阳系数　shading coefficient　10.0426
折叠家具　folding furniture　09.0405
折叠门　folding door　09.0295
折叠推拉窗　sliding folding window　09.0321
折射　refraction　10.0177
折中主义　eclecticism　03.0341
针灸科　department of acupuncture and moxibustion　02.0573
针织厂　knitting mill　02.0989
珍善本书库　rare book stack　02.0312
真空　vacuum　14.1091
真空泵　vacuum pump　14.1095
真空泵抽气速率　volume flow rate of a vacuum pump　14.1096
真空泵极限压力　vacuum ultimate pressure of a pump　14.1097
真空变相锅炉　vacuum boiler　14.0950
真空玻璃　vacuum glass　12.0181
真空除氧　vacuum deaerate　14.1029
真空度　degree of vacuum　14.1092
真空断路器　vacuum circuit-breaker　14.0540
*真空锅炉　vacuum boiler　14.0950
真空流导　vacuum conductance　14.1094
真空排水　vacuum drain　14.0079
真空破坏器　vacuum breaker　14.0024
真空吸尘装置　vacuum cleaning installation，vacuum cleaner，cleaning vacuum plant　14.0276
真空系统　vacuum system　14.1093
*真石漆　sand textured building coating based on synthetic resin emulsion　12.0253
真太阳日　true solar day　10.0513
诊室　consulting room　02.0533
振动　vibration　13.0044
振动传递率　vibration transmissibility　11.0211
振动模态　mode of vibration　11.0196
*振动台试验　pseudo-earthquake shaking table test　13.0212
振动响应　vibration response　11.0204
振幅　amplitude　13.0046
振型　vibration mode　13.0203
*振型叠加法　modal analysis method　13.0242
振型分解法　modal analysis method　13.0242
镇　town　07.0004
镇规划　town planning　07.0016
镇流器　ballast　10.0093

蒸发冷却　evaporative cooling　10.0407
蒸发器　evaporator　14.0339
蒸馏水室　distilled water room　02.0235
蒸汽供暖　steam heating　14.0208
蒸汽扩散　vapor diffusion　10.0367
蒸汽渗透系数　coefficient of vapor permeability　10.0375
蒸汽渗透阻　vapor resistivity　10.0376
*蒸汽疏水阀　steam trap　14.1056
蒸汽疏水器　steam trap　14.1056
*蒸汽透平　steam turbine　14.0930
蒸汽雾化油燃烧器　steam atomizing oil burner　14.0966
蒸汽浴室　steam bathroom　02.0439
蒸压砖　autoclaved brick　12.0144
蒸养砖　steam-cured brick　12.0145
整定值　setting value　14.0543
整容室　face-lifting chamber　02.1140
整体保护　holistic conservation　07.0311
整体城市设计　integrated urban design　07.0322
正常使用极限状态　serviceability limit state　13.0086
正常照明　normal lighting　10.0047
正脊　principal ridge　03.0124
*正投影　front screen projection　14.0760
正投影法　orthographic projection　09.0093
正吻　ridge ornament，zhengwen　03.0128
正线　main line　02.0741
正应变　linear strain　13.0022
正应力　normal stress　13.0017
证券交易所　stock exchange　02.0628
证人室　witness' room　02.0143
证书失效　certificate invalidation　06.0054
支挡结构　retaining structure　13.0312
支摘窗　removable window，zhizhaichuang　03.0104
支座　support　13.0007
支座反力　support reaction　13.0008
芝加哥建筑学派　Chicago school of architecture　03.0346
执行器　actuator　14.0361
执业范围　scope of professional activities　06.0052
直达声　direct sound　10.0221
直管形荧光灯　straight tubular fluorescent lamp　10.0089
直击雷　direct lightning flash　11.0046
直接费　direct cost　05.0015
直接启动　direct-on-line starting　14.0482
直接日辐射　direct solar radiation　10.0111
直接数字控制系统　direct digital control system，DDC system　14.0356
直接照明　direct lighting　10.0053
直棂窗　grill window，zhilingchuang　03.0105
直流锅炉　once through boiler，monotube boiler　14.0953
直埋敷设　direct burying　09.0079
直爬梯　catladder，vertical ladder　09.0332
直燃式溴化锂吸收式制冷机　direct- fired lithium-bromide absorption-type refrigerating machine　14.0341
直射辐射　direct radiation　10.0468
直射日光　sunlight　10.0114
直线加速器成像室　linear accelerator room　02.0578
直饮水　fine drinking water　14.0128
直饮水原水　raw water of fine drinking water　14.0130
pH 值　pH value　14.1035
值班供暖　standby heating　14.0206
值班室　duty room　02.0029
*值机大厅　check-in hall　02.0690
职业病危害防护设施　facility for occupational hazard　11.0355
*职业技术学校　vocational middle school　02.0158
职业接触限值　occupational exposure limit　11.0354
植物工厂　plant factory　02.1092
*植物配植　planting arrangement　08.0057
植物配置　planting arrangement　08.0057
植物园　botanical garden　08.0013
植物展览温室　plants greenhouse　02.0262
*殖民地式　veranda style　03.0236
止水带　water stop　12.0281
纸草花式柱　papyrus column　03.0284
纸面石膏板　gypsum plasterboard　12.0156
指北针　north arrow　09.0034
制茶厂　tea factory　02.1008
制剂室　drug manufacturing room　02.0551
制冷　refrigeration　14.0332
制冷机房　refrigeration station，refrigeration plant room　14.0386
制冷剂　refrigerant　14.0376
制糖厂　sugar refining plant，sugar mill　02.1009

*[制]盐场　salt works　02.1010
制氧机厂　oxygenerator factory　02.0962
制药厂　pharmaceutical factory　02.0984
治疗室　therapy room　02.0538
质扩散　mass diffusion　10.0365
质量保修制度　rule on quality repair guarantee　06.0107
质量定律　mass law　10.0258
质量责任制　the quality responsibility system　06.0108
质谱分析室　mass spectrography　02.0230
质调节　constant flow control　14.1063
秩序感　sense of order　07.0341
智能低压断路器　intelligent low-voltage circuit-breaker　14.0542
智能化集成系统　intelligent integration system，IIS　14.0616
智能建筑　intelligent building　01.0076
滞回曲线　hysteretic curve，restoring force curve　13.0214
置石　stone arrangement，stone layout　08.0135
中波、短波广播发射台　medium wave and short wave transmitting station，MW and SW transmitting station　02.0808
中波、短波收音台　medium wave and short wave receiving station，MW and SW receiving station　02.0811
中餐厅　Chinese restaurant　02.0656
中等城市　medium-sized city　07.0053
中等职业学校　vocational middle school　02.0158
中殿　nave　03.0278
中高层住宅　medium high housing　02.0074
[中国]皇家园林　imperial garden　03.0219
中国建筑学会　Architectural Society of China，ASC　06.0002
中国近代城市规划　Chinese modern city planning　03.0245
中国近代工业建筑　Chinese modern industrial architecture　03.0243
中国近代建筑传媒　Chinese modern architectural media　03.0248
中国近代建筑技术　Chinese modern architectural technology　03.0246
中国近代建筑教育　Chinese modern architectural education　03.0247
中国近代建筑团体　Chinese modern architectural organization　03.0249
中国近代居住建筑　Chinese modern housing　03.0244
中国近代文教建筑　Chinese modern cultural and educational architecture　03.0242
中国勘察设计协会　China Exploration and Design Association，CEDA　06.0003
[中国]私家园林　private garden　03.0220
中华巴洛克　Chinese Baroque style　03.0238
中华人民共和国城乡规划法　Urban-rural Planning Law of the People's Republic of China　07.0349
中华人民共和国住房和城乡建设部　Ministry of Housing and Urban-Rural Development of the People's Republic of China　06.0001
中华人民共和国注册建筑师条例　Regulations of the People's Republic of China on Registered Architects　06.0033
中继泵　booster pump　14.1046
中间仓库　interim store　02.0858
中间继电器　auxiliary relay　14.0558
中间色表　intermediate color appearance　10.0031
中间视觉　mesopic vision　10.0012
中间试验车间　pilot testing plant　02.1044
中间站台　intermediate platform　02.0725
中空玻璃　sealed insulating glass　12.0179
中热硅酸盐水泥　moderate heat Portland cement　12.0050
中世纪建筑　medieval architecture　03.0267
中水　reclaimed water　14.0120
中水处理站　reclaimed water station　02.0832
中水设施　equipments and facilities of reclaimed water　14.0126
中水系统　reclaimed water system　14.0122
中水原水　raw water of reclaimed water　14.0121
中庭　atrium　02.0057
中小学校建筑　school building　02.0159
中心商务区　central business district　07.0176
中心式舞台　arena stage　02.0358
中心[消毒]供应部　central sterilized supply department，CSSD　02.0566
中性导体　neutral conductor　14.0495
中性色　neutral color　09.0454
中性温度　neutral temperature　10.0496
中性轴　neutral axis　13.0034

中央处理器　central processing unit，CPU　14.0788
中央大学建筑系　Department of Architecture in Central University　04.0007
中央计量站　central measuring station　02.0907
中央实验室　central laboratory　02.0906
中央行政区　central government administration district　07.0177
中药厂　traditional Chinese medicine factory　02.0986
中药店　traditional Chinese medicine store　02.0612
终端　terminal　14.0793
钟鼓楼　bell and drum tower　03.0168
钟乳拱　stalactite vault　03.0318
种鸡舍　breeding bird housing　02.1068
种植成活率　planting survival rate　08.0166
种植地面　planting floor　09.0244
种植工程　planting engineering　08.0160
种植设计　planting design　08.0055
种质库　germplasm bank　02.1107
种子库　seed storage　02.1104
重点照明　accent lighting　10.0062
重力流雨水排水系统　gravity storm water system　14.0057
重心　center of gravity　13.0032
*重要细节　critical detail　09.0439
重油　heavy oil　14.0877
重症监护室　intensive care unit，ICU　02.0585
周边地面　perimeter region　10.0422
周边式　perimetric pattern　07.0280
周界　perimeter　14.0687
《周礼·考工记》　Craftsmen' Records of Zhou Rituals，Zhouli Kaogongji　03.0229
周期　period　13.0045
周期性传热　periodic heat transfer　10.0341
周转库　revolution storage　02.0287
轴测图　axonometric drawing　09.0095
轴测图线性尺寸　axonometric drawing linear dimension　09.0127
轴流式通风机　axial fan　14.0270
轴向力　normal force　13.0010
昼光　daylight　10.0116
昼夜等效[连续 A]声级　day-night equivalent [continuous A-weighted] sound pressure level　10.0308
珠宝店　jewelry shop　02.0618
珠宝饰品厂　jewelry work　02.1001
猪舍　pig barn　02.1071
竹地板　bamboo floor　12.0319
竹家具　bamboo furniture　09.0399
逐时冷负荷综合最大值　maximum sum of hourly cooling load　14.0369
主动隔振　active vibration isolation　11.0209
主动控制隔振装置　active vibration isolating device　11.0213
主观混响时间　subjective reverberation time　10.0230
主机房　primary computer room　14.0819
主接线　primary system　14.0432
*主结线　primary system　14.0432
主控项目　dominant item　06.0097
主梁　girder，main beam　13.0166
主台　main stage　02.0361
主题公园　theme park　02.0424
主体功能区　development priority zone　07.0056
主体建筑　main building　09.0041
主通气立管　main vent stack　14.0072
主席台　rostrum，platform　02.0123
主要园路　main garden road　08.0153
主应变　principal strain　13.0024
主应力　principal stress　13.0019
住房按揭贷款　house mortgage loan　06.0149
住房公积金　housing accumulation fund　06.0148
住房租赁市场　house leasing market　06.0116
住区　settlement　07.0277
住院部　inpatient department　02.0582
住宅　[dwelling] house　02.0082
住宅布局　housing layout　07.0278
住宅单元　residential building unit　02.0078
住宅平均层数　average stories of house　07.0282
住宅专项维修资金　residential special maintenance fund　06.0176
住宅组团　housing cluster，housing group　07.0269
注册　registration　06.0034
注册城市规划师　registered urban planner　07.0370
注册监督　register supervision　06.0040
注册建筑师　registered architect　06.0035
注册建筑师继续教育　continuing education for registered architect　06.0047
注册建筑师继续教育证书　certificate of continuing education for registered architect　06.0048

注册建筑师证书　a certificate of registered architect　06.0046
注册建筑师执业资格考试　the examination for registered architect　06.0045
注射室　injection room　02.0545
驻场设计　on site service　06.0083
柱础　column base　03.0108
柱间距　intercolumniation　03.0296
柱间支撑　column bracing　13.0153
*柱脚石　column base　03.0108
柱距　column spacing，truss interval　02.0916
柱身　shaft　03.0303
柱式　order　03.0280
柱头　capital　03.0302
柱头枋　column-top joist，zhutoufang　03.0060
柱头铺作　column-top bracket set，zhutou puzuo　03.0040
柱网　column grid，column nctwork　02.0917
柱座　stylobate　03.0306
*铸工车间　casting shop，foundry shop　02.1027
铸件清理车间　casting cleaning，fettling shop　02.1028
铸铁管　cast-iron pipe，CIP　12.0326
铸造车间　casting shop，foundry shop　02.1027
专科大学　institute，college　02.0157
专科医院　specialized hospital　02.0508
专类公园　specific garden　08.0010
专卖店　speciality shop，exclusive agency，franchised store　02.0603
专门性博物馆　specialized museum　02.0250
专门性美术馆　specialized art museum　02.0254
专门性图书馆　specialized library　02.0245
专设安全系统　engineering safety system　11.0292
专题展厅　specialized exhibition hall　02.0272
专项规划　sector plan　07.0071
专业负责人　professional leader　06.0021
专用符号　special symbol　09.0421
专用教室　special classroom　02.0176
专用实验室　special lab　02.0207
专用通气立管　specific vent stack　14.0070
专用消防口　fire-firing access　11.0107
专有名称权　proper name right　06.0042
砖混结构　masonry-concrete structure　13.0129
砖木结构　masonry-timber structure　13.0130
砖砌体结构　brick masonry structure　13.0112
*砖石砌体结构　masonry structure　13.0111
砖作　brick work　03.0134
转换层　transfer story　13.0146
转换开关　change-over switch，transfer switching equipment　14.0544
转角铺作　corner column-top bracket set，zhuanjiao puzuo　03.0042
转弯半径　turning radius　09.0047
转轮式换热器　rotary heat exchanger，heat wheel　14.0348
转门　revolving door　09.0296
转台　revolving stage　02.0380
桩承台　pile platform　13.0305
桩基础　pile foundation　13.0304
装裱室　mounting room　02.0295
装裱修整室　mounting and trimming room　02.0307
*装卸货场　loading and unloading area，loading and unloading yard　02.0874
装配车间　assembling shop　02.1037
装配式混凝土结构　prefabricated concrete structure　13.0104
*装配式墙板　concrete exterior wall panel　12.0150
装配整体式混凝土结构　assembled monolithic concrete structure　13.0106
装饰混凝土砌块　decorative concrete block　12.0126
*装饰砌块　decorative concrete block　12.0126
装饰色彩　ornament color　09.0495
装饰艺术派　art deco　03.0343
装卸场　loading and unloading yard　02.0872
装卸货区　loading and unloading area，loading and unloading yard　02.0874
装卸站台　loading and unloading platform，loading and unloading dock　02.0873
*装置外可导电部分　extraneous- conductive part　14.0492
状态参数　state parameter　14.0840
撞击声　impact sound　10.0257
撞击声改善量　impact sound improvement　10.0282
撞击声隔声频谱修正量　spectrum adaptation term for impact sound　10.0281
撞击声压级　impact sound pressure level　10.0276
追悼室　mourning hall　02.1136
追光室　spot light room　02.0396

缀花草坪　decorated flower lawn，lawn mixed with flower spot　08.0087
卓越周期　predominant period　11.0019
桌　table　09.0384
*桌球房　billiard room，billiard parlor　02.0447
浊度　turbidity，turbidimeter　14.1038
*着火点　ignition point，ignition temperature，fire point　14.0884
着色玻璃　colored glass，tined glass　12.0186
资本金净利润率　return on equity，ROE　05.0051
资产负债率　asset liability ratio　05.0070
资格考试　qualification examination　06.0041
资格考试合格证书　competency certificate of qualifying examination　06.0053
字　word　14.0787
字长　word length　14.0786
字节　byte　14.0785
字体　font　09.0126
自备电源　power source by owner，self-contained power　14.0445
自动扶梯　escalator　09.0347
自动门　automatic door　09.0298
自动排气活门　automatic exhaust valve　11.0155
自动喷水灭火系统　sprinkler system　14.0139
自动喷水-泡沫联用系统　combined sprinkler-foam system　14.0149
自动人行道　moving pavement　09.0348
自动售货式食堂　automat　02.0608
自动售检票　automatic fare collection，AFC　02.0762
自动调光采光　automatic dimming daylighting　10.0134
自动消防炮灭火系统　automatic fire monitor extinguishing system　14.0170
自净时间　clean-down capability　11.0183
自来水厂　water supply and treatment plant，water supply and purification plant　02.0831
自力式流量控制阀　self-operated flow control valve　14.0363
自力式调节阀　self-operated regulator，self-acting control valve　14.1071
自密实混凝土　self-compacting concrete　12.0061
自耦变压启动　auto-transformer starting　14.0485
自然保护区　nature reserve　07.0185
自然对流　natural convection　10.0350
自然接地体　natural grounding electrode　11.0063
自然式园林　natural style garden　08.0006
自然通风　natural ventilation　14.0250
自然循环锅炉　natural circulation boiler　14.0951
自然遗产　natural heritage　03.0376
*自然与文化双遗产　mixed cultural and natural heritage　03.0377
自然与文化遗产保护　conservation of natural and cultural heritage　07.0301
自行车馆　velodrome　02.0473
自行车棚　bicycle shed　02.0786
*自行车赛场　velodrome　02.0473
*自选市场　supermarket　02.0600
自循环通气　self-circulation venting　14.0077
自应力混凝土　self-stressing concrete　12.0071
自应力硫铝酸盐水泥　self stressing sulphoaluminate cement　12.0052
自由场　free sound field　10.0214
*自由场室　anechoic room，free-field room　02.0226
自由射流　free jet　14.0306
自由振动　free vibration　14.1016
自粘防水卷材　self-adhesive waterproof sheet，self-adhesive asphalt membrane　12.0276
自振频率　natural frequency of vibration　13.0201
自振周期　natural period of vibration　13.0200
自助餐厅　cafeteria　02.0658
自助还书处　self-service department　02.0316
自助银行　self-service bank　02.0624
宗祠　ancestral hall，family shrine　03.0196
宗教建筑　religious architecture　02.1130
宗教设施用地　land for religion facility　07.0139
综合布线电缆单元　generic cabling system cable unit　14.0720
综合布线工作区　generic cabling system work area　14.0698
综合布线集合点链路　consolidation point link of generic cabling system link　14.0703
综合布线进线间　generic cabling inlet chamber　14.0813
综合布线缆线　generic cabling system cable　14.0718
综合布线链路　generic cabling system link　14.0700
综合布线系统　generic cabling system　14.0695
综合部分负荷性能系数　integrated part load value，IPLV　14.0236

综合大学　university　02.0156
综合单价　comprehensive unit price　05.0029
综合电信营业厅　general telecommunication business hall　02.0802
综合管沟　integral pipe trench　09.0080
综合抗震能力　comprehensive seismic capability 13.0197
综合楼　multi-functional building，building complex 02.0003
综合启动器　composite starter　14.0481
综合区　mixed-use district　07.0178
综合温度　solar-air temperature　10.0389
综合性办公楼　multi-use office building，office building complex　02.0107
综合性博物馆　comprehensive museum　02.0249
综合性美术馆　general art museum　02.0253
综合医院　general hospital　02.0507
综合遮阳　comprehensive sunshade　09.0229
综控设备室　control equipment room　02.0757
棕地　brown field　07.0168
棕榈叶式柱　palm column　03.0282
总成本　total cost　05.0071
*总成本费用　total cost　05.0071
总承包服务费　construction general contracting service charge　05.0032
总等电位连接　main equipotential bonding，MEB 14.0499
总辐射　global radiation　10.0470
总含盐量　total dissolved salt　14.1039
总建筑面积　total floor area　01.0123
总建筑师　chief architect　06.0022
总控制室　master control room　02.0827
总平面图　master plan，site plan　09.0026
总日辐射　global solar radiation　10.0113
总统套房　presidential suite　02.0669
总投资　total investment　05.0024
总投资收益率　return on investment，ROI　05.0050
总图　site plan　01.0015
总图设计　site layout　09.0024
总谐波失真　total harmonic distortion　14.0743
总硬度　total hardness　14.1031
总云量　total cloud amount　10.0125
总昼光照度　global illuminance　10.0119
纵过道　longitudinal aisle　02.0339
纵坡　longitudinal slope　09.0073
纵深防护　longitudinal-depth protection　14.0692
纵深防护体系　longitudinal-depth protection system 14.0694
*走道　corridor　02.0062
走道板　walkway plate　02.0913
走廊　corridor　02.0062
走廊回风　air return through corridor　14.0322
*走马廊　cloister，loggia　02.0064
足球场　football field，football stadium　02.0462
足浴馆　pediluvium studio　02.0440
阻火包　fireproof bag　12.0263
阻火器　flame arrester　14.0922
阻抗复合消声器　impedance compound muffler 14.0378
阻力平衡　hydraulic resistance balance　14.0237
阻尼　damping　13.0047
阻尼器　damper　11.0206
阻尼振动　damped vibration　13.0206
*阻汽疏水器　steam trap　14.1056
阻燃电缆　flame retardant cable　14.0562
阻燃性　flame retardancy　14.0561
阻锈剂　corrosion inhibitor　12.0094
组合窗　combination window　09.0309
组合分配系统　combined distribution system　14.0187
组合家具　combination furniture　09.0407
组合结构　composite structure　13.0126
组合楼盖　composite floor system　13.0162
组合式空气调节机组　modular air handling unit 14.0324
组合式柱式　composite order　03.0291
组团绿地　group green space　07.0273
*祖祠　ancestral hall，family shrine　03.0196
最大持续电压　maximum continuous voltage　11.0083
最大持续工作电压　maximum continuous operating voltage　11.0082
最大持续交流电压　maximum continuous alternating current voltage　11.0084
最大持续直流电压　maximum continuous direct current voltage　11.0085
最大俯角　maximum down ward tilt angle　02.0349
最大可用增益　maximum available gain　10.0323
最大声压级　maximum sound pressure level　10.0321
最大时用水量　maximum hourly water consumption

14.0016
最大水平视角　maximum horizontal visual angle
02.0348
最大允许烟雾传输时间　maximum smoke transport
time　14.0615
最佳混响时间　optimum reverberation time　10.0229
最近视距　minimum sight distance　02.0347
最小传热阻　minimum thermal resistance　10.0395
最小日照间距　minimum sunshine spacing　10.0157
最小新风量　minimum fresh air requirement　14.0301
最远视距　longest sight distance　02.0346
作坊　workshop　03.0183
作　type of work，zuo　03.0002
*作业面　working plane　10.0070
作用　action　13.0074
作用面积　area of sprinkler operation　14.0150
作用效应　effect of action　13.0075
作用组合　combination of actions　13.0081
坐标　coordinate　09.0118
坐标图形　coordinate graphics　09.0143
座宽　seat-width　02.0343
[座席]横排曲率　curvature of stall　02.0350